21世纪高等学校计算机教育实用规划教材

大学计算机

肖朝晖 张建勋 洪雄 纪钢 曾庆森 陈媛 李娅 编著

清华大学出版社
北京

内容简介

本书根据教育部高等学校非计算机专业计算机基础课程教学指导分委员会最新提出的《关于进一步加强高校计算机基础教学的意见》中有关"大学计算机基础"课程的教学基本要求和最新大纲编写。全书共分9章，主要内容包括计算机与信息社会、计算机系统、数据在计算机中的表示、操作系统基础(Windows 7)、办公软件(Office 2010 文字处理软件、电子表格软件和演示文稿软件)、计算思维基础及程序设计语言、计算机网络技术、数据库技术基础、多媒体技术基础、网络安全技术以及高级计算机技术(云计算、大数据、移动互联和物联网技术)。本书具有内容丰富、层次清晰、图文并茂、通俗易懂、易教易学的特色，又根据"夯实基础、面向应用、培养创新"的指导思想，加强了教材的基础性、应用性和创新性，旨在提高大学生的计算机应用能力，并为学生学习后续课程打下扎实的基础。

本书适合作为大学本科、专科计算机基础公共课的教材，也可作为计算机培训教材。

图书在版编目(CIP)数据

大学计算机/肖朝晖等编著. --北京：清华大学出版社，2015(2021.7重印)
21世纪高等学校计算机教育实用规划教材
ISBN 978-7-302-40549-8

Ⅰ. ①大… Ⅱ. ①肖… Ⅲ. ①电子计算机－高等学校－教材 Ⅳ. ①TP3

中国版本图书馆 CIP 数据核字(2015)第 137396 号

责任编辑：付弘宇 薛 阳
封面设计：常雪影
责任校对：李建庄
责任印制：沈 露

出版发行：清华大学出版社
网 址：http://www.tup.com.cn，http://www.wqbook.com
地 址：北京清华大学学研大厦 A 座 **邮 编**：100084
社 总 机：010-62770175 **邮 购**：010-83470235
投稿与读者服务：010-62776969，c-service@tup.tsinghua.edu.cn
质量反馈：010-62772015，zhiliang@tup.tsinghua.edu.cn
课件下载：http://www.tup.com.cn，010-83470236

印 装 者：大厂回族自治县彩虹印刷有限公司
经 销：全国新华书店
开 本：185mm×260mm **印 张**：28.75 **字 数**：716千字
版 次：2015年9月第1版 **印 次**：2021年7月第7次印刷
印 数：31901～37200
定 价：48.00元

产品编号：064804-01

出版说明

随着我国高等教育规模的扩大以及产业结构调整的进一步完善，社会对高层次应用型人才的需求将更加迫切。各地高校紧密结合地方经济建设发展需要，科学运用市场调节机制，合理调整和配置教育资源，在改革和改造传统学科专业的基础上，加强工程型和应用型学科专业建设，积极设置主要面向地方支柱产业、高新技术产业、服务业的工程型和应用型学科专业，积极为地方经济建设输送各类应用型人才。各高校加大了使用信息科学等现代科学技术提升、改造传统学科专业的力度，从而实现传统学科专业向工程型和应用型学科专业的发展与转变。在发挥传统学科专业师资力量强、办学经验丰富、教学资源充裕等优势的同时，不断更新教学内容、改革课程体系，使工程型和应用型学科专业教育与经济建设相适应。计算机课程教学在从传统学科向工程型和应用型学科转变中起着至关重要的作用，工程型和应用型学科专业中的计算机课程设置、内容体系和教学手段及方法等也具有不同于传统学科的鲜明特点。

为了配合高校工程型和应用型学科专业的建设和发展，急需出版一批内容新、体系新、方法新、手段新的高水平计算机课程教材。目前，工程型和应用型学科专业计算机课程教材的建设工作仍滞后于教学改革的实践，如现有的计算机教材中有不少内容陈旧（依然用传统专业计算机教材代替工程型和应用型学科专业教材），重理论、轻实践，不能满足新的教学计划、课程设置的需要；一些课程的教材可供选择的品种太少；一些基础课的教材虽然品种较多，但低水平重复严重；有些教材内容庞杂，书越编越厚；专业课教材、教学辅助教材及教学参考书短缺，等等，都不利于学生能力的提高和素质的培养。为此，在教育部相关教学指导委员会专家的指导和建议下，清华大学出版社组织出版本系列教材，以满足工程型和应用型学科专业计算机课程教学的需要。本系列教材在规划过程中体现了如下一些基本原则和特点。

(1) 面向工程型与应用型学科专业，强调计算机在各专业中的应用。教材内容坚持基本理论适度，反映基本理论和原理的综合应用，强调实践和应用环节。

(2) 反映教学需要，促进教学发展。教材规划以新的工程型和应用型专业目录为依据。教材要适应多样化的教学需要，正确把握教学内容和课程体系的改革方向，在选择教材内容和编写体系时注意体现素质教育、创新能力与实践能力的培养，为学生知识、能力、素质协调发展创造条件。

(3) 实施精品战略，突出重点，保证质量。规划教材建设仍然把重点放在公共基础课和专业基础课的教材建设上；特别注意选择并安排一部分原来基础比较好的优秀教材或讲义修订再版，逐步形成精品教材；提倡并鼓励编写体现工程型和应用型专业教学内容和课程体系改革成果的教材。

（4）主张一纲多本，合理配套。基础课和专业基础课教材要配套，同一门课程可以有多本具有不同内容特点的教材。处理好教材统一性与多样化，基本教材与辅助教材，教学参考书，文字教材与软件教材的关系，实现教材系列资源配套。

（5）依靠专家，择优选用。在制订教材规划时要依靠各课程专家在调查研究本课程教材建设现状的基础上提出规划选题。在落实主编人选时，要引入竞争机制，通过申报、评审确定主编。书稿完成后要认真实行审稿程序，确保出书质量。

繁荣教材出版事业，提高教材质量的关键是教师。建立一支高水平的以老带新的教材编写队伍才能保证教材的编写质量和建设力度，希望有志于教材建设的教师能够加入到我们的编写队伍中来。

21世纪高等学校计算机教育实用规划教材编委会

联系人：魏江江 weijj@tup.tsinghua.edu.cn

前　言

本书根据教育部高等学校非计算机专业计算机基础课程教学指导分委员会最新提出的《关于进一步加强高校计算机基础教学的意见》中有关"大学计算机基础"课程的教学基本要求和中国高等院校计算机基础课程教育改革课程研究组制定的《中国高等院校计算机基础教育课程体系》(2008)(CFC2008)的要求编写。

"大学计算机"课程是非计算机专业学生的第一门计算机基础课程,是计算机基础教学的基础和重点,是在"计算机文化基础"和"大学计算机基础"课程的基础上的提升,其目标是"拓宽知识面→提高应用能力→培养创新能力",即

① 拓宽学生的计算机基础知识面:介绍计算机的基本原理、技术和方法,引入计算机新技术和了解计算机的发展趋势。

② 掌握计算机的基本使用技能:常用操作系统和应用软件的使用。

③ 提高计算机的应用能力:重点是网络、多媒体、数据库等技术的基本知识和应用;理解信息安全和程序设计方面的基本知识。

④ 通过实践培养创新意识和动手能力,为学生学习后继计算机基础课程夯实基础。

⑤ 最终目标是培养学生在各专业领域中应用计算机解决问题的意识和能力。

本书是依据上述精神和要求,并适应计算机发展的新形势带来的要求,由长期担任"大学计算机基础"公共课程主讲并具有丰富经验的一线教师合作编写而成的。

本书共 9 章。第 1 章　计算机基础知识:系统地介绍了计算机的发展、硬件及软件基础知识、计算机系统的基本组成及工作原理;第 2 章　操作系统及其应用:详细介绍了操作系统的分类及发展,并重点介绍 Windows 7 系统;第 3 章　常用办公软件:详细介绍了目前主流办公软件 Office 2010;第 4 章　计算思维基础及程序设计语言:详细介绍了计算思维的理论和基本程序设计思想;第 5 章　数据库技术:以 SQL 为重点讲述数据库的基础知识;第 6 章　计算机网络技术:详细介绍了计算机网络的发展、功能、分类及模型;第 7 章　网络安全技术:详细介绍了网络安全的相关技术及概念;第 8 章　多媒体技术基础:详细介绍了多媒体的相关技术和应用及相应软件;第 9 章　高级计算机技术:详细介绍了目前计算机热门技术——云计算、大数据、物联网以及移动互联技术。本书既精辟讲解计算机的基础知识,又涵盖目前计算机技术的发展,同时突出计算机的实际应用和操作。在每章的后面均有习题,供自学者学习。

本书可作为高等学校大学计算机基础等课程的教学用书,也可作为准备参加计算机水平考试及培训用书,也可作为工程技术人员的参考书。

本书由肖朝晖(重庆理工大学)、张建勋、洪雄、纪钢、曾庆森、陈媛、李娅等编写。

由于编者水平有限，书中谬误之处在所难免，恳请读者批评指正。

E-mail：xiaozhaohui@cqut.edu.cn

编　者

2015 年 6 月

目　录

第 1 章　计算机基础知识 …… 1

1.1　计算机的基本概念 …… 1

1.1.1　计算机的诞生和发展历史 …… 1

1.1.2　计算机的分类 …… 4

1.1.3　计算机的主要特点 …… 5

1.1.4　计算机的主要用途 …… 6

1.1.5　未来计算机的发展 …… 9

1.2　计算机系统 …… 12

1.2.1　计算机系统的组成 …… 12

1.2.2　计算机硬件的组成 …… 13

1.2.3　计算机软件的组成 …… 15

1.3　信息编码 …… 21

1.3.1　进位数值在计算机中的表示 …… 21

1.3.2　数在计算机的编码形式 …… 30

1.3.3　字符编码 …… 36

1.4　微型计算机的硬件组成 …… 40

1.4.1　微型计算机硬件的主要概念 …… 40

1.4.2　常用外部设备 …… 51

1.4.3　微型计算机的主要性能指标 …… 54

习题 …… 58

第 2 章　操作系统及其应用 …… 61

2.1　操作系统概述 …… 61

2.1.1　操作系统的定义 …… 61

2.1.2　操作系统的功能 …… 61

2.1.3　操作系统的分类 …… 65

2.1.4　MS-DOS 操作系统 …… 66

2.2　Windows 的基本知识 …… 66

2.3　Windows 7 的基本操作 …… 67

2.3.1　Windows 7 的桌面 …… 67

2.3.2 中文输入 …… 68
2.3.3 用户管理 …… 69
2.3.4 剪贴板 …… 69
2.3.5 快捷方式 …… 70
2.3.6 帮助系统 …… 71
2.4 Windows 7 资源管理器 …… 71
2.4.1 文件与文件夹的基本概念 …… 72
2.4.2 管理文件和文件夹 …… 73
2.5 Windows 7 系统环境的设置 …… 74
2.5.1 显示属性设置 …… 74
2.5.2 输入法的设置 …… 75
2.5.3 硬件的添加和管理 …… 76
2.5.4 添加或删除程序 …… 76
2.5.5 其他设置 …… 77
2.6 Windows 7 附件中的常用工具和系统工具 …… 77
2.6.1 "常用工具"的使用 …… 77
2.6.2 "系统工具"的使用 …… 77
2.7 移动操作系统 …… 81
2.7.1 iOS …… 81
2.7.2 Android …… 81
2.7.3 Windows Phone …… 82
习题 …… 82

第3章 常用办公软件 …… 83

3.1 文字处理软件 Word 2010 …… 83
3.1.1 办公软件包的安装、启动与退出 …… 83
3.1.2 Word 文档的基本操作 …… 84
3.1.3 Word 文档编辑 …… 103
3.1.4 设置文档格式 …… 116
3.1.5 制作图文混排的文档 …… 125
3.1.6 表格与图表 …… 128
3.1.7 其他功能 …… 130
3.2 电子表格软件 Excel 2010 …… 132
3.2.1 认识 Excel 2010 …… 132
3.2.2 Excel 2010 表格的基本操作 …… 136
3.2.3 Excel 2010 的格式设置 …… 149
3.2.4 图表制作与处理 …… 154
3.2.5 公式与函数 …… 157
3.2.6 管理数据列表 …… 163

3.3 演示文稿软件 PowerPoint 2010 …… 168
3.3.1 认识 PowerPoint 2010 …… 168
3.3.2 演示文稿的基本操作…… 173
3.3.3 演示文稿的放映与打印…… 176

第4章 计算思维基础及程序设计语言…… 178

4.1 问题求解 …… 178
4.1.1 一般问题的解决过程…… 178
4.1.2 计算机求解问题的过程…… 180
4.2 算法设计 …… 181
4.2.1 算法定义与特征…… 182
4.2.2 算法设计原则和过程…… 183
4.2.3 算法的描述方法…… 183
4.3 算法策略 …… 187
4.3.1 枚举法…… 187
4.3.2 归纳法…… 188
4.3.3 递归与分治法…… 189
4.3.4 回溯法…… 192
4.4 基本算法 …… 193
4.4.1 基础算法…… 193
4.4.2 排序…… 194
4.4.3 查找…… 197
4.5 程序设计语言分类 …… 199
4.5.1 机器语言…… 199
4.5.2 汇编语言…… 199
4.5.3 高级语言…… 200
4.6 程序设计方法 …… 200
4.6.1 结构化程序设计方法…… 201
4.6.2 面向对象程序的设计方法…… 203
4.7 程序结构 …… 205
4.7.1 顺序结构…… 206
4.7.2 条件结构…… 206
4.7.3 循环结构…… 207
4.8 程序设计语言的基本要素 …… 208
4.8.1 常量和变量…… 208
4.8.2 数据类型…… 210
4.8.3 函数与表达式…… 211
4.8.4 程序与注释…… 212
习题…… 213

第 5 章　数据库技术……………………………………………………… 216

5.1　数据库技术概述 ……………………………………………………… 216

5.1.1　数据库技术产生背景及其发展………………………………… 216

5.1.2　基本概念………………………………………………………… 217

5.1.3　数据库管理技术的发展阶段…………………………………… 218

5.1.4　数据模型………………………………………………………… 219

5.2　SQL 概述 ……………………………………………………………… 219

5.3　SQL 的数据定义功能 ………………………………………………… 220

5.3.1　建立表结构……………………………………………………… 220

5.3.2　删除表…………………………………………………………… 223

5.3.3　修改表结构……………………………………………………… 223

5.4　SQL 的数据修改功能 ………………………………………………… 225

5.4.1　插入记录………………………………………………………… 225

5.4.2　删除记录………………………………………………………… 226

5.4.3　更新记录………………………………………………………… 226

5.5　SQL 的数据查询 ……………………………………………………… 226

5.5.1　基本查询………………………………………………………… 228

5.5.2　带特殊运算符的条件查询……………………………………… 228

5.5.3　简单的计算查询………………………………………………… 230

5.5.4　分组统计查询与筛选…………………………………………… 230

5.5.5　排序查询………………………………………………………… 231

5.5.6　查询结果输出…………………………………………………… 231

5.5.7　多表查询………………………………………………………… 232

5.5.8　嵌套查询………………………………………………………… 233

5.5.9　输出合并………………………………………………………… 235

5.6　查询设计器 …………………………………………………………… 235

5.6.1　查询设计器……………………………………………………… 235

5.6.2　建立查询示例…………………………………………………… 237

5.6.3　查询文件的操作………………………………………………… 238

5.6.4　修改查询文件…………………………………………………… 239

5.6.5　定向输出查询文件……………………………………………… 240

5.6.6　查询的基本技巧………………………………………………… 241

5.6.7　多表查询………………………………………………………… 242

习题……………………………………………………………………………… 243

第 6 章　计算机网络技术…………………………………………………… 247

6.1　计算机网络的定义与发展 …………………………………………… 247

6.1.1 计算机网络的产生和发展…… 247
6.1.2 计算机网络的定义…… 250
6.1.3 计算机网络在我国的发展…… 250
6.2 网络的功能与分类 …… 251
6.2.1 计算机网络功能…… 251
6.2.2 计算机网络分类…… 252
6.3 网络的拓扑结构 …… 253
6.3.1 星型拓扑…… 254
6.3.2 总线型拓扑…… 254
6.3.3 环型拓扑…… 255
6.3.4 树状拓扑…… 256
6.3.5 混合型拓扑…… 256
6.3.6 网状拓扑…… 257
6.3.7 蜂窝状拓扑…… 257
6.3.8 网络拓扑结构的选择…… 257
6.3.9 计算机网络的应用…… 258
6.4 OSI 参考模型 …… 259
6.4.1 OSI 模型结构 …… 259
6.4.2 OSI 模型各层功能 …… 259
6.4.3 模型中的数据传输…… 261
6.5 TCP/IP 参考模型 …… 262
6.5.1 TCP/IP 模型结构 …… 262
6.5.2 TCP/IP 模型各层功能 …… 262
6.5.3 OSI 与 TCP/IP 比较 …… 264
6.5.4 TCP/IP 的主要协议 …… 265
6.6 局域网互联设备 …… 276
6.6.1 网卡…… 276
6.6.2 调制解调器…… 278
6.6.3 中继器…… 278
6.6.4 集线器…… 279
6.6.5 网桥…… 280
6.6.6 交换机…… 280
6.6.7 路由器…… 281
6.6.8 网关…… 282
6.7 Internet 的域名地址 …… 283
6.7.1 域名结构…… 283
6.7.2 域名解析…… 285
小结…… 287

习题 …… 287

第7章 网络安全技术 …… 291

7.1 网络安全概念与任务 …… 291
7.1.1 网络安全的概念 …… 291
7.1.2 网络信息安全面临的威胁 …… 292
7.1.3 网络安全组件 …… 293
7.2 加密技术与身份认证技术 …… 294
7.2.1 密码学的基本概念 …… 294
7.2.2 传统密码体制 …… 295
7.2.3 公钥密码体制 …… 297
7.2.4 认证和数字签名 …… 298
7.2.5 链路加密和端到端加密 …… 298
7.3 网络病毒及其防范技术 …… 300
7.3.1 计算机病毒的概念和特征 …… 300
7.3.2 计算机病毒的分类 …… 302
7.3.3 计算机病毒的防范技术 …… 303
7.3.4 特洛伊木马 …… 306
7.4 黑客及其防范技术 …… 307
7.4.1 黑客的概念 …… 307
7.4.2 黑客常用的攻击方法 …… 308
7.4.3 黑客的防范措施 …… 311
7.5 防火墙技术 …… 312
7.5.1 防火墙的概述 …… 312
7.5.2 防火墙的功能 …… 313
7.5.3 防火墙的分类 …… 313
7.6 入侵检测技术 …… 315
7.6.1 入侵检测的定义和分类 …… 315
7.6.2 入侵检测的步骤 …… 317
7.6.3 入侵检测系统 Snort …… 317
7.7 网络管理基础 …… 319
7.7.1 网络管理功能 …… 319
7.7.2 网络管理系统的体系结构 …… 320
7.7.3 简单网络管理协议 …… 321
小结 …… 323
习题 …… 323

第8章 多媒体技术基础 …… 330

8.1 概述 …… 330

8.1.1 多媒体技术的社会需求…………………………………………………… 331
8.1.2 多媒体的技术背景………………………………………………………… 332
8.2 多媒体技术的发展 ………………………………………………………… 332
8.3 基本概念 ……………………………………………………………………… 334
8.3.1 什么是多媒体………………………………………………………………… 334
8.3.2 媒体类型……………………………………………………………………… 334
8.3.3 基本特征……………………………………………………………………… 335
8.4 多媒体软件 …………………………………………………………………… 336
8.4.1 素材制作软件………………………………………………………………… 337
8.4.2 多媒体平台软件……………………………………………………………… 343
8.5 多媒体技术的应用领域 …………………………………………………… 345
8.5.1 教育领域……………………………………………………………………… 345
8.5.2 过程模拟领域………………………………………………………………… 347
8.5.3 商业广告……………………………………………………………………… 347
8.5.4 影视娱乐业…………………………………………………………………… 348
8.5.5 旅游业………………………………………………………………………… 349
8.5.6 国际互联网…………………………………………………………………… 349
8.6 多媒体产品及其制作过程 ………………………………………………… 350
8.6.1 多媒体产品的特点…………………………………………………………… 350
8.6.2 多媒体产品的基本模式……………………………………………………… 350
8.6.3 多媒体产品的制作过程……………………………………………………… 351
8.7 多媒体创意设计 …………………………………………………………… 353
8.7.1 创意设计的作用……………………………………………………………… 353
8.7.2 创意设计的具体体现………………………………………………………… 354
8.7.3 创意设计的实施……………………………………………………………… 354
8.8 多媒体产品的版权问题 …………………………………………………… 355
8.8.1 注意的问题…………………………………………………………………… 355
8.8.2 盗版问题……………………………………………………………………… 355
8.9 多媒体个人计算机 ………………………………………………………… 356
8.9.1 多媒体关键技术……………………………………………………………… 356
8.9.2 什么是 MPC ………………………………………………………………… 357
8.9.3 MPC 的硬件标准 …………………………………………………………… 357
8.10 计算机图形图像的概念与原理…………………………………………… 360
8.10.1 计算机图形图像的颜色…………………………………………………… 361
8.10.2 图像文件格式……………………………………………………………… 364
8.10.3 像素和分辨率的概念……………………………………………………… 366
8.10.4 Photoshop ………………………………………………………………… 367
8.11 多媒体动画及制作技术…………………………………………………… 384
8.11.1 动画的基本原理…………………………………………………………… 384

8.11.2 计算机动画的分类…………………………………………………… 385
8.11.3 动画素材的常见格式………………………………………………… 386
8.11.4 使用 Flash 创建二维动画 …………………………………………… 386
8.12 音频技术…………………………………………………………………… 387
8.12.1 声波…………………………………………………………………… 388
8.12.2 频率范围……………………………………………………………… 390
8.12.3 音量…………………………………………………………………… 392
8.12.4 音频信号的数字化…………………………………………………… 394
8.12.5 数字音频技术与格式………………………………………………… 396
8.13 音频处理软件……………………………………………………………… 400
习题……………………………………………………………………………… 410

第 9 章 高级计算机技术…………………………………………………… 411

9.1 云计算的概念及分类 ……………………………………………………… 411
9.1.1 云计算的由来………………………………………………………… 411
9.1.2 云计算定义…………………………………………………………… 412
9.1.3 云计算的分类………………………………………………………… 414
9.1.4 云计算的优点………………………………………………………… 417
9.1.5 云计算的主要应用领域……………………………………………… 418
9.2 大数据及其处理技术 ……………………………………………………… 419
9.2.1 大数据的概念………………………………………………………… 419
9.2.2 大数据的特征………………………………………………………… 420
9.2.3 大数据的关键技术…………………………………………………… 423
9.3 移动互联网及其应用 ……………………………………………………… 427
9.3.1 移动互联网的概念及特点…………………………………………… 427
9.3.2 移动互联网的应用…………………………………………………… 428
9.4 物联网技术与应用 ………………………………………………………… 430
9.4.1 物联网的概述………………………………………………………… 430
9.4.2 物联网的关键技术…………………………………………………… 435
9.4.3 物联网的应用与发展………………………………………………… 438
习题……………………………………………………………………………… 441

参考文献……………………………………………………………………… 443

第1章 计算机基础知识

1.1 计算机的基本概念

1.1.1 计算机的诞生和发展历史

电子计算机(Electronic Computer)简称计算机(Computer),诞生于20世纪40年代。计算机的成功研制是20世纪一项重大的科学技术成就,计算机与以往任何机器相比,具有本质的区别。纵观历史,无论是蒸汽机、电动机,还是内燃机,都只是人的动作器官的延伸;它们放大了人的体力,而计算机能自动进行数值计算、信息处理、自动化管理……且工作效率比人高千百万倍。因此,计算机扩展了人的思维器官,放大了人的脑力,从而使人真正变成了巨人。

当今时代,社会信息化浪潮席卷全球,计算机技术发展日新月异。计算机早已不仅是一种计算工具,而是逐步成为数据处理、信息处理、知识处理的利器,极大地改变了人类的生存方式和世界的面貌,对人类社会的进步起着越来越重要的作用。计算机的出现及飞速发展绝非偶然,它是人类智慧和创造力的产物。一部计算机发展史,也就是人类科学技术和文明进化史的组成部分。

1. 早期的计算工具

人类使用计算工具的历史,最早可追溯到遥远的古代。真正"眼见为实"的最早的计算工具,应属至今仍在中国和其他一些国家教学和使用的算盘。算盘是中国的"国粹"之一,据悉已有一千多年的历史,早在宋代的《清明上河图》中就有算盘的描绘,它是迄今为止世界上使用时间最长的计算工具。在欧洲,自从17世纪以来,随着文艺复兴和工业革命带来科学技术的不断进步,各种类型的计算工具陆续出现,其中较有影响的有:法国数学家布莱斯·帕斯卡(Blaise Pascal)1642年发明的机械加法器,据悉这是第一台数字计算机。德国数学家莱布尼茨(Leibniz)1694年发明了"步进乘法器",其所发明的步进齿轮传动原理,至今仍被采用。法国人查尔斯·塞瓦·托马斯·德科马(Charles Xavier Thomas de Colmar)1820年制造的机械计算器,采用莱布尼茨的原理,而其功能更强,可进行加、减、乘、除四则运算。英国剑桥大学数学教授巴贝奇(Babbage)根据德国人缪勒(J. H. Mueller)1786年提出的"差分引擎"构思,设计出改进型的"差分引擎"原型机,并独立发明了更为复杂的"解析引擎"机。巴贝奇首次提出了自动化的计算原理,在他的机器中,有累加器、存储器、控制器、指令系统、卡片机、打印机,计算过程由程序自动控制。他自1822年开始研制,坚持不懈努力达十余年之久。虽然他的计划因经费不足而未能全部实现，但他提出的自动化计算概念及机器的结构组成方式，在后人发明的电子计算机中均得到采用，并一直延续至今。

在理论领域，值得一提的重大事件是1848年英国数学家乔治·布尔(George Boole)创立了二进制代数(布尔代数)，从而为一个世纪之后研发二进制计算机铺平了道路，至今仍是当代计算机的理论基础之一。

2. 电子计算机的问世

20世纪科学技术的飞速发展，一方面带来了大量的数学方程求解和数据处理的问题，特别是第二次世界大战期间，为了计算炮弹的弹道飞行轨迹，采用齿轮式的手摇计算机，其工作量高达数十个小时，得到结果已经失去了意义，因而对高性能、高速度的计算工具的需求十分迫切。

世界上第一台数字式电子计算机是于1946年由美国宾夕法尼亚大学的物理学家约翰·莫契利(Johon Mauchly)和工程师普雷斯伯·埃克特(Preper Eckert)领导研制的取名为电子数字积分计算机(Electronic Numerical Integrator And Calculator，ENIAC)的计算机。该机采用电子管作为计算机的基本部件，共用了18 800个电子管、10 000只电容和7000个电阻，重达30吨，占地170m^2，是一个名副其实的"庞然大物"。

ENIAC是第一台正式投入运行的计算机，它的运算速度可达每秒5000次(加减法)，过去100名工程师花费一年时间才能解决的计算问题，利用ENIAC只需两小时即可解决，这使工程师们摆脱了繁重的计算工作。不过，ENIAC与现代计算机相比，存在较大差异，并且不具有"机内存储程序"功能，其计算过程需要在计算机外通过开关和接线来安排。

在实际应用计算机中，人类不断克服它的缺点，计算机技术由此不断地得到发展，其中影响最大的人物就是冯·诺依曼(von Neuman)。他提出了在计算机中设"存储器"，将符号化的计算机步骤存放在"存储器"中，然后依次取出存储内容进行译码，并按译码的结果进行计算，从而实现计算机工作的自动化，这种理论最终由英国剑桥大学的威尔克斯(M. V. Wilkes)于1949年完成的EDSAC(the Electronic Delay Storage Automatic Calculator)所实现，它是第一台真正的存储程序计算机。冯·诺依曼结构的核心部分是CPU，即中央处理器，计算机所有功能均集中统一于其中。这一体系结构方式沿用至今，称为冯·诺依曼体系。

在数字式电子计算机的发展过程中，在理论上做出杰出贡献的要数英国的艾兰·图灵(Alan Turing，1912—1954，如图1-1所示)和美籍匈牙利人冯·诺依曼(1903—1957，如图1-2所

图1-1 图灵

图1-2 冯·诺依曼

示)，艾兰·图灵建立了图灵机的理论模型，对数字计算机的一般结构、可实现性和局限性产生了深远影响。冯·诺依曼首先提出了计算机“存储程序”的概念，其“存储程序”工作原理奠定了当今计算机的基础。

“图灵(Turing)奖”是美国计算机协会(Association for Computer Machinery，ACM)于1966年设立的，设立的初衷是因为计算机技术的飞速发展，尤其到20世纪60年代，已成为一个独立的有影响的学科，信息产业逐步形成，但在这一产业中却没有一项类似“诺贝尔奖”的奖项来促进计算机学科的进一步发展，于是“图灵奖”便应运而生，它被公认为计算机界的“诺贝尔奖”。而用“图灵”命名的理由是为了纪念计算机科学的先驱、英国科学家艾兰·图灵。

ACM成立于1947年，也就是世界上第一台电子计算机ENIAC诞生后的第二年，美国一些有远见的科学家意识到它对于社会进步和人类文明的巨大意义，因此发起成立了这个协会，以推动计算机科学技术的发展和学术交流。1966年设立了第一个奖项“图灵奖”，专门奖励在计算机科学研究中做出创造性贡献、推动计算机科学技术发展的杰出科学家。从1966—2012年的47届图灵奖，共计有59名科学家获此殊荣。

3. 计算机的分代

从ENIAC诞生到现在，根据计算机所采用的物理器件不同，计算机的发展可划分为4个时代：电子管时代、晶体管时代、集成电路时代和大规模集成电路时代。

(1) 第一代计算机(1946—1955年)。继ENIAC之后，陆续出现了一批著名的计算机，它们的特征是采用电子管作为逻辑元件，用阴极射线管和水银延迟线作为主存储器，外存则依赖纸带、卡片等。这些计算机的计算速度每秒可达几千至几万次，程序设计则使用机器语言或汇编语言。这一代计算机的代表是UNIVAC-Ⅰ，有一定批量生产的计算机是IBM公司的IBM701(1952年)及后续的IBM703，IBM704等。

(2) 第二代计算机(1955—1964年)。使用晶体管或半导体作为开关逻辑部件，使其具有体积小、耗电少和寿命长等优点，且运算速度有所提高。第一台名为UNIAC-Ⅱ的全晶体管计算机于1955年问世，较有代表性的则是IBM公司的7090，7094等大型计算机以及CDC公司的CDC1604计算机。在这一时期，程序设计方面使用了高级语言，如FORTRAN语言、COBOL语言等，使程序设计工作得到大幅度简化。

(3) 第三代计算机(1964—1970年)。这一代计算机的特征是采用中、小规模集成电路(IC)代替分立元件的晶体管。在几平方毫米的单晶体硅片上，可以集成几十个甚至几百个电子器件组成的逻辑电路。除具有体积小、重量轻、功耗低、稳定性好等方面的优点外，运算速度每秒可达几十万至几百万次。在软件方面，操作系统日趋成熟，且软件的兼容性得到考虑。较有代表性的计算机则是CDC公司的CYBER系列，DEC公司的PDP-11和VAX系列等。

(4) 第四代计算机(1971年至现在)。以大规模集成电路为计算机的主要功能部件，具有更高的集成度、运算速度和内存储器容量。1971年，Intel公司研制成功第一代4位的微处理器4004和8位的微处理器8088，这使微型计算机迅速发展起来。在随后的10年间，微处理器也由第一代发展到了第四代。事实上，计算机的发展在不同时期并不是均衡的。例如，第四代计算机发展至今已30余年，前三代计算机所用总和不过25年。为了反映近年来计算机技术的飞速发展和计算机的广泛应用，较新的年代划分方法是将计算机的整个发展历史概括为以下三个阶段。

① 超、大、中、小型计算机阶段(1946—1980 年):计算机应用主要集中在超、大、中、小型计算机方面,开创了用机器劳动代替脑力劳动的新纪元。

② 微型计算机阶段(1981—1991 年):计算机应用以微机为中心,PC 逐渐普及,计算机从被少数人拥有逐步发展成为大众型的产品。

③ 计算机网络阶段(1991 年至现在):微机在局部区域(如一个大楼内)、广阔区域(如一个城市)乃至全球范围内联成网络。借助微机网络,实现资源共享的目的。

1.1.2 计算机的分类

目前,随着计算机技术的发展和实际应用,计算机的类型越来越多样化。根据用途及其使用范围,计算机可以分为通用机和专用机。通用机的特点是通用性强,具有很强的综合处理能力,能够解决各种类型的问题。专用机功能单一,配有解决特定问题的软件、硬件,能够高速、可靠地解决特定的问题。从计算机的运算速度等性能指标来看,其计算机可分为 6 大类。

1. 大型主机(Mainframe)

大型主机,包括通常所说的大型机和中型机。一般只有大中型企事业单位才有财力去配置和管理大型主机,并以这台大机器及其外部设备为基础组成一个计算中心,统一安排对主机资源的使用。美国的 IBM 公司曾是大型主机的主要生产厂家,它生产的有名的大型主机有:IBM360、370、4300、3090 以及 9000 系列。日本的富士通、NEC 公司也生产这类计算机。

2. 小型计算机(Minicomputer)

小型计算机通常能满足部门性能的需求,为中小企事业单位所采用。例如,美国 DEC 公司的 VAX 系列,DG 公司的 MV 系列、IBM 公司的 AS/400 系列以及富士通的 K 系列都是有名的小型机。我国生产的太极系列计算机也属于小型机,它与 VAX 机是兼容机。

3. 个人计算机(Personal Computer)

个人计算机又称为微型计算机(Microcomputer)。这种计算机的用户是面向个人或家庭的。Intel 芯片就是 IBM-PC 中使用的微处理芯片,主要有 8088/8086、80286、80386、80486 以及 Pentium(奔腾,即为 80586、80686 等)、多核等。这些芯片除 Intel 公司生产外,也有一批兼容厂家生产 80x86 系列的芯片,如美国 AMD 公司、Cyrix 公司等。

4. 工作站(Workstation)

工作站是一种高级的微型计算机,是介于个人计算机与小型计算机之间的一种机型,建立在 RISC/UNIX 平台上的计算机。工作站又分为初级工作站、工程工作站、超级工作站以及超级绘图工作站等。典型机器有 HP-Apollo 工作站、Sun 工作站等。

5. 巨型计算机(Supercomputer)

巨型计算机又称为超级计算机。它是最大、最快、最贵的主机。世界上只有少数几个公司能生产巨型机。目前我国已经形成“银河”、“神威”、“曙光”三大系列的巨型机。

6. 小巨型计算机(Minisupercomputer)

这是新发展起来的小型超级电脑,性能上保持或略低于巨型计算机的性能。它是对巨型机的高价格发出的挑战,其发展非常迅速。

1.1.3 计算机的主要特点

计算机之所以具有很强的生命力,并得以飞速发展,是因为计算机本身具有诸多特别之处,主要是快、大、久、精、智、自、广,具体体现在以下几个方面。

1. 处理速度快

计算机处理速度的快慢是标志计算机性能的重要指标之一,也是它的一个主要性能指标。衡量计算机处理速度的尺度一般是用计算机一秒钟时间内所能执行加法运算的次数。第一代计算机的处理速度一般在几十次到几千次;第二代计算机的处理速度一般在几千次到几十万次;第三代计算机的处理速度一般在几十万次到几百万次;第四代计算机的处理速度一般在几百万次到几千亿次,甚至几千万亿次。目前的微型计算机大约在百万次、千万次级;大型计算机在亿次,万亿次级。如我国“银河Ⅲ”为130亿次。在美国已运行1000亿,2000亿次的计算机,近年又出现了万亿次的计算机。对微型计算机,现在常以CPU的主频(Hz)标志计算机的运行速度,如早期的微型计算机(如XT机)主频为4.77MHz;后来的微型计算机(如PⅢ型),其主频在750MHz以上;以及出现的P4为1000MHz以上。极大地提高了计算机的处理速度是计算机技术发展的主要目标。因为计算机已经或开始应用于科技发展最尖端的领域,而这些领域里的信息处理是极为复杂的,并且十分精确,处理工作量巨大。人们对信息的需求范围日趋广大;对信息的处理要求时效性高、响应及时。所有这些都要求有极高处理速度的计算机才能完成。当然,不同应用领域、不同应用课题对处理速度的要求各异,但就人类的欲望而言是越快越好。

2. 存储容量大

能把数据、程序存入,进行处理、计算并把结果保存起来,这是计算机区别于其他计算工具的本质特点。例如,一般计算器只能存放少量数据,而计算机却能存储几万、几十万乃至几千万个数据。一般计算器不能存放程序,而计算机能将程序存放起来,当运行时,能高速地从原来存放的地方依次取出,逐一加以执行。这样,不需要人去干预就能自动地完成运算。

随着计算机的广泛应用,在计算机内存储的信息越来越多,要求存储的时间越来越长。因此要求计算机具备海量存储,信息保持几年到几十年,甚至更长。现代计算机完全具备这种能力。不仅提供了大容量的主存储器,使能现场处理大量信息;同时还提供海量存储器的磁盘、光盘。光盘和优盘的出现不仅使容量更大,还可以使信息永久保存,永不丢失。信息存储容量大和持久保持是现代信息处理和信息服务的基本要求。因为有大量的软件需要在计算机内保存以便随时执行;有大量的信息需要在计算机内保存以便进一步处理,提供检索和查询。

3. 计算精确度高

计算机可以保证计算结果的任意精确度要求。这取决于计算机表示数据的能力。现代计算机提供多种表示数据的能力,以满足对各种计算精确度的要求。一般在科学和工程计算课题中对精确度的要求特别高。

在计算机中,一组二进制码是作为一个整体来处理或运算的,称为一个计算机字,简称字,计算机的每个字所包含的位数称为字长。有效位数越多,精确度也就越高。目前,32位微机比较流行。通常计算机能进行双倍字长或多倍字长运算。计算机的有效数字之多是其他计算工具所望尘莫及的。

4. 具有逻辑判断能力

计算机不仅能进行算术运算,同时也能进行各种逻辑运算,具有逻辑判断能力。布尔代数是建立计算机的逻辑基础,或者说计算机就是一个逻辑机。计算机的逻辑判断能力也是计算机智能化必备的基本条件。

5. 较强的自动化工作能力

只要人预先把处理要求、处理步骤、处理对象等必备元素存储在计算机系统内,计算机启动工作后就可以在人不参与的条件下自动完成预定的全部处理任务。这是计算机区别于其他工具的本质特点。向计算机提交任务主要是以“程序”、数据和控制信息的形式。程序存储在计算机内,计算机再自动地逐步执行程序。

6. 应用领域广泛

迄今为止,几乎人类涉及的所有领域都不同程度地应用了计算机,并发挥了它应有的作用,产生了应有的效果。这种应用的广泛性是现今任何其他设备无可比拟的,而且这种广泛性还在不断地延伸,永无止境。

1.1.4 计算机的主要用途

目前,计算机的应用已经深入到人类社会的各个领域和国民经济的各个部门,并使信息产业以史无前例的速度持续增长。从世界范围看,计算机的应用程度已经成为衡量一个国家现代科技发展水平的重要标志。20世纪50年代,计算机主要应用于科学计算。20世纪60年代,计算机的应用扩展到军事、交通和工业的实时控制与金融领域的数据处理方面。20世纪70年代,一些中小企业和事业单位采用计算机进行工业控制和事务管理,包括计算机辅助设计和数据库管理等。进入20世纪80年代以后,计算机的应用已经逐渐普及各行各业,包括办公和家用等各个方面。

1. 传统应用

1)科学计算

这是计算机的原始应用,也是计算机产生的直接原因。计算机用于科学计算,体现了两方面的优势：首先是解决计算量巨大的问题。例如，为了计算某个环境的温度或压力分布，常需要将环境分离成上万或更多的"结点"，求解上万或更高阶的方程组，用手工形成数据并进行方程求解是极其困难的。而用计算机运算和求解就相对容易得多。其次是满足实时性要求。例如，以天气预报为例，如果采用人工计算，预报一天需要计算几个星期，失去了时效，借助计算机，取得10天的预报数据只要数分钟即可完成，这使中期、长期天气预报成为可能。

2）数据处理及信息管理

数据处理是计算机应用的一个重要领域。从市场预测、信息检索，到经营决策、生产管理，都与数据处理有关。借助计算机，可以使这些数据更有条理，统计的数据更准确，反馈更及时，管理和决策更科学、更有效。

信息管理是计算机应用中所占比例最大的领域。例如，对企业管理、会计、医学资料、档案、仓库、试验资料等的整理，其计算方法比较简单，但数据处理量非常大，输入输出操作频繁。这些工作的核心是数据处理。

计算机数据处理从简单到复杂已经历了三个不同的发展阶段。

电子数据处理阶段：EDP（Electronic Data Processing），它以文件系统为手段，实现一个部门内的单项管理。

管理信息系统阶段：MIS（Management Information System），它以数据库技术为工具，实现一个部门的全面管理，以提高工作效率。

决策支持系统阶段：DSS（Decision Support System），它以数据库、模型库、方法库为基础，帮助管理决策者提高决策水平。

3）自动控制

由于计算机具有极高的运算速度，且具有逻辑判断能力，因此，在工业生产过程的自动控制中得到了广泛应用。该过程的实质是指计算机汇集现场有关的数据信息，求出它们与设定值的偏差，产生相应的控制信号，对受控对象进行控制和调整。计算机用于生产过程的自动控制，可以有效地提高劳动生产率、降低成本、提高产品质量。除此之外，计算机也广泛用于交通调度与管理、卫星通信和导弹飞行控制中。

实时控制就是能及时地搜集检测数据，按最佳值实时地对控制对象进行自动控制或自动调节的一种控制方式，是实现工业生产过程自动化的重要手段。实时控制也称为过程控制。计算机用于生产过程控制除了巡回检测、统计制表、监视报警和自动启停外，还可以直接调节和控制生产过程，以实现工厂自动化。

2. 现代应用

1）办公自动化

办公自动化简称OA（Office Automation），其目的在于建立一个以先进的计算机和通信技术为基础的高效的人-机信息处理系统，使办公人员能够充分利用各种形式的信息资源，全面提高管理、决策和事务处理的效率。根据应用对象的不同，办公自动化系统又可以分成事务型OA系统、管理型OA系统和决策型OA系统。其中，事务型OA系统又称为电子数据处理系统（EDP）或业务信息系统，主要供办公室秘书和业务人员处理日常的办公事务，以减轻业务人员单调、重复性的劳动，如公文编辑、报表统计、文件检索和活动安排等；

管理型 OA 系统即管理信息系统(MIS),该系统在事务型系统的基础上,支持单位的信息管理工作;决策型 OA 系统(DSS)也称为决策支持系统,它通过对大量历史和当今的数据统计分析,预测在不同对策下可能导致的结果,帮助领导人员选择适当的决策。

2) 数据库应用

在当今社会中,人们无时无刻不在使用"数据",如火车、飞机购票、银行存兑等。为了尽量消除重复数据,实现数据共享,人们提出了数据库的思想,并发展成层次、网状和关系型数据库模型,也产生了许多著名的数据库管理软件,如 FoxBASE、FoxPro、Oracle 等。借助网络,还可以实现计算机的分布处理,如银行储户可以到就近的储蓄所取款;外出旅行时,可以使用磁卡在当地支取现金;订购车票可以到银行而不一定是火车站的售票处等。数据库管理系统实现了数据输入、检索、统计和报表等一系列功能。

3) 计算机辅助系统

计算机在辅助设计与制造及辅助教学方面发挥着日益重要的作用,也使生产技术和教学方式产生了革命性的变化。

计算机辅助设计(Computer-Aided Design,CAD)是设计人员借助计算机的计算、逻辑判断等功能进行各种工程设计的一项专门技术。早期的 CAD 主要是利用计算机代替人工绘图,以提高绘图质量和效率,其后的三维图形显示使设计人员可以从各种角度观察物体的动态立体图,并可进行修改。借助计算机的快速计算优点,可以随意改变产品的参数,以选择最佳设计方案,加上分析、模拟手段,可以利用计算机生成产品模型代替实物样品,既降低了试制成本,也缩短了研制周期。此类方法也称为计算机辅助工程(Computer-Aided Engineering,CAE)。现在计算机已被用于大规模集成电路、机械、船舶、飞机、建筑等的辅助设计。

计算机辅助制造(Computer-Aided Manufacturing,CAM)就是利用计算机来进行生产设备的管理、控制和操作的过程。这方面的典型应用是数控加工,使计算机按已经编制好的程序控制刀具的启、停、运动轨迹和刀具速度及切削深度等进行零件加工。

计算机集成制造系统(Computer Integrated Manufacturing System,CIMS)。CIMS 是美国学者 Harrington 首先提出的概念,其中心思想是将企业的各个生产环节紧密结合,形成集设计、制造和管理为一体的现代化企业生产系统。此生产模式具有生产率高、生产周期短等优点,一些专家甚至认为,CIMS 有可能成为 21 世纪制造工业的主要生产模式。

计算机辅助教学(Computer-Aided Instruction,CAI)。随着计算机技术的进步,传统的"黑板+粉笔"的教学手段已经难以完全适应新的教学需要,借助新的支持环境,如多媒体授课中心等设施和计算机辅助教学软件(称为课件),可以获得更好的教学效果。通过 CAI,既可以加深感性认识,又可以增加信息量,还可以增强学生的动手能力。教师很容易进行对学生的个别指导。

4) 人工智能

人工智能研究的主要目的是用计算机模拟人的智能,其发展主要有以下几个方面。

机器人:实现类似于人的机器人是人类长期以来的梦想,这是指让机器具有感知和识别能力,能说话和回答问题,称为"智能机器人"。目前,应用比较广泛的是"工业机器人",它由已经编制好的程序进行控制,完成固定的动作,通常可将其应用在某些重复、危险或人类难以胜任的工作中。

专家系统：专家系统是指用来模拟专家智能的软件系统。该类系统依据事先收集的某些专家的丰富知识和经验，经总结后存入计算机，再构造出相应的推理机制，使该软件可以通过自己的推理和判断，对用户的问题做出回答。

模式识别：这部分应用的研究重点是图形、图像和语言识别，可以应用在机器人感觉和听觉、公安部门的指纹分辨、签字辨认等方面。

此外，数据库智能检索、机器翻译、定理的机器证明等也都属于人工智能范畴。

5）计算机仿真

计算机仿真的目的是用计算机模拟实际事物。例如，利用计算机可以生成产品（如汽车、飞机等）的模型，降低产品的研制成本，且大幅度缩短研制周期；利用计算机可以进行危险的实验，如武器系统的杀伤力、宇宙飞船在空中的对接等；利用计算机模拟自然景物，可以达到十分逼真的效果，现代电影、电视中广泛采用了这些技术。

此外，在20世纪80年代末，出现了综合使用上述技术的所谓“虚拟现实”技术，它可模拟人在真实环境中的视、听、动作等一切（或部分）行为，借助此类技术，飞行员只要在训练座舱中戴上一个头盔，即可看到一个高度逼真的空中环境，产生身临其境的感觉。

6）计算机网络

网络是指将单一使用的计算机通过通信线路连接在一起，以便达到资源共享的目的。计算机网络的建立，不仅解决了一个地区、一个国家中计算机与计算机之间的通信和网络内各种资源的共享，也极大地促进和发展了国际间的通信和数据的传输处理。事实上，计算机技术、通信技术和网络技术构成了当今信息化社会的三大支柱。

利用计算机网络在互联网上进行远程交流（收发电子邮件、聊天等），在互联网上参加娱乐活动（棋类、球类、扑克等游戏活动），还可在互联网上直接参加商务活动（商务谈判、购物等）。

1.1.5 未来计算机的发展

1. 计算机发展趋势

计算机发展的现实向人们展示了它总的发展趋势是巨型化、微型化、网络化、智能化。

（1）巨型化：发展高速度、大存储容量、强功能的超大型计算机。这主要是满足如军事、天文、气象、原子、航天、核反应、遗传工程、生物工程等学科研究的需要；同时也是计算机人工智能、知识工程研究的需要。巨型机的研制水平也是一个国家综合国力和科技水平的具体反映。

（2）微型化：计算机的微型化是以大规模集成电路为基础的。计算机的微型化是当今世界计算机技术发展最为明显，最为广泛的趋势。由于微型计算机的体积越来越小，功能越来越强，价格越来越低，软件越来越丰富，系统集成程度越来越高，操作使用越来越方便；因此，它大大地推动了计算机应用的普及化和计算机的文化化，使计算机的应用拓广到人类社会的各个领域，乃至家庭。同时，微型计算机还渗透到仪器仪表、导弹弹头、医疗仪器、家用电器等机电设备中去，实现了机电一体化。

（3）网络化：计算机网络是计算机技术和通信技术结合的产物。用通信线路及通信设备把各个计算机连接在一起形成一个复杂的系统就是计算机网络。这种方式扩大了计算机系统的规模，实现了计算机资源(硬件资源和软件资源)的共享，提高了计算机系统的协同工作能力，为电子数据交换提供了条件。计算机网络可以是小范围的局域网络，也可以是跨地区的广域网络。现今最大的网络是 Internet；加入这个网络的计算机已达数亿台；通过 Internet 人们可以利用网上丰富的信息资源，互传邮件(电子邮件)。所谓的信息高速公路就是以计算机网络为基础设施的信息传播活动。现在，又提出了所谓"网络计算机"的概念，即任何一台计算机，可以独立使用它，也可以随时进入网络，成为网络的一个结点使用它。

(4) 智能化：计算机的智能化是计算机技术(硬件技术和软件)发展的一个高目标。智能化是指计算机具有模仿人类较高层次智能活动的能力：模拟人类的感觉、行为、思维过程；使计算机具有"视觉"、"听觉"、"说话"、"行为"、"思维"、"推理"、"学习"、"定理证明"、"语言翻译"等的能力。机器人技术、计算机对弈、专家系统等就是计算机智能化的具体应用。计算机的智能化催促着第五代计算机的孕育和诞生。

2. 未来型计算机的发展

在第四代计算机得到迅速发展的今天，逐渐形成了一些明显的发展趋势，包括多极化、网络化、多媒体和智能化，并出现了一些"更新型"的计算机或计算机技术，这些计算机被统称为"未来型计算机"，包括以下几种。

(1) 人工神经网络计算机：1982 年，日本宣布了它的第五代计算机研制计划，其目标是使计算机具有人的某些智能。美国也组建了微电子和计算机公司，并提出：新一代计算机系统将具有智能特性，具有逻辑思维、知识表示和推理能力，能模拟人的分析、决策、计划等智能活动，人机之间具有自然通信能力等。

(2) 生物计算机：1994 年，美国公布了对生物计算机的研究成果。生物计算机将生物工程技术产生的蛋白质分子作为原材料制成生物芯片，该芯片不仅具有巨大的存储能力，且以波的形式传送信息，数据处理速度比当今计算机快一百万倍，而耗能仅是现代计算机的十亿分之一。由于蛋白质分子具有自我组合能力，所以将可能使生物计算机具有自调节、自修复和自再生能力，易于模拟人脑的功能。

(3) 光子电脑：目的是利用光子代替电子、光互连代替导线互连的全光数字电脑。加之光子电脑以光部件代替电子部件，以光运算代替电子运算，故可使其运算速度比现代计算机快上千倍。

3. 计算机新热点

回顾计算机技术的发展历史，从大、中、小型机时代，到微型计算机、互联网时代，再到如今的云计算、移动互联、物联网时代，技术革命一直是整个 IT 产业发展的驱动力。目前，在新思想、新技术、新应用的驱动下，云计算、移动互联网、物联网等产业呈现出蓬勃发展的态势，全球 IT 产业正经历着一场深刻的变革。

1) 云计算

云计算(Cloud Computing)是信息技术的一个新热点，更是一种新的思想方法。它将计算任务分布在大量计算机构成的资源池上，使各种应用系统能够根据需要获取计算能力、存储空间和信息服务。云计算中的"云"是一个形象的比喻，人们以云可大可小、可以飘来飘去的这些特点来形容云计算中服务能力和信息资源的伸缩性，以及后台服务设施位置的透明性。

Google 在 2006 年首次提出“云计算”的概念，其后开始在大学校园推广云计算计划，将这种先进的大规模快速计算技术推广到校园，并希望能降低分布式计算技术在学术研究方面的成本，随后云计算逐渐延伸到商业应用、社会服务等多个领域。目前云计算按部署方式大致分为两种，即公共云和私有云。公共云是指云计算的服务对象没有特定限制，即它是为外部客户提供服务的云。私有云是指组织机构建设的专供自己使用的云，它所提供的服务外部人员和机构无法使用。在实际使用中还有一些衍生的云计算形态，如社区云、混合云等。总体来说，云计算主要包括三个层次，如图 1-3 所示。

最底层是硬件平台，包括服务器、网络设备、CPU、存储器等所有硬件设施，它是云计算的数据中心。现在的虚拟技术可以让多个操作系统共享一个大的硬件设施，可提供各类云平台的硬件需求。中间层是云平台，提供类似操作系统层次的服务功能。

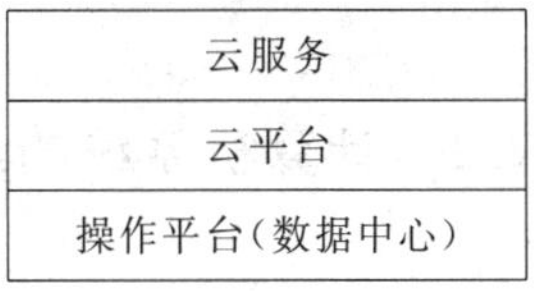

云服务
云平台
操作平台(数据中心)

图 1-3　云计算结构

2）移动互联网

简单来说，移动互联网就是将移动通信和互联网两者结合起来成为一体。移动与互联网相结合的趋势是历史的必然，因为越来越多的人希望在移动的过程中能够高速地接入互联网。在最近几年里，移动通信和互联网已成为当今世界发展最快、市场潜力最大的两大产业，它们的增长速度都是任何预测家未曾预料到的。据统计，2012 年全球移动用户已超过 60 亿，互联网用户也已逾 24 亿。中国移动通信用户总数超过 10 亿，互联网用户总数则超过 5.6 亿。这一历史上从来没有过的高速增长现象，充分反映了随着时代与技术的进步，人类对移动性和信息的需求急剧上升。移动互联网是一个全国性的、以宽带 IP 为技术核心的并可同时提供话音、传真、数据、图像、多媒体等高品质电信服务的新一代开放的电信基础网络，是国家信息化建设的重要组成部分。移动互联网的应用特点是“小巧轻便”与“通信便捷”，它正逐渐渗透到人们生活、工作与学习等各个领域。移动环境下的网页浏览、文件下载、位置服务、在线游戏、电子商务等丰富多彩的互联网应用迅猛发展，正在深刻改变信息时代的社会生活。

3）物联网

物联网被称为继计算机和互联网之后，世界信息产业的第三次浪潮，代表着当前和今后相当一段时间内信息网络的发展方向。从一般的计算机网络到互联网，从互联网到物联网，信息网络已经从人与人之间的沟通发展到人与物、物与物之间的沟通，功能和作用日益强大，对社会的影响也越发深远。

物联网的概念在 1999 年由美国 MIT Auto-ID 中心提出，在计算机互联网的基础上，利用射频识别技术(Radio-Frequency Identification，RFID)、无线数据通信技术等构造一个实现全球物品信息实时共享的实物互联网，当时也称为传感器网。2005 年国际电信联盟发布《ITU 互联网报告 2005：物联网》报告，将物联网的定义和覆盖范围进行较大的拓展，传感器技术、纳米技术、智能嵌入技术等得到更加广泛的应用。2008 年，IBM 提出“智慧地球”概念，即新一代的智慧型基础设施建设。

物联网英文名称是 The Internet of Things，顾名思义，“物联网就是物物相连的互联网”。这里有两层含义：第一，物联网的核心和基础仍然是互联网，是在互联网基础上延伸和扩展的网络；第二，其用户端延伸和扩展到任何物品与物品之间都可以进行信息交换和通信。因此，物联网是一个基于互联网、传统电信网等信息承载体，让所有能够被独立寻址的普通物理对象实现互联互通的网络，可实现对物品的智能化识别、定位、跟踪、监控和管理。它具有普通对象设备化、自治终端互联化和普适服务智能化的重要特征。应用创新是物联网发展的核心，以用户体验为核心的创新是物联网发展的灵魂，现在的物联网应用领域已经扩展到了智能交通、仓储物流、环境保护、平安家居、个人健康等多个领域。

1.2 计算机系统

1.2.1 计算机系统的组成

计算机系统由硬件和软件两大部分组成。硬件与软件是相辅相成的，硬件是计算机的物质基础，软件是计算机的灵魂。没有硬件就没有计算机，没有软件，计算机就不会发挥其作用。硬件系统的发展给软件系统提供了良好的开发环境，而软件系统的发展又促进了硬件系统的发展。

为了理解计算机，就要了解计算机体系结构，冯·诺依曼体系结构是现代计算机的基础，当前最先进的计算机大都采用此结构。随着计算机应用领域的迅速扩大，对计算机性能的要求也越来越高。虽然冯·诺依曼体系结构在计算机发展史上占据着主导地位，但是改进计算机的体系结构是提高计算机性能的重要途径之一。

1. 冯·诺依曼计算机

冯·诺依曼提出的计算机具有以下功能：一是能把需要的程序和数据送至计算机中；二是具有长期记忆程序、数据、中间结果及最终运算结果的能力；三是具有完成各种算术、逻辑运算和数据传送等数据加工处理的能力；四是能够根据需要控制程序走向，并能根据指令来控制机器的各部件协调操作；五是能够按照要求将处理结果输出给用户。为了完成这些功能，计算机设计成由5个基本部件组成：输入数据程序的输入设备、记忆程序数据的存储器、完成数据加工处理的运算器、控制程序执行的控制器和输出处理结果的输出设备。

2. 现代计算机体系结构

一台计算机可以看成由一些部件组成，它的功能由各个部件的集合功能来决定，每个部件能够根据它的内部结构和功能来描述。现代计算机基本遵循传统的冯·诺依曼计算机体系结构，也由5个部件组成，部件之间的数据流、控制流、反馈流如图1-4所示。计算机的5个部件在控制器的统一指挥下，有条不紊地自动工作。其中，控制器和运算器在计算机中直接完成信息处理的任务，并且在逻辑关系和电路结构上联系十分紧密，尤其在大规模集成上。因此，通常将它们合称为中央处理器(Central Processing Unit，CPU)。

存储器分为内存储器(也称主存储器、主存、内存)和外存储器(也称辅助存储器、辅存、外存)。内存是相对存取速度快而容量小的一类存储器，直接与CPU交换数据，当前运行

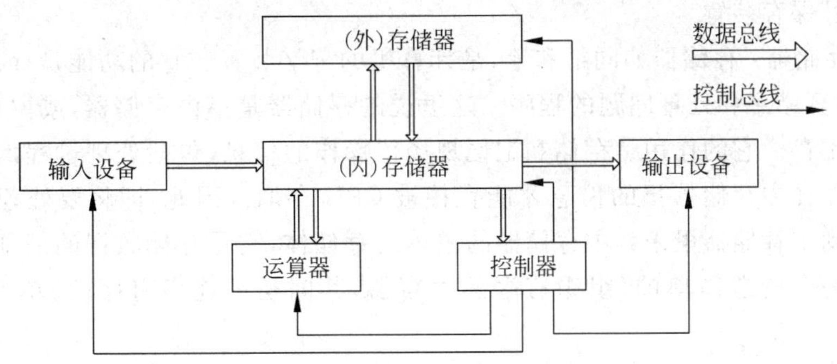

图 1-4 现代计算机体系结构

的程序与数据都要存放在内存中。外存是相对存取速度慢而容量大的一类存储器，是内存的延伸，用于长期保存数据。计算机在执行程序和加工处理数据时，外存中的信息送入内存后才能使用，即计算机通过外存与内存不断交换数据的方式使用外存中的信息。

输入设备和输出设备统称为输入输出设备，简称 I/O 设备。

中央处理器和内存储器构成了计算机主体，称为主机；相对地又把 I/O 设备和外存储器称为外围设备或外部设备，简称外设。于是，计算机硬件又被看成由主机和外设两大部分组成。

1.2.2 计算机硬件的组成

计算机一开始是作为计算工具出现的，它的算题过程和人利用算盘、大脑算题的过程差不多。例如，计算 16×6－25÷7，人首先用大脑分析后，得知应先计算 16×6 和 25÷7，然后用这两个计算结果相减得到差。在具体计算中需要用笔和纸，书写算式、记录结果。计算机的解题过程也需要与人脑、算盘、笔纸类似的部件，称为控制器、运算器和存储器。计算机要完成计算，只有上述三个部分是不够的，它还需要将原始数据、计算步骤输入计算机中，这就需要输入设备；另外，计算机的计算结果还要输出来给人查看、分析，这就需要输出设备。所以，计算机硬件通常由控制器、运算器、存储器、输入设备、输出设备 5 个功能部件组成，其组成方式如图 1-4 现代计算机体系结构所示。图 1-4 中粗线箭头线表示信息的流动和流向，细线箭头表示控制信号的流动和流向。可见，控制器在计算机中是一个控制中心。控制器使用的一个工具是运算器。它的任务是完成“运算”。两者构成一个整体，称为“处理器”，即通常所说的 CPU(Central Processing Unit)。把 CPU 和主存储器(或称内存储器)集合在一起称为“主机”。相对于主机，把输入设备、输出设备和输入/输出设备集合在一起称为“外部设备”，简称“外设”。输入输出设备又称为辅助存储器，或外存储器计算机组成元素的组合如图 1-5 所示。

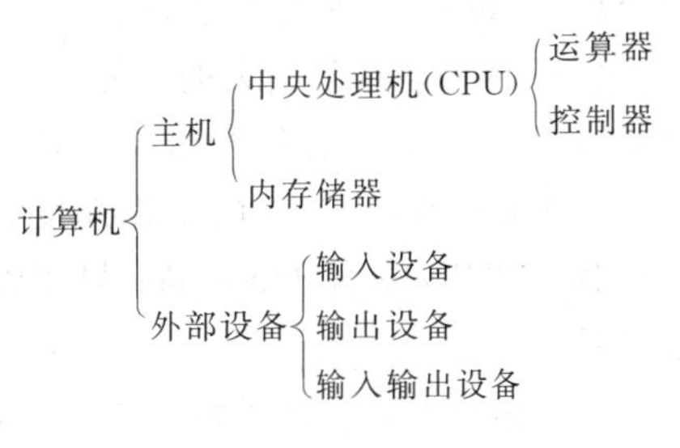

图 1-5 计算机系统构成

上面的结构，统称为计算机硬件系统。CPU 是计算机的核心部件，它承担所有的操作；主存储器是计算机的记忆部分，存储需要立即处理的信息；外部设备是计算机与外界联系的通道和大量档案信息的“永久性”保存装置。

(1) 主存储器：存储器如同纸和笔，是计算机的记忆装置。它的功能是存放原始数据、中间数据、运算结果和处理问题的程序。这里说的存储器是指内存储器，或主存储器，又简称为内存或主存。它的作用是存储和记忆现场待操作的信息，包括处理过程信息和数据信息。只有存储在主存储器里的信息才能直接被 CPU 存取。因此，即将要处理的信息必须首先“传输”到主存储器里来。主存储器的主体是存储体，它是存储数据的部件。可以把存储体想象成一个构造简单的、组织有序的大容器，其间是一连串有序的“单元”，如图 1-6 所示。

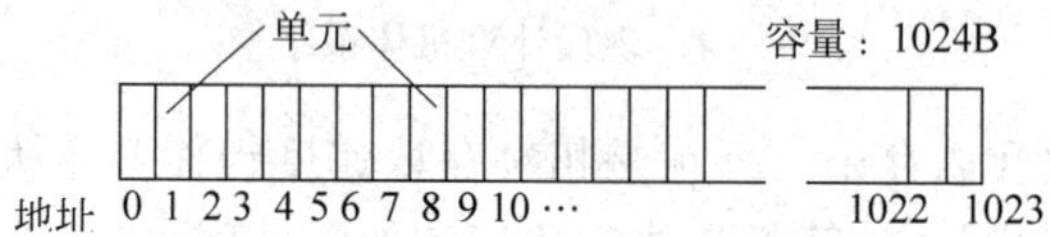

图 1-6　存储器的结构和单元地址

单元是存储体的基本组成单位。每一个单元只能存放一个单一的信息，如一个字母、一个数、一个符号等。一台计算机的存储体由相当数量的单元构成，如 1024 个、1 048 576 个或更多。为了标识和识别存储体的每一个个别的单元，就对每一个单元进行有序编号。假定存储体是由 1024 个单元组成的，第一个单元为 0 号单元、第二个单元为 1 号单元……最后一个单元为 1023 号单元。把这些单元的编号称为单元的“地址”。因此，地址是标识和引用一个特定单元的唯一手段。现代计算机中把基本的存储单元称为“字节”(B)，并以字节为单位进行计量。故 1024B 表示 1024 个字节，1 048 576B 表示 1 048 576 个字节。1024，1 048 576 称为存储器的容量。因为 $1\,048\,576=1024\times1024=2^{10}$，所以又把 1 048 576B 表示为(1024×1024)B。用 K 表示 1024，则 1 048 576B=1024KB；又 1024KB=1MB，称为 1 兆字节。在计算机领域中，计量存储器容量通常用 GB、TB：

$$1\text{GB}=2^{30}\text{B}=1024\text{MB}=1024^3\text{B}$$

$$1\text{TB}=2^{40}\text{B}=1024\text{GB}=1024^4\text{B}$$

从存储器中取出数据，或向存储器存入数据的活动称为对存储器的读/写操作。存储器的读/写具有这样的特点：从存储单元中“读出”信息时，存于其中的数据不变，称为读出时的“复制性”，或“不变性”；把数据“写入”存储单元中时，存于其中的原数据被写入的新数据替代，称为写入时的“替代性”或“破坏性”。

在计算机中根据内存储器的工作方式不同，有“随机存储器”(Random Access Memory，RAM)和“只读存储器”(Read-Only Memory，ROM)之分。随机存储器(RAM)是对单元“可读/写”的，断电后信息立即丢失的存储器；只读存储器(ROM)是对单元“只可读，不可写”的，断电后信息不丢失的存储器。根据功用和地位的不同，随机存储器又由高速缓冲存储器(cache)和(主)存储器组成。高速缓冲存储器是使 CPU 能快速、直接存取信息的存储器，目的在于提高 CPU 的工作速度。相对于主存储器，高速缓冲存储器的存储容量很小，存取速度很快，成本价格很高；只用以存储正在运行的极小范围的那一部分信息，以提高整机的速度。

(2) 运算器：运算器如同算盘，是对数据进行加工处理的部件。它在控制器的控制下进行加、减、乘、除等算术运算和包括逻辑判断、逻辑比较等的逻辑运算，因此又称为算术逻辑部件。运算器中的数据取自内存，运算结果也要先存入内存，然后根据需要输出。

(3) 控制器：控制器如同人的大脑，它的作用是统一指挥和控制计算机各部件，使计算机能够自动地执行程序，这种指挥和控制的依据是指令，即向计算机发出的执行某种操作的命令。也就是说计算机的工作由指令所控制；而指令是人发送到计算机中去的。为了完成某个特定的完整的处理任务，用一组指令表示出处理算法的全部过程和步骤，并输入、存储在计算机系统中，再由控制器自动地根据这些指令逐条指挥和控制计算机进行工作，最后完成预定的任务。

(4) 输入设备：输入设备的作用是把原始数据和处理这些数据的程序转换成计算机中用以表示二进制的电信号，输入计算机的内存中。常把输入设备简称为向计算机输入数据和程序的设备。根据不同的使用计算机的方式可选用不同的输入设备，目前常见的输入设备有键盘、光笔、鼠标器、扫描仪、麦克风、摄像机，数字化仪以及各种类型的模数转换器等。不同输入设备用于不同媒体信息的输入，如键盘用于字符信息的输入，扫描仪用于图形信息的输入等。

(5) 输出设备：输出设备的功能是把运算处理结果按照人们所要求的形式输出，如显示器、打印机、绘图仪、音箱、数模转换器等都是输出设备。输出设备是计算机系统向外界输送信息的设备。

(6) 输入输出设备：输入输出设备是既能向计算机系统输送信息，又可以接受计算机系统向外界输送信息的设备；常见的有磁盘(硬盘、软盘)、磁带、光盘等。输入输出设备的作用主要是存储信息；因此，也是一种存储器，通常称为外存储器，或辅助存储器，又简称外存或辅存。外存与内存有很大的区别：一是不能由 CPU 直接从中读/写信息。外存只作为档案信息“长时间”地存储。因此，对当前不需要处理的信息就从内存输出到外存上，如硬盘或软盘上保存，这就是输出。当要对外存中的某些信息处理时，就将这些信息从外存输入内存去，这就是输入。也就是说，外存既是输入设备，同时也是输出设备。二是外存储器可以有很大的容量，可以存储大量的档案信息。犹如一个大仓库。而且外存的容量可以随时任意地扩充。可以认为外存的容量是“无穷大”的。三是外存成本价格便宜。四是其存取速度比内存慢。

把输入设备、输出设备和输入输出设备统称为外部设备，或简称为外设。

1.2.3 计算机软件的组成

硬件是计算机的“躯体”，软件是计算机的“灵魂”。没有软件的计算机仅仅是一台没有任何功能的机器，也称为裸机。软件使计算机呈现出多种个性，如安装相应的计算机软件，可使计算机成为一个文字处理机、计算器、绘图仪、电话、控制设备等，甚至可以同时具有这些功能。因此，学习和应用计算机首先要了解软件的概念，掌握软件的功能，才能充分使用计算机为人们服务。

在计算机问世初期，“计算机”一词实际上只是指“计算机硬件”。进入 20 世纪 60 年代，由于程序设计技术的进步，才形成“计算机硬件”和“计算机软件”的概念。因为程序、数据存放在柔软的纸带上，所以相对于硬邦邦的机器，统称程序为软件，这是初期的概念，并不准确。软件源于程序，但是慢慢地认识到文档的重要性，对软件的理解又深了一层，认为软件是程序和文档的总和。程序是让机器读的，文档是给人看的，只有完善的文档才能保证软件开发者、甚至非软件开发者能够修改已开发好的程序或软件。

计算机软件(Computer Software)是相对于硬件而言的，它包括计算机运行所需的各种程序、数据及其有关技术文档资料。硬件是软件赖以运行的物质基础，软件是计算机的灵魂，是发挥计算机功能的关键。有了软件，人们可以不必过多地去了解机器本身的结构与原理而方便灵活地使用计算机。因此，一个性能优良的计算机硬件系统能否发挥其应有的作用，很大程度上取决于所配置的软件是否完善和丰富。软件不仅提高了机器的效率、扩展了硬件功能，也方便用户使用。

1. 程序的基本概念

"程序"作为一个名词，在汉语词典中的解释为"事情进行的先后顺序；也指一定的工作步骤"，如大会程序、履行程序等。计算机是一种工具，为计算机安排工作的程序就是计算机程序。在计算机科学中，一个计算机程序是指导计算机解决一个问题或完成一项任务的说明。计算机程序，就是计算机按一定的动作步骤完成指定任务的一系列命令。一个软件是由一个或多个程序构成的。如要计算机完成一个四则运算题，就必须告诉计算机，第一步完成括号内的运算，第二步完成乘除法运算，第三步完成加减法运算，这就是算法。而计算机程序就是按照算法所描述的步骤告诉计算机怎样做的一组命令集合。这些命令都是用计算机语言来编写的，用计算机语言编写计算机程序的过程叫程序设计或编写程序(即编程)。计算机程序是用一种计算机能够翻译并执行的语言来书写的。一个计算机程序主要由两部分组成，一是说明部分，包括程序名、类型、参数及参数类型的说明；二是程序体，为程序的执行部分。无论何种类型的计算机，只要配备上相应的高级语言编译或解释程序，就可运行该高级语言编写的程序。

2. 软件

通常，软件被定义为与计算机系统的操作有关的计算机程序、规程、规则以及任何与之有关的文件。所以，软件是由程序、数据和相关技术资料构成的集合体。程序是其软件的主体。通常，组成软件的程序是与某一使用领域相关的一组程序。例如，Windows 是一个软件，组成它的程序是一些管理计算机资源(硬件、软件资源)，接收和完成用户操作服务请求，维持计算机系统正常运行的程序。因此，所谓软件是指"程序"、"数据"和"技术文档"的结合体。

计算机是在程序的控制下进行工作的，程序对机器而言是一些二进制数据的有序组合，对计算机用户而言，程序表现为形形色色的软件。计算机的工作不能离开软件，同样软件的运行也不能离开计算机硬件。

其实，从诞生计算机的那一天起，计算机软件也就随之诞生了，不过，当时人们还没有像对待硬件一样对待计算机软件，没有完全形成计算机软件的概念，更不可能谈到计算机软件产业。随着硬件技术的发展，软件业也开始发展起来，20 世纪 50 年代中期出现了早期的操作系统，20 世纪 60 年代出现软件产业，并和硬件制造业分离。直到今天，软件形成了一个庞大的产业，同时又反过来推动硬件的发展。

计算机软件一般可以分为系统软件和应用软件两大类，如图 1-7 所示。

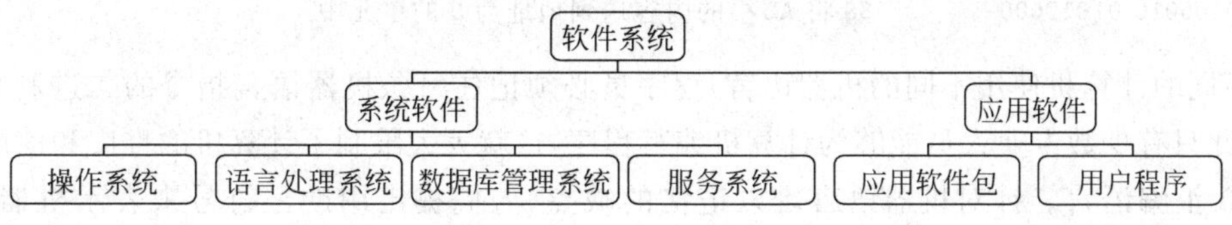

图 1-7　软件系统的组成

1）系统软件

系统软件一般都是指公用性的、一个计算机系统必备的软件；旨在提供对计算机的管理，或提供软件开发工具的软件。这种软件的使用不受领域、行业、机器型号、使用单位、使用人员等的限制，如操作系统，各种程序设计语言，数据库管理系统等。系统软件是管理、监控和维护计算机资源的软件，主要包括：操作系统、语言处理系统、数据库管理系统、各类服务程序等。

（1）操作系统。

操作系统是最基本的系统软件，它的功能是对计算机系统中的硬件资源进行有效的管理和控制，合理地组织计算机工作流程，为用户提供一个使用计算机的工作环境，起到用户和计算机之间的接口工作。说到底，操作系统也是软件，不过，它是第一软件，其他的软件都必须在操作系统的管理下进行工作。

一个操作系统应具备 5 个方面的功能：内存管理、CPU 管理、设备管理、文件管理和作业管理。

实际的操作系统是多种多样的。每一个厂家研制的计算机都会配备相应的操作系统，对于不同的应用，也会产生不同的操作系统，同时操作系统的结构和内容差别也较大。目前市场上的操作系统有：

① DOS 操作系统，又称磁盘操作系统，单用户单任务操作系统。

② Windows 操作系统，又称窗口操作系统，多任务操作系统，如 Windows 95、Windows 98、Windows 2000、Windows XP 和 Windows 7 等，支持多任务，即插即用。

③ UNIX 系统，用于大型机的网络操作系统，多用户多任务操作系统。

④ Linux 系统，多用于 PC，是开放的系统。

（2）语言处理系统。

语言是人类社会进行交流的工具。人要与计算机进行交流，要让计算机替人做特定的事情，除用操作系统外，还必须有让计算机能懂的“语言”，这类语言，肯定不是人类的自然语言，而是程序设计语言。为使计算机能懂得人所规定的语言格式，需要有一个或若干个语言翻译器，即语言编译程序。此编译程序把人们用某种语言编写的程序翻译成计算机可懂的程序运行。

程序设计语言，按其发展过程和应用级别可分为机器语言、汇编语言、高级语言。

① 机器语言。它是直接用二进制形式表达命令的一种语言，也称手编语言，属第一代语言。机器语言的优点是占用内存少，执行速度快，缺点是面向机器，编程难度大，难以维护，只有专业人员能掌握。例如计算 2+6 在某种计算机上的机器语言指令如下：

```
10110000 00000110          && 将 6 送到寄存器 AL 中
00000100 00000010          && 将 2 与寄存器 AL 中的内容相加，结果仍在 AL 中
```

```
10100010 01010000          && 将 AL 中的内容送到地址为 5 的单元中
```

不同的计算机使用不同的机器语言，程序员必须记住每条机器语言指令的二进制数字组合，因此只有少数专业人员能够为计算机编写程序，这就大大限制了计算机的推广和使用。

② 汇编语言。针对机器语言难以记忆的缺点，人们提出用助记符号来表示机器指令，以帮助记忆。这类语言虽然仍然面向机器，但维护方便了一些，编程工作量大大降低，称为汇编语言，属第二代语言。

它使用助记符表示每条机器语言指令，例如 ADD 表示加，SUB 表示减，MOV 表示移动数据。例如，计算 2+6 的汇编语言指令如下：

```
MOV AL,6                   && 将 6 送到寄存器 AL 中
ADD AL,2                   && 将 2 与寄存器 AL 中的内容相加，结果仍在 AL 中
MOV #5,AL                  && 将 AL 中的内容送到地址为 5 的单元中
```

③ 面向过程的高级语言。它可以运行于不同的机器上，通用性强，易于维护，编程无须知道机器结构。程序简短易读，极大地提高了程序设计的效率和可靠性，如 BASIC 语言、C 语言、FORTRAN 语言等，都是高级语言。

④ 面向对象的高级语言。面向过程的高级语言虽然解决了大量实际问题，使程序设计变得非常简单，但当问题较为复杂，程序量较大的时候，程序的维护、升级、增加新的功能都不容易。人们经过研究发现，现实生活中要解决的问题无论如何复杂，过程多么曲折，但所涉及的对象都是相对稳定的，所以人们提出了面向对象的技术，进而实现了面向对象的程序设计语言，具代表性的程序设计语言有 C++、VB、Delphi、Java 等。

(3) 数据库管理系统。

计算机处理的就是数据，人们只有用数据描述问题，才有可能用计算机去解决问题。为了有效地利用、管理、保存数据，20 世纪 60 年代末产生了数据库系统(Data Base System, DBS)。数据库系统主要由数据库(DB)和数据库管理系统(Data Base Management System, DBMS)组成。

数据库是以一定的组织方式存储起来的具有相关性的数据集合。数据库独立于任何应用程序而存在，可为多种应用服务。数据库管理系统的作用就是管理数据库，由它来实现对数据库的建立、维护、使用等功能。

广泛使用的数据库管理系统有 dBASE、FoxBASE、FoxPro、Access、SQL Server 等。

(4) 服务程序。

常用服务程序指一些公用的工具型程序，这些程序一方面可以实现程序的编译、连接，另一方面能检查、诊断计算机软件及硬件中存在的故障，以方便计算机的维护和管理。

① 办公自动化软件。如目前较为流行的 Office 2010 等可以实现文字编辑、排版输出、制表、制作幻灯片、数据库管理、收发电子邮件等。

② 编译、连接、解释程序。高级语言源程序必须被翻译为二进制数据后才能被计算机所接受、执行。这个工作是由编译、连接程序实现的。解释程序是将源程序语句边翻译、边执行，占用空间小，但运行速度慢。

③ 测试、诊断程序。测试程序能查出程序中的某些错误，诊断程序能自动检查计算机的故障。

2）应用软件

应用软件是为解决计算机各类应用问题而编制的软件系统，具有很强的实用性。应用软件是专用性软件；旨在提供对某一领域、某一行业、某一部门，甚至某一处理使用的软件。尽管这种软件也有它的通用性，但是这种通用性受到领域性质、行业行为、单位业务、人员职业等的限制。应用软件是各领域为解决实际问题而编写的程序。为避免重复劳动，许多公司针对一些具有共性的问题，编制出一些较为成熟的、经过实践检验的组合程序，又称软件包。所以，在系统软件支持下开发的，一般分为应用软件包和用户程序两类。

（1）应用软件包是为实现某种特殊功能或计算的独立软件系统，如办公软件 Office 套件、动画处理软件、图形/图像处理软件、科学计算软件等。

（2）用户程序是用户为解决特定的具体问题而二次开发的软件，是在系统软件和应用软件包的支持下开发的，如人事管理系统、财务管理信息系统和学籍管理信息系统等。

任何软件都是由开发人员或制造商编写的一系列程序和数据的集合，还包括一系列技术文档与用户使用手册。通常都是以软件包的方式出售的，或是以压缩包的形式放在网络中供用户免费下载使用。

应用软件的内容十分广泛，与人们日常生活的关系越来越密切，许多金融单位、商场都有计算机系统，也有相应的计算机软件。如学校，有辅助学生学习的 CAI 软件；在财务部门，有财务管理软件；在工厂，有辅助设计的 CAD 软件和辅助制造的 CAM 软件；在工业系统，有工业控制软件、仿真软件等。

3. 软件运行环境

软件运行环境即运行软件所需要的各种条件，包括软件环境和硬件环境。软件的运行受制于硬件和运行系统的环境。如各种操作系统需要的硬件支持是不一样的，一些要求支持 64 位运算的 CPU，另一些要求 32 位即可；而许多应用软件不仅仅要求硬件条件，还需要特定软件环境的支持，通俗地讲就是 Windows 支持的软件，Linux 不一定支持，苹果的软件只能在苹果机上运行，如果这些软件需要跨平台运行，必须修改软件本身，或者模拟它所需要的软件环境。

运行环境对应用程序的重要性是不言而喻的。例如，用 C 语言在 Windows 上开发一个软件要用到许多 Windows 系统里提供的各种接口（如 API、DLL 等），这样开发出的程序移植到其他系统平台（如 MS-DOS、Mac OS、Linux、UNIX 等）上时，因为其他系统并没有提供这种接口程序，就会导致软件不可运行。一个软件产品一般都会说明是基于某个操作系统平台运行的。

操作系统的运行分为正常模式和安全模式。其中，安全模式是操作系统用于修复系统错误的专用模式，是一种不加载任何驱动的最小系统环境，用安全模式启动计算机，可以方便用户排除问题，修复错误。

4. 软件工程的定义

软件工程是一门指导计算机软件系统开发和维护的工程学科，是一门新兴的学科，它涉及计算机科学、工程科学、管理科学、数学等多学科。软件工程的研究范围很广，不仅包括软件系统的开发方法和技术、管理技术，还包括软件工具、环境及软件开发的规范。

自从第一台电子计算机诞生以来，就开始了软件的开发，20 世纪 60 年代末，软件开发仍然主要采用“生产作坊方式”。随着软件需求量、规模及复杂度的迅速增大，生产作坊的方式已不能适应软件开发的需要，出现了所谓的“软件危机”，即软件开发效率低，大量质量低劣的软件涌入市场或在开发过程中夭折。由于“软件危机”的不断扩大，对软件开发已经产生了严重危害。为了克服“软件危机”，在著名的 NATO（北大西洋公约组织）软件可靠性会议上第一次提出“软件工程”的名词，将软件开发纳入了工程化的轨道，基本形成了软件工程的概念、框架、技术和方法。

1）软件工程定义

软件工程是指导计算机软件开发和维护的工程学科。具体来说就是采用工程的概念、原理、技术和方法来开发与维护软件。

软件工程过程则是为获得软件产品，在软件工具的支持下由软件工程师完成的一系列软件工程活动，包括以下 4 个方面。

P(Plan)：软件规格说明，规定软件的功能及其运行时的限制。

D(DO)：软件开发，开发出满足规格说明的软件。

C(Check)：软件确认，确认开发的软件能够满足用户的需求。

A(Action)：软件演进，软件在运行过程中不断改进以满足客户新的需求。

2）软件工程研究内容

软件工程研究的主要内容有 4 个方面：方法与技术、工具及环境、管理技术、标准与规范。软件开发方法，主要讨论软件开发的各种方法及工作模型，包括了多方面的任务，如软件系统需求分析、总体设计，以及如何构建良好的软件结构、数据结构及算法设计等，同时讨论具体实现的技术。软件工具为软件工程方法提供了支持，研究计算机辅助软件工程(Computer Aided Software Engineering，CASE)，建立软件工程环境。软件工程管理，是指对软件工程全过程的控制和管理，包括计划安排、成本估算、项目管理、软件质量管理。软件工程标准化与规范化，使得各项工作有章可循，以保证软件生产率和软件质量的提高。软件工程标准可分为 4 个层次：国际标准、行业标准、企业规范和项目规范。

3）软件工程的目标

软件工程研究的目标是：以较少的投资获取高质量的软件，即软件的开发要在保证质量和效率的同时，尽量缩短开发周期，降低软件成本。软件工程所实现的多目标中，有的是互补的，如缩短开发周期，可降低成本；维护是需要代价的，易于维护就可降低总成本；高性能与高可靠性是互补的。而有的目标则是互斥的，如要获得高的可靠性，通常要采取一些冗余的措施，往往会增加成本。

为了实现软件工程的多目标，要对软件的各项质量指标进行综合考虑，以实现软件开发“多、快、好、省”的总目标。

4）软件开发过程

软件开发是一个把用户需要转化为软件需求、把软件需求转化为程序设计，用计算机语言来实现程序的设计，然后对程序代码进行测试，并签署确认它可以投入运行使用的过程。软件不仅仅是程序的集合，还包括分析、设计、测试和质量控制等一系列文档，在这个过程中的每一阶段，都包含相应的文档编制工作。文档作为软件的一个重要组成部分，符合要求的、规范化的文档在软件开发中的作用就如同零件图纸在产品开发中的作用一样，起着表达思想、传递信息的重要作用，是保证软件开发质量、提高软件可维护性、可靠性和可生产性的重要保障。

从工程学角度出发，软件开发过程包括规划、分析、设计、编码、测试和维护等几个阶段。

(1) 规划：规划阶段从技术、经济和社会因素三个方面研究并论证软件项目的可行性，编写可行性研究报告，探讨解决问题的方案，并对可供使用的资源(如计算机硬件、系统软件、人力等)、可取得的效益和开发进度做出估计，制订开发任务的实施计划。

(2) 需求分析：需求分析阶段的基本任务是和用户一起确定要解决的问题，建立软件的逻辑模型，编写需求规格说明书并最终得到用户的认可。

(3) 软件设计：本阶段的工作是根据需求说明书的要求，进行软件系统的详细设计，其主要目标是用软件结构图表示出软件的模块结构，设计模块的程序流程、算法、数据结构和数据库。

(4) 编码：编码就是把软件设计转换成计算机可以接受的程序，即写成以某一程序设计语言表示的"源程序清单"。

(5) 测试：软件测试的目的是以较小的代价发现尽可能多的错误。通过相应的测试技术发现软件的编程错误、结构错误和数据错误，以及发现软件的接口、功能和设计错误，然后反馈给软件设计人员进行再次修改、编程、测试，直到软件达到质量要求。

(6) 维护：维护是指在已完成软件的研制(分析、设计、编码和测试)工作并交付使用以后，对软件产品所进行的一些软件工程活动。任何一个好的成熟的软件，都要根据用户使用后的应用反馈，经过多次完善修改后，才能达到最佳的效果，即根据软件运行情况，对软件进行适当的修改，以适应新的要求，以及纠正原设计方案与运行结果中发现的错误，尤其是逻辑错误。同时要撰写软件问题报告、软件修改报告以及进一步解决方案等。

通常，在实施过程中，软件开发并不是从第一步进行到最后一步的，而是在任何阶段、在进入下一阶段前，一般都有一步或几步的回溯。因此在软件开发中，经常会出现重复。在测试过程中的问题可能要求修改设计，用户可能会再次提出一些需要修改需求说明书的新要求，等等。

1.3 信息编码

计算机只认识二进制编码形式的指令，因此字符、数字、声音、图像等信息都必须经过某种方式转换成二进制的形式，才能提供给计算机进行处理。在机器内部，信息的表示依赖于机器硬件电路的状态，信息采用什么样的表示形式，直接影响到计算机的质量与性能。

二进制信息在物理上容易实现，二进制仅有两个状态 0 与 1，这正好与物理器件的两种状态相对应，由于两种状态分明，处理起来简单，并且抗干扰能力强。所以，采用二进制编码不仅可以成功地运用于数值信息编码，而且适用于各种非数值信息的数字编码。特别是二进制数的两个符号 0 和 1，正好与逻辑命题两个值"真"与"假"相对应，从而也为计算机现实逻辑判断提供了方便。

1.3.1 进位数值在计算机中的表示

为了人们书写、阅读及记忆的方便，通常都使用十进制数，计算机不采用人们习惯的十进制，这是由二进制有其他进制不可替代的优点所决定的。这些优点概括起来有以下几个方面。

(1) 可行性。

二进制只需要表示 0 和 1 两种状态，这在技术(物理)上很容易实现。例如，晶体管的导通与截止、开关的接通与断开、磁场的南北极、电流的有无、电压的高与低、光线的明与暗等都可以表示两种对立的状态。所以，在计算机硬件数字电路中有利于实现二进制的操作。

(2) 简易性。

二进制的运算法则比较简单，即二进制运算操作有利于硬件器件的实现，比十进制运算操作简单。这样就使计算机的运算器结构简化。

(3) 逻辑性。

由于二进制数的 0 和 1 正好与逻辑代数的假(false)和真(true)相对应，所以用二进制数来表示逻辑值是可行的。

(4) 可靠性。

二进制只有 0 和 1 两个数字，传输和处理时抗干扰能力强，不容易出错，所以能使计算机的高可靠性得到有力的保证。数制又称进位记数制，它是用一组固定的数字和一套统一的规则表示数字的方法，形象地说它是按进位的原则进行记数的方法。数制的种类很多，但每种数制都是由以下三部分内容所决定的：第一是该数制所用的数码；第二是基数，基数是表示该数制数目大小所需的数码个数；第三是进位和借位规则。

1. 计算机内使用的数制

进位记数制是一种记数的方法，人们最常用的是十进制记数方法，但是，它不是唯一的记数方法。例如计时用的时、分、秒就是按六十进制记数的，每周有 7 天是按七进制记数的。在计算机内部，数的运算和存储都是采用二进制数来完成的。但是，二进制数对于人们的阅读和书写以及记忆都是不方便的。为了便于人们对二进制数的描述，应该选择一种易于与二进制数相互转换的数制，便于人们阅读及书写，可使用八进制数或十六进制数来表示二进制数。

(1) 十进制：其基数为 10；它是由 0，1，2，…，9 这 10 个数码表示的，数码的位置不同代表数的大小亦不同；在加、减法运算中采用“逢 10 进 1”、“借 1 当 10”的原则进行计算。

(2) 二进制：其基数为 2；它是由 0、1 两个数码表示的；在加、减运算中采用“逢 2 进 1”、“借 1 当 2”的原则进行计算。

(3) 八进制：基数为 8；它是由 0，1，2，…，7 这 8 个数码表示的；在加、减法运算中采用“逢 8 进 1”、“借 1 当 8”的原则进行计算。

(4) 十六进制：基数为 16；它是由 0，1，2，…，9，A，B，…，F 这 16 个数码表示的，在加、减法运算中采用“逢 16 进 1”、“借 1 当 16”的原则进行计算。

二进制数在计算机中应用得最广泛，n 位二进制数可以表示 2^n 个十进制数。例如，3 位二进制数可以表示 8 个十进制数，如表 1-1 所示。

表 1-1　3 位二进制数可表示 8 个十进制数

二进制数	000	001	010	011	100	101	110	111
十进制数	0	1	2	3	4	5	6	7

而 4 位二进制数可以表示十进制数的 0～15 共 16 个数，它们对应关系如表 1-2 所示。

表 1-2　4 位二进制数可表示 16 个十进制数

二进制数	0000	0001	0010	0011	0100	0101	0110	0111
十进制数	0	1	2	3	4	5	6	7
二进制数	1000	1001	1010	1011	1100	1101	1110	1111
十进制数	8	9	10	11	12	13	14	15

十进制是以 10 为基数的记数制，如十进制数 1234 表示为

$$1234=1\times1000+2\times100+3\times10+4\times1=1\times10^3+2\times10^2+3\times10^1+4\times10^0$$

即每一个数位对应一个 10 的方幂。一般地，任意一个十进制数 $X=d_nd_{n-1}\cdots d_1d_0$ 的多项式表示是

$$d_nd_{n-1}\cdots d_1d_0=d_n\times10^n+d_{n-1}\times10^{n-1}+\cdots+d_1\times10^1+d_0\times10^0$$

在十进制表示中，d_i 只能是 10 个数字符号 0、1、2、…、9 中的一个，即十进制数使用 10 个数字符号。从低位向较高位进位是“逢 10 进 1”，即进位基数为 10。

根据十进制的概念，可以抽象出 p 进制数 $X=x_nx_{n-1}\cdots x_1x_0$ 的多项式表示是

$$x_nx_{n-1}\cdots x_1x_0=x_n\times p^n+x_{n-1}p^{n-1}+\cdots+x_1\times p^1+x_0\times p^0$$

与十进制类似，p 进制使用 p 个数字符号：0、1、2、…、9、10、…、$p-1$，进位数基为 p，进位规则是“逢 p 进 1”。

显然，当 $p=10$ 时，X 为十进制数表示。当 $p=16$ 时，X 为十六进制数表示。当 $p=8$ 时，X 为八进制数表示。

因为计算机内部表示数据是用二进制形式的；因此，有 $p=2$。设二进制数 $X=b_nb_{n-1}\cdots b_1b_0$，其多项式表示是

$$X=b_nb_{n-1}\cdots b_1b_0=b_n\times2^n+b_{n-1}\times2^{n-1}+\cdots+b_1\times2^1+b_0\times2^0$$

如

$$\begin{aligned}X&=(1234)_{10}=(10011010010)_2\\&=1\times2^{10}+0\times2^9+0\times2^8+1\times2^7+1\times2^6+0\times2^5+1\times2^4+0\times2^3\\&\quad+0\times2^2+1\times2^1+0\times2^0\end{aligned}$$

2. 数据单位

在计算机内部，无论是运算器的运算，还是控制器发出的指令，以及存储器存储的数据或指令都是应用二进制数来完成的。在网络上进行数据通信时发送和接收的也是二进制数。在计算机内部中，二进制数的单位表示有：

1) 位

“位”(b)：是计算机中最小的信息单位。一“位”只能表示 0 和 1 中的一个，即一个二进制位，或存储一个二进制数位的单位。

2) 字节

“字节”(B)：是由相连的 8 个位组成的信息存储单位，为了表示多个二进制数，也为了便于计算机存取信息，存储器被分成许多单元，人们选定 8 比特即 8 个位为“一个字节”(Byte)，简记为 B，如图 1-8 所示。

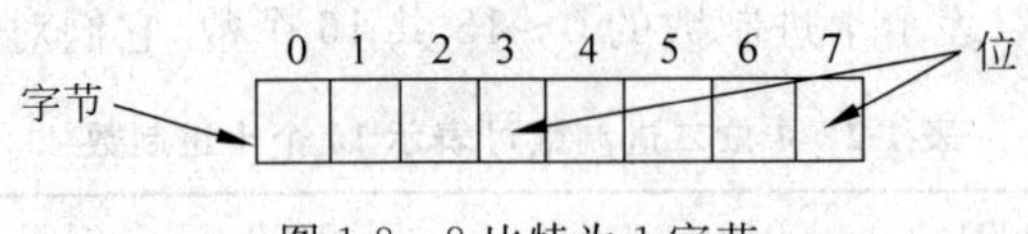

图 1-8　8 比特为 1 字节

"字节"是目前计算机最基本的存储单位；也是计算机存储设备容量最基本的计量单位。一个字节通常可以存储一个字符(如字母、数字等)。只有字节才有地址的概念。对一种计算机的存储设备以字节为单位赋予的地址称为字节编址；也是目前计算机最基本的存储单元编址，如图 1-9 所示。

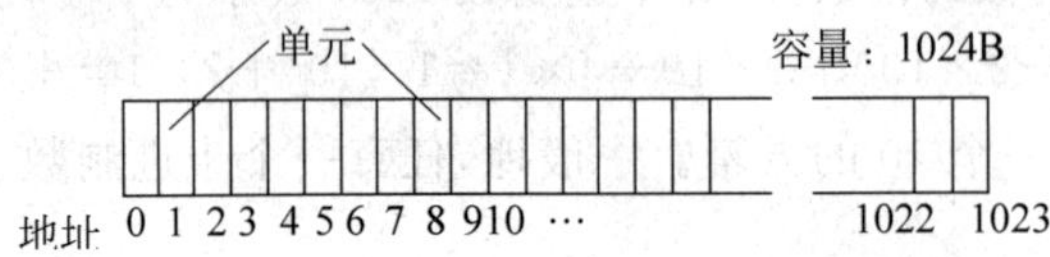

图 1-9　字节编址

3) 字

一个字(Word)通常由一个或若干个字节组成，字所包含的位数叫做字的长度，简称字长，如果一个字是由两个字节组成的，那么，这个字长就是 16 位。字长决定了计算机数据处理的速度，是衡量计算机性能的一个重要指标，字长越长，性能越好。计算机型号不同，其字长也不同，常用的计算机字长有 8 位、16 位、32 位。

3. 数制的表示方法

为了区别不同的进制数，一般把具体数用括号括起来，在括号的右下角标上相应的表示数制的数字。如十进制数 25 表示为$(25)_{10}$，八进制数 17 表示为$(17)_8$，同样的道理，$(1.011)_2$、$(1.8)_{16}$分别表示二进制数和十六进制数。在计算机里，通常在数字后面跟一个英文字母来表示该数的数制。

十进制数：用 D(Decimal)表示；

二进制数：用 B(Binary)表示；

八进制数：用 O(Octal)表示；

十六进制数：用 H(Hexadecimal)表示。

例如：25D、1.011B、17O、1.8H 分别表示十进制、二进制、八进制、十六进制数。

几种进位记数制表示数的方法如表 1-3 所示。

表 1-3　常用数制数的表示方法

十进制	二进制	八进制	十六进制
0	0	0	0
1	1	1	1
2	10	2	2
3	11	3	3
4	100	4	4
5	101	5	5

续表

十 进 制	二 进 制	八 进 制	十 六 进 制
6	110	6	6
7	111	7	7
8	1000	10	8
9	1001	11	9
10	1010	12	A
11	1011	13	B
12	1100	14	C
13	1101	15	D
14	1110	16	E
15	1111	17	F
16	10000	20	10

4. 同进位制之间的转换

1) 二进制转换成其他进制数

在十进制数中，$(234.56)_{10}$可表示为

$(234.56)_{10}=2\times10^2+3\times10^1+4\times10^0+5\times10^{-1}+6\times10^{-2}$

一般来说，任意一个十进制数 N 可表示为

$$N=\pm\sum_{i=-m}^{n}[K_i\times10^i]$$

式中，m、n 均为正整数；其中 m 为小数位数，n 为整数位数减 1，K_i 可以是 0、1、…、9 这 10 个数码中的任意一个，它是由具体数值来决定的；10 是十进制的基数，10^i 是第 i 位 K_i 的权值。

对于任意进制数，其基数用正整数 R 来表示，如对于二进制 $R=2$、八进制 $R=8$、十六进制 $R=16$，数$\pm(K_nK_{n-1}\cdots K_0\ K_{-1}\ K_{-2}\cdots K_{-m})_R$ 可用下式表示成十进制数：

$$N=\pm\sum_{i=-m}^{n}[K_i\times R^i]$$

式中，m、n 意义同前；K_i 则是 $0,1,\cdots,(R-1)$中的任意一个数码。它是由具体数值所决定的；R 是基数；N 是一个十进制数。

从上面的公式可以看出，一个任意进制的数能够很方便地转换成十进制数。在这转换中，把各个数码 K_i 用十进制数表示并乘以相应的权值 R^i，然后求和，这样便得到了一个对应的十进制数。

例 1-1 将二进制数$(1101.1111)_2$ 转换成十进制数。

$$\begin{aligned}N&=(1101.1111)_2\\&=1\times2^3+1\times2^2+0\times2^1+1\times2^0+1\times2^{-1}+1\times2^{-2}+1\times2^{-3}+1\times2^{-4}\\&=13.9375\end{aligned}$$

即$(1101.1111)_2=(13.9375)_{10}$。

例 1-2 将八进制数$(265.232)_8$ 转换成十进制数。

$$N=2\times8^2+6\times8^1+5\times8^0+2\times8^{-1}+3\times8^{-2}+2\times8^{-3}=181.300\ 781\ 3$$

即$(265.232)_8=(181.300\,781\,3)_{10}$。

例 1-3 将十六进制数$(4A8.E74)_{16}$转换成十进制数。

$$N=4\times 16^2+10\times 16^1+8\times 16^0+14\times 16^{-1}+7\times 16^{-2}+4\times 16^{-3}$$
$$=1192.903\,32$$

即$(4A8.E74)_{16}=(1192.903\,32)_{10}$。

注意：在此例中，必须把十六进制数中的数码 A 和 E 写成十进制的数码 10 和 14，然后乘以对应的权值才能顺利地转换。

2）十进制数转换成其他进制数。

把十进制数转换成二进制、八进制、十六进制数的方法相似。十进制数的整数和小数转换成二进制、八进制、十六进制数的整数和小数的方法不同，因此对于一个非整数的十进制数在转换成其他进制数时，必须把整数部分和小数部分分别转换。然后，把转换结果相加，便得到了最后的转换结果。

(1) 十进制整数转换成其他进制整数。

"除基数取余法"。所谓除基数取余法就是：把十进制整数反复除以要转换进制数的基数 $R(R=2,8,16)$，每次相除以后的余数$(0,1,2,\cdots,R-1)$对应于 R 进制数的一位，直至商为零为止。最后一个余数为 R 进制数的最高位上的值，而第一个余数是 R 进制数的最低位上的值。

将十进制整数转换成二进制整数，采用"除 2 取余法"，即将已知的十进制整数反复除以 2，每次相除后所得的余数（0 或 1）对应于一位二进制数，直至商为零为止。最后一个余数为二进制数的最高位上的值，第一个余数是二进制数最低位上的值。

例 1-4 将十进制数 11 转换成二进制数。

转换步骤为

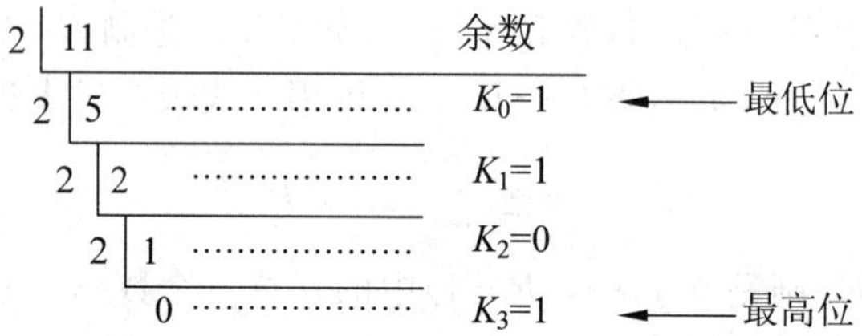

```
2 | 11                         余数
  ------------------------------
   2 | 5  ...................  K0=1   ←—— 最低位
     ----------------------
      2 | 2  ................  K1=1
        -------------------
         2 | 1  .............  K2=0
           ----------------
             0  .............  K3=1   ←—— 最高位
```

所以得

$$(11)_{10}=(1011)_2$$

将十进制整数转换成八进制整数采用"除 8 取余法"，第一个余数是八进制数最低位上的值，最后一个余数是八进制数最高位上的值。

例 1-5 将十进制数 181 转换成八进制数。

转换步骤为

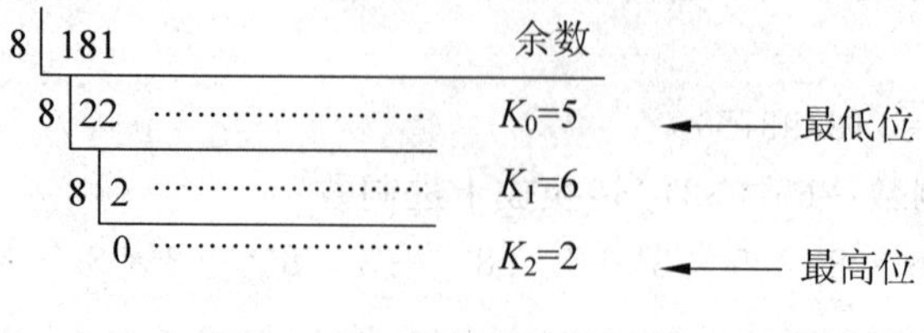

```
8 | 181                        余数
  ------------------------------
   8 | 22  ..................  K0=5   ←—— 最低位
     ----------------------
      8 | 2  ................  K1=6
        -------------------
          0  ................  K2=2   ←—— 最高位
```

所以得

$$(181)_{10}=(265)_8$$

将十进制整数转换成十六进制整数采用"除 16 取余法",第一个余数是十六进制数最低位上的值,最后一个余数是十六进制数最高位上的值。

例 1-6 将十进制数 1192 转换成十六进制数。

转换步骤为

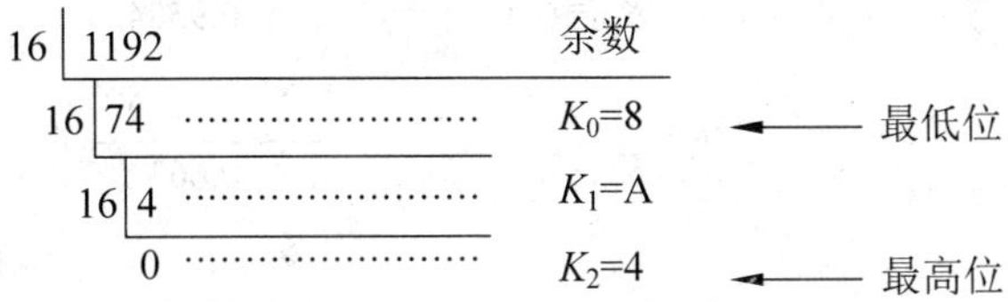

除数	被除数/商		余数	
16	1192			
16	74	……	$K_0=8$	← 最低位
16	4	……	$K_1=A$	
	0	……	$K_2=4$	← 最高位

即 $$(1192)_{10}=(4A8)_{16}$$

(2) 十进制纯小数转换成其他进制纯小数

"乘基数取整法"。所谓乘基数取整法就是:将已知的十进制小数反复乘以要转换进制数的基数 R,每次相乘之后所得的整数位的值$(0,1,2,\cdots,R-1)$作为 R 进制数对应位的值,直至小数部分为零或满足精度为止。第一次相乘所得积的整数部分作为 R 进制数最高位上的值,最后一次相乘所得积的整数部分作为 R 进制数最低位上的值。

把十进制纯小数转换成二进制纯小数采用"乘 2 取整法",即把已知的十进制小数反复乘以 2,每次相乘之积的整数部分(0 或 1)作为二进制对应位上的值,直至小数部分为零或满足精度要求为止。二进制小数取位方法与整数转换取位方法相反,即十进制小数第一次乘以 2 之积的整数部分作为二进制小数最高位上的值,最后一次乘以 2 所得的整数部分作为二进制数最低位上的值。

例 1-7 将十进制小数$(0.6875)_{10}$转换成二进制数。

采用乘 2 取整法,转换步骤为

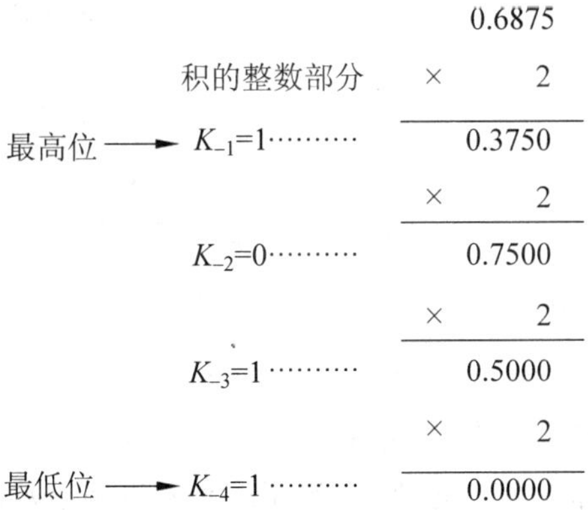

	积的整数部分	0.6875
		× 2
最高位 →	$K_{-1}=1$ ……	0.3750
		× 2
	$K_{-2}=0$ ……	0.7500
		× 2
	$K_{-3}=1$ ……	0.5000
		× 2
最低位 →	$K_{-4}=1$ ……	0.0000

即 $$(0.6875)_{10}=(0.1011)_2$$

把十进制纯小数转换成八进制纯小数采用"乘 8 取整法",第一次之积的整数部分作为八进制小数最高位上的值,最后一次之积的整数部分作为八进制小数最低位上的值。

例 1-8 将十进制小数$(0.3007)_{10}$转换成八进制数。

采用乘 8 取整法,转换步骤为

		0.3007
		× 8
最高位 ⟶	$K_{-1}=2$ ………	0.4056
		× 8
	$K_{-2}=3$ ………	0.2448
		× 8
	$K_{-3}=1$ ………	0.9584
		× 8
	$K_{-4}=7$ ………	0.6672
		× 8
	$K_{-5}=5$ ………	0.3376
		× 8
最低位 ⟶	$K_{-6}=2$ ………	0.7008

以上计算继续下去，直到满足精度要求为止。本例取 6 位小数得

$$(0.3007)_{10} \approx (0.231\,752)_8$$

把十进制纯小数转换成十六进制纯小数，采用“乘 16 取整法”，十六进制小数取位方法与上述二进制和八进制小数取位方法相同。

例 1-9 将十进制小数$(0.9032)_{10}$转换成十六进制数。

采用乘 16 取整法，转换步骤为

		0.9032
		× 16
最高位 ⟶	$K_{-1}=E$ ………	0.4512
		× 16
	$K_{-2}=7$ ………	0.2192
		× 16
	$K_{-3}=3$ ………	0.5072
		× 16
最低位 ⟶	$K_{-4}=8$ ………	0.1152

取四位十六进制小数，得

$$(0.9032)_{10} \approx (0.E738)_{16}$$

在把十进制小数转换成二进制、八进制或十六进制小数时，通常很难得到精确结果，一般是根据给定的精度要求来决定二进制、八进制或十六进制小数的位数。

在纯小数的转换过程中，当积的小数部分为 0 时转换终止。但有些小数转换时为无限循环小数，不出现小数部分为 0。这时根据转换的精确度决定终止的位数。如 0.7 转换时有 $0.7_{(10)}=0.101100110011\cdots_{(2)}$，它以 0110 循环。这时，若精确度取 4 位，则结果为 0.1011；若精确度取 6 位，则结果为 0.101101，第 7 位的 1 向高位进 1，即 0 舍 1 入。

对于一个任意十进制数(含有整数和小数部分)转换成二进制或八进制或十六进制数

时，必须把已知的十进制数的整数部分和小数部分分别转换，然后把整数部分和小数部分转换结果相加，这样便得到转换后相应进制的数。

即 $(11.6875)_{10}=(1011)_2+(0.1011)_2=(1011.1011)_2$

3）“二进制”与“八进制”和“十六进制”的转换

二进制向八进制和十六进制的转换及八进制和十六进制向二进制的转换。由于二进制数表示的数位比较长，不便于书写和阅读；因此考虑既用较少的数位，又不失二进制特点的进位制来表示。八进制和十六进制是常用于这一目的的进位制。

（1）二进制数向八进制数转换的方法。

先以小数点为基准分别向左向右每三位为一组，将数分成若干组。再把每一组看成一个独立的(整)二进制数，用二进制向十进制转换的方法转换成一位数字，并按原分组的次序排列即得等值的八进制数。

例如有二进制数 10011010010，把它转换为八进制数为

$10011010010_{(2)}=(010)(011)(010)(010)_{(2)}=2322_{(8)}$

因为 3 位二进制数计算的结果只能得到 0，1，2，…，7 的数，正好是八进制的数码。

又如二进制数 1001101.1011 是带小数的，其转换也类似。

1001101.1011＝(001)(001)(101).(101)(100)＝115.54

要把八进制数转换为二进制数，采用相反的方法即可。即将每一个八进制数字用三位二进制表示出来，再按八进制数原来的次序排列这些二进制位组即得等值的二进制数。

为简化二进制和八进制之间的相互转换，把八进制数码与二进制分组的关系列表如表 1-4 所示。

表 1-4　八进制数码与二进制数

八进制数码	0	1	2	3	4	5	6	7
二进制数	000	001	010	011	100	101	110	111

（2）二进制数与十六进制数转换的方法。

二进制与十六进制之间的相互转换方法和二进制与十六进制之间的相互转换方法基本一致。不同的是，以小数点为基准分别向左向右每 4 位为一组分组。另一个不同是，每组二进制数计算的结果有 16 个数字：0，1，…，9，10，11，12，13，14，15，也即十六进制有 16 个数字字符。从这个意义出发，用 A，B，C，D，E，F 表示数字字符 10，11，12，13，14，15。

如 $10011010010_{(2)}=(0100)(1101)(0010)_{(2)}=4D2_{(16)}$

同样可以提供一张十六进制数字字符与 4 位二进制数位组的对应关系表(表 1-5)，以简化转换。根据该表就可以很容易地在十六进制数和二进制数之间进行转换。

表 1-5　十六进制数码与二进制的对应关系

十六进制数码	0	1	2	3	4	5	6	7
二进制数	0000	0001	0010	0011	0100	0101	0110	0111
十六进制数码	8	9	A	B	C	D	E	F
二进制数	1000	1001	1010	1011	1100	1101	1110	1111

将十六进制数$(7BF.2D)_{16}$转换成二进制数。

将每位十六进制数用4位二进制数代替，得

$$
\begin{array}{ccccccc}
(& 7 & B & F & . & 2 & D)_{16} \\
 & \downarrow & \downarrow & \downarrow & & \downarrow & \downarrow \\
(& 0111 & 1011 & 1111 & . & 0010 & 1101)_2
\end{array}
$$

所以得

$$(7BF.2D)_{16}=(11110111111.00101101)_2$$

1.3.2 数在计算机的编码形式

1. 数在计算机中的表示

1）数据类型

在计算机中处理的数据分为数值型和非数值型两类。数值型数据是指数学中的代数值，具有量的含义，如552、−123.55或3/7等；非数值型数据是指输入计算机中的所有其他信息，没有量的含义，如用作职工编号的数字0～9、英文字母A～Z和a～z、汉字、图形/图像、声音及其一切可印刷的符号＋、－、!、#、%、》等。

然而，由于计算机采用二进制，所以这些数据信息在计算机内部都必须以二进制编码的形式表示。也就是说，一切输入计算机中的数据都是由0和1两个数字组合而成的，包括数值的＋和－符号在计算机中也要由0和1来表示，即数学符号数字化。

2）机器数与真值

在数学中，将“＋”或“－”符号放在数的绝对值之前来区分该数是正数还是负数，而在计算机内部使用符号位，用二进制数字0表示正数，用二进制数字1表示负数，放在数的最左边。这种把符号数值化了的数称为机器数，而把符号位：0表示正、1表示负。原来的数值称为机器数的真值。

通常，机器数是按字节的倍数存放的。例如，求十进制数字＋3与－3的机器数。

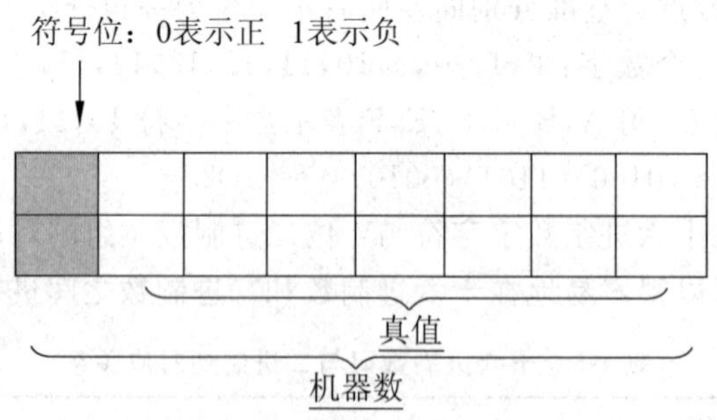

真值数据：十进制数与二进制数为$(3)_{10}=(11)_2$。

3）带符号数的表示方法

用0表示正数的正号；用1表示负数的负号，这种表示数的方法称为带符号数的表示方法。

在机器中带符号数的表示形式为

前者表示十进制数的+74，而后者表示的是十进制数的−74。

4）无符号数的表示方法

无符号数与带符号数表示方法的区别仅在于：无符号数没有符号位，机器中的全部有效位均用来表示数的大小，无符号数相当于数的绝对值的大小。若把机器数 01001010 和 11001010 看作无符号数，则前者为无符号数 74，而后者为无符号数 202。

5）数的小数点表示方法

在计算机中，数有两种表示方法，即定点法和浮点法。定点法就是：小数点在数中的位置固定不变；而浮点法是：小数点在数中的位置是浮动的。采用定点法表示数的计算机称为定点机，采用浮点法表示数的计算机称为浮点机。

任意一个二进制数 N 可表示为 $N=\pm S\times 2^{P}$。其中 S 称为数 N 的尾数，P 称为数 N 的阶码，2 为阶码的底。此处 P、S 均用二进制数表示。尾数 S 表示了数 N 的全部有效数字，阶码 P 指明了小数点的位置，它决定了数 N 的大小范围。

（1）定点表示法。

在定点表示法中，小数点的位置是固定不动的，所以，阶码为固定值。

定点法可表示纯整数和纯小数，对于纯整数，阶码 P 为零，且尾数 S 为纯整数。这时小数点固定在数的最后，因此，纯整数表示为

符号位	尾数 S.

例如：00001010，0：正数，0001010：整数为 10。

对于纯小数，阶码亦为零，且尾数 S 为纯小数，此时小数点固定在数的最前面。因此，纯小数表示为

符号位	.S 尾数

例如：01010000，0：正数，1010000：小数为 0.625。

（2）浮点表示法。

在浮点表示方法中，数的阶码是变化的，即小数点的实际位置是变化的。阶码 P 为变化的整数，可为正数，亦可为负数。尾数 S 可为正数，亦可为负数。

通常用一位二进制数 P_f 表示阶码的符号位，当 $P_f=0$ 时，表示阶码为正，当 $P_f=1$ 时，表示阶码为负；也用一位二进制数 S_f 表示尾数的符号，当 $S_f=0$ 时，尾数为正，当 $S_f=1$ 时，尾数为负。浮点数在机器中表示为

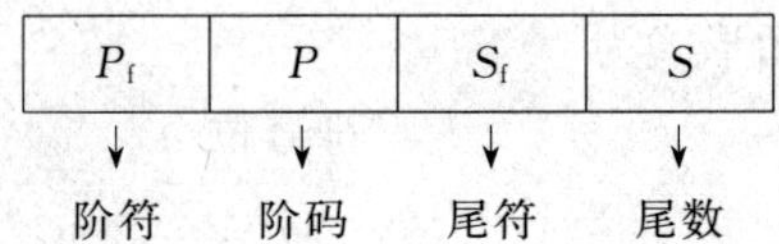

若要在机器中表示一个浮点数,阶码和尾数要分别表示,且都有自己的符号位。

例如：设阶码部分为 4 位,其中阶符占 1 位,阶码占 3 位；尾数部分为 7 位。其中尾符占 1 位,尾数为 6 位。现有一个数为＋55,写为二进制为＋110111。求＋110111 的浮点数的表示。

首先,通过规格化把二进制数＋110111 化简为 $2^6\times0.110111$,

则阶码为 6,二进制数表示为 110,尾数为 0.110111。

此数在机器中相应的表示形式为

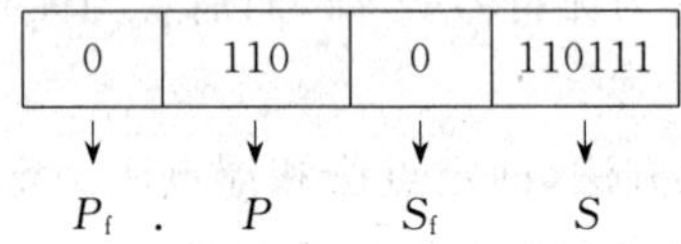

2. 数的原码、反码和补码

1) 概述

在计算机中,对有符号的机器数通常用原码、反码和补码三种方式表示,其主要目的是解决减法运算。任何正数的原码、反码和补码的形式完全相同,负数则各自有不同的表示形式。

2) 原码

正数的符号位用 0 表示,负数的符号位用 1 表示,有效值部分用二进制绝对值表示,这种表示称为原码表示。显然,原码表示与机器数表示形式一致。这种数的表示方法对 0 会出现两种表示方法,即正的 0(00…00)和负的 0(10…00)。

例如：　　$X=(+77)_{10}$　$Y=(-77)_{10}$

真值(二进制)：$(77)=(1001101)_2$

机器数：$(X)_{原}=\underline{\ 0\ }\ \ \underline{1001101}$

　　　　$(Y)_{原}=\underline{\ 1\ }\ \ \underline{1001101}$

　　　　　　　↑　　　↑

　　　　　　符号位　真值

原码表示法是最简单的一种机器数表示方法,只要符号位用 0 表示正数,用 1 表示负数,其余各位表示数值本身,就是数的原码表示法。

原码的运算法则是：与通常的算术运算法则相同,先对数的绝对值部分进行运算,再根据运算类型确定结果符号。

例如：

$$N_1=+1001010,\quad N_2=-1001010$$

其原码分别为

$$[N_1]_{原}=01001010,\quad [N_2]_{原}=11001010$$

3) 反码

原码表示方法简单易懂，而且与真值转换方便。但是，两个异号数相加或两个同号数相减就要做减法运算。而计算机只有加法器，没有减法器，为了把减法运算转换为加法运算就须引入数的反码和补码表示法，有了反码就容易求出补码。

(1) 正数的反码等同于原码，即正数的反码表示法与原码表示法完全相同。最高位为符号位，其余位为数值位。

(2) 负数的反码是将该数的符号位取1，其余各位取其反值(1变0，0变1)，即负数的反码表示法与原码表示法不同。原码的符号位不变，对数值部分逐位求反便得到了该数的反码。

例如：$N_1=+101$ 和 $N_2=-101$，用8位二进制数表示这两个二进制数，它们的原码和反码分别为

$[N_1]_{原}=\underline{0}\ 0000101$ $[N_1]_{反}=\underline{0}\ 0000101$

↑ 符号位 ↑ 符号位

$[N_2]_{原}=\underline{1}\ 0000101$ $[N_2]_{反}=\underline{1}\ 1111010$

↑ 符号位 ↑ 符号位

由反码定义可知：

① 反码0也有两种表示法，即+0和-0，其中$[+0]_{反}=00000000$，$[-0]_{反}=11111111$。

② 用8位二进制数表示一个数时，反码最高位是符号位，当符号位为0(正数)时，后面7位与原码相同；当符号位为1(负数)时，后面7位与原码相反。

4) 补码

(1) 补码的概念。

在日常时钟的读数上，0点45分可以读作1点差15分，这个15分就是45分的补数。如果不考虑“时”，即超过60分的部分不计，那么0点45分和1点45分的45分都是相同的，而“逢60进位”的60称为“模”。

如果 a 是正数，正数的补数就是数本身。如果 a 是负数，则其补数为模与该负数之和。如上述的“差15分”就是60+(-45)所得。15就是45对60的补数。

(2) 补码的定义。

$[X]_{补}=2^n+X$，即-45的补码为15。

其中，2^n 是 n 位二进制数的模，X 是被操作的数，并包含数符。

注意：正数的补码与原码相同，而负数的补码等于它的反码末位加1。补码的主要应用是针对负数的操作。

即

$$[N]_{补}=[N]_{反}+1$$

例如：$[N_1]_{原}=00000101$，$[N_2]_{原}=10000101$，则它们的补码分别为

$$[N_1]_{补}=[N_1]_{原}=00000101$$

$$[N_2]_{补}=[N_2]_{反}+1=11111010+1=11111011$$

根据补码的定义可知：

① $[+0]_{补}=[-0]_{补}=00000000$；

② 用补码表示的二进制数，最高位为符号位，当符号位为0(正数)时，其余7位为此数的二进制数值。当符号位为1(负数)时，其余7位不是该数的原码，必须把它们"求反加+1"后才得到它的原码。

引进补码，可以使减法化作"加一个负的减数"的加法来完成，即9－6＝9＋(－6)。另外，这样可以只需加法器，以减少逻辑电路的种类，提高硬件的可靠性。

5）原码与补码的转换关系

(1) 正数的原码、补码表示方法相同，不存在转换问题。

(2) 负数的原码、补码转换的情况为：

已知$[X]_{原}$，求$[X]_{补}$。

这时符号位不变，而数值部分逐位求反，末位加1即可。

已知$[X]_{补}$，求$[X]_{原}$。

补码的补码即是原码。

即$[[X]_{补}]_{补}=[X]_{原}$

例如：已知$[X]_{补}=10110110$，对该数再求补码得$[X]_{原}=11001010$。

说明：在计算机中负数都是用补码表示的，为了求出该数据值，需要再求一次补码，得出原值。补码只对负数才进行转换的工作。

表1-6中列出了用8位二进制代码表示无符号数、原码、补码和反码的对应关系。

表1-6　数的表示方法

二进制数	无符号数	原　码	补　码	反　码
00000000	0	+0	+0	+0
00000001	1	+1	+1	+1
00000010	2	+2	+2	+2
⋮	⋮	⋮	⋮	⋮
01111110	126	+126	+126	+126
01111111	127	+127	+127	+127
10000000	128	−0	−128	−127
10000001	129	−1	−127	−126
10000010	130	−2	−126	−125
⋮	⋮	⋮	⋮	⋮
11111101	253	−125	−3	−2
11111110	254	−126	−2	−1
11111111	255	−127	−1	−0

从表1-6中可以看出，用8位二进制数码表示无符号数的范围为0～255；表示原码范围为－127～＋127；表示补码范围为－128～＋127；表示反码范围为－127～＋127。

结论如下：

用n位二进制数码表示无符号数的范围为$0\leqslant N\leqslant 2^{n}-1$。

表示原码范围为$-(2^{n-1}-1)\leqslant N\leqslant 2^{n-1}-1$。

表示补码范围为$-2^{n-1} \leqslant N \leqslant 2^{n-1}-1$。

表示反码范围为$-(2^{n-1}-1) \leqslant N \leqslant 2^{n-1}-1$。

用上面各式能够方便地计算出16位和32位二进制数表示各种数码的范围。如16位二进制数($n=16$)表示补码的范围为$-32\,768 \leqslant N \leqslant +32\,767$。

表1-7给出了几个典型数据的原码、反码、补码的表示值。表中可见，+0和−0具有相同的补码表示值。

表1-7 原码、反码、补码对照表

数　值	原　码	反　码	补　码
+0	00000000	00000000	00000000
−0	10000000	11111111	00000000
−1	10000001	11111110	11111111
−2	10000010	11111101	11111110
+7	00000111	00000111	00000111
−7	10000111	11111000	11111001
−127	11111111	10000000	10000001

6) 补码的加、减运算

补码加、减的运算规则：$[X \pm Y]_补=[X]_补 \pm [Y]_补$

负数的补码和原数的真值的关系：$[X]_{真值}=[[X]_补]_反+$末尾1。

例1-10 已知$X=-18$，$Y=59$，计算$X+Y$。

采用补码运算，先求X和Y的补码，再求两补码之和，最后再转换为原数。

$[X]_补=2^8-0010010=11101110$，　$[Y]_补=00111011$

$$\begin{array}{r} [X]_补=11101110 \\ +)[Y]_补=00111011 \\ \hline [X+Y]\ =00101001 \end{array}$$

注：符号位产生的进位被舍去之后，符号位为0，说明这个结果是正数的补码形式，就是其真值。

所以　$[X+Y]_{真值}=00101001=+(41)_{10}$

↑最高位为符号位0，用+来代替

例1-11 已知$X=-18$，$Y=-59$，计算$X+Y$。

$[X]_补=2^8-0010010=11101110$，　$[Y]_补=2^8-00111011=11000101$

$$\begin{array}{r} [X]_补=11101110 \\ +)[Y]_补=11000101 \\ \hline [X+Y]_补=10110011 \end{array}$$

注：符号位产生的进位被舍去之后，符号位仍为1，说明这个结果是负数的补码形式，再经过"取反加1"，获得其真值。

所以，$[X+Y]_{真值}=[10110011]_反+00000001=11001101=-1001101=-(77)_{(10)}$

↑符号位为1，用−来代替

1.3.3 字符编码

1. 编码概念

身份证号就是识别个人身份的一种编码。我国的身份证号代表中华人民共和国国籍的公民身份，一般有15位和18位两种编码。

15位编码：$d\ d\ d\ d\ d\ d\ y\ y\ m\ m\ d\ d\ x\ x\ p$

18位编码：$\underbrace{d\ d\ d\ d\ d\ d}_{\text{地址码(省、地、县)}}\ \underbrace{y\ y\ y\ y\ m\ m\ d\ d}_{\text{出生年月日}}\ \underbrace{x\ x\ p}_{\text{顺序码}}\ y$ ←校验码

其中，15位和18位编码中的地址码是不同的，这与各省、市、地、县的结构有关，如北京地区没有县级，直属市级；在15位编码中，6位出生年月日的年份只有两位，丢弃了年份的前两位，而在18位编码中增加了这两位；xxp 为顺序码，表示在同一地址码所标识的区域范围内对同年、同月、同日出生的人编定的顺序号，顺序码的奇数分配给男性，偶数分配给女性。18位中末尾的 y 为校验码，其值取决于校验结果，方法是将前17位的ASCII值经位移、异或算法等计算，当运算结果不在0～9范围内时，其值表示为x、否则为0～9中的值。

通过身份证编码，可以理解编码的基本概念和含义，还可以进一步了解编码中每一项分类与取值来源。

2. 计算机编码

计算机是以二进制方式组织、存放信息的，计算机编码就是指对输入计算机中的各种数值和非数值型数据用二进制数进行编码的方式。对于不同机器、不同类型的数据，其编码方式是不同的，编码的方法也很多。为了使信息的表示、交换、存储或加工处理方便，在计算机系统中通常采用统一的编码方式，因此制定了编码的国家标准或国际标准。如位数不等的二进制码、BCD(Binary Coded Decimal)码、ASCII(American Standard Code for Information Interchange)、汉字编码、图形图像编码等。计算机使用这些编码在计算机内部和外部设备之间以及计算机之间进行信息交换。

3. 二-十进制编码

在计算机中，为了适应人们的日常习惯，采用十进制数方式对数值进行输入和输出。这样，在计算机中就要将十进制数转换为二进制数，即用0和1的不同组合表示十进制数。将十进制数转换为二进制数的方法很多，但是不管采用哪种方法的编码，统称为二-十进制编码，即BCD码。

在二-十进制编码中，最常用的是8421码。它采用4位二进制编码表示1位十进制数，其中4位二进制数中由高位到低位的每一位权值分别是 2^3、2^2、2^1、2^0，即8、4、2、1。

BCD码比较直观，只要熟悉4位二进制编码表示1位十进制数，可以很容易实现十进制与BCD码之间的转换。BCD码在形式上是0和1组成的二进制形式，而实际上它表示的是十进制数，只不过是每位十进制数用4位二进制编码表示而已，运算规则和数制都是十进制。

例如,十进制数 3259 的 8421 码可表示为 0011 0010 0101 1001。

又如,(0101 1001 0000.0110 1001)BCD 所对应的十进制数是 590.69。

BCD 码与二进制之间的转换不是直接进行的,要先经过十进制转换,即将 BCD 码先转换成十进制,然后再转换成二进制;反之亦然。

4. 字符编码

计算机除处理数值信息外,还需大量处理字符信息。由于计算机只能存储二进制数,这就需要对字符进行编码,建立字符数据与二进制数之间的对应关系,以便于计算机识别、存储和处理字符。

字符编码使用最广泛的是 ASCII(American Standard Code for Information Interchange),即美国标准信息交换码。ASCII 使用 7 位二进制数进行编码,共有 128 个,包括 32 个通用控制字符、10 个十进制数码、26 个英文大写字母、26 个英文小写字母和 34 个专用符号,如表 1-8 所示。

表 1-8 ASCII 表

高 4 位 / 低 4 位	0000	0001	0010	0011	0100	0101	0110	0111
0000	NUL	DEL	SP	0	@	P	‘	p
0001	SOH	DC1	!	1	A	Q	a	q
0010	STX	DC2	”	2	B	R	b	r
0011	ETX	DC3	#	3	C	S	c	s
0100	EOT	DC4	$	4	D	T	d	t
0101	ENQ	NAK	%	5	E	U	e	u
0110	ACK	SYN	&	6	F	V	f	v
0111	BEL	ETB	`	7	G	W	g	w
1000	BS	CAN	(	8	H	X	h	x
1001	HT	EM	)	9	I	Y	i	y
1010	LF	SUB	*	:	J	Z	j	z
1011	VT	ESC	+	;	K	[	k	{
1100	FF	FS	,	<	L	\	l	|
1101	CR	GS	—	=	M	]	m	}
1110	SO	RS	.	>	N	^	n	~
1111	SI	US	/	?	O	_	o	DEL

表中,32 个通用控制符不能打印和显示,可打印的常用 96 个字符称为 ASCII 字符。当 ASCII 存放在一个字节中时,占用 7 个二进制位,字节中的最高位为 0。

一个字符的二进制的 ASCII 转换成十进制数称为该字符的 ASCII 值。例如,大写字母 A 的二进制 ASCII(1000001)转换为十进制数为 65,则称 A 的 ASCII 值为 65。

5. 汉字编码

汉字是一种特殊的字符,同样采用编码的形式在计算机内表示和存储它。由于汉字字数多,其汉字编码表比 ASCII 编码表要大得多。汉字在计算机中通常为两个字节编码。为了与 ASCII 相区别，规定汉字编码的两个字节的最高位为 1。采用双 7 位汉字编码，最多可表示 128×128=16 384 个汉字。一个汉字用两个字节的内码表示。

1）区位码

区位码是根据在 GB 2312—80(汉字编码表)中定义的矩阵，由区号和位号组合在一起构成的汉字编码。在两个连续的字节中，第一个字节表示区号；第二个字节表示位号。例如，"粗"字是在 20 区 54 位，所以区位码为 2054。

2）国标码

国标码是指我国于 1981 年公布的《中华人民共和国国家标准信息交换汉字编码》(GB 2312—80)。国标码中有 6763 个汉字和 682 个其他基本图形字符，共计 7445 个字符。

国标 GB 2312—80 规定，所有的国标汉字和符号组成一个 94×94 的矩阵。在该矩阵中，每一行称为一个"区"，每一列称为一个"位"。所以，该矩阵有 94 个区号(01～94)和 94 个位号(01～94)。

区位码是进行汉字信息交换时使用的。我国有自己处理用的汉字编码，称为"国标码"。这个编码是在区位码的基础上产生的，方法是分别在"区"码和"位"码上各加 32(即二进制 00100000)得到。

例如：	区码		位码			国标码	
[南]十进制码是：	36	+32	47	+32	=	68	79
十六进制码是：	24H	+20H	2FH	+20H	=	44H	4FH

3）汉字机内码

计算机内部处理中文或西文信息使用的代码称为内码，ASCII 是一种机内码，但汉字的机内码用两个字节表示。

国标码在计算机内的表示称为"机内码"，设置机内码的目的在于，在对汉字进行处理时能与 ASCII 进行区分，使中西文混合在同一文本中能同时做不同的处理。机内码在国标码的基础上产生，分别在"高位"码和"低位"码上各加 128(即二进制 10000000)得到。

例如：	区码		位码			机内码	
[南]十进制码是：	68	+128	79	+128	=	196	207
十六进制码是：	44H	+80H	4FH	+80H	=	C4H	CFH

区位码与机内码的关系为：机内码高位=区码+A0H(H 表示 A0 为十六进制数)，机内码低位=位码+A0H。

因此，汉字操作系统将国标码的每个字节的最高位均置为 1，标识为汉字机内码，简称汉字内码。2 字节汉字机内码如下所示：

1	国标码第一字节

1	国标码第二字节

4）输入码

对于汉字，除以上给出的区位码、国标码和机内码(或称内码)外，还有所谓的"输入码"，也称"外码"，即在进行汉字输入时用的汉字编码；也即"汉字输入法"使用的编码。常用的有"区位码输入法"编码、"全拼输入法"编码、"五笔字型输入法"编码、"双拼双音输入法"编码等。

(1) 区位码输入法：其输入码就是汉字的区位编码表的区码和位码，4 位十进制数。如

“南”的输入码为 3647，“京”的输入码为 3009。

(2) 全拼输入法：其输入码就是国家颁布的汉字拼音规则，即一个汉字的全部拼音字母。如“南”的输入码为 nan，“京”的输入码为 jing。

(3) 五笔字型输入法：其编码就是根据汉字的五笔字型拆分规则形成的编码。如“南”拆分为十、冂、丷、十；分别对应于键盘的 F、M、U、F 键；所以其输入码为 FMUF。

(4) 双拼双音输入法：其编码就是汉字拼音的简化表示规则，即用一个键表示一个独立的音，如用 Y 代 ing 音，用 A 代 zh 音，用 J 代 an 音，等等。因此一般汉字都是由声母和韵母组成的，故只有两个音，也即两个键。如“南”的拼音是 nan，故用双拼双音输入法时输入码为 nj(n + an)；“京”的拼音是 jing，故输入码为 jy(j + ing)。

一个汉字可以有多个输入码，无论用何种输入法输入，系统一律将输入码转换为同一内码，根据内码在相应字库中查找该汉字的字模信息并将其输出到屏幕上。

5) 汉字字型码

在汉字输出时用显示器显示，用打印机打印，另外还要用到汉字字型码。汉字字型码是汉字字型的字模数据。通常用点阵、矢量函数等方式来表示，用点阵表示字型时，汉字字形码就是这个汉字字型点阵的代码。字型码也称字模码，是用点阵表示的汉字字型代码，它是汉字的输出形式，根据输出汉字要求不同，点阵的多少也不同。通常汉字显示用 16×16 点阵，汉字打印可选用 24×24、32×32、48×48 等点阵，点数越多，打印的字体越美观。但汉字库占用的存储空间也越大。如一个 24×24 的汉字占用的空间为 72B，而 48×48 的汉字将占用 48×6＝288B。

一个汉字用两个字节的内码表示，计算机显示一个汉字的过程首先是根据其内码找到该汉字在字库中的地址，然后将该汉字的点阵字型在屏幕上输出。

6. 字形码

字形码(汉字字库)是指文字信息的输出编码，也就是通常所说的汉字字库，是使用计算机时显示或打印汉字的图像源。计算机对各种文字信息进行二进制编码处理后，必须通过字形码转换为人能看懂且能表示为各种字形、字体的文字格式，然后通过输出设备输出。通常，汉字字库分点阵与矢量两种。

1) 点阵字库

点阵字库是把每一个汉字都分成 16×16、24×24 等个点，然后用每个点的虚实来表示汉字的轮廓，常用来作为显示字库使用，这类字库最大的缺点是不能放大，一旦放大文字边缘就会出现锯齿。在点阵字库字形码中，不论一个字的笔画多少，都可以用一组点阵表示。每个点即二进制的一个位，由 0 和 1 表示不同状态。例如，明、暗或不同颜色等特征表现字的型和体。根据输出字符的要求不同，字符点的多少也不同。点阵越大、点数越多，分辨率就越高，输出的字形也就越清晰美观。汉字字型常用的有 16×16、24×24、32×32、128×128 点阵等。

2) 矢量字库

矢量字库保存的是对每一个汉字的描述信息，例如一个笔画的起始、终止坐标、半径、弧度等。在显示、打印这一类字库时，要经过一系列的数学运算才能输出结果，但是这一类字库保存的汉字理论上可以被无限地放大，笔画轮廓仍然能保持圆滑，打印时使用的字库均为此类字库。

Windows 使用的字库也分为点阵字库和矢量字库两类，在 FONTS 目录下，如果字体扩展名为 FON，表示该文件为点阵字库，扩展名为 TTF 则表示矢量字库。例如，可以通过文件属性了解并查看字体文件类型。在 Windows 7 下的 C：\Windows\Fonts 中，选中“华文隶书常规”并单击鼠标右键，选择下拉菜单中的“属性”命令弹出 STLITI. TTF 属性窗口，从中可以看到文件类型为 TTF。

为了显示和打印汉字，必须存储汉字的字型码。通常，汉字的字型码是用点阵表示的，是在网状方格中写汉字，每格是存储器中的一个位，有笔画的位(格)的值为 1，无笔画的位(格)的值为 0。例如，以 16×16 的点阵表示汉字“大”即是在纵向 16 格，横向 16 格的网状方格中写汉字“大”。点阵的每一行前 8 位为一个字节，后 8 位为一个字节，一行需 2 个字节，16 行共需 32 个字节。依次写出每个字节的十六进制代码就是“大”字的字型码。

这种以点阵形式存储的汉字字型信息的集合称为汉字库。点阵有 16×16、24×24 和 40×40 等多种规模。规模越大则分辨率越高。同一规模中根据字体的不同又有多个字库，如 16×16 点阵楷体字库和 16×16 宋体字库等。在 16×16 点阵字库中的每一个汉字以 32 个字节存放，存储一级、二级汉字及符号共 8836 个，需要近 280KB 磁盘空间。而用户的文档假定有 10 万个汉字，却只需要 200KB 的磁盘空间，这是因为用户文档中存储的只是每个汉字(符号)在汉字库中的内码。

1.4 微型计算机的硬件组成

1.4.1 微型计算机硬件的主要概念

随着计算机技术的不断发展，微型计算机已成为计算机世界的主流之一，扮演着越来越重要的角色。PC 是一种国内外最普及的微型计算机，主要面向个人用户，近年来也扩大应用于网络中的文件服务器。它有台式和便携式两种。台式 PC 通常放在工作台上，便携式 PC 具有体积小、重量轻、便于携带等特点，正在越来越受到用户的青睐。

1. 微型计算机的系统层次

在微型计算机系统中存在着从局部到全局的三个层次，微处理器、微型计算机和微型计算机系统，它们是三个含义不同但又有密切关联的概念。

1) 微处理器

微处理器(Micro Processor，MP)也称为微处理机，它指由一片或几片大规模集成电路组成的、具有运算和控制功能的中央处理单元。微处理器主要由算术逻辑部件、寄存器以及控制器组成，它是微型计算机的主要组成部分。

2) 微型计算机

微型计算机(Micro Computer，MC)以微处理器为核心，再配上一定容量的存储器、输入/输出接口电路，这三部分通过外部总线连接起来，便组成了一台微型计算机。

3）微型计算机系统

微型计算机系统(Microc Computer System，MCS)，它以微型计算机为核心，再配以相应的外部设备、辅助电路、电源及指挥微型计算机工作的系统软件，便构成了一个完整的计算机系统。

在三个层次中，只有微型计算机系统才是完整的计算机系统，人们通常所说的微机即是指微型计算机系统。

2. PC 硬件平台

“平台”即英文 platform，从 20 世纪 90 年代开始流行。在剧院里，platform 是演员表演的舞台；而在计算机术语中，平台用来表示用户在使用计算机时赖以操作的环境。组成环境的硬件构成硬件平台，组成环境的软件(主要是指操作系统)构成软件平台。

PC 硬件平台由主机箱或系统部件(System Unit)、显示器(Display)、键盘(Keyboard)和打印机(printer)等组成。

(1) 主机箱：

① 中央处理部件(微机核心部件)，完成算术及逻辑运算。

② 内存储器，有随机存储器(RAM)及只读存储器(ROM)，ROM 中的内容有由厂家输入的引导程序、自检测试程序、I/O 驱动程序、128 个字符的点阵信息等。这些程序和信息对计算机是十分重要的，存入只读存储器避免破坏。启动计算机时，这些程序自动运行，以保证计算机初始化和进入正常工作状态。

③ 输入输出(I/O)接口板，主要有显示接口板及多媒体接口板等。

④ 磁盘驱动器，目前主要是硬盘驱动器，软盘驱动器现已停用。

(2) 显示器：采用彩色图形显示器，用于信息显示。

(3) 键盘：有标准键盘和增强性键盘，用于信息的输入。

(4) 打印机：有针式打印机、喷墨打印机、激光打印机等，用于信息的输出。

(5) 其他多媒体配件接口板。

PC 的体系结构如图 1-10 所示。

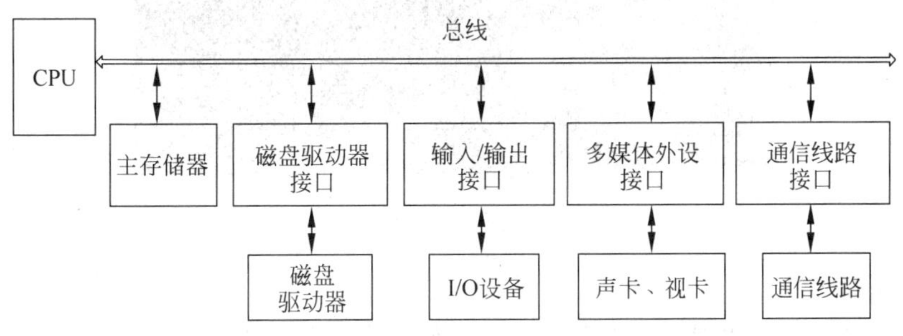

图 1-10 PC 的体系结构

3. PC 硬件结构

1）微型计算机主机

微型计算机主机由主板、CPU、内存、机箱和电源构成。主机安装在主机箱内。在主机箱内有主板、硬盘驱动器、CD-ROM 驱动器、软盘驱动器、电源和显示适配器(显卡)等。

主机从外观上分为卧式和立式两种,如图 1-11(a)所示的是一台立式主机。通常主机箱正面都有电源开关、Reset(复位)按钮。Reset 按钮用于重新启动计算机。主机箱正面一般有软盘驱动器(目前该配置已取消)、光盘驱动器。主机箱背面如图 1-11(b)所示,一般具有电源、显示器、鼠标、键盘、打印机等设备的各种接口。

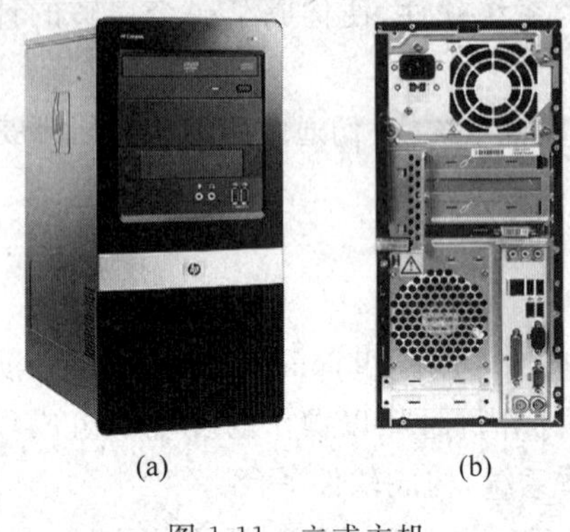

(a) (b)

图 1-11 立式主机

2) 主板

主板又叫主机板(Main Board)、系统板(System Board)或母板(Mother Board),是维系 CPU 与外部设备之间协同工作的重要部件,是支撑并连接主机内其他部件的一个平台,也是微型计算机系统中最大的一块电路板,主板的质量决定着计算机的质量。

主板功能主要有两个:一是提供安装 CPU、内存和各种功能卡的插座,部分主板甚至将一些功能卡的功能集成在主板上;二是为各种常用外部设备,如键盘、鼠标、打印机、外部存储器等提供接口。不同型号的微型计算机其主板结构是不完全一样的,典型的主板系统逻辑结构如图 1-12 所示。

图 1-12 微型计算机的主板

(1) 芯片组。

主板的核心是主板芯片组,包括北桥芯片及南桥芯片,它决定了主板的规格、性能和功能。对于主板而言,芯片组几乎决定了主板的功能,进而影响到整个微型计算机系统性能的发挥,它是主板的灵魂。

北桥芯片(North Bridge):是主板芯片组中起主导作用的最重要的组成部分,是主板上离 CPU 最近的芯片,也称为主桥(Host Bridge),它负责与 CPU 的联系并控制内存等设备。决定主板的规格、对硬件的支持以及系统的性能,它连接着 CPU、内存、AGP 总线。主板支持什么CPU，支持AGP多少的显卡，支持何种频率的内存，都是由北桥芯片决定的。由于北桥芯片有较高的工作频率，所以发热量较高。

南桥芯片(South Bridge)：也是主板芯片组的重要组成部分，一般在主板上离CPU插槽较远，这种布局是考虑到它所连接的I/O总线较多，离处理器远一点有利于布线，它负责I/O总线之间的通信。主板上的各种接口(如串口、USB)、PCI总线、IDE(接硬盘、光驱)、主板上的其他芯片(如集成声卡、集成网卡等)，都归南桥芯片控制。

(2) 扩展槽。

微型计算机中一般提供的接口有标准接口和扩展槽。主板上的插槽有很多种类型，大体上可以划分为：CPU插槽、内存插槽、显卡插槽、硬盘接口等。扩展插槽用来连接一些其他扩展功能板卡的接口(也称适配器)。适配器是为了驱动某种外设而设计的控制电路，一般做成电路板形式的适配器称为"插卡"、"扩展卡"或"适配卡"，插在主板的扩展槽内，通过总线与CPU相连。适配器的种类主要有：显卡、存储器扩充卡、声卡、网卡、视频卡、多功能卡等。

(3) 标准接口。

接口是计算机与I/O设备通信的桥梁，它在计算机与I/O设备之间起着数据传递、转换与控制的作用。由于计算机与外部设备的工作方式、工作速度、信号类型等都不相同，必须通过接口电路的变换作用，使两者匹配起来。计算机的应用越来越广泛，要求与计算机接口的外部设备越来越多，数据传输过程也越来越复杂，微机接口本身已不是一些逻辑电路的简单组合，而是采用硬件与软件相结合的方法，因而接口技术是硬件和软件的综合技术。在微型计算机中常见的接口一般有：键盘接口、鼠标接口、并行接口、串行接口、USB接口等。

并行接口：将一个字符的多个数位用多条线路同时传输的机制称为并行通信，实现并行通信的接口就是并行接口，它适合于数据传输率要求较高而传输距离较近的场合。

串行接口：许多I/O设备与计算机交换数据，或计算机与计算机之间交换数据，是通过一对导线或通信通道来传送的。这时，每一次只传送一位数据，每一位都占据一个规定长度的时间间隔，这种数据一位一位按顺序传送的通信方式称为串行通信，实现串行通信的接口就是串行接口。与并行通信相比，串行通信具有传输线少、成本低的特点，特别适合于远距离传送。一般微型计算机主板上提供COM1和COM2两个串行接口。早期的鼠标、终端就是连接在这种串行口上的。

USB接口：通用串行总线(Universal Serial Bus，USB)是一种新型通用接口标准，用于将USB接口的外部设备连接到主机，是实现两者之间数据传输的外部总线结构，是一种快速、灵活的总线接口。USB是一个外部总线标准，用于规范微型计算机与外部设备的连接和通信，其最大的特点是易于使用，即插即用，主要用于中速和低速的外部设备。随着计算机应用的发展，外部设备越来越多，使得计算机本身所带的接口不够使用，USB接口可以解决这一问题。

SATA接口：是Serial ATA的缩写，即串行ATA。这是一种完全不同于并行ATA的新型硬盘接口类型，由于采用串行方式传输数据而得名。SATA总线使用嵌入式时钟信号，具备了更强的纠错能力，与以往相比其最大的区别在于能对传输指令(不仅仅是数据)进行检查，如果发现错误会自动矫正，这在很大程度上提高了数据传输的可靠性。串行接口还具有结构简单、支持热插拔的优点，目前也用在光驱上面。

(4) BIOS 和 CMOS。

基本输入输出系统(Basic Input/Output System,BIOS)是计算机底层的一种程序,一般固化在主板的一块只读存储器芯片中,为计算机提供最低级、最直接的硬件控制。当系统启动时,BIOS 进行加电自检,检查系统基本部件,然后系统启动程序将系统的配置参数写入 CMOS 中。

CMOS(Complementary Metal Oxide Semiconductor)是一种存储 BIOS 所使用系统配置的存储器,是主板上的一块 RAM 芯片,用来保存当前系统的硬件配置和用户对某些参数的设定,CMOS 可由主板的电池供电,即使系统掉电,信息也不会丢失。

3) 中央处理器

中央处理器(CPU)是计算机的核心部件,它采用大规模集成电路制成,主要包括控制器和运算器两部分。其尺寸只有火柴盒那么大,几十张纸那么厚,却是计算机的运算和控制核心。

(1) 运算器：又称为算术逻辑单元(ALU)。它是计算机对数据进行加工处理的部件,包括算术运算(加、减、乘、除等)和逻辑运算(与、或、非、异或比较等)。

(2) 控制器：负责从存储器中取出指令,对指令进行译码,并根据指令的要求,按时间的先后顺序向计算机的各部件发出控制信号,使各部件协调一致地工作,从而一步一步地完成各种操作。控制器主要由指令寄存器、译码器、程序计数器和操作控制器等组成。

(3) 寄存器：是运算器为完成控制器请求的任务所使用的临时存储指令、地址、数据和计算结果的小型存储区域。

实际上,计算机的所有工作都通过 CPU 来协调处理,CPU 芯片的型号直接决定着计算机档次的高低。生产 CPU 芯片的著名公司有 Intel、AMD、Cyrix,如图 1-13 展示了三款不同的 CPU。

图 1-13　不同厂家 CPU

(4) 指令与指令周期。

计算机通过执行一系列能被计算机识别的机器语句来完成一个复杂的任务。人们习惯把每一条机器语言的语句称为机器指令。一条指令通常可分为操作码和操作数两部分,操作码用来指明该指令所要完成的操作,操作数给出了需要处理的数据或数据的地址。

CPU 通过指令来响应各部件请求,根据对指令类型的分析和特殊工作状态的需要,引入了指令周期的概念。CPU 每取出并执行一条指令所需的全部时间称为指令周期,也即 CPU 完成一条指令的时间。它包括取指周期和执行周期,完成取指令和分析指令等操作的周期为取指周期；完成执行指令等操作的周期为执行周期。在大多数情况下,CPU 按"取指执行→再取指→再执行"的顺序自动工作。但是当遇到间接寻址的指令时,即由于指令字中只给出操作数地址的地址，需先访问一次存储器，取出操作数地址，然后再访问存储器，取出操作数，这个周期称为间址周期。另外，为了提高计算机的效率，满足处理一些异常情况以及实时控制等需要，还需要有中断周期。中断即计算机暂时停止（中断）正在执行的程序，去处理执行其他任务，处理完毕后再返回执行原来的程序。

4）存储系统

（1）基本概念。

存储器是用来存储程序和数据的记忆装置，是计算机中各种信息的存储和交换的中心。有了存储器，计算机才具有记忆功能，从而实现程序存储，使计算机能够自动高速地进行各种复杂的运算，它的主要功能是保存信息，其作用类似于一台录音机。存储器一般分为主存储器和辅助存储器。主存储器用来存放当前要使用的数据和程序，而暂时不用的数据和程序以文件的形式存放在辅助存储器中。主存储器直接与运算器、控制器联系，交换数据，并安装在主机内，因此又称为内存储器。辅助存储器不直接与运算器、控制器交换数据，也不是按单个数据进行存取，而是以成批数据与内存储器打交道——交换数据。辅助存储器又称为外存储器。目前辅助存储器主要有磁盘、磁带和光盘存储器等。

计算机采用多种形式的存储器构成一个存储系统来进行数据的存储。这些存储器按照不同的分类方法产生了很多名称，如表1-9所示。

表1-9 常用存储器分类

分类标准	常用类型
按存储的介质类型	半导体存储器（如内存）、磁介质存储器（如硬盘）、光存储器（如光盘）
按存储器与CPU的耦合程度	内存储器（内存）、外存储器（外存）
按存储器的读写功能	随机存取存储器（RAM） 只读存储器（ROM）
按掉电后信息可否永久保持	易失性存储器（如RAM）、非易失性存储器（如ROM）
按数据存取的随机性	随机存取存储器、顺序存取存储器（如磁带存储器） 直接存取存储器（如磁盘）
按半导体存储器的信息存储方法	静态随机存取存储器（SRAM）（如cache） 动态随机存取存储器（DRAM）（如内存）

内存储器和外存储器构成了一个存储系统。尽管随着技术的不断进步，性能不断提高，但在存储器的容量、速度和价格之间始终存在着矛盾：读写速度越快，价格就越高；而容量越大，速度就会越低。在实际使用中，为了满足人们对存储器访问速度快、价格低、容量大的需求，在计算机系统中采用了多种类型的存储器构成层次结构的存储系统，可以归纳为由容量较小、速度较快、价格较贵的内存储器和容量较大、速度较慢、价格便宜的外存储器构成，组成存储系统的关键是把速度、容量和价格不同的多个物理存储器组成一个存储器，这个存储器的速度最快、容量最大、单位容量的价格最便宜。随着技术的发展，外存储器的容量、速度越来越高，种类越来越多，用途越来越广。

（2）内存储器。

在主机系统里，内存储器是非常重要的部件，也称为主存储器。它大多采用半导体存储器芯片，用来存放当前运行的程序和数据。内存储器分类，如表1-10所示。

表 1-10 内存储器分类

分　类	常用类型
随机存取存储器	(1) 动态 RAM(Dynamic RAM,DRAM) (2) 静态 RAM(Static RAM,SRAM)
只读存储器	(1) 掩膜 ROM (2) (一次)可编程只读存储器(Programmable ROM,PROM) (3) 可擦除可编程只读存储器(Erasable PROM,EPROM) (4) 电可擦除可编程只读存储器(Electrically EPROM,EEPROM) (5) 闪存(Flash Memory)

随机存取存储器(Random Access Memory,RAM):随机存取存储器表示既可以从中读取数据,也可以写入数据。“随机存取”是指对存储器任何一个单元中的信息的存取时间与其所在位置无关,它是相对于“顺序存取”而言的,对顺序存取的存储器(如磁带)来说,必须按顺序访问各单元。RAM 有两个特点:一是存储器中的数据可以反复使用,只有向存储器写入新数据时存储器中的内容才被更新;二是存储器中的数据会随着计算机的断电而自然消失。因此,称 RAM 是计算机处理数据的临时存储工作区,要想使数据长期保存,必须将数据保存在外存储器中。

实现 RAM 有两种技术,动态 RAM(DRAM)和静态 RAM(SRAM)。

DRAM:由若干存储单元组成,通过对每个单元的电容进行充电实现数据的存储。

SRAM:使用触发器逻辑门的原理来存储二进制数值,不需要刷新电路。

DRAM 比 SRAM 集成度高、功耗低、成本低,适合作为大容量存储器,如通常购买或升级的内存条就是将 RAM 集成电路芯片集中在一起的一小块电路板,它插在计算机中的内存插槽上,如图 1-14 所示。

图 1-14 内存条

SRAM 速度快、成本高,适宜作为高速缓存使用。高速缓存存放当前正在执行的程序块和数据块,以近似 CPU 的速度提供程序指令和数据,能加快指令执行速度。

只读存储器(Read Only Memory,ROM):只读存储器是指只能读出而不能随意写入信息的存储器。最初存储的内容是采用掩膜技术由厂家一次性写入的,并永久保存。当计算机断电后,ROM 中的信息不会丢失;当计算机重新被加电后,其中的信息也保持不变。它一般用来存放专用或固定的程序和数据。

PROM:是可编程只读存储器,其性能和 ROM 一样,存储的内容不会丢失也不会被替换。但不同的是,PROM 的内容不是由厂家写入的,而是根据特殊需要把那些不需要变更的程序和数据烧制在芯片中,这就是可编程的含义,但是只能写入一次。EPROM 是可擦除可编程只读存储器,其存储的内容可以通过紫外线擦除器擦除,并可重新写入新的内容。由于可以反复修改，且运行时数据是非易失的，使得这种灵活性更接近用户。EEPROM 是用电进行可擦除可编程的只读存储器，在擦除和编程方面更加方便。

闪存(Flash Memory)：也称快擦型存储器，它具有 EEPROM 的特点，但它能在字节水平上进行删除和重写而不是擦写整个芯片，因此，闪存就比 EEPROM 的更新速度快。由于其断电时仍能保存数据，闪存通常被用来保存设置信息。

为了表达方便，将 8 个相邻的位组成一组，称为一个字节(Byte)，这是读写存储器的基本存储单位，在计算机科学特别是微机发展的过程中，8 位机曾在相当长的时间内占主流地位。一个 8 位的二进制编码能表达键盘上的一个符号或一个英文字母(即 ASCII)，因此定义了一个字节等于 8 位。现在，16 位、32 位、64 位机的发展，常把一个字(word)定义为 16 位、双字定义为 32 位、4 字节 64 位，它们都是一个字节的整数倍。内存由许多存储单元(称为字节)组成，每一个存储单元可以存放 8 位数据代码，该代码可以是指令，也可以是数据。为查找存储单元，所有存储单元均按一定的顺序编号，称为地址编码，简称地址。当计算机要把一个信息代码存入某存储单元中或从某存储单元中取出时，首先要告诉计算机该存储单元的地址，然后由存储器"查找"与该地址对应的存储单元，查到后才能进行数据的存取。存储容量是描述计算机存储能力的指标。它通常以 1024(2^{10})个存储单元为单位，称为 1KB(千字节)，比 KB 更大的容量单位有 MB(2^{20}，称为 1 兆字节)，1MB＝1024×1KB；GB(2^{30}，称为 1 吉字节)，1GB＝1024×1MB；TB(2^{40}，称为 1 太字节)，1TB＝1024×1GB。

现在 CPU 的工作频率不断提高，CPU 对 RAM 的读写速度要求也高，RAM 读写速度成了系统运行速度的关键。目前 RAM 的读写速度远赶不上 CPU 对它的要求，解决方案就是采用高速缓存存储器(cache)技术。cache 存储器的访问速度是 RAM 的 10 倍左右，它的容量相对主存要小得多，它位于主存和 CPU 之间，可以看成主存中面向 CPU 的一组高速暂存寄存器，保存一份主存的内容拷贝。工作时，CPU 将要执行的程序由操作系统装入主存，而将主存中经常被 CPU 访问的程序指令和数据拷贝到 cache 中，以后 CPU 执行这部分程序时，可以用较快的速度从 cache 中读取。cache 分为 CPU 内部 cache 和 CPU 外部 cache，前者集成在 CPU 内部，一般容量较小，称为一级 cache。后者是在系统板上或封装在 CPU 中，称为二级 cache，容量相对大些。cache 的容量是 CPU 的性能指标之一，可大大提高 CPU 的性能，但不计入内存容量，它的存取速度最快。

(3) 外存储器。

为了存储大量的信息，需要采用外存储器，简称外存，又称辅助存储器。常用的外存有磁带存储器、磁盘存储器、光盘存储器等。外存容量可以比内存大得多，但它存取信息的速度比内存慢。通常外存不与计算机内的其他装置交换数据，只与内存交换数据，并且不是按单个字节数据进行存取，而是以成批数据(磁盘上的一个扇区或几个扇区)进行交换的。CPU 不能直接对外存进行读写，需要专门的驱动装置及接口卡配合才能使用，所以外存也属于计算机外部设备。目前，用得最多是硬盘。

硬盘(Hard Disk)：是计算机中最重要的外部存储设备之一，最早的硬盘是 1956 年 IBM 发明的 IBM 350 RAMC，它相当于两个冰箱的体积，不过其储存容量只有 5MB。其后，IBM 在 1973 年研制成功了一种新型的硬盘 IBM 3340。这种硬盘拥有几个同轴的金属盘片，盘片上涂着磁性材料。它们和可以移动的磁头共同密封在一个盒子里面，磁头被固定在一个能沿盘片径向运动的臂上，与盘片保持一个非常近的距离在盘片中间"飞行"，磁头能从旋转的盘片上读出磁信号的变化，进而获得存储的信息。IBM 将其称为温彻斯特硬盘。从此硬盘的基本架构被确立，可以称它是今天硬盘的祖先。

温彻斯特硬盘结构：包括盘片、磁头（Head）、磁道（Track）、柱面（cylinder）和扇区（Sector），其主体由一组盘片重叠形成，盘片还分为双盘面和单盘面，每个盘面都有自己的磁头。磁盘的物理存储模型，磁道从外缘的 0 开始编号，具有相同编号的磁道形成一个圆柱，称为磁盘的柱面。柱面数表示硬盘每一面盘片上有几条磁道，即磁盘的柱面数与一个盘单面上的磁道数是相等的。磁盘上的每个磁道又被等分为若干个弧段，这些弧段便是磁盘的扇区。早期硬盘盘片的每一条磁道都具有相同的扇区数，因此只要知道硬盘 CHS（柱面、磁头、扇区）的数目，即可确定硬盘的容量。

硬盘容量的计算公式为：

硬盘容量＝柱面数×磁头数×扇区数×扇区字节数（通常为 512B）

早期硬盘每一条磁道的扇区数相同，因此外道的记录密度要远低于内道，这样会浪费很多磁盘空间。为了进一步提高硬盘容量，其后硬盘厂商都改用等密度结构生产硬盘，即每个扇区的磁道长度相等，外圈磁道的扇区比内圈磁道多。采用这种结构后，硬盘容量不再完全按照上述公式进行计算。

传统的采用磁性光盘作为存储介质的硬盘称为机械硬盘（Hard Disk Drive，HDD），现在已出现了使用固态电子存储芯片阵列而制成的硬盘，称为固态硬盘（Solid-State Disk，SSD）。

（4）光盘。

光盘是近代发展起来不同于磁性载体的光学存储介质，它用激光束处理记录介质的方法存储和再生信息，又称为激光光盘，其具有光盘寿命长，成本低的特点。

光盘是利用激光对凸凹不平物体表面的反射原理来存储信息的。CD-ROM 是一种小型光盘只读存储器（Compact Disc-Read Only Memory）。光盘常作为计算机的多媒体设备，用来存储图像、声音和程序信息。激光唱盘和 VCD 都是 CD-ROM 产品，只能从 CD-ROM 上读出数据，而不能把数据写到盘上，这有些类似于只读存储器。

CD-ROM 盘是用冲压设备把表示数据的凹凸面压制到盘的表面。在盘片上用平坦表面来表示 0，而用凹坑端部表示 1。CD-ROM 驱动器利用从光盘表面反射回来的激光束来读取 CD-ROM 盘上的信息，盘上的凹坑区反射光与平面区不同，这就可以让 CD-ROM 区别 1 和 0。因为信息是一次性压制（即写入）到光盘上的，所以就不能重写或者改写光盘上的内容。记录在 CD-ROM 光盘上的数据格式有着精确的规定，因此它可以在任意一个 CD-ROM 驱动器中读出。CD-ROM 光盘上记录信息的光道是一条由里向外连续的螺旋形路径。在这条路径上，每个记录单元（一个二进制位）占据的长度是相等的。CD-ROM 光盘采用恒定线速度方式（CLV），数据读出的速度为常数。光盘上的螺旋形路径由里向外被划分成许多长度相等的块（Block）。每块的容量相同，存放纠错编码时容量为 2048 字节，不含纠错编码时容量为 2352 字节。整个光盘约有 30 万块数据左右，存储容量达 650MB 以上。

另外还有一种可读写的光盘驱动器和光盘 CD-RW（即 CD-ReWritable）。这种光盘刻录机既可以做刻录机用也可以当光驱使用，而且可以对可擦写的 CD-RW 光盘片进行反复读、擦、写操作。这种光盘片既可以存放数据，也可以录制音乐和电影。

(5) U 盘(闪盘)。

USB 闪存盘(USB Flash Disk,U 盘)是目前使用最广泛的移动存储设备。U 盘采用 Flash 芯片作为存储介质,通过 USB 接口与计算机交换数据,是一种便携式的"硬盘",又称闪存,具有存储容量大、体积小、保存期长且安全、抗震性能强、防磁防潮、耐高低温等特点。它是一个 USB 接口的微型高容量移动存储设备,可以通过 USB 接口与计算机连接,实现即插即用。U 盘体积非常小,容量却很大,可达 GB 级别。U 盘不需要驱动器,无外接电源、使用简便、可带电插拔,存取速度快、可靠性高、可擦写,只要介质不损坏,数据可长期保存。U 盘基本上由 5 部分组成:USB 端口、主控芯片、Flash(闪存)芯片、PCB 底板和外壳封装。USB 端口负责连接计算机,是数据输入输出的通道;主控芯片负责各部件的协调管理和下达各项动作指令,并使计算机将 U 盘识别为"可移动磁盘"。

5) 总线

在计算机系统中,各部件之间的连接方式有两种:一种是各部件之间使用单独的连线,称为分散连接;另一种是将各部件连到一组公共信息传输线上,称为总线连接。总线是计算机中各个通信模块共享的、用来在各部件间传送信息的一组导线和相关的控制接口部件。总线的使用,不但可以简化硬件设计,而且系统易于扩充和维护。正是有了总线这个连接 CPU、存储器、输入输出设备传递信息的公用通道,计算机的各个部件通过相应的接口电路与总线相连,才形成了一体的计算机硬件系统。

(1) 总线优点。

简化硬件的设计:从硬件的角度看,面向总线的结构是由总线接口代替了专门的 I/O 接口,由总线规范给出了传输线和信号的规定,并对存储器、I/O 设备和 CPU 如何连接总线都做了具体的规定。所以,面向总线的微型计算机设计只需要按照这些规定制作 CPU 插件、存储器插件以及 I/O 插件,并将它们连入总线即可工作,而不必考虑总线的详细操作。

简化系统结构:整个系统结构清晰、连线少、底板连线可以印刷化。

系统扩充性好:便于规模和功能扩充。规模扩充仅仅需要多插一些同类型的插件;功能扩充仅仅需要按总线标准设计一些新插件。这就使系统扩充既简单又快速可靠,而且也便于查错。

系统更新性能好:因为 CPU、存储器、I/O 接口等部件都是按总线标准连接到总线上的,因而只要总线设计得当,可以随时根据处理器芯片以及其他有关芯片的进展设计新的插件。而这种更新只要更新所需插件即可,其他插件和底板连线一般不需更改。

(2) 线分类。

计算机系统由于采用了总线结构,芯片间、接插板间、系统间信号的传输都由总线提供通路。按照计算机所传输的信息种类,计算机总线可以划分为数据总线、地址总线和控制总线,分别用来传输数据、数据地址和控制信号,如表 1-11 所示。

表 1-11　总线分类

类　型	功　能
地址总线	用于传送地址的信号线,CPU 能够直接寻址的范围取决于地址线的数目
数据总线	用于传送数据的信号线,其数据总线的宽度取决于 CPU 的类型,通常是双向传送的
控制总线	传输控制信息的信号线,包括 CPU 对外部芯片和 I/O 接口的控制,以及这些芯片接口对 CPU 的应答、请求等信号。它是总线中最复杂、最灵活、功能最强的一类总线

此外，如果根据传输方向还可分为：单向总线、双向(全双工)总线。根据传送方式可分为：并行总线和串行总线；并行总线表示数据所有的位同时传送，串行总线表示数据的二进制编码按照一定的规律逐位传送。根据总线所在的位置可分为：内部总线、系统总线和外部总线。内部总线是计算机内部各外部芯片与微处理器之间的总线，用于芯片一级的互连，与计算机具体的硬件设计相关。系统总线是微机中各插件板与系统板之间的总线，用于接插板一级的互连。外部总线是微机与外部设备、计算机与计算机间连接的总线，通过总线实现和其他设备间的信息、数据交换，用于设备一级的互连。外部总线多以串行方式进行数据传送。

(3) 总线标准及其发展。

制定总线标准的目的是便于机器的扩充和新设备的添加。有了总线标准，不同厂商可以按照同样的标准和规范生产各种不同功能的芯片、模块和整机，用户可以根据功能需求去选择不同厂家生产的、基于同种总线标准的模块和设备，甚至可以按照标准，自行设计功能特殊的专用模块和设备，以组成自己所需的应用系统。这样可使产品具有兼容性和互换性，以使整个计算机系统的可维护性和可扩充性得到充分保证。

随着计算机的发展，CPU 的处理能力迅速提升，总线屡屡成为系统性能的瓶颈，使得人们不得不改造总线。总线技术不断更新，从 PC/XT 到 ISA、MCA、EISA、VESA 总线，发展到了 PCI、PCI-E 总线，还有 AGP、USB、IEEE 1394 等接口。总线性能的改善有效提高了计算机的总体性能。

早期总线如 ISA(Industrial Standard Architecture)总线，它是 IBM 公司于 1984 年为推出 PC/AT 而建立的系统总线标准，所以也叫 AT 总线。EISA(Extended Industrial Standard Architecture)总线是一种在 ISA 总线基础上扩充的开放总线标准，支持多总线主控和突发传输方式。

PCI(Peripheral Component Interconnect)总线是目前个人计算机、服务器主板广泛采用的一种高性能总线。Intel 公司于 1991 年提出，后来又联合 IBM、DEC 等一百多家 PC 业界主要厂家进行统筹和推广 PCI 标准的工作。它主要用于高速外部设备的 I/O 接口和主机相连。PCI 总线性能高，具有良好的兼容性和可扩充性，主板插槽的体积小，支持即插即用(Plug and Play)等优点。

USB 接口也是现在常用的总线标准，它是由 Intel 等 7 家世界著名的计算机和通信公司共同推出的一种新型接口标准，和 IEEE 1394 同样是一种连接外部设备的机外总线。从性能上看，USB 的最高传输率比普通串口快很多倍，比普通并口也快，它还可以为外设提供电源，并拥有无法比拟的价格优势。它基于通用连接技术，可实现外设的简单、快速连接，达到方便用户、降低成本、扩展 PC 连接外部设备范围的目的。

还有一些标准接口，如 SCSI(Small Computer System Interface)，它是由美国国家标准协会制定的，可与各种采用 SCSI 标准的外部设备相连，是一种并行 I/O 总线，可以按同步方式和异步方式传输数据。SCSI 总线已用于内部、外部设备，如硬盘驱动器等，设备没有主从之分，相互平等。启动设备和目标设备之间采用高级命令通信，不涉及外部设备特有的物理特性。因此，使用方便，适应性强，便于系统集成。

IEEE 1394 接口是一种串行接口标准，其原型是运行在 APPLE Mac 计算机上的 Fire Wire(火线)，由电气和电子工程师协会(Institute of Electrical and Electronics Engineers,

IEEE)采用并重新进行了规范。它定义了数据的传输协议及连接系统,可用较低的成本达到较高的性能,以增强计算机与外设(如硬盘、打印机、扫描仪)以及消费性电子产品(如数码摄像机、DVD播放机、视频电话)等的连接能力,速度快,支持带电插拔设备、即插即用。

1.4.2 常用外部设备

除主机以外的大部分硬件设备都可称为外部设备,简称外设。外设大致分为三类:

(1) 人机交互设备,如打印机,显示器,绘图仪,语言合成器。

(2) 存储设备,如磁盘,光盘,磁带。

(3) 通信设备,如两台计算机之间可利用电话线、调制解调器进行通信。

外设可以简单地理解为输入设备和输出设备。如显示器是用来显示信息的输出设备,鼠标、键盘是用来输入信息的输入设备,都属于外设。外设对数据和信息起着传输、转送和存储的作用,它能扩充计算机系统,是计算机系统中的重要组成部分。

1. 显示器

显示器是计算机重要的输出设备,用于显示计算机发出的信息。显示器主要有CRT(阴极射线管)显示器和LCD(液晶显示器)等几种类型,LCD为目前的应用主流,与传统的CRT显示器相比,LCD具有体积小、辐射低、抗电磁干扰能力强等优点,高端LCD显示器的分辨率可以和CRT的画质相媲美。显示器的相关参数主要有:颜色、分辨率、点(栅)距、尺寸等。显示器必须通过信号线与显卡连接,显卡是将主机的输出信息转换成字符、图形和颜色等信息,传送到显示器上显示。按结构形式分为独立显卡和集成显卡。独立显卡是指将显示芯片、显存及其相关电路单独封装在一块电路板上,自成一体作为一块独立的板卡存在,它需占用主板的扩展插槽。集成显卡是将显示芯片、显存及其相关电路都集成在主板上,与主板融为一体。

2. 键盘

键盘是计算机最常用的输入设备之一,其作用是向计算机输入命令、数据和程序,通常使用PS/2或USB接口与主机连接。键盘由一组按阵列方式排列在一起的按键开关组成,按下一个键,相当于接通一个开关电路,把该键的位置信息通过接口电路送入计算机。键盘根据按键的触点结构分为机械触点式键盘、电容式键盘和薄膜式键盘几种。目前,微型计算机上使用的键盘都是标准键盘(101键、103键等),无论哪一种键盘,其功能和键位排列都基本分为功能键区、打字键区、编辑键区、数字键盘(也称小键盘)和指示灯区5个区域。键盘分区如图1-15所示。

主键盘区除包括26个英文字母、10个阿拉伯数字、一些特殊符号外,还有一些功能键。键盘上各键符号及其组合所产生的字符和功能,在不同的操作系统和软件支持下有所不同。

在主键盘和小键盘上,大部分键面上有双字符,这两个字符分别称为该键的上档符和下档符。常用键的功能如表1-12所示。

图 1-15　键盘分区

表 1-12　常用键的功能

常　用　键	功　　能
Shift 上档键	用来控制上档符与下档符的输入，以及字母的大小写
←(Backspace)退格键	光标退回一格，即光标左移一个字符的位置，同时删除原光标左边位置上的字符
Enter 回车键	不论光标处在当前行中什么位置，按此键后光标将移至下行行首；也表示结束当前行或段落的输入
Space 空格键	按下此键输入一个空格，光标右移一个字符位置
Ctrl 控制键	用于与其他键组合成各种复合功能的控制键
Alt 交替换档键	用于与其他键组合成特殊功能键或控制键
Esc 强行退出键	按此键可强行退出程序
Print Screen 屏幕复制键	在 Windows 系统下按此键可以将当前屏幕内容复制到剪贴板
Tab 跳格键	将光标右移到下一个跳格位置；一般是 8 个字符

功能键区：F1 到 F12 的功能根据具体的操作系统或应用程序而定。

编辑键区：包括插入字符键 Ins；删除当前光标位置的字符键 Delete；将光标移至行首的 Home 键和将光标移至行尾的 End 键；向上翻页 Page Up 键和向下翻页 Page Down 键；以及上下左右箭头。

辅助键区(小键盘区)：有 9 个数字键，可用于大量输入数字的情况，如在财会的输入方面，另外，五笔字型中的五笔画输入也采用。当使用小键盘输入数字时应按下 Num Lock，此时对应的指示灯亮。

3. 鼠标

图 1-16　鼠标

鼠标是一种输入设备，如图 1-16 所示，几乎取得了和键盘同等重要的地位。鼠标是 Windows 的基本控制输入设备，常见的鼠标是新型光电式鼠标，这种鼠标取消了滚球、编码轮等机械零件。使用时，在红色光源照射下的桌面被 CCD 器件不断照相，前后两张照片被不断比较，用集成电路判断出位移信息，再把位移数据传输到计算机中。经过软件对位移数据计算后，再把箭头图形按新位置重新画在屏幕上。早期的机械式鼠标使用底部滚球，当手持鼠标在桌面上移动时，小球也相对转动，通过检测小球在两个垂直的方向上移动的距离，将其转换为数字量送入计算机进行处理来实现定位。

鼠标采用 PS/2 接口、USB 接口或蓝牙等无线方式进行数据传输。常见的是两键鼠标，当 Web 大量应用后，鼠标上增加了滚轮，可方便上下滚动网页画面。也有多按键鼠标，各按键的功能可以由所使用的软件来定义，在不同的软件中使用鼠标，其按键的作用可能也不相同。使用鼠标时，通常是先移动鼠标，使屏幕上的光标固定在某一位置上，然后再通过鼠标上的按键来确定所选项目或完成指定的功能。

4. 打印机

打印机也是计算机主要的输出设备，如图 1-17 所示。它能将计算机中的数据以单色或彩色字符、汉字、表格、图像等形式打印在纸上。打印机可以将电脑中的文档和图片打印出来，打印机通常分为针式打印机、喷墨打印机和激光打印机几类。

图 1-17　打印机

针式打印机由打印头、字车、色带、输纸机构和控制电路等组成。打印头由若干根钢针构成，通过它们击打色带，从而在同步旋转的打印纸上打印出点阵字符，针式打印机速度慢、精度低，但其耗材成本低，能多层套打，使其在银行、证券等领域有着不可替代的地位。喷墨式打印机是通过向打印机的相应位置喷射墨水点来实现图像和文字的输出的，其特点是噪声低、速度快。激光打印机是利用电子成像技术进行打印的。当调制激光束在硒鼓下沿轴向进行扫描时，按点阵组字的原理，使鼓面感光，构成负电荷阴影。当鼓面经过带正电荷的墨粉时，感光部分就吸附上墨粉，然后将墨粉转印到纸上，纸上的墨粉经加热熔化形成永久性的字符和图形。它的特点是速度快、无噪声、分辨率高。喷墨式打印机和激光打印机的输出质量都比较高。

5. 扫描仪

扫描仪是计算机的图像输入设备。随着性能的不断提高和价格的大幅度降低，扫描仪被越来越多地用于广告设计、出版印刷、网页设计等领域。另外，在实际工作中可能有大量的图纸、照片和各种图表需要输入计算机，但是图片、照片等资料不方便直接通过键盘和鼠标输入。扫描仪是处理这些工作合适的工具。

扫描仪按感光模式分可分为滚筒式扫描仪和平板扫描仪。它利用光学扫描原理从纸介质上“读出”照片、文字或图形，把信息送入计算机进行分析处理。平板式扫描仪的工作原理是：将原图放置在一块很干净的有机玻璃平板上，原图不动，而光源系统通过一个传动机构水平移动，发射出的光线照射在原图上，经反射或透射后，由接收系统接收并生成模拟信号，通过模/数转换器转换成数字信号后，直接传送至计算机，由计算机进行相应的处理，完成扫描过程。

6. 数码相机

数码相机是一种能够进行拍摄，并通过内部处理把拍摄到的景物转换成以数字格式存储图像的特殊照相机。传统相机使用成本较高,需要购买胶卷、冲洗,而数码相机不需要这些,它采用完全不同的成像技术,并能够生成计算机直接处理的图像。数码相机可以直接连接到计算机、电视机或者打印机上。在一定的条件下,数码相机还可以直接连接到移动式电话机或者手持PC上。

7. 光盘驱动器

计算机要使用光盘,就需要光盘驱动器,即人们通常所说的光驱,它是一种读取光盘数据的设备。因为光盘存储容量较大,价格便宜,保存时间长,适宜保存大量的数据,如声音、图像、动画、视频等多媒体信息,所以光驱是多媒体计算机不可缺少的硬件配置。光盘刻录机看上去与普通的光驱没什么区别,但是它在功能上却比CD-ROM要强大得多。光驱按读/写方式又可分为只读光驱和可读/写光驱。可读/写光驱又称为刻录机,它既可以读取光盘上的数据,也可以将数据写入光盘。只读光驱只能读取光盘上数据,而不能将数据写入光盘。光驱按其数据传输速度分为单倍速、多倍速光驱等。只读光驱只有读取速度,而可读/写光驱有读取速度和刻录速度,并且读取速度和刻录速度往往不同,一般刻录速度小于读取速度,以保证数据能稳定地写入光盘。光驱按其接口方式不同,分为IDE接口、SCSI接口、USB接口、IEEE 1394接口等。

8. 声卡和音箱

声卡是实现音频模拟信号与数字信号相互转换的一种硬件设备。它把来自话筒的模拟信号加以转换,输出到耳机、扬声器、扩音机、录音机等声响设备。声卡和主板的接口类型可分为板卡式、集成式和外置式三种。板卡式是声卡直接插接在主板PCI插槽上,适于高音质的发挥。集成式是把声卡集成在主板上,具有不占用PCI、成本更为低廉、兼容性更好等优势,能够满足普通用户的绝大多数音频需求。外置式声卡通过USB接口与计算机连接,具有使用方便、便于移动等优势。

音箱是将音频信号还原成声音信号的一种装置,音箱包括箱体、喇叭单元、分频器和吸音材料4个部分。有源音箱(Active Speaker)是指带有功率放大器的音箱,如多媒体计算机音箱、有源超低音箱,以及一些新型的家庭影院有源音箱等。有源音箱由于内置了功放电路,使用者不必考虑与放大器匹配的问题,同时也便于用较低电平的音频信号直接驱动。无源音箱(Passive Speaker)是内部不带功放电路的普通音箱。音箱可以通过功率、信噪比等参数来区分其性能。

1.4.3 微型计算机的主要性能指标

1. 性能指标概述

一台微型计算机功能的强弱或性能的好坏,需要由它的系统结构、指令系统、硬件组成、软件配置等多方面的因素综合决定。

对于大多数普通用户,从满足常用功能来说,可用以下几个指标来评价微型计算机的性能。

1）字长

计算机在一次运算中处理的一组二进制数称为一个计算机的“字”，而这组二进制数的位数就是“字长”。一台计算机的字长通常取决于它的CPU性能。字长越大，计算机处理数据的速度相对要快。现在大多数计算机以32位、64位为主。

2）运算速度

运算速度是衡量计算机性能的一项重要指标。现在一般采用单位时间内执行指令的平均条数来衡量，常用MIPS（Million Instructions Per Second）作为计量单位，即“百万条指令/秒”。但是在衡量计算机性能指标时，它依赖于指令集，而用来比较指令集不同的机器性能好坏是不准确的，所以需要考虑选用其他参数来比较。微机一般采用CPU时钟频率（主频）来描述运算速度，一般说来，主频越高，运算速度就越快。

3）内存容量

内存是CPU可以直接访问的存储器，需要执行的程序与需要处理的数据都存放在内存中，通常以MB或GB为单位。内存容量的大小反映了计算机存储信息的能力。随着操作系统的升级，应用软件的不断丰富及其功能的不断扩展，对计算机内存容量的需求也在不断提高，目前主要用GB来描述内存容量。

4）外存容量

外存容量通常是指硬盘容量，外存容量越大，可存储的信息就越多，通常以GB或TB为单位。虽然一台外存设备的容量是固定的，但用户可以根据自己的需要配备多台硬盘设备，因此，外存设备的容量可以无限扩大。

5）外部设备的配置和扩展能力

外部设备主要指计算机的输入输出设备。一台计算机允许配接外部设备的多少以及可扩充能力，对于系统功能和软件的使用都有重大的影响，体现着计算机的灵活性和适应性。例如在多媒体计算机中，要配置麦克风和音箱等设备，就需要配有声卡及相关声卡接口。

6）软件配置

软件是计算机系统必不可少的重要组成部分，直接体现着计算机的功能、性能和效率的高低，这些是在购置计算机系统时需要考虑的问题，同时，能否正确安装软件，也需要查看软件所需要的最低硬件要求。例如，要在计算机上运行Windows 8操作系统，可先通过查看微软官方网站，了解其所需的最低配置，满足了最低配置要求，其计算机才可以安装Windows 8操作系统。

微型计算机的软硬件配置较多，以上只是一些主要性能指标。除此之外还有其他一些指标，例如，所配置外围设备的性能指标以及所配置系统软件的情况等。另外，各项指标之间也不是彼此孤立的，在实际应用时，应该把它们综合起来考虑，在选购时应遵循“性能价格比”最优的原则。

另外，操作系统的启动（启动，引导）：将操作系统装入内存驻留，其操作包括：冷启动（开电源）、热启动（复位、Ctrl＋Alt＋Del/注销）。

2. 微机基本配置及性能指标

微机的基本配置＝CPU、内存RAM、硬盘HD、显卡、键盘、鼠标、显示器、机箱及电源＋多媒体（光驱＋声卡＋音箱）。

主频(时钟)：CPU处理的最小时间单位。CPU的工作节拍受一个主时钟的控制，主时钟的频率称为主频，所以主频也叫时钟频率，单位是赫(兹)(Hz)，用来表示CPU的运算、处理数据的速度。主频和实际的运算速度存在一定的关系，但并不是一个简单的线性关系，CPU的运算速度还要看CPU的流水线、总线等各方面的性能指标。以前CPU的主频一般以兆赫(MHz)为单位，而新的CPU主频一般以吉赫(GHz)为单位。频率越高，速度越快。

字长：计算机参与运算的二进制数的基本位数，就是计算机的主内存用多少位存储一个字。字长越长，表示数据的范围就越大，计算精确度就越高。

外频：外频通常是指CPU与周边设备传输数据的频率。倍频是指CPU外频与主频相差的倍数。它们之间的关系用公式表示为

主频＝外频×倍频

在相同的外频下，倍频越高，CPU的频率也越高。但实际上，在相同外频的前提下不要追求高倍频，这是因为CPU与系统之间的数据传输速度是有限的，一味追求高主频而得到高倍频的CPU就会出现明显的"瓶颈"效应。

内存容量：内存的存储单元总数。容量越大，运算速度越快。

硬盘存取速度：内存完成一次读或写操作所需的时间。硬盘存取速度越快，运算速度越快。

高速缓存：也称为高速缓冲存储器(cache)，它是为解决高速CPU和低速内存之间矛盾而采取的技术措施。缓存大小也是CPU的重要指标之一，分为L1 cache(一级缓存)和L2 cache(二级缓存)两类，增大缓存容量可以大幅度提升CPU内部读取数据的速度，提高系统性能。

I/O速度：总线存取速度越快或宽度越宽，运算速度越快。

性价比＝计算机性能/计算机价格。

显卡、显示器配置：显存越大，显示速度越快；显示器分辨率越高，显示图像越清晰。

外部设备配置：电源、键盘、鼠标。

3. 内存储器的主要性能指标

存储容量：是存储器的一个重要指标。一个存储器中所包含的字节数称为该存储器的容量，简称存储容量。存储容量通常用MB或GB表示。目前存储器芯片的容量越来越大，而价格在不断地降低。

最大存取时间：存储器的存取时间定义为存储器从接收到寻找存储单元的地址码开始，到它取出或存入数据为止所需的时间。最大存取时间是存储器工作速度的指标。最大存取时间越短，计算机的工作速度就越快。半导体存储器的最大存取时间为十几纳秒到几百纳秒。

其他指标：主要包括体积小、重量轻、价格便宜、使用灵活等，它们都是微型计算机的主要特点及优点，所以存储器的体积大小、功耗、工作温度范围、成本高低等也成为人们关心的指标。半导体存储器由于采用大规模集成电路结构，可靠性高，平均无故障时间可为几千小时以上。另外还有一些应用特殊技术的内存，如ECC内存就是应用了"错误检查和纠正(Error Checking and Correcting，ECC)"技术的内存，可以使整个计算机系统在工作时更趋于安全稳定。

4. 硬盘性能指标和类型

存储容量是衡量硬盘性能的重要指标，随着技术的发展，硬盘存储空间越来越大，现在常用的硬盘容量已达到 GB、TB 级别。

转速(Rotational Speed)：是硬盘内电机主轴的旋转速度，即硬盘盘片在一分钟内所能完成的最大转数(转/分钟)，它是决定硬盘内部传输速度的关键因素之一，在很大程度上直接影响到硬盘的速度。值越大，内部传输速度就越快，访问时间也越短，硬盘的整体性能也就越好，但太快会影响稳定性。

缓存(Cache Memory)：是硬盘控制器上的一块内存芯片，具有极快的存取速度，它是硬盘内部存储和外部接口之间的缓冲器。由于硬盘的内部数据传输速度和外部接口传输速度不同，缓存在其中起到一个缓冲的作用。缓存的大小与速度也是直接关系到硬盘传输速度的重要因素，能够大幅度地提高硬盘的整体性能。

平均寻道时间(Average Seek Time)：也是了解硬盘性能至关重要的参数之一。它是指硬盘在接收到系统指令后，磁头从开始移动到移动至数据所在的磁道所花费时间的平均值，在一定程度上体现了硬盘读取数据的能力，是影响硬盘内部数据传输速度的重要参数，单位为 ms。

硬盘接口：分为 IDE、SATA、SCSI、光纤通道等，IDE 和 SATA 接口硬盘多用于家用产品中，也部分应用于服务器；SCSI 的硬盘则主要应用于服务器；而光纤通道只应用于高端服务器，价格昂贵。通常情况下，硬盘安装在计算机的主机箱中，但现在已出现多种移动硬盘，通过 USB 接口和计算机连接，方便用户携带大容量的数据。

从硬盘外形尺寸来看，台式机中最常使用的是 3.5 英寸大小的硬盘，笔记本电脑内部空间狭小、电池能量有限，再加上移动中难以避免的磕碰，对其部件的体积、功耗和坚固性等提出了很高的要求。目前笔记本电脑硬盘的发展方向就是外形更小、质量更轻、容量更大，除了常见的 2.5 英寸规格，还有一种为 1.8 英寸规格。

硬盘分区：就是对硬盘的物理存储进行逻辑划分，将大容量硬盘分成多个大小不同的逻辑区间。如果不进行硬盘分区，系统在默认情况下只有一个分区，在管理和维护系统时会很不方便。因此，需要根据实际需要，对硬盘分区，以便于更好地组织和管理数据。

按硬盘容量大小和分区个数来说，有很多的分区方案，但都应遵循方便、实用、安全这三条原则。在实际分区过程中要根据实际情况对硬盘做出合理的分区，最好做到系统和数据分别存储到不同的分区上。常用分区概念如表 1-13 所示。

表 1-13　硬盘分区情况

说明	概　　念
主分区	包含操作系统启动时所必需的文件和数据的硬盘分区
活动分区	当从硬盘启动系统时所必需的文件和数据的硬盘分区
扩展分区	用户可以根据需要设置扩展分区，只有设置了扩展分区，才能在其中建立逻辑分区
逻辑分区	扩展分区不能直接使用，要划分成一个或多个逻辑区域，称为逻辑分区
盘符	在 Windows 操作系统中，硬盘的盘符从 C(通常分配给主分区)开始，然后依次往下分配给逻辑分区、光驱、网络驱动器等

创建分区需要有一定的顺序，对于没有分区的硬盘，一般按照“创建主分区→创建扩展分区→创建逻辑分区→设置活动分区”的顺序进行，删除分区的顺序和创建分区的步骤相反。

硬盘分区后，要进行硬盘格式化才能使用。所谓格式化，就是把一张空白的磁盘划分成一个个小的区域并编号，供计算机存储、读取数据。有两种方式进行格式化，即低级格式化和高级格式化。低级格式化也称物理格式化，硬盘必须先进行低级格式化，然后才能进行高级格式化。低级格式化用来为磁盘标上标记，为磁盘的磁道规划出扇区。每个扇区以引导标记和扇区标记作为扇区的起始，然后才是扇区的内容，后面还有校验标记。低级格式化操作实际上仅仅是一个简单的写过程，不过写的不是数据而是标记。除非特殊需要，用户一般不需再进行物理格式化。高级格式化也称逻辑格式化，用于生成引导区信息、标注逻辑坏道等。格式化后将会清除硬盘上的所有数据，硬盘的高级格式化通常可使用操作系统自带的命令或专门的程序来完成。低级格式化和高级格式化都不会损伤硬盘，这是因为格式化磁道的指令与正常读/写操作一样。但是在格式化执行过程中如果强行关闭电源，会导致写磁头将信息抹掉，或是造成磁头和硬盘表面接触而导致划伤，或是硬盘在做扇区标记时产生写错误等，这些都容易导致磁盘发生不可修复的损坏。

文件分配表(FAT)：就是记录文件起始位置的逻辑扇区地址、文件大小、属性、名称。

簇：连续位置的若干扇区组成的磁盘空间，它是操作系统的磁盘空间分配的最小使用单位。

根目录：树状目录结构中最高级的目录，每个磁盘只有一个。

当前目录、磁盘：指用户当前正在操作的目录、磁盘。

路径：路径＝盘符＋目录名。

习题

一、基础选择题

1. 世界上第一台计算机于1946年诞生在________。
   (A) 美国　　(B) 日本　　(C) 中国　　(D) 英国
2. ________是计算机最早的应用领域。
   (A) 信息管理　　(B) 数据处理　　(C) 科学计算　　(D) 计算机网络
3. 冯·诺依曼式计算机的思想是________。
   (A) 指令控制　　(B) 数据存储
   (C) 程序控制　　(D) 存储程序和程序控制
4. 目前计算机应用最广泛的领域是________。
   (A) 人工智能和专家系统　　(B) 科学技术与工程计算
   (C) 数据处理与办公自动化　　(D) 辅助设计与辅助制造
5. 衡量计算机处理速度的指标一般是用计算机一秒钟时间内所能________。
   (A) 执行乘法运算的次数　　(B) 执行加法运算的次数
   (C) 执行逻辑运算的次数　　(D) 执行指令的次数

二、计算选择题

1. 二进制数 1101001010 转换为八进制数为____，转换成十六进制数为____。

(1) (A) 3512　(B) 1A12　(C) 1512　(D) 1513

(2) (A) 34B　(B) 1513　(C) 34A　(D) 340

2. 十进制数 124 转换为二进制数为________。

(A) 1111100　(B) 111100　(C) 111110　(D) 1111110

3. 十进制数 128 转换为十六进制数为________。

(A) 40　(B) 80　(C) 100　(D) 400

4. 十进制数 100 转换为八进制数为________。

(A) 244　(B) C4　(C) 144　(D) 64

5. 十进制数 59.625 转换成二进制数为________。

(A) 101011.001　(B) 111011.101　(C) 111001.1　(D) 110111.101

6. 十六进制数 124 转换成二进制数为________。

(A) 100100100　(B) 110100100　(C) 10010100　(D) 110110010

7. 十六进制数 ABC 转换成二进制数为________。

(A) 101010111100　(B) 11010111100　(C) 101010111011　(D) 11001011100

8. 十六进制数 3B 转换成十进制数为________。

(A) 60　(B) 58　(C) 59　(D) 224

9. 十六进制数 A0.8 转换成十进制数为______

(A) 160.5　(B) 176.5　(C) 170.5　(D) 160.8

10. 八进制数 345 转换成二进制数为________。

(A) 11100101　(B) 1101000101　(C) 11100110　(D) 1100100101

11. 八进制数 43 转换成十进制数为________。

(A) 65　(B) 43　(C) 67　(D) 35

12. 八进制数 157 转换成十六进制数为________。

(A) 6F　(B) 6E　(C) 5F　(D) 5E

13. 下列一组数中最小的数是________。

(A) 二进制数 11011011　(B) 十进制数 73

(C) 八进制数 47　(D) 十六进制数 2AA

14. 数值数据在计算机内表示时，其正负号用___________表示。

(A) +　(B) -　(C) 0 或 1　(D) 01

15. 汉字在计算机内用________个字节存储。

(A) 1　(B) 2　(C) 3　(D) 4

16. 国标 GB 2312—80 汉字编码字符集中，使用频度最高的是一级汉字，它按________顺序排列的。

(A) 笔画　(B) 偏旁部首　(C) 拼音　(D) 四角号码

17. 在计算机存储系统中，对存储容量进行计量时使用的基本单位是________。

(A) B　(B) KB　(C) MB　(D) GB

18. 计算机中,一个浮点数由两部分组成,它们是________。
(A) 阶码和尾数 (B) 基数和尾数 (C) 阶码和基数 (D) 整数和小数

19. 存储 400 个 24×24 点阵汉字的字模所需的存储容量是________。
(A) 255KB (B) 75KB (C) 37.5KB (D) 28.125KB

20. 下列一组数中最大的数是________。
(A) 11011011(B) (B) 75(D) (C) 51(O) (D) 2AC(H)

三、填空题

1. 目前,计算机的发展趋势是________化、________化、________化、________化。

2. 与计算机信息处理有关的媒体有________媒体、________媒体、________媒体、________媒体、________媒体等。

3. 信息处理依据所采用的处理技术和工具的不同,经历了________、________、________三个不同的阶段。

4. 第一代计算机使用的主要元器件是:________,第二代是:________,第三代是:________,第四代是:________。

5. 衡量计算机处理速度的尺度有________和________两种方法。

四、计算题

1. 将下列二进制数转换成十进制数。
(1) 11010110 (2) 10111010.1101 (3) 0.00101 (4) 1110.1101

2. 将下列八进制转数换成十进制数。
(1) 536 (2) 62.12 (3) 256.26

3. 将下列十进制数分别转化成二进制和八进制数及十六进制数。
(1) 132 (2) 5967 (3) 308.6875

4. 将下列二进制数分别转化成八进制和十六进制数。
(1) 101110 (2) 101010.1101 (3) −11010.1101 (4) −111010.0101

5. 将下列十六进制数转化为二进制数。
(1) 0ED (2) BA.C (3) FF.14

6. 下列二进制数若为无符号数,它们的十进制数是多少?若为带符号数,它们的十进制数又是多少?
(1) 01101110 (2) 10110111 (3) 11101011 (4) 00111001

7. 用 8 位二进制数表示下列各数的原码、反码、补码。
(1) +7、−7 (2) +116、−116

8. 写出下列各补码表示的二进制数的真值。
(1) 11111111 (2) 01111110 (3) 10000000

第2章　操作系统及其应用

计算机系统由硬件系统和软件系统组成。硬件包括中央处理机、存储器和外部设备等；软件是计算机的运行程序和相应文档。为了使计算机系统的软硬件资源协调一致地工作，就必须有一个专门的软件进行统一的管理和调度，这个专门的软件就是操作系统。

本章先介绍操作系统的基本知识、Windows 操作系统，然后介绍 Windows 7 的基本操作，最后简单介绍移动操作系统。

2.1　操作系统概述

2.1.1　操作系统的定义

操作系统(Operating System，OS)是管理和控制计算机硬件与软件资源的计算机程序，是直接运行在"裸机"上的最基本的系统软件，任何其他软件都必须在操作系统的支持下才能运行。从用户的角度看，操作系统加上计算机硬件系统形成一台虚拟机(通常广义上的计算机)，它为用户构成了一个方便、有效、友好的使用环境。因此可以说，操作系统是计算机硬件与其他软件的接口，也是用户和计算机的接口，如图 2-1 所示。

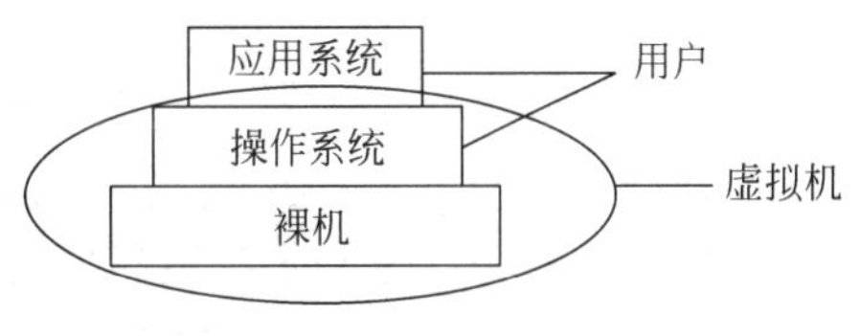

图 2-1　用户与计算机的接口

2.1.2　操作系统的功能

操作系统位于底层硬件与用户之间，是两者沟通的桥梁。用户可以通过操作系统的用户界面，输入命令。操作系统则对命令进行解释，驱动硬件设备，实现用户要求。可以看出操作系统的主要任务是调度、分配系统资源。它的主要功能包括处理机管理、存储管理、设备管理、文件管理。

1. 处理机管理

处理机管理实质上也是程序管理，主要功能是把 CPU 的时间有效、合理地分配给各个正在运行的程序。在早期的操作系统中，一旦某个程度开始运行，它就独占整个系统资源，直到该程序结束，这就是所谓的单道程序系统。现在为了提高系统资源的利用率，出现了多道程序系统。它是指允许同时有多个程序被加载到内存中执行。从宏观上看，多个程序是同时并行执行的；但从微观上看，某一个具体的时刻上，仅有一条程序执行，各程序是交替执行的。这样，操作系统就要担当起处理机管理的功能，解决对处理分配调度、分配实施、资源收回等问题。例如，如图 2-2 所示为三个程序在 CPU 中的交替运行情况。程序 A 开始执行，还没有结束就放弃 CPU，让程序 B 执行，程序 B 执行完后，程序 C 执行，程序 C 还没结束又让程序 A 抢占了 CPU，直到程序 A 结束，然后程序 C 执行并结束。这三个程序，在时间 t 内是交替运行的，但是某个时刻只有一个程序占有 CPU。

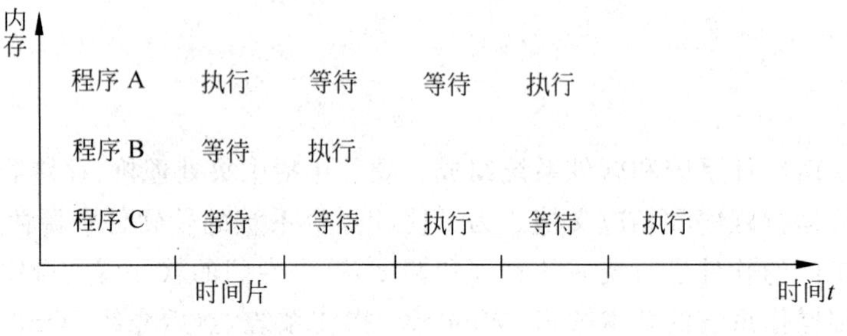

图 2-2　多道程序系统中程序的交替执行

说明：等待是指等待 CPU 或系统资源，处于等待状态的程序虽然不占用 CPU，但仍然驻留内存。

Windows 任务管理器提供了有关计算机性能的信息，并显示了计算机上所运行的程序和进程的详细信息，图 2-3 显示了当前系统的应用程序、进程数、CPU 的使用率和物理内容等信息。图 2-4 显示当前共有 63 个进程正在运行。所谓进程，是一个具有一定独立功能的程序关于某个数据集合的一次运行活动。一个程序加载到内容，系统就创建一个进程，程序执行结束后，该进程也就消亡了。当一个程序同时被执行多次时，系统就创建了多个进程，尽管是同一程序。

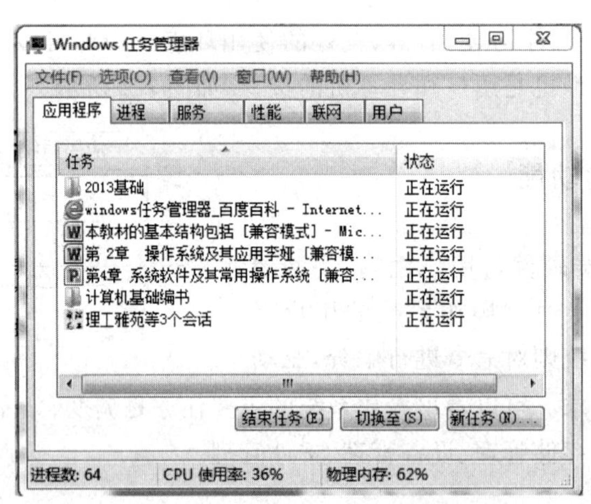

图 2-3　Windows 任务管理器

在上述两个图中，注意区分程序、进程、线程的概念。程序是指令和数据的有序集合，其本身没有任何运行的含义，是一个静态的概念。而进程是程序在处理机上的一次执行过程，它是一个动态的概念。通常情况下，一个进程可以包括多个线程，由于线程比进程更小，能更好地共享资源，更高效地提高系统内多个程序间并发执行的程度。

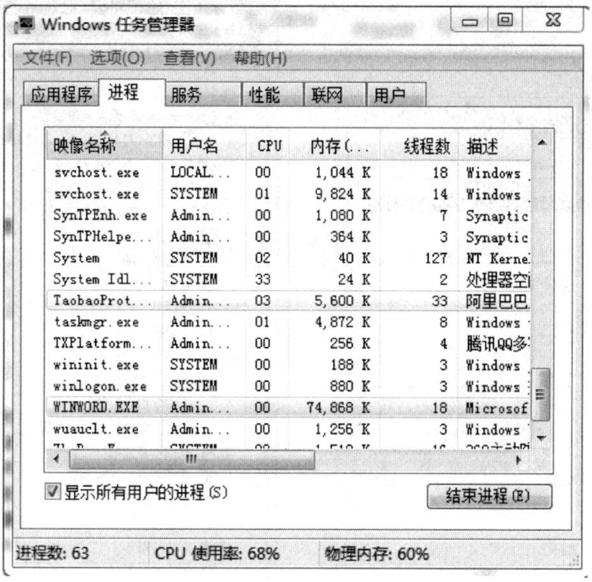

图 2-4　进程

2. 存储管理

存储管理主要是对内部存储器进行分配、保护和扩充。

内存分配：为每个用户程序分配内存，以保证系统及各用户程序的存储区互不冲突。

存储(信息)保护：内存中有多个用户程序在运行，但要保证这些程序的运行不会有意或无意地破坏别的程序的运行，这是存储保护必须完成的工作。

内存扩充：当某个用户程序的运行导致系统提供的内存不足时，操作系统就要使用一部分硬盘空间模拟内存，即虚拟内存，为用户提供了一个比实际内存大得多的内存空间，而使用户程序能顺利地执行，这便是内存扩充要完成的任务。

虚拟内存在 Windows 中又称为“页面文件”。在 Windows 安装时就创建了虚拟内存页面文件(pagefile. sys)，其大小会根据实际情况自动调整。但是虚拟内存的最大容量是有限的，与 CPU 的寻址能力有关。如 CPU 的地址线是 32 位的，则整个内存空间的寻址能力可以达到 4GB。在 Windows 7 中设置虚拟内存的方法，在“控制面板”中选择“系统”选项，然后选择“高级系统设置”，再打开“高级”选项卡，就可以设置虚拟内存，如图 2-5 所示。

3. 设备管理

设备管理是指负责管理各类外围设备(简称：外设)，包括分配、启动和故障处理等，主要任务是：当用户使用外部设备时，必须提出要求，待操作系统进行统一分配后方可使用。当用户的程序运行要使用某外设时，由操作系统负责驱动外设。在 Windows 7 中，右键单击桌面上的“计算机”，打开“设备管理器”，可以看到整个计算机的硬件设备信息，如图 2-6 所示。

以上三种管理都是对硬件资源的管理，而文件系统管理则是对软件资源的管理，它要解决的问题是为用户提供一种简便、统一的存取和管理信息的方法(文件)，并要解决信息的共享、数据的存取控制和保密等问题。

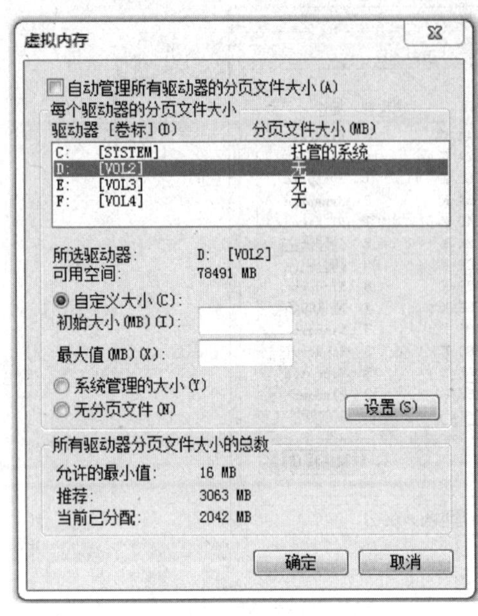

图 2-5 虚拟内存

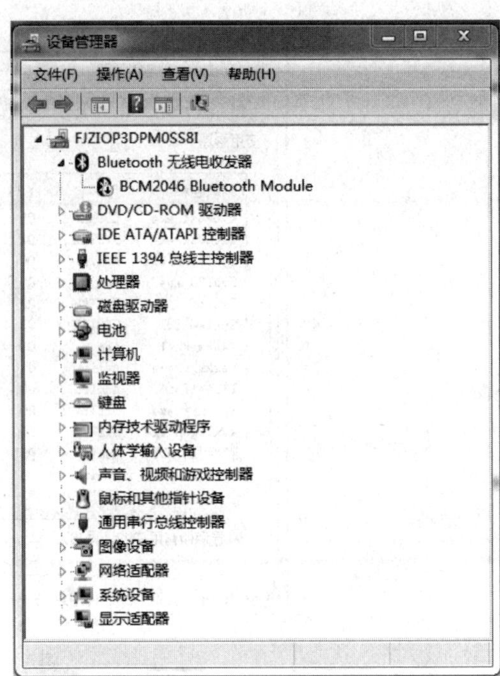

图 2-6 设备管理器

Windows 7 支持的常用文件系统有三种：FAT32,exFAT,NTFS。

FAT32：可以支持容量达 8TB 的卷,单个文件大小不超过 4GB。

exFAT：扩展 FAT,是为了解决 FAT32 不支持 4GB 以上文件推出的文件系统。

NTFS：Windows 7 的标准文件系统,单个文件大小可以超过 4GB。NTFS 兼顾了磁盘空间的使用与访问效率,提供了高性能、安全性、可靠性等高级功能。

在 Windows 7 中,在“控制面板”中选择“设备管理”选项,然后选择“计算机管理”,再选择“磁盘管理”,就可以查看某个 Windows 7 系统中磁盘文件系统的类型,如图 2-7 所示。

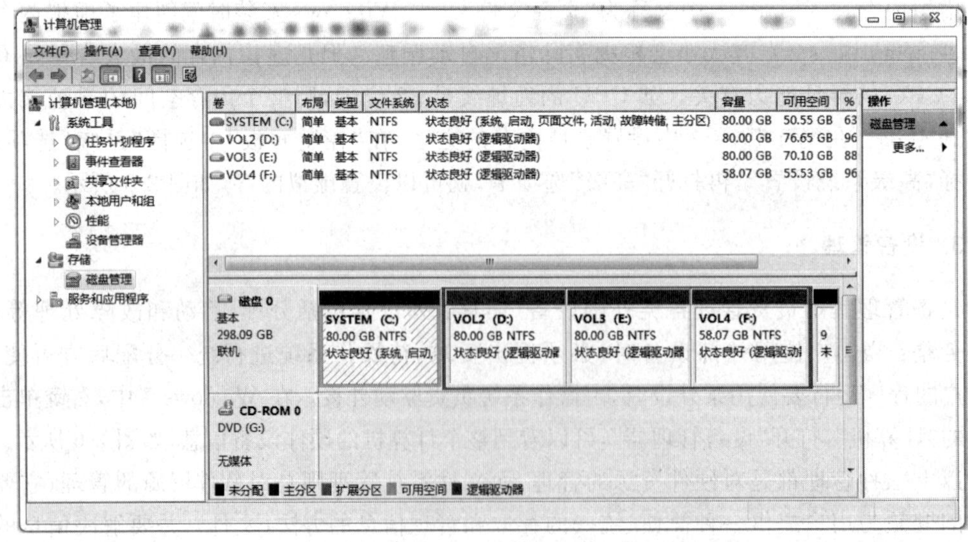

图 2-7 磁盘管理

从图 2-7 中可以看到，该计算机只有一个磁盘 0，它被划分成几个逻辑上独立的区域，其中一个主分区和三个逻辑分区，这些磁盘分区被称为卷。4 个磁盘的文件类型都是 NTFS。

2.1.3 操作系统的分类

经过了许多年的迅速发展，操作系统多种多样，功能也相差很大，已经能够适应各种不同的应用和各种不同的硬件配置。操作系统有各种不同的分类标准。在这里，按用户使用的操作环境和功能特征的不同，操作系统可分为 6 种基本类型：

1. 批处理操作系统

批处理操作系统（Batch Processing Operating System）的工作方式是：用户将作业交给系统操作员，系统操作员将许多用户的作业组成一批作业，之后输入计算机中，在系统中形成一个自动转接的连续的作业流，然后启动操作系统，系统自动、依次执行每个作业。最后由操作员将作业结果交给用户。它主要是 20 世纪 70 年代运行于大型、中型计算机上的操作系统，现在已经不多见了。

2. 分时操作系统

分时操作系统（Time Sharing Operating System）是允许多个用户分时使用同一台计算机的操作系统，其特点是具有多路性、交互性和独立性。在分时操作系统中，通常按时间片轮转，即每道程序运行一次使用一个时间片，由于时间片很小，所以每个用户都认为是自己单独占用计算机。分时操作系统也称为多用户多任务操作系统，典型的分时操作系统有 UNIX、Linux。

3. 实时操作系统

实时操作系统（Real Time Operating System，RTOS）是指使计算机能及时响应外部事件的请求在规定的严格时间内完成对该事件的处理，并控制所有实时设备和实时任务协调一致地工作的操作系统。实时操作系统要追求的目标是：对外部请求在严格的时间范围内做出反应，有高可靠性和完整性。其主要特点是：资源的分配和调度首先要考虑实时性然后才是效率。在实际生活中，有大量的实时控制问题，如导弹的自动控制、工业生产的过程控制、银行支付系统、交通订票系统等。常用的实时系统有 RDOS 等。

4. 网络操作系统

网络操作系统（Network Operation System）是基于计算机网络的，是在各种计算机操作系统上按网络体系结构协议标准开发的软件，包括网络管理、通信、安全、资源共享和各种网络应用。其目标是相互通信及资源共享。在其支持下，网络中的各台计算机能互相通信和共享资源。其主要特点是与网络的硬件相结合来完成网络的通信任务。目前常用的网络操作系统有 Windows Server、Novell Netware 等。

5. 分布式操作系统

分布式操作系统（Distributed Operation System）是由多台计算机组成的，系统中的计算机无主次之分，资源共享，系统中任意两台计算机可交换信息，一个程序可以在几台计算机上并行地执行，互相协作完成一个共同的任务。一般为并行计算机系统所使用。

6. 智能手机操作系统

智能手机操作系统是一种运算能力及功能比传统功能手机更强的操作系统。智能手机能够显示与个人电脑所显示出来一致的正常网页，它具有独立的操作系统以及良好的用户界面，它拥有很强的应用扩展性、能方便随意地安装和删除应用程序。目前常用的智能手机操作系统有 Android、iOS、Symbian、Windows Phone 和 BlackBerry OS。具体讲解参见 2.7 节。

2.1.4 MS-DOS 操作系统

微软磁盘操作系统是由美国微软公司提供的磁盘操作系统。在 Windows 95 以前，磁盘操作系统是 IBM PC 及兼容机中最基本的配备，而 MS-DOS 则是个人电脑中最普遍使用的磁盘操作系统之一。

进入 20 世纪 80 年代后期，半导体技术得到迅速发展，微机 CPU 不断更新换代，内存容量、硬盘空间以及显示设备的性能不断进步。DOS 的版本也从 1.0 发展到现在的 7.0 以适应微机功能的不断增强，但它仍具有许多自身无法克服的缺点。

(1) 采用命令式操作方式，命令繁多(100 多条)，初学者学习困难；

(2) 低版本 DOS 受 64KB 内存限制，而高版本的 DOS 的设置比较复杂；

(3) 单任务操作系统不能满足多个应用程序同时工作的要求；

(4) 采用文本界面，不够友好和美观；

(5) 将所有的资源向应用程序开放，使得系统很容易遭受病毒的感染，甚至崩溃。所以随着微机硬件技术和软件技术的不断发展，曾独领风骚的 DOS 必将被更新的一代操作系统所取代。

2.2 Windows 的基本知识

Microsoft Windows 是一个为个人计算机和服务器用户设计的操作系统，它也被称为“视窗操作系统”。它的第一个版本由微软公司发行于 1985 年，由于该操作系统具有良好的兼容性、强大的功能以及它的易用性，吸引了广大的用户，下面简单介绍介绍 Windows 的发展经历。

(1) 1985 年 Microsoft 公司正式推出 Windows 1.0。

(2) 1987 年 11 月推出 Windows 2.0，比 Windows 1.0 版有了不少改进，增强了键盘和鼠标界面，特别是加入了功能表和对话框。但自身并不完善，效果也不理想。

(3) 1990 年 5 月 22 日 Microsoft 公司发布了 Windows 3.0，它将 Windows/286 和 Windows/386 结合到同一产品中。它具备图形用户界面、支持 VGA 标准，还拥有非常出色的文件管理和内存管理功能。

(4) 1992 年 4 月发布了 Windows 3.1 版本，跟 OS/2 一样，Windows 3.1 只能在保护模

式下运行，并且要求至少配置1MB内存的286或386处理器的PC。该系统修改了3.0版本的一些不足，并提供了更加完善的多媒体功能。

(5) 1993年7月发布的Windows NT是第一个支持Intel 386、Intel 486和Pentium CPU的32位保护模式的版本，它是Microsoft公司定位于高档用户和服务器平台的操作系统。

(6) 1995年8月，Windows 95的推出是Windows操作系统的一个飞跃，它提供了全面的操作界面，使操作更加方便，功能更加强大。

(7) 1998年6月发布了Windows 98，它和Windows 95的操作界面类似，但增加了许多功能，包括执行效能的提高、更好的硬件支持以及与国际网络和全球资讯网(WWW)更紧密的结合。1999年7月推出了Windows 98的修订版本Windows 98 Second Edition，它改进了许多功能，包括内置了Internet Explorer 5.0，是个非常成功的产品。

(8) Windows ME是介于Windows 98 Second Edition和Windows 2000的一个操作系统，其目的是为了让那些无法符合Windows 2000硬件标准的设备同样享受到类似的功能，但事实上这个版本的Windows问题非常多，既失去了2000的稳定性，又无法达到98的低配置要求，因此很快被淘汰。

(9) 2000年Windows 2000的诞生是一件非常了不起的事情，它被誉为迄今为止最稳定的操作系统，其由Windows NT发展而来。它包括Windows 2000 Profession、Windows 2000 Server、Windows 2000 Advance Server和Windows 2000 Data Center Server 4个产品。其中Windows 2000 Profession替代了Windows NT 4.0 Workstation和Windows 95/98，成为主要的办公用操作系统。

(10) 2001年，Microsoft公司发布了Windows XP，它是基于Windows 2000代码的产品，同时拥有一个新的用户图形界面，包括了一些细微的修改。该系统集成了防火墙、媒体播放器(Windows Media Player)、即时通信软件(Windows Messenger)，并且与Microsoft Passport网络服务紧密结合。这是Windows操作系统发展史上的一次全面飞跃。

(11) 2006年11月，具有跨时代意义的Vista系统发布，它引发了一场硬件革命，使PC正式进入双核、大(内存、硬盘)时代。不过由于Vista的使用习惯与XP有一定的差异，软硬件的兼容问题导致它的普及率差强人意，也很快被淘汰。

(12) 2009年10月23日，Windows 7发布。Windows 7的设计主要围绕5个重点，针对笔记本电脑的特有设计；基于应用服务的设计；用户的个性化；视听娱乐的优化；用户易用性的新引擎。微软总裁称，Windows 7是最绿色、最节能的操作系统。

(13) 2012年10月26日，Windows 8发布。Windows 8是具有革命性变革的操作系统，微软公司自称从此触摸革命将开始。

2.3 Windows 7的基本操作

2.3.1 Windows 7的桌面

Windows 7启动后呈现在用户面前的是桌面。所谓桌面是指Windows 7所占据的屏幕空间，即整个屏幕背景。桌面的底部是一个任务栏，其最左端是“开始”按钮，其最右端是

“显示桌面”按钮,“显示桌面”按钮左边是任务栏通知区域,如图 2-8 所示。

图 2-8 Windows 7 的桌面

1. “开始”菜单

“开始”按钮是运行 Windows 7 应用程序的入口,是执行程序最常用的方法。单击“开始”按钮,弹出如图 2.8 所示左边的菜单,列出了计算机当前安装的应用程序。

2. 任务栏

当用户打开程序、文档或界面后,在“任务栏”上就会出现一个相应的按钮。如果要切换界面,只需单击代表该界面的按钮。在关闭一个界面后,其按钮也将从“任务栏”上消失。

3. 回收站

“回收站”是一个文件夹,用来存储被删除的文件、文件夹。用户也可以把“回收站”中的文件恢复到它们在系统中原来的位置。

2.3.2 中文输入

Windows 7 提供了多种中文输入法,如智能 ABC、微软拼音、全拼等。用户可以使用 Ctrl+Space 键在中英文输入法间的切换,也可以使用 Ctrl+Shift 键在英文及各种中文输入法之间进行切换。

中文输入法选定以后,屏幕上会出现一个中文输入法状态框。图 2-9 所示的是智能 ABC 输入法状态框的三种不同设置。

图 2-9 智能 ABC 输入法状态框

如果需要通过软键盘输入中文标点或其他符号，则应该右击软键盘按钮，在弹出的快捷菜单中选择符号类型，再在软键盘上单击所需的符号，如图 2-10 所示为软键盘。

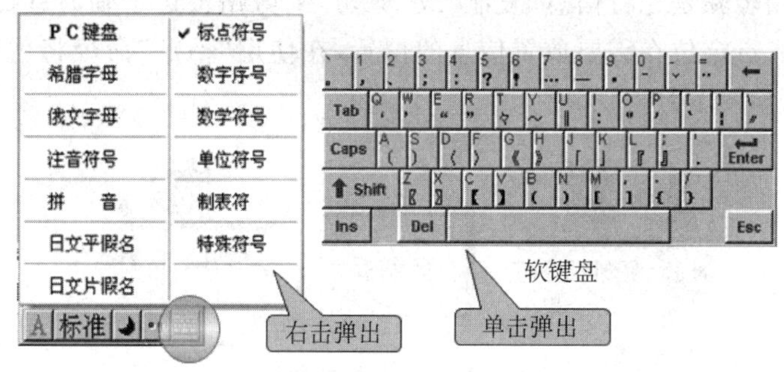

图 2-10　软键盘

2.3.3　用户管理

Windows 7 允许多个用户共同使用同一台计算机，这就需要进行用户管理，包括创建新用户以及用户分配权限等。在 Windows 7 中，每个用户都有自己的工作环境，如桌面、库等。在 Windows 7 中，可以通过“控制面板”选择“用户账户”，对用户进行管理，如图 2-11 所示。

Windows 7 中的用户一般包括 Administrator 用户和 Guest 用户。其中 Administrator 用户有计算机的完全控制权，可以做任何修改；而 Guest 用户可以使用一些软件，但是不能对计算机的重要系统设置进行更改。

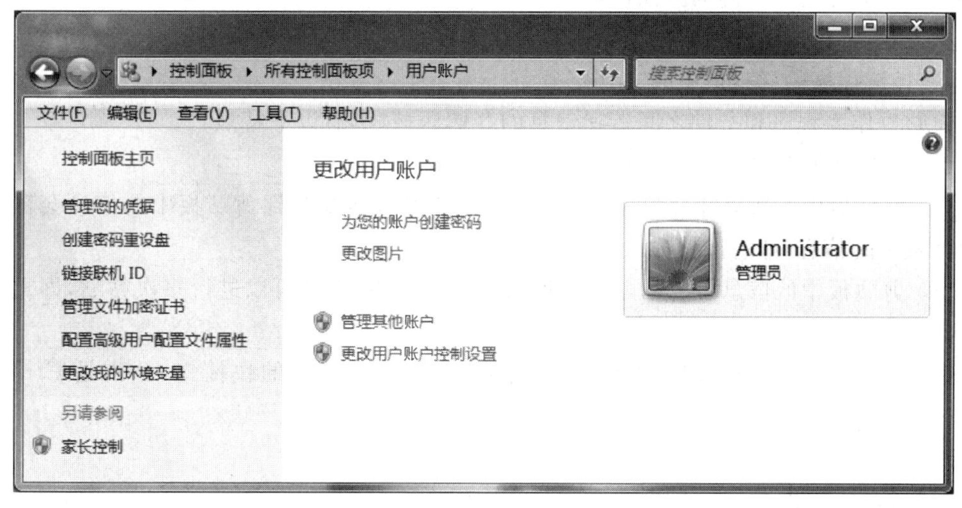

图 2-11　用户账户界面

2.3.4　剪贴板

在 Windows 7 中，剪贴板是一个在程序和文件之间用于传递信息的临时存储区。剪贴板不但可以存储正文,还可以存储图像、声音等多媒体信息。通过它可以把各文件的正文、图像、声音粘贴在一起,形成一个图文并茂、有声有色的文档。

剪贴板的使用步骤是先将信息“复制”或“剪切”到剪贴板这个临时存储区,然后在目标应用程序中将插入点定位在需要放置信息的位置,在使用“粘贴”命令将剪贴板的信息传到目标应用程序中,如图 2-12 所示。

图 2-12　剪贴板的使用

其实 Windows 7 剪贴板可以通过“剪贴板查看器”来进行查看用户复制的内容,这个程序就是 clipbrd. exe 这个文件,这个文件所在的位置是 Windows 安装目录的 System32 目录下,例如:C:\Windows\System32 目录,但是一般 Windows 默认是不安装这个程序的,可以通过 Windows 中的添加删除程序来进行添加,具体操作参见 2.5 Windows 7 系统环境的设置。

复制整个屏幕或界面到剪贴板,在 Windows 7 中,可以把整个屏幕或某个活动界面复制到剪贴板。

(1) 复制整个屏幕按 Print Screen 键,整个屏幕被复制到剪贴板上。

(2) 复制界面(窗口)到剪贴板,有两种方式:第一种方法是先将界面选择为活动界面,然后按 Alt+ Print Screen 键;第二种方法是选用“开始”菜单“附件”中的“截图工具”,用“截图工具”选择需要复制的界面即可。

相反,需要将剪贴板中的内容粘贴到目标程序中,就直接将光标定位到要放置信息的位置上,选择该程序的“编辑”中的“粘贴”命令。

剪贴板作为程序和文件之间传递信息的存储区域,具有以下特点:

(1) 剪贴板所存放的信息具有临时性;

(2) 剪贴板中一次只能存放一个信息,也就是说后面复制到剪贴板中的信息会覆盖先前剪贴板中的信息,即一次性输入;

(3) 剪贴板中的信息可以粘贴到任何的目标程序中,而且可以进行多次粘贴,即重复性输出。

上述中所提到的“复制”、“剪切”和“粘贴”命令都有对应的快捷键,分别是 Ctrl+C、Ctrl+X 和 Ctrl+V。

2.3.5　快捷方式

桌面上,许多图标的左下角都有一个非常小的箭头,这个箭头就是用来表明该图标是一个快捷方式的。快捷方式是 Windows 提供的一种快速启动程序、打开文件或文件夹的方法。快捷方式的一般扩展名为 lnk。

快捷方式是连接对象的图标,它不是这个对象本身,而是指向这个对象的指针,即是该对象的快速连接。不仅可以为应用程序创建快捷方式，而且可以为 Windows 中的任何一个对象建立快捷方式。例如，可以为程序、文档、文件夹等创建快捷方式。

创建快捷方式有以下两种方法：

(1) 只要按住 Ctrl+Shift 键，然后将文件拖动到需要创建快捷方式的地方就可以了。

(2) 在需要创建快捷方式的地方，右击鼠标，执行“新建”→“快捷方式”命令。

2.3.6 帮助系统

在使用计算机的过程中，经常会遇到各种各样的问题。使用 Windows 7 提供的帮助系统是获取帮助信息和寻求技术支持最好的途径。

如果计算机连接到 Internet，则还可以获得以下帮助和支持。

(1) 使用搜索和索引访问联机帮助系统。

(2) 向联机的 Microsoft 支持技术人员寻求帮助。

(3) 与其他 Windows 用户和专家利用 Windows 新闻组交换问题和答案。

(4) 使用“远程协助”让计算机专家指导用户解决计算机问题。

(5) 使用 Windows Update 下载更新计算机系统。

2.4 Windows 7 资源管理器

在 Windows 7 中，直接双击桌面上的“计算机”，就出现如图 2-13 所示的资源管理器。“Windows 资源管理器”是 Windows 管理文件和文件夹的重要工具之一。

图 2-13 资源管理器

2.4.1 文件与文件夹的基本概念

文件是有名称的一组相关信息的集合，任何程序和数据都是以文件的形式存放在计算机的外存储器（如磁盘）上的。任何一个文件都有文件名，文件名是文件存取的识别标志。磁盘上存有大量文件，为了便于进行存取管理，必须将它们分门别类地进行组织。

文件夹是用于存放图形界面中的程序和文件的容器，在屏幕上由一个文件夹的图形图像（图标）表示。文件夹是在磁盘上组织程序和文档的一种手段，并且既可包含文件，也可包含其他文件夹。

1. 文件命名规则

在计算机中，任何一个文件都有文件名。文件名是存取文件的依据，即按名存取。一般来说分为主文件名和扩展文件名两个部分。主文件名应该用有意义的词汇或数字命令，即顾名思义，以便用户识别。例如，计算机器的文件名为 calc.exe。

不同操作系统其文件命名规则有所不同。有些操作系统不区分大小写，如 Windows，而有的区分大小写，如 UNIX。

在 Windows 7 中对文件的命名作了以下规定。

(1) 不能出现以下字符：\、/、:、*、?、"、<、>、|。

(2) 查找和显示时可以使用通配符? 和 *。? 代表任意一个字符，* 代表任意一个字符串。

(3) 名字可以使用多个分隔符.，如 report. sales. total plan.199.doc，该文件名中最后一个.后的字符串被称为扩展名，用以标识文件和创建此文件的程序。文件的扩展名可以没有，也可以使多个字符，通常是三个字符。

2. 文件类型

在绝大多数操作系统中，文件的扩展名表示文件的类型。不同类型的文件的处理是不同的。在不同的操作系统中，表示文件类型的扩展名不尽相同。例如：EXE 表示可执行文件，CPP 表示 C++的源程序文件，HTM 表示网页文件，JPG 和 GIF 表示图像文件，RAR 和 ZIP 表示压缩文件。

3. 文件属性

文件除了文件名外，还有文件大小、占用空间、文件建立或修改的日期与时间、所有者信息等，这些信息称为文件属性，其主要属性有以下几种。

(1) 只读：设置为只读属性的文件只能读，不能修改或删除，起保护作用。

(2) 隐藏：具有隐藏属性的文件在一般情况下是不显示的。

(3) 存档：任何一个新创建或修改的文件都有存档属性。当用"控制面板"中的"备份和还原"程序备份后，存档属性消失。

4. 文件路径

文件路径表示文件在磁盘中的位置，路径指出了文件所在的驱动器及文件夹。如 C:\

Windows\System32\mspaint. exe 表示放置在路径 C:\Windows\System32 下的 mspaint. exe 文件。驱动器后面总要跟着:,文件与文件之间用\隔开。

路径有两种:绝对地址和相对地址。

(1) 绝对地址:从根目录开始,依序到该文件之前的名称。

(2) 相对地址:从当前目录开始到某个文件之前的名称。

如图 2-14 所示,如果当前目录为 System32,那么 Data. mdb 的绝对路径和相对路径分别是:

Data. mdb 的绝对路径为 C:\User\Data. mdb;

Data. mdb 的绝对路径为..\..\User\Data. mdb(其中,..表示上一级目录)。

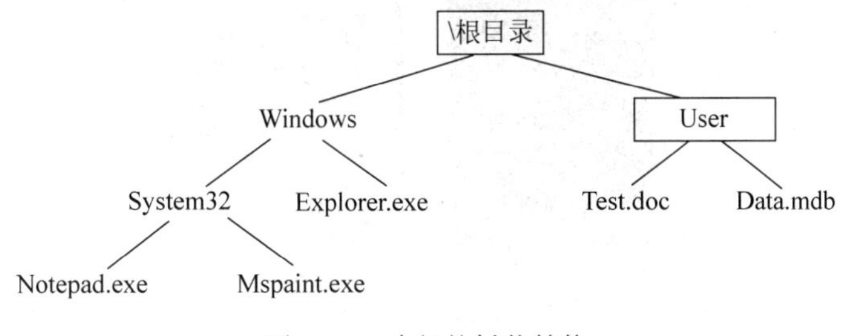

图 2-14　路径的树状结构

2.4.2　管理文件和文件夹

管理文件和文件夹是 Windows 7 的主要功能。在 Windows 7 中,文件的类型很多,不同类型的文件会有不同的应用和操作。管理文件有三种方式:菜单命令、快捷菜单和鼠标拖移。通过这三种能完成一般文件的基本操作,如选择、复制、剪切、粘贴、清除等。

对于选定的文件或文件夹,右击便能弹出一个快捷菜单。快捷菜单包括了能够作用于选定的文件或文件夹的操作命令,它们在菜单中几乎都有对应的命令。

管理文件和文件夹时需要注意以下三点。

1. 文件和文件夹的选定

在 Windows 7 中,最基本的操作是选定对象,绝大多数的操作都是从选定对象开始的。只能在选定对象后,才可以对它们执行进一步的操作。对象的选定可以分为单个对象、多个连续对象、多个不连续对象的选定,具体操作见表 2-1。

表 2-1　选定对象操作

选定对象	具体操作
单个对象	单击所要选定的对象
多个连续对象	单击第一个对象,按住 Shift 键,单击最后一个对象
多个不连续对象	单击第一个对象,按住 Ctrl 键不放,单击剩余的每一个对象

2. 查找文件或文件夹

有时用户需要在计算机中查找一些文件或文件夹的存放位置。使用“开始”菜单可以帮助用户快速找到所需的内容，如图 2-15 所示。图 2-15 左图是查找前的界面，右图是查找了 word 以后的界面。

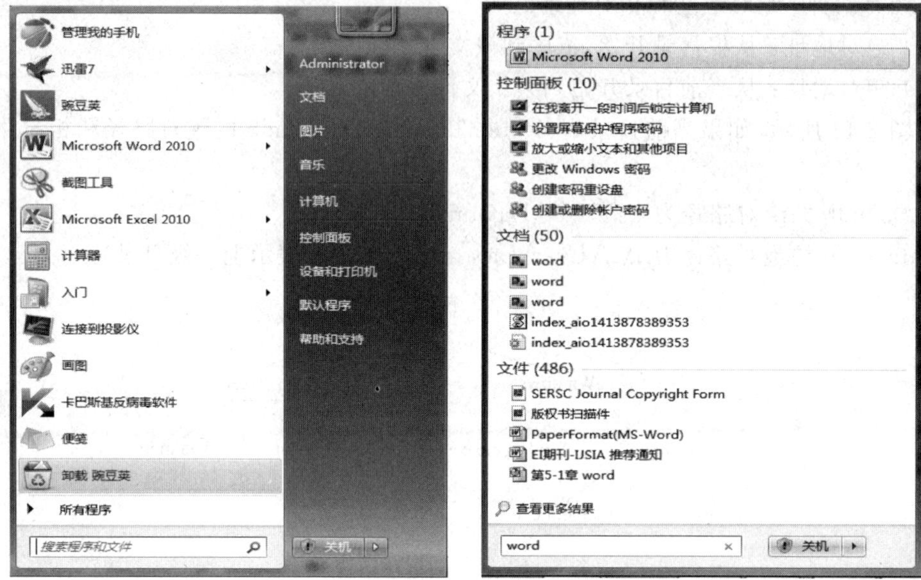

图 2-15　查找界面

有下列三类文件被删除以后是不能被恢复的，因为它们被删除后并没有被送到“回收站”中。

(1) 可移动磁盘(如 U 盘)上的文件。

(2) 网络上的文件。

(3) 在 MS-DOS 方式中被删除的文件。

2.5　Windows 7 系统环境的设置

Windows 7 系统环境的设置大多是通过控制面板(Control Panel)来操作的，它是用来进行系统设置和设备管理的一个工具集。控制面板是 Windows 图形用户界面的一部分，允许用户查看并操作基本的系统设置和控制，如添加硬件、添加/删除软件、控制用户账户，更改辅助功能选项等。控制面板可通过“开始”菜单访问，还可通过单击 Windows 7 桌面上的“计算机”右键图标，选择“属性”进入选项，同时它也可以通过运行命令 control 命令直接访问。控制面板按照其查看方式的不同，分为类别、大图标、小图标三种，其中类别和大图标方式如图 2-16 所示。

2.5.1　显示属性设置

“显示”属性窗口如图 2-17 所示，它可以调整分辨率、调整亮度、校准颜色、更改显示器设置、连接到投影仪、调整 ClearType 文本、设置自定义文本大小等。

(a) 按“类别”查看方式

(b) 按“大图标”查看方式

图 2-16　控制面板视图

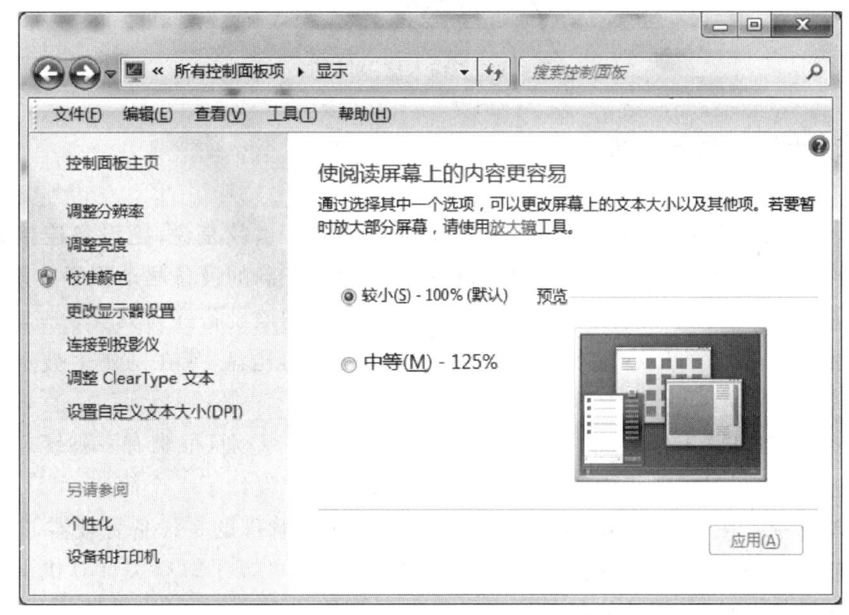

图 2-17　“显示”属性窗口

2.5.2　输入法的设置

输入法的设置可以右键单击“任务栏”的输入法进入，也可以选控制面板中的“区域和语言”，再选“键盘和语言”选项卡中的“更改键盘”，弹出如图 2-18 所示的对话框。在该对话框中的“常规”选项卡中可以对输入法进行设置。如添加或删除某个输入法，设置某个输入法的属性等。

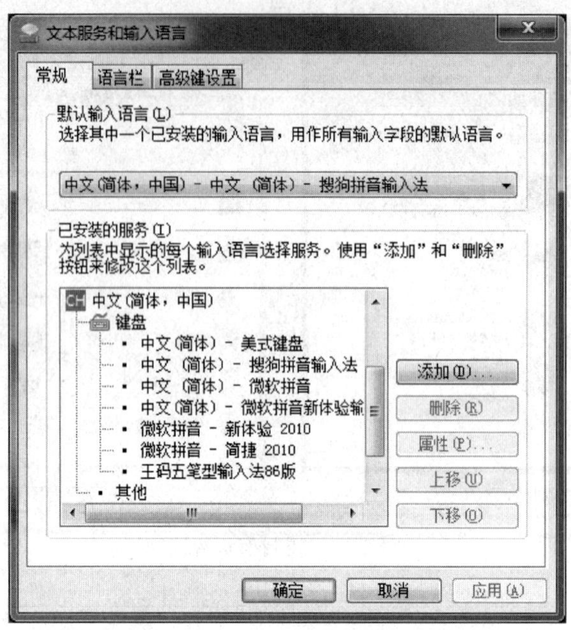

图 2-18 “输入法”对话框

2.5.3 硬件的添加和管理

目前，绝大多数硬件(包括打印机)都是即插即用的。也就是说，把设备连接到计算机后，系统会自动检查到设备，并将尝试查找和安装该设备正确的设备驱动程序。第一次将某个设备插入 USB 端口进行连接时，Windows 7 会自动识别该设备并为其安装驱动程序。如果找不到驱动程序，Windows 将提示插入包括驱动程序的光盘，或在网站上搜索一个驱动程序。

各类外设在速度、工作方式、操作类型等方面有很大的差别，很难有一种统一的方式进行管理。但是，为了尽可能集中管理设备，操作系统为用户设计了一个简洁、可靠、易于维护的设备管理系统。在 Windows 7 中，对设备进行集中统一管理的是设备管理器，如 2.1.2 节操作系统的功能中的图 2-6 所示。在设备管理器中，用户可以了解有关计算机上的硬件如何安装和配置信息，以及硬件如何与计算机程序交互的信息，还可以检查硬件状态，并更新安装在计算机的硬件的设备驱动程序。

2.5.4 添加或删除程序

“卸载或更改程序”窗口如图 2-19 所示，用于更改或删除程序、安装新程序、添加或删除 Windows 7 的组件。一般情况下，应用程序的安装可以通过应用程序自带的安装程序进行。但对程序的管理和设置集中在图 2-19 中的“程序和功能”组中，可以卸载程序、打开或关闭 Windows 7 功能等。

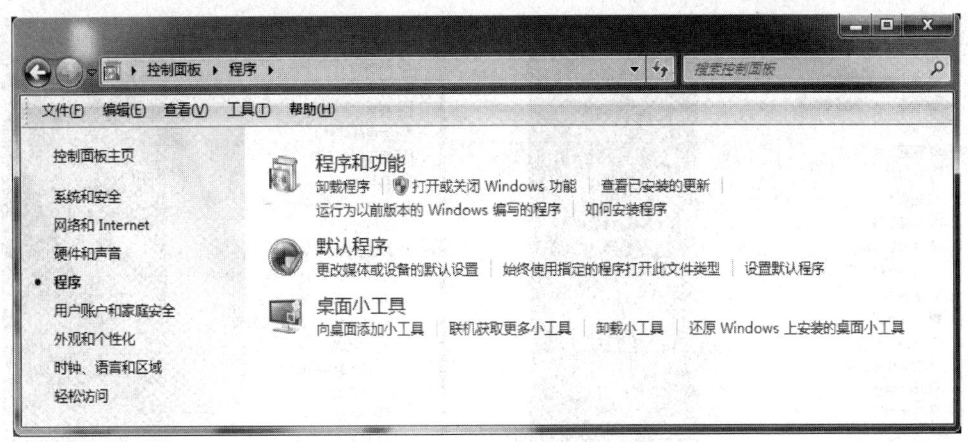

图 2-19　控制面板中的“程序”组

2.5.5　其他设置

在控制面板中，还可以对系统的其他功能进行设置，如键盘、鼠标、字体、声音、电源选项、Windows 防火墙等。

2.6　Windows 7 附件中的常用工具和系统工具

系统的许多功能除了在控制面板中可以进行设置外，在附件中的系统工具和常用工具也可以对系统的其余功能进行设置和管理。

2.6.1　“常用工具”的使用

通过“开始”菜单中的“所有程序”，打开“附件”，如图 2-20 所示。“附件”中的常用工具包括了“画图”、“计算器”、“记事本”、“截图工具”、“写字板”、“远程桌面连接”等常用工具。其中“截图工具”是 Windows 7 系统所新增的功能，它能捕获桌面上任何对象的屏幕快照，然后对它截图添加注释、加以保存或进行共享。它与键盘上全屏复制 Print Screen 键具有相同的作用。

2.6.2　“系统工具”的使用

在“附件”中除了人们经常会用到的“常用工具”，还提供了“系统工具”，如图 2-21 所示。在“系统工具”中，有“磁盘清理”、“磁盘碎片整理程序”、“系统还原”、“系统信息”等功能。

1. 磁盘清理

计算机工作一段时间后，会产生许多的垃圾文件，如已经下载的程序文件、Internet 临时文件等，这些都会使计算机反应速度变得很慢。利用 Windows 提供的“磁盘清理”工具，可以轻松而又安全地实现磁盘清理，删除无用的文件，释放硬盘空间。

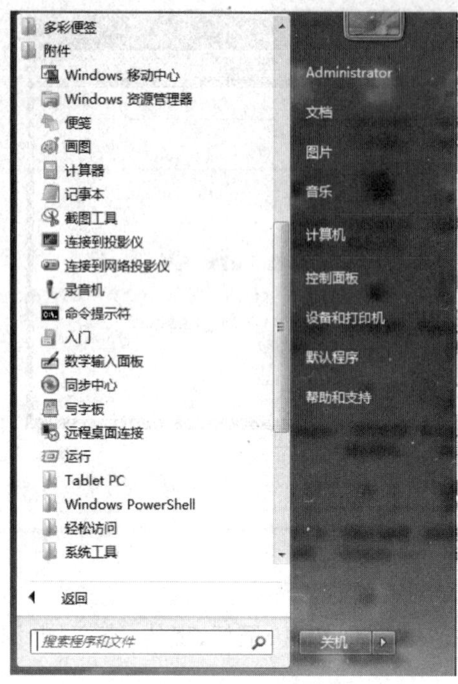

图 2-20　附件中的“常用工具”

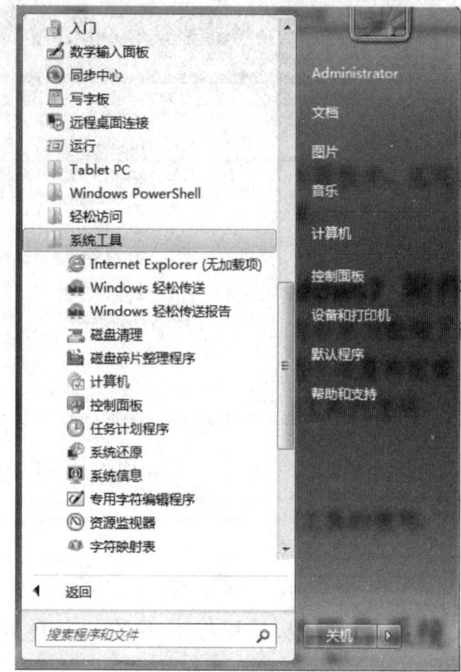

图 2-21　附件中的“系统工具”

在“附件”的“系统工具”中单击“磁盘清理”选项，如图 2-22 所示。在图中，选择要清理的驱动器，弹出如图 2-23 所示的对话框。等待一会后会出现如图 2-24 所示的对话框。选择要删除的文件，选择时可以看看该文件里有些什么内容，是否确定清理。单击要清理的文件，弹出如图 2-25 所示的对话框，清理机器上不需要的文件。

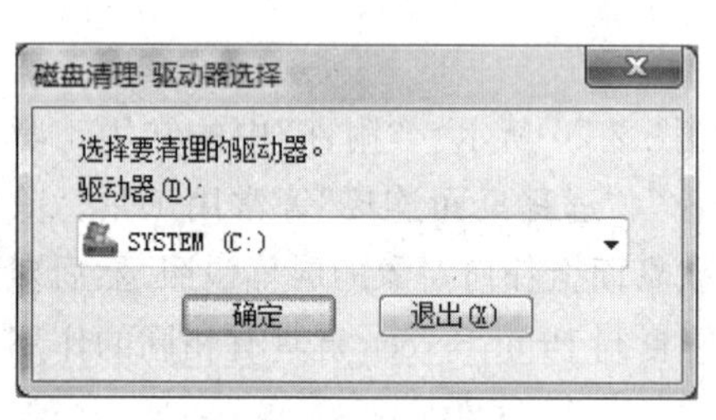

图 2-22　“磁盘清理”对话框

图 2-23　磁盘清理过程

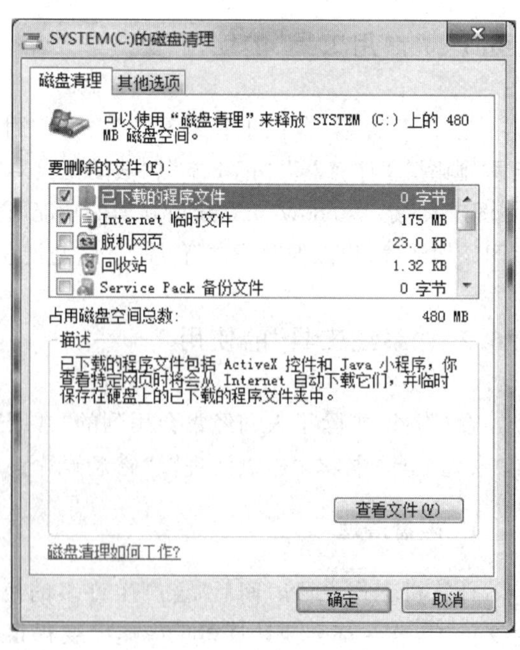

图 2-24　选择不需要的文件

2. 磁盘碎片整理程序

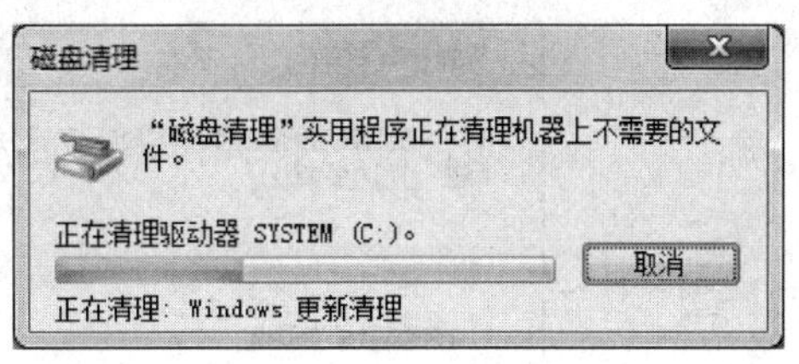

图 2-25　清理不要的文件

磁盘碎片又称为文件碎片，是指一个文件没有保存在一个连续的磁盘空间上，而是被分散存放在许多地方。计算机工作一段时间后，磁盘进行了大量的读写操作，再加上一些下载工具、在线视频播放工具、某些浏览器等对磁盘会有一些"破坏性"影响，都会产生一些碎片，碎片多了，会影响系统的运行速度，时间久了，碎片会导致磁盘产生坏块，所以必须及时地进行磁盘碎片整理，提供计算机系统的性能。

在"附件"的"系统工具"中找到"磁盘碎片整理程序"，单击打开，如图 2-26 所示。为了最好地确定磁盘是否需要进行磁盘碎片整理，一般要对磁盘当前的状况进行分析，分析后，再决定是否要对磁盘进行碎片整理，若是碎片不多，那么无须进行磁盘整理，先选择要分析的磁盘，然后单击下面的"分析磁盘"按钮，弹出如图 2-27 所示的窗口。磁盘分析所需的时间主要取决于以下两点：一是磁盘分区容量大小；二是本磁盘分区中的文件多少。磁盘分析完后，就可以进行磁盘碎片整理了，一般碎片 10%以下可以不进行整理，这里为了描述碎片整理的全过程，所以进行整理。选择"磁盘碎片整理"，弹出如图 2-28 所示的窗口。磁盘碎片整理所需的时间主要取决于以下几点：①磁盘分区容量大小；②本磁盘分区中的文件多少；③本磁盘分区碎片的多少。磁盘碎片整理完后，弹出如图 2-29 所示的窗口，由图中看出这台电脑没有碎片产生。

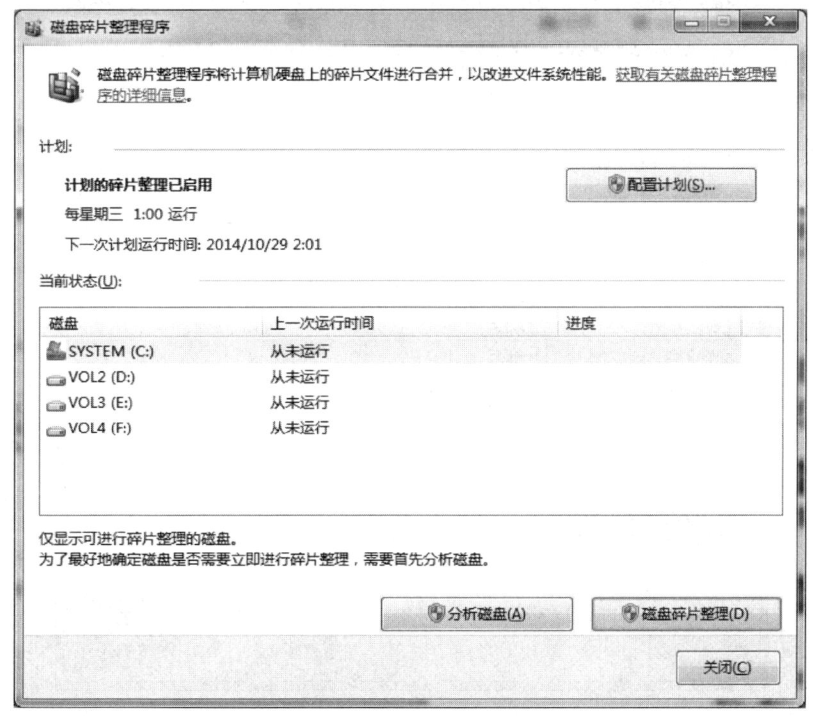

图 2-26　"磁盘碎片整理"窗口

图 2-27 “分析磁盘”过程

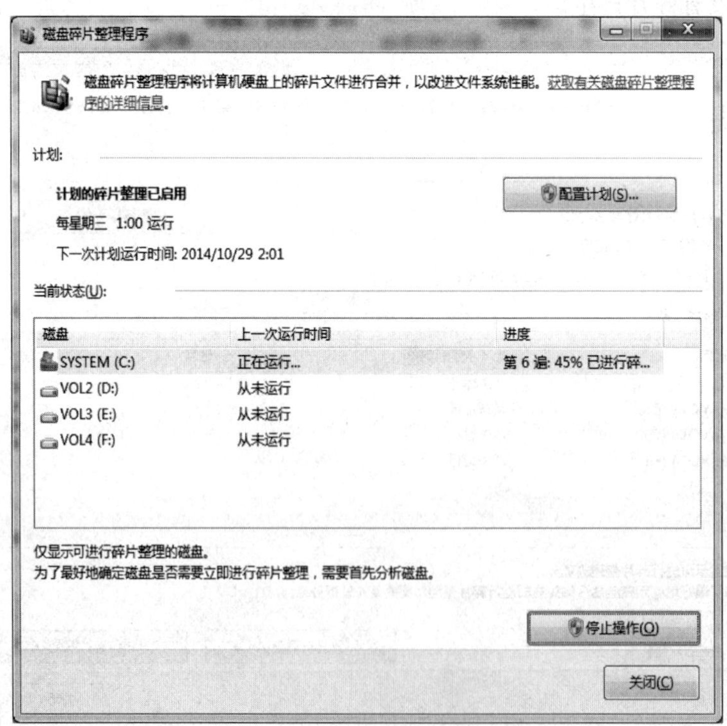

图 2-28 “磁盘碎片整理”过程

图 2-29　整理完毕

2.7　移动操作系统

自 2008 年智能手机热潮席卷全球以来，到目前为止，通过手机接入互联网的用户已远远超过台式电脑。移动真正成为主流，以 iPhone 为代表的新一代智能手机已彻底改变了人们的生活。而智能手机之所以与传统功能型手机不同，最重要的就是它拥有一个开放性的操作系统。通常将智能手机基于的操作系统称为移动操作系统或者智能手机操作系统。它能管理智能手机的软硬件资源，为应用程序提供服务支持。常用的移动操作系统有：苹果的 iOS、Google 的 Android 和微软的 Windows Phone。

2.7.1　iOS

iOS 智能手机操作系统的原名为 iPhone OS，其核心与 Mac OS X 的核心同样都源自于 Apple Darwin。它主要是给 iPhone、iPad 以及 iPod Touch 等系列产品所使用的。其优点是优秀的图形用户界面、多媒体效果和方便的接触、丰富的软件库；缺点是软件库需付费，而且不支持第三方软件。

2.7.2　Android

Android 是一种以 Linux 为基础的开放源代码操作系统，主要使用于便携设备。目前尚未有统一的中文名称，中国大陆地区较多人使用“安卓”或“安致”。Android 操作系统最初由 Andy Rubin 为手机开发。2005 年由 Google 收购注资，并组建开放手机联盟开发改良，逐渐扩展到平板电脑及其他领域上。由于免费开源、服务不受限制、第三方软件多等原因，目前是使用最广泛的智能手机操作系统之一。

2.7.3 Windows Phone

Windows Phone 是微软发布的一款手机操作系统，它可以分为 Pocket PC 和 Smart Phone。具有 Windows 血缘，所以有着十分强大的与台式机的可同步性，娱乐方面功能出众。目前，最新版本是 Windows Phone 8。其优点是界面和操作都和电脑上的 Windows 十分接近，对于机友来说十分熟悉又上手；各种保存在电脑或手机里的信息、资料可以轻松实现共享；有大量的应用软件可供用户选择；缺点是占用系统资源高、容易系统崩溃、机型价格相对较高。

习题

1. 请简述操作系统的主要功能。
2. 请简述 Windows 7 桌面的组成元素及其功能。
3. 快捷方式和文件有什么区别？
4. Windows 应用程序的常用扩展名有哪些？
5. 请简述 Windows 的文件命名规则。
6. 绝对路径与相对路径有什么区别？
7. 在文件和文件夹的管理中，如何建立、复制、移动、删除文件和文件夹？
8. 回收站的功能是什么？什么样的文件删除后不能恢复？
9. 如果有应用程序不再响应，用户应如何处理？
10. 什么是即插即用设备？如何安装非即插即用设备？
11. 屏幕保护程序有什么功能？
12. 使用“控制面板”中的“添加删除程序”删除 Windows 应用程序有什么好处？
13. 什么情况下不能格式化磁盘？

第3章 常用办公软件

办公软件是指可以进行文字处理、表格制作、幻灯片制作、简单数据库的处理等方面工作的软件，包括微软 Office 系列、金山 WPS 系列、永中 Office 系列、红旗 2000 Red Office、协达 CTOP 协同 OA、致力协同 OA 系列等。目前办公软件的应用范围很广，大到社会统计，小到会议记录，数字化办公离不开办公软件的鼎力协助。目前办公软件朝着操作简单化，功能细化等方向发展，讲究大而全的 Office 系列和专注于某些功能深化的小软件并驾齐驱。另外，政府用的电子政务，税务用的税务系统，企业用的协同办公软件，这些都叫办公软件。

3.1 文字处理软件 Word 2010

Word 可以说是 Office 套件中的元老，也是其中使用最为广泛的应用软件。它的主要功能是进行文字（或文档）的处理。Word 2010 的最大变化是改进了用于创建专业品质文档的功能，提供了更加简单的方法来进行协同合作，几乎从任何位置都能访问自己的文件。具体的新功能有：全新的导航搜索窗口、生动的文档视觉效果应用、更加安全的文档恢复功能、简单便捷的截图功能等。

3.1.1 办公软件包的安装、启动与退出

1. 办公软件的安装

自动化办公软件中，无论是 WPS 还是 MS Office，都包含 Access、Word、Excel、PowerPoint 等常用办公组件，因此安装 WPS 套件或套件即可。它的安装一般有两种方式，即光盘安装或硬盘安装。前者安装时，把购买的 WPS 或 MS Office 安装光盘放入电脑的光盘驱动器，安装程序会自动运行，用户根据屏幕提示进行相应的操作即可完成安装过程。后者是把 WPS 或 MS Office 安装光盘的内容全部复制到硬盘上，或者从网上下载共享的安装光盘镜像文件保存到本地计算机上，从硬盘里直接运行安装程序，根据提示向导完成安装过程。当然，办公套装软件的安装还有类似的方法，如通过 Ghost 镜像还原操作方式、通过网络或网上邻居间接安装等方式均可。

2. 办公软件的启动

办公软件最常用的是 Word、Excel 和 PowerPoint，它们的启动方式有以下几种。

第一种方式：选择“开始”菜单→所有程序→Office 相应的组件（Word、Excel、PowerPoint）；

第二种方式：用鼠标双击桌面上的 Office 组件的快捷图标；

第三种方式：打开资源管理器，找到存放 Word、Excel、PowerPoint 等 Office 文档并用鼠标双击文档图标，各文档将被相应关联的组件打开，或者在文档图标上单击鼠标右键，在弹出的快捷菜单中选择打开文档的方式。

第四种方式：在资源管理器中（各文件夹下）找到 Office 组件的应用程序，打开程序后利用“文件”菜单或窗格中的“打开”命令，在弹出的对话中选择要打开的文档。

第五种方式：选择“开始”菜单→“运行”→输入组件名称（Office 组件的文件名）→单击“确定”按钮即可打开。运行命令对话框如图 3-1 所示。

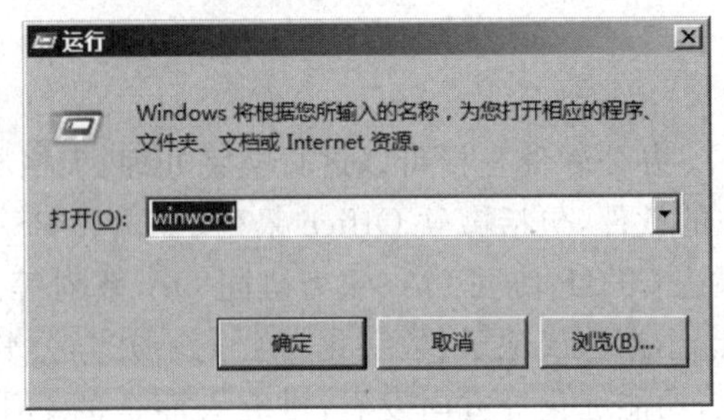

图 3-1 “运行命令”对话框

3. 办公软件的退出

无论是 WPS 还是 MS Office，退出的方式与它们的启动一样也有很多种。

第一种方式：选择文件菜单或文件窗格的“退出”命令。

第二种方式：用鼠标双击工作界面“标题栏”最左端的控制图标，或者单击图标后在弹出的菜单中选择“关闭”命令。

图 3-2 “关闭”按钮

第三种方式：激活要关闭的文档窗口，直接按下键盘上的组合键 Alt＋F4。

第四种方式：单击标题栏最右边的关闭按钮，如图 3-2 所示。

本教材将 Word 2010 分为基础部分、文档编辑部分、段落编辑部分、图表编辑部分进行介绍。

3.1.2 Word 文档的基本操作

Word 软件用来编辑和排版文字、图表等信息形成各种不同类型的文档，如图书、论文、报纸、期刊、广告、海报、网页等。Word 2010 除了在 Word 2007 版和 Word 2003 版的基础上增加了一些功能外，在主界面上也发生了较大的变化。

Word 2010 版本的主界面包括“文件”菜单按钮，快速访问工具栏，标题栏，选项标签，功能区，状态栏，视图切换按钮，水平滚动条和垂直滚动条，以及文档显示比例缩放。从主界面的操作来看，各个功能区显示的就是旧版本中的一些菜单命令，同时增加了一些操作按钮并提供了更多的素材。2010 版的工作界面如图 3-3 所示。

Microsoft Word 从 Word 2007 升级到 Word 2010，其最显著的变化就是使用“文件”按钮代替了 Word 2007 中的 Office 按钮，使用户更容易从 Word 2003 和 Word 2000 等旧版本中转移。另外，Word 2010 同样取消了传统的菜单操作方式，而代之以各种功能区。从 Word 2010 窗口上方看起来像菜单的名称其实是功能区的名称，当单击这些名称时并不会

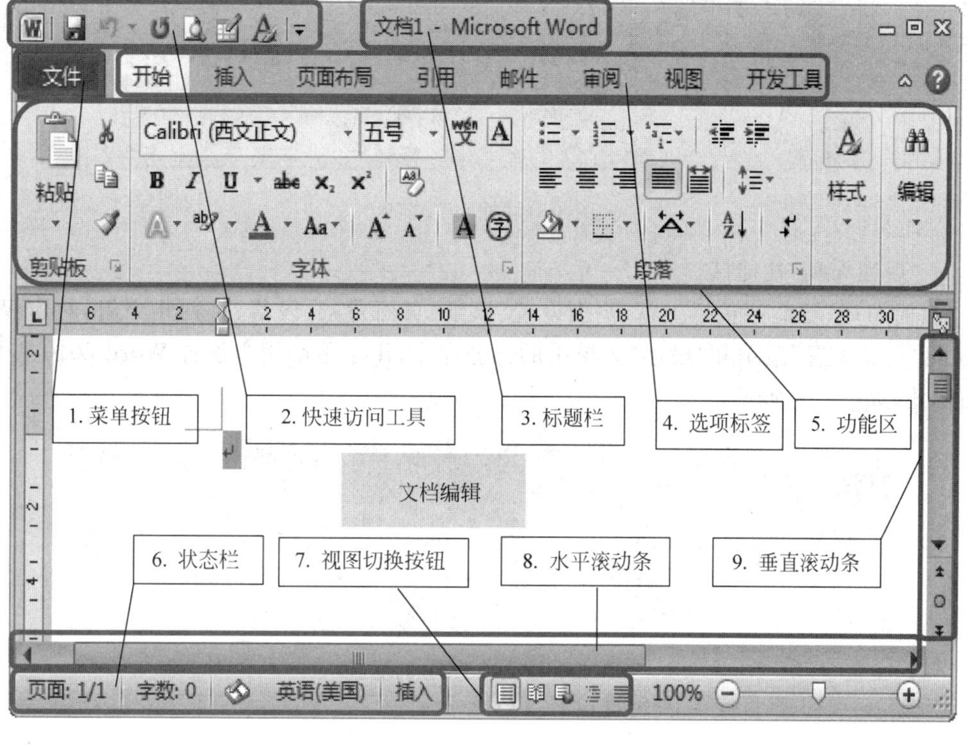

图 3-3　Word 2010 工作主界面

打开菜单，而是切换到与之相对应的功能。

1. Word 2010 功能区

每个功能区根据功能的不同又分为若干个组，每个功能区所拥有的功能如下所述：

1）"开始"功能区

"开始"功能区中包括剪贴板、字体、段落、样式和编辑 5 个组，对应 Word 2003"编辑"和"段落"菜单的部分命令。该功能区主要用于帮助用户对 Word 2010 文档进行文字编辑和格式设置，是用户最常用的功能区，如图 3-4 所示。

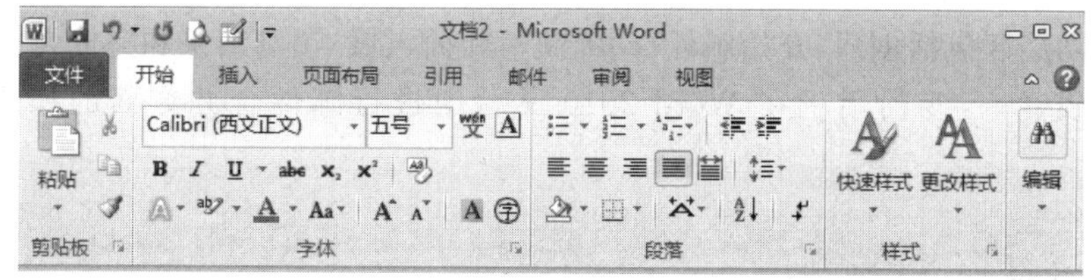

图 3-4　"开始"功能区

2）"插入"功能区

"插入"功能区包括页、表格、插图、链接、页眉和页脚、文本、符号和特殊符号几个组，对应 Word 2003 中"插入"菜单的部分命令，主要用于在 Word 2010 文档中插入各种元素，如图 3-5 所示。

图 3-5 “插入”功能区

3)“页面布局”功能区

“页面布局”功能区包括主题、页面设置、稿纸、页面背景、段落、排列几个组，对应 Word 2003 的“页面设置”菜单和“段落”菜单中的部分命令，用于帮助用户设置 Word 2010 文档的页面样式，如图 3-6 所示。

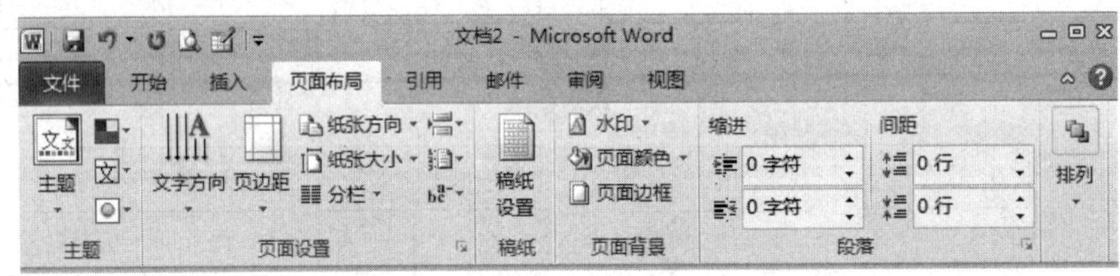

图 3-6 “页面布局”功能区

4)“引用”功能区

“引用”功能区包括目录、脚注、引文与书目、题注、索引和引文目录几个组，用于实现在 Word 2010 文档中插入目录等比较高级的功能，如图 3-7 所示。

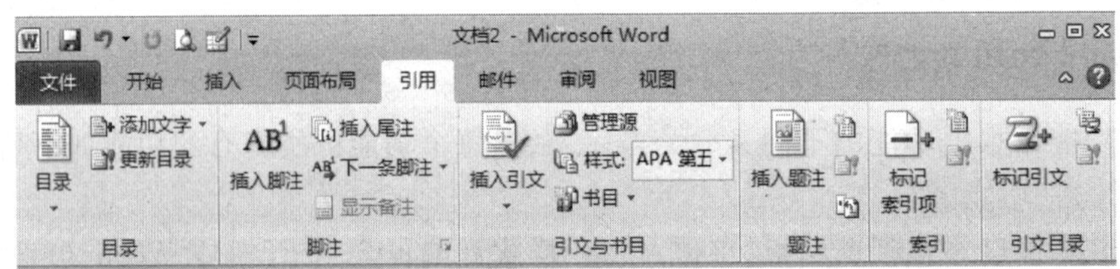

图 3-7 “引用”功能区

5)“邮件”功能区

“邮件”功能区包括创建、开始邮件合并、编写和插入域、预览结果和完成几个组，该功能区的作用比较专一，专门用于在 Word 2010 文档中进行邮件合并方面的操作，如图 3-8 所示。

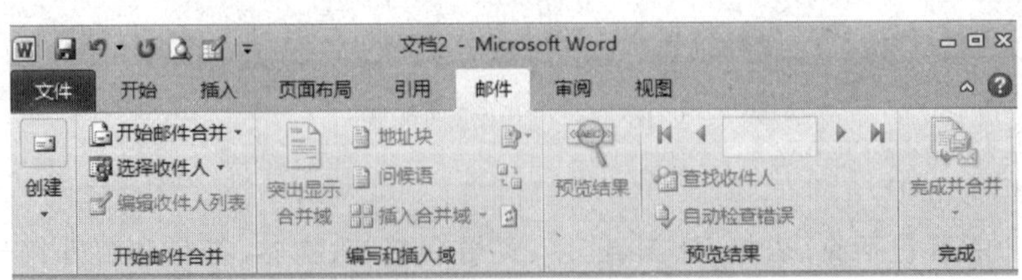

图 3-8 “邮件”功能区

6）“审阅”功能区

“审阅”功能区包括校对、语言、中文简繁转换、批注、修订、更改、比较和保护几个组，主要用于对 Word 2010 文档进行校对和修订等操作，适用于多人协作处理 Word 2010 长文档，如图 3-9 所示。

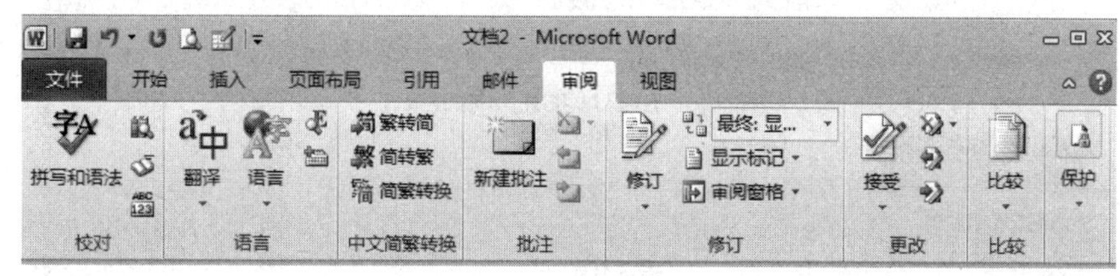

图 3-9 “审阅”功能区

7）“视图”功能区

“视图”功能区包括文档视图、显示、显示比例、窗口和宏几个组，主要用于帮助用户设置 Word 2010 操作窗口的视图类型，以方便操作，如图 3-10 所示。

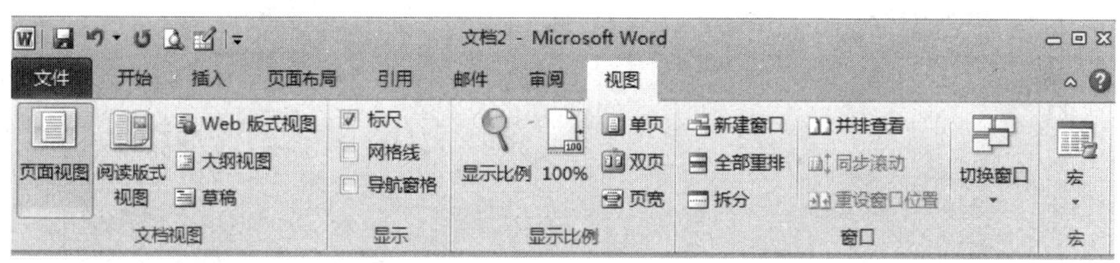

图 3-10 “视图”功能区

8）“开发工具”功能区

“开发工具”功能区中包括代码、加载项、控件和模板等 Word 2010 开发工具，默认情况下，“开发工具”功能区并未显示在 Word 2010 窗口中，用户需要手动设置使其显示，如图 3-11 所示。

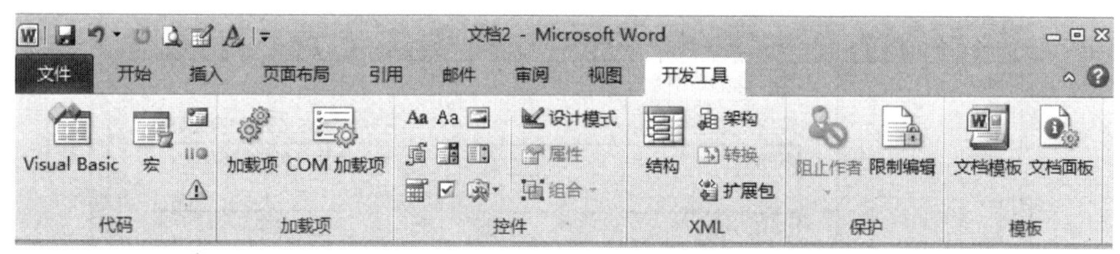

图 3-11 “开发工具”功能区

以上功能区的各个小图标的具体功能可以通过鼠标在相应功能区的分组小图标上悬停 3s 即可弹出功能提示信息。

2. 定制快速访问工具栏

Word 2010 文档窗口中的“快速访问工具栏”用于放置命令按钮，使用户快速启动经常使用的命令。默认情况下，“快速访问工具栏”中只有数量较少的命令，用户可以根据需要添加多个自定义命令，操作步骤如下所述：

第一步，打开 Word 2010 文档窗口，单击“文件”如图 3-12 所示。

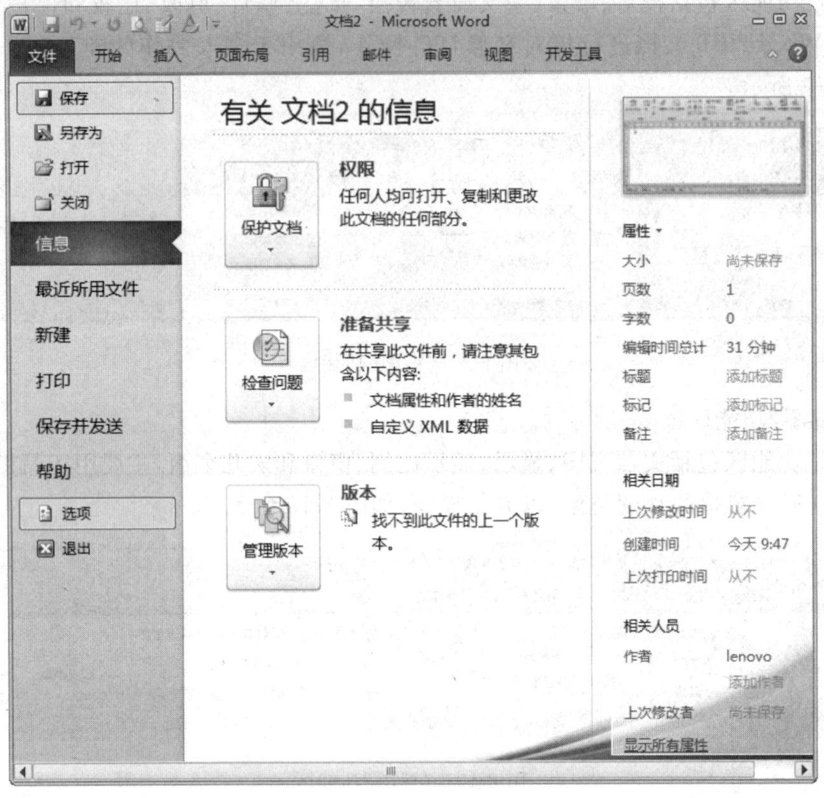

图 3-12 “文件”功能区的选项命令

单击“选项”命令按钮，弹出“Word 选项”对话框。

第二步，在打开的“Word 选项”对话框中切换到“快速访问工具栏”选项卡，然后在“从下列位置选择命令”列表中单击需要添加的命令，并单击“添加”按钮即可，如图 3-13 所示。

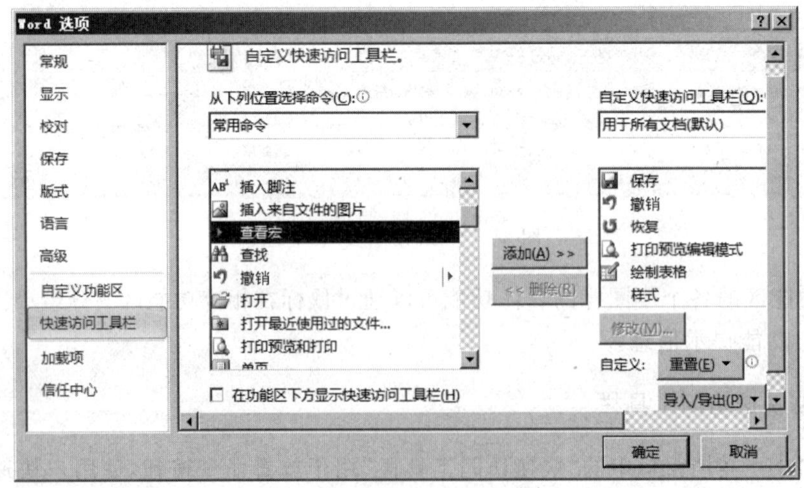

图 3-13 选择添加的命令

第三步，重复第二步可以向 Word 2010 快速访问工具栏添加多个命令，依次单击“重置”→“仅重置快速访问工具栏”按钮将“快速访问工具栏”恢复到原始状态，如图 3-14 所示。

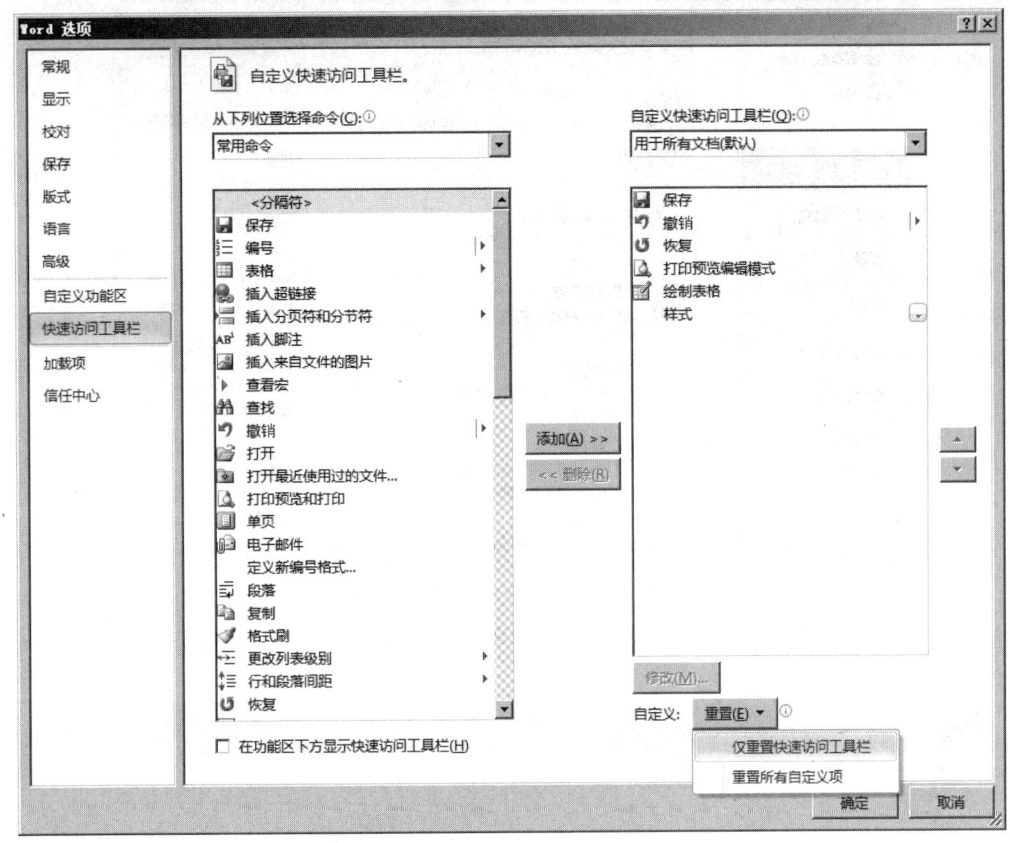

图 3-14　单击“重置”按钮

3. 全面了解 Word 2010 中的“文件”按钮

相对于 Word 2007 的 Office 按钮，Word 2010 中的“文件”按钮更有利于 Word 2003 用户快速迁移到 Word 2010。“文件”按钮是一个类似于菜单的按钮，位于 Word 2010 窗口左上角。单击“文件”按钮可以打开“文件”面板，包含“保存”、“打开”、“关闭”、“信息”、“最近所用文件”、“新建”、“打印”等常用命令，如图 3-15 所示。在默认打开的“信息”命令面板中，用户可以进行旧版本格式转换、保护文档(包含设置 Word 文档密码)、检查问题和管理自动保存的版本，如图 3-15 所示。

打开“最近”命令面板，在面板右侧可以查看最近使用的 Word 文档列表，用户可以通过该面板快速打开使用的 Word 文档。在每个历史 Word 文档名称的右侧含有一个固定按钮，单击该按钮可以将该记录固定在当前位置，而不会被后续历史 Word 文档名称替换。

打开“新建”命令面板，用户可以看到丰富的 Word 2010 文档类型，包括“空白文档”、“博客文章”、“书法字帖”等 Word 2010 内置的文档类型。用户还可以通过 Office.com 提供的模板新建诸如“会议议程”、“证书、奖状”、“小册子”等实用 Word 文档，如图 3-16 所示。

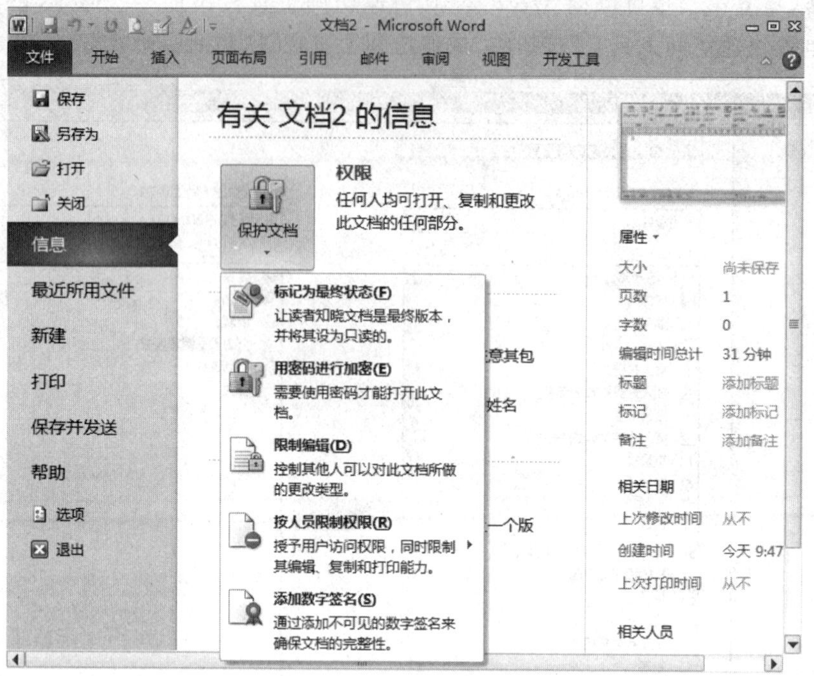

图 3-15 “信息”命令面板

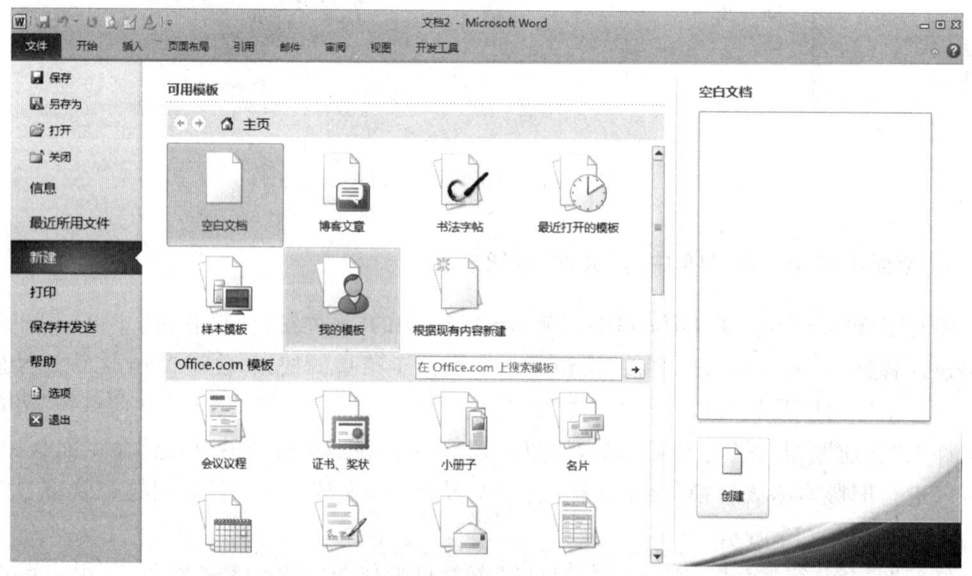

图 3-16 “新建”命令面板

打开“打印”命令面板，在该面板中可以详细设置多种打印参数，例如双面打印、指定打印页等，从而有效地控制 Word 2010 文档的打印结果，如图 3-17 所示。

打开“保存并发送”命令面板，用户可以在面板中将 Word 2010 文档发布为博客文章、使用电子邮件发送或创建 PDF 文档，如图 3-18 所示。

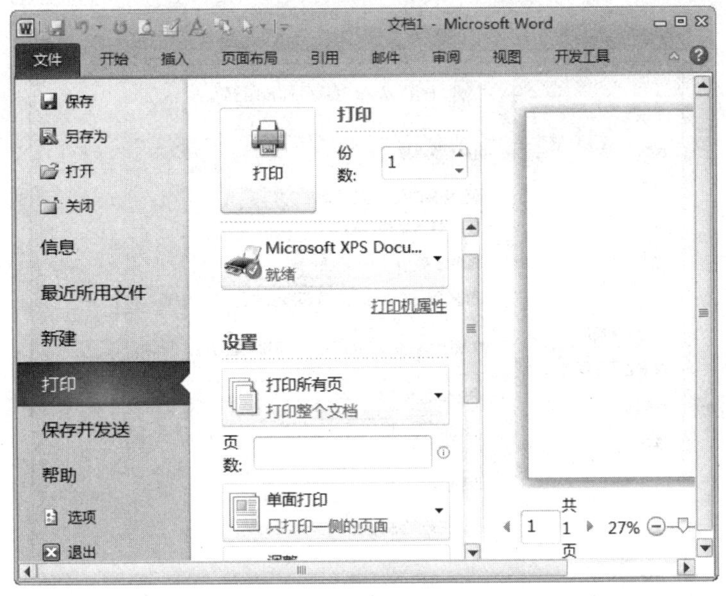

图 3-17 “打印”命令面板

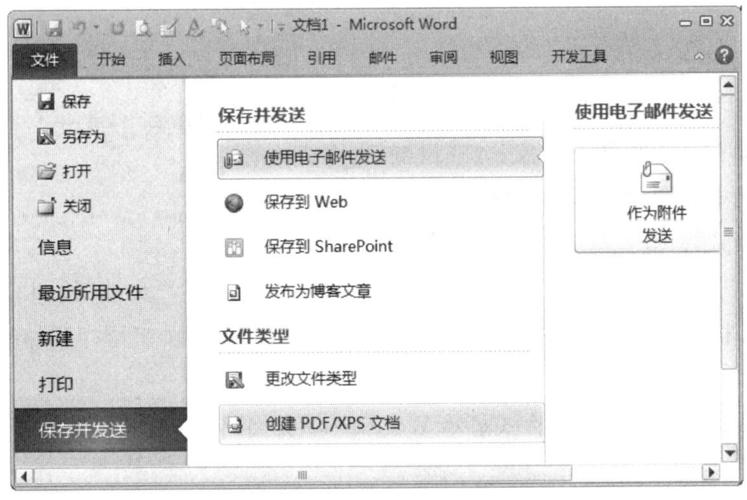

图 3-18 “保存并发送”命令面板

选择“文件”面板中的“选项”命令，可以打开“Word 选项”对话框。在“Word 选项”对话框中可以开启或关闭 Word 2010 中的许多功能或设置参数，如图 3-19 所示。

4. Word 2010 多种视图模式

在 Word 2010 中提供了多种视图模式供用户选择，这些视图模式包括“页面视图”、“阅读版式视图”、“Web 版式视图”、“大纲视图”和“草稿视图”5 种视图模式，如图 3-20 所示。用户可以在“文档视图”功能区中选择需要的文档视图模式，也可以在 Word 2010 文档窗口的右下方单击视图按钮选择视图。以前的版本中有“普通视图”，2010 版把普通视图改成了“草稿视图”。

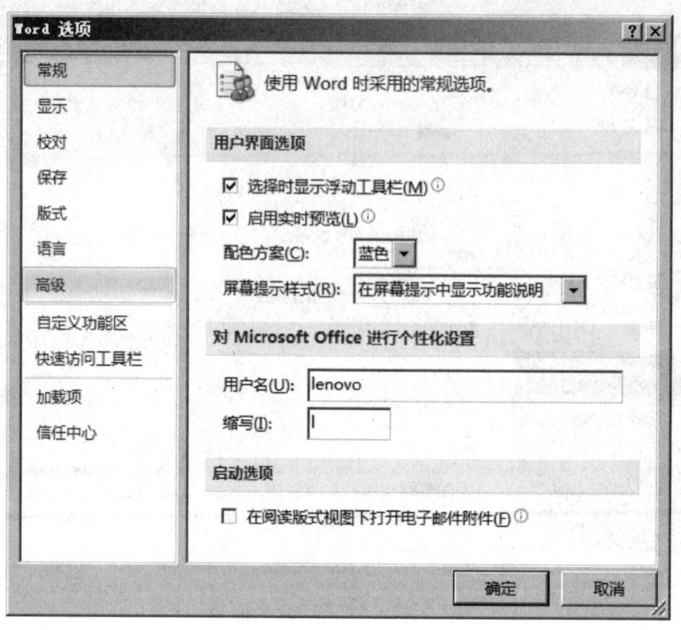

图 3-19 “Word 选项”对话框

1）页面视图

“页面视图”可以显示 Word 2010 文档的打印结果外观，主要包括页眉、页脚、图形对象、分栏设置、页面边距等元素，是最接近打印结果的页面视图。

图 3-20 Word 2010 多种视图

2）阅读版式视图

“阅读版式视图”以图书的分栏样式显示 Word 2010 文档，“文件”按钮、功能区等窗口元素被隐藏起来。在阅读版式视图中，用户还可以单击“工具”按钮选择各种阅读工具。

3）Web 版式视图

“Web 版式视图”以网页的形式显示 Word 2010 文档，Web 版式视图适用于发送电子邮件和创建网页。

4）大纲视图

“大纲视图”主要用于设置 Word 2010 文档和显示标题的层级结构，并可以方便地折叠和展开各种层级的文档。大纲视图广泛用于 Word 2010 长文档的快速浏览和设置中，如图 3-21 所示。

5）草稿视图

“草稿视图”取消了页面边距、分栏、页眉页脚和图片等元素，仅显示标题和正文，是最节省计算机系统硬件资源的视图方式。当然现在计算机系统的硬件配置都比较高，基本上不存在由于硬件配置偏低而使 Word 2010 运行遇到障碍的问题，Word 2010 中的草稿视图就是 Word 2007 版以前的普通视图，从 2007 版开始将普通视图改为草稿视图。

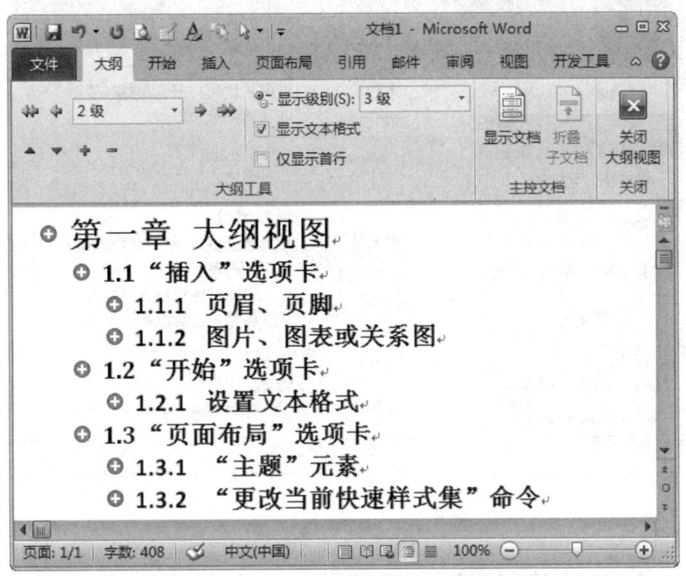

图 3-21　大纲视图

5. 关闭浮动工具栏

浮动工具栏是 Word 2010 中一项极具人性化的功能，当 Word 2010 文档中的文字处于选中状态时，如果用户将鼠标指针移到被选中文字的右侧位置(最后一个字的右上角)，此时在选中文字的右上角将会出现一个半透明状态的浮动工具栏。将鼠标移动到浮动工具栏上，该工具栏就不再处于半透明状态了。该工具栏中包含了常用的设置文字格式的命令，如设置字体、字号、颜色、居中对齐等命令。将鼠标指针移动到浮动工具栏上将使这些命令完全显示，进而可以方便地设置文字格式，如图 3-22 所示。

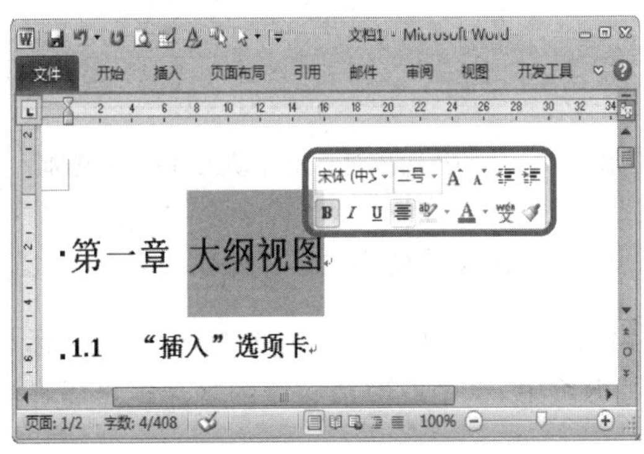

图 3-22　浮动工具栏

如果不需要在 Word 2010 文档窗口中显示浮动工具栏，可以在“Word 选项”对话框中将其关闭，操作步骤如下所述：

第一步，打开 Word 2010 文档窗口，依次单击“文件”→“选项”按钮，如图 3-23 所示。

第二步，在打开的“Word 选项”对话框中，取消“常用”选项卡中的“选择时显示浮动工具栏”复选框，并单击“确定”按钮即可，如图 3-24 所示。

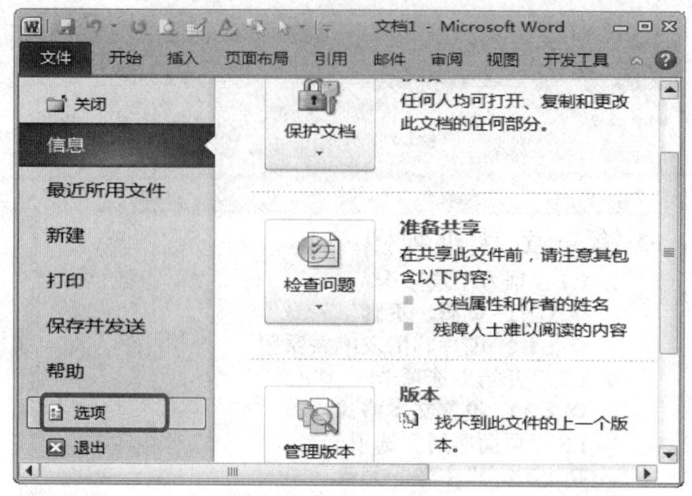

图 3-23 单击“选项”按钮

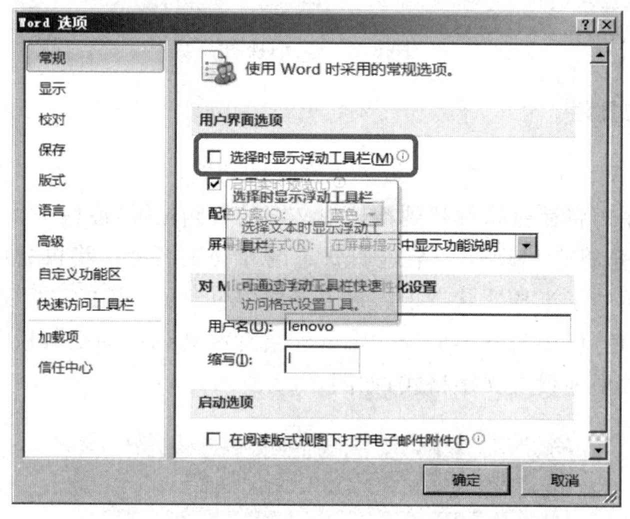

图 3-24 取消“选择时显示浮动工具栏”复选框

6. 显示或隐藏标尺、网格线和导航窗格

在 Word 2010 文档窗口中，用户可以根据需要显示或隐藏标尺、网格线和导航窗格。在“视图”功能区的“显示”分组中，选中或取消相应的复选框可以显示或隐藏对应的项目。

1）显示或隐藏标尺

“标尺”包括水平标尺和垂直标尺，用于显示 Word 2010 文档的页边距、段落缩进、制表符等。在视图功能区中选中或取消“标尺”复选框可以显示或隐藏标尺，如图 3-25 所示。

2）显示或隐藏网格线

“网格线”能够帮助用户将 Word 2010 文档中的图形、图像、文本框、艺术字等对象沿网格线对齐，并且在打印时网格线不被打印出来。选中或取消“网格线”复选框可以显示或隐藏网格线，如图 3-26 所示。

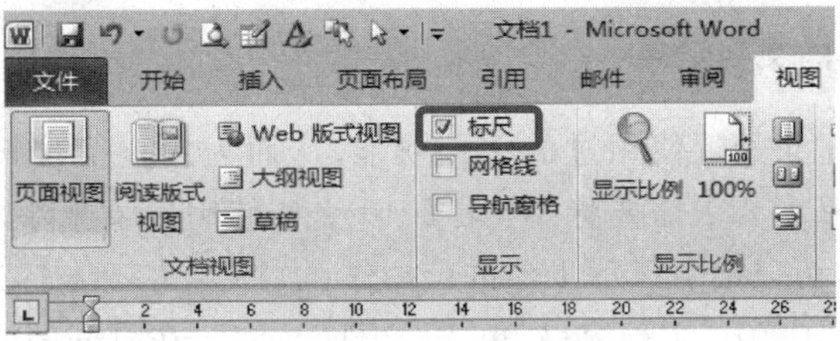

图 3-25　Word 2010 文档窗口标尺选项

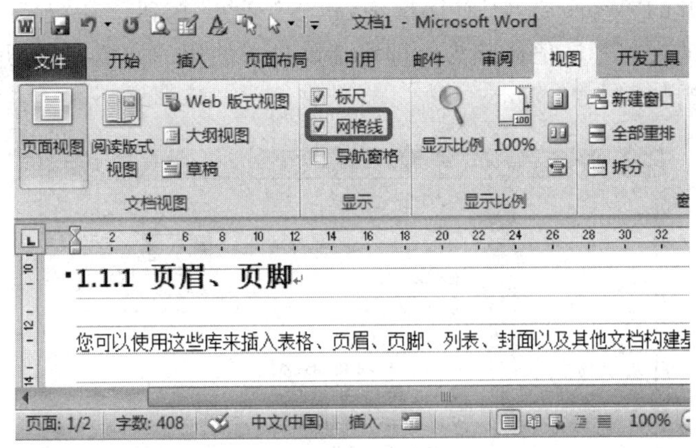

图 3-26　Word 2010 文档窗口网格线

3）显示或隐藏导航窗格

“导航窗格”主要用于显示 Word 2010 文档的标题大纲，用户可以单击“文档结构图”中的标题展开或收缩下一级标题，并且可以快速定位到标题对应的正文内容，还可以显示 Word 2010 文档的缩略图。选中或取消“导航窗格”复选框可以显示或隐藏导航窗格，如图 3-27 所示。

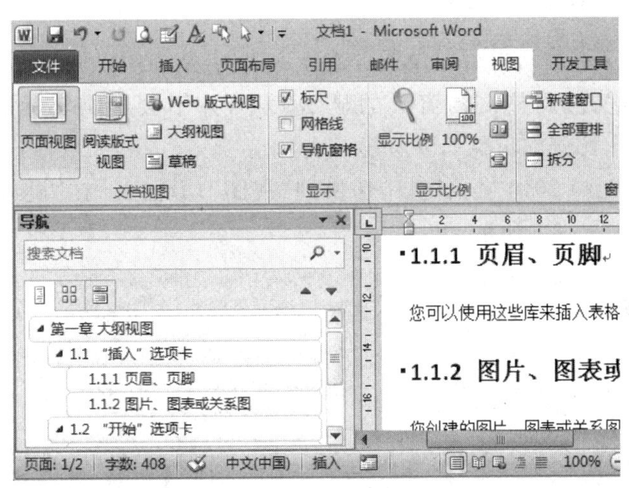

图 3-27　Word 2010 导航窗格

Word 2010 版的导航窗格为长篇文档的编辑排版提供了较大的方便。

7. 删除最近使用的文档记录

Word 2010 具有记录最近使用过的文档功能，从而为用户下次打开该文档提供方便。如果用户处于保护隐私的要求需要将 Word 2010 文档使用记录删除，或者关闭 Word 2010 的文档历史记录功能，可以按照以下步骤进行操作：

第一步，打开 Word 2010 文档窗口，单击“文件”按钮。在打开的“文件”面板中单击“选项”按钮。

第二步，在打开的“Word 选项”对话框中，单击“高级”按钮。在“显示”区域将“显示此数目的‘最近使用的文档’”数值调整为 0 即可清除最近使用的文档记录，并关闭 Word 2010 文档历史记录功能，如图 3-28 所示。

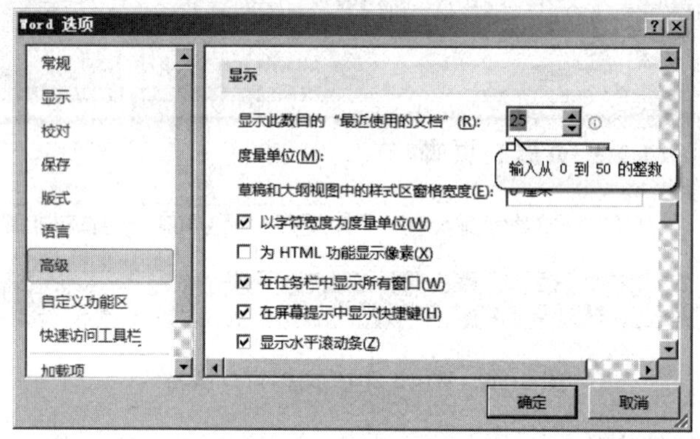

图 3-28　调整“显示此数目的‘最近使用的文档’”数值

小提示：如果在删除当前 Word 2010 文档使用记录后，希望以后继续使用 Word 2010 文档历史记录功能，则只需要将“显示此数目的‘最近使用的文档’”数值调整为大于 0 即可。

8. 调整文档页面显示比例

在 Word 2010 文档窗口中可以设置页面显示比例，从而用以调整 Word 2010 文档窗口的大小。显示比例仅仅调整文档窗口的显示大小，并不会影响实际的打印效果。设置 Word 2010 页面显示比例的步骤如下所述：

第一步，打开 Word 2010 文档窗口，切换到“视图”功能区。在“显示比例”分组中单击“显示比例”按钮，如图 3-29 所示。

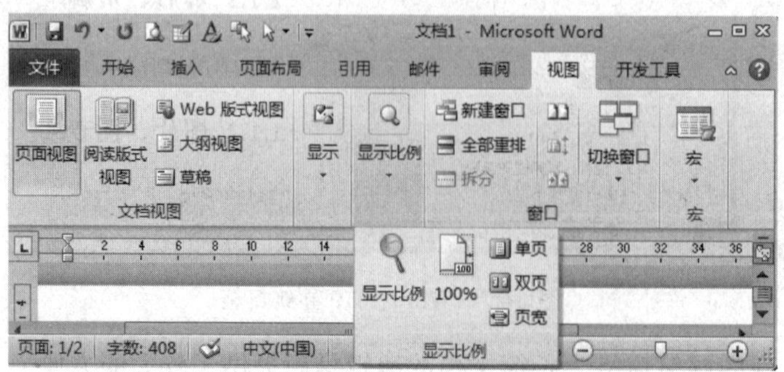

图 3-29　单击“显示比例”按钮

第二步，在打开的“显示比例”对话框中，用户既可以通过选择预置的显示比例（如100%、页宽）设置 Word 2010 页面显示比例，也可以微调百分比数值调整页面显示比例，如图 3-30 所示。

小提示：*除了在“显示比例”对话框中设置页面显示比例以外，用户还可以通过拖动 Word 2010 状态栏上的滑块放大或缩小显示比例，调整幅度为 10%，如图 3-31 所示。*

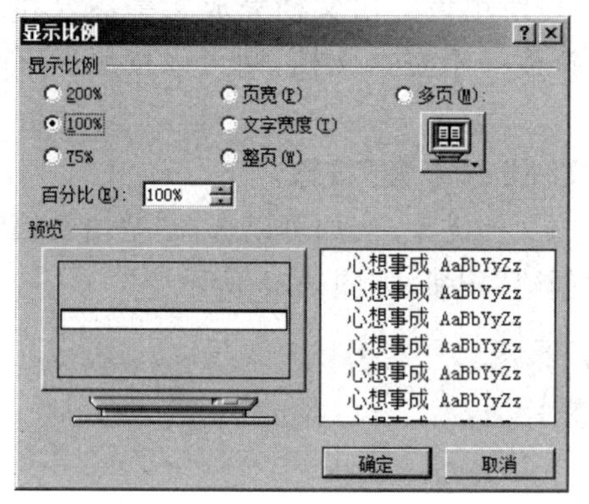

图 3-30 “显示比例”对话框

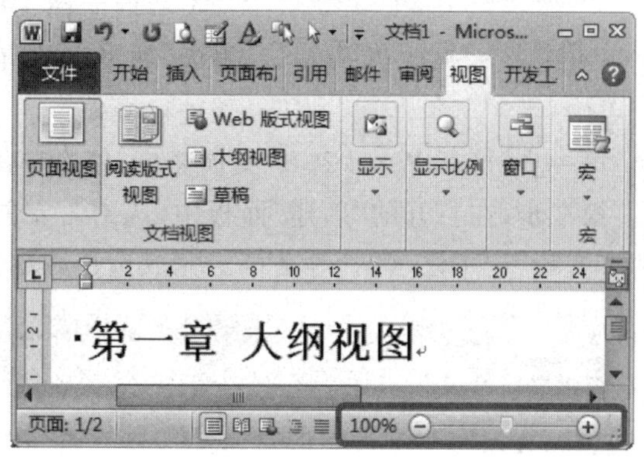

图 3-31 拖动滑块调整显示比例

9. 并排查看多个文档窗口

Word 2010 具有多个文档窗口并排查看的功能，通过多窗口并排查看，可以对不同窗口中的内容进行比较。在 Word 2010 中实现并排查看窗口的步骤如下所述：

第一步，打开两个或两个以上 Word 2010 文档窗口，在当前文档窗口中切换到“视图”功能区。然后在“窗口”分组中单击“并排查看”命令。

第二步，在打开的“并排比较”对话框中，选择一个准备进行并排比较的 Word 文档，并单击“确定”按钮，如图 3-32 所示。

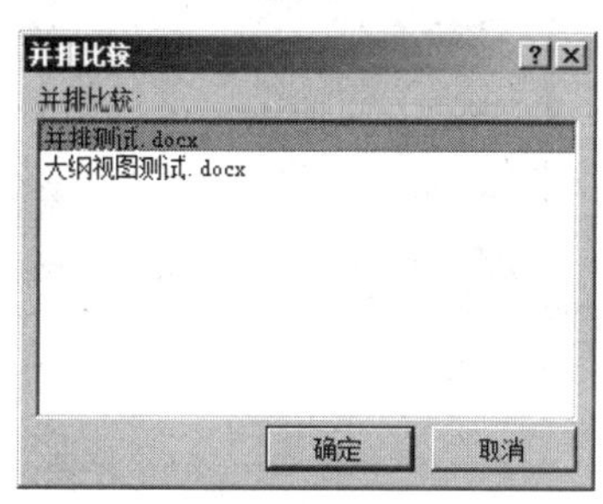

图 3-32 “并排比较”对话框

第三步，在其中一个 Word 2010 文档的“窗口”分组中单击“并排滚动”按钮，则可以实现在滚动当前文档时另一个文档同时滚动，如图 3-33 所示。

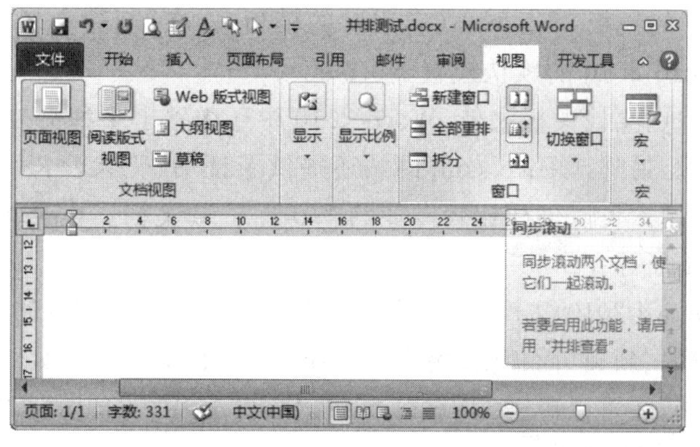

图 3-33 单击“并排滚动”按钮

在“视图“功能区的”窗口”分组中，还可以进行诸如新建窗口、拆分窗口、全部重排等Word 2010窗口相关操作，如图3-34所示。

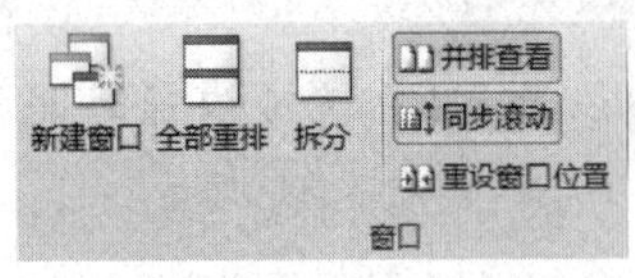

图 3-34 “窗口”分组

10. 新建空白文档

默认情况下，Word 2010程序在打开的同时会自动新建一个空白文档。用户在使用该空白文档完成文字输入和编辑后，如果需要再次新建一个空白文档，则可以按照以下步骤进行操作：

第一步，打开Word 2010文档窗口，依次单击“文件”→“新建”按钮。

第二步，在打开的“新建”面板中，选中需要创建的文档类型，例如可以选择“空白文档”、“博客文章”、“书法字帖”等文档。完成选择后单击“创建”按钮，如图3-35所示。

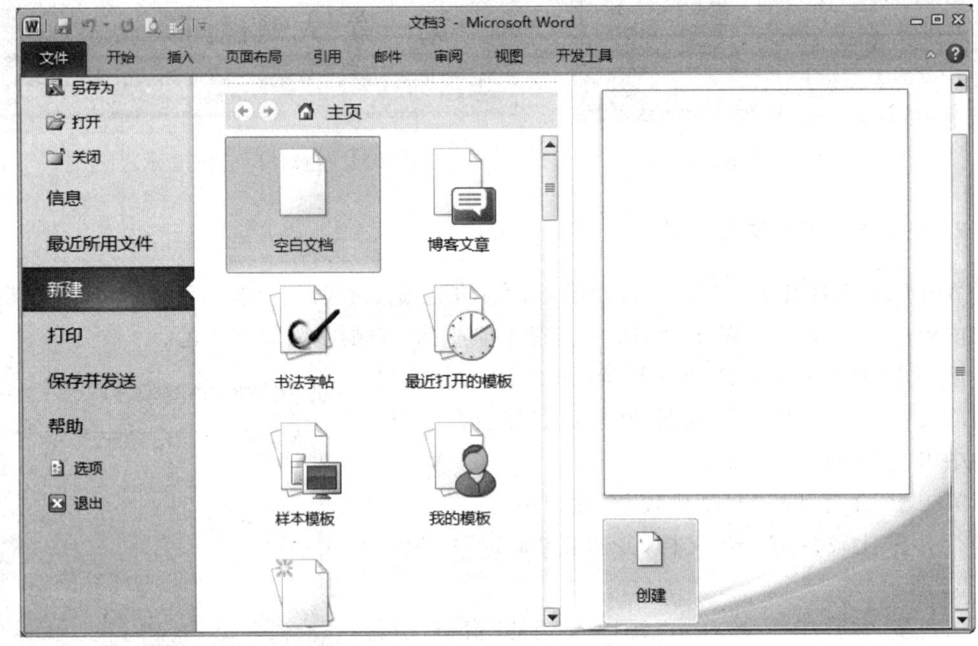

图 3-35 单击“空白文档”选项

在Word 2010中有三种类型的Word模板，分别为：.dot模板（兼容Word 97-2003文档）、.dotx（未启用宏的模板）和.dotm（启用宏的模板）。在“新建文档”对话框中创建的空白文档使用的是Word 2010的默认模板Normal.dotm。

除了通用型的空白文档模板之外，Word 2010中还内置了多种文档模板，如博客文章模板、书法字帖模板等。另外，Office.com网站还提供了证书、奖状、名片、简历等特定功能模板。借助这些模板，用户可以创建比较专业的Word 2010文档。在Word 2010中使用模板创建文档的步骤如下所述：

第一步，打开Word 2010文档窗口，依次单击“文件”→“新建”按钮。

第二步，在打开的“新建”面板中，用户可以单击“博客文章”、“书法字帖”等Word 2010自带的模板创建文档，还可以单击Office.com提供的“名片”、“日历”等在线模板。

第三步，打开样本模板列表页，单击合适的模板后，在“新建”面板右侧选中“文档”或“模板”单选框（本例选中“文档”选项），然后单击“创建”按钮，如图 3-36 所示。

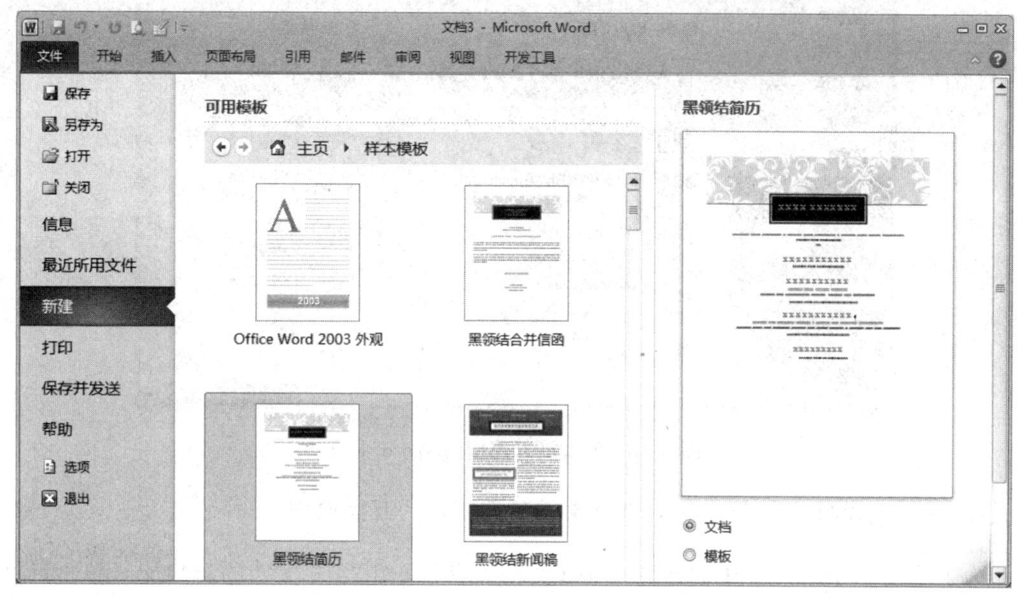

图 3-36　单击“新建”按钮

第四步，打开使用模板创建的文档，用户可以在该文档中进行编辑。

除了使用 Word 2010 已安装的模板，用户还可以使用自己创建的模板和 Office. com 提供的模板。在下载 Office. com 提供的模板时，Word 2010 会进行正版验证，非正版的 Word 2010 版本无法下载 Office Online 提供的模板。

11. 打开最近使用的文档

在 Word 2010 中默认会显示 20 个最近打开或编辑过的 Word 文档，用户可以通过“最近”面板打开最近使用的文档，操作步骤如下所述：

第一步，打开 Word 2010 文档窗口，单击“文件”按钮，弹出文件信息窗格。

第二步，单击“文件”面板窗格左侧的“最近所用文件”，窗格中间的“最近使用的文档”列表中罗列出近期使用的文档，右侧“最近的位置”把对应的最近使用的文档所在的位置显示出来，单击准备打开的 Word 文档名称即可，如图 3-37 所示。

打开文档的方式有副本方式和只读方式，使用以“副本方式”打开 Word 文档可以在相同文件夹中创建一份完全相同的 Word 文档，在原始 Word 文档和副本 Word 文档同时打开的前提下进行编辑和修改。在打开的 Word 2010 文档窗口标题栏，用户可以看到当前 Word 文档为“副本(1)”模式。

以只读方式打开的 Word 文档会限制对原始 Word 文档的编辑和修改，从而有效地保护 Word 文档的原始状态。当然，在只读模式下打开的 Word 文档允许用户进行“另存为”操作，从而将当前打开的只读方式 Word 文档另存为一份全新的可以编辑的 Word 文档。

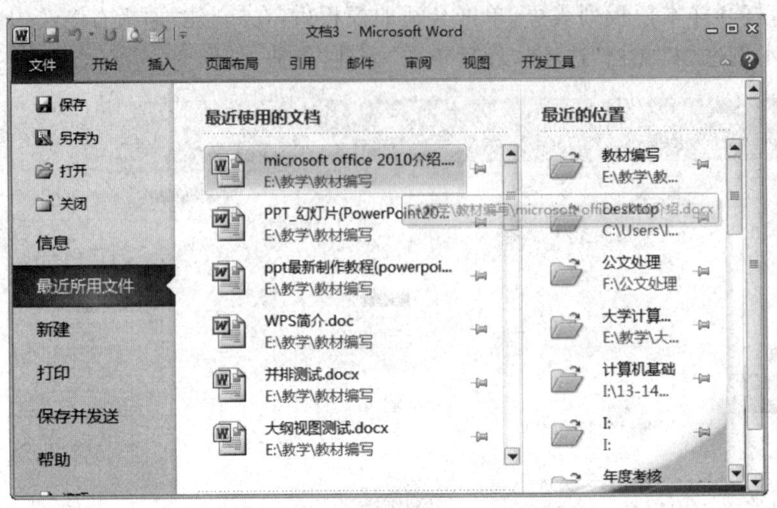

图 3-37　单击最近使用的 Word 文档

12. Word 2003 文档与 Word 2010 文档不同版本的互换操作

为了使在 Word 2003 中创建的 Word 文档具有 Word 2010 文档的新功能，用户可以将 Word 2003 文档转换成 Word 2010 文档，操作步骤如下所述：

第一步，打开 Word 2010 文档窗口，并打开一个 Word 2003 文档，用户可以看到在文档名称后边标识有"兼容模式"字样。依次单击"文件"→"转换"命令，如图 3-38 所示。

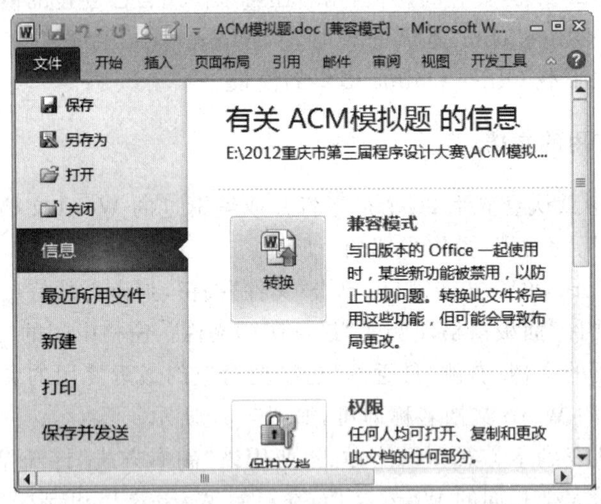

图 3-38　单击"转换"命令

第二步，在打开的提示框中单击"确定"按钮即可完成转换操作，完成版本转换的 Word 文档名称将取消"兼容模式"字样，如图 3-39 所示。

默认情况下，使用 Word 2010 编辑的 Word 文档会保存为.docx 格式的 Word 2010 文档。如果 Word 2010 用户经常需要跟 Word 2003 用户交换 Word 文档，而 Word 2003 用户在未安装文件格式兼容包的情况下又无法直接打开.docx 文档，那么 Word 2010 用户可以将其默认的保存格式设置为.doc。

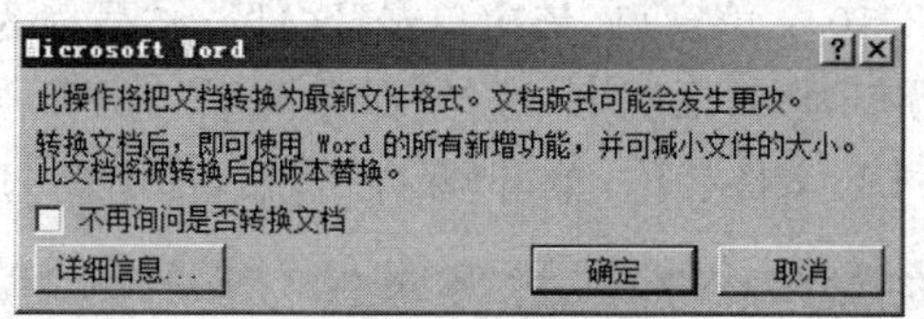

图 3-39　确认转换操作

在 Word 2010 中设置默认保存格式为 DOC 文件的步骤如下所述：

第一步，打开 Word 2010 文档窗口，依次单击“文件”→“选项”按钮。

第二步，在打开的“Word 选项”对话框中切换到“保存”选项卡，在“保存文档”区域单击“将文件保存为此格式”下三角按钮，并在打开的下拉菜单中选择“Word 97-2003 文档(*. doc)”选项，并单击“确定”按钮，如图 3-40 所示。

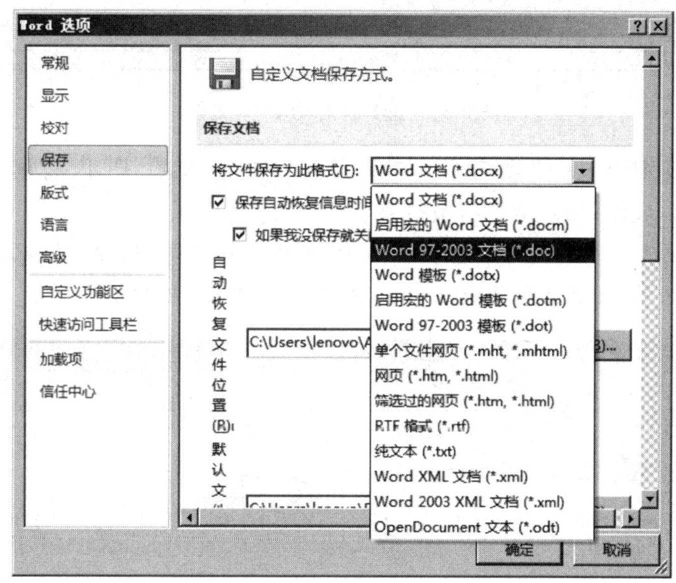

图 3-40　选择“Word 97-2003 文档(*. doc)”选项

小提示：改变 Word 2010 默认保存的文件格式，并不能改变使用右键菜单新建 Word 文档的格式，使用右键菜单新建的 Word 文档依然是.docx 格式。只有在打开 Word 2010 文档窗口，然后进行保存时才能默认保存为 DOC 文件。

一般情况下，在 Word 2010 中创建的 Word 文档无法在 Word 2003 中打开和编辑，因为 Word 2003 无法识别扩展名为.docx 的 Word 2010 文件。

为了使 Word 2010 文档能够在 Word 2003 中打开和编辑，用户可以在安装 Word 2003 的电脑中下载并安装 Microsoft Office Word、Excel 和 PowerPoint 2007 文件格式兼容包。

13. 将 Word 2010 文档直接保存为 PDF 文件

在 Word 2007 中，用户需要安装 Microsoft Save as PDF 加载项后才能将 Word 文档保存为 PDF 文件。而 Word 2010 具有直接另存为 PDF 文件的功能，用户可以将 Word 2010 文档直接保存为 PDF 文件，操作步骤如下所述：

第一步，打开 Word 2010 文档窗口，依次单击“文件”→“另存为”按钮。

第二步，在打开的“另存为”对话框中，选择“保存类型”为 PDF(*.pdf)，然后选择 PDF 文件的保存位置并输入 PDF 文件名称，单击“保存”按钮，如图 3-41 所示。

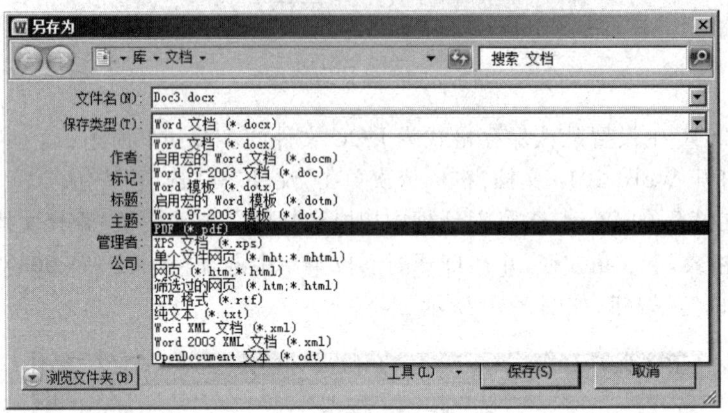

图 3-41 选择保存为 PDF 文件

第三步，完成 PDF 文件发布后，如果当前系统安装有 PDF 阅读工具(如 Adobe Reader)，则保存生成的 PDF 文件将被打开。

小提示：用户还可以在选择保存类型为 PDF 文件后单击“选项”按钮，在打开的“选项”对话框中对另存为的 PDF 文件进行更详细的设置，如图 3-42 所示。

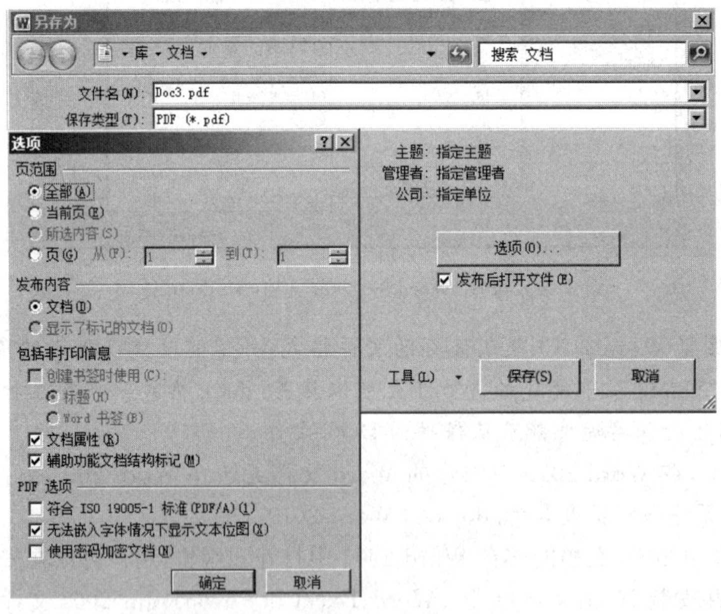

图 3-42 “选项”对话框

14. 在 Word 2010 文档窗口中查看高级属性

用户可以在 Word 文档的属性对话框中查看 Word 文档被修改的次数，从而了解该 Word 文档被修订的情况。在 Word 2010 文档窗口中查看 Word 文档被修改次数的步骤如下所述：

第一步，打开 Word 2010 文档窗口，依次单击“文件”→“信息”按钮。在“信息”面板中单击“属性”按钮，然后在打开的下拉列表中选择“高级属性”选项，如图 3-43 所示。

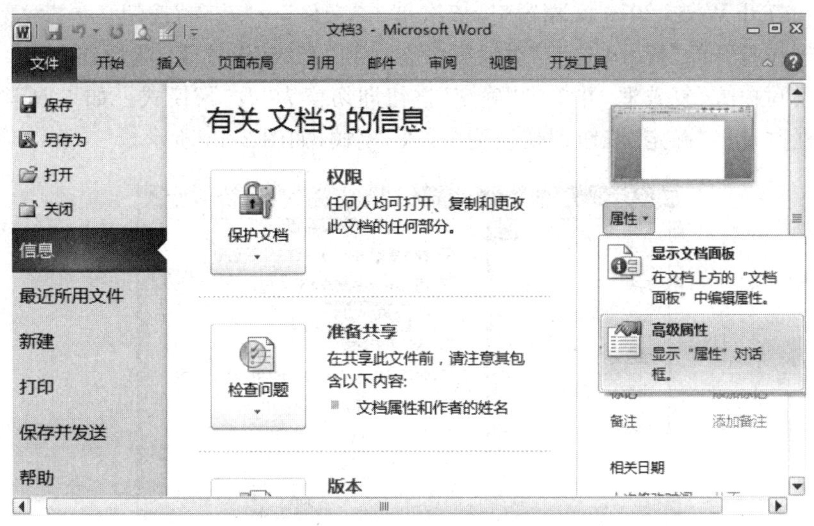

图 3-43　选择“高级属性”选项

第二步，在打开的文档属性对话框中，切换到“统计”选项卡。用户可以在“统计”选项卡中查看“修改时间”、“上次保存者”、“修订次数”等信息，如图 3-44 所示。

15. 在 Word 2010 中设置 Word 文档属性信息

Word 文档属性包括作者、标题、主题、关键词、类别、状态和备注等项目，关键词属性属于 Word 文档属性之一。用户通过设置 Word 文档属性，将有助于管理 Word 文档。在 Word 2010 中设置 Word 文档属性的步骤如下所述：

第一步，打开 Word 2010 文档窗口，依次单击“文件”→“信息”按钮。在打开的“信息”面板中单击“属性”按钮，并在打开的下拉列表中选择“高级属性”选项。

第二步，在打开的文档属性对话框中切换到“摘要”选项卡，分别输入作者、单位、类别、关键词等相关信息，单击“确定”按钮即可。

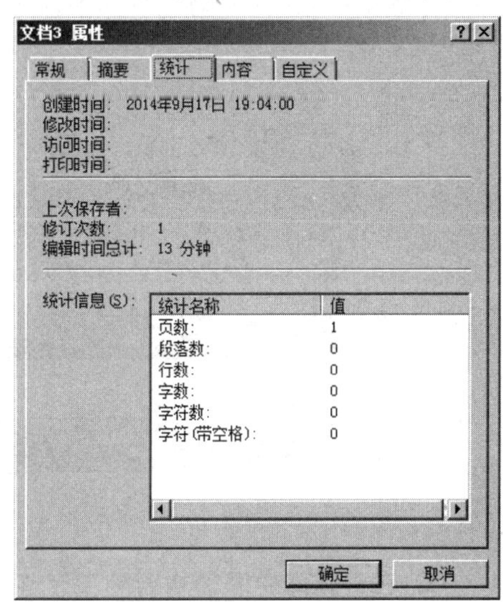

图 3-44　“统计”选项卡

3.1.3　Word 文档编辑

1. “插入”或“改写”模式切换

打开 Word 2010 文档窗口后，默认的文本输入状态为“插入”状态，即在原有文本的左边输入文本时原有文本将右移。另外还有一种文本输入状态为“改写”状态，即在原有文本的左边输入文本时，原有文本将被替换。用户可以根据需要在 Word 2010 文档窗口中切换“插入”和“改写”两种状态，操作步骤如下所述：

第一步，打开 Word 2010 文档窗口，依次单击“文件”→“选项”按钮。

第二步，在打开的“Word 选项”对话框中切换到“高级”选项卡，然后在“编辑选项”区域选中“使用改写模式”复选框，并单击“确定”按钮即切换为“改写”模式。如果取消“使用改写模式”复选框并单击“确定”按钮即切换为“插入”模式，如图 3-45 所示。

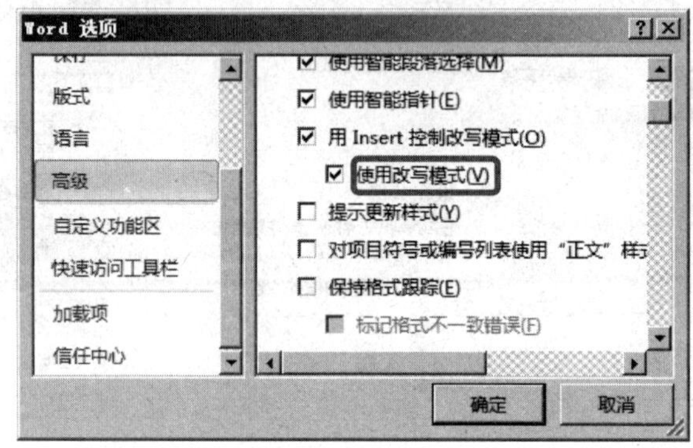

图 3-45　选中“使用改写模式”复选框

默认情况下，选中“Word 选项”对话框中的“使用 Insert 控制改写模式”复选框，则可以按键盘上的 Insert 键切换“插入”和“改写”状态，还可以单击 Word 2010 文档窗口状态栏中的“插入”或“改写”按钮切换输入状态，如图 3-46 所示。

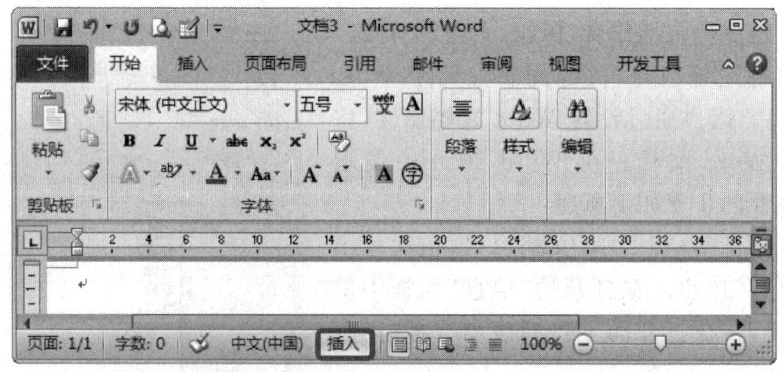

图 3-46　单击“插入”或“改写”按钮

2. 在页眉库中添加或删除自定义页眉

所谓“库”就是一些预先格式化的内容集合，例如“页眉库”、“页脚库”、“表格库”等。在 Word 2010 文档窗口中，用户通过使用这些具有特定格式的库可以快速完成一些版式或内容方面的设置。例如单击“插入”功能区的“表格”按钮，可以从“快速表格库”中选择已经预格式化的表格，如图 3-47 所示。

Word 2010 中的库主要集中在“插入”功能区，用户也可将自定义的设置添加到特定的库中，以便减少重复操作。下面以在页眉库中添加自定义页眉为例，操作步骤如下所述：

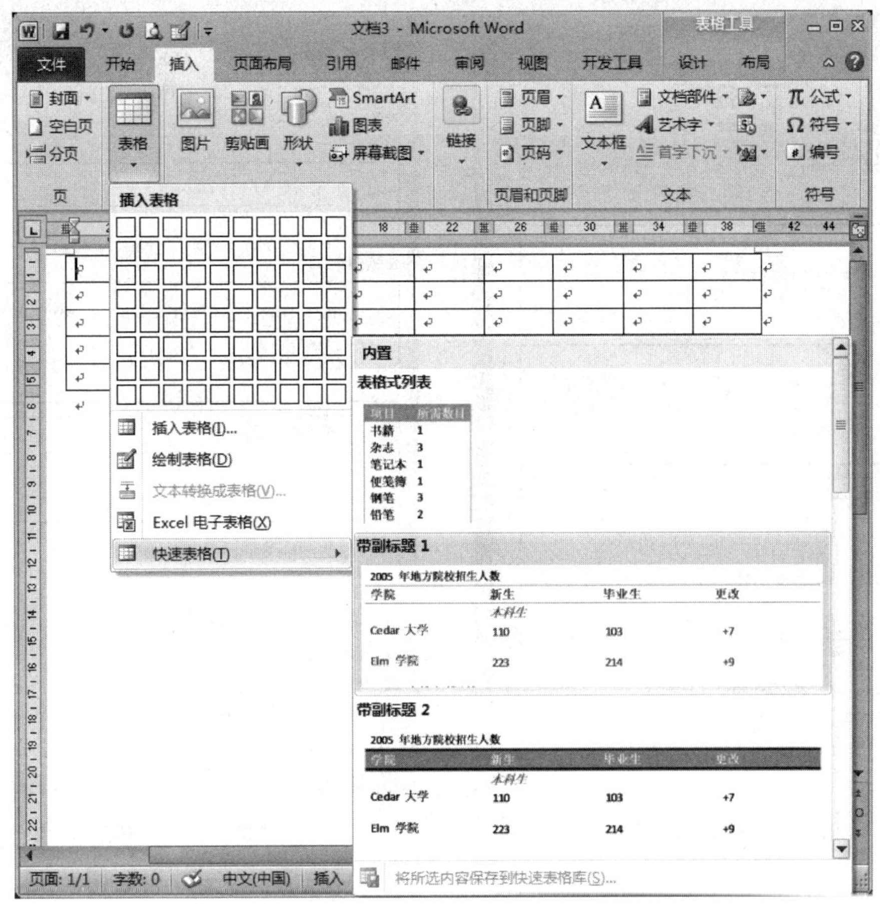

图 3-47　Word 2010 表格库中的表格

第一步，打开 Word 2010 文档窗口，切换到“插入”功能区。在“页眉和页脚”分组中单击“页眉”按钮，如图 3-48 所示。

第二步，编辑页眉文字，并进行版式设置。然后选中编辑完成的页眉文字，单击“页眉和页脚”分组中的“页眉”按钮，并在打开的页眉库中单击“将所选内容保存到页眉库”命令，如图 3-49 所示。

第三步，打开“新建构建模块”对话框，分别输入“名称”和“说明”，其他选项保持默认设置，并单击“确定”按钮，如图 3-50 所示。

如果用户需要插入自定义的页眉，只需从 Word 2010 页眉库中选择即可。

通过在 Word 2010 库中添加自定义内容，可以提高用户的工作效率。当用户不再需要自定义的内容时可以将其删除，以删除自定义页眉为例，操作步骤如下所述：

第一步，打开 Word 2010 文档窗口，切换到“插入”功能区。在“页眉和页脚”分组中单击“页眉”按钮。在打开的页眉库中右键单击用户添加的自定义库，并选择快捷菜单中的“整理和删除”命令，如图 3-51 所示。

第二步，打开“构建基块管理器”对话框，单击“删除”按钮。在打开的是否确认删除对话框中单击“是”按钮，并单击“关闭”按钮即可。

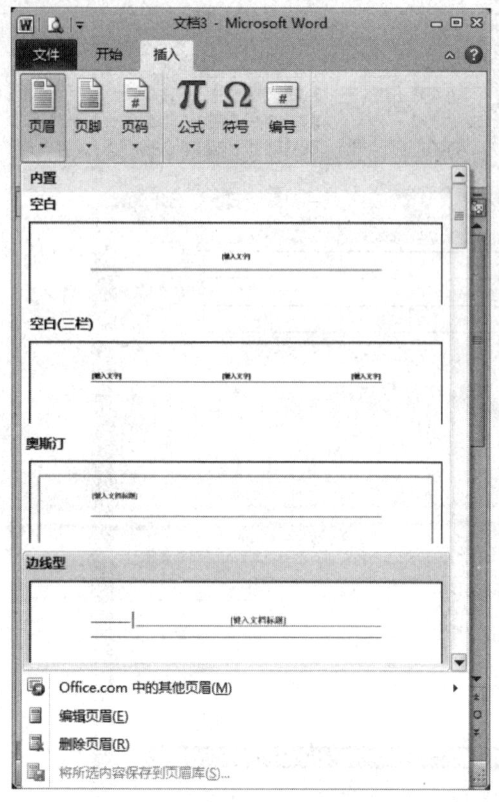

图 3-48 单击“页眉”按钮

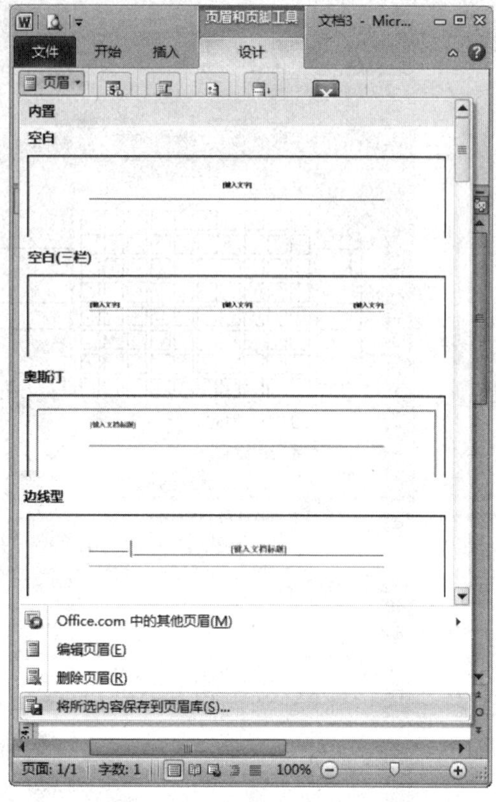

图 3-49 单击“将所选内容保存到页眉库”命令

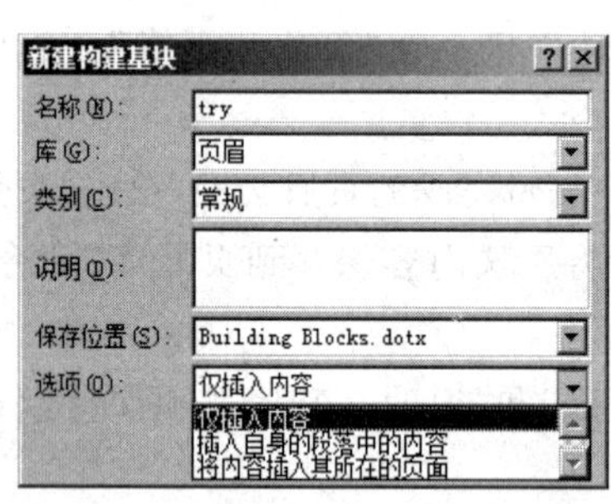

图 3-50 “新建构建模块”对话框

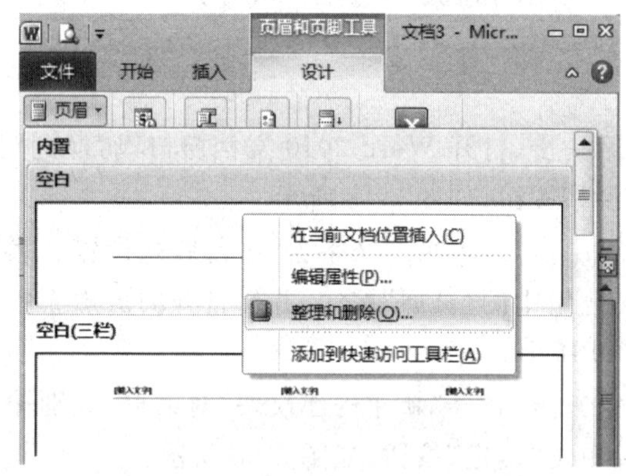

图 3-51 选择“整理和删除”命令

3. 构建基块

Word 2010 中的构建基块主要用于存储具有固定格式且经常使用的文本、图形、表格或其他特定对象。在文档编辑过程中使用频率较高的对象。该功能如同设置手机短信常用提示语句一样，或与拒绝来电自动回复消息的设置类似。构建基块被保存在 Word 2010 的库中，可以被插入到任何 Word 2010 文档或 Word 2010 文档的任意位置。创建构建基块的步骤如下所述：

第一步，打开 Word 2010 文档窗口，选中准备作为构建基块的内容(例如文本、图片或表格等)。切换到“插入”功能区，在“文本”分组中单击“文档部件”按钮，并在打开的菜单中选择“将所选内容保存到文档部件库”命令，如图 3-52 所示。

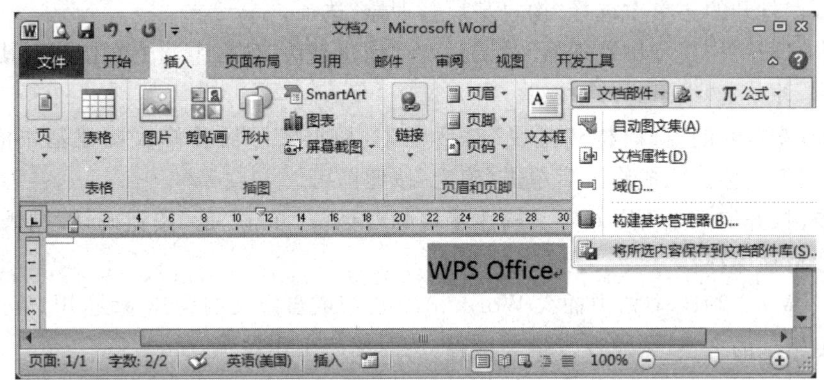

图 3-52　选择“将所选内容保存到文档部件库”命令

第二步，打开“新建构建基块”对话框，用户可以自定义构建基块名称，并选择构建基块保存到的库。默认情况将保存到“文档部件”库中，当然也可以选择保存到“页眉”、“页脚”、“文本框”等库中。选择保存到哪个库，在使用该构建基块时就需要到相应的库中查找。其他选项保持默认设置，并单击“确定”按钮，如图 3-53 所示。

图 3-53　“新建构建基块”对话框

第三步，在功能区单击相应的库名称(例如“插入”功能区中的“文档部件”库)，可以在库列表中看到新建的构建基块，如图 3-54 所示。

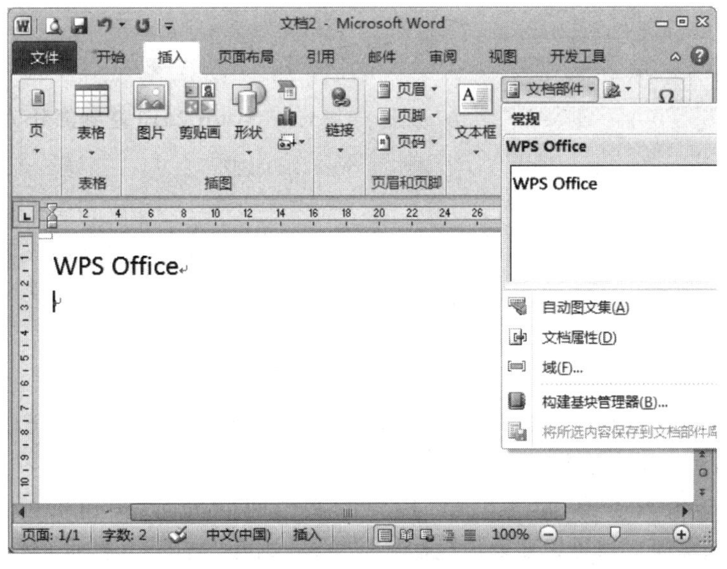

图 3-54　新建的构建基块

Word 2010 中的构建基块具有可编辑的特点，用户可以根据实际需要对 Word 2010 自带的构建基块和用户自定义的构建基块进行编辑，操作步骤如下所述：

第一步，打开 Word 2010 文档窗口，切换到“插入”功能区。在“文本”分组中单击“文档部件”按钮，在打开的菜单中选择“构建基块管理器”选项。

第二步，打开“构建基块管理器”对话框，在“构建基块”列表中选中准备编辑其属性的构建基块名称，并单击“编辑属性”按钮。

第三步，在打开的“修改构建基块”对话框中，根据实际需要修改构建基块的“名称”、“库”、“说明”等属性。完成修改后单击“确定”按钮即可。

第四步，打开询问是否重新定义构建基块的对话框，单击“是”按钮确认，则修改后的构建基块属性将被保存。

通过在 Word 2010 文档中插入 Word 2010 自带或自定义的构建基块，用户可以快速输入具有固定格式的文本、图片或表格等内容，从而提高工作效率。

用户可以根据实际需要(如不再使用的基块)删除自定义的构建基块或 Word 2010 自带的构建基块。

4. 显示文档结构图和缩略图

用户可以在 Word 2010 新添加的“导航窗格”中查看文档结构图和页面缩略图，从而帮助用户快速定位文档位置。在 Word 2010 文档窗口中显示“文档结构图”和“页面缩略图”的步骤如下所述：

第一步，打开 Word 2010 文档窗口，切换到“视图”功能区。在“视图”功能区的“显示”分组中选中“导航窗格”复选框，如图 3-55 所示。

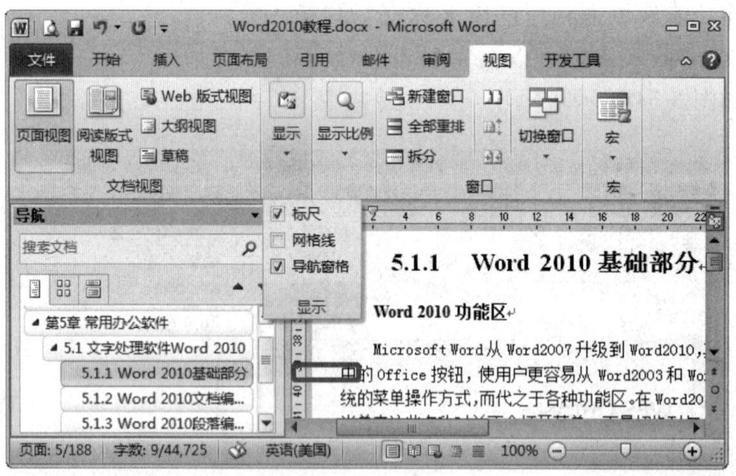

图 3-55 导航窗格

第二步，在打开的导航窗格中，单击“浏览用户的文档中的标题”按钮可以查看文档结构图，从而通览 Word 2010 文档的标题结构。

在打开的导航窗格中，单击“浏览用户的文档中的页面”按钮可以查看到完整的 Word 2010 文档页面。如果想要取消显示导航窗格，则在“视图”功能区的“显示”分组中取消“导航窗格”即可。

5. 使用“撤销输入”或“恢复输入”功能

在编辑 Word 2010 文档的时候，如果所做的操作不合适，而想返回到当前结果前面的状态，则可以通过“撤销输入”或“恢复输入”功能实现。快速工具栏上的撤销和恢复按钮如图 3-56 所示。“撤销”功能可以保留最近执行的操作记录，用户可以按照从后到前的顺序撤销若干步骤，但不能有选择地撤销不连续的操作。用户可以按下 Alt+Backspace 组合键执行撤销操作，也可以单击“快速访问工具栏”中的“撤销输入”按钮，或者按下 Ctrl+Z 组合键撤销最近的一次操作。执行撤销操作后，还可以将文档恢复到最新编辑的状态。当用户执行一次“撤销”操作后，用户可以按下 Ctrl+Y 组合键执行恢复操作。

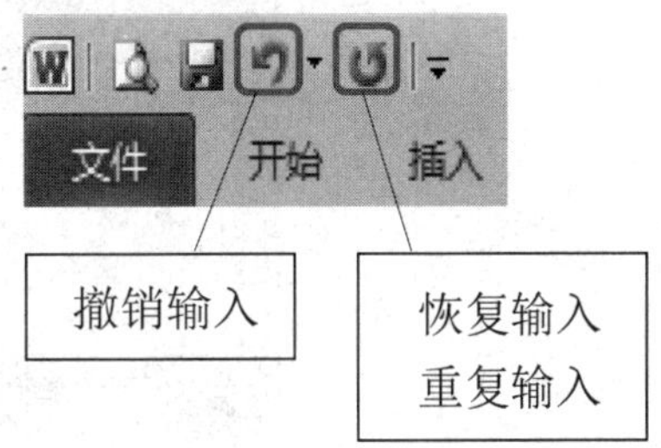

图 3-56 快速工具栏的“撤销”和“恢复”按钮

“重复输入”功能可以在 Word 2010 中重复执行最后的编辑操作，例如重复输入文本、设置格式或重复插入图片、符号等。“重复输入”按钮和“恢复输入”按钮位于 Word 2010 文档窗口“快速访问工具栏”的相同位置。当用户进行编辑而未进行“撤销输入”操作时，则显示“重复输入”按钮，即一个向上指向的弧形箭头。当执行过一次“撤销输入”操作后，则显示“恢复输入”按钮，即一个向上指向的弧形箭头。“重复输入”和“恢复输入”按钮的快捷键都是 Ctrl+Y 组合键，用户可以单击文档窗口“快速访问工具栏”中的“重复输入”按钮，也可以按下 Ctrl+Y 组合键执行重复输入操作。

6. 在 Word 2010 文档中插入符号

在 Word 2010 文档窗口中，用户可以通过“符号”对话框插入任意字体的任意字符和特殊符号，操作步骤如下所述：

第一步，打开 Word 2010 文档窗口，切换到“插入”功能区。在“符合”分组中单击“符号”按钮。

第二步，在打开的符号面板中可以看到一些最常用的符号，单击所需要的符号即可将其插入 Word 2010 文档中。如果符号面板中没有所需要的符号，可以单击“其他符号”按钮，如图 3-57 所示。

第三步，打开“符号”对话框，在“符号”选项卡中单击“子集”右侧的下三角按钮，在打开的下拉列表中选中合适的子集(如“数字形式”)。然后在符号表格中单击选中需要的符号，并单击“插入”按钮即可，如图 3-58 所示。

7. 文本的复制、剪切和粘贴操作

复制、剪切和粘贴操作是 Word 2010 中最常见的文本操作，其中复制操作是在原有文本保持不变的基础上，将所选中的文本放入剪贴板；而剪切操作则是在删除原有文本的基础上将所选中的文本放入剪贴板；粘贴操作则是将剪贴板的内容放到目标位置。在 Word 2010 文档中进行复制、剪切和粘贴操作的步骤如下所述：

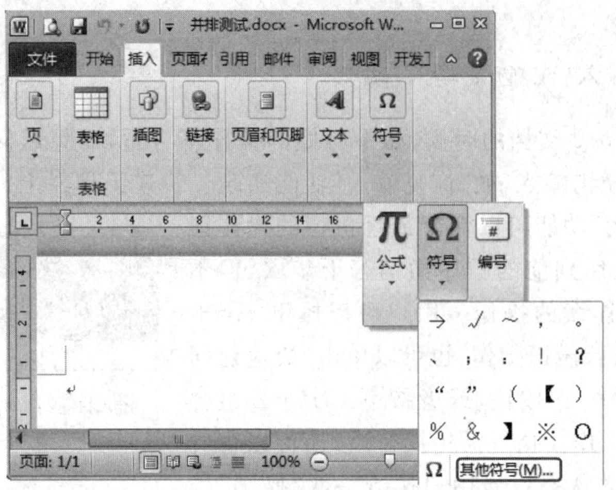

图 3-57　插入符号

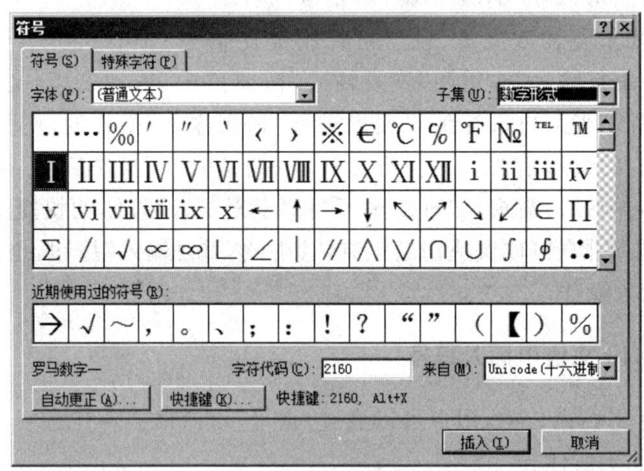

图 3-58　“符号”对话框

第一步，打开 Word 2010 文档窗口，选中需要剪切或复制的文本。然后在“开始”功能区的“剪贴板”分组单击“剪切”或“复制”按钮，或使用 Ctrl＋X 组合键、Ctrl＋C 组合键分别进行剪切、复制操作。

第二步，在 Word 2010 文档中将插入点光标定位到目标位置，然后单击“剪贴板”分组中的“粘贴”按钮即可，或使用 Ctrl＋V 组合键进行粘贴操作。

无论是 Word 2003、Word 2007 还是最新版本的 Word 2010，通过拖动的方式移动或复制文本的功能始终被保留下来。如果想要复制被选中的文本，则需要在按住 Ctrl 键的同时拖动文本。在 Word 2010 中复制文本的步骤如下所述：

第一步，打开 Word 2010 文档窗口，选中需要移动或复制的文本内容。

第二步，将鼠标指针指向被选中的文本区域，按住左键拖动文本到目标位置。

第三步，将被选中的文本移动或复制到目标位置后松开鼠标左键即可(如果在拖动文本的同时按住 Ctrl 键，则需要同时释放 Ctrl 键。

8. 使用“选择性粘贴”

“选择性粘贴”功能可以帮助用户在 Word 2010 文档中有选择地粘贴剪贴板中的内容，例如可以将剪贴板中的内容以图片的形式粘贴到目标位置。在 Word 2010 文档中使用“选择性粘贴”功能的步骤如下所述：

第一步，打开 Word 2010 文档窗口，选中需要复制或剪切的文本或对象，并执行“复制”或“剪切”操作。

第二步，在“开始”功能区的“剪贴板”分组中单击“粘贴”按钮下方的下三角按钮，并单击下拉菜单中的“选择性粘贴”命令，或在粘贴的目标位置单击鼠标右键，在快捷菜单中单击“选择性粘贴”按钮，如图 3-59 所示。

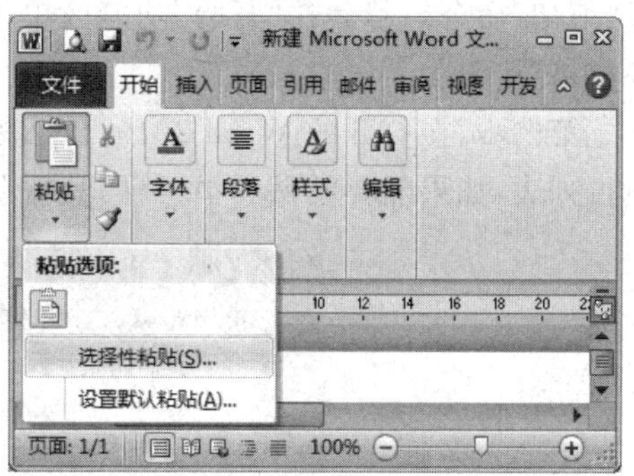

图 3-59 “选择性粘贴”命令

第三步，在打开的“选择性粘贴”对话框中选中“粘贴”单选框，然后在“形式”列表中选中一种粘贴格式，例如选中“图片(增强型图元文件)”选项，并单击“确定”按钮，如图 3-60 所示。

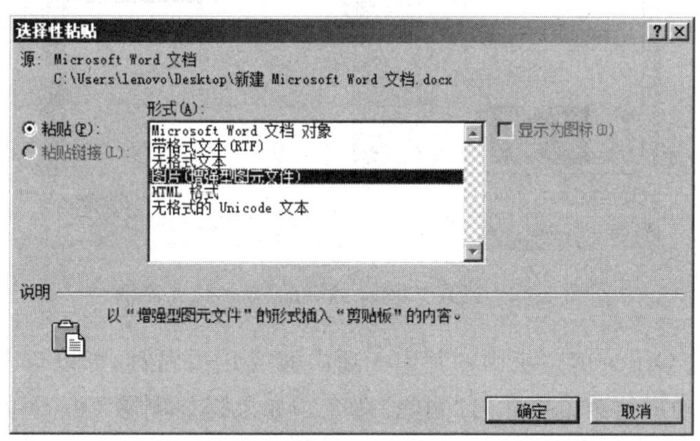

图 3-60 “图片(增强型图元文件)”选项

第四步，剪贴板中的内容将以图片的形式被粘贴到目标位置。

在 Word 2010 文档中，当执行“复制”或“剪切”操作后，在目标地执行粘贴时会弹出快捷菜单供选择“粘贴选项”命令，包括“保留源格式”、“合并格式”或“仅保留文本”三个命令，如图 3-61 所示。其中，从左到右的命令分别是：

图 3-61 “粘贴选项”命令

“保留源格式”命令，被粘贴内容保留原始内容的格式；

“合并格式”命令，被粘贴内容保留原始内容的格式，并且合并应用目标位置的格式；

“仅保留文本”命令，被粘贴内容清除原始内容和目标位置的所有格式，仅仅保留文本。

9. Office 剪贴板

通过 Office 剪贴板，用户可以有选择地粘贴暂存于 Office 剪贴板中的内容，使粘贴操作更加灵活。在 Word 2010 文档中使用 Office 剪贴板的步骤如下所述：

第一步，打开 Word 2010 文档窗口，选中一部分需要复制或剪切的内容，并执行“复制”或“剪切”命令。然后在“开始”功能区单击“剪贴板”分组右下角的“显示‘Office 剪贴板’任务窗格”按钮。

第二步，在打开的 Word 2010“剪贴板”任务窗格中可以看到暂存在 Office 剪贴板中的项目列表，如果需要粘贴其中一项，只需单击该选项即可，如图 3-62 所示。

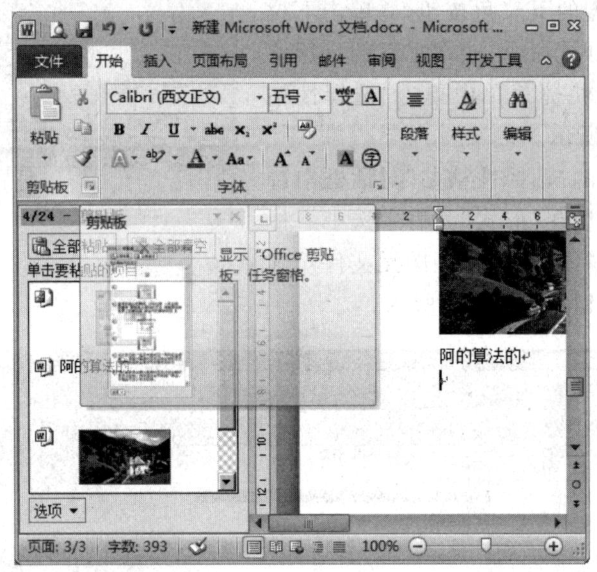

图 3-62　打开“Office 剪贴板”显示任务窗格

如果需要删除 Office 剪贴板中的其中一项内容或几项内容，可以单击该项目右侧的下三角按钮，在打开的下拉菜单中执行“删除”命令。如果需要删除 Office 剪贴板中的所有内容，可以单击 Office 剪贴板内容窗格顶部的“全部清空”按钮。

10. 在 Word 文档中使用“查找”功能

借助 Word 2010 提供的“查找”功能，用户可以在 Word 2010 文档中快速查找特定的字符，操作步骤如下所述：

第一步，打开 Word 2010 文档窗口，将插入点光标移动到文档的开始位置。然后在“开始”功能区的“编辑”分组中单击“查找”按钮。

第二步，在打开的“导航”窗格编辑框中输入需要查找的内容，并单击搜索按钮即可。用户还可以在“导航”窗格中单击搜索按钮右侧的下三角按钮，在打开的菜单中选择“高级查找”命令。在打开的“查找”对话框中切换到“查找”选项卡，然后在“查找内容”编辑框中输入要查找的字符，并单击“查找下一处”按钮。

第三步，查找到的目标内容将以蓝色矩形底色标识，单击“查找下一处”按钮继续查找。

在 Word 2010 中进行查找操作时，默认情况下每次只显示一个查找到的目标。用户也可以通过选择查找选项同时显示所有查找到的内容。同时显示的目标内容可以同时设置格式(如字体、字号、颜色等)，但不能对个别目标内容进行编辑和格式化操作。在 Word 2010 中同时显示所有查找到的目标内容的步骤如下所述：

第一步，打开 Word 2010 文档窗口，在“开始”功能区的“编辑”分组中单击“查找”按钮。

第二步，在打开的“导航”窗格中单击搜索按钮右侧的下三角按钮，并在打开的菜单中选择“查找”命令。

第三步，在打开的“查找和替换”对话框中切换到“查找”选项卡，在“查找内容”编辑框中输入要查找的目标内容。单击“在以下项中查找”按钮，在打开的菜单中选择“主文档”命令，如图 3-63 所示。

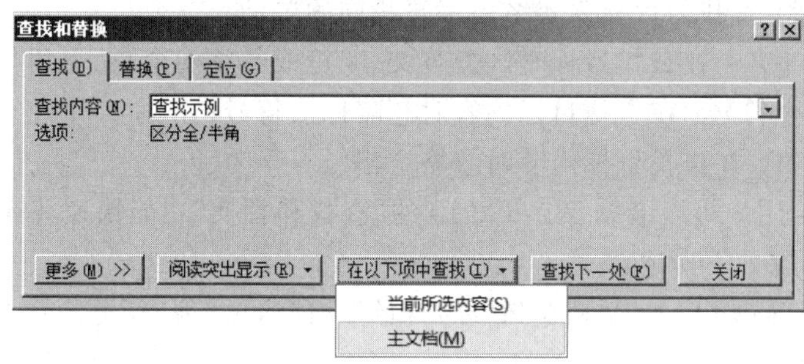

图 3-63　选择“主文档”命令

第四步，所有查找到的目标内容都将被标识为蓝色矩形底色，用户可以同时对查找到的内容进行格式化设置。

在 Word 2010 文档中可以突出显示查找到的内容，并为这些内容标识永久性标记。即使关闭“查找和替换”对话框，或针对 Word 2010 文档进行其他编辑操作，这些标记将持续存在。在 Word 2010 中突出显示查找到的内容的步骤如下所述：

第一步，打开 Word 2010 文档窗口，在“开始”功能区单击“编辑”分组的“查找”下三角按钮，并在打开的下拉菜单中选择“高级查找”命令。

第二步，在打开的“查找和替换”对话框中，在“查找内容”编辑框中输入要查找的内容，然后单击“阅读突出显示”按钮，并选择“全部突出显示”命令。

第三步，可以看到所有查找到的内容都被标识以黄色矩形底色，并且在关闭“查找和替换”对话框或对 Word 2010 文档进行编辑时，该标识不会取消。如果需要取消这些标识，可以选择“阅读突出显示”菜单中的“清除突出显示”命令。

11. 在 Word 2010 中设置自定义查找选项

在 Word 2010 的“查找和替换”对话框中提供了多个选项供用户自定义查找内容，操作步骤如下所述：

第一步，打开 Word 2010 文档窗口，在“开始”功能区的“编辑”分组中依次单击“查找”→“高级查找”按钮。

第二步，在打开的“查找和替换”对话框中单击“更多”按钮打开“查找和替换”对话框的扩展面板，在扩展面板中可以看到更多查找选项。

“查找和替换”对话框“更多”扩展面板选项的含义如下所述。

(1) 搜索：在“搜索”下拉菜单中可以选择“向下”、“向上”和“全部”选项选择查找的开始位置；

(2) 区分大小写：查找与目标内容的英文字母大小写完全一致的字符；

(3) 全字匹配：查找与目标内容的拼写完全一致的字符或字符组合；

(4) 使用通配符：允许使用通配符(例如^#、^? 等)查找内容；

(5) 同音(英文)：查找与目标内容发音相同的单词；

(6) 查找单词的所有形式(英文)：查找与目标内容属于相同形式的单词，最典型的就是 is 的所有单形式(如 Are、Were、Was、Am、Be)；

(7) 区分前缀：查找与目标内容开头字符相同的单词；

(8) 区分后缀：查找与目标内容结尾字符相同的单词；

(9) 区分全/半角：在查找目标时区分英文、字符或数字的全角、半角状态；

(10) 忽略标点符号：在查找目标内容时忽略标点符号；

(11) 忽略空格：在查找目标内容时忽略空格。

“替换”功能：用户可以借助 Word 2010 的“查找和替换”功能快速替换 Word 文档中的目标内容，操作步骤如下所述：

第一步，打开 Word 2010 文档窗口，在“开始”功能区的“编辑”分组中单击“替换”按钮，或按下 Ctrl+H 组合键。

第二步，打开“查找和替换”对话框，并切换到“替换”选项卡。在“查找内容”编辑框中输入准备替换的内容，在“替换为”编辑框中输入替换后的内容。如果希望逐个替换，则单击“替换”按钮，如果希望全部替换查找到的内容，则单击“全部替换”按钮，如图 3-64 所示。

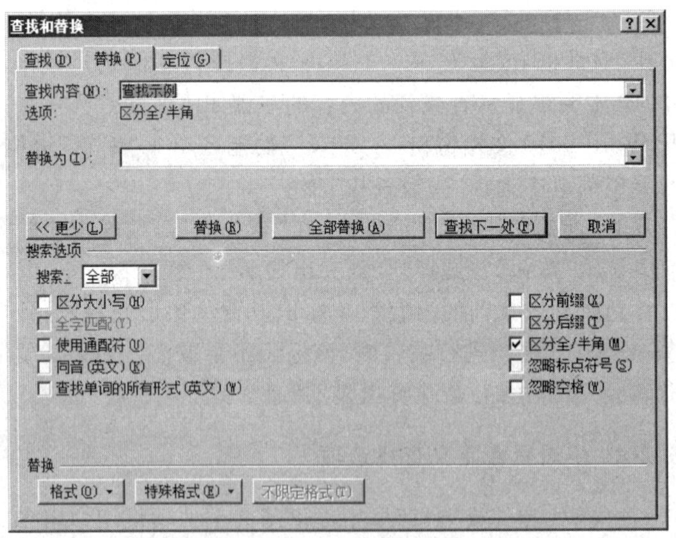

图 3-64 “替换”选项卡

第三步，完成替换单击“关闭”按钮关闭“查找和替换”对话框。用户还可以单击“更多”按钮展开搜索选项进行更高级的自定义替换操作示。单击“更少”按钮，则将搜索选项收缩起来。

使用 Word 2010 的查找和替换功能，不仅可以查找和替换字符，还可以查找和替换字符格式(例如查找或替换字体、字号、字体颜色等格式)，操作步骤如下所述：

第一步，打开 Word 2010 文档窗口，在“开始”功能区的“编辑”分组中依次单击“查找”→“高级查找”按钮。

第二步，在打开的“查找和替换”对话框中单击“更多”按钮，以显示更多的查找选项。

第三步，在“查找内容”编辑框中单击鼠标左键，使光标位于编辑框中。然后单击“查找”区域的“格式”按钮。

第四步，在打开的格式菜单中单击相应的格式类型(例如“字体”、“段落”等)，本实例单击“字体”命令。

第五步，打开“查找字体”对话框，可以选择要查找的字体、字号、颜色、加粗、倾斜等选项，如图 3-65 所示。

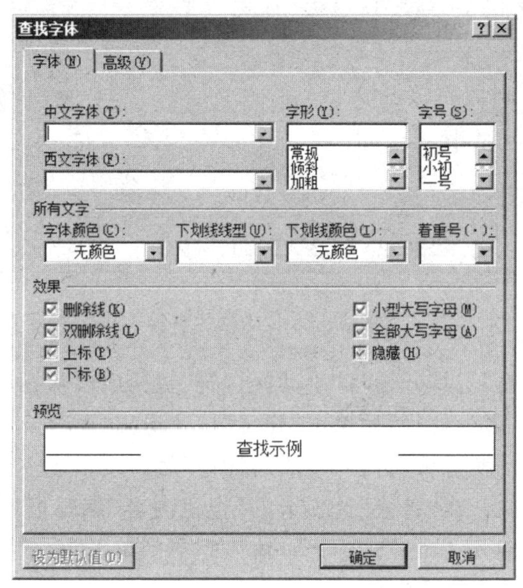

图 3-65 “查找字体”对话框

第六步，返回“查找和替换”对话框，单击“查找下一处”按钮查找符合格式要求的文本。

如果需要将原有格式替换为指定的格式，可以切换到“替换”选项卡。然后指定想要替换成的格式，并单击“全部替换”按钮。利用文档的查找替换功能可以删除文档中特殊的段落标记。当用户从网上复制一些文字资料到 Word 2010 文档中后，往往会出现很多手动换行符等特殊符号。由于这些特殊符号的存在，往往使得用户无法按照一般的方法设置文档格式。用户可以借助 Word 2010 替换特殊字符的功能将不需要的特殊字符删除或替换成另一种特殊字符，以便正常设置 Word 2010 文档格式。

以在 Word 2010 中将手动换行符替换成段落标记，并将多余的段落标记删除为例，操作步骤如下所述：

第一步，打开含有手动换行符的 Word 2010 文档，在“开始”功能区的“编辑”分组中单击“替换”按钮。

第二步，在打开的“查找和替换”对话框中，确认“替换”选项卡为当前选项卡。单击“更多”按钮，在“查找内容”编辑框中单击鼠标左键。然后单击“特殊格式”按钮，在打开的“特殊格式”菜单中单击“手动换行符”命令。

第三步，单击“替换为”编辑框，然后单击“特殊格式”按钮，在打开的“特殊格式”菜单中单击“段落标记”命令。

第四步，在“查找和替换”对话框中单击“全部替换”按钮，如图 3-66 所示。

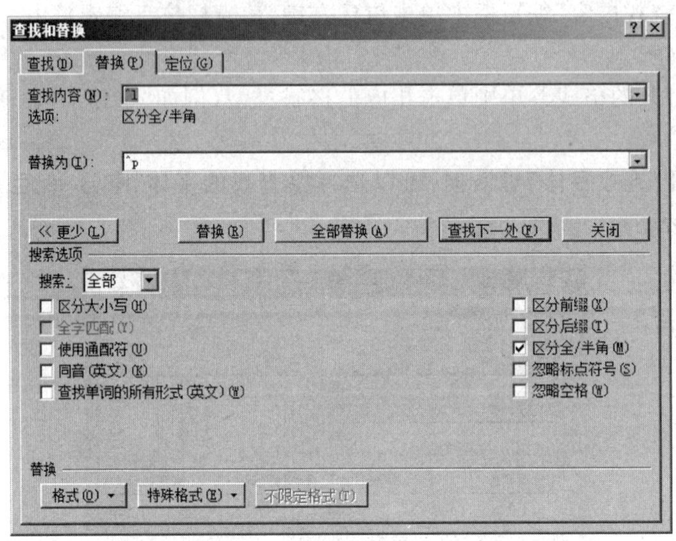

图 3-66　特殊格式替换

第五步，“查找和替换”工具开始将“手动换行符”替换成段落标记，完成替换后弹出提示信息，完成搜索并替换了多少处，然后单击“确定”按钮退出替换。

第六步，如果将“手动换行符”替换成“段落标记”后出现很多空白段落，可以通过替换的方法将这些空白段落删除。在“替换”选项卡的“查找内容”编辑框中输入两个段落标记，然后在“替换为”编辑框中输入一个段落标记。输入完毕后单击“全部替换”按钮即可。

其他特殊字符的替换根据实际需要自行组织操作。

3.1.4　设置文档格式

1. 显示或隐藏段落标记

默认情况下，Word 2010 文档中始终显示段落标记。段落标记符号主要包括制表符、空格、段落标记、隐藏文字、可选连字符、对象位置、可选分隔符、显示所有格式标记。用户需要进行必要的设置才能在显示和隐藏段落标记两种状态间切换，操作步骤如下所述：

第一步，打开 Word 2010 文档窗口，依次单击“文件”→“选项”按钮。

第二步，在打开的“Word 选项”对话框中切换到“显示”选项卡，在“始终在屏幕上显示这些格式标记”区域取消“段落标记”复选框，并单击“确定”按钮。

第三步，返回 Word 2010 文档窗口，在“开始”功能区的“段落”分组中单击“显示/隐藏编辑标记”按钮，从而在显示和隐藏段落标记两种状态间进行切换。

2. 设置行距

所谓行距就是指 Word 2010 文档中行与行之间的距离，用户可以将 Word 2010 文档中的行距设置为固定的某个值（如 20 磅），也可以是当前行高的倍数。通过设置行距可以使 Word 2010 文档页面更适合打印和阅读，用户可以通过“行距”列表快速设置最常用的行距，操作步骤如下所述：

第一步，打开 Word 2010 文档窗口，选中需要设置行距的段落或全部文档。

第二步，在“开始”功能区的“段落”分组中单击“行距”按钮，并在打开的行距列表中选中合适的行距。也可以单击“增加段前间距”或“增加段后间距”设置段落和段落之间的距离，如图 3-67 所示。

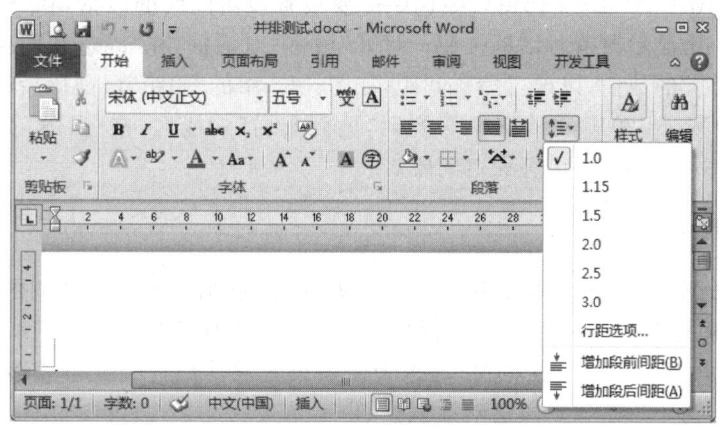

图 3-67　快速设置行距和段间距

打开“开始”功能区的段落对话框，如图 3-68 所示。在“行距”下拉列表中包含 6 种行距类型，分别具有以下含义。

（1）单倍行距：行与行之间的距离为标准行距的 1 行。

（2）1.5 倍行距：行与行之间的距离为标准行距的 1.5 倍。

（3）2 倍行距：行与行之间的距离为标准行距的 2 倍。

（4）最小值：行与行之间使用大于或等于单倍行距的最小行距值，如果用户指定的最小值小于单倍行距，则使用单倍行距，如果用户指定的最小值大于单倍行距，则使用指定的最小值。

（5）固定值：行与行之间的距离使用用户指定的值，需要注意该值不能小于字体的高度。

（6）多倍行距：行与行之间的距离使用用户指定的单倍行距的倍数值。

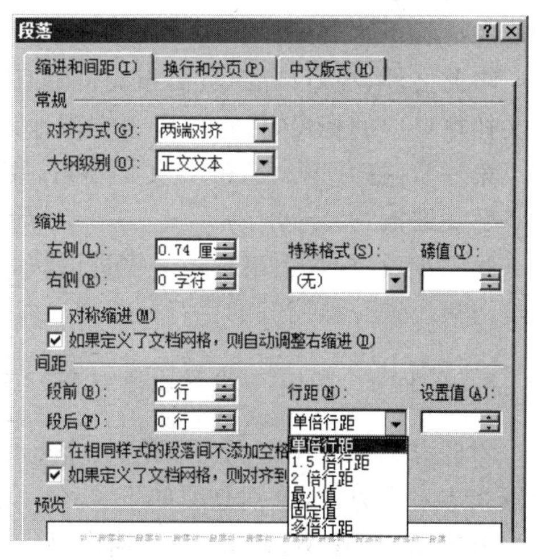

图 3-68　“段落”对话框中的行距

在“行距”下拉列表中选择合适的行距，并

单击“确定”按钮。默认情况下，Word 2010 文档的行距使用“单倍行距”。

3. 设置段落间距

段落间距是指段落与段落之间的距离，通过设置 Word 2010 文档的段落间距，可以使 Word 2010 文档中不同意义的段落之间保持特定的距离，从而增强可读性，使得文档在阅读过程中有层次感和分段性。在 Word 2010 中，用户可以通过多种渠道设置段落间距，操作方法分别介绍如下。

方法 1：在 Word 2010 文档窗口中选中需要设置段落间距的段落，然后在“开始”功能区的“段落”分组中单击“行和段落间距”按钮。在打开的“行和段落间距”列表中单击“增加段前间距”和“增加段后间距”命令，以设置段落间距。

方法 2：在 Word 2010 文档窗口中选中需要设置段落间距的段落，在“开始”功能区的“段落”分组中单击显示段落对话框按钮。打开“段落”对话框，在“缩进和间距”选项卡中设置“段前”和“段后”的数值，以设置段落间距，如图 3-68 中的“间距”段前段后所示。

方法 3：在 Word 2010 文档窗口切换到“页面布局”功能区，在“段落”分组中调整“段前”和“段后”间距的数值，以设置段落间距。

4. 段落缩进

通过设置段落缩进，可以调整 Word 2010 文档正文内容与页边距之间的距离。用户可以在 Word 2010 文档的“段落”对话框中设置段落缩进，操作步骤如下所述：

第一步，打开 Word 2010 文档窗口，选中需要设置段落缩进的文本段落。在“开始”功能区的“段落”分组中单击显示段落对话框按钮。

第二步，在打开的“段落”对话框中打开“缩进和间距”选项卡，在“缩进”区域调整“左侧”或“右侧”编辑框设置缩进值。然后单击“特殊格式”下三角按钮，在下拉列表中选中“首行缩进”或“悬挂缩进”选项，并设置缩进值(通常情况下设置缩进值为 2)。设置完毕后单击“确定”按钮。或在窗口“开始”功能区的“段落”分组中找到并单击“减少缩进量”或“增加缩进量”按钮设置文档的缩进量。

需要注意的是，使用“增加缩进量”和“减少缩进量”按钮只能在页边距以内设置缩进，而不能超出页边距之外。

除此之外，在窗口的“页面布局”功能区中，也可以快速设置被选中文档的缩进值。或借助文档窗口中的标尺，用户可以很方便地设置 Word 文档段落缩进，操作步骤如下所述：

第一步，打开 Word 2010 文档窗口，切换到“视图”功能区。在“显示/隐藏”分组中选中“标尺”复选框。

第二步，在标尺上出现 4 个缩进滑块，拖动首行缩进滑块可以调整首行缩进；拖动悬挂缩进滑块设置悬挂缩进的字符；拖动左缩进和右缩进滑块设置左右缩进。

5. 在 Word 2010 中设置段落对齐方式

对齐方式的应用范围为段落，在 Word 2010 的“开始”功能区和“段落”对话框中均可以设置文本对齐方式，分别介绍如下。

方式 1：打开 Word 2010 文档窗口，选中需要设置对齐方式的段落。然后在“开始”功能区的“段落”分组中分别单击“左对齐”按钮、“居中对齐”按钮、“右对齐”按钮、“两端对齐”

按钮和“分散对齐”按钮设置对齐方式，如图 3-69 所示。

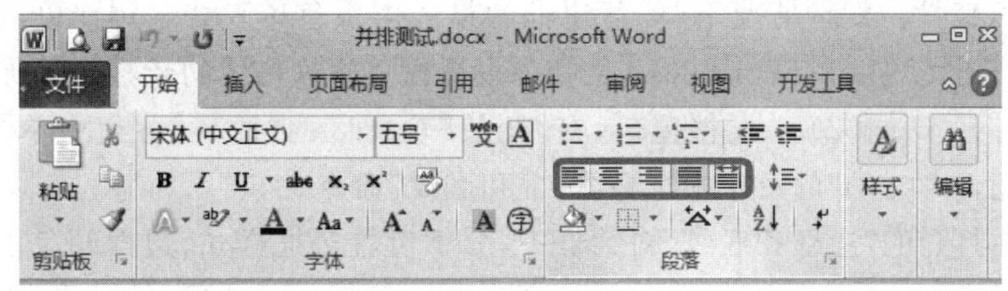

图 3-69　单击对齐方式按钮

方式 2：打开 Word 2010 文档窗口，选中需要设置对齐方式的段落。在“开始”功能区的“段落”分组中单击显示段落对话框按钮，在打开的“段落”对话框中单击“对齐方式”下三角按钮，然后在“对齐方式”下拉列表中选择合适的对齐方式，如图 3-70 所示。

6. 设置段落边框与底纹

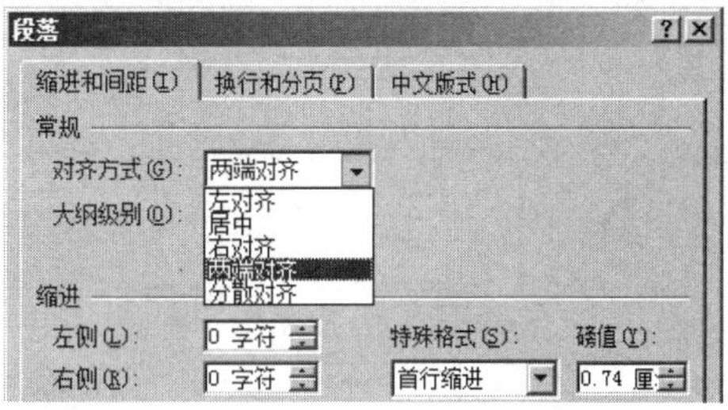

通过在 Word 2010 文档中插入段落边框，可以使相关段落的内容更突出，从而便于读者阅读。段落边框的应用范围仅限于被选中的段落。和以前的版本相比，在 Word 2010 文档中设置段落的边框和底纹更加方便快捷，操作步骤如下所述：

图 3-70　段落对话框中的“对齐方式”

第一步，打开 Word 2010 文档窗口，选择需要设置边框的段落。

第二步，在“开始”功能区的“段落”分组中单击边框下三角按钮，在打开的边框列表中选择合适的边框（例如选择所有框线并单击鼠标左键），即可看到插入的段落边框，如图 3-71 所示。

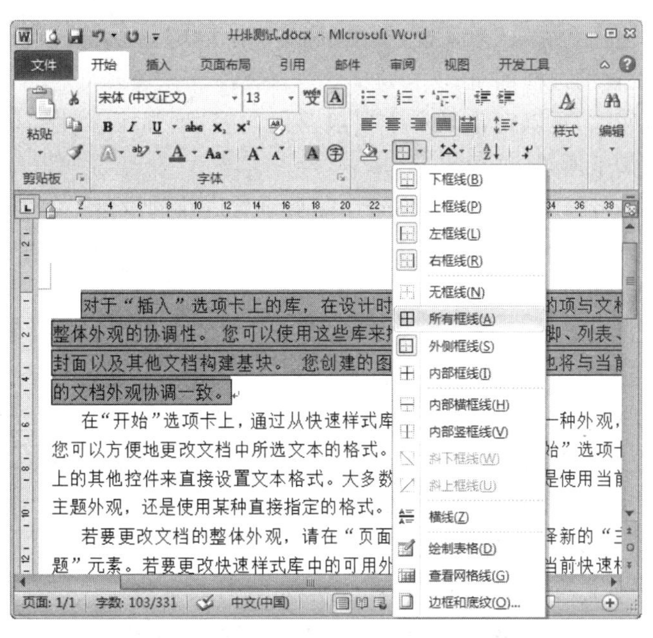

图 3-71　段落分组中的边框

通过在 Word 2010 文档中插入段落边框，可以使相关段落的内容更加醒目，从而增强 Word 文档的可读性。默认情况下，段落边框的格式为黑色单直线。用户可以设置段落边框的格式，使其更美观。在 Word 2010 文档中设置段落边框格式的步骤如下所述：

第一步，打开 Word 2010 文档窗口，在“开始”功能区的“段落”分组中单击“边框和底纹”下三角按钮，并在打开的菜单中选择“边框和底纹”命令。

第二步，在打开的“边框和底纹”对话框中，分别设置边框样式、边框颜色以及边框的宽度。然后单击“应用于”下三角按钮，在下拉列表中选择“段落”选项，并单击“选项”按钮，如图 3-72 所示。

第三步，打开“边框和底纹选项”对话框，在“距正文边距”区域设置边框与正文的边距数值，并单击“确定”按钮，如图 3-73 所示。

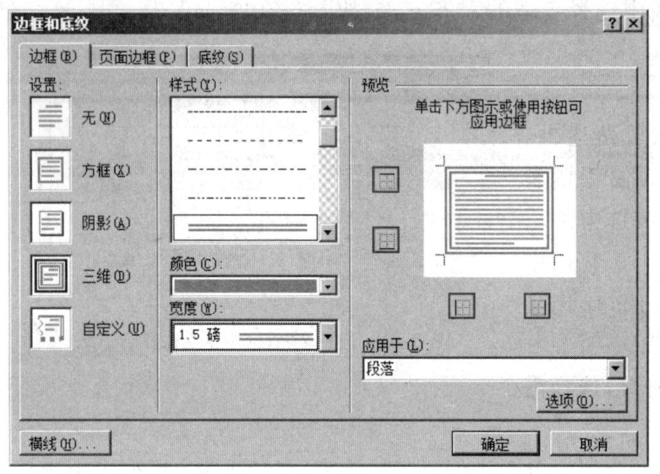

图 3-72 “边框和底纹”对话框

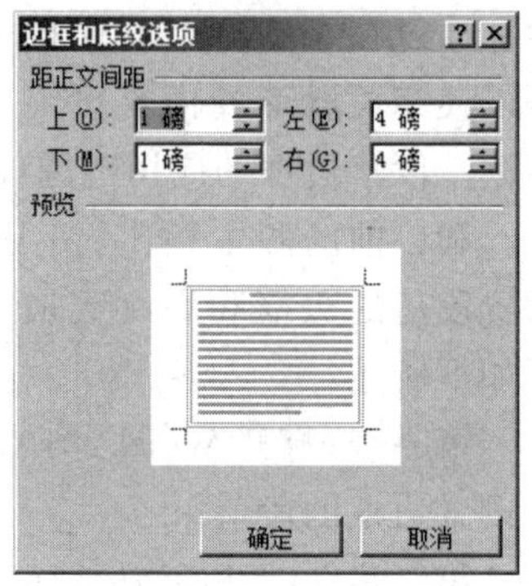

图 3-73 “边框和底纹选项”对话框

第四步，返回“边框和底纹”对话框，单击“确定”按钮。返回文档窗口，选中需要插入边框的段落，插入新设置的边框即可。

通过设置段落底纹，可以突出显示重要段落的内容，增强可读性。在 Word 2010 中设置段落底纹的步骤如下所述：

第一步，打开 Word 2010 文档窗口，选中需要设置底纹的段落。

第二步，在“开始”功能区的“段落”分组中单击“底纹”下三角按钮，在打开的底纹颜色面板中选择合适的颜色即可，如图 3-74 所示。

用户不仅可以在 Word 2010 文档中为段落设置纯色底纹，还可以为段落设置图案底纹，使设置底纹的段落更美观，操作步骤如下所述：

第一步，打开文档窗口，选中需要设置图案底纹的段落。在“开始”功能区的“段落”分组中单击“边框和底纹”下三角按钮，并在打开的边框下拉列表中选择“边框和底纹”命令。

第二步，在打开的“边框和底纹”对话框中切换到“底纹”选项卡，在“图案”区域分别选择图案样式和图案颜色，并单击“确定”按钮即可。

关于 Word 2010 文档中设置段落分页选项，可以有效地控制段落在两页之间的断开方式。在“开始”功能区单击“段落”分组中的显示段落对话框按钮。在打开的“段落”对话框中

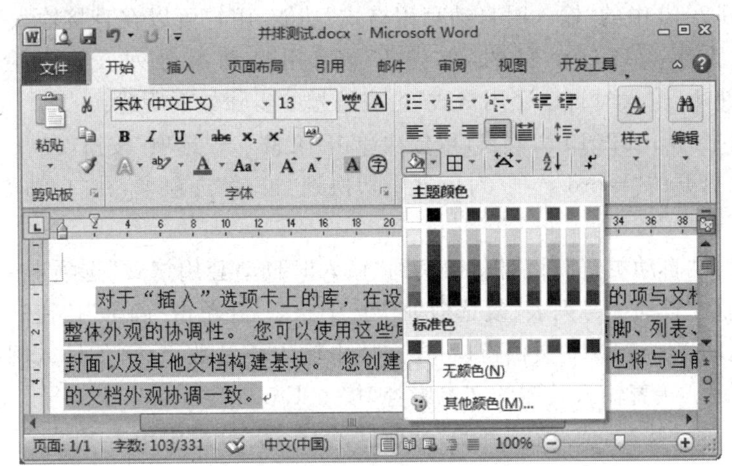

图 3-74　选择段落底纹颜色

切换到“换行和分页”选项卡，在“分页”区域含有 4 个与分页有关的选项，每项的功能简介如下。

(1) 孤行控制：当段落被分开在两页中时，如果该段落在任何页的内容只有一行，则该段落将完全放置到下一页。

(2) 与下段同页：当前选中的段落与下一段落始终保持在同一页中。

(3) 段中不分页：禁止在段落中间分页，如果当前页无法完全放置该段落，则该段落的内容将完全放置到下一页。

(4) 段前分页：在选中段落前插入分页符。

根据实际需要选中合适的复选框，并单击“确定”按钮即可。

7. 项目符号与编号

项目符号主要用于区分 Word 2010 文档中不同类别的文本内容，使用原点、星号等符号表示项目符号，并以段落为单位进行标识。在 Word 2010 中输入项目符号的方法如下：

打开 Word 2010 文档窗口，选中需要添加项目符号的段落。在“开始”功能区的“段落”分组中单击“项目符号”下三角按钮。在“项目符号”下拉列表中选中合适的项目符号即可。

在当前项目符号所在行输入内容，当按下 Enter 键时会自动产生另一个项目符号。如果连续按两次 Enter 键将取消项目符号输入状态，恢复到 Word 常规输入状态。

编号主要用于 Word 2010 文档中相同类别文本的不同内容，一般具有顺序性。编号一般使用阿拉伯数字、中文数字或英文字母，以段落为单位进行标识。在 Word 2010 文档中输入编号的方法有以下两种。

方式 1：打开 Word 2010 文档窗口，在“开始”功能区的“段落”分组中单击“编号”下三角按钮。在“编号”下拉列表中选中合适的编号类型即可。

在当前编号所在行输入内容，当按下 Enter 键时会自动产生下一个编号。如果连续按两次 Enter 键将取消编号输入状态，恢复到 Word 常规输入状态。

方式 2：打开文档窗口，选中准备输入编号的段落。在“开始”功能区的“段落”分组中单击“编号”下三角按钮，在打开的“编号”下拉列表中选中合适的编号即可。

借助 Word 2010 中的“输入时自动套用格式”功能，用户可以在直接输入数字的时候自动生成编号。为了实现这个目的，首先需要启用自动编号列表自动套用选项。在 Word 2010 中使用“输入时自动套用格式”生成编号的步骤如下所述：

第一步，打开 Word 2010 文档窗口，依次单击“文件”→“选项”按钮。

第二步，在打开的“Word 选项”对话框中切换到“校对”选项卡，在“自动更正选项”区域单击“自动更正选项”按钮。

第三步，打开“自动更正”对话框，切换到“输入时自动套用格式”选项卡。在“输入时自动应用”区域确认“自动编号列表”复选框处于选中状态，并单击“确定”按钮。

第四步，返回 Word 2010 文档窗口，在文档中输入任意数字(例如输入阿拉伯数字 1)，然后按下 Tab 键。接着输入具体的文本内容，按下 Enter 键自动生成编号。连续按下两次 Enter 键将取消编号状态，或者在“开始”功能区的“段落”分组中单击“编号”下三角按钮，在打开的编号列表中选择“无”选项取消自动编号状态。

在文档已经创建的编号列表中，用户可以从编号中间任意位置重新开始编号，操作步骤如下所述：

第一步，打开 Word 2010 文档窗口，并将插入点光标移动到需要重新编号的段落。

第二步，在“开始”功能区的“段落”分组中单击“编号”下三角按钮，选择“设置编号值”选项。

第三步，打开“起始编号”对话框，选中“开始新列表”单选框，并调整“值设置为”编辑框的数值(例如起始数值设置为 1)，单击“确定”按钮，如图 3-75 所示。

第四步，返回 Word 2010 文档窗口，可以看到编号列表已经进行了重新编号。

在 Word 2010 的编号格式库中内置了多种编号，用户还可以根据实际需要定义新的编号格式，操作步骤如下所述：

第一步，打开 Word 2010 文档窗口，在“开始”功能区的“段落”分组中单击“编号”下三角按钮，并在打开的下拉列表中选择“定义新编号格式”选项。

第二步，在打开的“定义新编号格式”对话框中单击“编号样式”下三角按钮，在“编号样式”下拉列表中选择一种编号样式，并单击“字体”按钮，如图 3-76 所示。

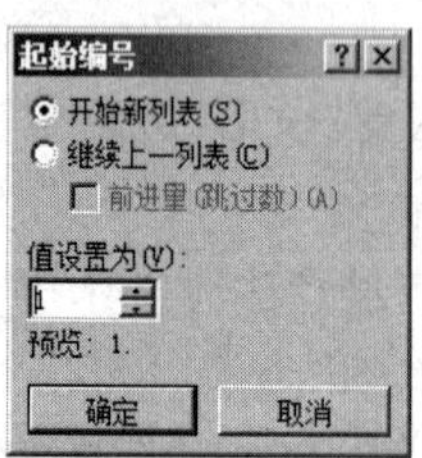

图 3-75 “起始编号”对话框

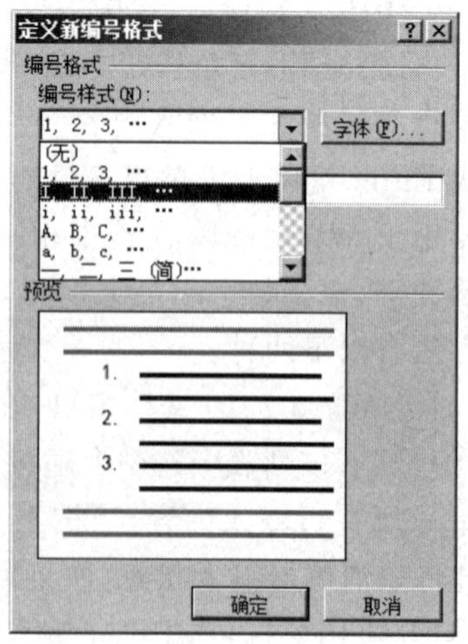

图 3-76 “定义新编号格式”对话框

第三步，打开“字体”对话框，根据实际需要设置编号的字体、字号、字体颜色、下划线等项目(注意不要设置“效果”选项)，并单击“确定”按钮，如图 3-77 所示。

第四步，返回“定义新编号格式”对话框，在“编号格式”编辑框中保持灰色阴影编号代码不变，根据实际需要在代码前面或后面输入必要的字符。例如，在前面输入“5.”，并将默认添加的小点删除。然后在“对齐方式”下拉列表中选择合适的对齐方式，并单击“确定”按钮，如图 3-78 所示。

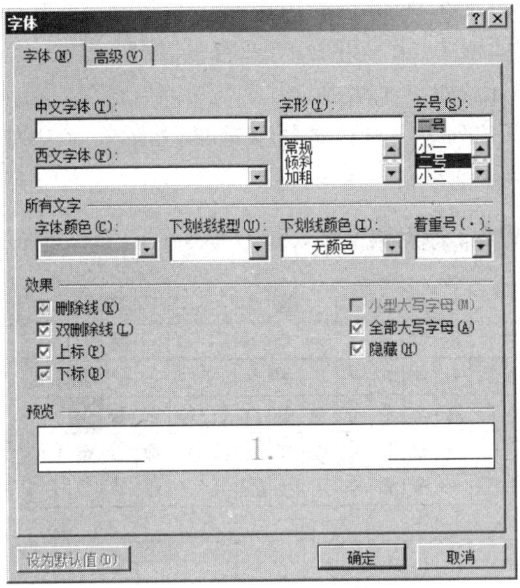

图 3-77 “字体”对话框

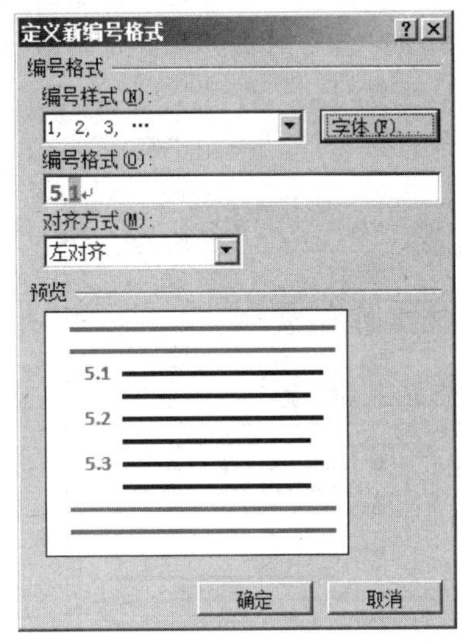

图 3-78 “定义新编号格式”对话框

第五步，返回 Word 2010 文档窗口，在“开始”功能区的“段落”分组中单击“编号”下三角按钮，在打开的编号下拉列表中可以看到定义的新编号格式，如图 3-79 所示。

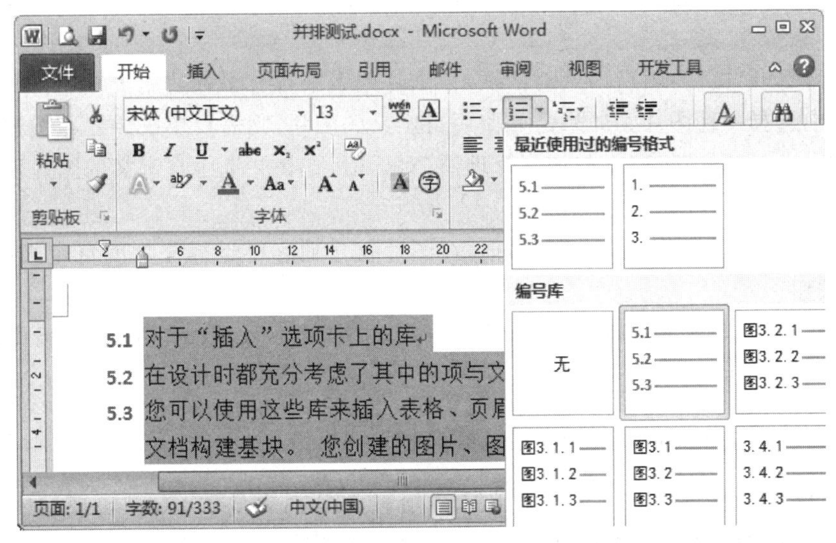

图 3-79 定义的新编号格式

8. 在 Word 2010 中定义新项目符号

在 Word 2010 中内置了多种项目符号，用户可以在 Word 2010 中选择合适的项目符号。用户也可以根据实际需要定义新项目符号，使其更具有个性化特征（例如将单位的 Logo 作为项目符号）。在 Word 2010 中定义新项目符号的步骤如下所述：

第一步，打开 Word 文档窗口，在“开始”功能区的“段落”分组中单击“项目符号”下三角按钮。在打开的“项目符号”下拉列表中选择“定义新项目符号”选项。

第二步，在打开的“定义新项目符号”对话框中，用户可以单击“符号”按钮或“图片”按钮来选择项目符号的属性。首先单击“符号”按钮，如图 3-80 所示。

第三步，打开“符号”对话框，在“字体”下拉列表中可以选择字符集，然后在字符列表中选择合适的字符，并单击“确定”按钮，如图 3-81 所示。

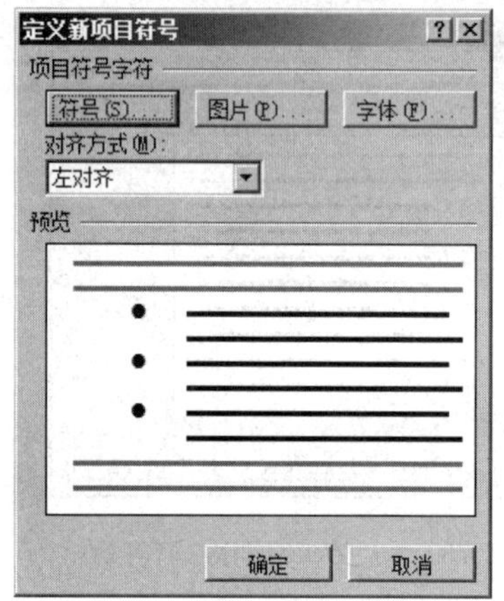

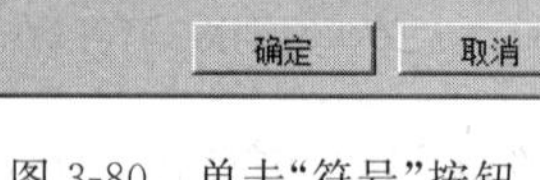

图 3-80　单击“符号”按钮

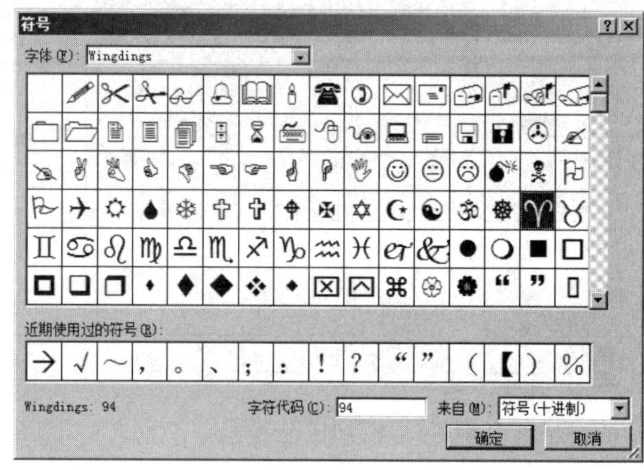

图 3-81　“符号”对话框

第四步，返回“定义新项目符号”对话框，如果继续定义图片项目符号，则单击“图片”按钮。

第五步，打开“图片项目符号”对话框，在图片列表中含有多种适用于做项目符号的小图片，可以从中选择一种图片。如果需要使用自定义的图片，则需要单击“导入”按钮。

第六步，在打开的“将剪辑添加到管理器”对话框，查找并选中自定义的图片，并单击“添加”按钮。

第七步，返回“图片项目符号”对话框，在图片符号列表中选择添加的自定义图片，并单击“确定”按钮。

第八步，返回“定义新项目符号”对话框，可以根据需要设置对齐方式，最后单击“确定”按钮即可。

9. 在 Word 2010 文档中插入多级编号列表

所谓多级列表是指 Word 文档中编号或项目符号列表的嵌套，以实现层次效果。在 Word 2010 文档中可以插入多级列表，操作步骤如下所述：

第一步，打开 Word 2010 文档窗口，在“开始”功能区的“段落”分组中单击“多级列表”

按钮。在打开的多级列表面板中选择多级列表的格式,如图 3-82 所示。

第二步,按照插入常规编号的方法输入条目内容,然后选中需要更改编号级别的段落。单击"多级列表"按钮,在打开的面板中指向"更改列表级别"选项,并在打开的下一级菜单中选择编号列表的级别。

第三步,返回 Word 2010 文档窗口,可以看到创建的多级列表。

在 Word 2010 文档中输入多级列表时有一个快捷方法,就是使用 Tab 键辅助输入编号列表。首先在打开的 Word 2010 文档窗口的"开始"功能区找到"段落"分组,单击"编号"下三角按钮。并在打开的"编号"下拉列表中选择一种编号格式。然后在第一级编号后面输入具体内容并按下 Enter 键。不要输入编号后面的具体内容,而是直接按下 Tab 键将开始下一级编号列表。如果下一级编号列表格式不合适,可以在"编号"下拉列表中进行设置。第二级编号列表的内容输入完成以后,连续按下两次 Enter 键可以返回上一级编号列表。

图 3-82 选择多级列表格式

3.1.5 制作图文混排的文档

字处理系统不仅仅局限于对文字进行处理,而已经把处理范围扩大到图片、表格以及绘图领域。Word 在处理图形方面也有它的独到之处,真正做到了"图文并茂"。

Word 2010 具有极其强大的图文混排功能,用户可以在文档中输入一些图形来增强文档的说服力。这些图形可以是由 Word 2010"插入"功能区的"形状"分组中提供的基本图元进行绘制的,也可以是由其他绘图软件建立以后,通过剪贴板或文件插入 Word 文档中的。Word 2010 提供了一组艺术图片剪辑库,从地图到人物,从建筑到风景名胜等。用户可以很方便地调用这些图片,将其插入自己的文档中,然后根据需要进行编辑处理。

1. 插入剪贴画和图片

Word 在剪辑库中包含大量的剪贴画,在所有媒体文件类型中分为"插图"、"照片"、"视频"和"音频"4 种。用户可以直接将它插入文档中,具体操作步骤如下:

第一步,打开 Word 2010 文档窗口,将插入点置于文档中要插入剪贴画的位置,在"插入"功能区的"插图"分组中单击"剪贴画"按钮。窗口右侧弹出"剪贴画"窗格,如图 3-83 所示。

第二步,打开"剪贴画"任务窗格,单击"搜索文字"编辑框右边的"搜索"按钮,将各种类型的剪贴画搜索出来,或在"搜索文字"编辑框中输入准备插入的剪贴画的关键字(例如"运动")。如果当前电脑处于联网状态,则可以选中"包括 Office.com 内容"复选框。

图 3-83 “剪贴画”窗格

2. 插入图形文件

用户可以直接从软盘、硬盘、光盘或网络上将指定的图片文件插入自己的文档中。具体操作时,单击“插入”功能区的“图片”按钮,在打开的“插入图片”对话框中确定欲插入图片所在的盘符、文件夹、文件名和文件类型,单击“插入”按钮即可将所选中的图片插入文档中的指定位置。

3. 编辑、修改插入的图片

当用户单击鼠标选中已经插入文档中的图片后,功能区上方自动弹出一个“图片工具格式”的功能区按钮,单击按钮显示图片操作功能,如调整分组中的删除背景、更正亮度、颜色设置、艺术效果、压缩图片、更改图片,在图片样式中,Word 2010 中提供了丰富的图片样式供用户选择,用户可以根据需要选择合适的图片边框和图片效果以及版式。在排列分组中可以调整图片的位置、对齐方式、旋转操作,还可以设置图片与文字之间的混合排版格式。在大小分组中可以对图片进行裁剪,调整其高度和宽度值。当用户要返回到文档中时,在图片的周围其他任意位置单击鼠标即可。

4. 插入艺术字

在文档排版过程中,若想使文档的标题生动、活泼,可使用 Word 2010 提供的“艺术字”功能来生成具有特殊视觉效果的标题或者非常漂亮的文档。Word 2010 将以前版本的艺术字库拆分成了 30 种样式,如图 3-84 所示。

首先将插入点移到要插入艺术字的位置,然后单击“插入”功能区的“艺术字”按钮,在艺术字的下拉列表中任选一种样式并编辑文字信息,设置好的艺术字将以图片的形式浮于文字上方。选中艺术字图片,文档窗口的功能区选项右侧就会出现一个绘图工具的格式功能选项，利用该功能区的各种选项(主要的效果设置在“艺术字样式”分组)可以进一步设置艺术字的效果。如“设置文本效果格式”对话框，如图 3-85 所示。

编辑处理后的艺术字图片与周围文字的混合排版方式可以在“自动换行”里选择一种对象文字环绕的版式。

5. 绘制图形

Word 2010 中提供了更多新的绘图工具，可以通过选择“插入”功能区的形状下拉按钮里提供的任何图元轻松绘制出所需要的图形。“形状”下拉列表中的“自选图形”有线条、各种矩形、基本形状、箭头总汇、公式形状、流程图、星与旗帜以及各种标注，如图 3-86 所示。用户能够任意改变形状的自选图形，可以在文档中使用这些图形，重新调整图形大小，也可以对其进行旋转、翻转、添加颜色，并与其他图形组合成更为复杂的图形。

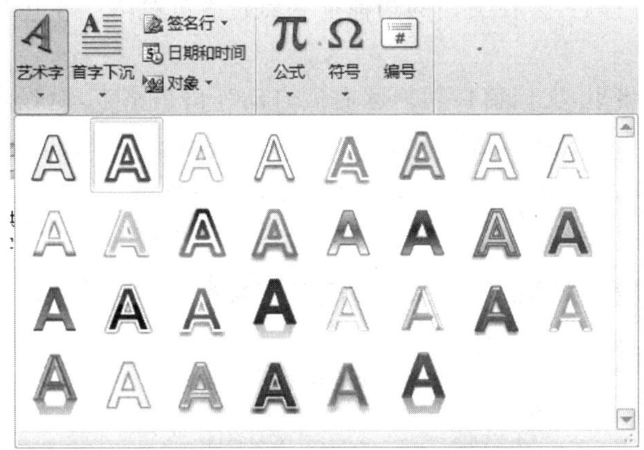

图 3-84 “艺术字”样式列表

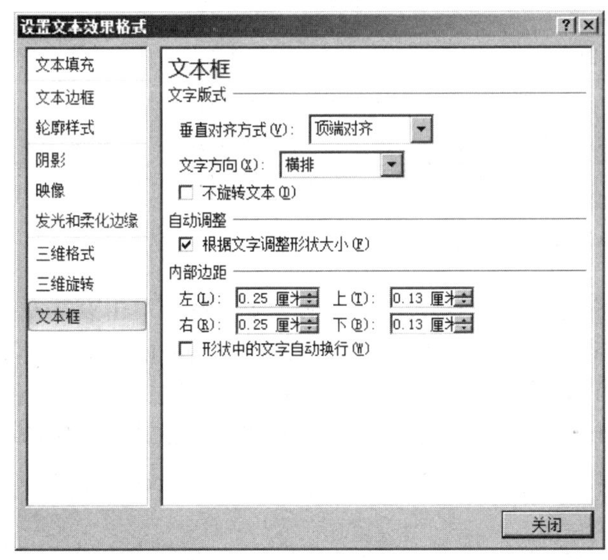

图 3-85 “设置文本效果格式”对话框

图 3-86 绘制自选图形

3.1.6 表格与图表

表格是一种简明、扼要的表达方式，它能够清晰地显示和管理文字与数据，如课程表、职工工资表等。Word 2010 提供了强大的表格功能，可以排出各种复杂格式的表格。表格由行与列构成，行与列交叉产生的方框称为单元格，可以在单元格中输入文档或插入图片。

1. 创建表格

在插入功能区中创建表格。

首先将插入点置于文档中要插入表格的位置，单击“插入”功能区中的“表格”按钮，在出现的网格中按住鼠标左键，沿网格向右拖动鼠标指针可定义表格的列数，沿网格向下拖动鼠标指针可定义表格的行数。松开鼠标指针后，会在文档的当前插入点位置处插入一个用户选定行数与列数的表格。

插入表格后，只要将光标定位在表格里，文档窗口功能区右侧自动弹出表格工具(设计＋布局)。在表格的设计功能专区里分为表格样式选项分组、表格样式分组、绘图边框分组，对插入的表格进行进一步的修饰和编辑。绘图边框分组右下角单击下拉箭头，弹出“边框和底纹”对话框，如图 3-87 所示。

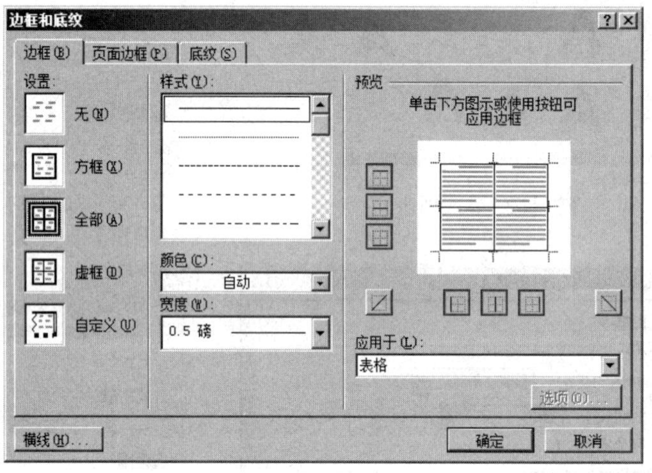

图 3-87 “边框和底纹”设置对话框

在设计功能专区，还可以使用鼠标任意绘制表格，尤其是方便绘制斜线。单击设计专区中的“绘制表格”按钮使其呈现按下状态。将鼠标指针移到文档页面上，这时鼠标指针变成铅笔笔形。按住鼠标左键，利用笔形指针，可任意绘制横线、竖线或斜线组成的不规则表格。要删除某条表格线，可单击“表格和边框”工具栏中的“擦除”按钮，此时鼠标指针将变成橡皮指针形状。拖动鼠标指针经过要删除的线，即可将其删除。

2. 编辑表格

如果想在表格中输入文本，首先要将插入点放在要输入文本的单元格中，然后输入文本。当输入的文本到达单元格的右边线时会自动换行，并且会加大行高以容纳更多的内容。

在输入过程中如果按了 Enter 键，则可在单元格中开始新的一段。

编辑表格中的文本，就像在普通文档中插入、删除、移动或复制文本一样，都是利用“编辑”菜单中的“剪切”、“复制”命令将选择的单元格、行或列的内容存放在剪贴板中，然后利用“粘贴”命令将剪贴板中的内容粘贴到指定的单元格中。

3. 表格调整

在创建表格之后，可以用各种方式来修改表格，在表格的布局功能专区里可以设置表格的属性，对单元格的选择、插入、删除，拆分合并单元格，调整单元格的大小，设置行高和列宽，文字在单元格中的位置和方向等。对表格的调整还可通过表格属性对话框进行设置，如图 3-88 所示。

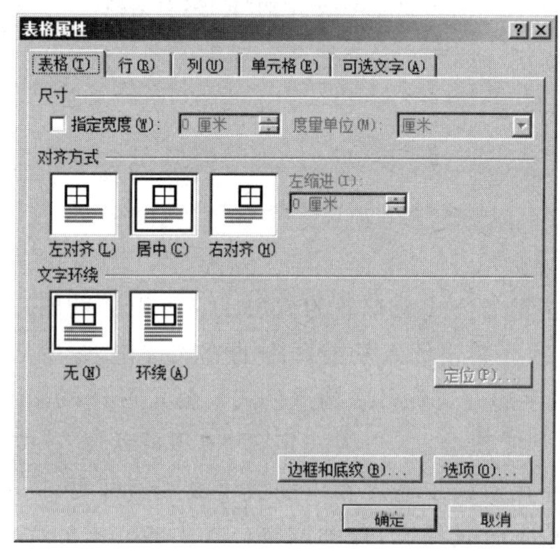

图 3-88 “表格属性”对话框

4. 表格的计算与排序

Word 2010 中的表格还可以实现对单元格中的内容按笔划、拼音或数字顺序进行排序，并且可以对表格中的内容进行加、减、乘、除、求平均值、求最大值和求最小值等运算。但同 Excel 相比，Word 在此方面并不占优势。

1）表格的计算

Word 2010 提供了简单的表格计算功能，即利用公式来计算表格单元格中的数值。表格中的每个单元格都对应着一个唯一的引用编号。编号的方法是以 1，2，3 等代表单元格所在的行，以字母 A，B，C，D 等代表单元格所在的列。

2）表格的排序

鼠标选中需要排序的一列，单击布局功能专区中的排序按钮即可打开“排序”对话框来进行排序，如图 3-89 所示。排序可以按照有无标题行进行排列，有标题行，则按照标题行的名称进行升序或降序排列，如果无标题行，则按照列的编号进行排序。排序可以选择拼音、笔划、日期、数字等方式。

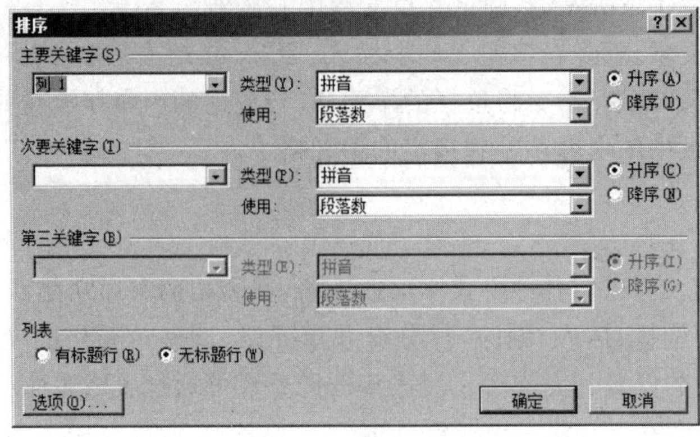

图 3-89　Word 中的“排序”对话框

3.1.7　其他功能

1. 数学公式排版

1）公式编辑器

“公式编辑器”是建立复杂公式最有效的方法。它可以帮助用户通过使用数学符号的工具板和模板，完成公式输入。单击插入功能区中的公式按钮，然后从“公式工具”设计栏上选择符号以及输入变量和数字的方式就可以构造公式。公式设计栏如图 3-90 所示。Word 2010 提供了常用的数学公式，如二次公式、二项式定理、傅里叶级数公式等。用户建立复杂的公式只需选择相应的模板并在模板中输入相应的数字或变量即可，同时模板还可以嵌套使用。“公式编辑器”能够根据数学公式约定，自动调整公式中各元素的大小、间距和格式编排。用户编排公式时可以不必关心公式的编排细节。如果对系统默认的公式格式和样式不满意，“公式编辑器”允许用户自己根据需要细致地调整细节或者重新定义有关公式的样式。

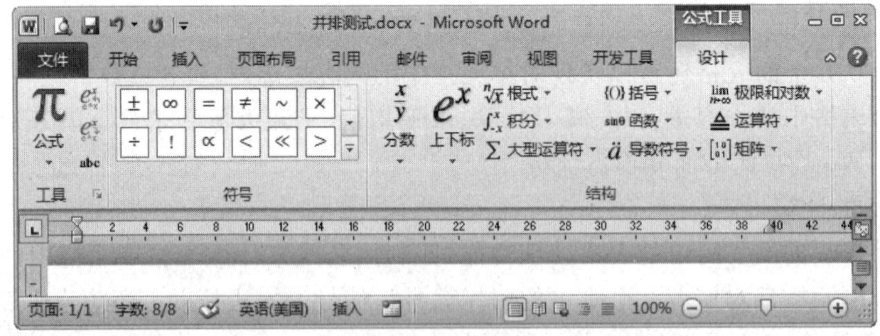

图 3-90　公式设计栏

2）编辑修改公式

单击某个编辑好的公式，“公式工具”功能区就会打开，以便修改、添加、删除公式中的元素，也可以给公式应用不同的样式、尺寸和格式，或者调整元素的间距和位置。完成编辑后，单击公式编辑器对象以外的任何位置，公式会在文档中更新。

一般情况下，用户无须亲自调整公式的格式编排，但如果想要编排得更好，也可以亲自调整公式的格式编排。公式编辑器中提供了数字、文字、变量、函数、希腊字母、矩阵向量等几种样式。

Word 2010 中插入公式后，该公式往往显示不全，原因是该公式插入的位置行间距没有进行调整，将光标定位在公式所在的行，然后选择“开始”功能区的行距，设置后即可看到全部公式。

2. 在 Word 2010 文档中快速制作书法字帖

在 Word 2003 中制作书法字帖的方法比较复杂，需要涉及表格制作等方面的技术。而在 Word 2010 中配合 Word 2010 自带的汉仪繁体字或用户安装的第三方字体，可以非常方便地制作出田字格、田回格、九宫格、米字格等格式的书法字帖。使用 Word 2010 制作书法字帖的步骤如下所述：

第一步，打开 Word 2010 窗口，依次单击“文件”→“新建”按钮。在“可用模板”区域选中“书法字帖”选项，并单击“创建”按钮，如图 3-91 所示。

图 3-91　选中“书法字帖”选项

第二步，打开“增减字符”对话框，在“字符”区域的“可用字符”列表中拖动鼠标选中需要作为字帖的汉字。然后在“字体”区域的“书法字体”列表中选中需要的字体（如“汉仪赵楷繁”）。单击“添加”按钮将选中的汉字添加到“已用字符”区域，并单击“关闭”按钮。在 Word 2010 制作完成的书法字帖如图 3-92 所示。

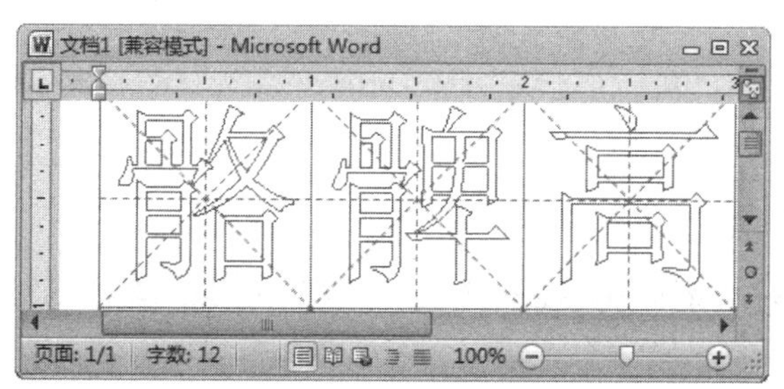

图 3-92　制作完成的书法字帖

3.2 电子表格软件 Excel 2010

Excel 同样也是 Office 中的元老之一，被称为电子表格，其功能非常强大，可以进行各种数据的处理、统计分析和辅助决策操作，广泛地应用于管理、统计财经、金融等众多领域。最新的 Excel 2010 能够用比以往使用更多的方式来分析、管理和共享信息。具体的新功能有：能够突出显示重要数据趋势的迷你图、全新的数据视图切片和切块功能能够让用户快速定位正确的数据点，支持在线发布随时随地访问编辑它们，支持多人协助共同完成编辑操作，简化的功能访问方式让用户几次单击即可保存、共享、打印和发布电子表格等。

本节的学习起点是建立工作表，逐步介绍表中数据的输入、单元格的编辑和工作表的操作方法等。在此基础上，进一步学习工作表的修饰操作、公式与函数的运用以及图表和图形对象的使用方法。另外，掌握好 Excel 的数据统计计算功能和数据库分析管理功能，可以使制表工作更轻松、更高效，所制表格更实用。对于初学者，正确地使用 Excel 函数及进行多工作簿及工作表的操作会有一定的难度。可从简单表格、简单函数入手，通过上机练习、对比思索和及时小结等方式逐渐掌握本节内容。

3.2.1 认识 Excel 2010

Microsoft Excel 2010 交付丰富的新增强功能。无论是分析统计数据还是跟踪个人或公司费用，使用 Excel 2010 能够以更多的方式分析、管理和共享信息。Excel 2010 能更好地跟踪信息并做出更明智的决策。可以轻松地向 Web 发布 Excel 工作簿并扩展与朋友和同事的共享和协作方式，其工作界面如图 3-93 所示。

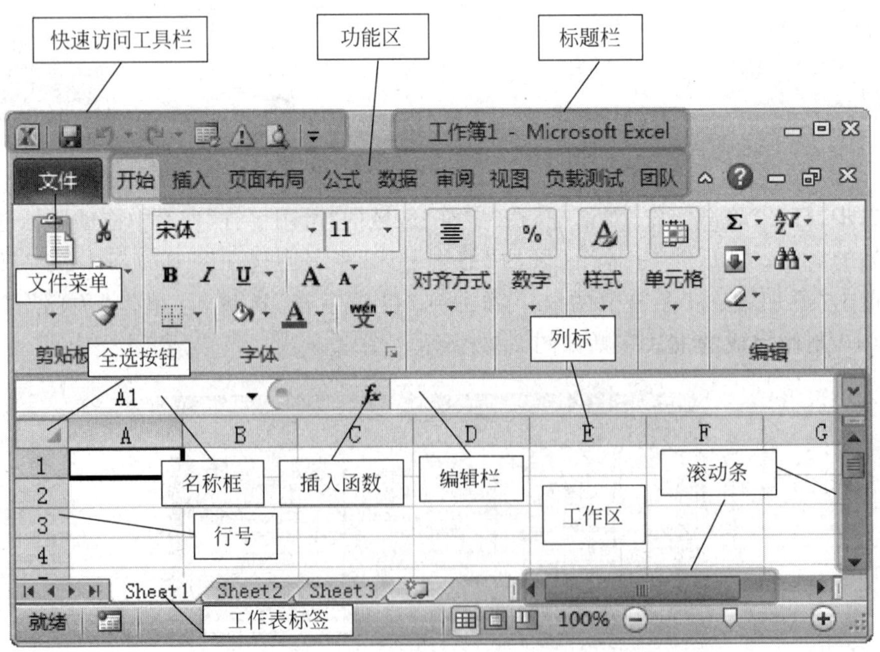

图 3-93 Excel 2010 工作界面

(1) 标题栏：显示应用程序名称及工作簿名称，默认名称为工作簿 1，其他按钮的操作类似 Word 2010。

(2) 功能区：共 9 个功能区，依次为文件、开始、插入、页面布局、公式、数据、审阅、视图、加载项。Excel 工作状态不同，功能区会随之发生变化。功能区的每个按钮对应了所有针对该软件的操作命令。

(3) 编辑栏：左侧是名称框，显示单元格名称，中间是插入函数按钮以及插入函数状态下显示的三个按钮，右侧编辑单元格计算需要的公式与函数或显示编辑单元格里的内容。

(4) 工作区：用户数据输入的地方。

(5) 列标：对表格的列命名，以英文字母排列，一张系统默认的 Excel 工作表有 256 列。

(6) 行号：对表格的行命名，以阿拉伯数字排列，一张系统默认的 Excel 工作表有 65 536 行。

(7) 单元格名称：行列交错形成单元格，单元格的名称为列标加行号，如 H20。

(8) 水平(垂直)滚动条：水平(垂直)拖动显示屏幕对象。

(9) 工作表标签：位于水平滚动条的左边，以 Sheet1、Sheet2 等来命名。Excel 启动后默认形成工作簿 1，每个工作簿可以包含很多张工作表，默认三张，可以根据需要进行工作表的添加与删除，单击工作表标签可以选定一张工作表。

(10) 全选按钮：A 列左边一行的上边有个空白的按钮，单击可以选定整张工作表。

与旧版本的 Excel 2003 相比，Excel 2010 最明显的变化就是取消了传统的菜单操作方式，而代之以各种功能区。在 Excel 2010 窗口上方看起来像菜单的名称其实是功能区的名称，当单击这些名称时并不会打开菜单，而是切换到与之相对应的功能区。每个功能区根据功能的不同又分为若干个组，每个功能区所拥有的功能如下所述：

1. “开始”功能区

“开始”功能区中包括剪贴板、字体、对齐方式、数字、样式、单元格和编辑 7 个组，对应 Excel 2003“编辑”和“格式”菜单的部分命令。该功能区主要用于帮助用户对 Excel 2010 表格进行文字编辑和单元格的格式设置，是用户最常用的功能区，如图 3-94 所示。

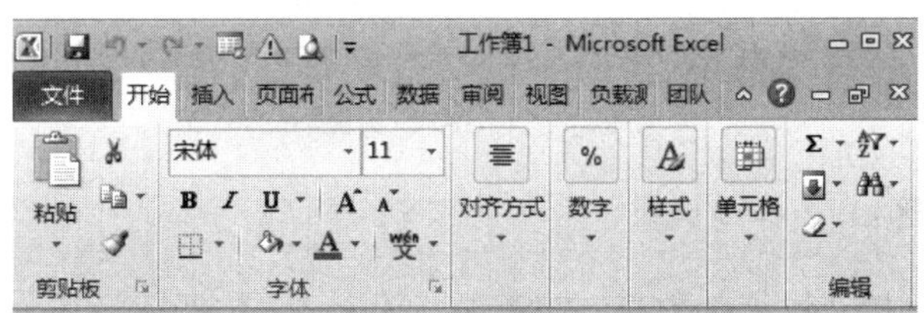

图 3-94 “开始”功能区

2. “插入”功能区

“插入”功能区包括表格、插图、图表、迷你图、筛选器、链接、文本和符号几个组，对应 Excel 2003 中“插入”菜单的部分命令，主要用于在 Excel 2010 表格中插入各种对象，如图 3-95 所示。

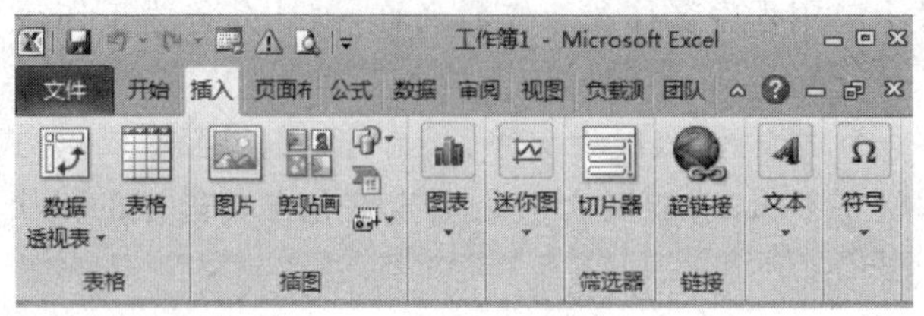

图 3-95 “插入”功能区

3. “页面布局”功能区

“页面布局”功能区包括主题、页面设置、调整为合适大小、工作表选项、排列 5 个组，对应 Excel 2003 的“页面设置”菜单命令和“格式”菜单中的部分命令，用于帮助用户设置 Excel 2010 表格页面的样式，如图 3-96 所示。

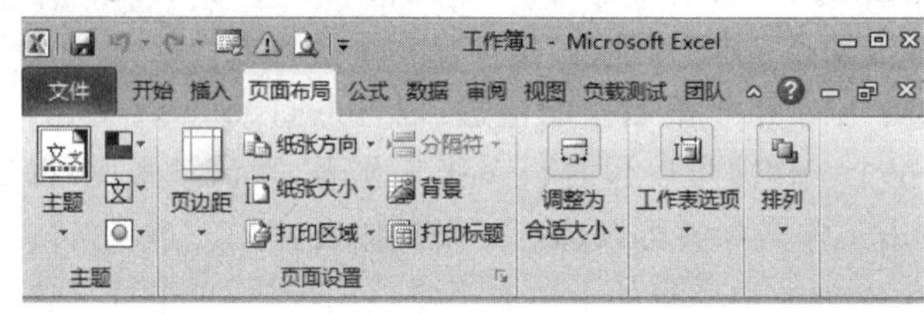

图 3-96 “页面布局”功能区

4. “公式”功能区

“公式”功能区包括函数库、定义的名称、公式审核和计算几个组，用于实现在 Excel 2010 表格中进行各种数据计算，如图 3-97 所示。

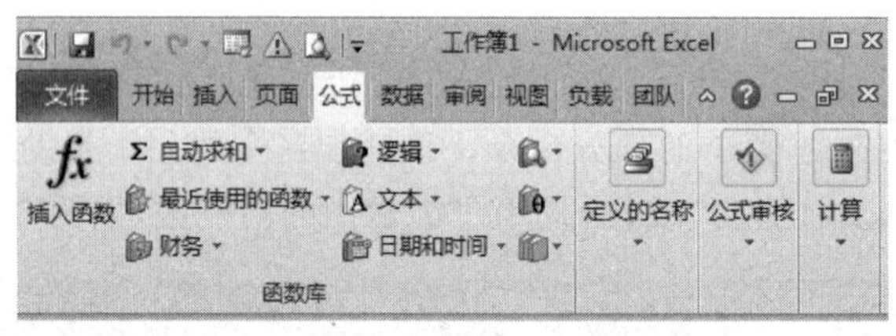

图 3-97 “公式”功能区

5. “数据”功能区

“数据”功能区包括获取外部数据、连接、排序和筛选、数据工具和分级显示几个组，主要用于在 Excel 2010 表格中进行数据处理相关方面的操作，如图 3-98 所示。

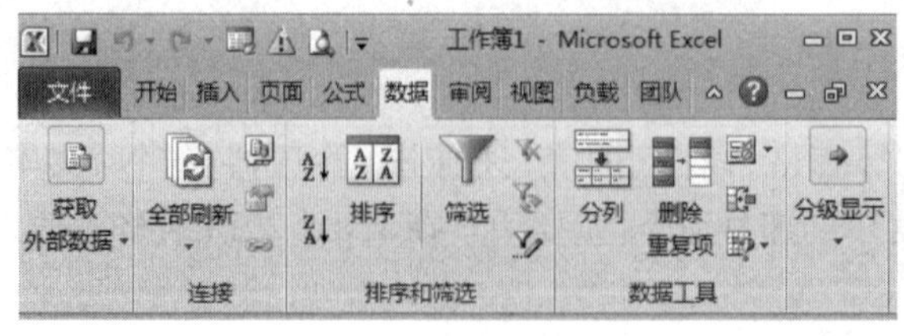

图 3-98 “数据”功能区

6. “审阅”功能区

“审阅”功能区包括校对、中文简繁转换、语言、批注和更改 5 个组，主要用于对 Excel 2010 表格进行校对和修订等操作，适用于多人协作处理 Excel 2010 表格数据，如图 3-99 所示。

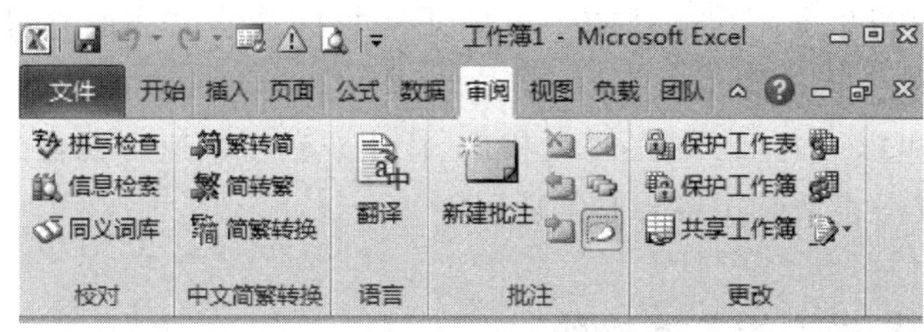

图 3-99 “审阅”功能区

7. “视图”功能区

“视图”功能区包括工作簿视图、显示、显示比例、窗口和宏几个组，主要用于帮助用户设置 Excel 2010 表格窗口的视图类型，以方便操作，如图 3-100 所示。

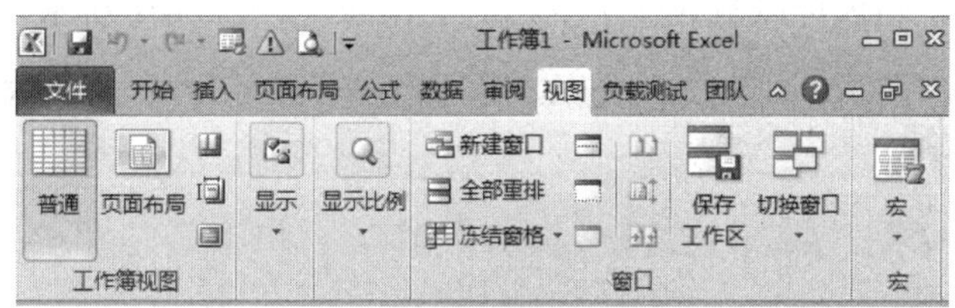

图 3-100 “视图”功能区

以上功能区的各个小图标的具体功能可以通过鼠标在相应功能区的分组小图标上悬停 3s 弹出功能提示信息。

8. xlsx 格式文件的兼容性

xlsx 格式文件伴随着 Excel 2007 被引入 Office 产品中，它是一种压缩包格式的文件。默认情况下，Excel 文件被保存成 xlsx 格式的文件（当然也可以保存成 2007 以前版本的兼容格式，带 VBA 宏代码的文件可以保存成 xlsm 格式），可以将后缀修改成 rar，然后用 WinRAR 打开它，可以看到里面包含了很多 xml 文件，这种基于 xml 格式的文件在网络传输和编程接口方面提供了很大的便利性。相比 Excel 2007，Excel 2010 改进了文件格式对前一版本的兼容性，并且较前一版本更加安全。

9. Excel 2010 对 Web 的支持

较前一版本而言，Excel 2010 中一个最重要的改进就是对 Web 功能的支持，用户可以通过浏览器直接创建、编辑和保存 Excel 文件，以及通过浏览器共享这些文件。Excel 2010 Web 版是免费的，用户只需要拥有 Windows Live 账号便可以通过互联网在线使用 Excel 电子表格，除了部分 Excel 函数外，Microsoft 声称 Web 版的 Excel 将会与桌面版的 Excel

一样出色。另外，Excel 2010 还提供了与 Sharepoint 的应用接口，用户甚至可以将本地的 Excel 文件直接保存到 Sharepoint 的文档中心里。

10. 在图表方面的亮点

在 Excel 2010 中，一个非常方便好用的功能被加入了 Insert 菜单下，这个被称为 Sparklines 的功能可以根据用户选择的一组单元格数据描绘出波形趋势图，同时用户可以有好几种不同类型的图形选择。

这种小的图表可以嵌入 Excel 的单元格内，让用户获得快速可视化的数据表示，对于股票信息而言，这种数据表示形式将会非常适用。

3.2.2 Excel 2010 表格的基本操作

1. 新建保存 Excel 文档

1) 新建空白工作簿

打开 Excel 2010，在“文件”菜单中选择“新建”选项，在右侧选择“空白工作簿”后单击界面右下角的“创建”按钮就可以新建一个空白的工作簿，如图 3-101 所示。

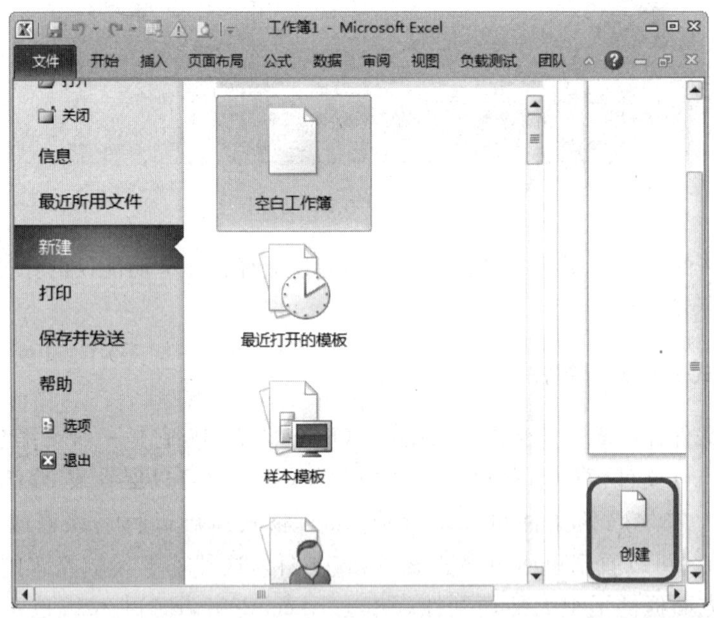

图 3-101 创建空白工作簿

除了建立上述空白工作簿外，用户还可以从模板新建工作簿。首先启动 Excel 2010，在“文件”菜单选项中选择“新建”选项，在右侧可以看到很多表格模板，选择需要的模板进行创建。选择好某个模板后，Excel 自动联网在 Office.com 上自动搜索该模板，在搜索出来的子模板中任选一个，单击界面右下角的“下载”按钮即可完成模板创建的文档。如图 3-102 所示为差旅费报销单模板文档。

图 3-102 差旅费报销单模板文档

2）保存工作簿文件

方法一：在“文件”菜单下单击“保存”按钮，在弹出的“另存为”对话框中选择文件的保存位置及更改文件名后，单击“保存”按钮，就可完成保存操作，如图 3-103 所示。

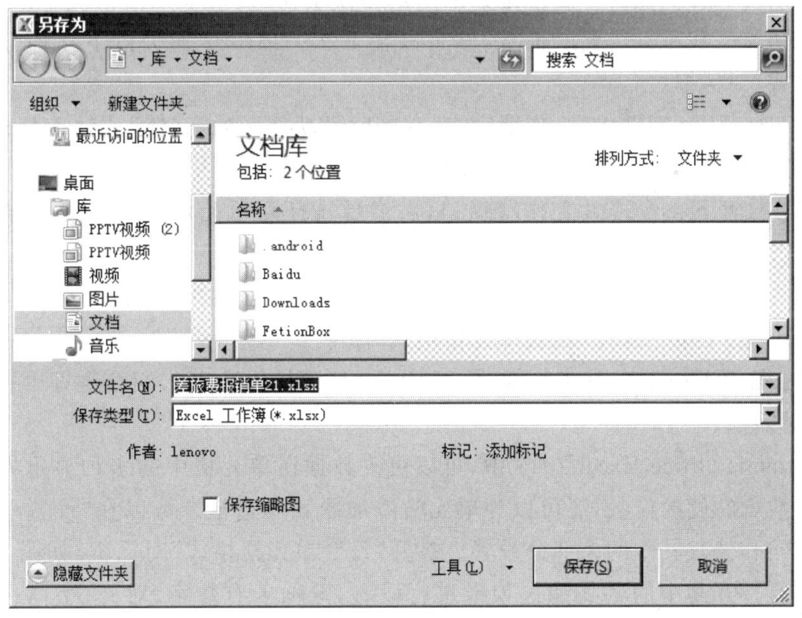

图 3-103 保存新建 Excel 2010 文档

方法二：按 Ctrl+S 组合快捷键或单击“文件”菜单中的“另存为”命令后同样可以弹出上述“另存为”对话框界面，然后按照方法一中的步骤操作即可完成文档的保存。

对于已经保存过的文件，用户可以设置定时保存，原理同 Word 2010。

首先在“文件”菜单选项中单击“选项”按钮。

在“Excel 选项”对话框中，选择“保存”选项，在右侧“保存自动恢复信息时间间隔”中设置所需要的时间间隔，如下图 3-104 所示。

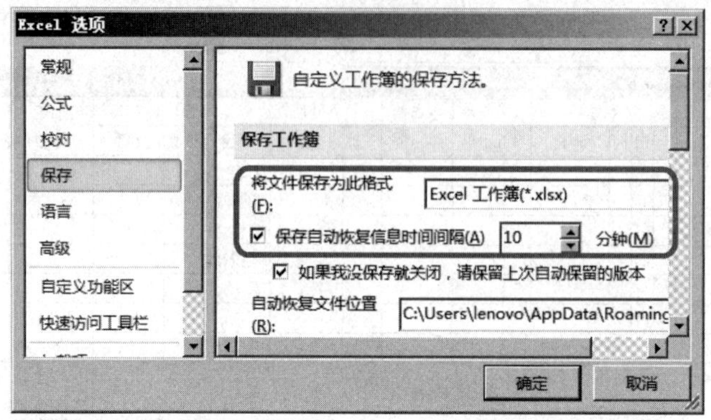

图 3-104　Excel 文档的定时保存功能

2. 数据输入

1）设置单元格格式

“设置单元格格式”对话框是 Excel 2000 和 Excel 2003 中用于设置单元格数字、边框、对齐方式等格式的主要界面。而在 Excel 2010 中，Microsoft 将“设置单元格格式”中的大部分命令放在了“开始”功能区中。但是如果用户习惯于在“设置单元格格式”对话框中操作，或者“开始”功能区找不到需要的命令，则可以在 Excel 2010 中通过以下 4 种方式打开“设置单元格格式”对话框。

方式一：打开 Excel 2010 工作簿窗口，在“开始”功能区的“字体”、“对齐方式”或“数字”分组中单击“设置单元格格式”对话框启动按钮。

方式二：打开 Excel 2010 工作簿窗口，右键单击任意单元格，选择“设置单元格格式”命令。

方式三：打开 Excel 2010 工作簿窗口，在“开始”功能区的“单元格”分组中单击“格式”命令，并在打开的菜单中选择“设置单元格格式”命令。

方式四：打开 Excel 2010 工作簿，按下 Ctrl＋1(阿拉伯数字 1)组合键即可打开“设置单元格格式”对话框。

在 Microsoft Office Excel 2010 中，可以更改数据在单元格中的多种显示方式。例如，可以指定小数点右侧的位数，还可以为单元格添加图案和边框。可以在“设置单元格格式”对话框中访问和修改其中的大部分设置。打开“设置单元格格式”对话框，如图 3-105 所示。用户根据需要打开其中的各功能选项卡进行设置，选项卡有数字、对齐、字体、边框、填充、保护。

(1)“数字”选项卡。

默认情况下，所有的工作表单元格都使用“常规”数字格式。使用“常规”数字格式，在单元格中输入的任何内容通常都保持原样。例如，如果在单元格中输入 5406，然后按 Enter 键，则单元格的内容将显示为 5406。这是由于单元格保持“常规”数字格式。但是，如果首先将单元格的格式设置为日期（例如，d/d/yyyy），然后输入“5406”，则单元格中将显示

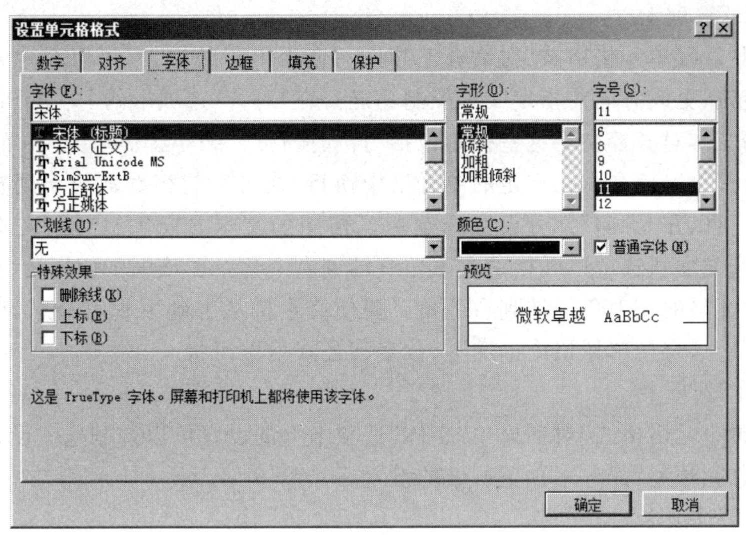

图 3-105 “设置单元格格式”对话框

10/19/1914。

在某些情况下，虽然 Excel 2010 保持“常规”数字格式，但是，单元格内容却不完全按照所输入的内容显示。例如，如果在一个窄列中输入一长串数字(如 123456789)，则单元格中可能会显示类似 1.2E+08 的内容。在这种情况下检查单元格的数字格式时，会看到单元格仍保持“常规”数字格式。

最后，还可能会出现以下情况：Excel 2010 根据单元格中输入的字符将“常规”数字格式自动更改为其他格式。此功能使用户不必手动进行一些容易识别的数字格式更改。

通常，在单元格中输入以下类型的数据时，Excel 2010 都将自动设置数字格式：货币、百分比、日期、时间、分数、科学记数。表 3-1 列出了可用的内置数字格式。

表 3-1 Excel 2010 内置数字格式

数字格式	备　注
数值	选项包括小数位数、是否使用千位分隔符以及将用于负数的格式
货币	选项包括小数位数、用于货币的符号以及将用于负数的格式。此格式用来表示常规货币值
会计专用	选项包括小数位数以及用于货币的符号。此格式会对齐数据列中的货币符号以及小数点
日期	在“类型”列表中选择日期的样式
时间	在“类型”列表中选择时间的样式
百分比	将现有的单元格值乘以 100，然后在结果后显示一个百分号。如果首先设置单元格的格式，之后输入数字，那么，只有 0 到 1 之间的数字会乘以 100。唯一的选项就是小数位数
分数	在“类型”列表中选择分数的样式。如果在输入值之前没有将单元格设置为分数格式，则可能需要先在分数之前输入一个零或空格。例如，如果在采用“常规”数字格式的单元格中输入 1/4，Excel 2010 会将该数据视为日期。要将该数据以分数形式输入，请在该单元格中输入 0 1/4
科学记数	唯一的选项是小数位数
文本	设置为文本格式的单元格会将用户输入的任何内容都视为文本，其中包括数字
特殊	在“类型”列表中选择以下选项之一：“邮政编码”、“邮政编码+4”、“电话号码”或“身份证号”

（2）“对齐”选项卡。

通过使用“设置单元格格式”对话框上“对齐”选项卡中的设置，可以在单元格中对文本和数字进行定位、更改方向并指定文本控制功能。在“对齐”选项卡的“文本控制”部分中，还有一些额外的文本对齐控制。这些控制包括“自动换行”、“缩小字体填充”和“合并单元格”。使用“自动换行”可以使文本在选定的单元格中换行，换行后的行数取决于列宽和单元格中内容的长度。可以在“方向”部分设置选定单元格中的文本方向。在“度”文本框中使用正数，可以让所选文本从选定单元格的左下角旋转到右上角。在该框中使用负数，可以让所选文本从选定单元格的左上角旋转到右下角。要使文本按从上到下垂直显示，请在“方向”下面单击“文本”。这将使单元格中的文本、数字和公式呈堆积状。

（3）“字体”选项卡。

使用“设置单元格格式”对话框中“字体”选项卡上的设置可以控制这些设置。可以通过查看该对话框的“预览”部分来预览所做的设置。

（4）“边框”选项卡。

在 Excel 2010 中，可以给单个单元格加边框，也可以在某个单元格区域周围加边框。还可以从单元格的左上角到右下角或从单元格的左下角到右上角画一条线。要根据这些单元格的默认设置来自定义边框，请更改线条样式、线条粗细或线条颜色。

（5）“填充”选项卡。

使用“填充”选项卡上的设置可以为选定的单元格设置背景色。此外，还可以使用“图案颜色”和“图案样式”列表向单元格的背景应用双色图案或底纹。使用“填充效果”可以向单元格的背景应用渐变填充。

要用图案为单元格加底纹，请按照下列步骤操作：

① 选择要加底纹的单元格。

② 在选定的单元格范围内单击右键，然后单击“设置单元格格式”。

③ 在“填充”选项卡上的“背景色”调色板中，单击一种颜色，使图案包括一种背景色。

④ 在“图案颜色”列表中单击一种颜色，然后从“图案样式”列表中单击所需的图案样式。

如果用户未选择图案颜色，则图案呈黑色。要选择自定义颜色，请单击“其他颜色”，然后从“标准”选项卡或“自定义”选项卡中选择一种颜色。要将选定单元格的背景色格式恢复到其默认状态，请单击“无颜色”。

（6）“保护”选项卡。

“保护”选项卡提供下列可用来保护工作表数据和公式的设置：锁定、隐藏。但是，只有当工作表受到保护时，这两个选项才生效。要保护工作表，请在“审阅”选项卡上的“更改”组中，单击“保护工作表”。对于工作表中的所有单元格，“锁定”选项在默认情况下处于启用状态。当该选项处于启用状态而且工作表受保护时，无法执行下列操作：

① 更改单元格数据或公式。

② 在空白单元格中输入数据。

③ 移动单元格。

④ 调整单元格的大小。

⑤ 删除单元格或其内容。

因此，如果希望在保护工作表之后能够在某些单元格中输入数据，请确保针对这些单元格单击以清除“锁定”复选框。

2）输入方式

若要在单元格中自动换行，请选择要设置格式的单元格，然后在“开始”选项卡上的“对齐方式”组中，单击“自动换行”。若要将列宽和行高设置为根据单元格中的内容自动调整，请选中要更改的列或行，然后在“开始”选项卡上的“单元格”组中，单击“格式”。在“单元格大小”下，单击“自动调整列宽”或“自动调整行高”。

方式一：输入数据时，单击某个单元格，然后在该单元格中输入数据，按 Enter 键或 Tab 键移到下一个单元格。若要在单元格中另起一行输入数据，请按 Alt＋Enter 键输入一个换行符。

若要输入一系列连续数据，例如日期、月份或渐进数字，请在一个单元格中输入起始值，然后在下一个单元格中再输入一个值，建立一个模式。例如，如果用户要使用序列 1、2、3、4、5 等，请在前两个单元格中输入 1 和 2。选中包含起始值的单元格，然后拖动填充柄（选中的单元格或选中区域右下角的小方块，当鼠标移到小方块上时鼠标的形状由空心的“＋”字变成实心的“＋”字），涵盖要填充的整个范围。要按升序填充，请从上到下或从左到右拖动。要按降序填充，请从下到上或从右到左拖动。

方式二：导入.txt 文件。

（1）打开 Excel 2010，打开“数据”功能区，然后在最左边的“获取外部数据”菜单中选择“自文本”选项，如图 3-106 所示。

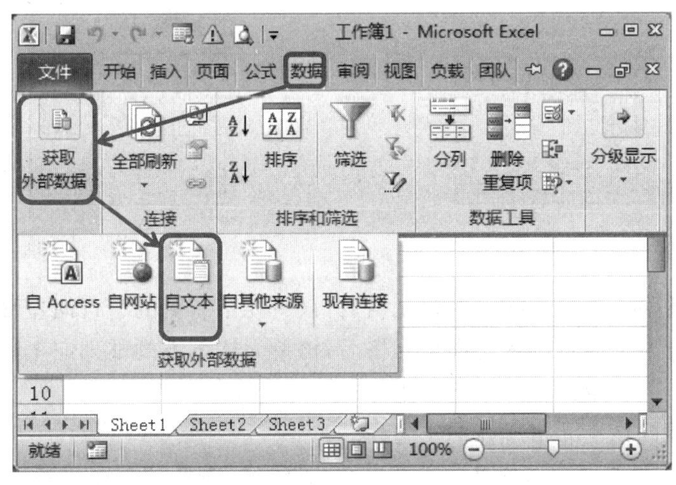

图 3-106　自文本文件导入数据

（2）在“导入文本文件”窗口中选择需要导入的文件（.txt 格式的文件），单击“导入”按钮。

（3）在打开的“文本导入向导-步骤之 1”（共三步）对话框中选择“分隔符号”选项并单击“下一步”按钮。

（4）在打开的“文本导入向导-步骤之 2”对话框中添加分列线，单击“下一步”按钮。

（5）当打开的“文本导入向导-步骤之 3”对话框时，在“列数据格式”组合框中选中“文本”，然后单击“完成”按钮。

(6) 此时会弹出一个“导入数据”窗口，选择“新工作表”，单击“确定”按钮即可。

(7) 返回 Excel 工作表，就可以看到数据导入成功了。

3. 单元格操作

1) 插入单元格、行和列

首先选中一个单元格，单击鼠标右键，在弹出的快捷菜单中单击“插入”按钮。弹出“插入”对话框，如图 3-107 所示，可以看到下面的 4 个选项。

活动单元格右移：表示在选中单元格的左侧插入一个单元格；

活动单元格下移：表示在选中单元格上方插入一个单元格；

整行：表示在选中单元格的上方插入一行；

整列：表示在选中单元格的左侧插入一行。

在上图中的 4 个选项中选择其中一个并单击“确定”按钮即可完成插入操作。

如要插入一行或多行，则用鼠标在行标上选中一行或多行，单击鼠标右键，在弹出的快捷菜单中单击“插入”按钮。若插入一列或多列，则用鼠标在列标上选中一列或多列，单击鼠标右键，在弹出的快捷菜单中单击“插入”按钮。

2) 删除单元格、行和列

首先选中一个单元格，单击鼠标右键，在弹出的快捷菜单中单击“删除”按钮。弹出单元格删除对话框，如图 3-108 所示，可以看到下面的 4 个选项。

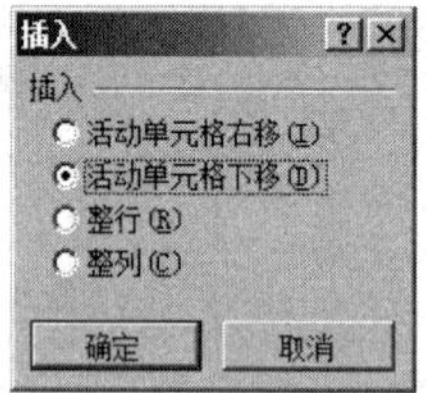

图 3-107　插入对话框

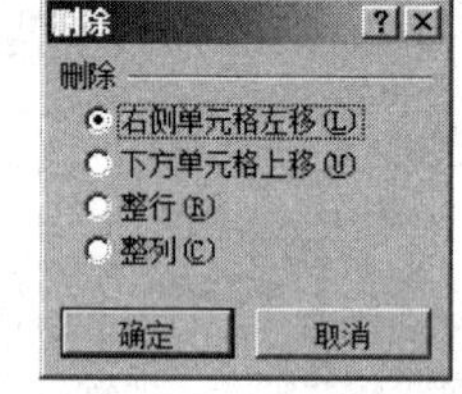

图 3-108　删除对话框

右侧单元格左移：表示删除选中单元格后，该单元格右侧的整行向左移动一格；

下方单元格上移：表示删除选中单元格后，该单元格下方的整列向上移动一格；

整行：表示删除该单元格所在的一整行；

整列：表示删除该单元格所在的一整列。

在上图中的 4 个选项中选择其中一个并单击“确定”按钮即可完成删除操作。

如要删除一行或多行，则用鼠标在行标上选中一行或多行，单击鼠标右键，在弹出的快捷菜单中单击“删除”按钮。若删除一列或多列，则用鼠标在列标上选中一列或多列，单击鼠标右键，在弹出的快捷菜单中单击“删除”按钮。

3) 拖动单元格进行移动或复制操作的设置

首先打开 Excel 2010，选择左上角的“文件”功能栏，然后单击“选项”功能。

弹出“Excel 选项”对话框，打开“高级”选项，在“编辑选项”中选中“启用填充柄和单元格拖放功能”复选框并单击“确定”按钮，即可在 Excel 工作表中拖动单元格完成移动或复制操作。

如选中某单元格或区域，在 Excel 编辑栏中输入任意字符或数字，用鼠标选中该单元格或区域，将鼠标移到单元格或区域的边框上按下鼠标左键不放，拖动它至其他区域释放鼠标即可完成移动操作。如需复制单元格或区域，则在移动操作过程中按下键盘上的 Ctrl 键并与鼠标联合操作完成复制功能。

4）冻结拆分窗口

（1）冻结窗口。

打开 Excel 工作表，如果要冻结 A1 单元格所在的行（往往是标题行），则选中 A2 单元格，在菜单栏单击“视图”选项。在窗口选项组中单击“冻结窗口”的箭头按钮。在打开的菜单中单击“冻结拆分窗格”命令，如图 3-109 所示。

选择冻结首行命令，可以看到 A1 这一行的下面多了一条横线，这就是被冻结的状态。此时，向下拉动垂直滚动条，窗口中的第一行不随着滚动条向上移动。同理可以冻结首列，或者将选中单元格的上方和左方的单元格区域同时冻结，取消冻结窗格的操作比较简单，在此不再赘述。

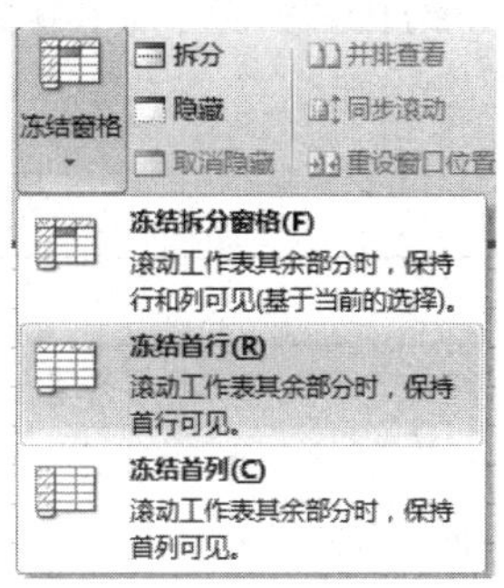

图 3-109 冻结窗格

（2）拆分窗口。

工作表的拆分是指把当前工作表的活动窗口拆分成窗格，并且在每个被拆分的窗格中都可以通过滚动条来显示工作表的各个部分，使用户可以在一个窗口中查看工作表不同部分的内容。工作表拆分一般分为水平拆分、垂直拆分和“水平＋垂直”拆分三种。

选择活动单元格的位置，该位置就将成为工作表拆分的分割点；单击“视图”功能区的“窗口”分组中的“拆分”命令，就在选定的单元格处将工作表分成 4 个独立的窗格。在其中任意一个窗格内输入或编辑数据，在其他的窗格中会同时显示相应的内容。

可以利用鼠标拖动拆分条的方式随心所欲地拆分工作表。当鼠标移到拆分条上时，鼠标箭头会变成带有双箭头的双竖线。拖动垂直拆分条（在垂直滚动条▲上方的小方块，当鼠标移至此处时，鼠标形状将变成上下指向的箭头），可将窗口分成上下两个窗格；拖动水平拆分条（在水平滚动条▼右方的小方块，当鼠标移至此处时，鼠标形状将变成左右指向的箭头），可将窗口分成左右两个窗格；分别拖动两个拆分条，可将窗口分成 4 个窗格。

将工作表被拆分以后，仍可拖动鼠标来改变拆分条的位置。再次单击“视图”功能区的“窗口”分组中的“拆分”命令即可撤销对工作表的拆分。

5）清除单元格内容和格式

首先选中要删除内容格式的单元格，在“开始”菜单的“编辑”项中单击“全部清除”按钮，这样就可以将单元格中的所有内容及格式设置清除。

4. 工作表操作

1）添加工作表

方法一：单击表格下方的 （新建工作表）按钮就可以添加一个工作表。

方法二：鼠标选中已经存在的工作表如 Sheet3，单击鼠标右键，在弹出菜单中选择“插入”选项，如图 3-110 所示。

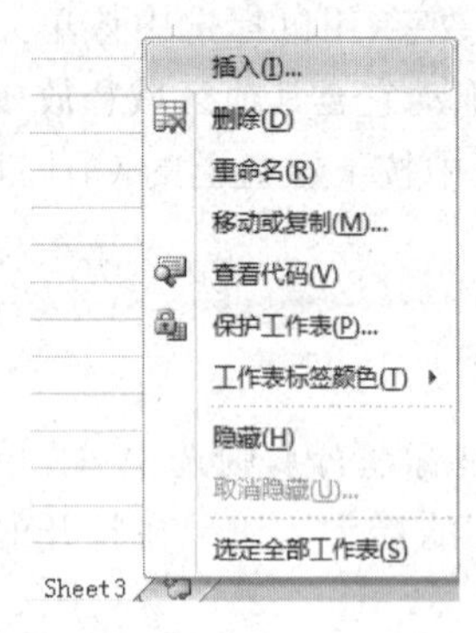

图 3-110　添加工作表快捷菜单

在“插入”界面对话框中的“常用”选项卡中选择“工作表”，单击“确定”按钮后就可以插入新的工作表了。

2) 删除工作表

鼠标选中所要删除的工作表，单击鼠标右键，在弹出菜单中选择“删除”选项即可。

3) 移动与复制工作表

(1) 要将工作表移动或复制到另一个工作簿中，请确保在 Microsoft Office Excel 中打开该工作簿。

(2) 在要移动或复制的工作表所在的工作簿中，选择所需的工作表。如何选择工作表，详见表 3-2 工作表的选择方式。

表 3-2　工作表的选择方式

选　择	操　作
一张工作表	单击该工作表的标签 Sheet1 Sheet2 Sheet3 如果看不到所需标签，请单击标签滚动按钮以显示所需的标签，然后单击该标签 Sheet1 Sheet2 Sheet3
两张或多张相邻的工作表	鼠标单击第一张工作表的标签，然后在按住 Shift 键的同时单击要选择的最后一张工作表的标签
两张或多张不相邻的工作表	鼠标单击第一张工作表的标签，然后在按住 Ctrl 键的同时单击要选择的其他工作表的标签
所有工作表	鼠标右键单击某一张工作表的标签，然后在弹出的快捷菜单中单击“选定全部工作表”命令

提示：在选定多张工作表时，将在工作表顶部的标题栏中显示“工作组”字样。要取消选择工作簿中的多张工作表，请单击任意未选定的工作表。如果看不到未选定的工作表，请右键单击选定工作表的标签，然后单击快捷菜单上的“取消组合工作表”。

(3) 在“开始”选项卡上的“单元格”组中，单击“格式”，然后在“组织工作表”下单击“移动或复制工作表”。也可以右键单击选定的工作表标签，然后单击快捷菜单上的“移动或复制工作表”。

(4) 在“工作簿”列表中，请执行下列操作之一：单击要将选定的工作表移动或复制到的工作簿。单击“新工作簿”将选定的工作表移动或复制到新工作簿中。

(5) 在“下列选定工作表之前”列表中，请执行下列操作之一：单击要在其之前插入移动或复制的工作表的工作表。单击“移至最后”将移动或复制的工作表插入工作簿中最后一个工作表之后以及“插入工作表”标签之前。

(6) 要复制工作表而不移动它们，请选中“建立副本”复选框。

提示：要在当前工作簿中移动工作表，可以沿工作表的标签行拖动选定的工作表。要复制工作表，请按住 Ctrl，然后拖动所需的工作表；释放鼠标按钮，然后释放 Ctrl 键。

4）切换工作表

切换工作表主要有两种方法：

(1) 直接使用鼠标对工作表标签 Sheet 进行单击切换；

(2) 使用快捷键，Ctrl＋Page Up 和 Ctrl＋Page Down 键，可以快速进行工作表切换。

5）重命名工作表

重命名工作表大致也有两种：

(1) 右击工作表 Sheet，选择"重命名"选项，这时工作表 Sheet 的字样背景变成黑色可编辑状态，等待用户输入新的名称。

(2) 直接双击工作表的 Sheet 标签，同样可以进行上述操作。

5. 撤销与恢复

1）撤销操作

在 Microsoft Office Excel 中，用户可以撤销和恢复多达 100 项操作，甚至在保存工作表之后也可以。用户还可以重复任意次数的操作。要撤销操作，请执行下列一项或多项操作：

单击"快速访问"工具栏上的"撤销"(指向左上方的箭头)按钮。或者使用键盘快捷方式按下 Ctrl＋Z 组合键即可。

要同时撤销多项操作，请单击"撤销"按钮旁的下拉箭头，从列表中选择要撤销的操作，然后单击列表。Excel 将撤销所有选中的操作。

在按下 Enter 前，要取消在单元格或编辑栏中的输入，请按 Esc 键。

提示：某些操作无法撤销，如单击任何"Microsoft Office 按钮"命令或者保存工作簿。如果操作无法撤销，"撤销"命令会变成"无法撤销"。

2）恢复撤销的操作

要恢复撤销的操作，请单击"快速访问"工具栏上的"恢复"(指向右上方的箭头)按钮。或使用键盘快捷方式，按下 Ctrl＋Y 组合键即可。

提示：在恢复所有已撤销的操作时，"恢复"命令变为"重复"按钮。

3）重复上一项操作

要重复上一项操作，请单击"快速访问"工具栏上的"重复"按钮。使用键盘快捷方式按 Ctrl＋Y 组合键。

提示：某些操作无法重复，如在单元格中使用函数。如果不能重复上一项操作，"重复"命令将变为"无法重复"。

6. 文档的保护及打印

1）文件安全

有些资料不希望别人看到，最常用的方法就是加密。对给定的相关文件进行加密可以对文件进行保护，可以防止某些重要信息不被别人所知道甚至窃取。对文件起到保护作用，可以方便用户使用某些只有自己能知道的信息，能够保护文件的相关内容及信息不外流。随着信息社会的到来，人们在享受信息资源所带来的巨大利益的同时，也面临着信息安全的严峻考验。信息安全已经成为世界性的现实问题，信息安全问题已威胁到国家的政治、经济、军事、文化、意识形态等领域，同时，信息安全问题也是人们能否保护自己的个人隐私的关键。信息安全是社会稳定安全的必要前提条件。

文档加密的操作步骤如下。

第一步：打开需要加密的文档，在功能区单击“文件”选项，在弹出的菜单中默认选择的是“信息”选项。

第二步：在信息选项右侧的窗格中单击“保护工作簿”并在下拉菜单中选择“用密码进行加密”，如图 3-111 所示。

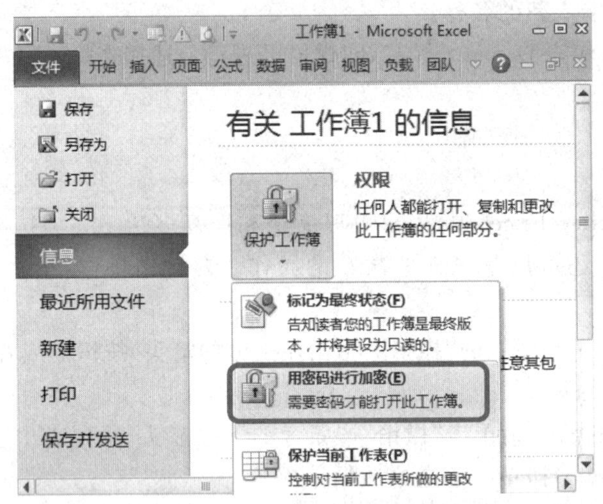

图 3-111　文档加密保护

第三步：在弹出的“加密文档”对话框的密码输入框中输入想要设定的密码，在随后弹出的“确认密码”对话框中重新输入相同的密码确认即可，如图 3-112 所示。

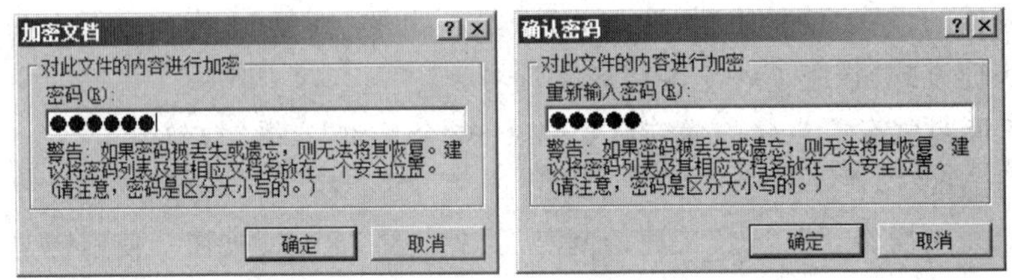

图 3-112　加密确认

2）打印

Excel 文档在打印前根据需要进行区域设置。

第一步，打开 Excel 2010 工作表窗口，选中需要打印的工作表内容。

第二步，切换到“页面布局”功能区。在“页面设置”分组中单击“打印区域”按钮，并在打开的列表中单击“设置打印区域”命令即可。

如果为当前 Excel 2010 工作表设置打印区域后又希望能临时打印全部内容，则可以使用“忽略打印区域”功能。操作方法为：依次单击“文件”→“打印”命令，在打开的打印窗口中单击“设置”区域的打印范围下三角按钮，并在打开的列表中选中“忽略打印区域”选项，如图 3-113 所示。

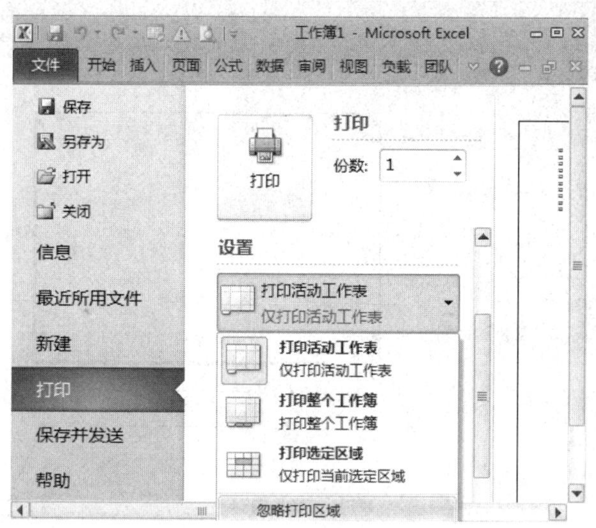

图 3-113　忽略打印区域设置

关于页边距，Excel 2003 和 Excel 2007 在打印预览时都可以直接单击页面来缩放页面大小，还可以单击“页边距”按钮及选择“显示边距”选项来查看页边距，或通过拖动黑色边距控点或线条来调整边距。同样，在 Excel 2010 中也有“手动调整页边距”这项功能，操作步骤如下。

方法一：非手动设置页边距方法。

(1) 在窗口中单击“页面布局”功能区。

(2) 单击“页面设置”分组按钮，弹出“页面设置”对话框。

(3) 在对话框中打开“页边距”选项卡。

(4) 在“页边距”选项面板中根据需要调整上、下、左、右 4 个方向的边距数据值。

方法二：手动设置页边距方法。

(1) 单击窗口中的“文件”菜单，选择打印选项。

(2) 在窗口最大化状态下单击右下角的“显示边距”按钮，或在窗口的还原状态下将垂直滚动条拖到最下方，将水平滚动条拖到最右方，单击“显示边距”按钮。此时，预览窗口中的界面将增加边距和行距、列距的调整线，如图 3-114 所示。

(3) 将鼠标移动至需要调整的边距线上，当鼠标变成上下箭头或左右箭头时即可调整上下边距或左右边距。如果需要调整某行或某列的打印宽度，同样将鼠标移至需要调整的行或列的调整线上进行拖动即可。

关于打印预览，就是在打印之前预览页面。本节介绍了如何通过在 Excel 2010 中显示打印预览，及如何使用“页面布局”视图，通过它可以在查看文档的同时对其进行更改和编辑。在 Excel 2010 中显示打印预览的操作如下所述。

在 Excel 2010 中，依次单击“文件”和“打印”，即会显示“打印预览”，如图 3-115 所示。在预览中，用户可以配置所有类型的打印设置。例如：打印份数、打印机、页数范围、单面打印/双面打印、纵向、页面大小。

它非常直观，因为用户可以在窗口右侧查看文章打印效果的同时更改设置，如用户可以

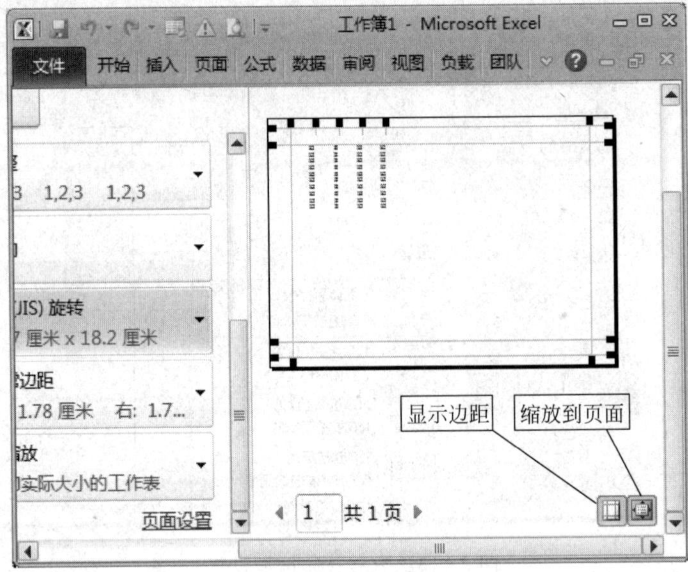

图 3-114　显示边距

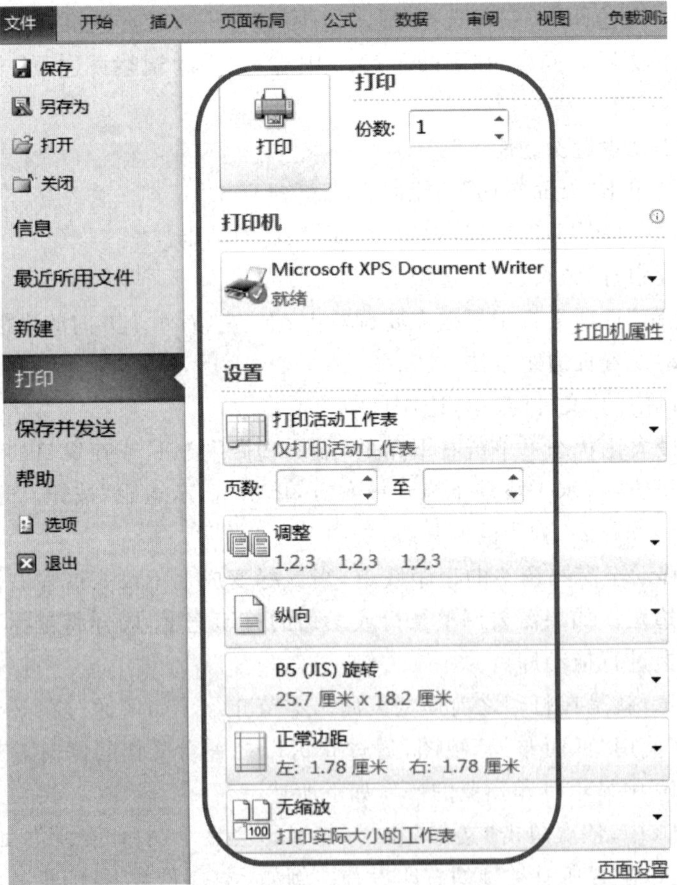

图 3-115　打印预览界面

自动将一个2页的表格缩打在1页纸上。要使用此功能，请单击"无缩放"并选择"将工作表调整为一页"，如图3-116所示。

在Excel 2010中，有一种称为"页面布局视图"的功能，通过该功能，用户可以在查看工作表打印效果的同时对其进行编辑，操作方法如下：

在窗口的"视图"功能区中单击"页面布局"按钮，此时可以看到它的打印效果，而且表格周围的空白区域也是显示出来的。

在"页面布局"视图中用户还可以通过窗口右下方的按钮切换视图。三个按钮分别代表"普通视图"、"页面布局视图"和"分页预览"，如图3-117所示。

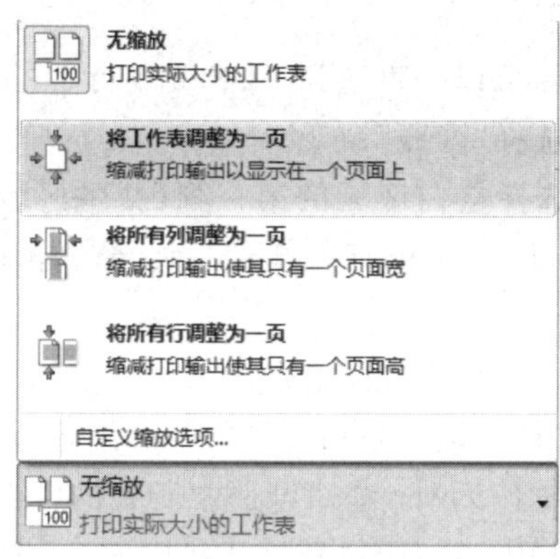

图3-116　将工作表调整为一页打印

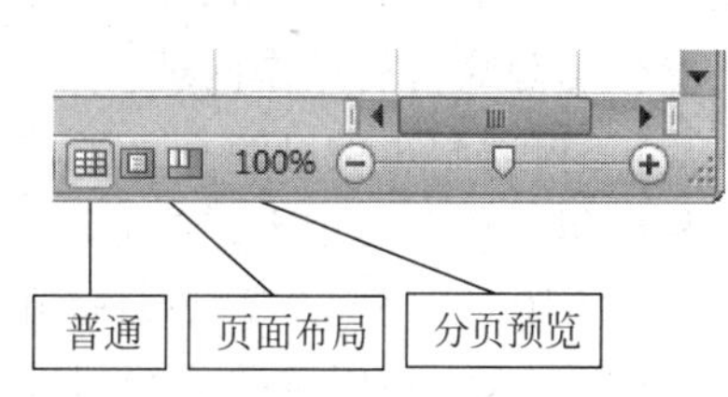

图3-117　视图切换按钮

通过按钮切换视图，只需一次单击即可更改Excel 2010中的视图，记住这一点是非常有用的。通过"分页预览"视图，用户可以查看页面是如何分页的。在"普通"视图里可以更改工作表的内容，但是修改页眉页脚不如"页面布局"视图方便。在"页面布局"视图里不仅可以像普通视图那样修改数据，还可以直接设置并修改页眉页脚或添加新的数据。

3.2.3　Excel 2010的格式设置

1. 调整行高和列宽

当用户建立工作表时，Excel中所有单元格具有相同的宽度和高度。在单元格宽度固定的情况下，当单元格中输入的字符长度超过单元格的列宽时，超长的部分将被截去，数字则用########表示。当然，完整的数据还在单元格中，只不过没有显示出来而已。适当调整单元格的行高、列宽，才能完整地显示单元格中的数据。

根据用户的需要，经常调整行高和列宽。调整的方法有很多种，基本的方法是利用软件自带的选项和命令按钮。

第一步，打开Excel 2010工作表窗口，选中需要设置高度或宽度的行或列。

第二步，在"开始"功能区的"单元格"分组中单击"格式"按钮，在打开的菜单中选择"自动调整行高"或"自动调整列宽"命令，则Excel 2010将根据单元格中的内容进行自动调整。

2. 隐藏行和列

Excel 2010 有 1 048 576 行 16 384 列，比 Excel 2003 多了很多行数和列数，可有时用户做表只需要其中一部分区域，其他空的部分，虽然不会被打印出来，但让人感觉这部分区域是多余的，甚至担心在打印时会不会一块儿打印出来，很浪费纸张。但是用户又无法直接删除这些多余的区域，真正删除它们是不可能的，只能用隐藏行和列使得多余的区域不显示出来。当然，在选取多余区域的时候，不能手工一行一行地去选择，所以这里需要用到一系列 Excel 的组合快捷键：Ctrl＋Shift＋方向键。

第一步，选取空白区域的第一行（文本区域的下一行）。

第二步，按下组合键 Ctrl＋Shift＋向下方向键，可以一直选到 1 048 576 行。

第三步，单击鼠标右键，在弹出的快捷菜单中选择"隐藏"命令。

如果需要隐藏的是右边的空白区域，则首先选择空白区域的第一列（文本区域的下一列），然后按下组合键 Ctrl＋Shift＋向右方向键，可以一直选到 16 384 列，最后再隐藏列。隐藏列的操作与隐藏行的操作同理。

当然了，还可以利用窗口的垂直滚动条和水平滚动条结合组合键 Ctrl 和 Shift 进行操作。在名称框里定位也是个不错的办法，如在名称框中输入空白起始行号和终止行号，中间用冒号隔开，如 10:1 048 576，然后直接在键盘上按下 Enter 键即可选中所有的空白行。同理，在名称框中输入空白区域的起始列号和终止列号，中间用冒号隔开并按 Enter 键即可选择右边的所有空白列。注意，以上所用的冒号都是在英文状态下输入的。

3. 合并单元格

Excel 合并单元格是工作中经常需要用到的，如果要多处进行合并是否需要进行多次操作呢？其实不必这么麻烦，多处合并可以进行批量操作，具体的操作方法如下：

在 Excel 2010 工作表中，可以将多个单元格合并后居中以作为工作表标题所在的单元格。用户可以在"开始"功能区和"设置单元格格式"对话框设置单元格合并，具体实现方法分别介绍如下。

(1) 在 Excel 2010 的"开始"功能区合并后居中单元格的步骤如下所述：

第一步，打开 Excel 2010 工作表窗口，选中需要合并的单元格区域。

第二步，在"开始"功能区的"对齐方式"分组中，单击"合并后居中"下三角按钮。

第三步，在打开的下拉菜单中，选择"合并后居中"命令可以合并单元格同时设置为居中对齐；选择"跨越合并"命令可以对多行单元格进行同行合并；选择"合并单元格"命令仅仅合并单元格，对齐方式为默认；选择"取消单元格合并"命令可以取消当前已合并的单元格，如图 3-118 所示。

(2) 用户同样可以在 Excel 2010"设置单元格格式"对话框设置单元格合并，操作步骤如下所述：

第一步，打开 Excel 2010 工作表窗口，选中准备合并的单元格区域。

第二步，右键单击被选中的单元格区域，在打开的快捷菜单中选择"设置单元格格式"命令。

第三步，打开 Excel 2010"设置单元格格式"对话框，切换到"对齐"选项卡。选中"合并单元格”复选框，并在“水平对齐”下拉菜单中选择“居中”选项。完成设置后单击“确定”按钮即可，如图 3-119 所示。

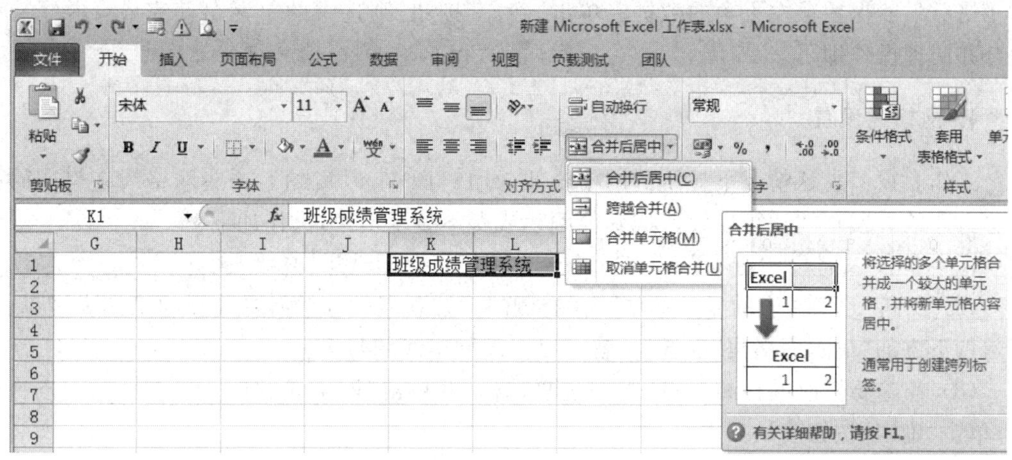

图 3-118　合并单元格后居中

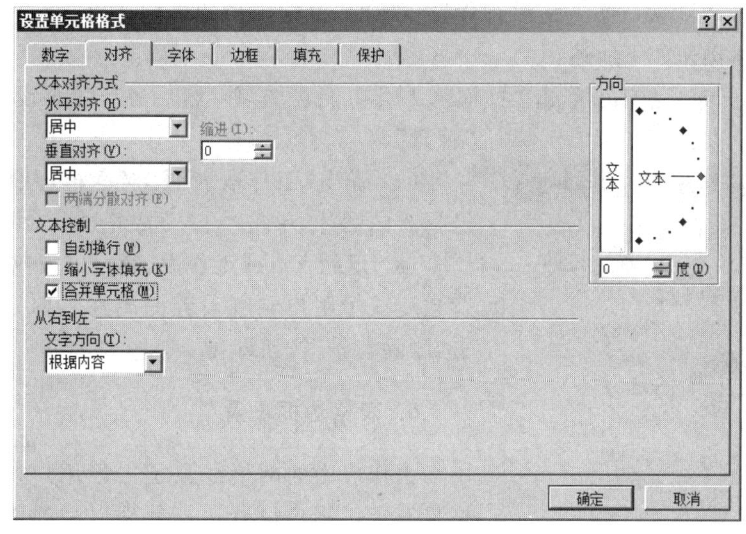

图 3-119　“对齐”选项卡

当选择的合并区域中不止一个非空单元格时，合并时会弹出提示对话框：选定区域包含多重数值。合并到一个单元格后只能保留最左上角的数据，如图 3-120 所示。

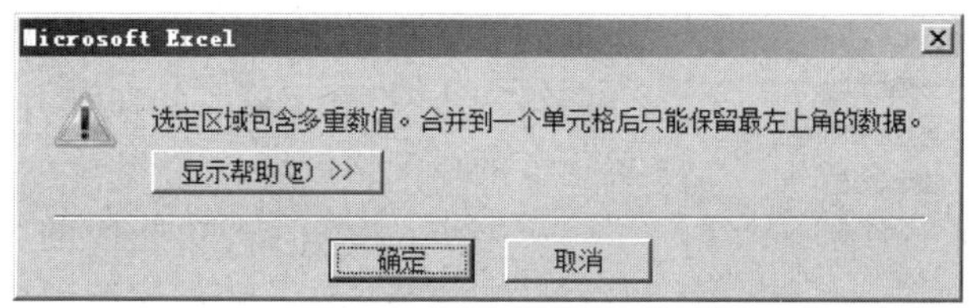

图 3-120　合并提示对话框

在按照上面任一方法操作后，如果还需继续合并其他单元格，则先选中需要合并的单元格，然后按快捷键 Alt+Enter，立即弹出消息提示框：选定区域包含多重数值。合并到一个单元格后只能保留最左上角的数据。单击"确定"按钮，则选中的单元格就完成合并了。继续合并同理操作即可。

4. 网格线设置

工作表窗口默认情况下显示的网格线便于用户操作，但实际上这些网格线在打印时是无法打印的。网格线还可以设置成其他颜色或者不显示出来，操作如下：

(1) 单击"文件"→"选项"，弹出"Excel 选项"对话框，选中"高级"。

(2) 找到"此工作表的显示选项"，在右侧的下拉列表中选择需要设置的工作表，然后取消勾选下方的"显示网格线"复选框，就可以关闭网格线的显示。

(3) 若需要修改网格线颜色，则勾选复选框，并单击"网格线颜色"下三角按钮，选择颜色，单击"确定"按钮确认操作。

5. 添加背景图片

Excel 工作表默认状态下是没有背景颜色的，根据用户的喜好，工作背景可以设置成图片的形式，具体操作如下所述：

(1) 打开 Excel 2010，单击"页面布局"功能区选项，然后在"页面设置"组中选择"背景"。

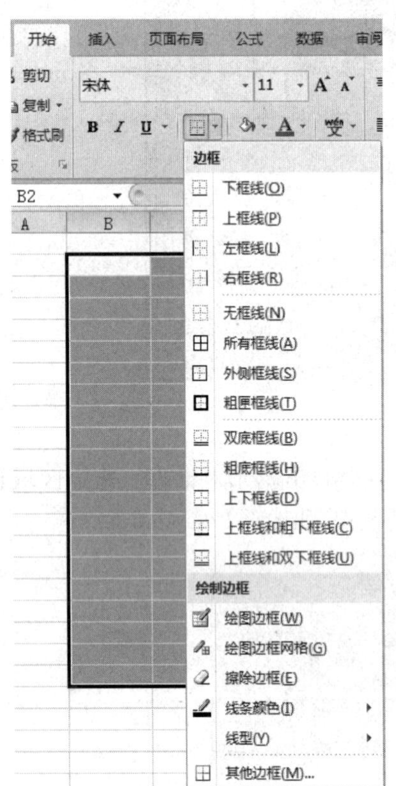

图 3-121　表格边框选项

(2) 弹出"工作表背景"对话框，从电脑中选择自己喜欢的图片，单击"插入"按钮。

(3) 返回 Excel 工作表，就可以发现 Excel 表格的背景变成了用户刚刚设置的图片。如果要取消，则单击"删除背景"按钮即可。

6. 表格边框设置

工作表中的网格线只是方便用户操作表格，而表格只有经过用户设置边框处理以后才能显示出来，打印时才可见。

(1) 在 Excel 2010"开始"功能区设置边框。

"开始"功能区的"字体"分组的"边框"列表中，为用户提供了 13 种最常用的边框类型，用户可以在这个边框列表中找到合适的边框，操作步骤如下所述：

第一步，打开 Excel 2010 工作簿窗口，选中需要设置边框的单元格区域。

第二步，在"开始"功能区的"字体"分组中，单击"边框"下三角按钮。根据实际需要在边框列表中选择合适的边框类型即可，如图 3-121 所示。

(2) 在 Excel 2010"设置单元格格式"对话框中设

置边框。

如果用户需要更多的边框类型,例如需要使用斜线或虚线边框等,则可以在“设置单元格格式”对话框中进行设置,操作步骤如下所述:

第一步,打开 Excel 2010 工作簿窗口,选中需要设置边框的单元格区域。右键单击被选中的单元格区域,并在打开的快捷菜单中选择“设置单元格格式”命令。

第二步,在打开的“设置单元格格式”对话框中,切换到“边框”选项卡。在“线条”区域可以选择各种线形和边框颜色,在“边框”区域可以分别单击上边框、下边框、左边框、右边框和中间边框按钮设置或取消边框线,还可以单击斜线边框按钮选择使用斜线。另外,在“预置”区域提供了“无”、“外边框”和“内边框”三种快速设置边框按钮。完成设置后单击“确定”按钮即可,如图 3-122 所示。

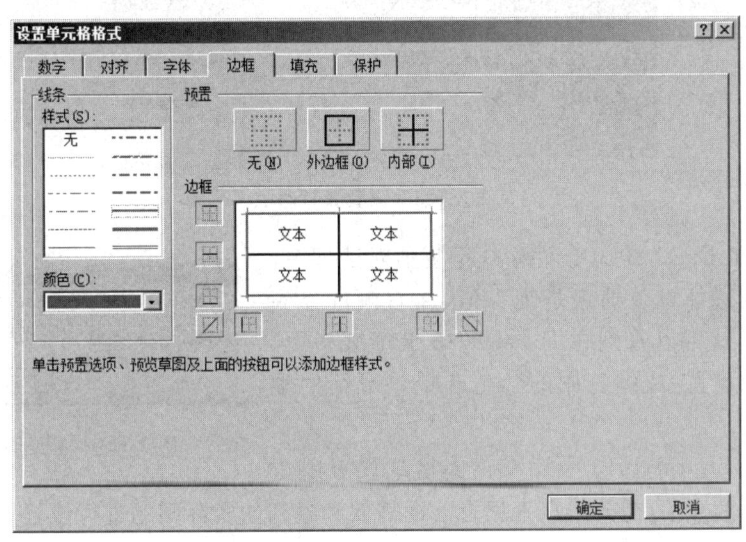

图 3-122　单元格格式中设置边框

7. 条件格式

使用 Excel 2010 条件格式可以直观地查看和分析数据、发现关键问题以及识别模式和趋势。Excel 2010 条件格式直观地解答了有关数据的特定问题。用户可以对单元格区域、Excel 2010 表格或数据透视表应用条件格式。例如经常要对某些企业的某些数据进行对比分析,如果只看 Excel 2010 表格中的单元格或某几行,会经常出现错误,需要返工。

采用这种条件格式易于达到以下效果:突出显示用户所关注的 Excel 2010 单元格或单元格区域;强调异常值;使用数据条、颜色刻度和图标集来直观地显示数据。Excel 2010 条件格式基于条件更改单元格区域的外观。如果条件为 True,则基于该条件设置单元格区域的格式;如果条件为 False,则不基于该条件设置单元格区域的格式。如在统计学生成绩时,如何把成绩相同和不同的学生突出显示,也就是在 Excel 2010 中如何突出重复值和唯一值,在 Excel 2010 中,通过设置条件格式可以把成绩单中成绩相同的学生和单一成绩的学生显示出来,具体操作如下所述:

第一步,选择 Excel 2010 表格中需要设置条件格式的单元格区域。

第二步,在“开始”功能区选项卡中选择样式组,在样式中单击“条件格式”下拉箭头,在弹出的菜单中选择“突出显示单元格规则”选项，从中选择重复值项，如图 3-123 所示。弹出重复值对话框，如图 3-124 所示。

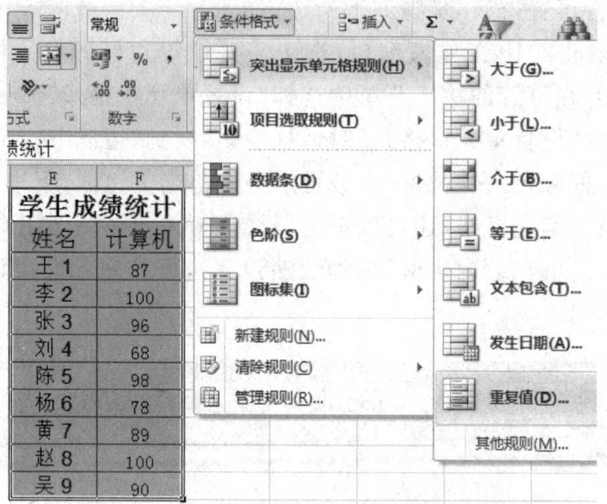

图 3-123　设置条件格式

第三步，在 Excel 2010 条件格式重复值对话框中，左侧栏中可以选择重复值还是唯一值，在右侧选择颜色，确定之后，就可以看到在 Excel 2010 成绩表格中，按条件格式的设置，成绩相同的学生和单一成绩的学生突出显示了。

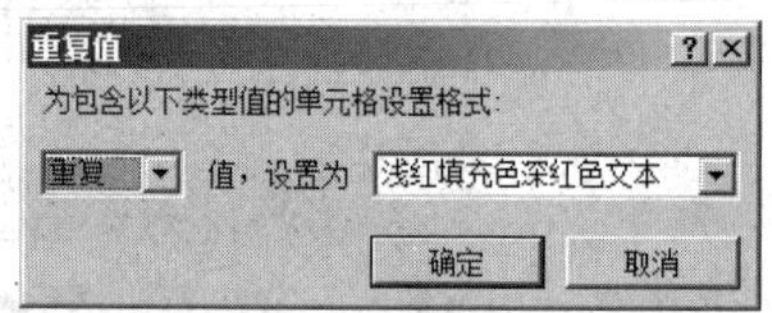

图 3-124　重复值对话框

当然，关于 Excel 2010 中还有很多格式设置限于教材的篇幅未做介绍，需要用户根据自己的需要和碰到的实际问题进行设置。

3.2.4　图表制作与处理

Excel 提供了 14 种标准的图表类型，每一种都具有多种组合和变换。在众多的图表类型中，选用哪一种图表更好呢？根据数据的不同和使用要求的不同，可以选择不同类型的图表。图表的选择主要与数据的形式有关，其次才考虑感觉效果和美观性。下面给出了一些常见的规则。

面积图：显示一段时间内变动的幅值。当有几个部分正在变动，而对那些部分的总和感兴趣时，面积图特别有用。面积图使用户看见单独各部分的变动，同时也看到总体的变化。

条形图：由一系列水平条组成。使得对于时间轴上的某一点，两个或多个项目的相对尺寸具有可比性。例如：它可以比较每个季度、三种产品中任意一种的销售数量。条形图中的每一条在工作表上是一个单独的数据点或数。因为它与柱形图的行和列刚好是调过来的，所以有时可以互换使用。

柱形图：由一系列垂直条组成，通常用来比较一段时间中两个或多个项目的相对尺寸。例如：不同产品季度或年销售量对比、在几个项目中不同部门的经费分配情况、每年各类资料的数目等。条形图是应用较广的图表类型,很多人用图表都是从它开始的。

折线图:被用来显示一段时间内的趋势。例如:数据在一段时间内是呈增长趋势的,另一段时间内处于下降趋势,可以通过折线图,对将来做出预测。例如:速度-时间曲线、推力-耗油量曲线、升力系数-马赫数曲线、压力-温度曲线、疲劳强度-转数曲线、传输功率代价-传输距离曲线等,都可以利用折线图来表示,一般在工程上应用较多。若是其中一个数据有几种情况,折线图里就有几条不同的线,例如5名运动员在万米过程中的速度变化,就有5条折线,可以互相对比,也可以添加趋势线对速度进行预测。

股价图:是具有三个数据序列的折线图,被用来显示一段给定时间内一种股票的最高价、最低价和收盘价。通过在最高、最低数据点之间画线形成垂直线条,而轴上的小刻度代表收盘价。股价图多用于金融、商贸等行业,用来描述商品价格、货币兑换率和温度、压力测量等,当然对股价进行描述是最拿手的了。

饼形图:在用于对比几个数据在其形成的总和中所占的百分比值时最有用。整个饼代表总和,每一个数用一个楔形或薄片代表。例如:表示不同产品的销售量占总销售量的百分比,各单位的经费占总经费的比例、收集的藏书中每一类占多少等。饼形图虽然只能表达一个数据列的情况,但因为表达得清楚明了,又易学好用,所以在实际工作中用得比较多。如果想表示多个系列的数据,可以用环形图。

雷达图:显示数据如何按中心点或其他数据变动。每个类别的坐标值从中心点辐射。来源于同一序列的数据同线条相连。可以采用雷达图绘制几个内部关联的序列,很容易地做出可视的对比。例如:有3台具有5个相同部件的机器,在雷达图上就可以绘制出每一台机器上每一个部件的磨损量。

*XY*散点图:展示成对的数和它们所代表的趋势之间的关系。对于每一数对,一个数被绘制在*X*轴上,而另一个被绘制在*Y*轴上。过两点作轴垂线,相交处在图表上有一个标记。当大量的这种数对被绘制后,出现一个图形。散点图的重要作用是可以用来绘制函数曲线,从简单的三角函数、指数函数、对数函数到更复杂的混合型函数,都可以利用它快速准确地绘制出曲线,所以在教学、科学计算中会经常用到。

还有其他一些类型的图表,如圆柱图、圆锥图、棱锥图,是由条形图和柱形图变化而来的,没有突出的特点,而且用得相对较少,这里就不一一赘述。这里要说明的是:以上只是图表的一般应用情况,有时一组数据,可以用多种图表来表现,那时就要根据具体情况加以选择。对有些图表,如果一个数据序列绘制成柱形,而另一个则绘制成折线图或面积图,则该图表看上去会更好些。

1. 表的建立

图表是图形化的数据,它由点、线、面等图形与数据文件按特定的方式组合而成。一般情况下。用户使用Excel工作簿内的数据制作图表,生成的图表也存放在工作簿中。图表是Excel的重要组成部分,具有直观形象、双向联动、二维坐标等特点。下面以统计某班学生成绩优秀、良好、中等、及格和不及格的比例为案例进行讲解,插图为饼图。

首先选择需要统计的数据区域,然后展开"插入"功能区,单击饼图按钮,在打开的下拉菜单中选择饼图样式,如三维饼图或三维离散饼图。

单击创建好的图表,在功能区右侧自动增加"图表工具"功能区,该功能区有设计标签、布局标签和格式标签。在这些标签里可以对图表的布局和样式进行选择，或者修改选择的数据等。通过 Excel 2010 新的样式，可以简单地设计出漂亮的图表，如图 3-125 所示。

2. 图表的修改

插入饼图的过程中，有时候需要设计出有一部分与其他部分分离的饼图，这种图的做法是：单击这个圆饼，在饼的周围出现了一些句柄，再单击其中的某一色块，句柄聚焦到该色块的周围，这时用鼠标单击该色块不放向外拖动，就可以把这个色块分离出来了；同样的方法可以把其他各个部分分离出来。或者在插入标签中直接选择饼图下拉菜单，选择分离效果即可。

把它们合起来的方法是：先单击图表的空白区域，取消对圆饼的选取，单击选中分离的一部分，按下左键向里拖动鼠标，就可以把这个圆饼合并到一起了。

成绩统计		
成绩等级	人数	比例
优秀	13	17%
良好	24	31%
中等	30	38%
及格	7	9%
不及格	4	5%
总人数	78	

成绩统计
及格 9%
不及格 5%
优秀 17%
中等 38%
良好 31%
■优秀
■良好
■中等
■及格
■不及格

图 3-125　插入饼图

数据和图表是起联动反应的，只要修改工作表中的数据，图表中的数字系列和扇形区域的大小就会跟随发生变动。

在 Excel 中插入饼图时有时会遇到这种情况，饼图中的一些数值具有较小的百分比，将其放到同一个饼图中难以看清这些数据，这时使用复合条饼图就可以提高小百分比的可读性。复合饼图(或复合条饼图)可以从主饼图中提取部分数值，将其组合到旁边的另一个饼图(或堆积条形图)中，如图 3-126 所示。

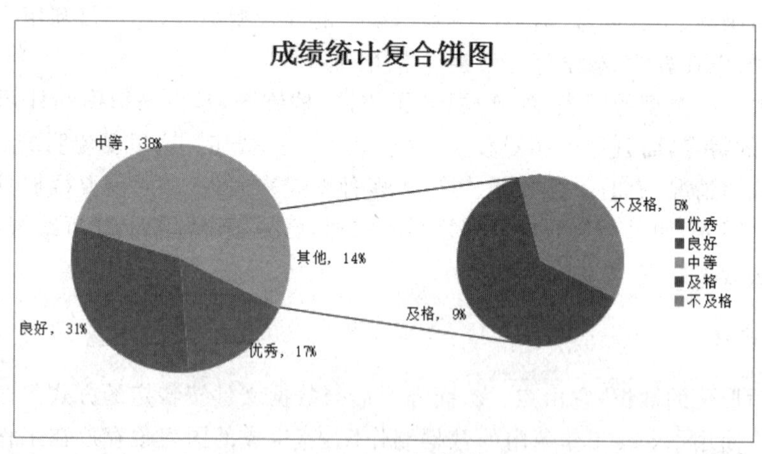

图 3-126　复合饼图

3. 趋势线的使用

趋势线用图形的方式显示数据的预测趋势并可用于预测分析，也称回归分析。利用回归分析，可以在图表中扩展趋势线，根据实际数据预测未来数据。

支持趋势线的图表类型：可以向非堆积型二维面积图、条形图、柱形图、折线图、股价图、气泡图和 XY 散点图的数据系列中添加趋势线；但不能向三维图表、堆积型图表、雷达图、饼图或圆环图的数据系列中添加趋势线。如果更改了图表或数据系列而使之不再支持相关的趋势线，例如将图表类型更改为三维图表或者更改了数据透视图或相关联的数据透视表，则原有的趋势线将丢失。

趋势线可以简单地理解成一个品牌在几个季度中市场占有率的变化曲线，使用它用户可以很直观地看出一个牌子的产品的市场占有率的变化，还可以通过这个趋势线来预测下一步的市场变化情况。创建好图表后，选择布局标签，单击趋势线下拉按钮，菜单里提供了线性、指数、线性预测、双周期移动平均等趋势线及其他趋势线。选择一种趋势线后，图表中就会添加相应的趋势线。

在 Excel 中插入图表，通常使用柱形图和条形图来表示产品在一段时间内生产和销售情况的变化或数量的比较。如果要体现的是一个整体中每一部分所占的比例，通常使用“饼图”。此外比较常用的就是折线图和散点图了，折线图通常也是用来表示一段时间内某种数值的变化的，常见的有股票价格的折线图等。

散点图主要用在科学计算中。例如有了正弦或余弦曲线的数据，则用户可以使用这些数据绘制出正弦或余弦曲线。首先选择数据区域，然后在插入标签中单击散点图按钮，就生成了一个函数曲线图；改变一下它的样式，一个漂亮的正余弦函数曲线就做出来了。

3.2.5 公式与函数

工作表是用来存放数据的，但存放并不是最终的目的，最终目的是对数据进行查询、统计、计算、分析和处理，甚至根据数据分析结果绘制各种图形图表。因此公式和函数的应用就扮演着十分重要的角色。公式是对工作表中数据进行计算的表达式，函数是 Excel 预先定义好的用来执行某些计算、分析、统计功能的封装好的表达式，即用户只需按要求为函数指定参数，就能获得预期的结果，而不必知道其内部是如何实现的。

利用公式可对同一工作表的各单元格，同一工作簿中不同工作表的单元格，甚至其他工作簿的工作表单元格的数值进行加、减、乘、除、乘方等各种运算。

1. 公式的使用

Excel 中最常用的公式是数学运算公式，此外它也提供一些比较运算、文字连接运算。公式的使用必须遵循规则，公式规则就是公式中元素的结构或者顺序，在 Excel 中的公式必须遵守的规则是：公式必须以等号(=)开头，等号后面是参与运算的元素(即运算数)和运算符。运算数可以是常量数值、单元格引用、标志名称或者工作表函数。

1）公式中的运算符

公式中使用的运算符包括：数学运算符、比较运算符、文字运算符和引用运算符，如表 3-3 所示。

文本运算符(&)用于连接字符串，也可以连接数字。连接字符串时，字符串两边必须加双引号(“”)，否则公式将返回错误值；连接数字时，数字两边的双引号可有可无。

表 3-3　Excel 公式中的运算符

类　型	运算符	含　义	示　例
算术运算符	+	加	5+2.3
	-	减	9-3
	-	负数	-5
	*	乘	3*5
	/	除	8/6
	%	百分比	30%
	∧	乘幂	5^2
比较运算符	=	等于	A1=B1
	>	大于	A1>B1
	<	小于	A1<B1
	>=	大于等于	A1>=B1
	<=	小于等于	A1<=B1
文本运算符	&	连接两个或多个字符串	“中国”&“China”得到“中国 China”
引用运算符	:(冒号)	区域运算符：对两个引用之间所有单元格进行引用	A1:C5
	,(逗号)	联合运算符：将多个引用合并为一个引用	SUM(A1:B15,C4:D10)
	(空格)	交叉运算符：产生同时属于两个引用单元格区域的引用	SUM(A1:B15　A4:D10)

比较运算符用于比较两个数字或字符串，产生逻辑值 TURE 或 FALSE。当比较结果为“真”时，显示结果为 TURE，否则显示为 FALSE。比较运算符在对西文字符串进行比较时，采用内部 ASCII；对中文字符进行比较时，采用汉字内码；对日期时间型数据进行比较时，采用先后顺序(后者为大)，如 2002 年 10 月 1 日“大于”1999 年 12 月 21 日。

2）运算优先级

当多个运算符同时出现在公式中时，Excel 对运算符的优先级作了严格的规定，由高到低各个运算符的优先级为：引用运算符之冒号、逗号、空格、算术运算符之负号、百分比、乘幂、乘除同级、加减同级，文本运算符、比较运算符同级。同级运算时，优先级按照从左到右的顺序计算。

3）输入公式

选择要输入公式的单元格，在工作表的编辑栏输入=符号，输入公式内容，如 A2*A2+B2；单击编辑栏的√按钮或按 Enter 键，也可以直接在单元格中输入公式。

2. 函数的使用

函数是 Excel 自带的内部预定义公式。灵活运用函数不仅可以省去自己编写公式的麻烦，还可以解决许多仅仅通过自己编写公式尚无法实现的计算，并且在遵循函数语法的前提下，大大减少了公式编写错误的情况。

Excel 提供的函数涵盖的范围较为广泛，包括：数据库工作表函数、日期与时间函数、数学与三角函数、统计函数、查找与引用函数、工程函数、文本函数、逻辑函数、信息函数、财务函数等。每种类型又包括若干个函数，这里不解释每个函数的功能和作用，用户在使用具体函数时 Excel 都会给出对话框和相应的函数用法的文字解释。

函数的语法形式为“函数名称(参数 1，参数 2，…)”。其中函数的参数可以是数字常量、文本、逻辑值、数组、单元格引用、常量公式、区域、区域名称或其他函数等。如果函数是以公式的形式出现的，应当在函数名称前面输入等号。

1）输入函数

第一种方法：选中要输入函数的单元格，单击“编辑栏”中的 f_x 按钮，打开“插入函数”对话框(图 3-127)。在“选择类别”列表框中选择函数类型，在“函数名”列表框中选择函数名称，单击“确定”按钮，又会出现输入函数参数对话框，输入参数并确定即可。

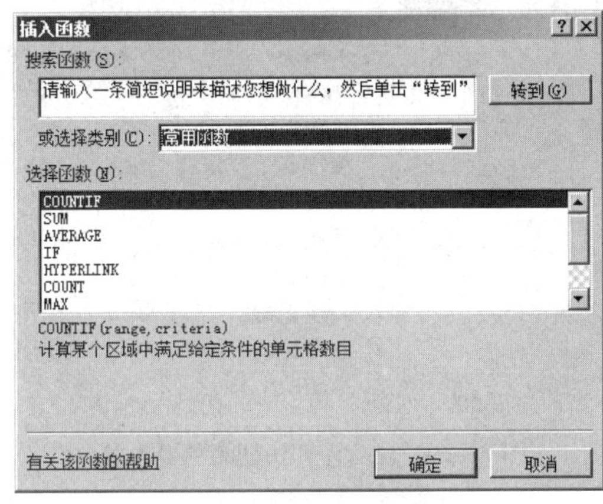

图 3-127 “插入函数”对话框

第二种方法：选中要输入函数的单元格，单击“公式”功能区中的插入函数按钮，同样可以打开“插入函数”对话框，选择一种自己需要的函数即可。当然，在“公式”功能区的函数库分组中罗列了很多常用的函数组，如财务、逻辑、文本、日期和时间、查找与引用、数学和三角函数及其他函数。

如果要对已输入的函数进行修改，可在编辑栏中直接修改。若要更换函数，应先删去原有函数再重新输入，否则会将原来的函数嵌套在新的函数中。

2）自动求和与自动计算

Excel 提供了一种自动求和功能，可以很方便地完成 SUM 函数的功能。

选择要放置自动求和结果的单元格，习惯上将对行求和的结果放在行的右边，对列求和的结果放在列的下边。在“开始”功能区的编辑分组中单击“自动求和”按钮或单击自动求和按钮右下角的小三角形，在下拉菜单里选择“求和”命令。Excel 会按照默认状态选择一行或一列作为求和区域，如需调整，可用鼠标拖动来选择求和区域。单击编辑栏的√按钮或按 Enter 键确认。

Excel 还提供了其他自动计算的功能，利用它可以自动计算所选区域的总和、均值、最大值、最小值、计数和计数值，其默认的计算内容为求总和。在“状态栏”的任意位置鼠标右键单击，可显示自定义状态栏的快捷菜单，单击要自动计算的项目，当选择了单元格区域时，该单元格区域的统计计算结果将在状态栏自动显示出来，如图 3-128 所示。

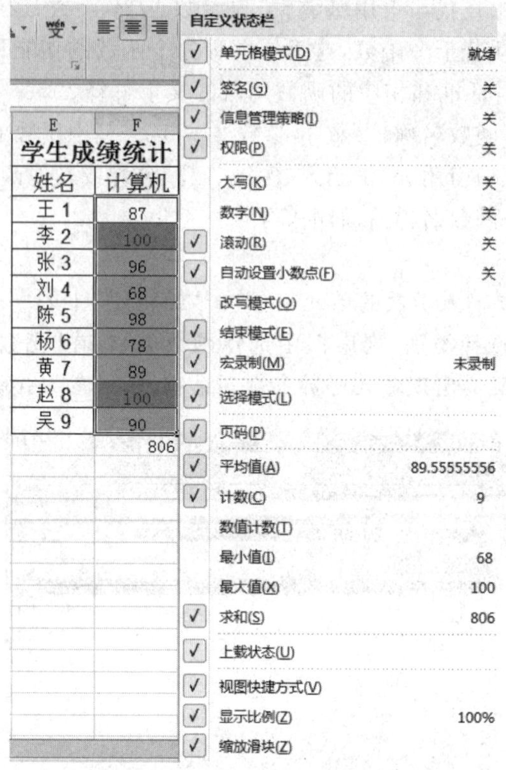

图 3-128　自动计算快捷菜单及计算

自动求和的结果会显示在工作表当中，自动计算的结果只在状态栏当中显示而不在工作表中显示。

3. 公式的复制与移动

公式的使用在 Excel 中会经常遇到，如果所有公式都逐一输入是项很麻烦的工作，而且容易出错。Excel 2010 提供了公式的复制和移动功能，可以很方便地实现快速输入大量公式。公式的复制与移动和前面数据的复制与移动非常类似。

1）复制公式

使用“常用”工具栏中的“复制”（或按 Ctrl＋C 键）、“粘贴”（或按 Ctrl＋V 键）按钮复制公式。使用“填充柄”可以快速地将一个公式复制到多个单元格中。

2）移动公式

使用“常用”工具栏中的“剪贴”（或按 Ctrl＋X 键）、“粘贴”（或按 Ctrl＋V 键）按钮移动公式。

按住 Shift 键并拖动某个包含公式的单元格，也可以快速地将一个公式移动并插入目标单元格中。这时目标单元格下（右）面的单元格要向下（右）移动。

4. 单元格的引用

单元格引用是指在公式或函数中引用了单元格的“地址”，其目的在于指明所使用的数据的存放位置。通过单元格引用地址可以在公式和函数中使用工作簿中不同部分的数据，或者在多个公式中使用同一个单元格的数据。单元格引用分为相对引用、绝对引用、混合引用。

1）相对引用

所谓“相对引用”是指在公式复制时，该地址相对于目标单元格在不断发生变化，这种类型的地址由列号和行号表示。例如，单元格 E2 中的公式为＝SUM(B2:D2)，当该公式被复制到 E3、E4、E5 单元格时，公式中的“引用地址(B2:D2)”会随着目标单元格的变化自动变化为(B3:D3)、(B4:D4)、(B5:D5)，目标单元格中的公式会相应变化为＝SUM(B3:D3)、＝SUM(B4:D4)、＝SUM(B5:D5)。这是由于目标单元格的位置相对于源位置分别下移了一行、二行和三行，导致参加运算的区域分别做了下移一行、二行和三行的调整。

2）绝对引用

所谓“绝对引用”是指在公式复制时，该地址不随目标单元格的变化而变化。绝对引用地址的表示方法是在引用地址的列号和行号前分别加上一个 $ 符号。例如 $B$6、$C$6、($B$1:$B$9)。这里的 $ 符号就像一把“锁”，锁定了引用地址，使它们在移动或复制时，不随目标单元格的变化而变化。例如在银行系统计算各个储户的累计利息时，银行利率所在的单元格应当被锁定；在统计学生某一门课的总成绩时，平时作业成绩、上机成绩、期中考试成绩和期末考试成绩所占的权重系数应当被锁定等。

3）混合引用

所谓“混合引用”是指在引用单元格地址时，一部分为相对引用地址，另一部分为绝对引用地址，例如 $A1 或 A$1。如果 $ 符号放在列号前，如 $A1，则表示列的位置是“绝对不变”的，而行的位置将随目标单元格的变化而变化。反之，如果 $ 符号放在行号前，如 A$1，则表示行的位置是“绝对不变”的，而列的位置将随目标单元格的变化而变化。

在使用过程中经常会遇到需要修改引用类型的问题，如要将相对引用改为绝对引用或要将绝对引用改为混合引用等。Excel 提供了三种引用之间快速转换的方法：单击选中引用单元格的部分，反复按 F4 键进行引用间的转换。转换的顺序为由 A1 到 $A$1、由 $A$1 到 A$1、由 A$1 到 $A1 以及由 $A1 再到 A1。

4）外部引用

同一工作表中的单元格之间的引用被称为“内部引用”。

在 Excel 中还可以引用同一工作簿的不同工作表中的单元格，也可以引用不同工作簿的工作表中的单元格，这种引用称为“外部引用”，也称为“链接”。

引用同一工作簿内不同工作表中的单元格格式为“＝工作表名！单元格地址”。例如＝Sheet2!A1＋Sheet1!A4 表示将 Sheet2 中的 A1 单元格的数据与 Sheet1 中的 A4 单元格的数据相加，放入某个目标单元格。引用不同工作簿的工作表中的单元格格式为“＝[工作簿名]工作表名！单元格地址”。例如：＝[Book1]Sheet1!$A$1－[Book2]Sheet2!B1 表示将 Book1 工作簿的工作表中的 A1 单元格的数据与 Book2 工作簿的工作表中的 B1 单元格的数据相减，放入目标单元格，前者为绝对引用，后者为相对引用。

在一个工作表中往往包含许多公式，如何才能做到同时查看工作表中的所有公式？一个简单的操作方法就是使用组合键 Ctrl＋`(重音键`与～在同一键上，在数字键 1 的左边)，它可以显示工作表中的所有公式。这样做的好处在于可以很方便地检查单元格引用以及公式输入是否正确。再一次按 Ctrl＋`键将恢复为原显示状态。

5）区域命名

在引用一个单元格区域时常用它的左上角和右下角的单元格地址来命名，如 B2:D2。这种命名方法虽然简单，却无法体现该区域的具体含义，不易读懂。为了提高工作效率，便于阅读理解和快速查找，Excel 2010 允许对单元格区域进行文字性命名。

可以利用“公式”功能区中的“定义的名称”分组为单元格区域命名。首先选择要命名的区域，然后在“定义的名称”分组中选择“定义名称”选项，将弹出“新建名称”对话框，该对话框也是“名称管理器”的对话框。或根据所选内容创建区域名称。

另一种方便快速的命名方式是使用名称框，操作方法为：选择要命名的区域；单击名称框，直接输入名称；按 Enter 键完成输入。

对区域命名后，可以在公式中应用名称，这样可以大大增强公式的可读性。

5. 常见函数的使用

Excel 提供了大量的内置函数，如 SUM 求和函数、最大值、最小值、平均值、计数等函数。在“插入函数”对话框中选择任何一种函数，对话框的下方区域就针对该函数做出了使用说明及示例。参考图 3-127 中所示情况。

6. 公式中的常见出错信息与处理

在使用公式进行计算时，经常会遇到单元格中出现类似＃NAME、＃VALUE 等的信息，这些都是使用公式时出现了错误而返回的错误信息值。

表 3-4 列出了部分常见的错误信息、产生的原因以及处理办法。使用过程中如果遇到错误信息时，可以查阅本表以查找出错原因和解决办法。

表 3-4　常见错误信息、产生原因及处理办法

错误提示	产生的原因	处 理 办 法
＃＃＃＃＃＃	公式计算的结果太长，单元格容纳不下；或者单元格的日期时间公式计算结果为负值	增加单元格的宽度 确认日期时间的格式是否正确
＃DIV/0	除数为零或除数使用了空单元格	将除数改为非零值 修改单元格引用
＃VALUE	使用了错误的参数或运算对象类型	确认参数或运算符正确以及引用的单元格中包含有效数据
＃NAME	删除了公式中使用的名称或使用了不存在的名称，以及名称拼写错误	确认使用的名称确实存在 检查名称拼写是否正确
＃N/A	公式中无可用的数值或缺少函数参数	确认函数中的参数正确
＃REF	删除了由其他公式引用的单元格或将移动单元格粘贴到由其他公式引用的单元格中，造成单元格引用无效	检查函数中引用的单元格是否存在 检查单元格引用是否正确
＃NUM	在需要数字参数的函数中使用了不能接受的参数；或公式计算结果的数字太大或太小，Excel 无法表示	确认函数中使用的参数类型是否正确 为工作表函数使用不同的初始值
＃NULL	使用了不正确的区域运算符或不正确的单元格引用	检查区域引用是否正确 检查单元格引用是否正确

3.2.6 管理数据列表

Excel 2010 的数据清单相当于一个表格形式的数据库，而且还具有类似数据库管理的一些功能。在工作表中可以建立一个数据清单，也可以将工作表中的一批相关数据作为一个数据清单来处理。Excel 2010 可对数据清单中的数据进行排序、筛选、分类汇总等各种数据管理和统计操作。

1. 创建数据清单

数据清单是工作表中所包含的若干个数据行，每一行数据被称为一条记录，每一列被称为一个字段，每一列的标题则称为该字段的字段名。

注意：*工作表中的数据清单与其他数据间至少留出一个空白列和一个空白行。而数据清单中应避免空白行和空白列，单元格最好不要以空格开头。在数据清单的第一行应有列标题。数据清单中的每一列必须是同类型的数据。*

1）数据清单的大小和位置

在规定数据清单大小及定义数据清单位置时，应遵循以下规则：

应避免在一个工作表上建立多个数据清单。因为数据清单的某些处理功能（如筛选等）一次只能在同一个工作表的一个数据清单中使用。

在工作表的数据清单与其他数据间至少留出一个空白列和空白行。在执行排序、筛选或插入自动汇总等操作时，有利于 Excel 2010 检测和选定数据单。

避免在数据清单中放置空白行、列。

避免将关键字数据放到数据清单的左右两侧，因为这些数据在筛选数据清单时可能被隐藏。

2）列标志

在工作表上创建数据清单，使用列标志应注意以下事项：

在数据清单的第一行里创建列标志，Excel 2010 将使用这些列标志创建报告，并查找和组织数据。

列标志使用的字体、对齐方式、格式、图案、边框和大小样式，应当与数据清单中的其他数据格式相区别。

如果将列标志和其他数据分开，应使用单元格边框（而不是空格和短划线）在标志行下插入一行直线。

3）行和列内容

在工作表上创建数据清单，输入行和列的内容时应该注意以下事项：在设计数据清单时，应使用同一列中的各行有近似的数据项。

2. 数据清单的编辑

用户可以直接对数据清单中的记录进行编辑，一般用于记录较少的情况。

有时工作表中的数据清单可能包含多达上万条记录，如果要对其中某一条记录进行编辑，直接在数据清单中进行编辑，非常麻烦。这时可使用“记录单”对话框（图 3-129）方便地实现对记录的查找、修改、添加及删除等操作。

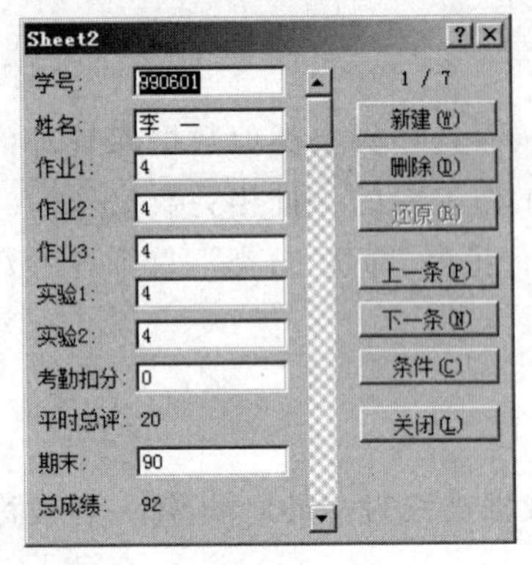

图 3-129 “记录单”对话框

选择“快速访问工具栏”中的“记录单”命令按钮(如果没有该命令,请从文件菜单中的“选项”设置里找到“记录单”命令添加到自定义快速访问工具栏中),弹出“记录单”对话框。在对话框的顶部显示当前工作表的名称;在对话框的左侧显示数据清单中的各字段名称及其所对应的内容;在对话框的右上角显示的分式中分母为总记录数,分子表示当前显示的记录为第几条记录。

用记录单编辑数据清单中的记录,操作步骤如下:

添加一条记录。单击对话框中的“新建”按钮,可在数据清单尾部追加一条空记录,在对应项中输入数据可添加一条记录。重复同样的操作,可连续追加多条记录,最后单击“关闭”按钮。

删除一条记录。在对话中单击“上一条”或“下一条”按钮,选择要删除的记录,单击“删除”按钮,即可删除指定的记录。

查找或修改记录。在对话框中单击“条件”按钮,在设定查询条件的字段名右侧的文本框中输入查找条件,单击“上一条”或“下一条”按钮。此时记录单对话框中仅显示满足查询条件的记录,并显示该记录在数据清单中的位置。同时,可对指定记录的内容进行修改。

3. 数据排序

排序是数据管理中的一项重要工作。对数据清单中的数据针对不同的字段进行排序,可以满足不同数据分析的要求。排序的方法有很多,产生的结果不外乎升序排列或者降序排列。这里仅介绍以下两种排序方法。

1) 简单数据排序

如果要快速对数据清单中的某一列数据进行排序,首先鼠标左键单击指定列中的任意一个单元格,然后单击“开始”功能区“编辑”分组中的“排序和筛选”按钮,在弹出的下拉菜单中选择升序或降序排列。此时会弹出一个“排序提醒”对话框供用户选择排序依据,一是扩展选定区域,二是以当前选定区域排序,默认情况下选择第一个。

2) 复杂数据排序

如果需要对多个关键字进行排序,首先要确定主关键字、次关键字以及第三关键字(在 Excel 2010 中,排序条件最多可以支持 64 个关键字),具体操作步骤如下:

首先单击数据清单中的任意一个单元格,单击“开始”功能区“编辑”分组的“排序和筛选”下拉菜单中的“自定义排序”命令,弹出如图 3-130 所示的“排序”对话框,同时系统自动选中整个数据清单。在排序对话框中可以添加或删除排序条件,在下拉菜单中分别选择各次要关键字所对应的字段名,然后分别指定排序依据方式及次序。为了避免数据清单标题参加排序,可选择对话框顶部的“数据包含标题”复选框,单击“确定”按钮,完成数据清单的排序。

排序依据主要有数值、单元格颜色、字体颜色和单元格图标。

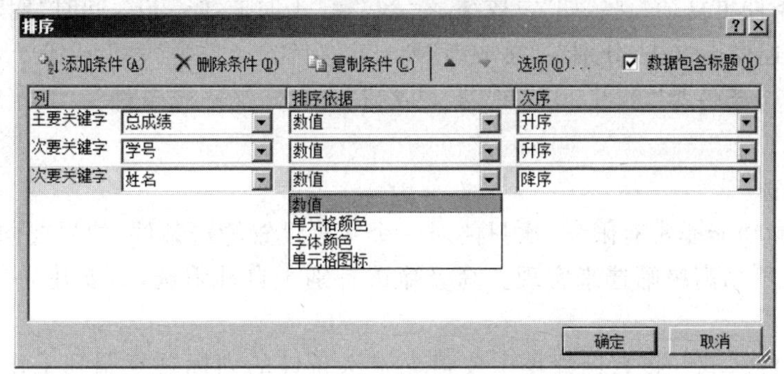

图 3-130 “排序”对话框

4. 数据的筛选

对数据清单中的数据进行筛选，是指只显示数据清单中那些符合筛选条件的记录，而将那些不满足筛选条件的记录暂时隐藏起来，事实上这是数据查询的一种形式。

1）自动筛选指定的记录

单击数据清单中的任意单元格，单击“开始”功能区“编辑”分组的“排序和筛选”下拉菜单中的“筛选”命令，则在选中的列表标题文字旁增加了一个向下的筛选箭头，在下拉列表框（如图 3-131 所示）中进行相应的筛选条件选择，此时数据清单中就只显示被筛选出的符合条件的结果。

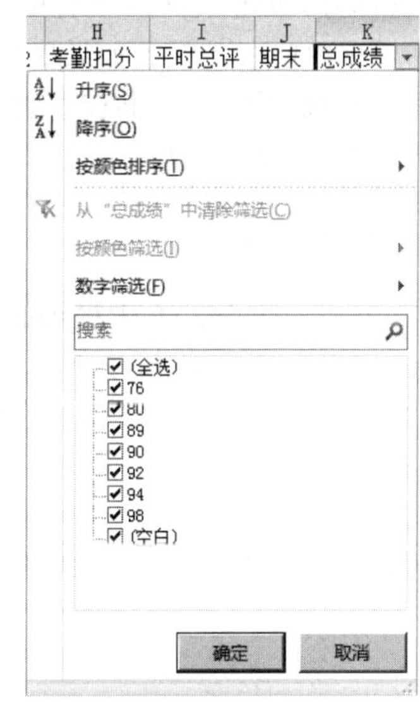

图 3-131 “筛选”条件

2）自定义自动筛选

可以通过“数字筛选”中的“自定义筛选”功能筛选出仅满足其中一个条件或同时满足多个条件的记录。要筛选出满足“总成绩＞80 且＜90”的所有记录，可按以下步骤进行操作：单击数据清单中的任意一个单元格；选择“数据”菜单下“筛选”级联菜单中的“自动筛选”命令。单击“总成绩”字段右侧的下拉箭头，从下拉框中选择“自定义”命令，弹出如图 3-132 所示“自定义自动筛选方式”对话框。在对话框第一行左侧的下拉列表文本框中选择“大于”，在右侧的文本框中输入 80；再单击“与”单选按钮，在对话框第二行左侧的下拉文本框中选择“小于”，在其右侧的文本框中输入 90，单击“确定”按钮，即可得到所需筛选的结果。

图 3-132 “自定义自动筛选方式”对话框

如果筛选条件更复杂一些，如“总成绩>=80”且“平时成绩<90”，同时“期末成绩>=85”的记录，则按上述操作方法，分别在“总成绩”列自定义筛选条件为“大于或等于80”，在“平时成绩”列自定义筛选条件为“小于90”，在“期末成绩”列自定义筛选条件为“大于或等于85”，单击“确定”即可。

3）高级筛选

自动筛选的功能非常有限，一次只能对一个字段设置筛选条件，如果要同时对多个字段设置筛选条件，可用高级筛选来实现。高级筛选有别于自动筛选，需要建立条件区域，具体操作步骤如下：

① 建立条件区域。将数据清单中要建立筛选条件的列标题复制到工作表中的某个位置，并在标题下至少留出一行的空单元格用于输入筛选条件。

② 在新的标题行下方输入筛选条件，在“性别”下面的单元格内输入“女”，在“平均分”下面的单元格内输入>=80。

③ 单击数据区域中的任意一个单元格，单击“数据”功能区“排序和筛选”分组中的“高级”命令按钮，打开“高级筛选”对话框(图3-133)。“高级筛选”对话框中的数据区域已经自动选择好，单击条件区域右侧的“折叠”按钮 。选择条件区域，包括标题行与下方的条件，单击“确定”按钮。如果要将筛选的结果放到指定的位置，选中“将筛选结果复制到其他位置”单选项，单击复制到右侧的“折叠”按钮，选择存放结果的位置，再单击“展开”按钮 ，单击“确定”按钮即可。

5. 合并计算

利用Excel 2010中提供的合并计算功能可以对实现两个以上工作表格中的指定数据一一对应地进行求和、求平均值等计算，操作步骤如下：

选择合并后目标数据所存放的位置；单击“数据”功能区“数据工具”分组中的“合并计算”命令按钮，弹出“合并计算”对话框，如图3-134所示；选择函数下拉列表框中的相应函数(“求和”)，在“引用位置”文本框内依次输入或选中每个数据清单的引用区域；分别单击“添加”按钮；将引用区域地址分别添加到“所有引用位置”文本框中；根据需要可选中“标签位置”的“首行”及“最左列”复选框；单击“确定”按钮，完成合并计算功能。

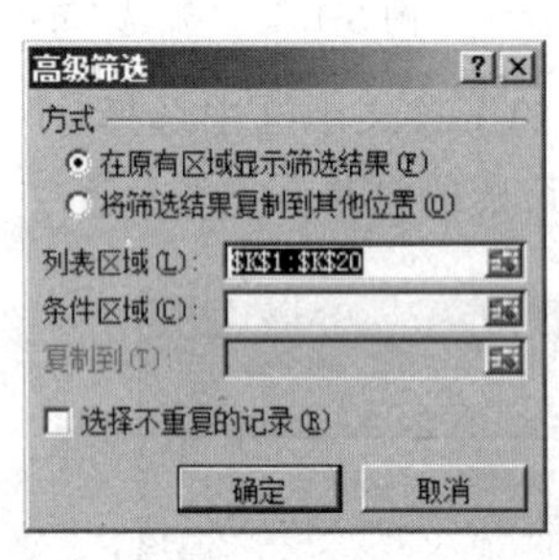

图3-133 “高级筛选”对话框

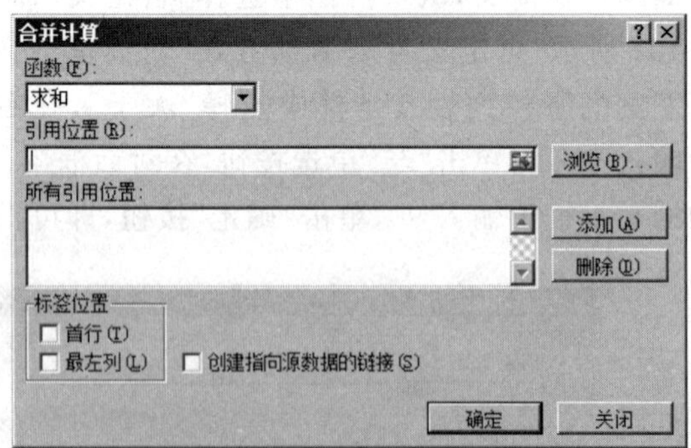

图3-134 “合并计算”对话框

6. 分类汇总

分类汇总是Excel中最常用的功能之一，它能够快速地以某一个字段为分类项，对数据列表中的数值字段进行各种统计计算，如求和、计数、平均值、最大值、最小值、乘积等。

如图 3-135 所示为部门工资统计表，希望求出数据表中每个部门的员工实发工资之和。

根据上图表中提供的数据，用分类汇总操作的具体方法如下：

首先单击部门单元格，单击数据功能区中的升序按钮，把数据表按照“部门”进行排序。

然后在数据标签中，单击分类汇总按钮，在这里的分类字段的下拉列表框中选择分类字段为“部门”，选择汇总方式为“求和”，汇总项选择一个“实发工资”；单击“确定”按钮，如图 3-136 所示。

	A	B	C	D	E	F	G
1	工资统计表						
2	部门	姓名	基本工资	奖金	住房公积金	保险费	实发工资
3	办公室	赵一	¥800.00	¥600.00	¥ 250.00	¥50.00	¥ 1100.00
4	后勤处	钱二	¥685.00	¥700.00	¥ 180.00	¥68.00	¥ 1137.00
5	统计处	孙三	¥800.00	¥600.00	¥ 250.00	¥50.00	¥ 1100.00
6	人事处	李四	¥613.00	¥700.00	¥ 180.00	¥68.00	¥ 1065.00
7	财务处	周五	¥800.00	¥600.00	¥ 250.00	¥50.00	¥ 1100.00
8	后勤处	吴六	¥685.00	¥700.00	¥ 180.00	¥68.00	¥ 1137.00
9	统计处	郑七	¥800.00	¥600.00	¥ 250.00	¥50.00	¥ 1100.00
10	统计处	王八	¥613.00	¥700.00	¥ 180.00	¥68.00	¥ 1065.00
11	人事处	冯九	¥800.00	¥600.00	¥ 250.00	¥50.00	¥ 1100.00
12	财务处	陈十	¥685.00	¥700.00	¥ 180.00	¥68.00	¥ 1137.00
13	办公室	褚耳	¥800.00	¥600.00	¥ 250.00	¥50.00	¥ 1100.00
14	后勤处	毛毛	¥613.00	¥700.00	¥ 180.00	¥68.00	¥ 1065.00
15	统计处	咪咪	¥685.00	¥600.00	¥ 250.00	¥50.00	¥ 985.00
16	办公室	YY	¥800.00	¥700.00	¥ 180.00	¥68.00	¥ 1252.00

图 3-135 部分工资表

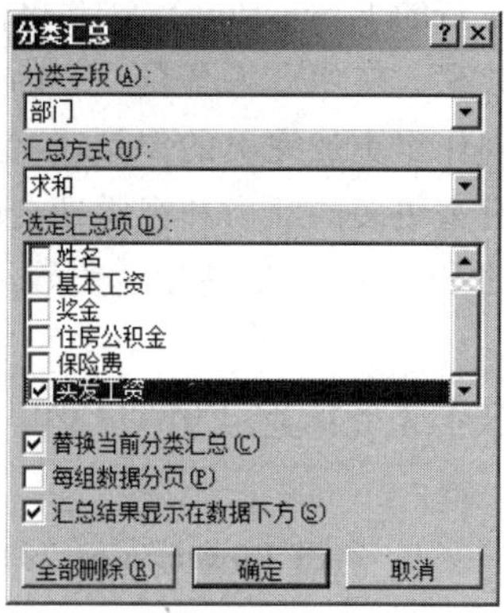

图 3-136 分类汇总

单击“确定”按钮后，就可以看到已经计算好各部门实发工资之和了，如图 3-137 所示。

	A	B	C	D	E	F	G
1	工资统计表						
2	部门	姓名	基本工资	奖金	住房公积金	保险费	实发工资
3	办公室	赵一	¥800.00	¥600.00	¥250.00	¥50.00	¥ 1100.00
4	办公室	褚耳	¥800.00	¥600.00	¥250.00	¥50.00	¥ 1100.00
5	办公室	YY	¥800.00	¥700.00	¥180.00	¥68.00	¥ 1252.00
6	办公室 汇总						¥ 3452.00
7	财务处	周五	¥800.00	¥600.00	¥250.00	¥50.00	¥ 1100.00
8	财务处	陈十	¥685.00	¥700.00	¥180.00	¥68.00	¥ 1137.00
9	财务处 汇总						¥ 2237.00
10	后勤处	钱二	¥685.00	¥700.00	¥180.00	¥68.00	¥ 1137.00
11	后勤处	吴六	¥685.00	¥700.00	¥180.00	¥68.00	¥ 1137.00
12	后勤处	毛毛	¥613.00	¥700.00	¥180.00	¥68.00	¥ 1065.00
13	后勤处 汇总						¥ 3339.00
14	人事处	李四	¥613.00	¥700.00	¥180.00	¥68.00	¥ 1065.00
15	人事处	冯九	¥800.00	¥600.00	¥250.00	¥50.00	¥ 1100.00
16	人事处 汇总						¥ 2165.00
17	统计处	孙三	¥800.00	¥600.00	¥250.00	¥50.00	¥ 1100.00
18	统计处	郑七	¥800.00	¥600.00	¥250.00	¥50.00	¥ 1100.00
19	统计处	王八	¥613.00	¥700.00	¥180.00	¥68.00	¥ 1065.00
20	统计处	咪咪	¥685.00	¥600.00	¥250.00	¥50.00	¥ 985.00
21	统计处 汇总						¥ 4250.00
22	总计						¥15 443.00

图 3-137 汇总结果

在分类汇总中数据是分级显示的，现在工作表的左上角出现了这样一个区域 1 2 3 ，单击其中的数字标签 1，在表中就只显示总计项了。如果单击这个数字标签 2，出现的就只有汇总的部分内容，这样便于用户清楚地查看各部门的汇总情况。单击数字标签 3，可以显示所有的内容。

最后，复制汇总结果。当使用分类汇总后，往往希望将汇总结果复制到一个新的数据表中。但是如果直接进行复制的话，无法只复制汇总结果，而是复制了所有数据。此时需要使用 Alt+；组合键选取当前屏幕中显示的内容，然后再进行复制粘贴。

3.3 演示文稿软件 PowerPoint 2010

PowerPoint 也是 Office 中非常出名的一个应用软件，它的主要功能是进行幻灯片的制作和演示，可有效帮助用户演讲、教学和产品演示等，更多地应用于企业和学校等教育机构。最新的 PowerPoint 2010 提供了比以往更多的方法为用户创建动态演示文稿并与访问群体共享。使用令人耳目一新的视听功能及用于视频和照片编辑的新增和改进工具可以让用户创作出更加完美的作品，就像在讲述一个活泼的电影故事。具体的新功能如下：可为文稿带来更多的活力和视觉冲击的新增图片效果应用、支持直接嵌入和编辑视频文件、依托新增的 SmartArt 快速创建美妙绝伦的图表演示文稿、全新的幻灯动态切换展示等。

3.3.1 认识 PowerPoint 2010

1. 熟悉 PowerPoint 2010 的功能区

第一次启动 Microsoft PowerPoint 2010 时，用户会发现 PowerPoint 2010 的工作窗口结构与 Word 2010 类似，功能区包含以前在 PowerPoint 2003 及更早版本中的菜单和工具栏上的命令和其他菜单项。功能区旨在帮助用户快速找到完成某任务所需的命令。功能区中有多个选项卡，每个选项卡均与一种活动类型相关，选项卡中含有各种分组，分组里有各种操作按钮和命令。用户可以在功能区上看到的其他元素有上下文选项卡、库和对话框启动器。如在幻灯片中选中一个图形或图片，则功能区右侧会自动显示“图片工具”上下文选项卡，如图 3-138 所示。

图 3-138 “图片工具”上下文选项卡

功能区上常用命令的位置如下。

“文件”功能区：使用“文件”功能区可创建新文件、打开或保存现有文件和打印演示文稿。

“开始”功能区：使用“开始”功能区可插入新幻灯片、将对象组合在一起以及设置幻灯片上的文本格式。如果单击“新建幻灯片”旁边的箭头，则可从多个幻灯片布局进行选择。“字体”组包括“字体”、“加粗”、“斜体”和“字号”按钮。“段落”组包括“文本右对齐”、“文本左对齐”、“两端对齐”和“居中”。若要查找“组”命令，请单击“排列”，然后在“组合对象”中选择“组”。

“插入”功能区：使用“插入”功能区可将表、形状、图表、页眉或页脚插入演示文稿中。

“设计”功能区：使用“设计”功能区可自定义演示文稿的背景、主题设计和颜色或页面设置。单击“页面设置”可启动“页面设置”对话框。在“主题”组中,单击某主题可将其应用于演示文稿。单击“背景样式”可为演示文稿选择背景色和设计。

“切换”功能区:使用“切换”功能区可对当前幻灯片应用、更改或删除切换。在“切换到此幻灯片”组,单击某切换可将其应用于当前幻灯片。在“声音”列表中,可从多种声音中进行选择以在切换过程中播放。在“换片方式”下,可选择“单击鼠标时”以在单击时进行切换。

“动画”功能区:使用“动画”功能区可对幻灯片上的对象应用、更改或删除动画。单击“添加动画”,然后选择应用于选定对象的动画。单击“动画窗格”可启动“动画窗格”任务窗格。“计时”组包括用于设置“开始”和“持续时间”的区域。

“幻灯片放映”功能区:使用“幻灯片放映”功能区可开始幻灯片放映、自定义幻灯片放映的设置和隐藏单个幻灯片。“开始幻灯片放映”组,包括“从头开始”和“从当前幻灯片开始”。单击“设置幻灯片放映”可启动“设置放映方式”对话框。

“审阅”功能区:使用“审阅”功能区可检查拼写、更改演示文稿中的语言或比较当前演示文稿与其他演示文稿的差异。“拼写”用于启动拼写检查程序。“语言”组包括“编辑语言”,在其中用户可以选择语言。“比较”可以比较当前演示文稿与其他演示文稿的差异。

“视图”功能区:使用“视图”功能区可以查看幻灯片母版、备注母版、幻灯片浏览。用户还可以打开或关闭标尺、网格线和绘图指导。“放映”组包括“标尺”和“网格线”。

某些命令(例如“剪裁”或“压缩”)位于上下文选项卡上。

若要查看上下文选项卡,首先选择要使用的对象,然后检查在功能区中是否显示上下文选项卡。

2. 新增功能

Microsoft PowerPoint 2010 版在以前版本的基础上新增了许多有用的功能。

(1) 使用动画刷,制作动画更方便,更高效。

PowerPoint 2010 中对动画设置做了很大改变,让设置更方便,如图 3-139 所示,按 1-2-3-4 的步骤即可方便地完成动画设置。特别是动画刷与动画触发器,让用户基本可以随心所欲,前提是能想得出是什么样的动画效果与顺序。

(2) 超强的幻灯片切换效果,更炫更梦幻更多样。

涟漪,蜂巢等众多的幻灯片切换效果会让幻灯片更花哨。因此,提醒用户在做教学课件的幻灯片时慎重选择切换方式。

(3) 图像处理再也不需要 Photoshop,PowerPoint 也可以去除图像背景与抠图。

PowerPoint 2010 提供了很多图像处理工具,一些图像效果完全可以在 PowerPoint 中完成,包括:裁切图片、删除背景、更改亮度与清晰度、更改色彩、设置艺术效果等。

(4) 使用视频,在 PowerPoint 里也可以编辑

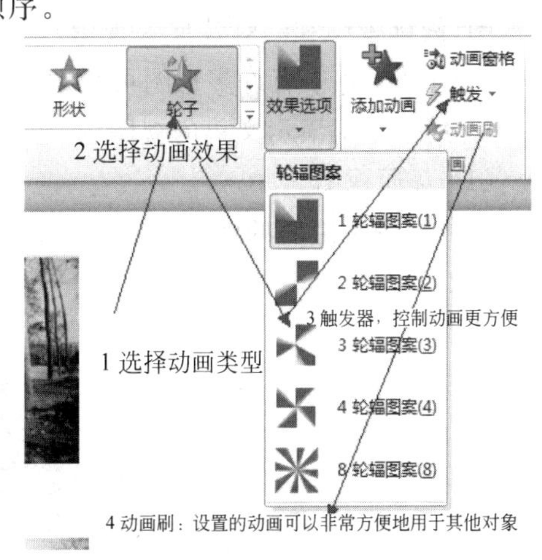

图 3-139 动画设置

视频。

(5) 新增的屏幕截图功能工具。

虽然现在越来越多地使用 Ctrl+Shift+A(QQ 截图：将 Alt 键改成了 Shift 可以截取

下拉菜单等)来截图，但有这一个工具，还是增加了很多方便。

(6) 更多的发布选项，分享更方便。

3. PowerPoint 2010 视图概述

Microsoft PowerPoint 2010 中可用于编辑、打印和放映演示文稿的视图有：普通视图、幻灯片浏览视图、备注页视图、幻灯片放映视图(包括演示者视图)、阅读视图、母版视图(幻灯片母版、讲义母版和备注母版)。

如图 3-140 所示，可在以下两个位置对 PowerPoint 进行视图切换。

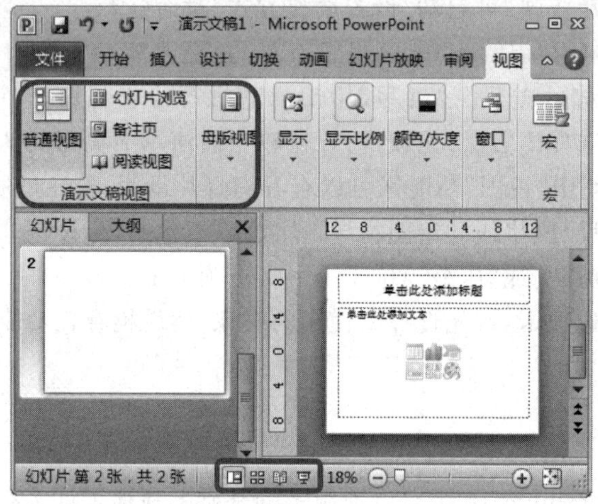

图 3-140 PowerPoint 视图切换

(1) “视图”选项卡上的“演示文稿视图”组和“母版视图”组中。

(2) 在 PowerPoint 窗口底部的状态栏，其中提供了各个主要视图(普通视图、幻灯片浏览视图、阅读视图和幻灯片放映视图)。

PowerPoint 中有许多视图可帮助用户创建出具有专业水准的演示文稿。

1) 用于编辑演示文稿的视图

(1) 普通视图。

普通视图是主要的编辑视图，可用于撰写和设计演示文稿。普通视图有 4 个工作区域，如图 3-141 所示。

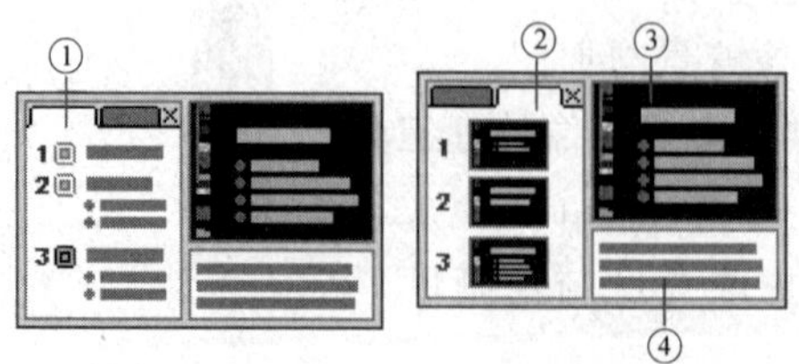

图 3-141 工作区域

① 大纲选项卡：此区域是用户开始撰写内容的理想场所；在这里，用户可以捕获灵感，计划如何表述它们，并能移动幻灯片和文本。“大纲”选项卡以大纲形式显示幻灯片文本。

若要打印演示文稿大纲的书面副本，并使其只包含文本（就像大纲视图中所显示的那样）而没有图形或动画，请先打开“文件”选项卡。然后，单击“打印”，单击“其他设置”下的“整页幻灯片”，单击“大纲”，再单击顶部的“打印”。

② 幻灯片选项卡：在编辑时以缩略图大小的图像在演示文稿中观看幻灯片。使用缩略图能方便地遍历演示文稿，并观看任何设计更改的效果。在这里还可以轻松地重新排列、添加或删除幻灯片。

③ 幻灯片窗格：在 PowerPoint 窗口的右上方，“幻灯片”窗格显示当前幻灯片的大视图。在此视图中显示当前幻灯片时，可以添加文本，插入图片、表格、SmartArt 图形、图表、图形对象、文本框、电影、声音、超链接和动画。

④ 备注窗格：在“幻灯片”窗格下的“备注”窗格中，可以输入要应用于当前幻灯片的备注。以后，用户可以将备注打印出来并在放映演示文稿时进行参考。用户还可以将打印好的备注分发给受众，或者将备注包括在发送给受众或发布在网页上的演示文稿中。

用户可以在“幻灯片”和“大纲”选项卡之间进行切换。若要放大或隐藏包含“大纲”和“幻灯片”选项卡的窗格。

若要查看普通视图中的标尺或网格线，请在“视图”选项卡上的“放映”组中选中“标尺”或“网格线”复选框。

（2）幻灯片浏览视图。

幻灯片浏览视图可使用户查看缩略图形式的幻灯片。通过此视图，用户在创建演示文稿以及准备打印演示文稿时，将可以轻松地对演示文稿的顺序进行排列和组织。

用户还可以在幻灯片浏览视图中添加节，并按不同的类别或节对幻灯片进行排序。

（3）备注页视图。

“备注”窗格位于“幻灯片”窗格下。用户可以输入要应用于当前幻灯片的备注。以后，用户可以将备注打印出来并在放映演示文稿时进行参考。用户还可以将打印好的备注分发给受众，或者将备注包括在发送给受众或发布在网页上的演示文稿中。

如果要以整页格式查看和使用备注，请在“视图”选项卡上的“演示文稿视图”组中单击“备注页”。

（4）母版视图。

母版视图包括幻灯片母版视图、讲义母版视图和备注母版视图。它们是存储有关演示文稿信息的主要幻灯片，其中包括背景、颜色、字体、效果、占位符大小和位置。使用母版视图的一个主要优点在于，在幻灯片母版、备注母版或讲义母版上，可以对与演示文稿关联的每个幻灯片、备注页或讲义的样式进行全局更改。

2）用于放映演示文稿的视图

（1）幻灯片放映视图。

幻灯片放映视图可用于向受众放映演示文稿。幻灯片放映视图会占据整个计算机屏幕，这与受众观看演示文稿时在大屏幕上显示的演示文稿完全一样。用户可以看到图形、计时、电影、动画效果和切换效果在实际演示中的具体效果。

若要退出幻灯片放映视图，请按 Esc 键。

(2) 演示者视图。

演示者视图是一种可在演示期间使用的基于幻灯片放映的关键视图。借助两台监视器,用户可以运行其他程序并查看演示者备注,而这些是受众所无法看到的。

若要使用演示者视图,请确保用户的计算机具有多监视器功能,同时也要打开多监视器支持和演示者视图。

(3) 阅读视图。

阅读视图用于向用自己的计算机查看用户的演示文稿的人员而非受众(例如,通过大屏幕)放映演示文稿。如果用户希望在一个设有简单控件以方便审阅的窗口中查看演示文稿,而不想使用全屏的幻灯片放映视图,则也可以在自己的计算机上使用阅读视图。如果要更改演示文稿,可随时从阅读视图切换至某个其他视图。

3) 用于准备和打印演示文稿的视图

为了节省纸张和油墨,在打印之前可能需要准备打印作业。PowerPoint 提供了一系列视图和设置,可帮助用户指定要打印的内容(幻灯片、讲义或备注页)以及这些作业的打印方式(彩色打印、灰度打印、黑白打印、带有框架等)。

(1) 幻灯片浏览视图。

幻灯片浏览视图可使用户查看缩略图形式的幻灯片。通过此视图,可以在准备打印幻灯片时方便地对幻灯片的顺序进行排列和组织,如图 3-142 所示。

图 3-142 浏览视图

(2) 打印预览。

打印预览可让用户指定要打印的内容(讲义、备注页、大纲或幻灯片)的设置。

4) 将视图设置为默认视图

将默认视图更改为用户工作所需的视图时,PowerPoint 将始终在该视图中打开。可以设置为默认视图的视图包括:幻灯片浏览视图、只使用大纲视图、备注视图和普通视图的变体。

默认情况下,打开 PowerPoint 时会显示普通视图,其中列有缩略图、备注和幻灯片视图。但是,用户可以根据需要指定 PowerPoint 在打开时显示另一个视图,例如幻灯片浏览视图、幻灯片放映视图、备注页视图以及普通视图的各种变体。

将视图设置为默认视图的操作如下：

(1) 单击“文件”选项卡。

(2) 单击屏幕左侧的“选项”，然后在“PowerPoint 选项”对话框的左窗格上单击“高级”。

(3) 在“显示”下的“用此视图打开全部文档”列表中，选择要设置为新默认视图的视图，然后单击“确定”按钮。

3.3.2 演示文稿的基本操作

1. 新建演示文稿

若要新建演示文稿，请执行下列操作：

(1) 在 PowerPoint 2010 中，打开“文件”功能区，然后单击“新建”。

(2) 单击“空白演示文稿”，然后单击“创建”。

2. 打开演示文稿

若要打开现有演示文稿，请执行下列操作：

(1) 打开“文件”功能区，然后单击“打开”。

(2) 选择所需的文件，然后单击“打开”。

默认情况下，PowerPoint 2010 在“打开”对话框中仅显示 PowerPoint 演示文稿。若要查看其他文件类型，请单击“所有 PowerPoint 演示文稿”，然后选择要查看的文件类型，如图 3-143 所示。

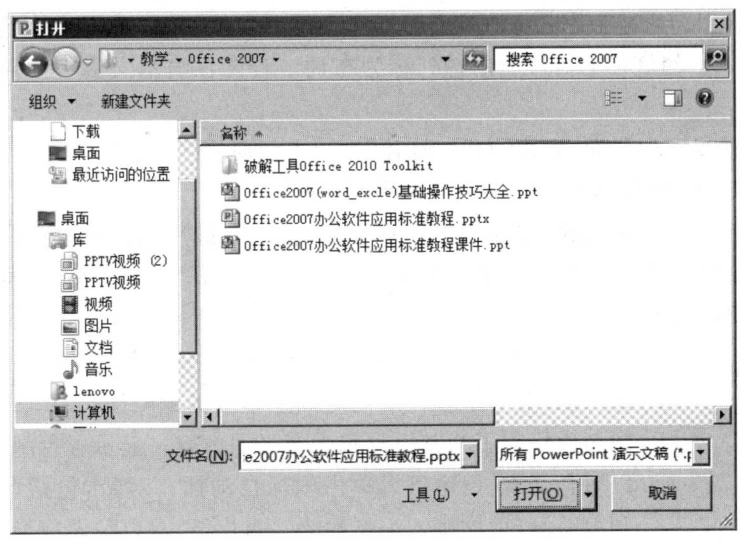

图 3-143 “打开”对话框

3. 保存演示文稿

若要保存演示文稿，请执行下列操作：

(1) 打开“文件”功能区，然后单击“另存为”，弹出“另存为”对话框。

(2) 在对话框的“文件名”框中，输入 PowerPoint 演示文稿的名称，然后单击“保存”。

默认情况下，PowerPoint 2010 将文件保存为 PowerPoint 演示文稿(.pptx)文件格式。若要以非.pptx 格式保存演示文稿，请单击“保存类型”列表，然后选择所需的文件格式，如图 3-144 所示。

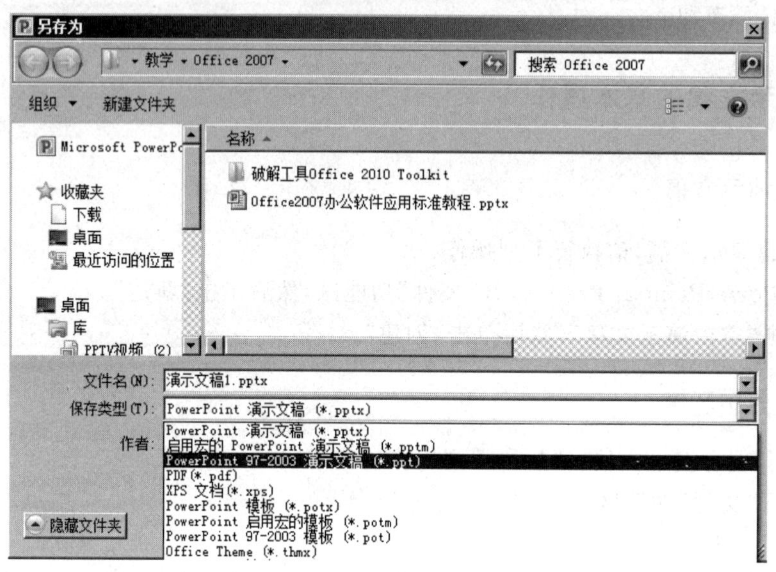

图 3-144　保存类型

4. 插入新幻灯片

打开 PowerPoint 时自动出现的单个幻灯片有两个占位符，一个用于标题格式，另一个用于副标题格式。幻灯片上占位符的排列称为布局。若要在演示文稿中插入新幻灯片，请执行下列操作：

(1) 在普通视图中包含“大纲”和“幻灯片”选项卡的窗格上，展开“幻灯片”功能区，然后在打开 PowerPoint 时自动出现的单个幻灯片下单击。

(2) 在“开始”功能区上的“幻灯片”组中，单击“新建幻灯片”旁边的箭头。如果用户希望新幻灯片具有对应幻灯片以前具有的相同的布局，只需单击“新建幻灯片”即可，而不必单击其旁边的箭头，如图 3-145 所示。

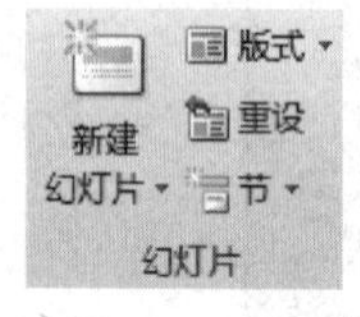

图 3-145　新建幻灯片

(3) 单击“新建幻灯片”或“版式”按钮旁边的箭头后将出现一个库，该库显示了各种可用幻灯片布局的缩略图，如图 3-146 所示。其中名称标识了为其设计每个布局的内容。显示彩色图标的占位符可以包含文本，但也可以单击图标自动插入对象，包括 SmartArt 图形和剪贴画(剪贴画：一张现成的图片，经常以位图或绘图图形组合的形式出现)。

(4) 新幻灯片现在同时显示在“幻灯片”选项卡的左侧(其中新幻灯片突出显示为当前幻灯片)和“幻灯片”窗格的右侧(突出显示为大幻灯片)。对每个要添加的新幻灯片重复此过程。

5. 对幻灯片应用新布局

要更改现有幻灯片的布局，请执行下列操作：

(1) 在普通视图中包含“大纲”和“幻灯片”选项的窗格上，打开“幻灯片”选项卡，然后单击要将新布局应用于的幻灯片。

(2) 在“开始”功能区上的“幻灯片”组中，单击“布局”，然后单击所需的新布局。

如果用户对幻灯片上已存在的内容应用的布局没有足够的正确种类的占位符，则会自动创建其他占位符来包含该内容。

图 3-146　幻灯片布局

6. 复制幻灯片

如果用户希望创建两个或多个内容和布局都类似的幻灯片，则可以通过创建一个具有两个幻灯片都共享的所有格式和内容的幻灯片，然后复制该幻灯片来保存工作，最后向每个幻灯片单独添加最终的风格。

(1) 在普通视图中包含“大纲”和“幻灯片”选项卡的窗格上，打开“幻灯片”选项卡，右键单击要复制的幻灯片，然后单击“复制”。

(2) 在“幻灯片”选项卡上，右键单击要添加幻灯片的新副本的位置，然后单击“粘贴”。还可以使用此过程将幻灯片副本从一个演示文稿插入另一个演示文稿。

7. 重新排列幻灯片的顺序

在普通视图中包含“大纲”和“幻灯片”选项的窗格上，打开“幻灯片”选项卡，再单击要移动的幻灯片，然后将其拖动到所需的位置。

要选择多个幻灯片，请单击某个要移动的幻灯片，然后按住 Ctrl 键并单击要移动的其他每个幻灯片。

8. 删除幻灯片

在普通视图中包含“大纲”和“幻灯片”选项的窗格上，打开“幻灯片”选项卡，右键单击要删除的幻灯片，然后单击“删除幻灯片”。

9. 向幻灯片添加形状

若要在幻灯片中插入形状，请执行下列操作：

(1) 在“开始”功能区上的“绘图”组中，单击“形状”。

(2) 单击所需的形状，接着单击幻灯片中的任意位置，然后拖动以放置形状。

要创建规范的正方形或圆形(或限制其他形状的尺寸)，请在拖动的同时按住 Shift 键。

3.3.3 演示文稿的放映与打印

虽然用户可以使用 Microsoft PowerPoint 2010 打印备注页，打印幻灯片（每页一张幻灯片）以及如何打印演示文稿讲义（每页打印一张、两张、三张、四张、六张或九张幻灯片，如图 3-147 所示），这样观众既可以在用户进行演示时参考相应的演示文稿，或者留作以后参考。

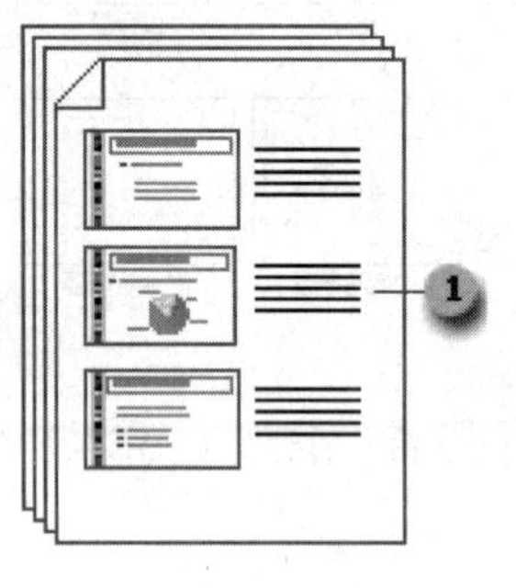

图 3-147 打印多张幻灯片效果图

每页三张幻灯片讲义留有空白行供观众记下备注。

1. 设置幻灯片大小、页面方向和起始幻灯片编号

仅在要添加内容之前按照以下步骤操作。如果在添加内容之后更改幻灯片的大小或方向，则可能会重新缩放内容。

（1）在“设计”功能区的“页面设置”组中，单击“页面设置”。

（2）在“幻灯片大小”列表中，单击要打印的纸张的大小。

如果单击“自定义”，则在“宽度”和“高度”框中输入或选择所需的尺寸。要打印投影机透明效果，请单击“投影机”。

（3）要为幻灯片设置页面方向，请在“方向”下的“幻灯片”下，单击“横向”或“纵向”。

默认情况下，PowerPoint 幻灯片布局显示为横向。虽然一个演示文稿中只能有一个方向（横向或纵向），但可以链接两个演示文稿，以便在看似一个的演示文稿中同时显示纵向和横向幻灯片。在“幻灯片编号起始值”框中，输入要在第一张幻灯片或讲义上打印的编号，随后的幻灯片编号会在此编号上递增。

2. 设置打印选项，然后打印幻灯片或讲义

若要设置打印选项（包括打印份数、打印机、要打印的幻灯片、每页幻灯片数、颜色选项等），然后打印幻灯片，请执行以下操作：

（1）打开“文件”功能区。

（2）单击“打印”，然后在“打印设置”下的“打印份数”框中，输入要打印的份数。

（3）在“打印机”下，选择要使用的打印机。如果要以彩色打印，务必选择彩色打印机。

（4）在“设置”下，执行以下操作之一：

① 若要打印所有幻灯片，请单击“打印全部幻灯片”。

② 若要打印所选的一张或多张幻灯片，请单击“打印所选幻灯片”。

若要选择多张幻灯片打印，请打开“文件”功能区，然后在“普通”视图中左侧包含“大纲”和“幻灯片”选项卡的窗格中，单击“幻灯片”选项，然后按住 Ctrl 键选择所需幻灯片。

③ 若要仅打印当前显示的幻灯片，请单击“当前幻灯片”。

④ 若要按编号打印特定幻灯片，请单击“幻灯片的自定义范围”，然后输入各幻灯片的列表和/或范围。请使用无空格的逗号将各个编号隔开，例如：1,3,5-12。

(5) 在“其他设置”下，执行下列操作：

① 单击“单面打印”列表，选择在纸张的单面还是双面打印。

② 单击“逐份打印”列表，选择是否逐份打印幻灯片。

③ 单击“整页幻灯片”列表，然后执行下列操作：

a. 若要在一整页上打印一张幻灯片，请在“打印版式”下单击“整页幻灯片”。

b. 若要以讲义格式在一页上打印一张或多张幻灯片，请在“讲义”下单击每页所需的幻灯片数，以及希望按垂直还是水平顺序显示这些幻灯片。若要创建在 PowerPoint 中无法创建的更复杂的讲义，可以在 Microsoft Word 2010 中打印讲义。

c. 若要在幻灯片周围打印一个细边框，请选择“幻灯片加框”。再次单击该项可取消选择，不打印边框。

d. 若要在为打印机选择的纸张上打印幻灯片，请单击“根据纸张调整大小”。

e. 若要增大分辨率、混合透明图形以及在打印作业上打印柔和阴影，请单击“高质量”。使用高质量打印时，打印演示文稿所需的时间可能较长。为了防止可能造成的计算机性能下降，请在打印完成后清除“高质量”选择。

④ 单击“颜色”列表，然后单击下列颜色之一。

颜色：使用此选项在彩色打印机上以彩色打印。若要防止打印彩色背景，请执行下列操作之一：

以灰度模式打印幻灯片。有关详细信息，请参阅下文的灰度。

从演示文稿中删除彩色背景。在“设计”功能区上的“背景”组中，单击“背景样式”，然后选择“样式 1”。

灰度：此选项打印的图像包含介于黑色和白色之间的各种灰色调。背景填充的打印颜色为白色，从而使文本更加清晰(有时灰度的显示效果与“纯黑白”一样)。

纯黑白：此选项打印不带灰填充色的讲义。

若要包括或更改页眉和页脚，请单击“编辑页眉和页脚”链接，然后在显示的“页眉和页脚”对话框中进行选择。

单击“打印”。

3. 保存打印设置

如果要重置打印选项并将其作为默认设置保留，请执行下列操作：

(1) 打开“文件”功能区。

(2) 单击“打印”，然后按照本文的设置打印选项，打印幻灯片或讲义部分中所述的选择设置。

(3) 在“帮助”下，单击“选项”，然后单击“高级”。

(4) 在“打印此文档时”下单击“使用最近使用过的打印设置”，然后单击“确定”按钮。

第4章 计算思维基础及程序设计语言

计算思维是指运用计算机科学的基础概念去求解问题、设计系统和理解人类行为。计算思维的本质是抽象和自动化，在不同层面进行抽象，以及将这些抽象“机器化”，即用“机器”表示和实现。利用计算机解决实际问题，首先需要找到解决的方法，设计出最适当的解决方法(即算法)并转化为用计算机语言(或程序设计语言)来实现设计思路，即编写程序，最终调试运行程序来体验问题的求解。

算法是关于解决问题的计算过程的描述，即解决问题的方法和步骤的描述；程序设计是使用计算机可理解的语言表达算法的过程。

4.1 问题求解

在科技发达的今天，到处都可以看到计算机的踪影，感受到计算机给学习、生活带来的方便。然而，在惊叹计算机的神奇和享受欢乐的时候，你是否了解计算机解决问题的基本过程呢?

4.1.1 一般问题的解决过程

在每天的日常生活中，人们会遇到很多不同的问题，面对不断的选择和思考。就如简单的事情——“今天起床后是先去教室还是先去食堂”这个问题的解决也存在思考。解决问题的方式和方法是多样的，也许都能达到同样的效果，但效率有高低之分，真可谓“条条大道通罗马”。

下面先看一个古典的“韩信点兵”问题：韩信是我国西汉初著名的军事家，刘邦得天下，军事上全依靠他。韩信点兵，多多益善，不仅如此，还能经常以少胜多，以弱胜强。相传汉高祖刘邦问大将军韩信统御兵士多少，韩信答说：每3人一列余1人、5人一列余2人、7人一列余4人、13人一列余6人、17人一列余8人……刘邦茫然而不知其数。你知道韩信统御多少兵士吗?

一般，我们解决问题的一般过程如图4-1所示，其包含下列步骤：

(1) 要确定和明确问题。“韩信点兵”问题就是要求出满足条件的最少人数。

图4-1 人工求解问题的过程

(2) 分析并理解问题，了解问题背后的相关知识。“韩信点兵”问题抽象为：求整除 3 余 1、整除 5 余 2、整除 7 余 4、整除 13 余 6、整除 17 余 8 的最小自然数。

(3) 根据分析设计出不同的方案，尽可能全面地列出备选方案。在解决大问题时常采用“头脑风暴”的方法，集思广益。

(4) 方案选择。这时需要指定一个评价标准，明确并评价每一种方案的利弊，根据这些标准对所有的方案进行评价，选出最佳的方案。

(5) 方案选定后，列出方案的解决步骤，运用知识范围内的有限、分步的步骤来描述已选定的方案。

(6) 方案执行评估。通过执行方案，检查它的结果是否正确，是否令用户满意。如果结果错误或不令人满意，就必须重新设计一个解决方案。

“韩信点兵”问题的处理过程可简化为表 4-1，若人工计算需要很长时间，用计算机来解决“韩信点兵”问题将大大加快计算速度。

表 4-1 “韩信点兵”人工计算的主要过程

分析问题(找出已知和未知、列出已知和未知之间的关系)	写出解题步骤(算法)
设所求的数为 X，则 X 应满足： X 整除 3 余 1 X 整除 5 余 2 X 整除 7 余 4 X 整除 13 余 6 X 整除 17 余 8	① 令 X 为 1(X 为被判断的自然数) ② 如果 X 整除 3 余 1，X 整除 5 余 2，X 整除 7 余 4，X 整除 13 余 6，X 整除 17 余 8，这就是题目要求的数，则记下这个 X ③ 令 X 为 $X+1$(为计算下一个数做准备) ④ 如果算出，则写出答案并结束；否则跳转②

【算法 4-1】 机器人走迷宫问题(每行的开头是指令的编号，“//”表示注释)。

例 4-1 机器人走迷宫问题。机器人不是非常聪明，它只能根据设定的指令进行活动，执行完一条指令后，紧接着执行下 条。指令是机器人能直接识别并执行的命令。机器人的指令集与假设条件如表 4-2 所示。请写出具体的指令步骤，让机器人向前一直走到墙，然后再走回来。当机器人抬起手时，它可以摸到墙和椅子的靠背。初始时机器人和墙的距离只有三步长。

表 4-2 机器人的指令集

指令标记	含义
StandUp	起立
SitDown	坐下
TakeForward	向前走一步(必须在站立时执行)
TurnRght	向右转 90°(必须在站立时执行)
HandsUp	举起手臂(向前抬到与身体成直角)
HandsDown	放下手臂
Stop	停止

解析：根据机器人的指令集，为了实现让机器人向前走三步，到墙后再返回的目的，具体的指令步骤如图 4-2 所示。

4.1.2 计算机求解问题的过程

用计算机解题，是不是输入表4-1中算法(步骤)就行了呢? 不行，上面用自然语言描述的算法，计算机不懂，必须翻译成计算机的语言，这就是程序设计语言。计算机求解问题的过程如图4-3所示，常常包含分析问题、设计算法、编写程序、调试运行程序等过程。

```
1:StandUp              //起立
2:HandsUp              //举起手臂
3:TakeForward          //向前走一步
4:TakeForward          //向前走一步
5:TakeForward          //向前走一步
6:TurnRght             //向右转90°
7:TurnRght             //向右转90°
8:TakeForward          //向前走一步
9:TakeForward          //向前走一步
10:TakeForward         //向前走一步
11:TurnRght            //向右转90°
12:TurnRght            //向右转90°
13:HandsDown           //放下手臂
14:SitDown             //坐下
15:Stop                //停止
```

图4-2 指令步骤

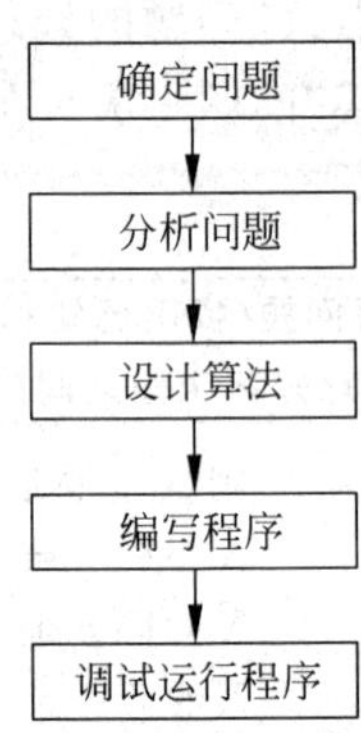

图4-3 计算机求解问题的过程

1. 分析问题

分析问题就是找出已知和未知、列出已知和未知之间的关系，即提交包含输入数据、处理部分和输出数据的问题分析表。

(1) 分析解决问题所需要的数据(条件)，由算法的输入部分实现。

(2) 确定要计算机解决什么问题，即"做什么"由算法的处理部分实现。

(3) 明确最后得到的结果，由算法的输出部分实现。

针对"韩信点兵"问题，其问题分析表如表4-3所示。

表4-3 "韩信点兵"问题的问题分析表

输入数据	处理部分	输出数据
无	求整除3余1、整除5余2、整除7余4、整除13余6、整除17余8的最小自然数	满足条件的最小自然数

2. 设计算法

设计出解决某一问题的一组(或有限)求解步骤，即算法，告诉计算机"怎么做"。针对"韩信点兵"问题用自然语言描述的算法如算法4-2所示。

【**算法 4-2**】 “韩信点兵”算法。

(1) 令 X 为 1(X 为被判断的自然数)。

(2) 如果 X 整除 3 余 1,X 整除 5 余 2,X 整除 7 余 4,X 整除 13 余 6,X 整除 17 余 8,这就是题目要求的数,则记下这个 X。

(3) 令 X 为 $X+1$(为计算下一个数做准备)。

(4) 如果算出,则写出答案并结束;否则跳转(2)。

3. 编写程序

编写程序是使用计算机可理解的语言表达算法的过程。算法 4-2 对应的 C 语言程序如程序 4-1 所示。

【**程序 4-1**】 “韩信点兵”源程序。

```
#include <stdio.h>
void main()
{
    int x;
    for (x = 1;;x++)
    {
      if (x % 3 == 1)
       if (x % 5 == 2)
        if (x % 7 == 4)
         if (x % 13 == 6)
           if (x % 17 == 8)
           break;
    }
  printf("韩信统御士兵数: % d\n",x);
}
```

4. 上机调试和运行

程序编好以后,通过键盘输入计算机,并编译(翻译)程序、运行程序查看结果,这个过程叫调试程序。

程序 4-1 运行结果:

```
18232
```

4.2 算法设计

日常工作生活中,若要解决某个问题,大的如举办奥运会,小的如最简单的做菜,需要知道做这个菜的完整过程及步骤,才能很好地做好这个菜,计算机要解决问题,也要有相应的方法和过程。例如四则运算、方程的求解等,完成这些工作都需要一系列程序化的步骤,这就是算法的思想。

4.2.1 算法定义与特征

在用计算机求解问题之前，必须先将所有制定的解题方案"告诉"计算机，确定交付计算机执行的解题方案中的每个详细步骤，并将此过程完整地描述出来，使计算机按照人们规定的计算顺序自动执行，这种解题方案的描述称为算法。现代意义上算法是为解决某一特定问题而采取的准确而完整的描述。一个算法实际上是一种抽象的解题方法。算法不一定是唯一的。

1. 算法的基本特征

一个解决问题的方法要成为程序设计中所使用的算法，需要具备以下特性：

(1) 可行性(effectiveness)。算法中的每一个步骤都是可以在有限的时间内完成的基本操作，并能得到确定的结果。一个算法是能行的，即算法中描述的操作都可以通过已经实现的基本运算执行有限次来实现。

(2) 确定性(definiteness)。算法中的每一个步骤都应当是确定的，而不应当是含糊的、模棱两可的。算法中每一条指令必须有确切的含义，即不会产生二义性，并且在任何条件下，算法只有唯一的一条执行路径，即对于相同的输入只能得到相同的输出。

(3) 有穷性(finiteness)。一个算法应包含有限的操作步骤，而不能是无限的。一个算法必须总是(对任何合法的输入)在执行有穷步之后结束，并且每一步都可在有穷时间内完成。

(4) 输入(input)。有零个或多个输入，所谓输入是指在执行算法时需要从外界取得必要的信息。一个算法也可以没有输入。

(5) 输出(output)。有一个或多个输出，算法的目的是为了求解，"解"就是输出。没有输出的算法是没有意义的。

注意：算法和程序是有区别的，即程序未必能满足有穷。在本书中，只讨论满足有穷的程序，因此"算法"和"程序"是通用的。

2. 算法的基本要素

一个算法包含两个基本要素：

(1) 对数据对象的运算和操作。

① 算术运算：加、减、乘、除；

② 逻辑运算：与、或、非；

③ 关系运算：大于、小于、等于、不等于等；

④ 数据传输：赋值、输入、输出等。

(2) 算法的控制结构。

算法中各操作之间的执行顺序称为算法的控制结构，操作的执行顺序是算法的重要组成部分，算法的控制结构给出算法的执行框架，决定算法中各种操作的执行顺序。常包含顺序结构、选择结构和循环结构。顺序结构是指按排列顺序执行不同的操作；选择结构是指根据条件满足或不满足而去执行不同的操作；循环结构是指重复执行某些操作。

4.2.2 算法设计原则和过程

算法的实现并不是唯一的，可能一个问题有多种不同的解法，那么什么是最好的算法呢？

1. 设计算法原则

在设计算法时应考虑以下几个方面：

1）正确性

说一个算法正确，它至少应该不含任何逻辑错误，只要输入的数据合法，都应该输出满足要求的结果。除了应该满足算法说明中写明的“功能”之外，应对各组典型的带有苛刻条件的输入数据也能得出正确的结果。

2）可读性

可读性是指算法能让其他人理解。在算法正确的前提下，算法的可读性是摆在第一位的，这在当今大型软件需要多人合作完成的环境下是最重要的，另一方面，晦涩难读的程序易于隐藏错误而难以调试。

3）健壮性

当用户输入的数据非法时，算法也应该能适当地做出反应或进行处理，而不会产生莫名其妙的输出结果。一般情况下，应向调用它的函数返回一个表示错误或错误性质的值。

4）高效率和低存储量的需求

算法的效率指的是算法的执行时间，执行算法的时间越少，算法的效率越高；算法的存储量指的是算法执行过程中所需的最大存储空间。

2. 算法设计的过程

在遵循算法设计的基本原则的基础上，设计算法的一般过程可以归纳为以下几个步骤，如图 4-4 所示。

(1) 通过对问题进行详细的分析，抽象出相应的数学模型，即问题的输入、输出及关系。

(2) 确定使用的数据结构（数据、逻辑关系及存储关系），选择相应的算法策略，并设计出对此数据结构实施的各种运算和控制结构。

(3) 证明算法的正确性并分析算法的高效性。

(4) 选择合适的算法，应用某种程序设计语言将算法转换为程序。

(5) 调试运行程序，从而验证实现算法。

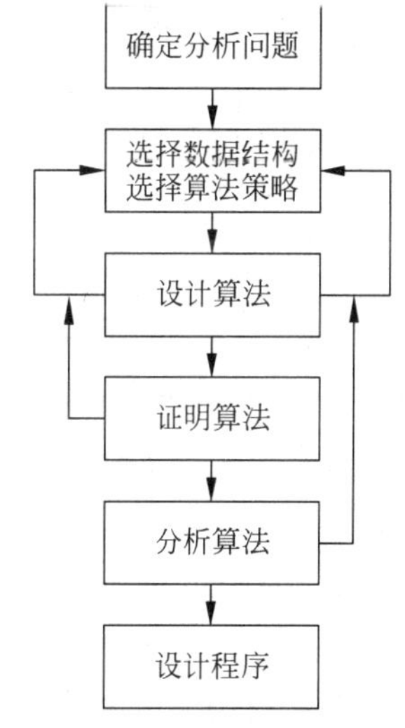

图 4-4　算法设计的一般过程

4.2.3 算法的描述方法

算法是解决问题的方法和步骤，而算法的描述则可以采用不同的方式，例如，可用通常使用的语言和数学公式加以叙述，也可借助于算法语言给出精确的说明，还可以用流程图直观地表示算法的整个结构。

1. 自然语言

就像写文章时所列的提纲一样，可以有序地用简洁的自然语言加数学符号来描述算法。例如在家中烧开水的过程用自然语言描述如下。

第一步：往壶内注入水。

第二步：点火加热。

第三步：观察，继续烧火。

第四步：如果水开了，则停止烧火，否则重复过程的第三步，直至水开。

自然语言描述的算法通俗易懂，但比较烦琐，而且容易产生歧义。

2. 流程图

这是一种传统的、广泛应用的算法描述工具，它将解决问题的详细步骤用特定的图形符号表示（如表 4-4 所示），用“流线”来指示算法的执行方向。与自然语言相比，流程图可以清晰、直观、形象地反映控制结构的过程，使人们快速准确地理解并解决问题。特别是在早期语言阶段，只有通过流程图才能简明地表达算法。

表 4-4　流程图常用图形符号

符号名称	图　形	功　能
起止框		表示算法的开始和结束
输入/输出框		表示算法的输入/输出操作
处理框		表示算法中的各种处理操作
判断框		表示算法中的条件判断操作
流程线		表示算法的执行方向
连接点		表示流程图的延续

例 4-2　输入两个实数，按代数值由小到大次序输出这两个数。

解析：

该问题的输入是两个实数，输出也是两个实数，但输出的两个实数是从小到大排序的。可见输入的两个实数是在比较了大小后输出的，如果输入的第一个数比第二个数小，则按输入次序输出这两个数，否则交换次序后输出即可。该题的算法如图 4-5 所示。

流程图表达算法虽然简明直观、易于理解，但也有缺点：

(1) 只表示流程，不表示数据结构；

(2) “流线”代表控制线，可以不受制约任意跳转；

(3) 每个符号对应一行源程序代码，大型程序的可读性较差。

3. N-S 流程图

为了避免流程图在描述算法时的随意跳转，1973 年美国学者 I. Nassi 和 B. Sheneiderman 提出了用矩形框代替流程图，即 N-S 流程图。它采用图形的方法描述处理过程，全部算法写在一个大的矩形框中，框中包含若干基本处理框，没有指向箭头，严格限制一个处理到另一个处理的转移。

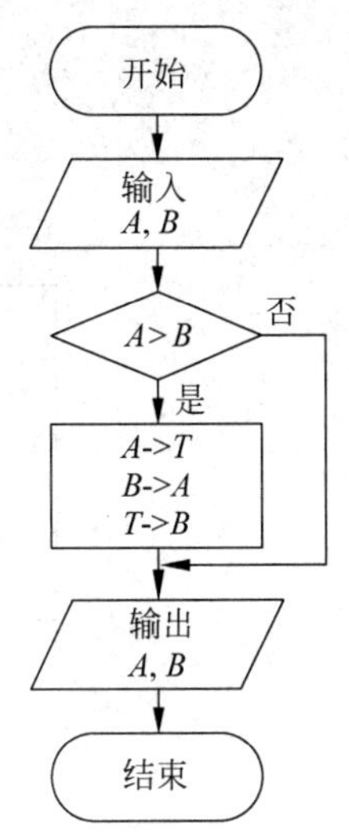

图 4-5　两个数排序的流程图

N-S 流程图用以下符号表示三种程序结构。

(1) 顺序结构。顺序结构用图 4-6(a)的形式表示。A 和 B 两个框组成一个顺序结构。

(2) 选择结构。选择结构用图 4-6(b)表示，它是一个整体，其中 P 表示一个条件，如果条件 P 成立，执行 A 操作；如果不成立，执行 B 操作。

(3) 循环结构。

当型循环结构用图 4-6(c)表示。当条件 P 成立时，反复执行 A 操作，直到 P 条件不成立为止。

直到型循环结构用图 4-6(d)表示。先执行 A 操作，再判断条件 P 是否成立，如果 P 成立再继续执行 A 操作，不成立就退出该结构。

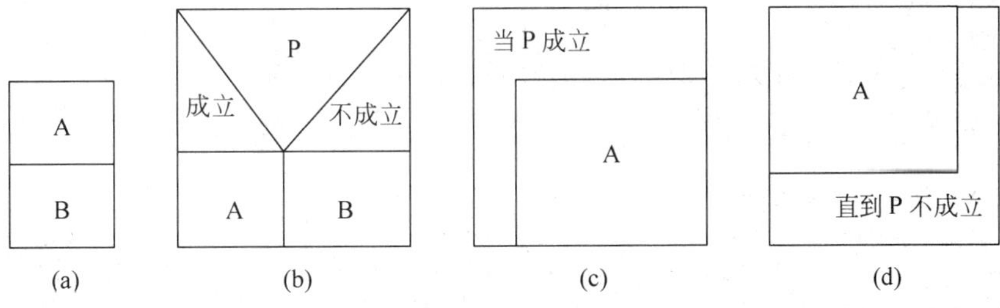

图 4-6　N-S 流程图表示法

例 4-3　求从 1 开始的一百个自然数之和。

解析：由题意可知这是重复百次的求和运算，即累加百次，而且每次参与累加的数就是累加的次数。据此分析，可用循环结构实现其算法。用当型循环结构表示，如图 4-7 所示。

4. 伪代码

伪代码是介于自然语言和计算机语言之间的语言，它使用某些程序设计语言中的控制结构，来描述算法中各步骤的执行次序和模式；使用自然语言、数学符号或其他符号，来表示计算步骤要完成的处理或需要涉及的数据。

例 4-4　判断一个四位数的年份是否为闰年。

解析：

符合下列条件之一的年份都是闰年：能被 400 整除的年份；不能被 100 整除，但可以被 4 整除的年份。对这一方法可以用伪代码表示为算法 4-3 所示。

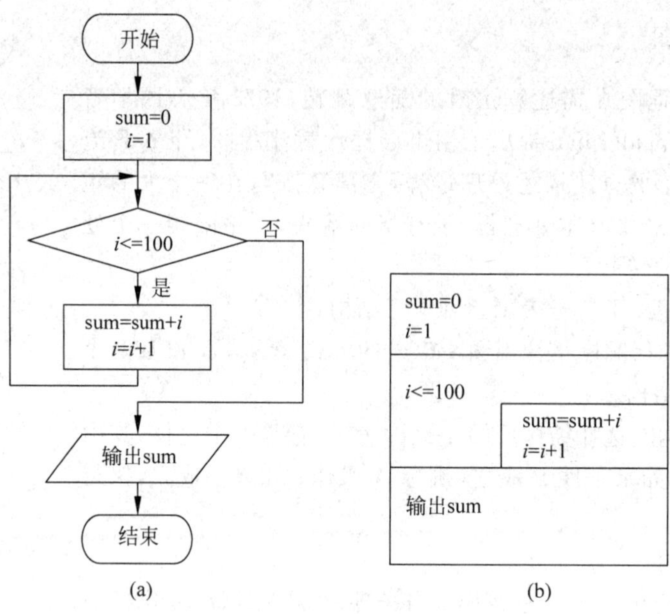

图 4-7　累加算法的当型循环流程图

【算法 4-3】 判断一个四位数的年份是否为闰年。

```
输入年份->y
If y 能被 4 整除 then
 If y 不能被 100 整除 then
  输出"是闰年"
  Else
    If y 能被 400 整除 then
      输出"是闰年"
    Else
       输出"不是闰年"
    End if
 End if
Else
  输出"不是闰年"
End if
```

5. 计算机语言表示算法

用某种程序设计语言编写的程序，本质上也是问题处理方案的描述，并且是最终的描述。如例 4-3 求从 1 开始的一百个自然数之和问题用 C 语言描述的源程序如程序 4-2 所示。

【程序 4-2】 求从 1 开始的一百个自然数之和。

```
#include <stdio.h>
void main()
{
```

```
    int i,sum;
    i=1; sum=0;
    while(i<=100)
    {
        sum=sum+i;
        i=i+1;
    }
    printf("sum=%d\n",sum);
}
```

4.3 算法策略

算法策略就是在问题范围中随机搜索所有可能的解决问题的方法，直至选择一种有效的方法解决问题。

4.3.1 枚举法

枚举法也称为穷举法，它是对可能是解的众多候选解按某种顺序进行逐一枚举和检验，并从中找出那些符合要求的候选解作为问题的解。

例 4-5 百钱买百鸡：写出使用 100 元钱购买 100 只鸡的方案，其中公鸡 5 元/只，母鸡 3 元/只，小鸡 1 元/3 只。

解析：这是个不定方程——三元一次方程组问题（三个变量，两个方程），设公鸡为 x 只，母鸡为 y 只，小鸡为 z 只。

$$x+y+z=100$$

$$5x+3y+z/3=100$$

两个方程无法解出三个变量的值，只能将各种可能的取值代入，其中能满足两个方程的就是所需的解，这就是枚举算法策略的应用。

这里 x,y,z 为正整数，且 z 是 3 的倍数；由于鸡和钱的总数都是 100，可以确定 x,y,z 的取值范围：

x 的取值范围为 1～20；

y 的取值范围为 1～33；

z 的取值范围为 3～99，步长为 3。

用穷举的方法，遍历 x,y,z 的所有可能组合，最后即可得到问题的解。流程图如图 4-8 所示。

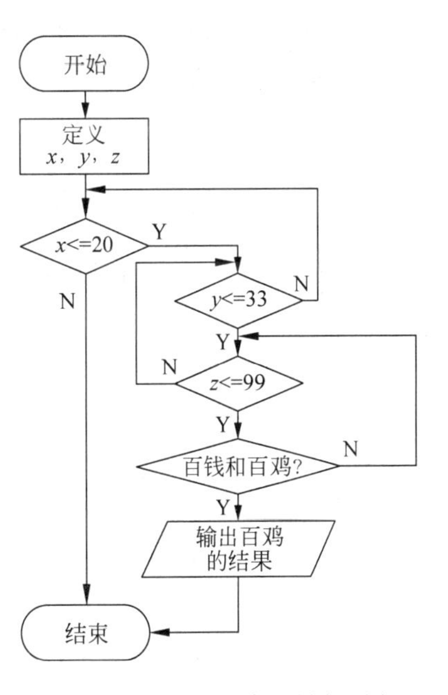

图 4-8 百钱买百鸡问题流程图

例 4-6 求 100～200 不能被 3 整除也不能被 7 整除的数。

解析：求某区间内符合某一要求的数，可用一个变量“穷举”。所以可用一个独立变量 x，取值范围为 100～200。

```
for (x = 100;x <= 200;x++)
        if (x % 3!= 0&&x % 7!= 0)
            printf("x = %d\n",x);
```

从上述两个例题可以看到，在枚举算法中，枚举对象的选择也是非常重要的，选择适当的枚举对象可以获取更高的效率。

4.3.2 归纳法

归纳法也称为递推法，它是利用问题本身所具有的一种递推关系求问题解的一种方法。能采用递推法构造算法的问题有重要的递推性质，即当得到问题规模为 $i-1$ 的解后，由问题的递推性质，能从已求得的规模为 $1,2,\cdots,i-1$ 的一系列解，构造出问题规模为 i 的解。这样，可从 $i=0$ 或 $i=1$ 出发，重复地，由已知至 $i-1$ 规模的解，通过递推，获得规模为 i 的解，直至得到规模为 N 的最终解。

例如对于例 4-3 求 $\sum i = 1+2+3+4+\cdots+99+100 \quad (i = 0 \sim 100)$。

解析：

$i=0$　　　$S0=0$(初值)

$i=1$　　　$S1=0+1=S0+1$

$i=2$　　　$S2=1+2=S1+2$

$i=3$　　　$S3=1+2+3=S2+3$

$i=4$　　　$S4=1+2+3+4=S3+4$

⋮　　　⋮

$i=n$　　　$Sn=1+2+3+4+\cdots+n=Sn-1+n$

上述问题抽象为

$$S_i=\begin{cases}0 & (i=0) \\ 1 & (i=1) \\ S_{i-1}+i & (i=2,3,\cdots)\end{cases}\quad \begin{matrix}\text{初值} \\ \text{递推公式}\end{matrix}$$

例 4-7　求 $n!$（n 由键盘输入）。

解析：

$i=0$　　　$S0= 1=S0$　(初值)

$i=1$　　　$S1= 0\times1=S0\times1$

$i=2$　　　$S2=1\times2=S1\times2$

$i=3$　　　$S3=1\times2\times3=S2\times3$

$i=4$　　　$S4=1\times2\times3\times4=S3\times4$

⋮　　　⋮

$i=n$　　　$Sn=1\times2\times3\times4\times\cdots\times n=Sn-1\times n$

上述问题抽象为

$$Si=\begin{cases} 1 & (i=0) \\ & (i=1) \\ S_{i-1}\times i & (i=2,3,\cdots) \end{cases} \quad \begin{matrix} \text{初值} \\ \\ \text{递推公式} \end{matrix}$$

4.3.3 递归与分治法

递归是一种算法结构，分治是一种算法思想。

一个对象部分地由它自己组成，或者是按它自己定义，称为递归。直接或间接地调用自身的算法称为递归算法。用函数自身给出定义的函数称为递归函数。

分治法的设计思想是，将一个难以直接解决的大问题，分割成一些规模较小的相同问题，以便各个击破，分而治之。

分治算法的基本思路是将一个规模为 N 的问题分解为 k 个规模较小的子问题，这些子问题相互独立且与原问题性质相同。对这 k 个子问题分别求解。如果子问题的规模仍然不够小，则再划分为 k 个子问题，如此递归地进行下去，直到问题规模足够小，很容易求出其解为止。将求出的小规模问题的解合并为一个更大规模的问题的解，自底向上逐步求出原来问题的解。

通常，在三种典型情况下可以使用递归算法结构：问题的定义是递归的；数据结构（处理对象）是递归的；问题的解法是递归的。采用分治思想处理问题，其各个小模块通常具有与大问题相同的结构，即分治策略就是应用于问题的解法是递归的，所以递归与分治是一对孪生兄弟，递归体现一种算法结构，是表现形式，分治则是一种算法思想。分治算法常常体现为递归结构，当然也有非递归的分治算法。

一个递归模型由两部分组成：递归出口和递归体，递归出口负责确定递归到何时结束，而递归体则明确递归求解时的递推关系。

例如，阶乘函数的定义：

$$n! = \begin{cases} 1, & \text{当 } n = 0 \text{ 时} \\ n(n-1)!, & \text{当 } n \geqslant 1 \text{ 时} \end{cases}$$

阶乘函数的定义是递归的，其递归出口是 $n=0$，递归体是 $n!=n(n-1)!$。求 $n!$ 需调用 $(n-1)!$，求 $(n-1)!$ 需调用 $(n-2)!$，一直往下调用，当调用到 0!时，直接得到 1，不再往下调用，然后返回，由 1!的值可以得到 2!的值，由 2!的值可以得到 3!的值，一直返回就能得到 $n!$ 的值，阶乘求解过程如图 4-9 所示。

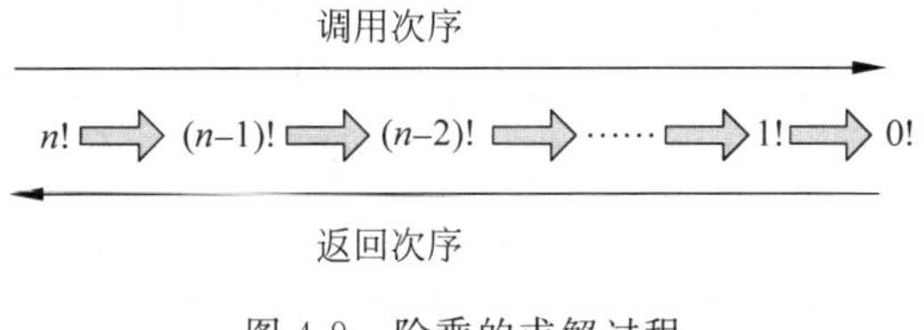

图 4-9　阶乘的求解过程

实际上递归的执行过程就是把一个不能或不适合直接求解的“大问题”转化为一个或者几个“小问题”来解决；再把“小问题”进一步分解为更小的“小问题”来解决；如此分解，直到“小问题”可以直接求解为止。但应注意，递归算法的分解过程不是随意进行的，分解问题规模要保证“大问题”和“小问题”的相似性，即求解过程和环境要具备相似性；一旦遇到递归出口，分解过程结束，开始求值，分解是量变的过程，大问题慢慢变小，但是尚未解决，遇到递归出口之后，发生了质变，即递归问题转化为直接问题。因此，递归算法的执行过程总是包含分解和求值两个部分。

例 4-8 小猴吃桃问题：有一堆桃子不知数目，猴子第一天吃掉一半，又多吃了一个，第二天照此方法，吃掉剩下桃子的一半又多一个，天天如此，到第 11 天早上，猴子发现只剩一个桃子了，问这堆桃子原来有多少个？

解析：

递归的本质就是要找到相邻两个数据之间的关系代数式，放在本例中，就要找到昨天还有的桃子数与今天还有的桃子数之间的关系。例如，设今天的桃子数为 x，昨天的桃子数为 y，那么昨天的桃子多，今天的桃子少，这是最基本的。昨天的一半减去 1 就是今天的数量，$(y/2)-1=x$，那么，y 就转换成 x 的表示式，即为 $y=2x+2$，表达为函数式为 $f(y)=2f(y-1)+2$。

另外，处理递归一个非常重要的地方，就是设置合理的退出递归条件，本例中，明显最后一天是一个退出递归触发条件，因为最后一天只有一个，那么设最后一天：$n=1$，昨天：$n=2$，前天：$n=3$，以此类推，那么按这两条思路，小猴吃桃问题的递归模型为

$$f(n)=\begin{cases}1, & \text{当 } n=1 \text{ 时} \\ 2f(n-1)\times 2, & \text{当 } n\geqslant 2 \text{ 时}\end{cases}$$

最后求 $f(11)$的值即为结果。

递归算法的优点：结构清晰，可读性强，而且容易用数学归纳法来证明算法的正确性，因此它为设计算法、调试程序带来了很大的方便。

递归算法的缺点：递归算法的运行效率较低，无论是耗费的计算时间还是占用的存储空间都比非递归算法要多。

递归算法编写注意事项：

(1) 利用递归边界书写出口/入口条件。

(2) 递归调用时参数要朝出口方向修改，每次递归发生改变的量要作为参数出现。

(3) 当递归函数有返回值时，在函数体内对每个分支的返回值赋值。

(4) 谨慎使用循环语句。

(5) 理解时注意当前的工作环境。

例 4-9 棋盘覆盖问题：在一个 $2^k\times 2^k$ 个方格组成的棋盘中，恰有一个方格与其他方格不同，称该方格为一特殊方格，且称该棋盘为一特殊棋盘，如图 4-10(a)所示。在棋盘覆盖问题中，要用如图 4-10(b)所示的 4 种不同形态的 L 形骨牌覆盖给定的特殊棋盘上除特殊方格以外的所有方格，且任何 2 个 L 形骨牌不得重叠覆盖。

解析：当 $k>0$ 时，将 $2^k\times 2^k$ 棋盘分割为 4 个 $2^{k-1}\times 2^{k-1}$ 子棋盘，如图 4-11 (a)所示。

特殊方格必位于 4 个较小子棋盘之一中，其余 3 个子棋盘中无特殊方格。为了将这 3 个无特殊方格的子棋盘转化为特殊棋盘，可以用一个 L 形骨牌覆盖这 3 个较小棋盘的会合处，如图 4-11(b)所示，从而将原问题转化为 4 个较小规模的棋盘覆盖问题。递归地使用这种分割，直至棋盘简化为棋盘 1×1。

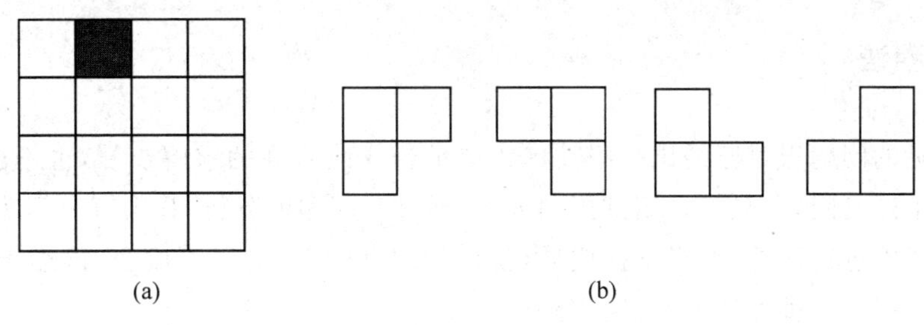

图 4-10　棋盘覆盖问题图示

例 4-10　循环赛日程表问题。设计一个满足以下要求的比赛日程表：

(1) 每个选手必须与其他 $n-1$ 个选手各赛一次；

(2) 每个选手一天只能赛一次；

(3) 循环赛一共进行 $n-1$ 天。

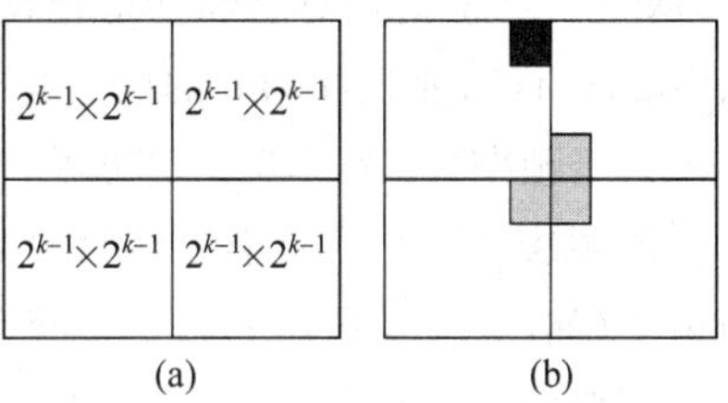

图 4-11　棋盘覆盖问题解题示意图

解析：设 n 位选手的顺序编号为 1、2、…、n，比赛的日程表是一个 n 行 $n-1$ 列的表，i 行 j 列的内容是第 i 号选手在第 j 天的比赛对手编号，其中 $1\leqslant i\leqslant n,1\leqslant j\leqslant n-1$。

按分治策略解决这个问题可以按照以下步骤进行。

分解：将原问题分解为若干规模较小、相互独立、与原问题形式相同的子问题；可以将所有的选手分为两半，则 n 个选手的比赛日程表可以通过 $n/2$ 个选手的比赛日程表来决定。用这种一分为二的策略对选手进行划分，直到只剩下两个选手。

解决：若子问题规模较小而容易被解决，则直接解，否则递归地解各个子问题。

当只有两个选手参加比赛时，比赛日程表的制定就变得很简单，这时只要让这两个选手进行比赛即可。

合并：将各个子问题的解合并为原问题的解。从两个选手的比赛日程表出发，重复这个过程，就可以安排好所有 n 位选手的比赛日程表，如图 4-12 所示。

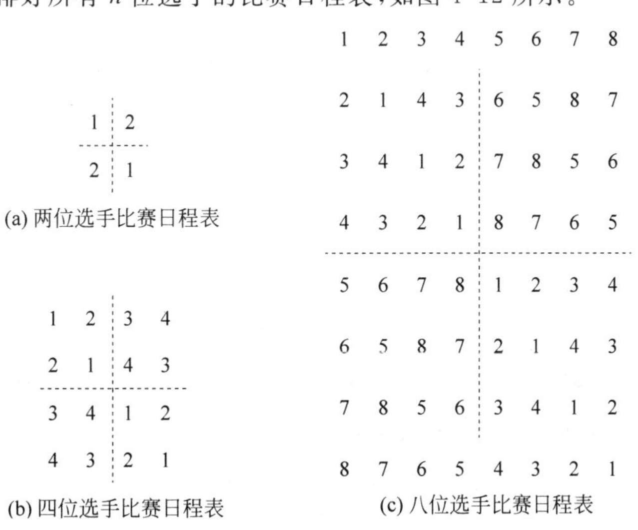

1	2
2	1

(a) 两位选手比赛日程表

1	2	3	4
2	1	4	3
3	4	1	2
4	3	2	1

(b) 四位选手比赛日程表

1	2	3	4	5	6	7	8
2	1	4	3	6	5	8	7
3	4	1	2	7	8	5	6
4	3	2	1	8	7	6	5
5	6	7	8	1	2	3	4
6	5	8	7	2	1	4	3
7	8	5	6	3	4	1	2
8	7	6	5	4	3	2	1

(c) 八位选手比赛日程表

图 4-12　循环赛日程表安排示意图

4.3.4 回溯法

有些实际的问题很难归纳出一组简单的递推公式或直观的求解步骤，也不能使用无限的列举。对于这类问题，只能采用试探的方法，通过对问题的分析，找出解决问题的线索，然后沿着这个线索进行试探，如果试探成功，就得到问题的解，如果不成功，再逐步回退，换别的路线进行试探。这种方法，称为回溯法。

回溯就是通过不同的尝试来生成问题的解，有点类似于穷举，但是和穷举不同的是回溯会"剪枝"，意思就是对已经知道错误的结果没必要再枚举接下来的答案了，例如一个有序数列1,2,3,4,5，要找和为5的所有集合，从前往后搜索选了1，然后2，然后选3的时候发现和已经大于预期，那么4,5肯定也不行，这就是一种对搜索过程的优化。

回溯法是一个既带有系统性又带有跳跃性的搜索算法。它在包含问题的所有解的解空间树中（如图4-13所示），按照深度优先的策略，从根结点出发搜索解空间树。算法搜索至解空间树的任一结点时，总是先判断该结点是否肯定不包含问题的解。如果肯定不包含，则跳过对以该结点为根的子树的系统搜索，逐层向其祖先结点回溯。否则，进入该子树，继续按深度优先的策略进行搜索。回溯法在用来求问题的所有解时，要回溯到根，且根结点的所有子树都已被搜索遍才结束。而回溯法在用来求问题的任一解时，只要搜索到问题的一个解就可以结束。回溯法适用于解一些组合数较大的问题。

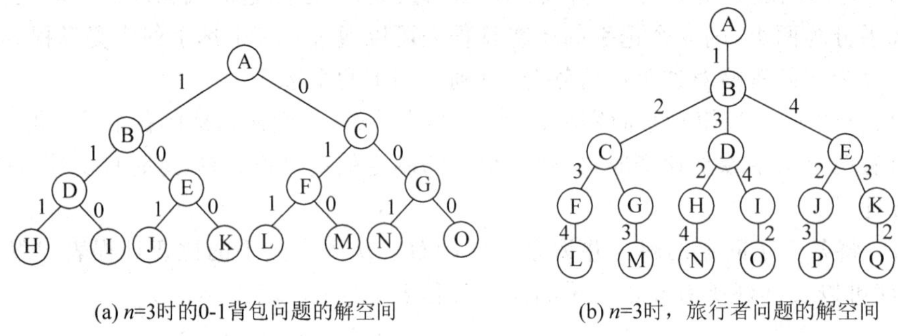

图 4-13 解空间树示意图

例 4-11 填字游戏。在一个3×3的方阵中填入数字1～N($N\geqslant 10$)内的某9个数字，每个方格填一个整数，所有相邻两个方格内的两个整数之和为质数，能否找出所有满足这个要求的各种数字填法。

解析：

这个问题可考虑试探法，即从第一个方格开始，为当前方格寻找一个合理的整数填入，并在当前位置正确填入后，为下一个方格寻找可填入的合理整数。如不能为当前方格找到一个合理的可填整数，就要回退到前一个方格，调整前一个方格的填入数。当第9个方格也填入了一个合理的整数后，就找到了一个解，即可将该解输出。回溯法找全部解的伪代码算法如算法4-4所示。

【算法 4-4】 填字游戏回溯算法。

```
{
Int m = 0, ok = 1;
Int n = 8;
Do{
   If (ok)
    {
    If (m == n)
       {输出解; 调整; }
    Else 扩展;
    }
   Else 调整;
   Ok = 检查前 m 个整数填放的合理性;
} while (m!= 0)
}
```

4.4 基本算法

在算法设计过程中,常常需使用一些基本算法,为更复杂的算法设计打下基础。

4.4.1 基础算法

1. 交换

思路:两量交换需借助第三者完成,如同交换两个杯子里的饮料,必须借助第三个空杯子一样。

例 4-12 小财主有一袋糖和一袋盐,怎么让袋子中的食物互换过来呢?

解析:还需一个口袋,用自然语言描述的算法见算法 4-5。

【算法 4-5】 食物袋互换算法。

(1) 将 A 袋中的糖倒到 C 袋中。

(2) 将 B 袋中的盐倒到 A 袋中。

(3) 将 C 袋中的糖倒到 B 袋中。

扩展:使两个变量 A,B 的值交换的方法。参见例 4-2。

2. 累加

累加算法的要领是形如 $s=s+A$ 的累加式,此式必须出现在循环中才能被反复执行,从而实现累加功能。A 通常是有规律变化的表达式,s 在进入循环前必须获得合适的初值,通常为 0。参见例 4-3。

3. 累乘

累乘算法的要领是形如 $s=s*A$ 的累乘式,此式必须出现在循环中才能被反复执行,从而实现累乘功能。A 通常是有规律变化的表达式，s 在进入循环前必须获得合适的初值，通常为 1，参见例 4-7。

4. 求最大数

思路：寻找最大值，好比擂台赛，最开始应设立“大力士”交椅。某甲不妨暂时坐在这把交椅上，权做“擂主”。然后，让参加比赛的其他人鱼贯而入，一一与“擂主”（未必是某甲）较劲，凡能击败“擂主”者则坐上“大力士”交椅，比赛结束时，“大力士”交椅上的人就是“最大值”。

例 4-13 4 个拳击手，谁是最棒的？

解析：好比打擂台，自然语言描述的算法见算法 4-6。

【算法 4-6】 4 个拳击手，谁是拳王？

(1) 让第一个拳击手坐上“大力士”交椅。

(2) 让第二个拳击手与“大力士”交椅上的拳击手比赛，胜者坐上“大力士”交椅。

(3) 让第三个拳击手与“大力士”交椅上的拳击手比赛，胜者坐上“大力士”交椅。

(4) 让第四个拳击手与“大力士”交椅上的拳击手比赛，胜者坐上“大力士”交椅。

(5) 比赛结束时“大力士”交椅上的拳击手就是最棒的。

扩展：10 个数找最大值的问题。自然语言描述的算法见算法 4-7。

【算法 4-7】 10 个数中的最大值问题。

(1) 任选一数放进变量 A 中，令计数器 $N=0$，表示比较了 0 次。

(2) 将下一个数与 A 相比，大数放于 A 中。

(3) 将 N 值增加 1，表示比较次数增加 1。

(4) 如果 N 的值小于 9，则返回第(2)步，否则停止比较，A 中就是最大数。

4.4.2 排序

排序是在待排序数据（或记录）中按一定的次序（递增或递减）重新排列数据的过程。排序的目的主要是方便查找操作。试想在一个没有顺序的电话号码本中，查找某人的电话号码是件多么困难的事。

1. 直接插入排序

直接插入排序的基本思想是：将待排序的记录按其关键字的大小逐个插入到一个已经排好序的有序序列中去，直到所有的记录插入完为止，得到一个新的有序序列。

例如，已知待排序的一组记录是：

60,71,49,11,82,24,3,66

假设在排序过程中，前三个记录已按关键字递增的次序重新排列，构成一个有序序列

49,60,71

现在将待排序记录中的第四个记录（即 11）插入上述有序序列，以得到一个新的含 4 个记录的有序序列。首先，应找到 11 的插入位置，再进行插入，可以将 11 放入序列的第一个单元 $r[0]$ 中，这个单元称为监视哨，然后从 71 起从右到左查找。11 小于 71，将 71 右移一个位置；11 小于 60，又再将 60 右移一个位置；11 小于 49，又再将 49 右移一个位置，这时再将

11 与 $r[0]$的值比较,$11 \geqslant r[0]$,它的插入位置就是 $r[1]$。假设 11 大于第一个值 $r[1]$,它的插入位置应在 $r[1]$和 $r[2]$之间,由于 60 已右移了,腾出来的位置正好留给 11,后面的记录依照同样的方法逐个插入到该有序序列中。若记录数 n,须进行 $n-1$ 趟排序,才能完成。下面用图 4-14 说明整个排序过程。

$i=1$		[60]	71	49	11	82	49	3	66
$i=2$	[71]	[60	[71]	49	11	82	49	3	66
$i=3$	[49]	[49	60	71]	11	82	49	3	66
$i=4$	[11]	[11	49	60	71]	82	49	3	66
$i=5$	[82]	[11	49	60	71	82]	49	3	66
$i=6$	[49]	[11	49	49	60	71	82]	3	66
$i=7$	[3]	[3	11	49	49	60	71	82]	66
$i=8$	[66]	[3	11	49	49	60	66	71	82]

↑
监视哨 $r[0]$

图 4-14　直接插入排序示例

在图 4-14 中,i 表示插入记录的顺序号,用方括号括起来的部分表示已排序的记录。

在排序之前设置了 $r[0]$,$r[0]$称为“监视哨”,它的作用是免去在查找过程的每一步都要检测数组 r 是否查找结束、下标是否越界,这就是监视哨这个名称的来历。

图 4-14 中,序列 60,71 称为第一趟排序。可见整个排序过程是由若干趟排序构成的。若记录数为 n,直接插入排序应由双重循环来实现,外循环进行 $n-1$ 趟插入排序,内循环用于进行一趟插入排序,即进行关键字的比较和记录的后移,完成某一记录的插入过程。直接插入排序的具体算法思路如下:

(1) 设置监视哨 $r[0]$,将待插入记录的值赋给 $r[0]$。

(2) 设置开始查找的位置 j。

(3) 在数组中进行搜索,搜索中将第 j 个记录后移,直至 $r[0]$的关键字$\geqslant r[j]$的关键字为止。

(4) 将 $r[0]$插在 $r[j+1]$的位置上。

2. 冒泡排序

冒泡排序也叫起泡排序、气泡排序等。冒泡排序是通过相邻的记录两两比较和交换,使关键字较小的记录像水中的气泡一样逐趟向上漂浮;而关键字较大的记录好比石块往下沉,每一趟有一块“最大”的石头沉到水底。

冒泡排序的基本思路:先将第一个记录的关键字和第二个记录的关键字进行比较,若为逆序,则交换两个记录;然后比较第二个记录和第三个记录的关键字,若为逆序,又交换两个记录;如此下去,直至第 n 个记录和第 $n-1$ 个记录的关键字比较完为止,这样就完成了第一趟冒泡排序,其结果是关键字最大的记录被安置到第 n 个记录的位置。接着进行第二趟冒泡排序,对前 $n-1$ 个记录进行类似的操作,其结果是关键字次大的记录被安置到第

$n-1$ 个记录的位置。对含有 n 个记录的文件最多需要进行 $n-1$ 趟冒泡排序。当比较过程中序列为有序时,则退出整个排序。

例如,设待排序文件的记录关键字为{60,71,49,11,82,49,3,66},图 4-15 显示了冒泡排序的过程。

初始状态	60	71	49	11	82	<u>49</u>	3	66
第一趟	60	49	11	71	<u>49</u>	3	66	82
第二趟	49	11	60	<u>49</u>	3	66	71	82
第三趟	11	49	<u>49</u>	3	60	66	71	82
第四趟	11	49	3	<u>49</u>	60	66	71	82
第五趟	11	3	49	<u>49</u>	60	66	71	82
第六趟	3	11	49	<u>49</u>	60	66	71	82
第七趟	3	11	49	<u>49</u>	60	66	71	82

图 4-15 冒泡排序示例

算法思路如下:

(1) 第一重循环进行 $n-1$ 趟排序,设标志 k 的初值为 0;

(2) 第二重循环是在进行第 i 趟排序时进行 $n-i$ 次两两比较,若逆序,交换并使 k 值增加;找出该趟的最大值放在第 $n-i+1$ 个位置上;继续进行下一趟排序;在一趟排序的比较过程中,若序列有序,无记录交换,标志 k 为 0,则退出整个排序循环。

3. 简单选择排序

简单选择排序的基本思路:对待排序的文件进行 $n-1$ 趟扫描,第 i 趟扫描选出剩下的 $n-i+1$ 个记录中关键字值最小的记录和第 i 个记录互相交换。第一次待排序的空间为 $r[1]\sim r[n]$,经过选择和交换后,$r[1]$中存放最小的记录;第二次待排序的区间为 $r[2]\sim r[n]$,经过选择和交换后,$r[2]$中存放次小的记录,以此类推,最后,形成 $r[1\cdots n]$成为有序序列。

例如,对序列{60,71,49,11,82,49,3,66}进行简单选择排序,示例如图 4-16 所示。方括号内是已排好序的序列。

初始状态	60	71	49	11	82	<u>49</u>	3	66
第一趟	[3]	71	49	11	82	<u>49</u>	60	66
第二趟	[3	11]	49	71	82	<u>49</u>	60	66
第三趟	[3	11	49]	71	82	<u>49</u>	60	66
第四趟	[3	11	49	<u>49</u>]	82	71	60	66
第五趟	[3	11	49	<u>49</u>	60]	71	82	66
第六趟	[3	11	49	<u>49</u>	60	66]	82	71
第七趟	[3	11	49	<u>49</u>	60	66	71	82]

图 4-16 直接选择排序示例

算法思路如下：

(1) 查找待排序序列中最小的记录，并将它和该区间的第一个记录交换。

(2) 重复(1)到第 $n-1$ 次排序后结束。

4.4.3 查找

查找是在数据序列中确定目标所在位置的过程。有两种基本的查找方法，即顺序查找和折半查找。顺序查找可在任何数据序列中查找，折半查找则要求数据序列是有序的。

在英汉字典中查找某个英文单词；在新华字典中查找某个汉字的读音、含义；在对数表、平方根表中查找某个数的对数、平方根；邮递员送信件要按收件人的地址确定位置等，可以说查找是为了得到某个信息而常常进行的工作。

1. 顺序查找

顺序查找又称线性查找，是最基本的查找方法之一，其查找方法为：从表的一端开始，向另一端按给定值 kx 逐个与关键字进行比较。若找到，查找成功，并给出数据元素在表中的位置；若整个表检测完，仍未找到与 kx 相同的关键字，则查找失败，给出失败信息。

其步骤如下：

(1) kx－＞序列中 0 号位置上。

(2) i＝序列长度。

(3) 重复执行：

当 kx 不等于列表中 mid 位置上的关键字，i－－；

否则结束，结果为 i。

就顺序查找算法而言，对于 n 个数据元素的表，给定值 kx 与表中第 i 个元素关键字相等，即定位第 i 个记录时，需进行 $n-i+1$ 次关键字比较。则查找成功时，顺序查找的平均查找次数为 $(n+1)/2$。查找不成功时，关键字的比较次数总是 $n+1$ 次。

顺序查找的缺点是：当 n 很大时，平均查找长度较大，效率低；优点是对表中数据元素的存储没有要求。

2. 有序表的折半查找

有序表即表中数据元素按关键字升序或降序排列的表。

折半查找的思想为：在有序表中，取中间元素作为比较对象，若给定值与中间元素的关键字相等，则查找成功；若给定值小于中间元素的关键字，则在中间元素的左半区继续查找；若给定值大于中间元素的关键字，则在中间元素的右半区继续查找。不断重复上述查找过程，直到查找成功，或所查找的区域无数据元素，查找失败。

其步骤如下：

(1) low＝1；high＝length；　　　　　　　//设置初始区间

(2) 当 low＞high 时，返回查找失败信息　　　//表空，查找失败

(3) 当 low≤high 时，mid＝(low＋high)/2；　　//取中点

① 若 kx＜序列中 mid 位置上的关键字，high＝mid－1；转(2)　//查找在左半区进行

② 若 kx＞序列中 mid 位置上的关键字，low＝mid＋1；转(2)　//查找在右半区进行

③ 若 kx＝序列中 mid 位置上的关键字，返回数据元素在表中的位置　　//查找成功

例 4-14　有序表按关键字排列如下：7,14,18,21,23,29,31,35,38,42,46,49,52。写出在表中查找关键字为 14 和 22 的数据元素的过程。

解析：

(1) 查找关键字为 14 的过程。

0	1	2	3	4	5	6	7	8	9	10	11	12	13
	7	14	18	21	23	29	31	35	38	42	46	49	52

↑low=1　①设置初始区间　↑high=13

↑mid=7　②表空测试，非空　③得到中点，比较测试

↑low=1　↑high=6　high=mid−1,调整到左半区

↑mid=3　②表空测试，非空　③得到中点，比较测试

↑low=1 ↑high=2　high=mid−1,调整到左半区

↑mid=1　②表空测试，非空　③得到中点，比较测试

↑low=2 ↑high=2　low=mid+1,调整到右半区

↑mid=2　②表空测试，非空　③得到中点，比较测试　查找成功，返回找到的数据元素位置为 2

(2) 查找关键字为 22 的过程。

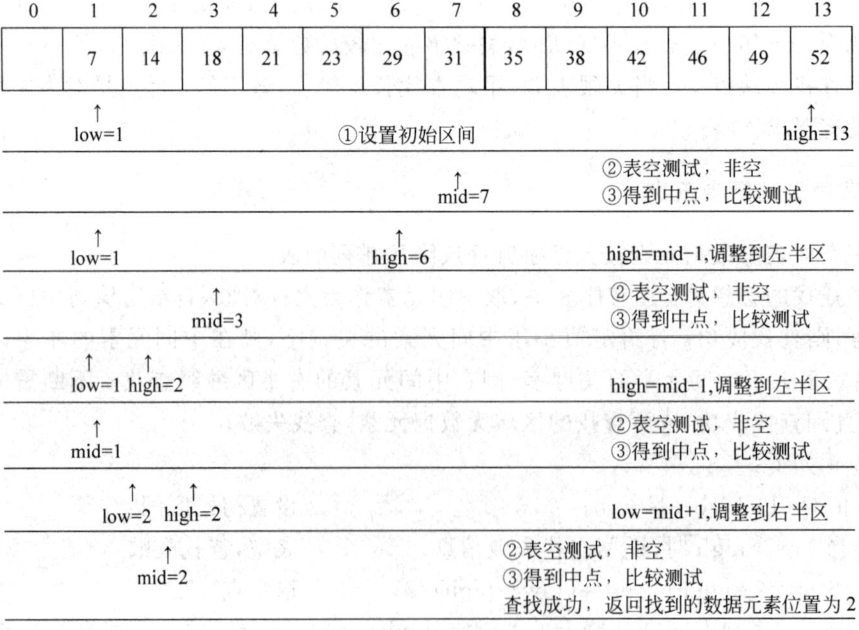

4.5 程序设计语言分类

计算机做的每一个动作、执行的每一个步骤，都是按照用计算机语言编好的程序来执行的，程序是计算机要执行的指令的集合，而程序全部都是用人们所掌握的语言来编写的。所以人们要控制计算机一定要通过计算机语言向计算机发出命令。

编程语言(Programming Language)，又称程序设计语言，是一组用来定义程序的语法规则。它是一种标准化的交流技巧，可以用来向计算机发出指令。它是一种计算机语言，可以让程序员准确地定义计算机所需要使用的数据，并精确地定义在不同情况下所应当采取的行动。

计算机语言的种类非常多，总的来说可以分成机器语言、汇编语言、高级语言三大类。计算机语言的发展过程是其功能不断完善、描述问题的方法越来越贴近人类思维方式的过程。

4.5.1 机器语言

机器语言是计算机诞生和发展初期使用的语言，表现为二进制的编码形式，是由 CPU 可以直接识别的一组由 0 和 1 序列构成的指令码。机器语言是从属于硬件设备的，不同的计算机设备有不同的机器语言。直到如今，机器语言仍然是计算机硬件所能"理解"的唯一语言。在计算机发展初期，人们就是直接使用机器语言来编写程序的，那是一项相当复杂和烦琐的工作。

例如，下面列出的一串二进制编码：

```
011011 000000 000000 000001 110101
```

命令计算机硬件完成清除累加器，然后把内存地址为 117 的单元内容与累加器的内容相加的操作。

机器语言不需要翻译直接执行，执行速度快、占内存空间少、效率最高；采用二进制形式书写，不直观；依赖于具体的硬件，对于不同的硬件需要不同的机器语言，通用性不强。

使用机器语言编写程序是很不方便的，非常难记忆和识别，它要求使用者熟悉计算机的所有细节，程序的质量完全决定于个人的编程水平。特别是随着计算机硬件结构越来越复杂，指令系统变得越来越庞大，一般的工程技术人员难以掌握程序的编写。为了把计算机从少数专门人才手中解放出来，减轻程序设计人员在编制程序工作中的烦琐劳动，计算机工作者开展了对程序设计语言的研究以及对语言处理程序的开发。

4.5.2 汇编语言

汇编语言开始于 20 世纪 50 年代初期，它是用助记符来表示每一条机器指令的。它用助记符(Memonic)代替操作码,用地址符号(Symbol)或标号(Label)代替地址码。这样用符号代替机器语言的二进制码,就把机器语言变成了汇编语言。所以汇编语言亦称为符号语言。例如,上面的机器指令(011011 000000 000000 000001 110101)可以表示为

```
CLA  00  117
```

使用汇编语言编写的程序,机器不能直接识别,要由一种程序将汇编语言翻译成机器语言,这种起翻译作用的程序叫汇编程序,汇编程序是系统软件中的语言处理系统软件。汇编语言把汇编程序翻译成机器语言的过程称为汇编。

汇编语言比机器语言易于读写、调试和修改,同时也具有机器语言执行速度快,占内存空间少、效率高等优点。但汇编语言依赖于具体的机型,不能通用,也不能在不同的机型之间移植,即汇编语言是面向机器的程序设计语言;用汇编语言编好的程序要依靠翻译程序(汇编程序)翻译成机器语言后方可执行。

4.5.3 高级语言

高级语言起始于20世纪50年代中期,它允许人们用熟悉的自然语言和数学语言编写程序代码,可读性强,编程方便。例如,在高级语言中写出以下语句:

$$X = (A + B)/(C + D)$$

与之等价的汇编语言程序如下:

```
CLA  C
ADD  D
STD  M
CLA  A
ADD  B
DIV  M
STD  X
```

高级语言比汇编语言更易于读写、调试和修改,可移植性好,不依赖于具体计算机,用一种高级语言写成的源程序可以在具有该种语言编译系统的不同计算机上使用。比较适合大规模开发,高级语言是目前绝大多数编程者的选择。但高级语言编写程序的执行效率再次降低,并且必须经过编译或解释程序译成机器语言后才能被执行。

高级语言主要是相对于汇编语言而言的,它并不是特指某一种具体的语言,而是包括了很多编程语言,如目前流行的VB、VC、FoxPro、Delphi等,这些语言的语法、命令格式都各不相同。

4.6 程序设计方法

程序设计是给出解决特定问题程序的过程,它往往以某种程序设计语言为工具,给出这种语言下的程序。

程序设计的方法主要包括结构化程序设计方法和面向对象的程序设计方法。

4.6.1 结构化程序设计方法

1. 结构化程序设计方法的产生

结构化程序设计由迪克斯特拉(E. W. Dijkstra)在1969年提出,以模块化设计为中心,将待开发的软件系统划分为若干个相互独立的模块,这样使完成每一个模块的工作变得单纯而明确,为设计一些较大的软件打下了良好的基础。

2. 结构化程序设计方法的基本要点

(1) 采用自顶向下,逐步求精的程序设计方法。

(2) 使用三种基本控制结构构造程序。

任何程序都可由顺序、选择、重复三种基本控制结构构造。

① 用顺序方式对过程分解,确定各部分的执行顺序。

② 用选择方式对过程分解,确定某个部分的执行条件。

③ 用循环方式对过程分解,确定某个部分进行重复的开始和结束条件。

④ 对处理过程仍然模糊的部分反复使用以上分解方法,最终可将所有细节确定下来。

3. 结构化程序设计语言

结构化程序设计语言主要有C、FORTRAN、Pascal、Ada、BASIC等语言。

4. 结构化程序设计的基本结构

结构化程序设计的基本结构有以下几种。

顺序结构:顺序结构表示程序中的各操作是按照它们出现的先后顺序执行的。

选择结构:选择结构表示程序的处理步骤出现了分支,它需要根据某一特定的条件选择其中的一个分支执行。选择结构有单选择、双选择和多选择三种形式。

循环结构:循环结构表示程序反复执行某个或某些操作,直到某条件为假(或为真)时才可终止循环。在循环结构中最主要的是:什么情况下执行循环?哪些操作需要循环执行?循环结构的基本形式有两种:当型循环和直到型循环。

当型循环:表示先判断条件,当满足给定的条件时执行循环体,并且在循环终端处流程自动返回到循环入口;如果条件不满足,则退出循环体直接到达流程出口处。因为是"当条件满足时执行循环",即先判断后执行,所以称为当型循环。

直到型循环:表示从结构入口处直接执行循环体,在循环终端处判断条件,如果条件不满足,返回入口处继续执行循环体,直到条件为真时再退出循环到达流程出口处,是先执行后判断。因为是"直到条件为真时为止",所以称为直到型循环。

5. 结构化程序设计适用情况

结构化程序设计又称为面向过程的程序设计。在面向过程的程序设计中,问题被看作一系列需要完成的任务,函数(在此泛指例程、函数、过程、模块)用于完成这些任务,解决问题的焦点集中于函数。其中函数是面向过程的，即它关注如何根据规定的条件完成指定的任务。

6. 结构化程序设计特点

结构化程序中的任意基本结构都具有唯一入口和唯一出口，并且程序不会出现死循环。在程序的静态形式与动态执行流程之间具有良好的对应关系。

7. 结构化程序设计优点

由于模块相互独立，因此在设计其中一个模块时，不会受到其他模块的牵连，因而可将原来较为复杂的问题化简为一系列简单模块的设计。模块的独立性还为扩充已有的系统、建立新系统带来了不少的方便，因为可以充分利用现有的模块作积木式的扩展。按照结构化程序设计的观点，任何算法功能都可以通过由程序模块组成的三种基本程序结构的组合：顺序结构、选择结构和循环结构来实现。

结构化程序设计的基本思想是采用"自顶向下，逐步求精"的程序设计方法和"单入口单出口"的控制结构。自顶向下、逐步求精的程序设计方法从问题本身开始，经过逐步细化，将解决问题的步骤分解为由基本程序结构模块组成的结构化程序框图；"单入口单出口"的思想认为一个复杂的程序，如果仅是由顺序、选择和循环三种基本程序结构通过组合、嵌套构成的，那么这个新构造的程序一定是一个单入口单出的程序。据此就很容易编写出结构良好、易于调试的程序来。

(1) 整体思路清楚，目标明确。

(2) 设计工作中阶段性非常强，有利于系统开发的总体管理和控制。

(3) 在系统分析时可以诊断出原系统中存在的问题和结构上的缺陷。

8. 结构化程序设计缺点

(1) 用户要求难以在系统分析阶段准确定义，致使系统在交付使用时产生许多问题。

(2) 用系统开发每个阶段的成果来进行控制，不能适应事物变化的要求。

(3) 系统的开发周期长。

例 4-15 针对五子棋游戏，采用结构化程序设计，请写出其实现模块结构。

解析：对于五子棋游戏，采用结构性编程思想，会得到下列操作步骤：

(1) 开始游戏。

(2) 黑子先走。

(3) 绘制画面。

(4) 判断输赢，如有输赢则转向步骤(9)。

(5) 轮到白子。

(6) 绘制画面。

(7) 判断输赢，如有输赢则转向步骤(9)。

(8) 返回步骤(2)。

(9) 输出最后结果。

把上面的每个步骤分别用函数(模块)来实现，问题就解决了。五子棋的模块结构图如图 4-17 所示。

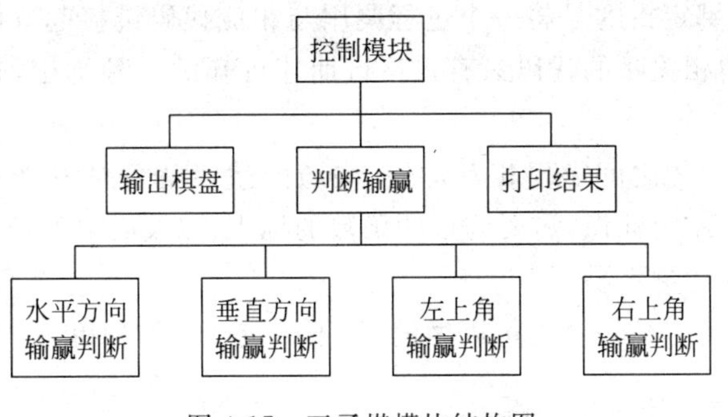

图 4-17　五子棋模块结构图

4.6.2　面向对象程序的设计方法

1. 面向对象程序设计方法的产生

1967 年挪威计算中心的 Kisten Nygaard 和 Ole Johan Dahl 开发了 Simula 67 语言，它提供了比子程序更高一级的抽象和封装，引入了数据抽象和类的概念，被认为是第一个面向对象语言。

“对象”和“对象的属性”这样的概念可以追溯到 20 世纪 50 年代初，它们首先出现于关于人工智能的早期著作中。但是出现了面向对象语言之后，面向对象思想得到了迅速的发展。汇编语言出现后，程序员就避免了直接使用 0-1，而是利用符号来表示机器指令，从而更方便地编写程序；当程序规模继续增长的时候，出现了 FORTRAN、C、Pascal 等高级语言，这些高级语言使得编写复杂的程序变得容易，程序员们可以更好地对付日益增加的复杂性。但是，如果软件系统达到一定的规模，即使应用结构化程序设计方法，局势仍将变得不可控制。作为一种降低复杂性的工具，面向对象语言产生了，面向对象程序设计也随之产生。

2. 面向对象程序设计方法的基本概念

面向对象程序设计中的概念主要包括：对象、类、数据抽象、继承、动态绑定、数据封装、多态性、消息传递。通过这些概念，面向对象的思想得到了具体的体现。

(1) 对象：对象是运行期的基本实体，它是一个封装了数据和操作这些数据的代码的逻辑实体。

(2) 类：类是具有相同类型的对象的抽象。一个对象所包含的所有数据和代码可以通过类来构造。

(3) 封装：封装是将数据和代码捆绑到一起，避免了外界的干扰和不确定性。对象的某些数据和代码可以是私有的，不能被外界访问，以此实现对数据和代码不同级别的访问权限。

(4) 继承：继承是让某个类型的对象获得另一个类型的对象的特征。通过继承可以实现代码的重用，从已存在的类派生出的一个新类将自动具有原来那个类的特性，同时它还可以拥有自己的新特性。

(5) 多态：多态是指不同事物具有不同表现形式的能力。多态机制使具有不同内部结构的对象可以共享相同的外部接口，通过这种方式减少代码的复杂度。

(6) 动态绑定：绑定指的是将一个过程调用与相应代码链接起来的行为。动态绑定是指与给定的过程调用相关联的代码只有在运行期才可知的一种绑定，它是多态实现的具体形式。

(7) 消息传递：对象之间需要相互沟通，沟通的途径就是对象之间收发信息。消息内容包括接收消息的对象的标识，需要调用的函数的标识，以及必要的信息。消息传递的概念使得对现实世界的描述更容易。

(8) 方法：方法是定义一个类可以做的，但不一定会去做的事。

3. 面向对象程序设计方法的语言

一种语言要称为面向对象语言，必须支持面向对象几个主要的概念。根据支持程度的不同，通常所说的面向对象语言可以分成两类：基于对象的语言和面向对象的语言。

基于对象的语言仅支持类和对象，举例来说，Ada 就是一个典型的基于对象的语言，因为它不支持继承、多态，此外其他基于对象的语言还有 Alphard、CLU、Euclid、Modula。

面向对象的语言支持的概念包括：类与对象、继承、多态。面向对象的语言中一部分是新发明的语言，如 Smalltalk、Java，这些语言本身往往吸取了其他语言的精华，而又尽量剔除它们的不足，因此面向对象的特征特别明显，充满了蓬勃的生机；另外一些则是对现有的语言进行改造，增加面向对象的特征演化而来的。如由 Pascal 发展而来的 Object Pascal，由 C 发展而来的 Objective-C，C++，由 Ada 发展而来的 Ada 95 等，这些语言保留着对原有语言的兼容，并不是纯粹的面向对象语言，但由于其前身往往是有一定影响的语言，因此这些语言依然宝刀不老，在程序设计语言中占有十分重要的地位。

4. 面向对象程序设计方法的特点

面向对象的设计方法以对象为基础，利用特定的软件工具直接完成从对象客体的描述到软件结构之间的转换。这是面向对象设计方法最主要的特点和成就。面向对象设计方法的应用解决了传统结构化开发方法中客观世界描述工具与软件结构的不一致性问题，缩短了开发周期，解决了从分析和设计到软件模块结构之间多次转换映射的繁杂过程，是一种很有发展前途的系统开发方法。

面向对象的编程过程常采用标准建模语言(UML)来分析实现，五子棋的类图如图 4-18 所示，其中每一个框表示一个对象的抽象类定义，最上面是类名，下面是类属性和行为，属性

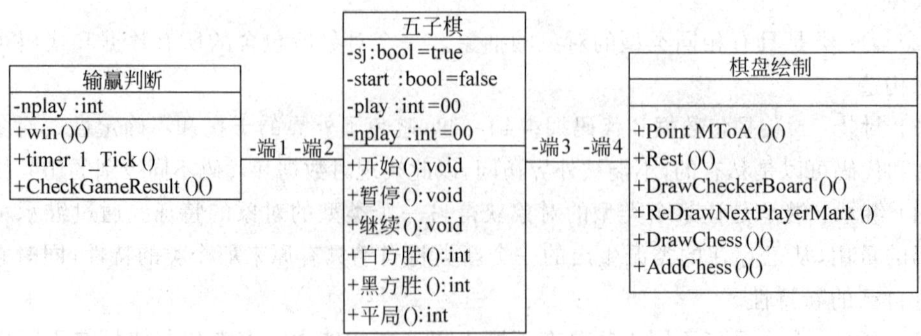

图 4-18　五子棋游戏类图

名前面的符号表示其可见性，分别用＋表示公类，－表示私有，＃表示保护；同样行为的符号表示也相同。类与类之间的联系用不同的线或箭头线表示，表示类之间的关联通信关系。

但是同原型方法一样，面向对象设计方法需要一定的软件基础支持才可以应用，另外在大型的 MIS 开发中如果不经自顶向下的整体划分，而是一开始就自底向上地采用面向对象设计方法开发系统，同样也会造成系统结构不合理、各部分关系失调等问题。所以面向对象设计方法和结构化方法目前仍是两种在系统开发领域相互依存、不可替代的方法。

5. 面向对象程序设计方法的优点

面向对象出现以前，结构化程序设计是程序设计的主流。比较面向对象程序设计和面向过程程序设计，还可以得到面向对象程序设计的其他优点：

(1) 数据抽象的概念可以在保持外部接口不变的情况下改变内部实现，从而减少甚至避免对外界的干扰；

(2) 通过继承大幅减少冗余的代码，并可以方便地扩展现有代码，提高编码效率，也减低了出错概率，降低软件维护的难度；

(3) 结合面向对象分析、面向对象设计，允许将问题域中的对象直接映射到程序中，减少软件开发过程中中间环节的转换过程；

(4) 通过对对象的辨别、划分可以将软件系统分割为若干相对独立的部分，在一定程度上更便于控制软件复杂度；

(5) 以对象为中心的设计可以帮助开发人员从静态（属性）和动态（方法）两个方面把握问题，从而更好地实现系统；

(6) 通过对象的聚合、联合可以在保证封装与抽象的原则下实现对象在内在结构以及外在功能上的扩充，从而实现对象由低到高的升级。

4.7 程序结构

用计算机解决问题时，必须书写出计算机能够理解的指令，否则计算机将给出错误的答案。计算机将按照程序员给予的指令顺序地执行，指令的顺序也就是常常说的程序结构。显然大多数应用程序并不是按照指令存放的顺序执行程序的，往往需要根据条件改变指令的执行顺序。结构化程序设计的基本程序结构有三种，这三种基本结构是程序的基本单元。常用程序控制结构如图 4-19 所示。

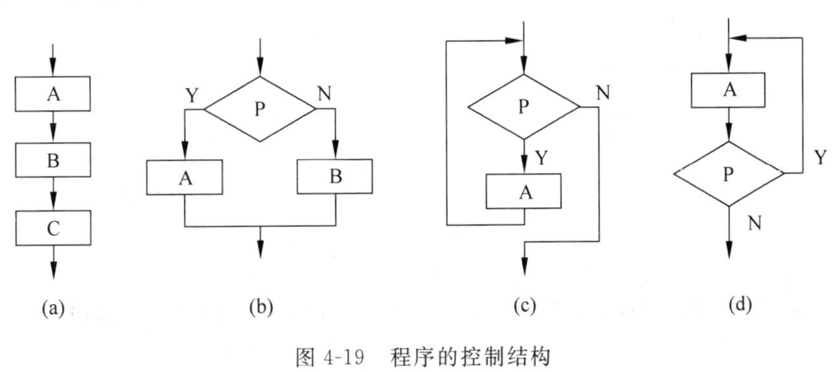

图 4-19　程序的控制结构

4.7.1 顺序结构

这是最简单的一种基本结构，依次顺序执行不同的程序块，如图 4-19(a)所示。

例 4-16 根据三角形的三边长，求面积。

解析：设三角形三边长为 a、b、c，则计算三角形面积的公式为

$$p=(a+b+c)/2$$

$$s=\sqrt{p(p-a)(p-b)(p-c)}$$

由此，求三角形面积的算法如算法 4-7 所示，其流程图如图 4-20 所示。

【算法 4-8】 求三角形的面积。

(1) 定义浮点型变量 a、b、c、p、s。

(2) 输入 a,b,c 的值。

(3) 根据公式计算 p 的值。

(4) 根据公式计算 s 的值。

(5) 输出三角形的面积。

4.7.2 条件结构

条件结构也称为选择结构，它根据条件满足或不满足而去执行不同的程序块，如图 4-21 所示。如满足条件 P 则执行 A 程序块，否则执行 B 程序块。

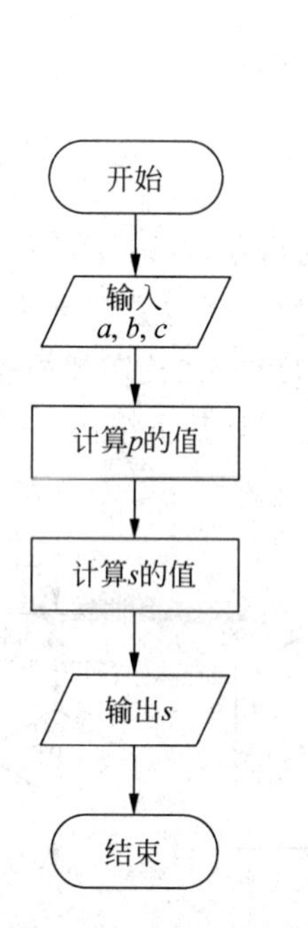

图 4-20 顺序结构示意图

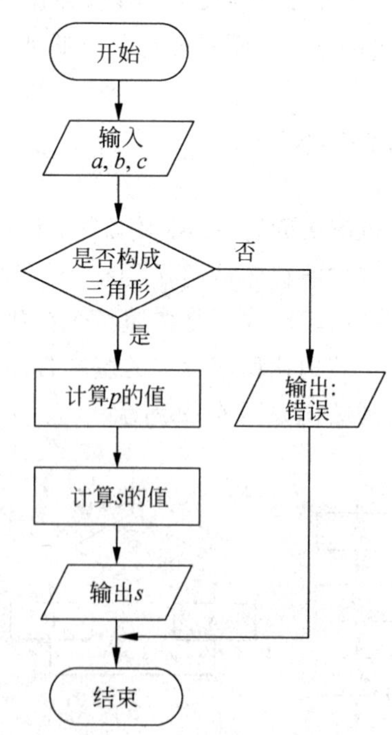

图 4-21 条件结构示意图

例 4-17 根据三角形的三边长,求面积(例 4-16 的改进算法)。

解析:若要考虑输入的三条边是否构成三角形,需测试"任意两边之和大于第三边"条件是否成立,其实现算法如算法 4-8 所示,其流程图如图 4-21 所示,源程序如程序 4-3 所示。

【算法 4-9】 求三角形面积的改进算法。

(1) 定义变量实型变量 a、b、c、p、s。

(2) 输入 a,b,c 的值。

(3) 判断 a,b,c 是否构成三角形,如果是三角形,继续做第(4)步;否则提示输入错误,程序结束。

(4) 根据公式计算 p 的值。

(5) 根据公式计算 s 的值。

(6) 输出三角形的面积。

【程序 4-3】 求三角形的面积改进算法源程序。

```
#include <math.h>
#include <stdio.h>
void main()
{
  float a,b,c,p,s;
  printf("Please input a b c: ");              /* 提示输入 */
  scanf("%f%f%f",&a,&b,&c);
  if(a+b>c&&a+c>b&&b+c>a)                       /* 判断是否是三角形 */
  {   p=(a+b+c)/2;
      s=sqrt(p*(p-a)*(p-b)*(p-c));              /* 调用数学函数计算面积 s */
      printf("a=%.2f,b=%.2f,c=%.2f\n",a,b,c);
      printf("s=%.2f\n",s);
  }
  else
    printf("输入有误,%.2f,%.2f,%.2f 不能构成三角形!\n",a,b,c);
}
```

4.7.3 循环结构

循环结构是指重复执行某些操作,重复执行的部分称为循环体。循环结构分当型循环和直到型循环两种,如图 4-19(c)和图 4-19(d)所示。

当型循环先判断条件是否满足,如满足条件 P 则反复执行 A 程序块,每执行一次判断一次,直到不满足条件 P 为止,跳出循环体执行它后面的基本结构。

直到型循环先执行一次,再判断条件是否满足,如满足条件 P 则反复执行 A 程序块,每执行一次判断一次,直到不满足条件 P 为止,跳出循环体执行它后面的基本结构。

例 4-18 求 1+3+…+99 的值。

解析:求 1+3+…+99 值的算法如图 4-22 所示。

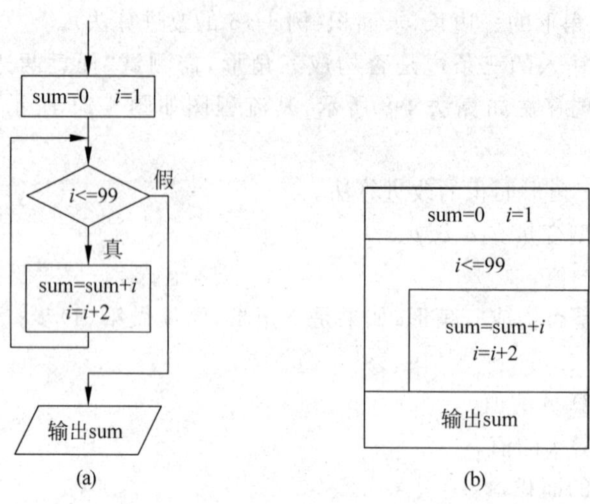

图 4-22　1＋3＋…＋99 的 while 循环流程图

4.8　程序设计语言的基本要素

计算机的主要功能是进行数据处理,程序是数据处理的表现方式。在程序中数据被表示为常量和变量,常量和变量都具有数据类型的属性,程序中函数和表达式是对数据进行处理的方法步骤的描述。

4.8.1　常量和变量

1. 常量

常量,其值不发生改变的处理对象(或数据)称为常量,常量的数值大小和数据类型由字面表示。在编程过程中,常量是可以不经说明而直接引用的。程序 4-4 是 C 语言源程序中常量的使用说明,其中 30、10 是直接引用的常量,LENGTH 是符号常量,需先定义后使用。

【程序 4-4】　常量说明程序。

```
#define LENGTH 30
#include <stdio.h>
void main()
{
int area, width;
width = 10;
area = width * LENGTH;
printf("area = %d\n",area);
}
```

程序运行结果:

```
area = 300
```

2. 变量

变量：其值可以改变的处理对象(或数据)称为变量。变量是用一个标识符命名的内存存储单元,可以用来存储一个特定类型的数据,并且数据的值在程序运行过程中可以进行修改。一个变量应该有一个名字,对应内存中的存储单元,该存储单元中存放的是变量的值。变量主要用来存放程序中处理的数据,包含待处理的数据和处理的结果数据。

注意：*变量名和变量值是两个不同的概念,如图 4-23 所示。*

变量名实际上是一个符号地址,它指出变量在内存中存放的位置,而变量值就是相应的内存单元中存放的数据。内存单元的内容(即变量值)永不为空,如果没有对其赋值,该内存单元的值都为随机值,没有意义。在程序中,常用变量名来代表对变量值的运算,例如：语句 data=data+5；表示用 data 变量值(56)加上 5 得到 61,然后把 61 赋给 data,即 data 变量值变为 61。

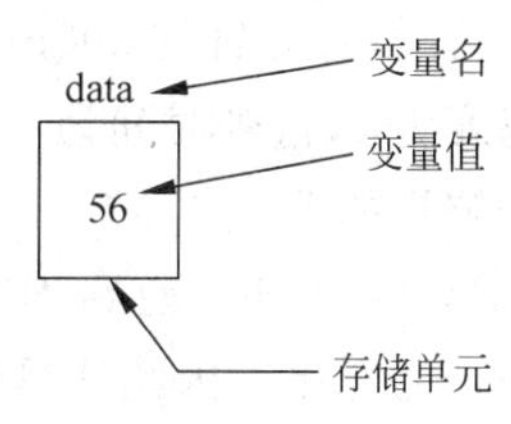

图 4-23　变量名和变量值区别

程序设计过程中,往往涉及大量的数据,这些数据一般都存放在存储器中(主要是内存中)。所谓变量定义,就是在内存中申请一个区域保存某个数据。内存以 8 位二进制为单元保存信息,这样一个单元称为字节(Byte),实际申请内存时,可能需要一个或多个字节单元,申请的内存单元数量越多,可以保存的数据也越大。变量的类型就是申请内存时的单元数量以及数据存放在这些单元中的格式。也就是说,在定义了一个变量后,在内存中会分配相应的存储单元,对该变量的操作就是对存储单元的操作,该存储单元的字节数由数据类型决定。

例 4-19　请画出下列变量定义其内存存放的关系图。

有以下变量定义：

```
int x;
float y;
x = 3;
y = 3.14159;
```

解析：经编译后上述变量在内存中的存放如图 4-24 所示。图中右侧是变量的名称；中间是变量的值,也就是内存单元中的内容；左侧是内存单元的编号,也就是内存单元的地址。

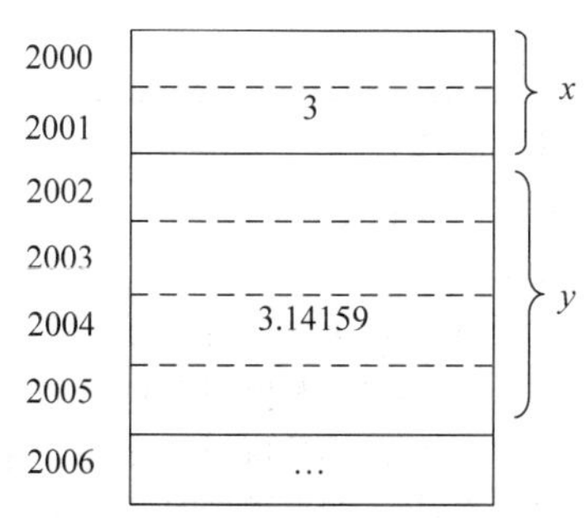

图 4-24　变量与内存单元地址关系

程序中不同数据类型的数据所占用的内存空间的大小是不同的。如标准 C 规定,int 型占据 2 个字节的内存单元；float 型占据 4 个字节的内存单元；char 型占据 1 个字节的内存单元。但是在不同的编译环境中,各种数据类型占的字节是不一样的。

如图 4-24 所示,int 型变量 x 占据 2000 和 2001 两个字节,在这两个字节中存放的值是整数 3；float 型变量 y 占据 2002,2003,2004,2005 这 4 个字节,存放的值是实数 3.141 59。

通常把变量所占存储空间中的首字节地址称为变量地址。如变量 x 的地址是 2000，y 的地址是 2002。这样，经过编译系统处理，把程序装入内存中，变量的名称就与内存中特定单元的地址联系起来。在执行程序时，CPU 并不直接识别变量的名称，但它知道各变量在内存的地址，在机器内部对变量值的存取是通过各自的地址进行的。例如 $x=3$;的操作过程是：根据变量名与内存地址的对应关系，找到变量 x 的地址 2000，然后把整数 3 放入内存的起始地址 2000 的两个字节中。变量的值就是相应的内存单元中的内容。

例 4-20 你和朋友打算星期天骑自行车前往市图书馆。请思考两种情况：①假设你们匀速行驶，每分钟骑 300m。用 s 表示骑车的总路程；②若骑行总路程为 5000m，你们的行程速度为 v，行驶时间为 t，则在这个过程中，数据如何设定？

解析如下。

第一种情况：总路程等于速度乘以时间，这里速度是匀速不变的，随着时间的变化，总路程随之变化。因此这里定义速度是常量，时间是变量，总路程是变量。

第二种情况：总路程固定不变，设定为常量，而时间和速度是变化的，设定为变量。

4.8.2 数据类型

数据类型的出现是为了把数据分成所需内存大小不同的数据，编程中需要用大数据的时候才需要申请大内存，就可以充分利用内存。例如大胖子必须睡双人床，就给他双人床，瘦的人单人床就够了。

数据类型是一个值的集合以及定义在这个值集上的一组操作。变量是用来存储数据值的所在处，它们有名字和数据类型。变量的数据类型决定了如何将代表这些值的数位（二进制形式）存储到计算机的内存中，也决定了这些值能参与的运算和操作。在声明变量时也可指定它的数据类型。所有变量都具有数据类型，以决定能够存储哪种数据。不同程序设计语言提供的数据类型有可能不同，但常常包含数值型、字符型等数据类型。

常量和变量都具有数据类型的属性，常量的数据类型由字面数值决定，变量的数据类型由定义时确定。每一种类型表示的数据范围一定，在定义时一定要了解数据的范围，再选择合适的类型。

例 4-21 写出成绩管理系统中，常用数据及其数据类型。

解析：为了处理成绩（数学、语文、英语），实现成绩的计算、统计、显示等功能，常常要设置如表 4-5 所示的数据。

表 4-5 成绩管理系统中的数据分析表

数据/信息	数据类型	描述
学号	字符型：字符串	学号由字符文本构成，故用字符串表示
姓名	字符型：字符串	姓名由字符文本构成，故用字符串表示
数学	数值型：整型	数学成绩有大小之分，不含小数，故为数值型中的整型
语文	数值型：整型	语文成绩有大小之分，不含小数，故为数值型中的整型
英语	数值型：整型	英语成绩有大小之分，不含小数，故为数值型中的整型
总成绩	数值型：整型	总成绩有大小之分，不含小数，故为数值型中的整型
平均成绩	数值型：浮点型	平均成绩有大小之分，含小数，故为数值型中的浮点型

4.8.3 函数与表达式

程序中函数和表达式是对数据进行处理的方法步骤的描述。

比如要做一个蛋糕，需要准备材料，然后一步一步地做，做出一个蛋糕。如果只是做一个，肯定没什么，要是要做很多个蛋糕，每一个蛋糕都需要一步一步地做，实在太慢了，就需要烤面包的机器（函数），这样就可以快速做出蛋糕了。也就是不管烤面包的机器怎么做，只要知道机器的名字（烤面包的机器名），最后能拿到蛋糕就行了。函数就是把一步一步的过程封装（做成了烤面包的机器）了起来，只需要传递参数（蛋糕的材料），然后让机器自动运行，只要最后获得一个结果就行了（蛋糕）。

程序的每个独立功能的实现是由函数来进行的。在各类编程语言中，函数是一种过程，也称为子程序，它执行一个指定的运算或操作，用来实现一定功能的程序段。函数有内部函数或称标准函数，外部函数也即用户定义函数等。调用函数就会执行函数从而实现函数的功能。不同程序设计语言有自己独特的函数表示方法，但整体而言常包含数学函数、文本函数、功能函数等。如求绝对值函数 abs()、求平方根函数 sqrt()、字符串比较函数 strcmp()、字符串复制函数 strcpy()、输出函数 printf()等。

表达式是将运算对象（如常量、变量、函数等）用运算符号按一定的规则连接起来的、有意义的式子，运算符表示对数据进行加工处理的过程，得到的运算结果称为表达式的值。不同程序设计语言有自己独特的运算符表示方法，但整体而言常包含算术运算符、关系运算符、逻辑运算符等。如加法（+）、减法（-）、乘法（*）、除法（/）、取余数（%）等算术运算符，大于（>）、小于（<）、不等于（!=）、等于（==）、大于等于（>=）等关系运算符，逻辑与（&&）、逻辑或（||）、逻辑非（!）等逻辑运算符。

C 语言是结构化语言，以函数表示模块，运算符丰富，具有多种循环、条件语句控制程序流向，从而使程序完全结构化，程序 4-5 是一完整的 C 语言源程序，其中含 main 函数，函数内可包含 $l=2*pi*r$ 等表达式，该表达式有常量 2 和 pi，r，l 这三个变量，这三个变量都是 float 数据类型。

【程序 4-5】 完整的 C 语言源程序。

```
#include <stdio.h>
void main()                                        /* 函数定义 */
{
    float pi,r,l,s;                                /* 变量定义 */
    pi = 3.14159;                                  /* 表达式，变量赋初值 */
    printf("Please input radius: \n");             /* 函数，输入提示 */
    scanf("%f",&r);                              /* 函数，从键盘上输入半径 r 的值，按 Enter 键 */
    l = 2 * pi * r;                                /* 表达式，计算周长 */
    s = pi * r * r;                                /* 表达式，计算面积 */
    printf("The circle length: l = %.2f\n",l);     /* 函数，输出圆周长 */
    printf("The circle area: s = %.2f\n",s);       /* 函数，输出圆面积 */
}
```

程序运行结果：

```
Please input radius:
3 ↙
The circle length: l = 18.85
The circle area: s = 28.27
```

例 4-22 写出公式 $z=5(x+y)-\frac{4y}{x+6}$ 对应的计算机内的表示形式。

解析如下。

第一步：将该式转换成计算机能够识别的表达式，计算机识别的表达式中所有的符号都在同一行，写为 $5*(x+y)-4*y/x+6$。

第二步：因为 $x+6$ 操作应该先计算，所以用括号来改变其计算优先级，改为 $5*(x+y)-4*y/(x+6)$。

4.8.4 程序与注释

程序中的注释能够帮助理解程序。注释要遵循简练、准确、易理解的原则。

程序注释规范应包括以下三方面：

1. 文件头部注释

在代码文件的头部进行注释，这样做的好处在于，能对代码文件做变更跟踪。在代码头部分标注出创始人、创始时间、修改人、修改时间、代码的功能，这在团队开发中必不可少，它们可以使后来维护或修改的同伴在遇到问题时，在第一时间知道他应该向谁寻求帮助，并且知道这个文件经历了多少次迭代、经历了多少个程序员的开发和修改。

样本：

```
/*******************************************************
** 作者: Liuchao
** 创始时间: 2007 - 11 - 12
** 修改人: Liuchao
** 修改时间: 2007 - 11 - 12
** 修改人: Liaochao
** 修改时间: 2007 - 11 - 12
** 描述:
** 主要用于产品信息的资料录入,…
*******************************************************/
```

2. 函数、属性、类等注释

一般使用///(三斜线)注释，这种注释是基于 XML 的，不仅能导出 XML 制作帮助文档，而且在各个函数、属性、类等的使用中，编辑环境会自动带出注释，方便用户的开发。以 protected，protected Internal，public 声明的定义注释都建议以这样的方法命名。

例如：

```
/// <summary>
```

```
/// 用于从 ERP 系统中捞出产品信息的类
/// </summary>
class ProductTypeCollector
{
    …
}
```

3. 逻辑点注释

在逻辑性较强的地方加入注释，说明这段程序的逻辑是怎样的，以方便自己后来的理解以及其他人的理解，并且这样还可以在一定程度上排除漏洞。在注释中写明自己的逻辑思想，对照程序，判断程序是否符合人们的初衷，如果不是，则应该仔细思考。

4. 变量注释

在重要的变量后加以注释，说明变量的含义，以方便自己后来理解以及其他人的理解，并且这样还可以在一定程度上排除漏洞，常用///(三斜线)注释。

例如：

```
/// 用于从 ERP 系统中捞出产品信息的类
class ProductTypeCollector
{
    int STData;                                        /// < summary >
        …
}
```

习题

一、选择题

1. 结构化程序设计主要强调的是________。

(A) 程序的规模　　(B) 程序的易读性

(C) 程序的执行效率　　(D) 程序的可移植性

2. 程序设计语言从机器语言发展到高级语言有好处很多，下列描述中不正确的是________。

(A) 高级语言技术先进，运行更快

(B) 可读性好，可维护性强，可靠性高

(C) 设计的程序可移植性好，重用率高

(D) 高级语言程序设计自动化程度高，开发周期短

3. 近来计算机报刊中常出现的 Java 一词是指________。

(A) 一种计算机语言　　(B) 一种计算机设备

(C) 一个计算机厂商云集的地方　　(D) 一种新的数据库软件

4. 用高级程序设计语言编写的程序，要转换成等价的可执行程序，必须经过________。

(A) 汇编　　(B) 编辑

(C) 解释　　(D) 编译和连接

5. 计算机硬件能直接执行的只有________。

(A) 符号语言　　(B) 机器语言

(C) 机器语言和汇编语言　　(D) 汇编语言

6. 下面关于算法的描述，正确的是________。

(A) 一个算法只能有一个输入

(B) 算法只能用框图来表示

(C) 一个算法的执行步骤可以是无限的

(D) 一个完整的算法，不管用什么方法来表示，都至少有一个输出结果

7. 算法描述可以有多种表达方法，下面不常用来描述"闰年问题"算法的方法是________。

(A) 自然语言　　(B) 流程图　　(C) 伪代码　　(D) 机器语言

8. 算法与程序的关系是________。

(A) 算法是对程序的描述　　(B) 算法决定程序，是程序设计的核心

(C) 算法与程序之间无关系　　(D) 程序决定算法，是算法设计的核心

9. 人们利用计算机解决问题的基本过程一般有以下 4 个步骤(①～④)，请按各步骤的先后顺序在下列选项中选择正确的答案：①调试程序，②分析问题，③设计算法，④编写程序，________。

(A) ①②③④　　(B) ②③④①　　(C) ③②④①　　(D) ②③①④

10. 在一次电视选秀活动中，有三个评委为每位选手打分。如果三个评委都亮绿灯，选手则进入下一轮；如果两个评委亮绿灯，选手则进入待定席；如果红灯数超过二盏选手则淘汰。最适合用到的程序结构是________。

(A) 循环　　(B) 赋值　　(C) 分支　　(D) 顺序

11. 圆周长公式 $C=2\pi R$ 中，下列说法正确的是________。

(A) π、R 是变量，2 为常量　　(B) C、R 为变量，2、π 为常量

(C) R 为变量，2、π、C 为常量　　(D) C 为变量，2、π、R 为常量

二、填空题

1. ________语言的书写方式接近于人们的思维习惯，使程序更易阅读和理解。

2. 程序语言中的控制成分包括顺序结构、________和重复结构。

3. 面向对象最基本的概念包括________、________和________。

4. 通常按照程序运行时数据的________能否改变，将数据分为常量和变量。

5. 程序语言的控制成分包括________、________、________三种。

6. 用运算符号按一定的规则连接起来的、有意义的式子称为________。

7. 操作符是用来代表运算操作的符号，每个操作符表示一种运算操作。通常语言中具备________、________、________和________等几类。

8. ________是能被其他程序调用，在实现某种功能后能自动返回到调用程序去的程序。

9. 计算机语言有三种类型，它们是：________、________、________。

10. 算法描述的常见方法是________、________、________。

11. 当前流行的程序设计方法是：________、________。

三、简答题

1. 什么是高级程序设计语言？它有什么特点？
2. 试比较“当型”循环结构和“直到型”循环结构。
3. 简述计算机程序设计语言的分类和各类的特点。
4. 请简述程序设计的一般步骤。
5. 何谓算法，算法有什么性质？
6. 请简要介绍面向过程式语言中的三种程序设计的基本结构。
7. 什么是面向过程式语言？有什么特点？
8. 结构化程序设计方法的主要技术是什么？
9. 结构化程序设计的主要特征与风格是什么？
10. 程序中所使用的变量必须“先定义，后使用”的原因是什么？

四、算法设计题

1. 将 1～9 共 9 个数分成三个组，分别组成三个三位数，且使这三个数构成 1∶2∶3 的比例，试用流程图描述算法求出所有满足条件的三个三位数，如三位数 192、384、576 满足以上条件。

2. 单据数字推算问题。一张单据上有一个 5 位数的编号，其百位数和十位数已经变得模糊不清，如 25**6（*代表看不清的数字），但是知道这个 5 位数是 37 或 67 的倍数。试用流程图描述算法找出所有满足这些条件的 5 位数，并统计这些 5 位数的个数。

3. 有 5 个人，第 5 个人说他比第 4 个人大 2 岁，第 4 个人说他比第 3 个人大 2 岁，第 3 个人说他比第 2 个人大 2 岁，第 2 个人说他比第 1 个人大 2 岁，第 1 个人说他 10 岁。设计递归算法实现求第 5 个人多少岁的功能。

4. 公元前 13 世纪意大利数学家斐波那契在他的《算盘全集》一书中提出了有趣的兔子繁殖问题：有一对兔子饲养在围墙中，如果它们每个月生一对兔子，且新生的兔子在第二个月后也是每个月生一对兔子，问一年后围墙中共有多少对兔子（试用分别用归纳法和分治法设计）。

5. 试用流程图描述算法求 1－1/2＋1/3－1/4＋1/5－…＋1/99－1/100 的值。

分析：分母为奇数时，相加；分母为偶数时，相减。

6. 试用流程图描述递归算法实现将任一整数转换为二进制形式。

提示：十进制转二进制规律：除 2 取余倒排。

当除到最后为 0 的时候，结束（返回）；

否则，整除，取余数，返回后输出。

7. 已知圆半径，试用流程图描述求面积的完整算法。

8. 某学校需购买 n 套学生课桌椅，已知每套单价 200 元，另加总价 3.5% 的送货费，请计算学校应付款是多少？请画出流程图。（单价用变量 j 表示，套数用 n 表示，总价用 m 表示，应付款用 p 表示。）

9. 输入任意一个三位正整数 n，用流程图设计完整算法输出这个三位数各位数字之和 total。例如：输入 456，输出结果为 15。

10. 用流程图设计完整算法求银行利息：n 元人民币存一年，到期后领取的总金额是多少？可得利息多少？假设年利率为 4.14%。

第5章 数据库技术

数据库技术是通过研究数据库的结构、存储、设计、管理以及应用的基本理论和实现方法，并利用这些理论来实现对数据库中的数据进行处理、分析和理解的技术，即数据库技术是研究、管理和应用数据库的一门软件科学。

数据库技术已经成为计算机应用中必须掌握的重要技术之一。目前，计算机已经广泛应用于科技文化、组织管理、国民经济的各个领域和日常生活的各个方面。在众多的应用中，计算机的应用不仅是进行数值计算，而是更多地应用于数据的管理和加工。例如，天气预报观测数据的管理、电子商务的应用、学籍管理、图书管理等方方面面的应用。

数据库技术研究和管理的对象是数据，所以数据库技术所涉及的具体内容主要包括：通过对数据的统一组织和管理，按照指定的结构建立相应的数据库和数据仓库；利用数据库管理系统和数据挖掘系统设计出能够实现对数据库中的数据进行添加、修改、删除、处理、分析、理解、报表和打印等多种功能的数据管理和数据挖掘应用系统；并利用应用管理系统最终实现对数据的处理、分析和理解。

5.1 数据库技术概述

5.1.1 数据库技术产生背景及其发展

数据库技术产生于20世纪60年代末70年代初，其主要目的是有效地管理和存取大量的数据资源。数据库技术主要研究如何存储、使用和管理数据。数据库技术和计算机网络技术的发展相互渗透、相互促进，已成为当今计算机领域发展迅速，应用广泛的两大领域。数据库技术不仅应用于事务处理，并且进一步应用到情报检索，人工智能，专家系统，计算机辅助设计等领域。

数据库最初是在大公司或大机构中用作大规模事务处理的基础。后来随着个人计算机的普及，数据库技术被移植到个人计算机(Personal Computer，PC)上，供单用户个人数据库应用。接着，由于PC在工作组内连成网，数据库技术就移植到工作组级。如今，数据库正在Internet和内联网中广泛使用。数据库技术的应用，终端用户开始使用局域网技术将独立的计算机连接成网络，终端之间共享数据库，形成了一种新型的多用户数据处理，称为客户机/服务器数据库结构。如今，数据库技术正在被用来同Internet技术相结合，以便在机构内联网、部门局域网甚至WWW上发布数据库数据。

5.1.2 基本概念

数据库技术涉及许多基本概念，主要包括：信息、数据、数据处理、数据库、数据库管理系统以及数据库系统等。

(1) 数据(Data)：是用于描述现实世界中各种具体事物或抽象概念的，可存储并具有明确意义的符号，包括数字、文字、图形和声音等。数据处理是指对各种形式的数据进行收集、存储、加工和传播的一系列活动的总和。其目的之一是从大量的、原始的数据中抽取，推导出对人们有价值的信息以作为行动和决策的依据；目的之二是为了借助计算机技术科学地保存和管理复杂的、大量的数据，以便人们能够方便而充分地利用这些宝贵的信息资源。

(2) 数据库(DataBase，DB)：是存储在计算机辅助存储器中的、有组织的、可共享的相关数据集合。数据库具有以下特性：

① 数据库是具有逻辑关系和确定意义的数据集合。

② 数据库是针对明确的应用目标而设计、建立和加载的。每个数据库都具有一组用户，并为这些用户的应用需求服务。

③ 一个数据库反映了客观事物的某些方面，而且需要与客观事物的状态始终保持一致。

(3) 数据库管理系统(DataBase Management System，DBMS)：是对数据库进行管理的系统软件，它的职能是有效地组织和存储数据、获取和管理数据、接受和完成用户提出的各种数据访问请求。能够支持关系型数据模型的数据库管理系统，称为关系型数据库管理系统(Relational DataBase Management System，RDBMS)。

RDBMS 的基本功能包括以下 4 个方面。

① 数据定义功能：RDBMS 提供了数据定义语言(Data Definition Language，DDL)，利用 DDL 可以方便地对数据库中的相关内容进行定义。例如，对数据库、表、字段和索引进行定义，创建和修改。

② 数据操纵功能：RDBMS 提供了数据操纵语言(Data Manipulation Language，DML)，利用 DML 可以在数据库中进行插入，修改和删除数据等基本操作。

③ 数据查询功能：RDBMS 提供了数据查询语言(Data Query Language，DQL)，利用 DQL 可以实现对数据库的数据查询操作。

④ 数据控制功能：RDBMS 提供了数据控制语言(Data Control Language，DCL)，利用 DCL 可以完成数据库运行控制功能，包括并发控制(即处理多个用户同时使用某些数据时可能产生的问题)、安全性检查、完整性约束条件的检查和执行、数据库的内部维护(例如索引的自动维护)等。RDBMS 的上述许多功能都可以通过结构化查询语言(Structured Query Language，SQL)来实现，SQL 是关系数据库中的一种标准语言，在不同的 RDBMS 产品中，SQL 中的基本语法是相同的。此外，DDL、DML、DQL 和 DCL 也都属于 SQL。

(4) 数据库系统的组成。

采用了数据库技术的完整的计算机系统就是数据库系统，主要包括

① 计算机硬件系统：主机、键盘、显示器、硬盘、光驱、鼠标、打印机等。

② 计算机软件系统：操作系统、数据库管理系统及数据库应用系统等。

③ 数据库：按一定法则存储在计算机外存储器中的大批数据。它不仅包括描述事物

的数据本身,而且还包括相关事物之间的联系。

④ 用户：包括三类,即最终用户、数据库应用系统开发人员和数据库管理员。最终用户指通过应用系统的用户界面使用数据库的人员,他们一般对数据库知识了解不多。数据库应用系统开发人员包括系统分析员、系统设计员和程序员。系统分析员负责应用系统的分析,他们和用户、数据库管理员相配合,参与系统分析；系统设计员负责应用系统设计和数据库设计；程序员则根据设计要求进行编码。数据库管理员是数据管理机构的一组人员,他们负责对整个数据库系统进行总体控制和维护,以保证数据库系统的正常运行。

(5) 数据库系统的特点。

数据库系统是指引进数据库后的计算机系统,实现有组织地、动态地存储大量相关数据,提供数据处理和信息资源共享的便利手段。一个数据库系统的主要特点如下：

① 实现数据共享,减少冗余。

在数据库系统中,对数据的定义和描述已经从应用程序中分离出来,通过数据库系统来统一管理。数据的最小访问单位是字段,即可以按字段的名称存取某一个或者一组字段,也可以存取一条记录或一组记录。

② 采用特定的数据模型。

数据库中的数据是有结构的,这种结构由数据库管理系统所支持的数据模型表现出来。数据库系统不仅可以表示事物内部各数据项之间的联系,而且可以表示事物与事物之间的联系,从而反映出实现世界事物之间的联系。因此,任何数据库管理系统都支持一种抽象的数据模型。

③ 具有较高的数据独立性。

在数据库系统中,数据库管理系统提供映像功能,实现了应用程序对数据的总体逻辑结构、物理存储结构之间较高的独立性。用户只以简单的逻辑结构来操作数据,无须考虑数据在存储器上的物理位置与结构。

④ 有统一的数据控制功能。

数据库可以被多个用户或应用程序共享,数据的存取往往是并发的,即多个用户同时使用同一个数据库。数据库管理系统必须提供必要的保护措施,包括并发访问控制功能、数据的安全控制功能和实际的完整性控制功能。

5.1.3 数据库管理技术的发展阶段

数据库技术是现代信息科学与技术的重要组成部分,是计算机数据处理与信息管理系统的核心。数据库技术研究和解决了计算机信息处理过程中大量数据有效地组织和存储的问题,在数据库系统中减少数据存储冗余、实现数据共享、保障数据安全以及高效地检索数据和处理数据。数据库技术的根本目标是要解决数据的共享问题。发展数据管理技术是对数据进行分类、组织、编码、输入、存储、检索、维护和输出的技术。数据管理技术的发展大致经过了以下三个阶段：人工管理阶段；文件系统阶段；数据库系统阶段。

(1) 人工管理阶段：20 世纪 50 年代以前,计算机主要用于数值计算,从当时的硬件看,外存只有纸带、卡片、磁带,没有直接存取设备；从软件看(实际上,当时还未形成软件的整体概念),没有操作系统以及管理数据的软件；从数据看,数据量小,数据无结构,由用户直接管理，且数据间缺乏逻辑组织，数据依赖于特定的应用程序，缺乏独立性。

(2) 文件系统阶段：20 世纪 50 年代后期到 60 年代中期，出现了磁鼓、磁盘等数据存储设备。新的数据处理系统迅速发展起来，这种数据处理系统是把计算机中的数据组织成相互独立的数据文件，系统可以按照文件的名称对其进行访问，对文件中的记录进行存取，并可以实现对文件的修改、插入和删除，这就是文件系统。文件系统实现了记录内的结构化，即给出了记录内各种数据间的关系。但是，文件从整体来看却是无结构的。其数据面向特定的应用程序，因此数据共享性、独立性差，且冗余度大，管理和维护的代价也很高。

(3) 数据库系统阶段：20 世纪 60 年代后期，出现了数据库这样的数据管理技术。数据库的特点是数据不再只针对某一特定应用，而是面向全组织，具有整体的结构性，共享性高，冗余度小，具有一定的程序与数据间的独立性，并且实现了对数据进行统一的控制。

5.1.4 数据模型

1. 数据模型的概念及要素

数据模型是现实世界在数据库中的抽象，也是数据库系统的核心和基础。数据模型通常包括三个要素。

(1) 数据结构：数据结构主要用于描述数据的静态特征，包括数据的结构和数据间的联系。

(2) 数据操作：数据操作是指在数据库中能够进行的查询、修改、删除现有数据或增加新数据的各种数据访问方式，并且包括数据访问相关的规则。

(3) 数据完整性约束：数据完整性约束由一组完整性规则组成。

2. 常用的数据模型

数据库理论领域中最常见的数据模型主要有层次模型、网状模型和关系模型三种。

(1) 层次模型(Hicrarchical Modcl)：层次模型使用树状结构来表示数据以及数据之间的联系。

(2) 网状模型(Network Model)：网状模型使用网状结构表示数据以及数据之间的联系。

(3) 关系模型(Relational Model)：关系模型是一种理论最成熟、应用最广泛的数据模型。在关系模型中，数据存放在一种称为二维表的逻辑单元中，整个数据库又是由若干个相互关联的二维表组成的。

关系数据库管理系统有很多，如 Foxpro、Sybase、Oracle 和 SQL Server，而不同的关系数据库使用不同的查询语言，就会带来很多问题，唯一的解决方法就是标准的语言 SQL。SQL 全称是结构化查询语言(Structured Query Language)，是对数据库中的数据进行组织、管理和检索的工具。SQL 结构简洁、功能强大、简单易学。在本章重点讲解 SQL。

5.2 SQL 概述

在 20 世纪 80 年代初，ANSI 开始着手制定 SQL 标准。目前，各主流数据库产品采用的 SQL 标准是 1992 年制定的 SQL 92，由于它功能丰富，语言简洁而备受计算机界欢迎。

按照 ANSI 的规定,SQL 被作为关系数据库的标准语言。SQL 语句可以用来执行各种各样的操作。SQL 由三部分组成,它们是:

数据定义语言(Data Definition Language,DDL);

数据操纵语言(Data Manipulation Language,DML);

数据控制语言(Data Control Language,DCL)。

SQL 具有以下特点:

高度集成化。SQL 集数据定义、数据查询、数据操纵和数据控制功能于一体,可以独立完成数据库操作和管理的全部操作,为数据库应用系统的开发提供了良好的手段。

非过程化。SQL 是一种高度非过程化的语言。它不必告诉计算机怎么做,只要提出做什么,SQL 就可以将要求交给系统,自动完成全部工作从而大大减轻了用户的负担,还有利于提高数据独立性。

简洁易学。SQL 功能很强,但却非常简洁,它只有为数不多的 9 条命令,如表 5-1 所示。另外 SQL 的语法也非常简单,它很接近英语自然语言,因此容易学习和掌握。

表 5-1 SQL 命令动词

SQL 功能	命令动词
数据查询	SELECT
数据定义	CREATE、DROP、ALTER
数据操纵	INSERT、UPDATE、DELETE
数据控制	GRANT、REVOKE

用法灵活。SQL 可以直接以命令方式交互使用,也可以嵌入程序设计语言中以程序方式使用。现在很多数据库应用开发工具都将 SQL 直接融入自身的语言之中,使用起来更方便,Visual FoxPro 就是如此。这些使用方式为用户提供了灵活的选择余地。需要注意的是 SQL 虽然在各种数据库产品中得到了广泛的支持,但迄今为止,它只是一种建议标准,各种数据库产品中所实现的 SQL 语法虽然基本是一致的,但还是略有差异,本章讲述 Visual FoxPro 中 SQL 的语法、功能与应用。

5.3 SQL 的数据定义功能

标准 SQL 的数据定义功能非常广泛,包括数据库、表、视图、存储过程、规则及索引的定义等。数据定义语言由 CREATE(创建),DROP(删除),ALTER(修改)三个命令组成。这三个命令针对不同的数据对象分别有三条命令,如操作数据表时可使用 CREATE,DROP 和 ALTER 命令,操作视图也可以使用这三条命令。

5.3.1 建立表结构

1. 命令格式

```
CREATE TABLE|DBF <表名 1> [NAME <长表名>][FREE]
(<字段名 1> <类型>(<宽度>[,<小数位数>])[NULL|NOT NULL]
```

```
[CHECK <条件表达式 1 >[ERROR <出错显示信息>]] [DEFAULT <表达式 1 >]
[PRIMARY KEY | UNIQUE]REFERENCES <表名 2 >[TAG <标识 1 >]
[<字段名 2 ><类型>(<宽度>[,<小数位数>])[NULL|NOT NULL]
[CHECK <条件表达式 2 >[ERROR <出错显示信息>]] [DEFAULT <表达式 2 >]
[PRIMARY KEY | UNIQUE]REFERENCES <表名 3 >[TAG <标识 2 >]
……)|FROM ARRAY <数组名>
```

2. 命令说明

(1) CREATE TABLE 或 CREATE DBF 功能等价,都是建立表。

(2) FREE:指明所创建的表为自由表。默认在数据库未打开时创建的表是自由表,在数据库打开时创建的表为数据库表。

(3) 字段名 1、字段名 2 等:所要建立的新表的字段名,在语法格式中,两个字段名之间的语法成分都是对一个字段的属性说明,包括:

① 类型——说明字段类型,可选项的字段类型见表 5-2。

表 5-2 数据类型说明

字段类型	字段宽度	小数位	说　明
C	N	—	字符型字段的宽度位 N
D	—	—	日期型(Date)
T	—	—	日期时间型(Datetime)
N	N	D	数值字段类型(Numeric),宽度位 N,小数位 D
F	N	D	浮点数值字段类型(Float),宽度位 N,小数位 D
I	—	—	整数类型(Integer)
B	—	D	双精度类型(Double)
Y	—	—	货币型(Currency)
L	—	—	逻辑型(Logic)
M	—	—	备注型(Memo)
G	—	—	通用型(General)

② 宽度及小数位数——字段宽度及小数位数见表 5-2。

③ NULL、NOT NULL——该字段是否允许"空值",其默认值为 NULL,即允许"空"值。

④ CHECK ＜条件表达式＞——用来检测字段的值是否有效,这是实行数据库的一种完整性检查。

⑤ ERROR ＜出错显示信息＞——当完整性检查有错误,即条件表达式的值为假时的提示信息。

⑥ DEFAULT ＜表达式＞——为一个字段指定的默认值。

⑦ PRIMARY KEY——指定该字段为关键字段,它能保证关键字段的唯一性和非空性,非数据库表不能使用该参数。

⑧ UNIQUE——指定该字段为一个候选关键字段。注意,指定为关键字或候选关键字的字段都不允许出现重复值,这称为对字段值的唯一性约束。

⑨ REFERENCES <表名>——这里指定的表作为新建表的永久性父表，新建表作为子表。

⑩ TAG <标识>——父表中的关联字段，若缺省该参数，则默认父表的主索引字段作为关联字段。

(4) FROM ARRAY <数组名>：根据指定数组的内容建立表，数组元素依次是字段名、类型等。

从以上命令格式可以看出，除了建立表的基本功能外，它还包括满足实体完整性的主关键字(主索引)PRIMARY KEY、定义域完整性的 CHECK 约束及出错提示信息 ERROR、定义默认值的 DEFAULT 等。另外还有描述表之间联系的 FOREIGN KEY 和 REFERENCES 等。

例 5-1 利用 SQL 命令建立学生管理数据库，其中包含三个表：学生表、选课表和课程表。操作步骤如下：

① 用 CREATE 命令建立数据库。

```
CREATE DATABASE  D:\\学生管理
```

② 用 CREATE 命令建立学生表。

```
CREATE TABLE 学生(学号 C(6) PRIMARY KEY,姓名 C(8),性别 C(2),出生日期 D,;
少数民族否 L,籍贯 C(10),入学成绩 N(3,0) CHECK(入学成绩>0) ERROR "成绩应该大于 0!",简历
M,照片 G NULL)
```

其中指定学号是主关键字，设置入学成绩字段有效性规则。

③ 建立课程表。

```
CREATE TABLE 课程(课程号 C(6) PRIMARY KEY,课程名 C(10),学分 N(1))
```

其中指定课程号是主关键字。

④ 建立选课表。

```
CREATE TABLE 选课(学号 C(6),课程号 C(6);
成绩 N(3,0) CHECK(成绩>=0 AND 成绩<=100);
ERROR "成绩值的范围 0～100!" DEFAULT 60;
FOREIGN KEY 学号 TAG 学号 REFERENCES 学生;
FOREIGN KEY 课程号 TAG 课程号 REFERENCES 课程)
```

注意：用 SQL CREATE 命令新建的表自动在最小可用工作区打开，并可以通过别名引用，新表的打开方式为独占方式，忽略 SET EXCLUSIVE 的当前设置。

如果建立自由表(当前没有打开的数据库或使用了 FREE)，则很多选项在命令中不能使用，如 NAME、CHECK、DEFAULT、FOREIGN KEY、PRIMARY KEY 和 REFERENCES 等。

如上④命令有两个 FOREIGN KEY…REFERENCES…短语，分别说明了学生表与选课表、课程表与选课表之间的联系。

以上所有建立表的命令执行完后，可以在数据库设计器中看到各个表以及它们之间的联系，如图 5-1 所示，然后可以用其他方法来编辑参照完整性，进一步完善数据库的设计。

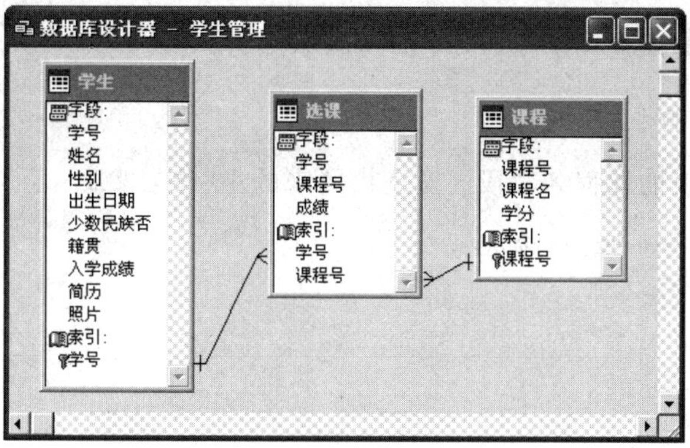

图 5-1　数据库设计器中各表与表间的联系

5.3.2　删除表

当某个表不再需要时，可以使用 DROP TABLE 语句删除它。

基本表定义一旦删除，表中的数据、此表上建立的索引和视图都将自动被删除掉。因此执行删除基本表的操作一定要格外小心。

删除表的 SQL 命令格式是：

```
DROP TABLE <表名>
```

DROP TABLE 命令直接从磁盘上删除所指定的表文件。如果指定的表文件是数据库中的表并且相应的数据库是当前数据库，则从数据库中删除了表。否则虽然从磁盘上删除了表文件，但是记录在数据库文件中的信息却没有删除，此后会出现错误提示。所以要删除数据库中的表时，最好使数据库是当前打开的数据库，在数据库中进行操作。

例如：删除“学生管理”数据库的“课程”表。

```
OPEN DATABASE 学生管理
DROP TABLE 课程
```

5.3.3　修改表结构

如果需要修改已建立好的表结构，SQL 提供了 ALTER TABLE 语句，该命令有三种格式。

1. 格式 1

```
ALTER TABLE <表名 1>
ADD|ALTER [COLUMN] <字段名><字段类型>[(<宽度>[,<小数位数>])]
[NULL | NOT NULL][CHECK <逻辑表达式> [ERROR<出错显示信息>]]
[DEFAULT <表达式>][PRIMARY KEY|UNIQUE]
[REFERENCES <表名 2>[TAG <标识名>]]
```

该格式可以添加字段，修改字段的类型、宽度、有效性规则、错误信息、默认值，定义主关键字和联系等。

例 5-2 为选课表增加一个字段：平时成绩 N(5,1)。

```
ALTER TABLE 选课 ADD 平时成绩 N(5,1)
```

例 5-3 将课程表的课程名字段的宽度由原来的 10 改为 20。

```
ALTER TABLE 课程 ALTER 课程名 C(20)
```

2. 格式 2

```
ALTER TABLE <表名>
ALTER [COLUMN] <字段名> [NULL|NOT NULL]
[SET DEFAULT <表达式>[SET CHECK <逻辑表达式> [ERROR <出错显示信息>]]
[DROP DEFAULT][DROP CHECK]
```

该格式命令主要用于定义、修改和删除有效性规则以及默认值定义，命令说明如下：

(1) SET DEFAULT ＜表达式＞用来设置默认值；SET CHECK＜逻辑表达式＞[ERROR＜出错显示信息＞]短语用来设置约束条件。

(2) DROP DEFAULT 短语用来删除默认值；DROP CHECK 短语用来删除约束条件。

(3) 本命令仅仅适合数据库表。

例 5-4 为学生表的入学成绩字段添加有效性规则。

```
ALTER TABLE 学生 ALTER 入学成绩 SET CHECK(入学成绩>=0);
```

ERROR"入学语成绩应大于 0!"

例 5-5 删除平时成绩字段的有效性规则并设置字段默认值为 80。

```
ALTER TABLE 选课 ALTER 平时成绩 DROP CHECK
ALTER TABLE 选课 ALTER 平时成绩 SET DEFAULT 80
```

3. 格式 3

```
ALTER TABLE <表名> [DROP [COLUMN] <字段名>]
[SET CHECK <逻辑表达式>[ERROR <出错显示信息>]]
[DROP CHECK]
[ADD PRIMARY KEY <表达式> TAG <索引标识> [FOR <逻辑表达式>]]
[DROP PRIMARY KEY]
[ADD UNIQUE <表达式> [TAG <索引标识> [FOR <逻辑表达式>]]]
[DROP UNIQUE TAG <索引标识>]
[ADD FOREIGN KEY <表达式> TAG <索引标识> [FOR <逻辑表达式>]]
[REFERENCES <表名 2 >[TAG <索引标识>]]
[DROP FOREIGN KEY TAG <索引标识>[SAVE]]
[RENAME COLUMN <原字段名> TO <目标字段名>]
```

该格式的命令可以删除指定字段(DROP [COLUMN])、修改字段名(RENAME COLUMN)、修改指定表的完整性规则，包括主索引、外关键字、候选索引及表的合法值限定的添加与删除。

例 5-6 将选课表中的平时成绩字段改为平时分。

```
ALTER TABLE 选课 RENAME COLUMN 平时成绩 TO 平时分
```

例 5-7 删除选课表的平时分字段。

```
ALTER TABLE 课程 DROP COLUMN 平时分
```

例 5-8 在学生表中定义学号和姓名为候选索引。

```
ALTER TABLE 学生 ADD UNIQUE 学号 + 姓名 TAG RAN
```

例 5-9 删除学生表的候选索引 RAN。

```
ALTER TABLE 学生 DROP UNIQUE TAG RAN
```

说明：如被删除的字段建立了索引，则必须先将索引删除，然后才能删除该字段。

5.4 SQL 的数据修改功能

SQL 的数据修改功能主要有：记录的插入、删除和数据更新等，其命令主要有：INSEET、DELETE、UPDATE。

5.4.1 插入记录

Visual FoxPro 支持两种 SQL 插入命令，其格式是：

1. 格式 1

```
INSERT INTO <表名>[(字段名 1[<字段名 2>[,…]])] VALUES(<表达式 1>[,<表达式 2>[,…]])
```

该命令在指定的表尾添加一条新记录，其值为 VALUES 后面表达式的值。

当需要插入表中所有字段的数据时，表名后面的字段名可以缺省，但插入数据的格式及顺序必须与表的结构完全吻合；若只需要插入表中某些字段的数据，就需要列出插入数据的字段名，当然相应表达式的数据位置应与之对应。

例 5-10 向学生表中添加记录。

```
INSERT INTO 学生 VALUES("231002","杨阳","男",{^1984 - 07 - 07},.T.,"北京",680,"",NULL)
INSERT INTO 学生(学号,姓名) VALUES("231109","李兵")
```

2. 格式 2

```
INSERT INTO  <表名>  FROM  ARRAY <数组名> [FROM MEMVAR]
```

该命令在指定的表尾添加一条新记录，其值来自于数组或对应的同名内存变量。

例 5-11 已经定义了数组 $A(5)$，A 中各元素的值分别是：$A(1)=$"231013"，$A(2)=$"张阳"，$A(3)=$"女"，$A(4)=${^1985-01-02}，$A(5)=$.F.。利用该数组向学生表中添加记录。

```
INSERT INTO 学生 FROM ARRAY A
```

5.4.2 删除记录

在 Visual FoxPro 中,DELETE 可以为指定的数据表中的记录添加删除标记。命令格式是:

```
DELETE  FROM [<数据库名>!] <表名> [WHERE <条件表达式>]
```

该命令从指定表中,根据指定的条件逻辑删除记录。如果要真正物理删除记录,在该命令后还必须用 PACK 命令,也可以使用命令 RECALL 恢复逻辑删除的记录。

例 5-12 将"学生"表所有男生的记录逻辑删除。

```
DELETE  FROM  学生 WHERE 性别 = "男"
```

5.4.3 更新记录

更新记录时对存储在表中的记录进行修改,命令是 UPDATE,也可以对用 SELECT 语句选择出的记录进行数据更新,命令格式是:

```
UPDATE [<数据库名>!]<表名>
SET <字段名 1> = <表达式 1>[,<字段名 2> = <表达式 2>… ]  [WHERE <逻辑表达式>]
```

该命令用指定的新值更新记录。

例 5-13 将"学生"表中姓名为杨阳的学生的入学成绩改为 600。

```
UPDATE 学生 SET 入学成绩 = 600  WHERE  姓名 = "杨阳"
```

例 5-14 所有男生的入学成绩加 20 分。

```
UPDATE 选课 SET 入学成绩 = 入学成绩 + 20;
    WHERE 学号 IN  (SELECT 学号  FROM  学生 WHERE 性别 = "男")
```

以上命令中,用到了 WHERE 条件运算符 IN 对用 SELECT 语句选择出的记录进行数据更新。注意 UPDATE 一次只能在单一的表中更新记录。

5.5 SQL 的数据查询

SQL 的核心是查询。SQL 的查询命令也称为 SELECT,它的基本形式由 SELECT-FROM-WHERE 查询块组成,多个查询块可以嵌套执行。通过使用 SQL-SELECT 命令,可以对数据源进行各种组合,有效地筛选记录、管理数据、对结果排序、指定输出去向,等等,无论查询多么复杂,其内容只有一条 SELECT 语句。Visual FoxPro 的 SQL SELECT 命令的语法格式如下:

```
SELECT [ALL|DISTINCT] [TOP N [PERCENT]]
[<别名>.]<选项>[AS <显示列名>][,[<别名>.]<选项>[AS <显示列名>] … ]
FROM [<数据库名!]<表名>[[AS] <本地别名>]
[[INNER | LEFT [OUTER] | RIGHT[OUTER]|FULL [OUTER]
```

```
JOIN <数据库名>! ]<表名>[[AS]<本地别名>][ON <联接条件>… ]]
[[INTO <目标>][TO FILE <文件名>][ADDITIVE]
[TO PRINTER [PROMPT]]TO SCREEN]]
[PREFERENCE <参照名>][NOCONSOLE][PLAIN][NOWAIT]
[WHERE <联接条件 1 >[AND <联接条件 2 >… ]]
[AND|OR <过滤条件 1 >[AND|OR <过滤条件 2 >… ]]
[GROUP BY <分组列名 1 >[,<分组列名 2 >… ]][HAVING <过滤条件>]
[UNION[ALL]SELECT 命令]
[ORDER BY <排序选项 1 >[ASC|DESC][,<排序选项 2 >[ASC|DESC] … ]]
```

命令功能：根据指定条件从一个或者多个表中检索输出数据。

命令说明：

(1) SELECT 短语指明要在查询结果中输出的字段内容。其中 DISTINCT 用来指定消除输出结果中重复的行，TOP<数值表达式>[PERCENT]用来指定输出的行数或百分比，默认为 ALL。使用短语 TOP 必须要排序，即使用 ORDER BY 短语。

(2) FROM 说明要查询的数据来自哪个或哪些表，可以对单个表或多个表进行查询。

(3) WHERE 说明查询条件，即选择元组的条件。

(4) GROUP BY 短语用于对查询结果进行分组，可以利用它进行分组汇总；其中 HAVING 短语用来限定分组必须满足的条件。

(5) ORDER BY 短语用来对查询的结果进行排序。默认为升序，降序必须使用 DESC。

(6) INTO<目标>短语指明查询结果的输出目的地。INTO ARRAY 表示输出到数组，INTO CURSOR 表示输出到临时表，INTO DBF 或者 INTO TABLE 表示输出到数据表中。默认为浏览窗口。

以上短语是学习和理解 SQL SELECT 命令必须要掌握的，还有一些短语是 Visual FoxPro 特有的。

SELECT 查询命令的使用非常灵活，用它可以构造各种各样的查询。本节将通过大量实例来介绍 SELECT 命令的使用，在例子中再具体解释各个短语的含义，为方便说明，首先给出学生、选课、课程三个表的内容。

学生表的内容如表 5-3 所示。

表 5-3　学生表

学号	姓名	性别	出生日期	少数名族否	籍贯	入学成绩	简历	照片
610221	王大为	男	02/05/85	F	江苏	568.0	memo	gen
610204	彭　斌	男	12/31/83	T	北京	547.0	memo	gen
240111	李远明	女	11/12/85	F	重庆	621.0	memo	gen
240105	冯珊珊	女	02/04/87	F	重庆	470.0	memo	gen
250205	张大力	男	02/04/86	F	四川成都	250.0	memo	gen
810213	陈雪花	女	05/05/86	F	广州	368.0	memo	gen
820106	汤　莉	男	06/21/70	F	重庆	456.0	memo	gen
510204	查亚平	女	04/07/71	F	重庆	666.0	memo	gen
860307	杨武胜	男	04/05/78	T	湖南	568.0	memo	gen
520204	钱广花	女	02/07/80	T	湖北	589.0	memo	gen
231002	杨　阳	男	07/28/12	T	北京	680.0	memo	gen

选课表的内容如表5-4所示。

课程表的内容如表5-5所示。

表5-4 选课表

学号	课程号	成绩
610221	01101	85.0
610204	01102	95.0
240111	12100	95.0
240105	15105	65.0
250205	01102	85.0
820106	01103	68.0
510204	01101	88.0
860307	01101	98.0
520204	01102	78.0

表5-5 课程表

课程号	课程名	学分
01101	数据库原理	3.0
01102	软件工程	2.0
01103	VFP程序设计	4.0
12100	计算机网络	2.0
15104	英语口语	3.0

5.5.1 基本查询

所谓简单查询是指基于一个表，可以有简单的查询条件或者没有条件，基本上由SELECT、FROM、WHERE构成简单查询。

例5-15 列出所有学生名单。

```
SELECT * FROM 学生
```

命令中的*表示输出所有字段，数据来源是学生表，所有内容以浏览方式显示。

例5-16 在学生表中查询所有男生的学号、姓名和出生日期。

```
SELECT 学号,姓名,出生日期 FROM 学生 WHERE  性别="男"
```

例5-17 列出所有学生的姓名，去掉重名。

```
SELECT DISTINCT 姓名 AS  学生名单  FROM 学生
```

5.5.2 带特殊运算符的条件查询

WHERE是条件语句关键字，是可选项，其格式是：

```
WHERE <条件表达式>
```

其中条件表达式可以是单表的条件表达式，也可以是多表之间的条件表达式，表达式用得比较符为＝(等于)、＜＞、!＝(不等于)、＝＝(精确等于)、＞(大于)、＞＝(大于等于)、＜(小于)、＜＝(小于等于)。

在SELECT命令中还可以使用BETWEEN、IN、LIKE等特殊运算符，这些运算符的使用，可以方便灵活地使用SQL。表5-6列出了可用于条件表达式中几个特殊运算符的意义和使用方法。

如查询入学成绩在600分到650分之间的学生，可以使用以下方法。

```
SELECT * FROM 学生 WHERE 入学成绩 BETWEEN 600 AND 650
```

表 5-6　WHERE 子句中的特殊运算符

运算符	说　明
BETWEEN	字段值在指定范围内，用法：<字段>BETWEEN <范围始值> AND <范围终值>
IN	字段值是结果集合的内容<字段> [NOT] IN <结果集合>
LIKE	对字符型数据进行字符串比较，提供两种通配符，即下划线"_"(代表 1 个字符)和百分号"%"(代表 0 或多个字符) 用法：<字段> LIKE <字符表达式>

这里的数学 BETWEEN 600 AND 650 与入学成绩>=600 AND 入学成绩<=650 是等效的。

例 5-18　列出学生的学号尾数为 2 的所有学生，注意学号字段的类型为字符型数据。

```
SELECT *  FROM 学生 WHERE 学号 LIKE "%2"
```

查询结果如图 5-2 所示。

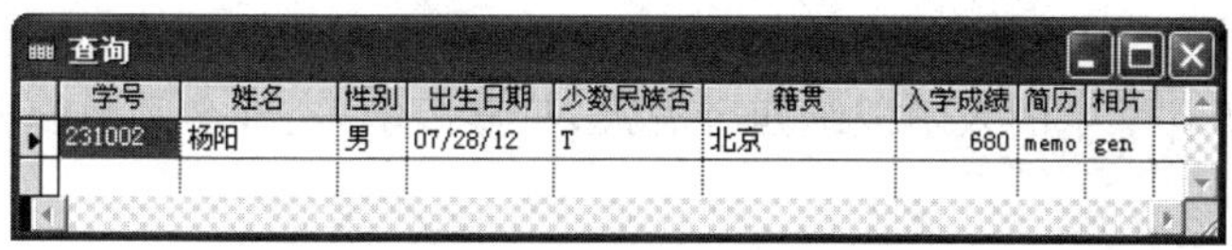

图 5-2　带特殊运算符的查询

这里的 LIKE 是字符串匹配运算符，通配符%表示 0 个或者多个字符。通配符_表示 1 个字符。例如：

```
SELECT * FROM 学生 WHERE 学号 LIKE "_5%"
```

表示学号第二个字符为 5 的所有学生。

例 5-19　列出数学成绩不在 80～95 的学生。

```
SELECT * FROM 学生 WHERE 数学  NOT BETWEEN 80 AND 95
```

例 5-20　列出所有姓赵的学生名单。

```
SELECT 学号,姓名 FROM 学生 WHERE 姓名 LIKE "赵%"
```

以上命令的功能等同于

```
SELECT 学号,姓名,专业 FROM 学生 WHERE 姓名 = "赵"
```

例 5-21　列出重庆和成都的学生信息。

```
SELECT * FROM 学生 WHERE 籍贯 IN ("重庆","成都")
```

该命令的查询条件等同于

```
WHERE 籍贯 = "重庆"  or  籍贯 = "成都"
```

例 5-22　列出所有非重庆籍的学生的学号、姓名和出生日期。

```
SELECT 学号,姓名,出生日期 FROM 学生 WHERE 籍贯!= "重庆"
```

在 SQL 中，“不等于”可以用!=、#或<>表示。另外还可以用否定运算符 NOT 表示取反(非)操作，例如，上述查询条件也可以写为

```
WHERE NOT(籍贯 = "重庆")
```


5.5.3 简单的计算查询

SELECT 命令中的选项，不仅可以是字段名，还可以是表达式，也可以是一些函数。表 5-7 列出了 SELECT 命令可操纵的常用聚合函数。

表 5-7 SELECT 命令常用聚合函数

函　　数	功　　能	函　　数	功　　能
AVG(字段名)	求字段的平均值	MIN(字段名)	求字段的最小值
SUM(字段名)	求字段的和	COUNT(*)	求满足条件的数值
MAX(字段名)	求字段的最大值		

例 5-23 将所有学生的入学成绩四舍五入，只显示学号、姓名和数学成绩。

```
SELECT 学号,姓名,ROUND(入学成绩,0) AS "总成绩"  FROM  学生
```

注意：这个结果不影响数据库表中的结果，只是在输出时通过函数计算输出。

例 5-24 求出所有学生的入学成绩平均分、最高分、最低分。

```
SELECT AVG(入学成绩) AS "入学成绩平均分",MAX(入学成绩) AS "入学成绩最高分",MIN(入学成绩) AS "入学成绩最低分"  FROM 学生
```

图 5-3 带函数的 SELECT 查询结果

查询结果如图 5-3 所示。

5.5.4 分组统计查询与筛选

查询结果可以分组，其格式是：

```
GROUP BY <分组选项 1>[,<分组选项 2>… ]
```

其中<分组选项>可以是字段名，SQL 函数表达式，也可以是列序号(最左边为 1)。

筛选条件格式是：

```
HAVING <筛选条件表达式>
```

HAVING 子句与 WHERE 功能一样，只不过是与 GROUP BY 子句连用，用来指定每一分组内应满足的条件。

例 5-25 分别统计男女人数。

```
SELECT 性别,COUNT(性别) FROM 学生 GROUP BY 性别
```

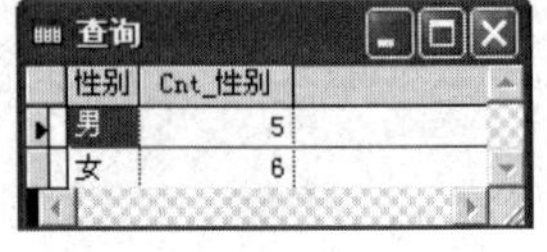

图 5-4 分组查询

查询结果如图 5-4 所示。

例 5-26 分别统计男女生中入学成绩大于 600 分的学生人数。

```
SELECT 性别,COUNT(性别) AS 人数 FROM 学生 GROUP BY 性别 WHERE 入学成绩> 600
```

如果把命令写成以下形式,统计的结果就是错误的。

```
SELECT 性别,COUNT(性别) AS 人数 FROM 学生 GROUP BY 性别 HAVING 入学成绩> 85
```

例 5-27 统计每门课程的平均成绩。

```
SELECT 课程号,AVG(成绩) FROM 选课 GROUP BY 课程号
```

例 5-28 列出平均成绩大于 80 分的课程号。

```
SELECT 课程号,AVG(成绩)平均成绩 FROM 选课 GROUP BY 课程号 HAVING AVG(成绩)> 80
```

5.5.5 排序查询

SELECT 的查询结果是按查询过程中的自然顺序给出的,因此查询结果通常无序,如果希望查询结果有序输出,需要下面的子句配合:

```
ORDER BY <排序选项 1 > [ASC | DESC][,<排序选项 2 >[ASC | DESC] … ]
```

其中排序选项可以是字段名,也可以是数字。字段名必须是主 SELECT 子句的选项,当然是 FROM <表>中的字段。数字是表的列序号,第一列为 1。ASC 指定的排序项按升序排列,DESC 指定的排序项按降序排列。

例 5-29 按性别升序列出学生的学号、姓名、性别及入学成绩,性别相同的再按入学成绩由高到低排序。

```
SELECT 学号,姓名,性别,入学成绩  FROM 学生 ORDER BY  性别,入学成绩  DESC
```

查询结果如图 5-5 所示。

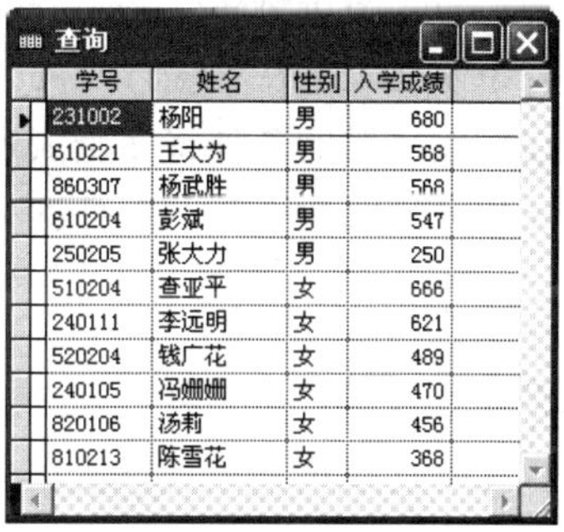

查询

学号	姓名	性别	入学成绩
231002	杨阳	男	680
610221	王大为	男	568
860307	杨武胜	男	568
610204	彭斌	男	547
250205	张大力	男	250
510204	查亚平	女	666
240111	李远明	女	621
520204	钱广花	女	489
240105	冯姗姗	女	470
820106	汤莉	女	456
810213	陈雪花	女	368

图 5-5 多关键字排序查询

例 5-30 对学生表,请输出入学成绩最高的前 5 名学生的信息。

```
SELECT  *  TOP  5  FROM 学生 ORDER BY 入学成绩 DESC
```

输出的结果可能超过 5 条记录,如果入学成绩有并列的则都要输出。

5.5.6 查询结果输出

在用 SELECT 语句进行查询时,默认的输出结果都在屏幕上,需要改变输出结果可以使用 INTO,它是可选项,其格式如下:

```
[INTO <目标>] | [TO FILE <文件名>[ADDITIVE] | TO PRINTER]
```

其中,<目标>有以下三种形式。

ARRAY ＜数组名＞：将查询结果存到指定数组名的内存变量数组中。

CURSOR ＜临时表＞：将输出结果存到一个临时表(游标)，这个表的操作与其他表一样，不同的是，一旦被关闭就被删除。

DBF ＜表＞|TABLE ＜表＞：将结果存到一个表，如果该表已经打开，则系统自动关闭它。如果 SET SAFETY OFF，则重新打开它不提示。如果没有指定后缀，则默认为.dbf。在 SELECT 命令执行完后，该表为打开状态。

TO FILE ＜文件名＞[ADDITIVE]：将结果输出到指定的文本文件，ADDITIVE 表示将结果添加到文件后面。在输出的文件中，系统可以自动处理重名的问题。如不同文件的同字段名用文件名来区分，表达式用 EXP-A、EXP-B 等来自动命名，SELECT 函数用函数名来辅助命名。

TO PRINTER：将结果送打印机输出。

例 5-31 输出学生表中的学号、性别、入学成绩，按照性别升序、入学成绩降序，将查询的结果保存到 test1.txt 文本文件中。

```
SELECT 学号,姓名,性别,入学成绩  FROM 学生 ORDER BY 性别,入学成绩  DESC
TO FILE test1
```

例 5-32 将例 5-29 的查询结果保存到 testtable 表中。

```
SELECT 学号,姓名,性别,入学成绩  FROM 学生 ORDER BY 性别,入学成绩  DESC INTO TABLE testtable
```

5.5.7 多表查询

在一个表中进行查询，一般说来是比较简单的，连接查询是基于多个表的查询，表之间的联系是通过字段值来体现的，而这种字段通常称为连接字段。连接操作的目的就是通过加在连接字段的条件将多个表连接起来，达到从多个表中获取数据的目的。

用来连接两个表的条件称为连接条件或连接谓词，其一般格式为

```
[<表名 1>.]<列名 1><比较运算符>[<表名 2>.]<列名 2>
```

其中比较运算符主要有：=、＞、＜、＞=、＜=、!=。

此外连接谓词还可以使用下面的形式：

```
[<表名 1>.]<列名 1> BETWEEN [<表名 2>.]<列名 2> AND [<表名 2>.]<列名 3>
```

当连接运算符为=时，称为等值连接，使用其他运算符称为非等值连接。

1. 等值连接查询

例 5-33 查询所有学生的成绩单，要求给出学号、姓名、课程号、课程名和成绩。

```
SELECT a.学号,姓名,b.课程号,课程名,成绩 FROM 学生 a,选课 b,课程 c;
WHERE a.学号 = b.学号 AND b.课程号 = c.课程号
```

注意：短语 FROM 学生 A，表示选择学生表，并将学生表的别名为 A，其他表类似。短语 SELECT A.学号，表示取学生表的学号字段。

学生情况存放在学生表中，学生选课情况存放在选课表中，课程的信息存放在课程表中，所以本查询实际上同时涉及学生、选课、课程三个表中的数据。这三个表之间的联系是分别通过字段学号和课程号实现的。要查询学生及其选修课程的情况，就必须分别将表中学号相同的元组以及课程号相同的元组连接起来。这是一个等值连接。

例 5-34 查询男生的选课情况，要求列出学号、姓名、课程号、课程名和学分数。

```
SELECT a.学号,姓名 AS 学生姓名,b.课程号,课程名, c.学分;FROM 学生 a,选课 b,课程 c,;
WHERE a.学号 = b.学号 AND b.课程号 = c.课程号 AND  a.性别 = "男"
```

2. 非等值连接查询

例 5-35 列出选修 01102 课的学生中，成绩大于学号为 250205 的学生该门课成绩的那些学生的学号及其成绩。

```
SELECT a.学号,a.成绩 FROM 选课 a,选课 b;
WHERE a.成绩> b.成绩 AND a.课程号 = b.课程号 AND b.课程号 = "01102"AND b.学号 = "250205"
```

在命令中，将成绩表看作 a 和 b 两张独立的表，表 b 中选出学号为 250205 的同学 01102 课的成绩，a 表中选出的是选修 01102 课学生的成绩，“a. 成绩＞b. 成绩”反映的是不等值联接，查询结果如图 5-6 所示。

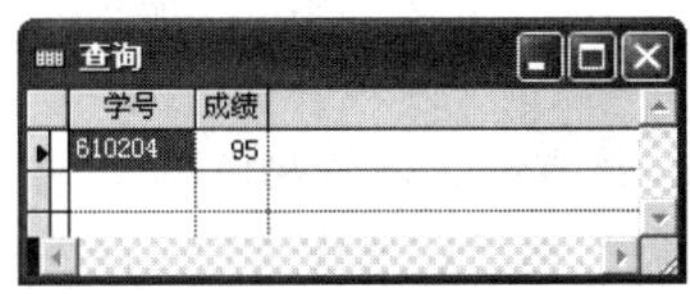

图 5-6 自连接查询

5.5.8 嵌套查询

有时候一个 SELECT 命令无法完成查询任务，需要一个子 SELECT 的结果作为条件语句的条件，即需要在一个 SELECT 命令的 WHERE 子句中出现另一个 SELECT 命令，这种查询称为嵌套查询。通常把仅嵌入一层子查询的 SELECT 命令称为单层嵌套查询，把嵌入子查询多于一层的查询称为多层嵌套查询。Visual FoxPro 只支持单层嵌套查询。

1. 返回单值的子查询

例 5-36 列出选修“数据库原理”的所有学生的学号。

```
SELECT 学号 FROM 选课 WHERE 课程号 = ;
(SELECT 课程号 FROM 课程 WHERE 课程名 = "数据库原理")
```

上述 SQL 语句执行的是两个过程，首先在课程表中找出“数据库原理”的课程号（如 01001），然后在选课表中找出课程号等于 01101 的记录，列出这些记录的学号，查询结果如图 5-7 所示。

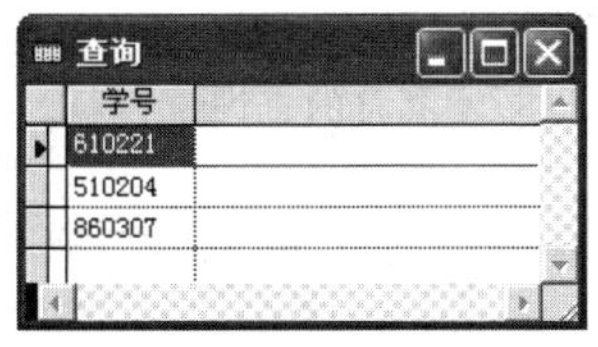

图 5-7 返回单值的子查询

2. 返回一组值的子查询

若某个子查询返回值不止一个，则必须指明在 WHERE 子句中应怎样使用这些返回值。通常使用条件 ANY（或 SOME）、ALL 和 IN。表 5-8 列出了这些运算符的意义和使用方法。

表 5-8　WHERE 子句中的特殊运算符

运 算 符	说　明
ALL	满足子查询中所有值的记录,用法:<字段><比较符>ALL(<子查询>)
ANY	满足子查询中任意一个值的记录 用法:<字段><比较符>ANY(<子查询>)
EXISTS	测试子查询中查询结果是否为空,若为空,则返回.F. 用法:[NOT] EXISTS(<子查询>)
IN	字段值是子查询中的内容,<字段> [NOT] IN(<子查询>)
SOME	满足集合中的某个值,功能与用法等同于 ANY 用法:<字段><比较符>SOME(<子查询>)

1) ANY 运算符的用法

例 5-37　列出选修 01101 课的学生中成绩比选修 01102 的最低成绩高的学生的学号和成绩。

```
SELECT 学号,成绩 FROM 选课 WHERE 课程号 = "01101"   AND 成绩> ANY;
(SELECT 成绩 FROM 选课 WHERE 课程号 = "01102")
```

该查询必须做两件事:先找出选修 01102 课的所有学生的期末成绩(比如说结果为 92 和 51),然后在选修 01101 课的学生中选出其成绩高于选修 01102 课的任何一个学生的成绩(即高于 72 分)的那些学生,查询结果如图 5-8 所示。

当然也可以先找出选修 01102 的最低成绩,然后再查询。所以也可以写成:

```
SELECT 学号,成绩 FROM 选课 WHERE 课程号 = "01101" AND 成绩>;
(SELECT MIN(成绩) FROM 选课 WHERE 课程号 = "01102")
```

2) ALL 运算符的用法

例 5-38　列出选修 01101 课的学生,这些学生的成绩比选修 01102 课的最高成绩还要高的学生的学号和成绩。

```
SELECT 学号,成绩 FROM 选课 WHERE 课程号 = "01101" AND 成绩> ALL;
  (SELECT 成绩 FROM 选课 WHERE 课程号 = "01102")
```

该查询的含义是:先找出选修 01102 课的所有学生的成绩,然后在选修 01101 课的学生中选出成绩高于选修 01102 课的所有成绩的那些学生,查询结果如图 5-9 所示。

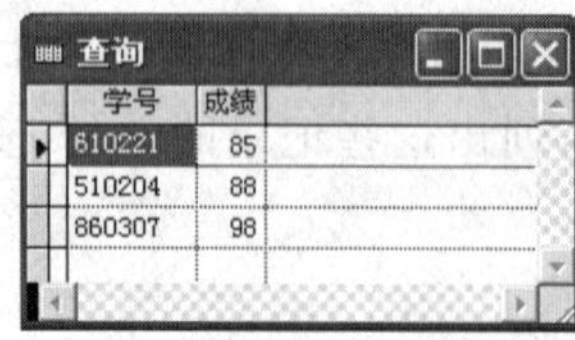

图 5-8　返回一组值的子查询

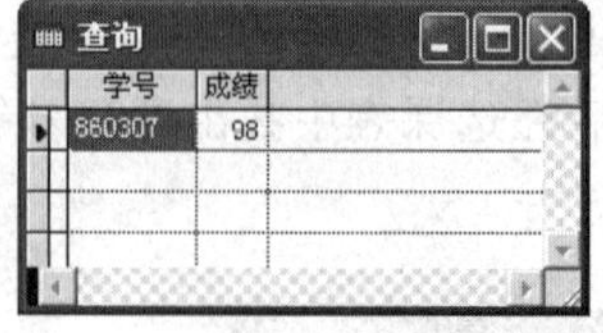

图 5-9　含 ALL 运算符的查询

当然也可以先找出选修 01102 课的学生的最高成绩,然后再查询。所以也可以写成

```
SELECT 学号,成绩 FROM 选课 WHERE 课程号 = "01101" AND 成绩 = ;
  (SELECTMAX(成绩) FROM 选课 WHERE 课程号 = "01102")
```

3) IN 运算符的用法

例 5-39 列出选修"数据库原理"或"软件工程"的所有学生的学号。

```
SELECT 学号 FROM 选课 WHERE 课程号 IN;
(SELECT 课程号 FROM 课程 WHERE 课程名 = "数据库原理"OR 课程名 = "软件工程")
```

IN 是属于的意思,等价于=ANY,即等于子查询中的任何一个值。

5.5.9 输出合并

输出合并是指将两个查询结果进行集合并操作,其子句格式是:

```
[UNION [ALL] <SELECT 命令>]
```

其中 ALL 表示结果全部合并。若没有 ALL,则重复的记录将被自动取掉。合并的规则是:

(1) 不能合并子查询的结果。

(2) 两个 SELECT 命令必须输出同样的列数。

(3) 两个表各相应列出的数据类型必须相同,数字和字符不能合并。

(4) 仅最后一个<SELECT 命令>中可以用 ORDER BY 子句,且排序选项必须用数字说明。

例 5-40 列出选修 01101 或 01102 课程的所有学生的学号。

```
SELECT 学号 FROM 选课 WHERE 课程号 = "01101" UNION SELECT 学号 FROM;
选课 WHERE 课程号 = "01102"
```

5.6 查询设计器

在 VFP 中,可以利用 SQL(结构化查询语言)设计查询,也可以利用查询设计器在交互式环境下建立查询。前面讲的 SQL 查询,大部分都可以通过查询设计器自动生成,非常方便。下面介绍查询设计器的使用。利用查询设计器可以得到一个扩展名为.QPR 的查询文件,其内容主体是 SQL SELECT 语句,通过运行该查询文件,用户可以获取所需的查询结果。

5.6.1 查询设计器

1. 启动查询设计器

启动查询设计器,建立查询的方法很多,主要有以下两种。

(1) 菜单操作:选择"文件"菜单下的"新建"选项,或单击常用"工具栏"上的"新建"按钮,打开"新建"对话框,然后选择"查询"并单击"新建文件"打开查询设计器建立查询。

(2) 命令操作:用 CREATE QUERY 命令打开查询设计器建立查询。

下面介绍使用查询设计器建立查询的方法。

不管使用哪种方法打开查询设计器建立查询,都首先进入"添加表或视图"对话框，如图 5-10 所示。从中选择用于建立查询的表或视图，这时单击要选择的表或视图，然后单击“添加”按钮。如果单击“其他”按钮还可以选择自由表。当选择完表或视图后，单击“关闭”按钮进入如图 5-11 所示的查询设计器窗口。

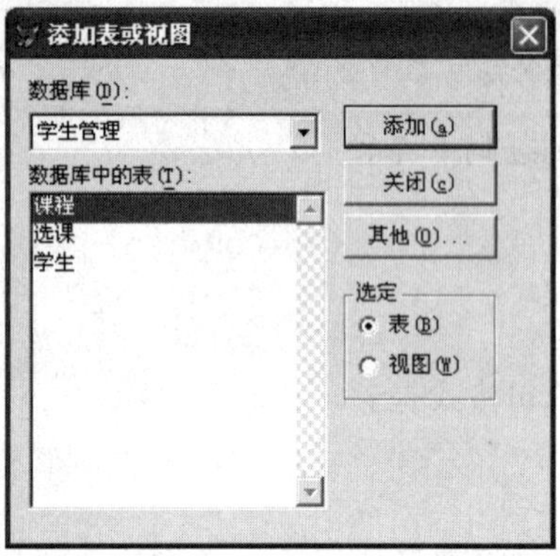

图 5-10　添加表或视图

2. 查询设计器的子界面

“查询设计器”中有 6 个子界面，其功能和 SQL SELECT 命令的各子句是相对应的。

(1) 字段。在“字段”子界面设置查询结果中要包含的字段，对应于 SELECT 命令中的输出字段。双击“可用字段”列表框中的字段，相应的字段就自动移到右边的“选定字段”列表框中。如果选择全部字段，单击“全部添加”按钮。在“函数和表达式”编辑框中，输入或由“表达式生成器”生成一个计算表达式，如 AVG(入学成绩)。

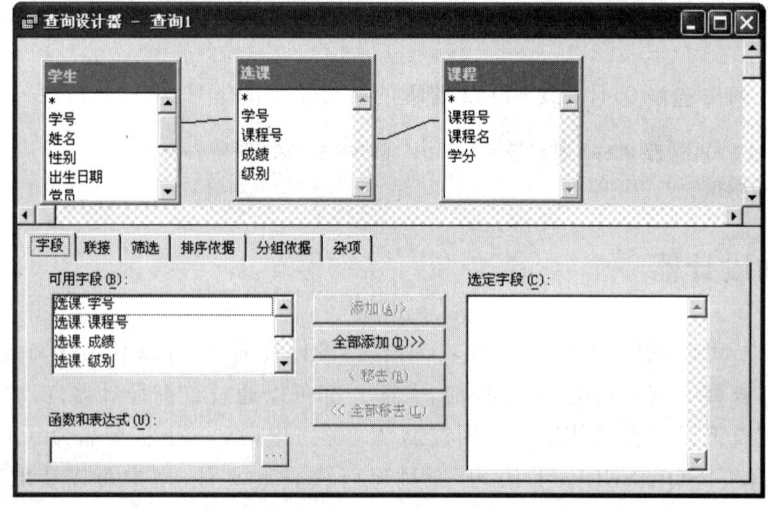

图 5-11　查询设计器

(2) 联接。如果要查询多个表，可以在“联接”子界面中设置表间的联接条件，对应于 JOIN ON 子句，如果数据库中多个表已经建立好永久关系，则这里的条件会利用数据库中的设置自动设置好。

(3) 筛选。在“筛选”子界面中设置查询条件，对应于 WHERE 子句的表达式。

(4) 排序依据。在“排序依据”子界面中指定排序的字段和排序方式，对应于 ORDER BY 子句。

(5) 分组依据。在“分组依据”子界面中设置分组条件，对应于 GROUP BY 子句。

(6) 杂项。在“杂项”子界面中设置有无重复记录以及查询结果中显示的记录数等。

由此可见，“查询设计器”实际上是 SELECT 命令的图形化界面。

5.6.2 建立查询示例

例 5-41 在学生表中查询所有学生的学号、姓名、出生日期、入学成绩，查询结果按入学成绩升序排列。

1. 启动查询设计器

启动查询设计器，并将学生表添加到查询设计器中。

2. 选取查询所需的字段

如图 5-12 所示，在查询设计器中单击"字段"选项，从"可用字段"列表框中选择"学号"字段，双击或单击"添加"按钮，将其添加到"选定字段"列表框中。使用上述方法将"姓名"、"出生日期"和"入学成绩"字段添加到"选定字段"列表框中，这 4 个字段即为查询结果中要显示的字段。显示结果中显示字段的顺序，用鼠标拖动选定的字段左边的小方块，上下移动，即可调整字段的显示顺序。

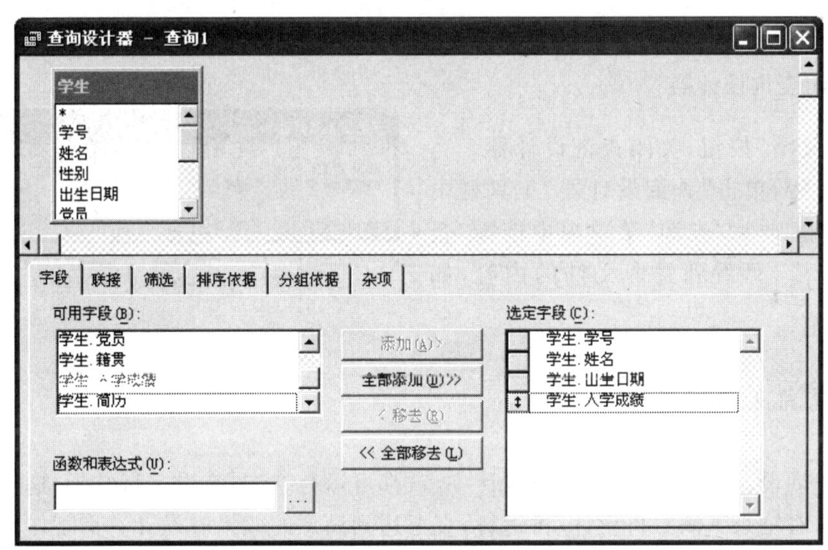

图 5-12 字段选择

3. 建立排序查询

如果在"排序依据"子界面中不设置排序条件，则显示结果按表中记录的顺序显示。现要求记录按"入学成绩"的升序显示，因此在"选定字段"列表框中选择"入学成绩"字段，再单击"添加"按钮，将其添加到"排序条件"列表框中，再单击"排序选项"的"升序"单选按钮，如图 5-13 所示。

4. 保存查询文件

查询设计完成后，选择系统菜单中"文件"下拉菜单的"另存为"选项，或单击常用工具栏

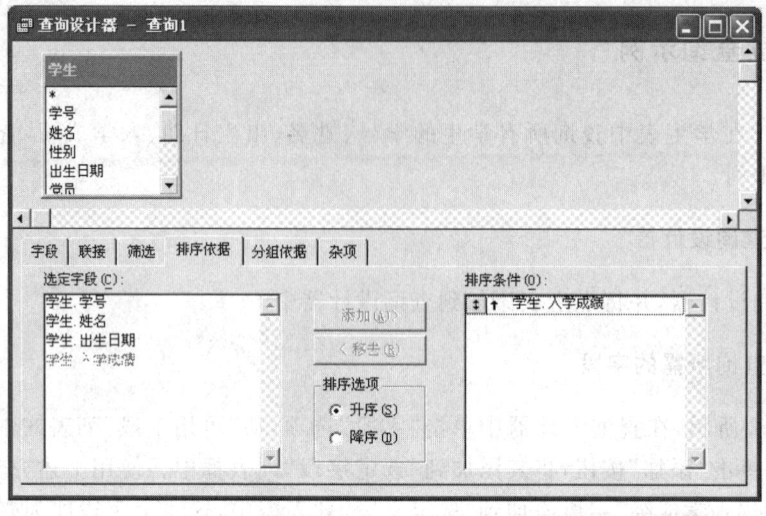

图 5-13　设置排序依据

上的保存按钮，打开“另存为”对话框。选定查询文件要保存的位置，输入查询文件名，并单击“保存”按钮。

5. 关闭查询设计器

单击“关闭”按钮，关闭查询设计器。完成查询操作后，单击“查询设计器”工具栏中的 SQL 按钮，或从“查询”菜单项中选择“查看 SQL”命令，可看到查询文件的内容，如图 5-14 所示。

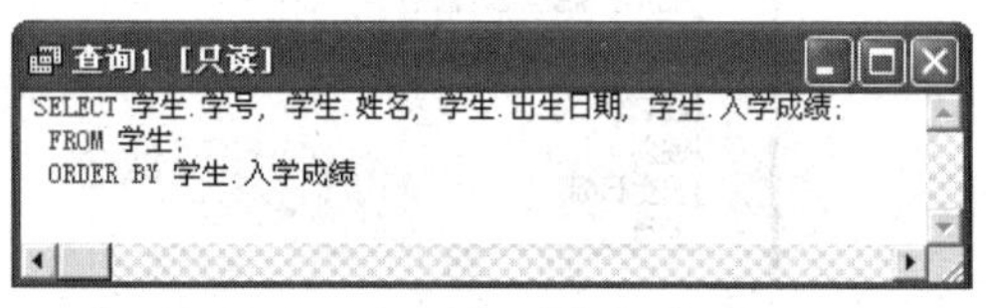

图 5-14　查询文件的内容

5.6.3　查询文件的操作

使用查询设计器设计查询时，每设计一步，都可运行查询，查看运行结果，这样可以边设计、边运行，对结果不满意再设计、再运行，直至达到满意的效果。设计查询工作完成并保存查询文件后，可利用菜单选项或命令运行查询文件。

查询

学号	姓名	出生日期	入学成绩
250205	张大力	02/04/86	250
810213	陈雪花	05/05/86	368
820106	汤莉	06/21/70	456
240105	冯姗姗	02/04/87	470
520204	钱广花	02/07/80	489
610204	彭斌	12/31/83	547
610221	王大为	02/05/85	568
860307	杨武胜	04/05/78	568
240111	李远明	11/12/85	621
510204	查亚平	04/07/71	666
231002	杨阳	07/28/12	680

图 5-15　学生信息查询结果

(1) 在查询设计器中直接运行。在查询设计器窗口，选择“查询”菜单中的“运行查询”选项，或单击常用工具栏的运行按钮，即可运行查询。上面建立的查询，运行结果如图 5-15 所示。

(2) 利用菜单选项运行。在设计查询过程中或保存查询文件后，单击“程序”菜单中的“运行”选项，打开“运行”对话框。选择要运行的查询文件，再单击“运行”按钮，即可运行文件。

(3) 命令方式。

在命令窗口中执行运行查询文件的命令,也可运行查询文件。命令格式是:

```
DO  \[路径\]<查询文件名.qpr>
```

值得注意的是,命令中查询文件必须是全名,即扩展名.qpr 不能省略。

5.6.4 修改查询文件

1. 打开查询设计器

选择"文件"菜单中的"打开"选项,指定文件类型为"查询",选择相应的查询文件,单击"确定"按钮,打开该查询文件的查询设计器。

使用命令也可以打开查询设计器,命令格式是:

```
MODIFY QUERY <查询文件名>
```

打开指定查询文件的查询设计器,以便修改查询文件。

2. 修改查询条件

根据查询结果的需要,可在 6 个查询选项卡中对不同的选项重新设置查询条件。下面根据要求,对查询文件进行修改。

1) 设置查询条件

对查询结果只显示"姓名"不都等于"冯姗姗"的记录,修改过程如下:

单击"筛选"选项,单击"字段名"下三角按钮,从显示的下拉列表中选取"姓名"。从"条件"下拉列表中选择=。在"实例"输入框中单击,显示输入提示符后输入:冯姗姗。此时设置的条件为:姓名=冯姗姗。单击"否"下方的按钮,设置的条件将变为:姓名不等干冯姗姗,如图 5-16 所示。

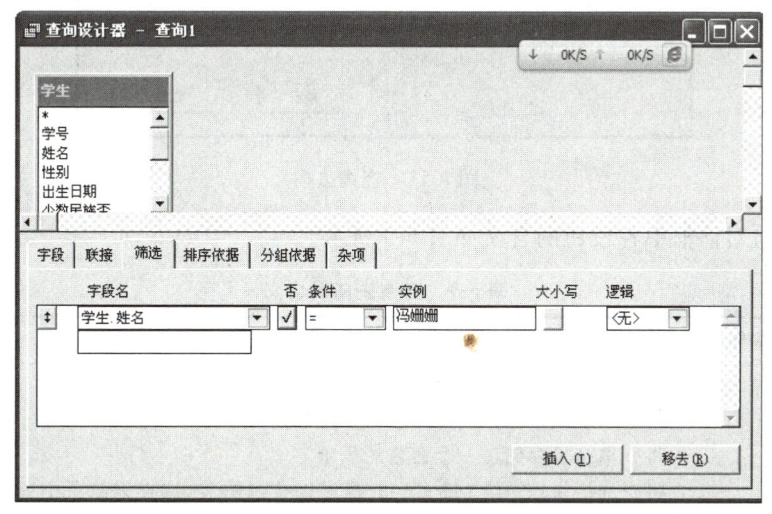

图 5-16 设置筛选条件

2）修改排序顺序

将排序顺序改为按"入学成绩"降序排列，修改过程如下：单击"排序依据"选项，单击"排序选项"中的"降序"单选按钮。

3. 运行查询文件

单击常用工具栏上的运行按钮，运行查询文件。相应的 SQL 语句如图 5-17 所示。

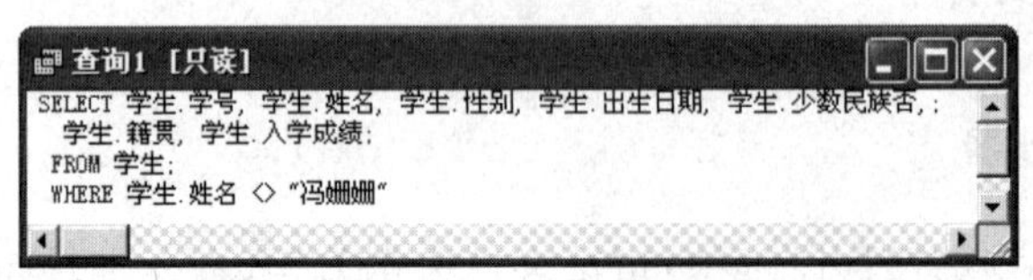

图 5-17　相应的 SQL 语句

4. 保存修改结果

选择"文件"菜单中的"保存"选项，或单击常用工具栏上的保存按钮，保存对文件的修改。单击"关闭"按钮，关闭查询设计器。

5.6.5　定向输出查询文件

通常，如果不选择查询结果的去向，系统默认将查询的结果显示在"浏览"窗口中。也可以选择其他输出目的地，将查询结果送往指定的地点，例如输出到临时表、表、图形、屏幕、报表和标签，如图 5-18 所示。

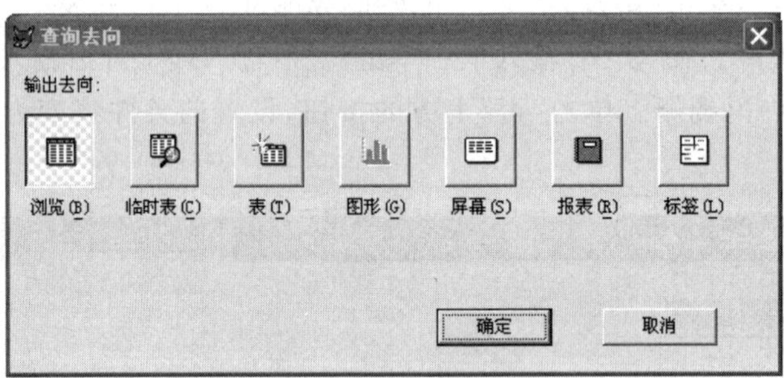

图 5-18　查询去向

查询去向对话框中各按钮的含义如表 5-9 所示。

表 5-9　查询去向及含义

查询去向按钮	输 出 方 向
浏览	在"浏览"窗口中显示查询结果
临时表	将查询结果存储在一个命名的临时只读表中
表	将查询结果存储在一个命名的表中
图形	将查询结果输送给 MS Graph 程序以绘制图表，该查询结果中只能有一个字符型字段和若干个数值型字段

续表

查询去向按钮	输 出 方 向
屏幕	在 Visual FoxPro 的主窗口或当前活动输出窗口中显示查询结果
报表	将查询结果输送给一个报表文件(.FRX)
标签	将查询结果输送给一个标签文件(.LBX)

下面将查询文件的查询结果输出到临时表,具体操作方法如下:

(1) 打开查询设计器。

(2) 选择"查询"菜单中的"查询去向"选项,系统将显示"查询去向"对话框。

(3) 单击"临时表"按钮。在"临时表名"文本框中输入临时表名,单击"确定"按钮,关闭"查询去向"对话框。

(4) 保存对查询文件的修改。单击查询设计器窗口的"关闭"按钮,关闭查询设计器。

(5) 运行该查询文件,由于将查询结果输出到了一个临时表中,因此查询结果不在浏览窗口中显示。

选择"显示"菜单中的"浏览"选项,将显示该临时表的内容。单击浏览窗口的"关闭"按钮,关闭浏览窗口。

如果用户只需浏览查询结果,可输出到浏览窗口。浏览窗口中的表是一个临时表,关闭浏览窗口后,该临时表将自动删除。

用户可根据需要选择查询去向,如果选择输出为图形,在运行该查询文件时,系统将启动图形向导,用户根据图形向导的提示进行操作,将查询结果导到 Microsoft Graph 中制作图表。

把查询结果用图形的方式显示出来虽然是一种比较直观的显示方式,但它要求在查询结果中必须包含用于分类的字段和数值型字段。另外,表越大图形向导处理图表的时间就越长,因此用户还必须考虑表的大小。

5.6.6 查询的基本技巧

在查询设计器中,充分利用查询设计器中的函数和表达式,以及筛选选项可以很方便地设计查询。查询的输出结果中,除了能够在输出中查询看到表数据项本身的字段内容外,还需要将表中的字段进行各种运算,如加、减、乘、除等运算,需要生成新字段。

例 5-42 在学生表中,查询每个学生的姓名、性别、年龄、入学成绩等字段内容。

操作步骤如下:

(1) 打开查询设计器,并添加学生表。

(2) 在字段子界面中,双击需要输出的字段。但学生表仅仅有出生日期字段,没有年龄字段,每个人的年龄可以利用"year(date())－year(出生日期) as 年龄"来计算,因此,在"函数和表达式"文本框中输入"year(date())－year(出生日期) as 年龄",单击"添加"按钮,将函数及其表达式添加到输出的字段中,如图 5-19 所示。

(3) 运行该查询,结果如图 5-20 所示。

(4) 查看相应的 SQL 语句,如图 5-21 所示。

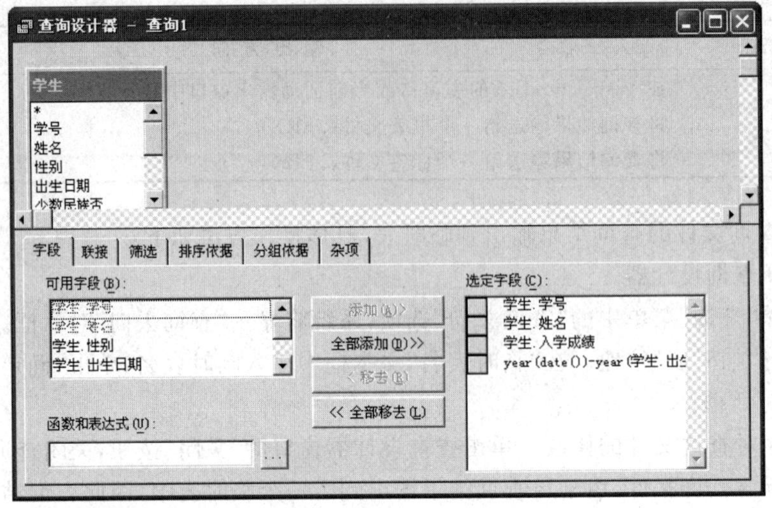

图 5-19　查询设计器中新增年龄字段

查询

学号	姓名	入学成绩	年龄
250205	张大力	250	26
810213	陈雪花	368	26
820106	汤莉	456	42
240105	冯姗姗	470	25
520204	钱广花	489	32
610204	彭斌	547	29
610221	王大为	568	27
860307	杨武胜	568	34
240111	李远明	621	27
510204	查亚平	666	41
231002	杨阳	680	0

图 5-20　运行查询结果

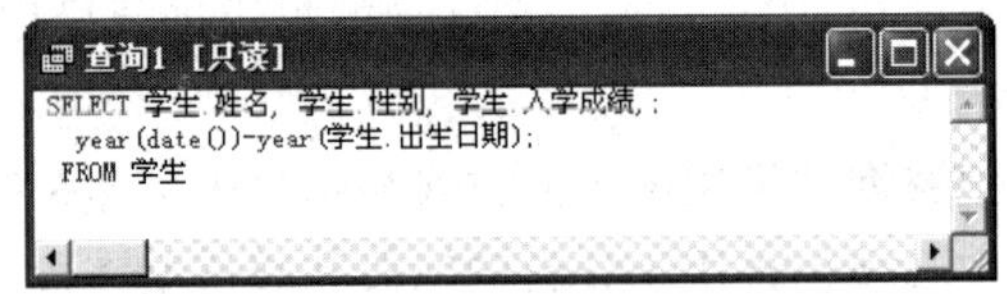

图 5-21　相应的 SQL 语句

5.6.7　多表查询

多表查询主要是利用连接选项，将需要连接的表一次添加到查询设计器中，并在关键字上建立连接条件，再确定显示输出的字段。

例 5-43　学生档案表 xsda1.dbf 有字段 xh(学号)、xm(姓名)、xb(性别)、csrq(出生日期)等，学生成绩表 xscj1.dbf 有字段 xh(学号)、foxpro(VFP 成绩)、english(英语成绩)、kj(会计成绩)等，要求输出 xh,xm,xb,foxpro,english 和年龄字段的数据。

操作步骤如下：

(1) 打开查询设计器，并添加两个表 xsda1.dbf 和 xscj1.dbf，如图 5-22 所示。

(2) 在字段子界面中，双击需要输出的字段。在年龄字段，需要利用函数及其表达式选项，在该文本框中输入"year(date())－year(xsda1.csrq)　as　年龄"，单击"添加"按钮，将函数及其表达式添加到输出的字段中。

(3) 运行该查询，结果如图 5-23 所示。

(4) 查看相应的 SQL 语句，如图 5-24 所示。

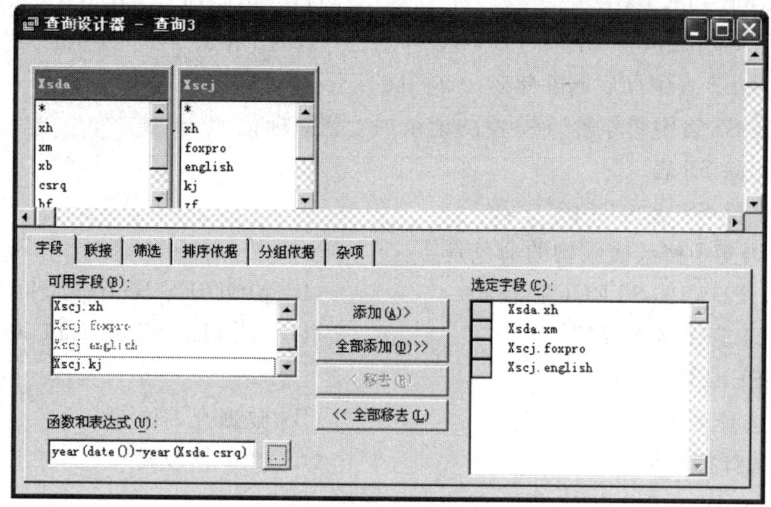

图 5-22　查询设计器(多表连接)

查询

Xh	Xm	年龄	Foxpro	English
970101	答复	34	89	98.0
970101	哈哈	35	88	99.0
975108	达达	35	90	97.0
970101	哈哈	35	88	99.0
970101	答复	34	89	98.0
975114	会计航空	33	80	78.0
950101	答复	34	98	34.0
950101	答复	34	98	34.0
975109	达达	35	88	77.0
975112	好好玩	34	89	88.0
950101	答复	34	90	34.0
950101	答复	34	98	34.0
975106	哈哈	35	88	99.0
975110	达达	35	88	77.0
975113	好玩	34	0	88.0
975103	答复	34	98	34.0
975107	哈哈	35	88	99.0

图 5-23　查询运行结果

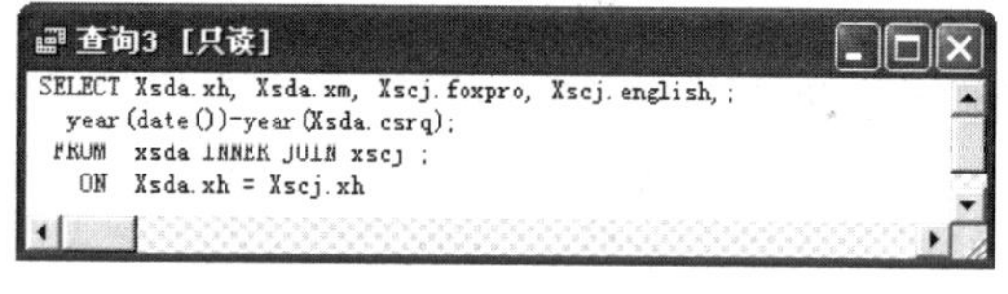

图 5-24　相应的 SQL 语句

习题

一、选择题

1. SQL 语句中条件语句的关键字是________。

　(A) IF　　(B) FOR　　(C) WHILE　　(D) WHERE

2. 从数据库中删除表的命令是________。

　(A) DROP TABLE　　(B) ALTER TABLE

　(C) DELETE TABLE　　(D) CREATE TABLE

3. 建立表结构的 SQL 命令是________。

　(A) CREATE CURSOR　　(B) CREATE TABLE

(C) CREATE INDEX　　　　(D) CREATE VIEW

4. 有以下 SQL 语句：DELETE FROM SS WHERE 年龄>60，其功能是________。

(A) 从 SS 表中彻底删除年龄>60 岁的记录

(B) 在 SS 表中将年龄>60 岁的记录加上删除标记

(C) 删除 SS 表

(D) 删除 SS 表的"年龄"字段

5. SQL 语句中修改表结构的命令是________。

(A) UPDATE STRUCTURE　　　　(B) MODIFY STRUCTURE

(C) ALTER TABLE　　　　(D) ALTER STRUCTURE

6. SQL-SELECT 语句是________。

(A) 选择工作区语句　　　　(B) 数据查询语句

(C) 选择标准语句　　　　(D) 数据修改语句

7. 在 Visual FoxPro 中，关于查询的说法正确的是________。

(A)"联接"子界面与 SQL 语句的 GROUP BY 对应

(B)"筛选"子界面与 SQL 语句的 HAVING 对应

(C)"排序依据"子界面与 SQL 语句的 ORDER BY 对应

(D)"分组依据"子界面与 SQL 语句的 JOIN ON 对应

二、填空题

1. SQL 语言集________、________、________、________功能于一体。

2. 在 VFP 6.0 支持的 SQL 语句中，________命令可以修改表中的数据，________命令可以修改表结构。

3. 在 SQL 的 SELECT 语句中，允许在________子句中给表定义别名，以便于在查询的其他部分使用。

4. 在 SQL 语句中，________命令可以从表中删除记录，________命令可以从数据库中删除表。

5. 在 SQL 的 SELECT 语句中，带________子句可以消除查询结果中重复的记录。

6. 在 SQL 的 SELECT 语句中，分组用________子句，排序用________子句。

7. 在 ORDER BY 子句的选项中，DESC 代表________输出，省略 DESC 时，代表________输出。

8. HAVING 子句不能单独使用，必须在________短语之后使用。

三、算法设计题

1. 订货管理数据库有 4 个表：

仓库表(仓库号 C(3)，城市 C(6)，面积 N(3))，以仓库号为主索引。

职工表(仓库号 C(3)，职工号 C(2)，工资 N(4))，以职工号为主索引，仓库号为普通索引。

订购单表(职工号 C(2)，供应商号 C(2)，订购单号 C(4)，订购日期 D(8))，以订购单号建立主索引，供应商号为普通索引。

供应商表(供应商号 C(2),供应商名 C(12),地址 C(4)),以供应商号建立主索引,以职工号、订购单号为普通索引。

用 SQL 的数据定义功能建立订货管理数据库,在数据库中创建表以及各个表之间的关系,并在数据库表中插入记录数据。

各表中的记录实例见图 5-25。

仓库号	城市	面积
WH1	北京	370
WH2	上海	500
WH3	广州	200
WH4	武汉	400

(a) 仓库表

仓库号	职工号	工资
WH2	E1	1220
WH1	E3	1210
WH2	E4	1250
WH3	E6	1230
WH1	E7	1250

(b) 职工表

职工号	供应商号	订购单号	订购日期
E3	S7	OR67	2004/06/23
E1	S4	OR73	2004/07/28
E7	S4	OR76	2004/05/25
E6	NULL	OR77	NULL
E3	S4	OR79	2004/06/13
E1	NULL	OR80	NULL
E3	NULL	OR90	NULL
E3	S3	OR91	2004/07/13

(c) 订购单表

供应商号	供应商名	地址
S3	振华电子厂	西安
S4	华通电子公司	北京
S6	607 厂	郑州
S7	爱华电子厂	北京

(d) 供应商表

图 5-25 算法设计题的记录实例

2. 利用第 1 题建立的表,用 SQL 语句完成以下操作:

(1) 从职工表中查询所有工资值,要求结果中没有重复值。

(2) 查询工资多于 1230 元的职工号。

(3) 查询哪些仓库有工资多于 1210 元的职工。

(4) 给出在仓库 WH1 或 WH2 工作,并且工资少于 1250 元的职工号。

(5) 找出工资多于 1230 元的职工号和他们所在的城市。

(6) 找出工作在面积大于 400 的仓库的职工号以及这些职工工作所在的城市。

(7) 查询出工资在 1220 元到 1240 元范围内的职工信息。

(8) 从供应商表中查询出全部公司的信息。

(9) 找出不在北京的全部供应商信息。

(10) 按职工的工资值升序查询出全部职工信息。

(11) 先按仓库号排序,再按工资排序并输出全部职工信息。

(12) 找出尚未确定供应商的订购单。

(13) 列出已经确定了供应商的订购单信息。

(14) 查询出向供应商 S3 发过订购单的职工的职工号和仓库号。

(15) 查询出向 S4 供应商发出订购单的仓库所在的城市。

(16) 查询出由工资多于1230元的职工向北京的供应商发出的订购单号。

(17) 查询出所有仓库的平均面积。

(18) 找出供应商所在地的数目。

(19) 求北京和上海的仓库职工的工资总和。

(20) 求每个仓库的职工的平均工资。

(21) 找出和职工E4有相同工资的所有职工。

(22) 查询哪些仓库中至少已经有一个职工的仓库的信息。

(23) 哪些城市至少有一个仓库的职工工资为1250元。

(24) 查询所有职工的工资都多于1210元的仓库的信息。

3. 利用查询设计器建立第2小题中(2)～(18)的查询。

第6章 计算机网络技术

21世纪是信息化的时代，人们再也离不开计算机网络了，计算机网络已经渗透到人类生活的各个方面。

计算机网络的发展经历由简单到复杂、由低级到高级的发展过程。它是现代通信技术与计算机技术紧密相结合的产物。所谓计算机网络，就是把分布在不同地理区域的计算机与专门的外部设备用通信线路互连成一个规模大、功能强的网络系统，从而使众多的计算机可以方便地互相传递信息，共享硬件、软件、数据信息等资源。它涉及通信技术与计算机技术两个领域。通俗地讲，计算机网络就是由多台计算机通过传输介质的物理连接并由网络软件支撑而组成的。

6.1 计算机网络的定义与发展

从20世纪50年代开始发展起来的计算机网络技术，随着计算机和通信技术的飞速发展而进入了一个崭新的时代。信息技术的迅猛发展，特别是当今新一轮计算机发展热潮的到来，使得计算机网络技术面临新的机遇和挑战，同时也将促进网络技术的进一步发展。计算机网络的发展经历了下面几个阶段。

6.1.1 计算机网络的产生和发展

计算机网络的发展过程大致可以分为面向终端的计算机通信网络、计算机互联网络、标准化网络和网络互联与高速网络4个阶段。

(1) 面向终端的计算机通信网络。

早期计算机技术与通信技术并没有直接的联系，但随着工业、商业与军事部门使用计算机的深化，人们迫切需要将分散在不同地方的数据进行集中处理。为此，在1954年，人们制造了一种称为收发器的终端设备，这种终端是能够将穿孔卡片上的数据电话线路通过国内发送到远地的计算机。此后，电传打字机也作为远程终端与计算机相连。这种“终端-通信线路-计算机”系统，就是计算机网络的雏形。其特点是计算机是网络的中心和控制者，终端围绕中心计算机分布在各处，各终端通过通信线路共享主机的硬件和软件资源。这一阶段的计算机网络系统实质上就是以单击为中心的联机系统，是面向终端的计算机通信，如图6-1所示。

在这样的单机系统中，存在两个显著的缺点：一是主机除了要完成数据处理任务外，还要承担繁重的各终端间的通信管理任务。大大增加了主机计算机的负荷，降低了主机的信

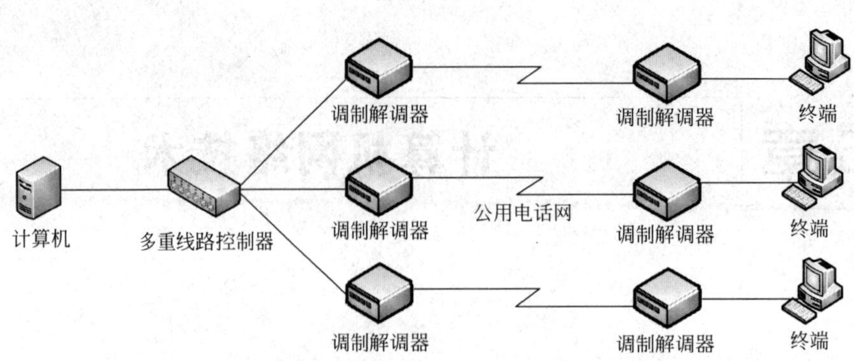

图 6-1 计算机通过线路控制器与远程终端相连

息处理能力。二是由于分散的终端都要单独占有一条通信线路,使通信线路利用率降低。

为了克服第一个缺点,人们在主机之间设置了一个前段处理机,专门用于处理主机和终端的通信任务,一个前端处理机与多个远程终端相连,从而实现了数据处理和通信任务的分工,减轻了主机的负荷,提高了系统的工作效率。为了克服第二个缺点,在远程终端比较集中的地方设置了线路集中器,它的一端用多条低速线路与各终端相连,其另一端则用一条较高速率的线路与计算机相连。这样,所有高速线路的容量就可以小于低速线路容量的总和,从而降低了通信线路的费用。在这个阶段,计算机技术与通信技术相结合,形成了计算机网络的雏形(参见图 6-2)。

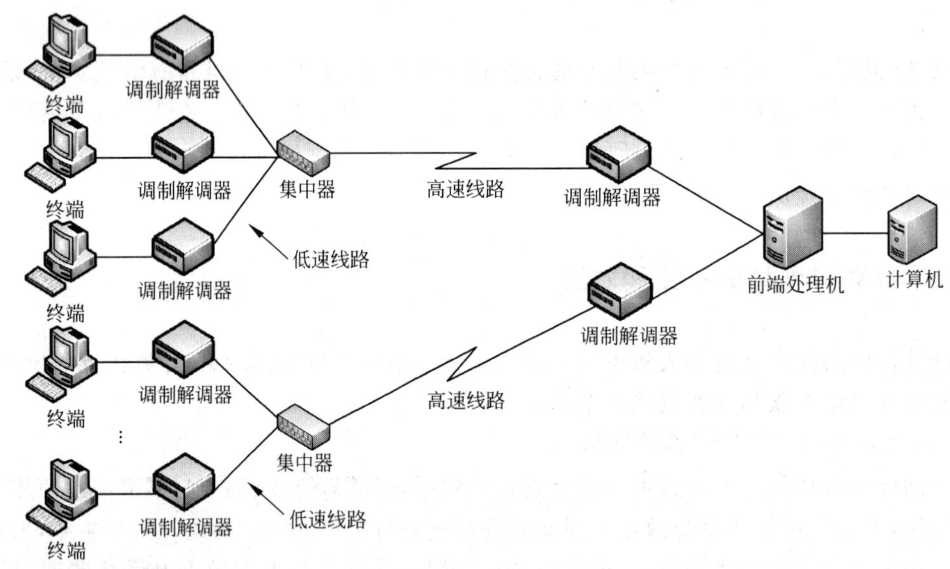

图 6-2 有前端处理机和集中器的网络雏形

(2) 计算机互联网络阶段。

20 世纪 60 年代中期,英国国家物理实验室 NPL 的戴维斯(Davies)提出了分组(Packet)的概念,从而使计算机网络的通信方式由终端与计算机之间的通信发展到计算机与计算机之间的直接通信。从此,计算机网络的发展就进入了一个崭新的时代。

这一阶段研究的典型代表是美国国防部高级研究计划局(Advanced Research Project Agency,ARPA)1969 年 12 月投入运行的 ARPANET,该网络是一个典型的以实现资源共享为目的的具有通信功能的多级系统。它为计算机网络的发展奠定了基础，其核心技术是分组交换技术。

ARPANET 的试验成功使计算机网络的概念发生了根本的变化。计算机网络要完成数据处理与数据通信两大基本功能，它在结构上必然可以分成两个部分：负责数据处理的计算机与终端和负责数据通信处理的通信控制处理机与通信线路。计算机与终端系统即为资源子网部分；通信控制处理机（如路由器）与通信线路即为通信子网部分，如图 6-3 所示。

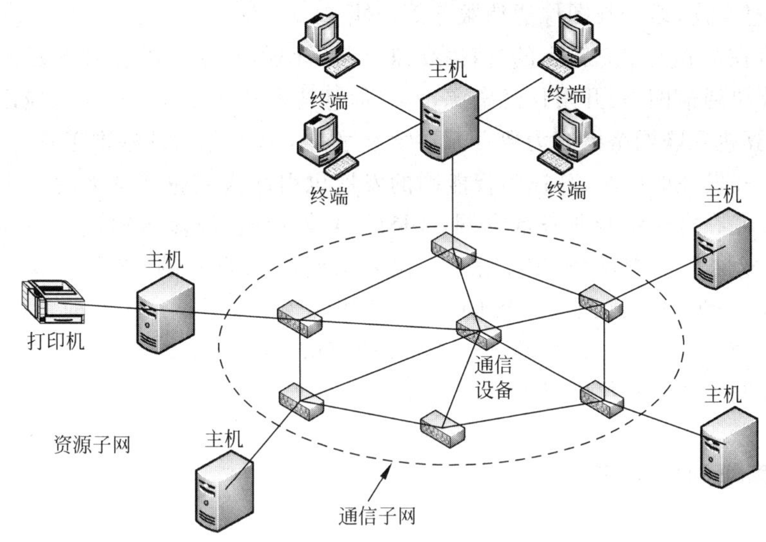

图 6-3　计算机网络的功能构造

资源子网由计算机系统、终端、终端控制器、联网外设、各种软件资源与信息资源组成，负责全网的数据处理，向网络用户提供各种网络资源与网络服务。

通信子网由通信控制处理机、通信线路与其他通信设备组成，完成网络数据传输、转发等通信处理任务。

(3) 具有统一的网络体系结构、遵循国际标准化协议的标准计算机网络。

随着网络技术的发展与计算机网络的广泛应用，人们对网络的技术、方法和理论的研究日趋成熟。但计算机网络是个非常复杂的系统，相互通信的两个计算机系统必须高度协调才能工作，而这种“协调”是相当复杂的。为了使不同体系结构、不同设备、不同编码方式的计算机网络都能互联，需要统一的协议体系。

国际标准化组织（ISO）提出了一个能使各种计算机在世界范围内互联成网的标准框架——开放系统互连参考模型（Open System Interconnection Reference Model，OSI/RM）。只要遵循 OSI/RM 标准，一个系统就可以和位于世界上任何地方的也遵循同一标准的其他任何系统进行通信。从此开始了所谓的第三代计算机网络。在这个阶段，提出了开发系统互连参考模型与协议，促进了符合国际标准的计算机网络技术的发展。

目前存在两种占主导地位的网络体系结构：一种是 ISO 提出来的 OSI/RM；另一种是 Internet 使用的事实上的工业标准 TCP/IP（TCP/IP 参考模型）。

(4) 网路互联与高速网络阶段。

目前计算机网络的发展正处于第四阶段。这一阶段的计算机网络发展的特点是：采用高速网络技术，出现了综合业务数字网、网络多媒体和智能网络。

Internet 也称为因特网，是指特定的世界范围的互联网，指通过网络互联设备把不同的众多网络或网络群体根据全球统一的通信规则(TCP/IP)互联起来形成的全球最大的、开放的计算机网络。Internet 已成为世界上规模最大和增长速度最快的计算机网络。万维网(World Wide Web，WWW)被广泛使用在 Internet 上，大大方便了用户对网络的使用，成为因特网指数级增长的主要驱动力。用户可以利用 Internet 实现全球范围的电子邮件收发、电子传输、信息查询、语音与图像通信服务等功能。

美国政府在世界上率先提出的"信息高速公路"计划，其基本内容就是要在世界范围内建立高速计算机通信网络，开发信息资源，发展信息技术及其在各领域中的应用。至今在世界范围内，计算机互联网络已成为数百万科学家赖以工作和学习的基本工具。

在 Internet 发展的同时，高速与智能网的发展也引起人们越来越多的关注。高速网络技术的发展表现在宽带综合业务数据网(B-ISDN)、帧中继、异步传输模式(ATM)、高速局域网、交换局域网与虚拟网络的采用上。在美国西雅图召开的"超级计算 2011"(Super Computing 2011-SC11)会议上，一个国际专家小组实现了广域网络中双向每秒 186GB 的传输速度。这一速度相当于每天传输 2×10^6GB 的信息。这样的发展趋势使得以前无法实现的应用能够在高速的计算机网络上得以实现。

6.1.2 计算机网络的定义

计算机网络是计算机技术与现代通信技术密切结合的产物，是随社会对信息共享和信息传递的要求而发展起来的。所谓计算机网络就是利用通信线路和通信设备将不同地理位置的、具有独立功能的多台计算机系统或共享设备互连起来，配以功能完善的网络软件(即网络操作系统、网络通信协议及信息交换方式等)，使之实现资源共享、互相通信和分布式处理的整个系统。

可以从以下三个方面来理解计算机网络的定义。

首先，一台计算机不能构成网络，只有两台或两台以上的计算机相互连接起来才能构成计算机网络，才能达到资源共享的目的。这就提出了一个服务的问题，即一方请求服务，另一方提供服务。

第二，两台或两台以上的计算机连接，互相通信交换信息，需要存在一条通道。这条通道的连接是物理的，即必须有传输媒体。传输媒体可以是常见的双绞线、同轴电缆或光纤等"有线"、有形的物质，也可以是激光、微波或卫星信号等无线、无形的物质。

第三，计算机之间交换信息需要遵循一定的约定和规则，即通信协议。各厂商生产的网络产品都有自己的许多协议，从网络互联的角度看，要求这些协议遵循相应的标准。

6.1.3 计算机网络在我国的发展

因特网是世界上覆盖面最广、规模最大的计算机互联网络，因特网的发展，引起了我国学术界的极大关注。近年来，在国家的重视和扶持下，我国计算机网络的建设有了较大的发展，先后建成了以下主要网络：

1. 中国国家计算机网络设施

该网是由中国科学院牵头，联合北京大学、清华大学共同建设的。于 1994 年 5 月完成了在国际的登记注册，设置了我国最高域名服务器(DNS)，实现了与国际因特网的全功能连接，使我国成为世界上第 71 个与因特网直接联网的国家。一批外联用户，正通过中国公用分组交换数据网、中国数字数据网和电话拨号等多种途径与 NCFC 联网，网络规模不断扩大。NCFC 的建设和运行，对推进因特网在中国的迅速发展发挥了重要作用。

2. 中国教育与科研计算机网络

中国教育和科研计算机网(CERNET)是由国家投资建设，教育部负责管理，清华大学等高等学校承担建设和管理运行的全国性学术计算机互联网络。它主要面向教育和科研单位，是全国最大的公益性互联网络。1996 年被国务院确认为全国四大骨干网之一。全国目前已有一千多所高校接入了 CERNET。CERNET 建成了总容量达 800GB 的全世界主要大学和著名国际学术组织的 10 个信息资源镜像系统和 12 个重点学科的信息资源镜像系统，以及一批国内知名的学术网站。

3. 中国科学院院网工程

其长远目标是实现国内科研机构计算机互联、互通。近期目标是着重满足当前中国科学院院属研究单位的网络应用需求。重点建设院属 12 个分院及相关研究所的地区网和局域网络及“中国生态系研究网络”、“科学数据库及其信息系统”、“文献数据库及其信息系统”、院所两级的管理信息系统等，在全国范围内实现中国科学院百所大联网。

经过几年的发展，我国目前已建成了中国电信的中国公用计算机互联网(CHINANET)、中国公用分组交换数据网(CHINAPAC)、中国公用数字数据网(CHINADDN)、中国金桥网(CHINAGB)、中国教育和科研网(CERNET)、中国科技网等骨干网络，中国联通等新的骨干网也已经投入运营，中国因特网发展已经呈现出新的竞争格局。

到 2011 年底，我国的国际出口带宽已接近 1.4Tb/s($1\text{Tb/s}=10^3\text{Gb/s}$)，其中，中国电信的 CHINANET 占出口总带宽的大约 58%。

6.2 网络的功能与分类

6.2.1 计算机网络功能

计算机网络是通过通信媒体，把各个独立的计算机互联所建立起来的系统。一般来说，计算机网络可以提供以下一些主要功能：

1. 通信功能

计算机网络是现代通信技术和计算机技术结合的产物，数据通信是计算机网络的基本功能，正是这一功能才能实现计算机之间各种信息（包括文字、声音、图像、动画等）的传送以及对地理位置分散的单位进行集中管理与控制。

2. 资源共享

资源共享指共享计算机系统的硬件、软件和数据。其目的是让网络上的用户无论处于何处都能使用网络中的程序、设备、数据等资源。也就是说，用户使用千里之外的数据就像使用本地数据一样。资源共享主要分为三部分：

1）硬件资源共享

共享硬件资源包括打印机、超大型存储器、高速处理器、大容量存储设备和昂贵的专用外部设备等。

2）软件资源共享

现在计算机软件层出不穷，其中不少是免费共享的，它们是网络上的宝贵财富。共享软件资源包括各种语言处理程序、服务程序和很多网络软件，如电子设备软件、联机考试软件、办公管理软件等。

3）数据资源的共享

数据资源包括各种数据库、数据文件等，如电子图书库、成绩库、档案库、新闻、科技动态信息等都可以放在网络数据库或文件里供大家查询利用。

3. 分布式处理

网络技术的发展，使得分布式计算成为可能。对于大型的课题，可以分为许多的小题目，由不同的计算机分别完成，然后再集中起来，解决问题。充分利用网络资源，扩大计算机的处理能力，即增强实用性。对解决复杂问题来讲，多台计算机联合使用并构成高性能的计算机体系，这种协同工作、并行处理要比单独购置高性能的大型计算机便宜得多。

6.2.2 计算机网络分类

计算机网络的分类可按不同的分类标准进行划分，从不同的角度观察网络系统、划分网络，有利于全面地了解网络系统的特性。

1. 按网络作用范围分类

根据计算机网络所覆盖的地理范围、信息的传递速率及应用的目的，计算机网络通常被分为局域网、城域网、广域网。

（1）局域网（Local Area Network，LAN）。

局域网指在有限的地理区域内构成的规模相对较小的计算机网络，其覆盖范围一般不超过几十千米。局域网常被用于连接公司办公室、中小企业、政府机关或一个校园内分散的计算机和工作站，以便共享资源（如打印机）和交换信息。

局域网是最常见、应用最为广泛的一种网络，其主要特点是覆盖范围较小，用户数量少，配置灵活，速度快，误码率低。局域网组建方便，采用的技术较为简单，是目前计算机网络发展中最为活跃的分支。

(2) 城域网(Metropolitan Area Network,MAN)。

城域网的覆盖范围在局域网和广域网之间,一般来说是将一个城市范围内的计算机互联,范围在几十千米到几百千米。城域网中可包含若干个彼此互联的局域网,每个局域网都有自己独立的功能,可以采用不同的系统硬件、软件和通信传输介质构成,从而使不同类型的局域网能有效地共享信息资源。城域网目前多采用光纤或微波作为传输介质,它可以支持数据和声音的传输,并且还可能涉及当地的有线电视网。

(3) 广域网(Wide Area Network,WAN)。

WAN 是一种跨越城市、国家的网络,可以把众多的城域网、局域网连接起来。广域网的作用范围通常为几十千米到几千千米,它一般是将不同城市或不同国家之间的局域网互联起来。广域网是由终端设备、结点交换设备和传送设备组成的,设备间的连接通常是租用电话线或用专线建造的。

广域网通常除了计算机设备以外,还要涉及一些电信通信方式。广域网有时也称为远程网。Internet 是最大的一种广域网,被广泛地用于连接大学、政府机关、公司和个人用户。用户可以利用 Internet 来实现全球范围的电子邮件收发、WWW 信息查询与浏览、文件传输、语言与图像通信服务等功能。

2. 其他分类方法

根据通信介质的不同,网络可划分为以下两种:

(1) 有线网。采用如同轴电缆、双绞线、光纤等物理介质来传输数据的网络。

(2) 无线网。采用卫星、微波等无线型式来传输数据的网络。

根据网络的使用对象不同可分为公用网和专用网。

(1) 公用网。公用网也称公众网,是指由国家的电信公司出资建造的大型网络,一般都由国家政府电信部门管理和控制,网络内的传输和转接装置可提供给任何部门和单位使用(需交纳相应的费用)。公用网属于国家基础设施。

(2) 专用网。专用网是某个部门为本系统的特殊业务工作需要而建造的网络。它只为拥有者提供服务,一般不向本系统以外的人提供服务。

根据通信传播方式不同,可将网络划分为以下两种:

(1) 广播式网络。广播式网络仅有一条通信信道,有网络上所有计算机共享,主要有:在局域网上,以同轴电缆连接起来的总线网、星型网和树状网;在广域网上以微波、卫星通信方式传播的广播式网。

(2) 点到点网络。由一对对计算机之间的多条连接构成,即以点对点的连接方式,把各计算机连接起来。一般来讲,小的、地理上处于本地的网络采用广播方式,而大的网络则采用点到点方式。

其他还有一些分类方式,如按网络的拓扑结构分类、按网络的通信速率分类、按网络的交换功能分类等。

6.3 网络的拓扑结构

网络的拓扑结构就是网络的各结点的连接形状和方法。构成网络的拓扑结构有很多种,通常包括星型拓扑、总线型拓扑、环型拓扑、树状拓扑、混合型拓扑、网状拓扑及蜂窝状拓扑。

6.3.1 星型拓扑

星型拓扑是由中央结点和通过点到点通信链路接到中央结点的各个站点组成的，如图 6-4 所示。星型拓扑的各结点间相互独立，每个结点均以一条单独的线路与中央结点相连，其连接图形像闪光的星。一般星型拓扑结构的中心结点是由交换机来承担的。

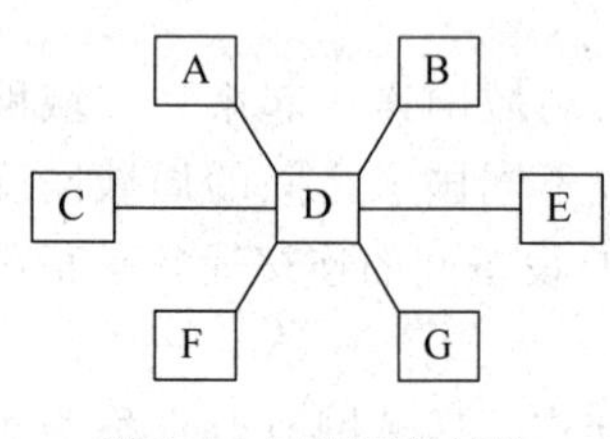

图 6-4　星型拓扑结构

中央结点执行集中式通信控制策略，因此中央结点较复杂，而各个站点的通信处理负担都小。采用星型拓扑的交换方式有电路交换和报文交换，尤以电路交换更为普遍。现在的数据处理和声音通信的信息网大多采用这种拓扑结构。目前流行的专用交换机(Private Branch eXchange，PBX)就是星型拓扑的典型实例。一旦建立了通道连接，就可以无延迟地在连通的两个站点之间传送数据。

1. 星型拓扑结构的优点

(1) 控制简单：在星型网络中，任何站点都直接和中央结点相连，因而介质访问控制的方法很简单，致使访问协议也十分简单。

(2) 容易实现故障诊断和隔离：在星型网络中，中央结点对连接线路可以一条一条地隔离开来进行故障检测和定位。单个连接点出现故障或单独与中心结点的线路损坏时，只影响该工作站，不会对整个网络造成大的影响。

(3) 方便服务：中央结点可方便地对各个站点提供服务和对网络重新配置。

(4) 网络的扩展容易：需要增加结点时直接与中央结点连上即可。

2. 星型拓扑的缺点

(1) 电缆长度和安装工作量可观：因为每个站点都要和中央结点直接连接，需要耗费大量的电缆，所带来的安装、维护工作量也骤增，成本高。

(2) 过分依赖中心结点，中央结点的负担加重，形成瓶颈，一旦故障，则全网受影响，因而中央结点的可靠性和冗余度方面的要求很高。

(3) 各站点的分布处理能力较少。

6.3.2 总线型拓扑

总线型拓扑结构采用单根传输线作为传输介质，所有的站点(包括工作站和共享设备)都通过硬件接口直接连到这一公共传输介质上，或称总线上。各工作站地位平等，无中心结点控制。任何一个站点发送的信号都沿着传输介质传播而且能被其他站点接收。总线型拓扑结构的总线大都采用同轴电缆。总线型拓扑结构如图 6-5 所示。

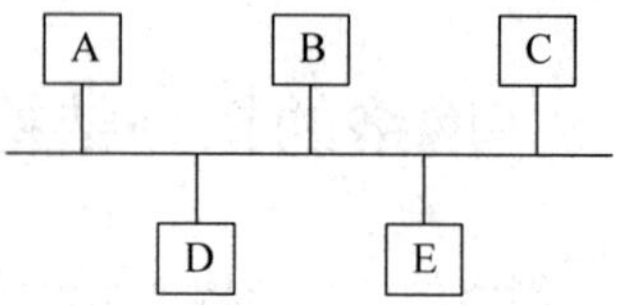

A　B　C
D　E

图 6-5　总线型拓扑结构

因为所有站点共享一条公用的传输信道，所以一次只能有一个设备传输信号。分组经中线到达各个站点，站点通过识别是否是发给自己的决定是否保留数据。

1. 总线型拓扑结构的优点

(1) 隔离性比较好，一个站点出现故障，断开连线即可，不会影响其他站点工作。

(2) 总线结构所需要的电缆数量少，价格便宜，且安装容易。

(3) 总线结构简单，连接方便，易实现、易维护。又是无源工作，有较高的可靠性。

(4) 易于扩充，增加或减少用户比较方便。增加新的站点容易，仅需在总线的相应接入点将工作站接入即可。

2. 总线型拓扑结构的缺点

(1) 系统范围受到限制：同轴电缆的工作长度一般在 2km 以内，在总线的干线基础上扩展时，需使用中继器扩展一个附加段。

(2) 故障诊断较困难：因为总线拓扑网络不是集中控制的，故障检测需要在网上各个结点进行，故障检测不容易。

6.3.3 环型拓扑

环型拓扑结构的网络由网络中若干中继器使用电缆通过点到点的链路首位相连组成一个闭合环，如图 6-6 所示。

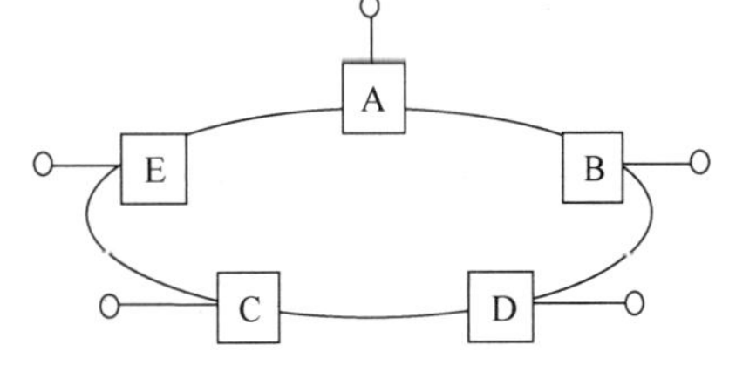

图 6-6 环型拓扑结构

所有结点共享同一个环型信道，信息按一定的方向从一个结点传输到下一个结点，环上传输的任何数据都必须经过所有结点。

例如图 6-5 中 A 站希望发送一个报文到 C 站，那么要把报文分成若干个分组，每个分组包括一段数据加上某些控制信息，其中包括 C 站的地址。A 站依次把每个分组送到环上，沿环传输，C 站识别到带有它自己地址的分组时，就将它接收下来。由于多个设备连接在一个环上，因此需要用分布控制形式的功能来进行控制，每个站都有控制发送和接收的访问逻辑。

1. 环型拓扑结构的优点

(1) 电缆长度短：环型拓扑网络所需的电缆长度和总线型拓扑网络相似，但比星型拓扑网络要短得多。

(2) 增加或减少工作站时，仅需要简单地连接。

(3) 单方向传输，适用于光纤，传输速度高。

(4) 抗故障性能好。

(5) 单方向单通路的信息流使路由选择控制简单。

2. 环型拓扑结构的缺点

(1) 环路上的一个站点出现故障,会造成整个网络瘫痪。这里因为在环上的数据传输是通过接在环上的每一个结点完成的。

(2) 检测故障困难,这与总线型拓扑相似,因为不是集中控制,故障检测需在网上的各个结点进行,故障的检测就非常困难。

(3) 环型拓扑结构的介质访问控制协议都采用令牌传递的方式,则在负载很轻时,其等待时间相对来说就比较长。

6.3.4 树状拓扑

树状拓扑是从总线型拓扑演变而来的,形状像一棵倒置的树,顶端是树根,树根以下带分枝,每个分枝还可再带子分枝,如图 6-7 所示。

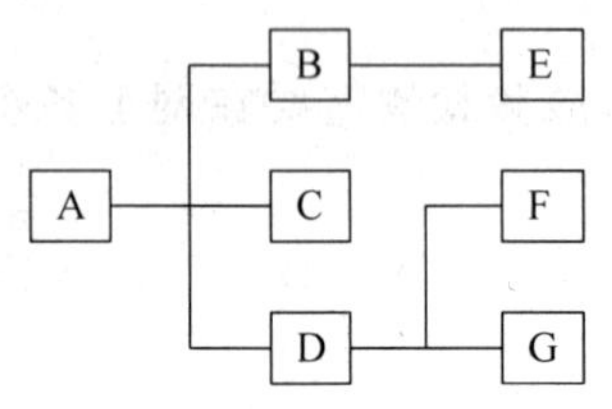

图 6-7 树状拓扑结构

树状拓扑是一种分层结构,适用于分级管理控制系统。

这种拓扑的站点发送信号时,根接收该信号,然后再广播发送到全网。树状拓扑的优缺点大多和总线型的优缺点相同,但也有一些特殊之处。

树状拓扑结构的优点有:

(1) 组网灵活,易于扩展。从本质上讲,这种结构可以延伸出很多分支和子分支,这些新结点和新分支都能较容易地加入网内。线路总长度比星型拓扑结构短,故它的成本较低。

(2) 故障隔离较容易。如果某一分支的结点或线路发生故障,很容易将故障分支和整个系统隔离开来。

树状拓扑的缺点是各个结点对根的依赖性太大,如果根发生故障,全网就不能正常工作,从这一点看,树状拓扑结构的可靠性与星型拓扑结构相似,结构较星型拓扑复杂。

6.3.5 混合型拓扑

将以上两种单一拓扑结构类型混合起来,综合两种拓扑结构的优点可以构成一种混合型拓扑结构。常见的有星型/环型拓扑和星型/总线型拓扑,如图 6-8 和图 6-9 所示。

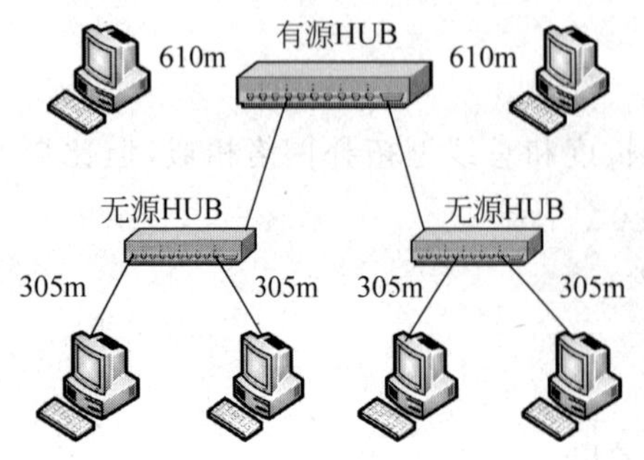

图 6-8 星型/环型的混合型拓扑结构

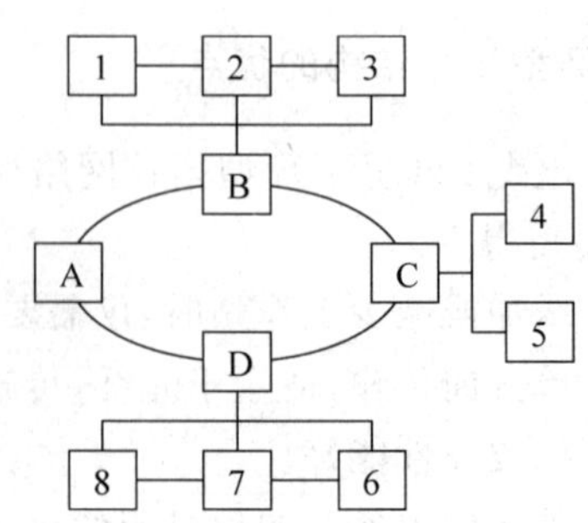

图 6-9 星型/总线型的混合型拓扑结构

星型/环型拓扑从电路上看完全和一般的环型结构相同，只是物理安排成星型连接，星型/环型拓扑的故障诊断方便而且隔离容易；网络扩展方便；电缆安装方便。这种拓扑的配置是由一批接入环中的集中器组成的，由集中器开始再按星型拓扑结构连至每个用户站点。星型/总线型拓扑用一条或多条总线把多组设备连接起来，而相连的每组设备本身又呈星型分布。

6.3.6 网状拓扑

网状拓扑近年来在广域网中得到了广泛应用，如图 6-10 所示。

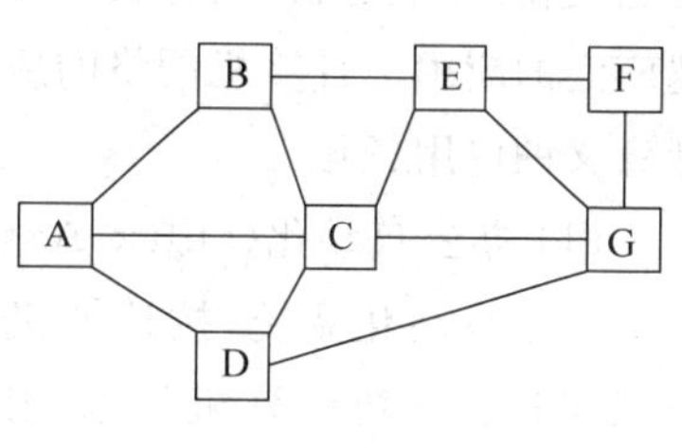

图 6-10 网状拓扑结构

它的优点是不受瓶颈问题和失效问题的影响。由于结点之间有许多条路径相连，可以为数据流的传输选择适当的路由，绕过失效的部件或过忙的结点。这种结构虽然比较复杂，成本比较高；为提供上述功能，网状拓扑结构的网络协议也比较复杂。

但由于它的可靠性高，仍受到用户的欢迎。

6.3.7 蜂窝状拓扑

蜂窝状拓扑结构是一种无线网络的拓扑结构，结合无线点到点和点到多点的策略，将一个地理区域划分成多个单元，每个单元代表整个网络的一部分，在这个区域内有特定的连接设备，单元内的设备与中央结点设备或集线器进行通信。集线器在互连时，数据能跨越整个网络，提供一个完整的网络结构。目前，随着无线网络的迅速发展，蜂窝状拓扑结构得到了普遍应用。

蜂窝状拓扑结构的优点是：这种拓扑结构并不依赖于互连电缆，而是依赖于无线传输介质，这就避免了传统的布线限制，为移动设备的使用提供了便利条件，同时使得一些不便布线的特殊场所的数据传输成为可能。另外蜂窝状拓扑结构的网络安全相对容易，有结点移动时不用重新布线，故障的排除和隔离相对简单，易于维护。

蜂窝状拓扑结构的缺点是：容易受外界环境的干扰。

6.3.8 网络拓扑结构的选择

上面分析了几种常用的拓扑结构和它们各自的优缺点，由此可见，不管是局域网或广域网，其拓扑结构的选择，都需要考虑很多因素。

(1) 可靠性：尽可能提高网络的可靠性，保证所有数据流能准确发送和接收。还要考虑网络系统建成后使用的维护，要使故障检测和故障隔离较为方便。

(2) 费用：它包括组建网络时需要考虑适合特定应用的费用和安装费用，在保证性能和使用方便的情况下尽可能节省。

(3) 可扩展性：需要考虑网络系统在今后扩展或改动时，能容易地重新配置网络拓扑结构，能方便地进行原有站点的删除和新站点的加入。

(4) 响应时间和吞吐量：网络要有尽可能短的响应时间和尽可能大的吞吐量。

对网络拓扑结构的掌握和选择是组建网络的第一要素。

6.3.9 计算机网络的应用

计算机网络所具有的高可靠性、高性能价格比和易扩充性等优点，使得它在工业、农业、交通运输、邮电通信、文化教育、商业、国防以及科学研究等各个领域、各个行业获得了越来越广泛的应用。计算机网络的应用范围实在太广泛，本节仅能涉及一些带有普遍意义和典型意义的应用领域。

(1) 办公自动化(Office Automation，OA)。

办公自动化系统，按计算机系统结构来看是一个计算机网络，每个办公室相当于一个工作站。它集计算机技术、数据库、局域网、远距离通信技术以及人工智能、声音、图像、文字处理技术等综合应用技术之大成，是一种全新的信息处理方式。办公自动化系统的核心是通信，其所提供的通信手段主要为数据/声音综合服务、可视会议服务和电子邮件服务。

(2) 电子数据交换(Electronic Data Interchange，EDI)。

电子数据交换，是将贸易、运输、保险、银行、海关等行业信息用一种国际公认的标准格式，通过计算机网络通信，实现各企业之间的数据交换，并完成以贸易为中心的业务的全过程。电子商务是EDI的进一步发展。

(3) 远程教育(Distance Education)。

远程教育是随着计算机网络技术、多媒体技术、通信技术的发展而产生的一种新型教育方式。学生可以在家里或其他可以接入计算机网络的设备上远程交互听课，并可以随时提问和讨论。也可以在网络上提交作业和进行考试。

远程教育的优势在于它可以突破时空的限制，提供更多的学习机会，扩大教学规模，提高教育质量，降低教育成本。

(4) 电子银行。

电子银行也是一种在线服务系统，是一种由银行提供的基于计算机和计算机网络的新型金融服务系统。电子银行的功能包括：金融交易卡服务、自动存取款服务、自动转账服务、电子汇款与清算等，其核心为金融交易卡服务。

(5) 企业网络。

现在许多企业、机关、校园内都有一定数量的计算机在运行，它们通常是分布在整幢办公大楼、工厂和校园内的。同时，有些公司的分支机构可能分布在世界各地。为了实现对全公司的生产、经营与客户资料等信息的收集、分析和决策。很多公司将那些位置分散的计算机连成局域网，然后将多个局域网互联起来，构成支持整个公司的大型信息系统的网络环境，以超越地理位置的限制。它实现企业内部或分布在世界各地的计算机资源共享，节约了资金。

6.4 OSI 参考模型

在网络发展过程中，已建立的网络体系结构很不一致，互不相容，难以相互连接。为了使网络系统标准化，国际标准化组织(International Standards Organization，ISO)在 20 世纪 80 年代初正式公布了一个网络体系结构模型作为国际标准，称为开放系统互连参考模型(Open System Interconnection/Reference Model，OSI/RM)。

6.4.1 OSI 模型结构

开放系统互联参考模型(OSI/RM)是抽象的概念，而不是一个具体的网络。它将整个网络的功能划分成 7 个层次，由下到上分别为物理层、数据链路层、网络层、传输层、会话层、表示层和应用层。每层各自完成一定的功能。两个终端通信实体之间的通信必须遵循这七层结构。

发送进程发送给接收进程的数据，实际上是经过发送方各层从上到下传递到物理介质，通过物理介质传输到接收方后，再经过从下到上各层的转递，最后到达接收进程的。层次结构和数据的实际传递过程如图 6-11 所示。

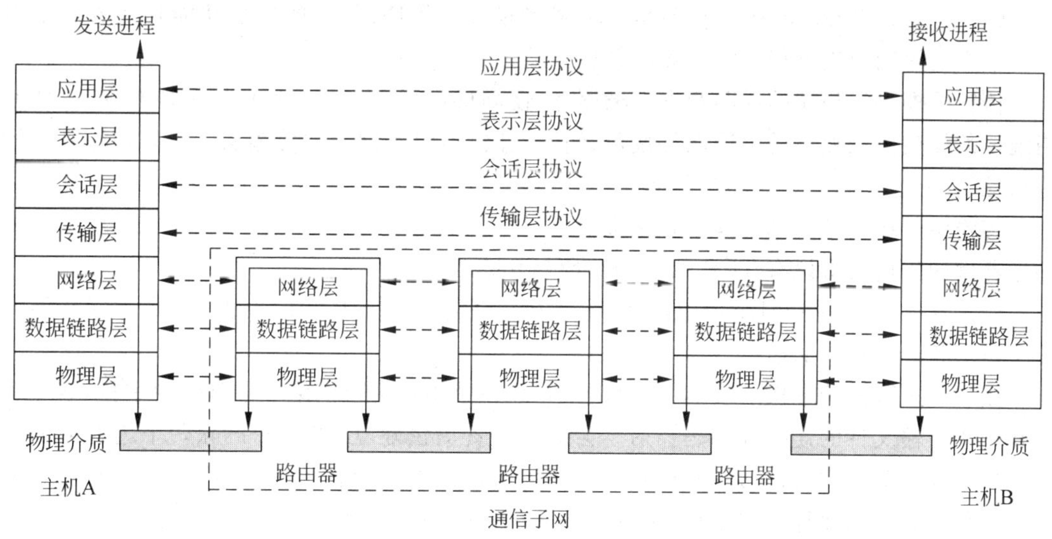

图 6-11　OSI 参考模型示意图

6.4.2 OSI 模型各层功能

(1) 物理层(Physical Layer)是整个 OSI 参考模型的最底层，它为数据链路层提供透明传输比特流的服务。

具体地说，它涉及用什么物理信号来传递 1 和 0，一个比特持续多少时间，传输是双向的、还是单向的，一次通信中发送方和接收方如何应答，设备之间连接件的尺寸和接头数以及每根连线的用途等。

物理层传送信息的基本单位是比特，也称为位。

典型的物理层协议有 RS-232 系列、RS-449、V.24 和 X.21 等。

(2) 数据链路层(Data Link Layer)是 OSI 参考模型的第二层，它的主要功能是实现无差错的传输服务。

物理层只提供了传输能力，但信号不可避免地会出现畸变和受到干扰，造成传输错误。数据链路层通过校验、确认和反馈重发等手段，将不可靠的物理链路改造成对网络层来说无差错的数据链路。

数据链路层传送信息的基本单位是帧。

常见的数据链路层协议有点对点协议(Point-to-Point Protocol，PPP)、高级数据链路控制规程(High-level Data Link Control，HDLC)。

(3) 网络层(Network Layer)是 OSI 参考模型的第三层，它解决的是网络与网络之间，即网络的通信问题。

网络层关心的是通信子网的运行控制，主要解决如何使数据分组跨越通信子网从源主机传送到目的主机的问题，这就需要在通信子网中进行路由选择。此外，网络层还要具备地址转换(将逻辑地址转换为物理地址)、报告有关数据包的传送错误等功能。

网络层传送信息的基本单位是分组(或称为数据包)。

典型的网络层协议有 IP 协议、X.25 分组级协议等。

(4) 传输层(Transport Layer)是 OSI 参考模型的第四层，它的主要功能是完成网络中不同主机上的用户或进程之间可靠的数据传输。

传输层提供端到端的透明数据传输服务，使高层用户不必关心通信子网的存在，由此使用统一的传输协议编写的高层软件便可运行于任何通信子网上。传输层还要处理端到端的差错控制、流量控制和拥塞控制问题。

传输层传送信息的基本单位是报文段。

典型的传输层协议有 TCP、UDP 和 ISO 8072/8073 等。

(5) 会话层(Session Layer)是 OSI 参考模型的第五层，其主要功能是组织和同步不同的主机上各种进程间的通信(也称为对话)。

用户或进程间的一次连接称为一次会话，如一个用户通过网络登录到一台主机，或一个正在用于传输文件的连接等都是会话。会话层负责提供建立、维护和拆除两个进程间的会话连接。并对双方的会话活动进行管理。会话层还提供在数据流中插入同步点的机制，使得数据传输因网络故障而中断后，可以不必从头开始而仅重传最近一个同步点以后的数据即可。

会话层使用的协议是 ISO 8326/8327。

(6) 表示层(Presentation Layer)是 OSI 参考模型的第六层，其主要功能是解决信息语法表示问题。

并不是每个计算机都使用相同的数据编码方案的，例如，小型机一般采用美国标准信息交换代码(ASCII)，而大型机多采用扩展二进制交换码(EBCDIC)。表示层将计算机内部的表示形式转换成网络通信中采用的标准表示形式，从而提供不兼容数据编码格式之间的转换。数据压缩和加密也是表示层可提供的表示变换功能。

表示层使用的协议是 ISO 8822/8823/8824/8825。

(7) 应用层(Application Layer)是 OSI 体系结构的最高层次,它直接面向用户以满足用户的不同需求。

在整个 OSI 参考模型中,应用层是最复杂的,所包含的协议也最多。它利用网络资源,唯一向应用程序提供直接服务。应用层提供的服务主要取决于用户各自的需求,常用的有文件传输、数据库访问和电子邮件等。

常用的应用层协议有文件传送协议(FTP)、简单邮件传送协议(SMTP)、用于作业传送和操纵的 ISO 8831/8832 等。

6.4.3 模型中的数据传输

OSI 参考模型中数据的传输方式如图 6-12 所示。所谓数据单元是指各层传输数据的最小单位。图中最左边一列交换数据单元名称,是指各个层次对等实体之间交换的数据单元的名称。所谓协议数据单元(Protocol Data Unit,PDU)就是对等实体之间通过协议传送的数据。应用层的协议数据单元(Application Protocol Data Unit,APDU),表示层的协议数据单元(Presentation Protocol Data Unit,PPDU),以此类推。

图 6-12 中自上而下的实线表示的是数据的实际传送过程。发送进程需要发送某些数据到达目标系统的接收进程,数据首先要经过本系统的应用层,应用层在用户数据前面加上自己的标识信息(H7),叫做头信息。H7 加上用户数据一起传送到表示层,作为表示层的数据部分,表示层并不知道哪些是原始用户数据、哪些是 H7,而是把它们当作一个整体对待。同样,表示层也在数据部分前面加上自己的头信息 H6,传送到会话层,并作为会话层的数据部分。这个过程一直进行到数据链路层,数据链路层除了增加头信息 H2 以外,还要增加一个尾 T2,然后整个作为数据部分传送到物理层。物理层不再增加头(尾)信息,而是直接将二进制数据通过物理介质发送到下一个结点的物理层。下一个结点的物理层收到该数据后,逐层上传到接收进程,其中数据链路层负责去掉 H2 和 T2,网络层负责去掉 H3,一直到应用层去掉 H7,把最原始的用户数据传递给接收进程。

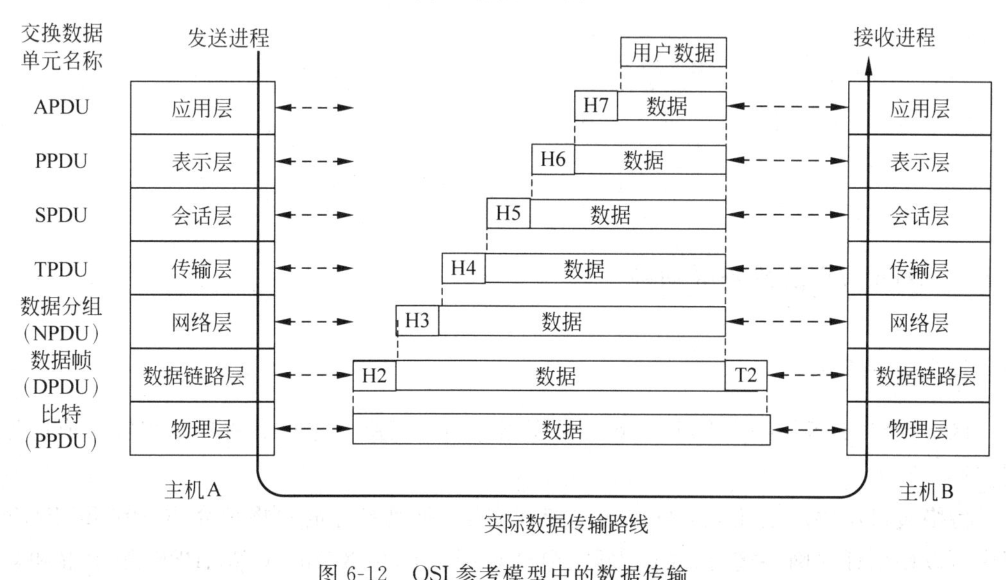

图 6-12 OSI 参考模型中的数据传输

这个在发送结点自上而下逐层增加头(尾)信息,而在目的结点又自下而上逐层去掉头(尾)信息的过程叫做封装。

6.5 TCP/IP 参考模型

TCP/IP(Transmission Control Protocol/Internet Protocol)最早起源于 1969 年美国国防部赞助研究的网络 ARPANET——世界上第一个采用分组交换技术的计算机通信网。它是 Internet 采用的协议标准。Internet 的迅速发展和普及,使得 TCP/IP 协议成为全世界计算机网络中使用最广泛、最成熟的网络协议,并成为事实上的工业标准。

从字面上看,TCP/IP 包括两个协议:传输控制协议(TCP)和网际协议(IP)。但 TCP/IP 实际上是一组协议,它包括上百个具有不同功能且互为关联的协议,而 TCP 和 IP 是保证数据完整传输的两个基本的重要协议,所以也可称之为 TCP/IP 协议簇。

6.5.1 TCP/IP 模型结构

TCP/IP 协议模型从更实用的角度出发,形成了具有高效率的四层体系结构,即主机—网络层(也称网络接口层)、网络互联层(IP 层)、传输层(TCP 层)和应用层。网络互联层和 OSI 的网络层在功能上非常相似,图 6-13 表示了 TCP/IP 和 OSI 参考模型的对应关系。

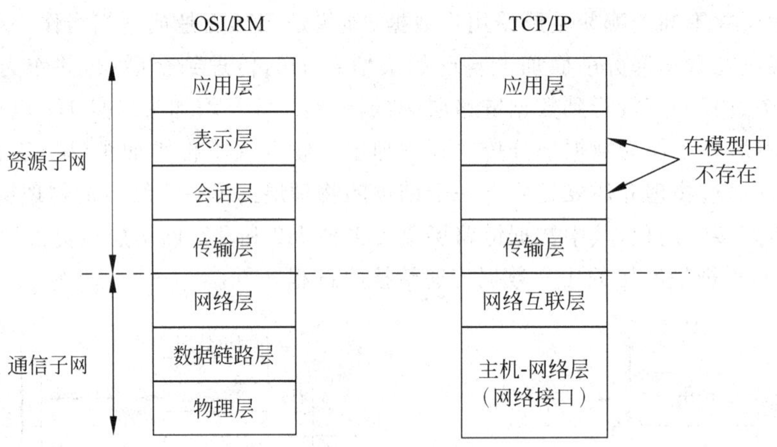

图 6-13　TCP/IP 模型与 OSI 参考模型对照图

6.5.2 TCP/IP 模型各层功能

1. 网络接口层

网络接口层(Network Interface):是模型中的最底层。它负责将数据包转换成信号送到传输介质上。

网络接口层协议定义了主机如何连接到网络,管理着特定的物理介质。在 TCP/IP 模型中可以使用任何网络接口,如以太网、令牌环网、FDDI、X. 25、ATM、PPP、帧中继和其他接口等，网络接口层负责对上层屏蔽掉底层接口的不同。

2. 网络互联层

网络互联层(Network)：是参考模型的第二层，它决定数据如何传送到目的地，主要负责寻址和路由选择等工作。

网络互联层所使用的协议中最重要的协议是网际协议(IP)。它把传输层送来的消息组装成 IP 数据报文，并把 IP 数据报文传递给主机-网络层。IP 协议提供统一的 IP 数据报格式，以消除各通信子网的差异，从而为信息发送方和接收方提供透明的传输通道。该层还包括 4 个重要协议：因特网控制消息协议(ICMP)、地址解析协议(ARP)、逆地址解析协议(RARP)和因特网组管理协议(IGMP)。

网际协议(IP)：负责在主机和网络之间寻址和传送数据报。

地址解析协议(ARP)：获得同一网段中的主机的物理地址，使主机的 IP 地址与之相匹配。

逆地址解析协议(RARP)：获得同一网段中的主机的 IP 地址，使主机的物理地址与之相匹配。

因特网控制消息协议(ICMP)：传送消息，并报告有关数据包的传送错误。

因特网组管理协议(IGMP)：报告主机组从属关系，以便依靠路由支持多播发送。

3. 传输层

传输层(Transport)：是参考模型的第三层，它负责应用进程之间的端端通信。传输层主要有两个协议，即传输控制协议(TCP)和用户数据报协议(UDP)。

TCP 是面向连接的，以建立高可靠性的消息传输连接为目的，它负责把输入的用户数据(字节流)按一定的格式和长度组成多个数据报进行发送，并在接收到数据报之后按分解顺序重新组装和恢复用户数据。为了完成可靠的数据传输任务，TCP 协议具有数据报的顺序控制、差错检测、校验以及重发控制等功能。TCP 还要进行流量控制，以避免快速的发送方“淹没”低速的接收方而使接收方无法处理。

UDP 是一个不可靠的、无连接的协议，只是“尽最大努力交付”。主要用于不需要 TCP 的排序和流量控制能力，而是自己完成这些功能的应用程序。它被广泛地应用于端主机和网关以及 Internet 网络管理中心等的消息通信，以达到控制管理网络运行的目的，或者应用于快速递送比准确递送更重要的应用程序，例如传输语音或视频图像。

这两种服务方式在实际中都很有用，各有其优缺点。

4. 应用层

应用层(Application)：位于 TCP/IP 协议中的最高层次，是 TCP/IP 协议中最复杂、协议最多的一层，用于确定进程之间通信的性质以满足用户的要求。值得指出的是，TCP/IP 模型中的应用层与 OSI/RM 中的应用层有较大的差别，它不仅包括了会话层及上面三层的所有功能，而且还包括应用进程本身在内。互联网上常用的应用层协议有以下几种：

远程终端协议 Telnet：实现互联网中的远程登录功能。

文件传输协议(File Transfer Protocol，FTP)：用于实现互联网中的交互式文件传输功能。简单邮件传输协议(Simple Mail Transfer Protocol，SMTP)：实现互联网中电子邮件的传送功能。

域名系统(Domain Name System,DNS):实现网络设备名字到IP地址映射的网络服务。

简单网络管理协议(Simple Network Management Protocol,SNMP):管理与监视网络设备。

超文本传输协议(Hyper Text Transfer Protocol,HTTP):用于WWW(万维网)服务。

路由信息协议(Routing Information Protocol,RIP):在网络设备(路由器)之间交换路由信息。

6.5.3 OSI与TCP/IP比较

虽然OSI参考模型和TCP/IP参考模型都采用了层次结构的概念,但是它们的差别却是很大的,不论在层次划分还是协议使用上,都有明显的不同。

1. OSI参考模型与TCP/IP参考模型的对照关系

OSI参考模型与TCP/IP参考模型都采用了层次结构,但OSI采用的是七层模型,而TCP/IP是四层结构(实际上是三层结构)。

TCP/IP参考模型的网络接口层实际上并没有真正的定义,只是一些概念性的描述。而OSI参考模型不仅分成了物理层和数据链路层两层,而且每一层的功能都很详尽。

TCP/IP的互联层相当于OSI参考模型网络层中的无连接网络服务。

OSI参考模型与TCP/IP参考模型的传输层功能基本类似,都是负责为用户提供真正的端到端的通信服务,也对高层屏蔽了底层网络的实现细节。所不同的是TCP/IP参考模型的传输层是建立在互联层的基础之上的,而互联层只提供无连接的服务,所以面向连接的功能完全在TCP中实现,当然TCP/IP的传输层还提供无连接的服务,如UDP;相反OSI参考模型的传输层是建立在网络层基础之上的,网络层既提供面向连接的服务,又提供无连接服务,但传输层只提供面向连接的服务。

在TCP/IP参考模型中,没有会话层和表示层,事实证明,这两层的功能确实很少用到。因此,OSI中这两个层次的划分显得有些画蛇添足。

2. OSI参考模型与TCP/IP参考模型的优缺点比较

OSI参考模型的抽象能力高,适合于描述各种网络,它采取的是自上向下的设计方式,先定义了参考模型,然后逐步去定义各层的协议,由于定义模型的时候对某些情况预计不足,造成了协议和模型脱节的情况;TCP/IP正好相反,它是先有了协议之后,人们为了对它进行研究分析,才制定了TCP/IP参考模型,所以模型与TCP/IP的各个协议吻合得很好,但不适合用于描述其他非TCP/IP网络。

OSI参考模型的优点是其概念划分清晰,它详细地定义了服务、接口和协议的关系,普遍适应性好;缺点是过于繁杂,实现起来很困难,效率低。TCP/IP在服务、接口和协议的区别上不清楚,功能描述和实现细节混在一起,因此TCP/IP参考模型对采取新技术设计网络的指导意义不大,也就使它作为模型的意义逊色很多。

TCP/IP的网络接口层并不是真正的一层,在数据链路层和物理层的划分上基本是空白的,而这两个层次的划分是十分必要的;OSI的缺点是层次过多,事实证明会话层和表示层的划分意义不大，反而增加了复杂性。

总之，OSI 参考模型虽然一直被人们所看好，但由于没有把握好实际，技术不成熟，实现起来很困难，因而迟迟没有一个成熟的产品推出，大大影响了它的发展；相反，TCP/IP 虽然有许多不尽人意的地方，但近 30 年的实践证明它还是比较成功的，特别是近年来国际互联网的飞速发展，也使它获得了巨大的支持。

6.5.4 TCP/IP 的主要协议

TCP/IP 实际上是指作用于计算机通信的一组协议，这组协议通常被称为 TCP/IP 协议簇。TCP/IP 包括地址解析协议（ARP）、逆向地址解析协议（RARP）、Internet 协议（IP）、网际控制报文协议（ICMP）、用户数据报协议（UDP）、传输控制协议（TCP）、超文本传输协议（HTTP）、文件产生协议（FTP）、简单邮件管理协议（SMTP）、域名服务协议（DNS）、远程控制协议（Telnet）等众多的协议。协议簇的实现是以协议报文格式为基础的，完成对数据的交换和传输。图 6-14 是对 TCP/IP 协议簇层次结构的简单描述。

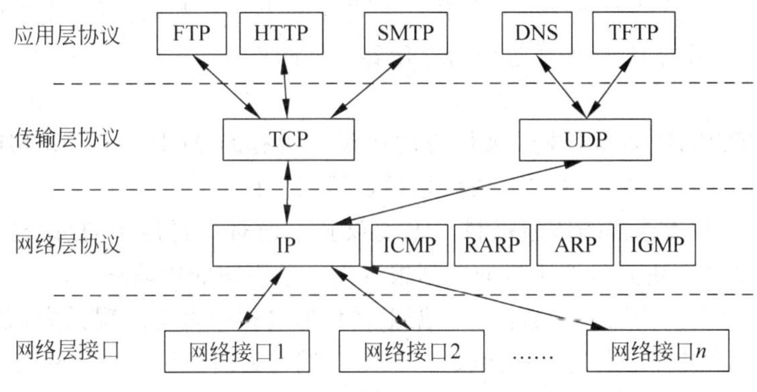

图 6-14 沙漏计时器形状的 TCP/IP 协议簇

下面我们对 TCP/IP 协议簇中一些重要协议进行介绍。

1. 网络接口层的相关协议

网络接口层是各种通信网与 TCP/IP 上层协议之间的接口，这些通信网包括多种广域网如 ARPANET、X.25 公用数据网，以及各种局域网，如 Ethernet、IEEE 的各种标准局域网等。

一般情况下，目前网络接口层常用的协议有用于拨号上网的点对点协议（PPP）和总线型结构的以太网协议 Ethernet。

1）PPP

PPP 是一种有效的点到点通信协议，它由三部分组成：串行通信线路上的组帧方法，用于建立、配制、测试和拆除数据链路的链路控制协议（LCP），一组用于支持不同网络层协议的网络控制协议（NCP）。

由于 PPP 帧中设置了校验字段，因而 PPP 在链路层上具有差错检验的功能。PPP 中的 LCP 提供了通信双方进行参数协商的手段，并且提供了一组 NCP，使得 PPP 可以支持多种网络层协议，如 IP、IPX 等。另外，支持 IP 的 NCP 提供了在建立连接时动态分配 IP 地址的功能，解决了个人用户连接 Internet 的问题。

2）Ethernet 协议

以太网是基于总线型的广播式网络，采用 CSMA/CD 媒体访问控制方法，在现有的局域网标准中，它是最成功的局域网技术，也是当前应用最广泛的一种局域网。

目前用于以太网的协议有 Ethernet V2 和 IEEE 802.3，规定了将 TCP/IP 上层数据包用于以太网封装的时候采用的帧格式等内容。具体以太网的相关知识将在第 4 章详细介绍。

2. 网络层的相关协议

网络层中含有 4 个重要的协议：IP 协议、因特网控制信息协议（ICMP）、地址解析协议（ARP）和反向地址解析协议（RARP）。

网络层的功能主要由 IP 来提供。除了提供端到端的分组分发功能外，IP 还提供了很多扩充功能。例如，为了克服数据链路层对帧大小的限制，网络层提供了数据分块和重组功能，这使得很大的 IP 数据报能以较小的分组在网上传输。

网络层的另一个重要服务是在互相独立的局域网上建立互联网络，即网际网。网间的报文来往根据它的目的 IP 地址通过路由器传到另一网络。

1）IP 协议

IP 协议是 TCP/IP 协议簇中最为核心的协议。所有的 TCP、UDP、ICMP 及 IGMP 数据都以 IP 数据分组的格式传输。IP 协议包括以下三个特点：

(1) 提供了一种无连接的传递机制。IP 协议独立地对待要传递的每个数据报，在传递前不建立连接，从源主机到目的主机的数据报可能经过不同的传输路径。

(2) 不保证数据报传输的可靠性。数据报在传输过程中可能出现丢失、延迟和乱序，但 IP 不会将这些现象报告给发送方和接收方，也不会试图去纠正传输中的错误。

(3) 提供了尽最大努力的投递机制。IP 尽最大努力发送数据报，也就是说，它不会轻易放弃数据报，只有当资源耗尽或底层网络出现故障时，才会出现数据报丢失的情况。

IP 协议的基本任务是通过互联网传送数据分组，在传送时，高层协议将数据交给 IP 协议，IP 协议再将数据封装为 IP 分组，并通过网络接口层协议进入链路层传输。若目的主机在本地网络中，则 IP 分组可直接通过网络将分组传送给目的主机；若目的主机在远地网络中，则通过路由器将 IP 分组传送到下一个路由器直到目的主机为止。因而，IP 协议完成点对点的网络层通信，并通过网络接口层为传输层屏蔽物理网络的差异。

IP 分组的格式如图 6-15 所示。普通的 IP 首部长为 20 个字节，另外可以含有选项 0～40 个字段。

下面来分析一下 IP 首部。最高位在左边，记为 0 位，最低位在右边，记为 31 位。

(1) 版本：4 位，指 IP 协议的版本，通信双方要求使用的 IP 协议版本相同。目前 IP 协议版本号是 4，因此 IP 协议有时也称为 IPv4。

(2) 首部长度：4 位，首部长度指的是首部占 32 位，包括任何先期选项。由于它是一个 4 位字段，因此首部最大为 60 字节，而普通 IP 分组（没有任何选择项）该字段的值是 5，首部长度为 20 字节。

(3) 服务类型：8 位，服务类型字段包括一个 3 位的优先权子字段（现在已被忽略），4 位

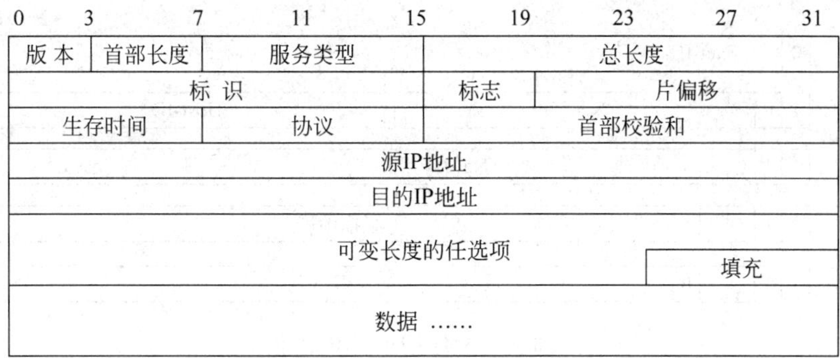

图 6-15 IP 分组的格式

的子字段,和 1 位必须置 0 的未用位。

(4) 总长度:16 位,指 IP 分组的长度,单位是字节,一个 IP 分组最大为 65 535 字节。利用首部长度字段和总长度字段,就可以知道 IP 分组中数据内容的起始位置和长度。

(5) 标识:16 位,标识字段用来唯一地标识主机发送的每一个 IP 分组,通常每发送一个分组它的值就会加 1。接收方对分片后的 IP 分组进行重组时也要依赖标识字段。

(6) 标志:3 位,目前只有前两位有意义,第一位记为 MF,置 1 表示后面还有分片的 IP 分组;第二位记为 DF,只有置 0 时才允许分片。

(7) 片偏移:13 位,片偏移标出较长分组在分片后,某片在原分组中的确切位置。片偏移以 8 字节为单位。

(8) 生存时间:8 位,生存时间字段 TTL 设置了 IP 分组可以经过的最多路由器数。它指定了分组的生存时间。TTL 的初始值由源主机设置(通常为 32 或 64),一旦经过一个处理它的路由器,它的值就减去 1。当该字段的值为 0 时,分组就被丢弃,并发送 ICMP 报文通知源主机。

(9) 协议:8 位,协议字段指出分组携带的数据是何种协议,以方便 IP 分组的提交。常用的协议和协议字段值有:ICMP(1),GGP(3),EGP(8),IGP(9),TCP(6),UDP(17)。

(10) 首部校验和:16 位,首部校验和字段是根据 IP 首部计算的校验和。它不对首部后面的数据进行计算。由于首部长度不长(一般只有 20 字节),校验不采用 CRC 校验方式,而是先将校验和字段置 0,再进行简单的 16 位字求和,并将反码记入校验和。收方收到后再次进行 16 位字求和,若首部没错,则结果为全 1,否则即有错,将丢弃该分组。

(11) 地址:源地址和目的地址都占 32 位,关于 IP 地址下面将会介绍。

(12) 任选项:这是一个长度可变的任选项,是 IP 分组中的一个可变长的可选信息。该字段主要用于额外的控制和测试。IP 的首部可以包含 0 个或多个选项。

(13) 填充:任选项字段一直都是以 32 位作为界限的,在必要的时候插入值为 0 的填充字节。这样就保证 IP 首部始终是 32 位的整数倍(这是首部长度字段所要求的)。

2) IP 地址分类及表示方法

(1) ABC 分类 IP 地址。

IP 地址具有固定、规范的格式。当前 Internet 使用的 IPv4 地址(IP 地址的第 4 个版本,以下简称 IP 地址)。IP 地址长 32 位。Internet 地址并不采用单一层次,而是采用网络—主机这样的二级层次。5 类不同的 IP 地址如图 6-16 所示。

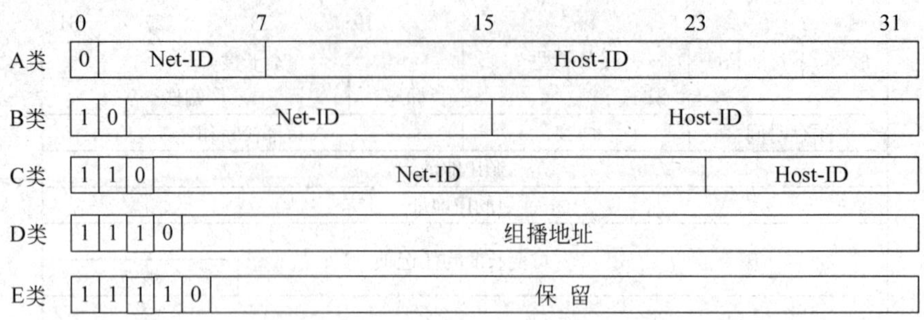

图 6-16　5 类不同的 IP 地址

这些 32 位的地址通常写成 4 个十进制数，其中每个整数对应一个字节。这种表示方法称为“点分十进制表示法”。例如，一个 C 类地址，它表示为 204.15.237.4。

区分各类地址最简单的方法是看它的第一个十进制整数。下面列出了各类地址的起止范围，其中第一个十进制整数用加黑字体表示。

A 类：**1**.0.0.0～**126**.255.255.255

B 类：**128**.0.0.0～**191**.255.255.255

C 类：**192**.0.0.0～**223**.255.255.255

D 类：**224**.0.0.0～**239**.255.255.255

E 类：**240**.0.0.0～**247**.255.255.255

由于 Internet 上的每个接口要有一个唯一的 IP 地址，因此需要有一个管理机构为接入 Internet 的网络分配 IP 地址。这个管理机构就是 Internet 网络信息中心(INIC)。INIC 只负责分配网络号，主机号的分配由企业内部管理员负责。

A 类，B 类，C 类地址是通常使用的 IP 地址；D 类地址是组播地址，主要留给 Internet 体系委员会 IAB 使用；E 类地址则保留在今后使用。

在 IP 地址中，还有些特殊的地址需要做专门的说明，如表 6-1 所示。

表 6-1　特殊的 IP 地址

Net-ID	Host-ID	源地址	目的地址	说　明
全 0	全 0	可	不	本地网络-本地主机
全 0	Host-ID	可	不	本地网络-某个主机
全 1	全 1	不	可	本地网络广播(受路由限制)
Net-ID	全 0	不	不	某个网络
Net-ID	全 1	不	可	对某个网络广播
127	x	可	可	软件回送测试
10	x. x. x	可	可	内部局域网保留地址(不进入 Internet)
172.16-172.31	x. x	可	可	
192.168.x	x	可	可	

(2) 子网掩码。

32 位的 IP 地址所表示的网络数量是有限的，解决问题的办法是制定编码方案时采用子网寻址技术。根据实际需要的子网个数，将主机标识部分划出一定的位数用作子网的标识位，剩余的主机标识作为相应子网的主机标识部分。IP 地址实际上被划分为网络、子网、主机三部分。

要进行子网划分，就要通过子网掩码来标识是如何进行子网划分的。子网掩码是一个32位地址，用于屏蔽IP地址的一部分以区别网络标识和主机标识，并说明该IP地址是在局域网上，还是在远程网上的。

有子网时，IP地址和子网掩码一定要配对出现。判断两台主机是否在同一个子网中，需要用到子网掩码或子网模。子网掩码同IP地址一样，是一个32b的二进制数，只是网络部分(包括IP网络和子网)全为1，主机部分全为0。判断两个IP地址是否在同一个子网中，只需判断这两个IP地址与子网掩码做逻辑"与"运算的结果是否相同，相同则说明在同一个子网中，如图6-17所示。

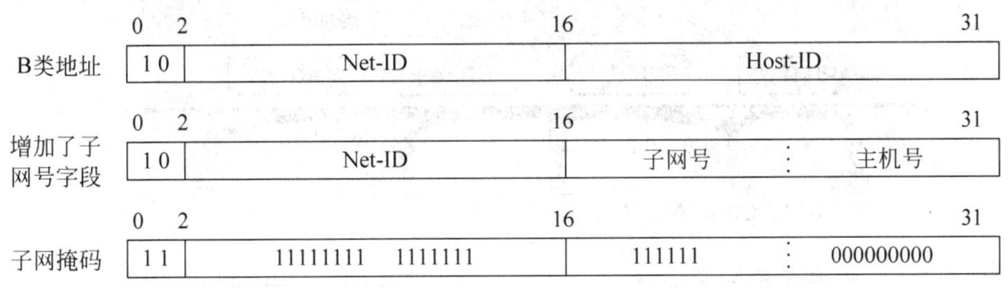

图6-17　子网掩码的作用

3) ICMP

从IP协议的功能可知，IP协议提供的是一种不可靠的无连接报文分组传送服务。若路由器故障使网络阻塞，就需要通知发送主机采取相应的措施。为了使互联网能报告差错，或提供有关意外情况的信息，在IP层加入了一类特殊用途的报文机制，即ICMP。

分组接收端通过发送ICMP数据报来通知IP模块发送端的某些方面需要修改。ICMP数据报通常是由发现别的站发来的报文有问题的接收站点产生的，例如可由目的主机或中继路由器来发现问题并产生有关的ICMP数据报。如果一个分组不能传送，ICMP数据报便可以被用来警告分组源，说明有网络、主机或端口不可达。ICMP数据报也可以用来报告网络阻塞。ICMP是IP正式协议的一部分，ICMP数据报通过IP送出，因此它在功能上属于网络第三层，但实际上它是像第四层协议一样被编码的。

4) ARP

在TCP/IP网络环境下，每个主机都分配了一个32位的IP地址，这种互联网地址是在国际范围标识主机的一种逻辑地址。

如果网络接口层采用以太网，为了让报文在物理网上传送，必须知道彼此的物理地址。

这样就存在把互联网地址变换为物理地址的地址转换问题。为了正确地向目的站传送报文，必须把目的站的32位IP地址转换成48位以太网目的地址。这就需要在网络层有一组服务将IP地址转换为相应的物理网络地址，这组协议就是ARP。

每一个主机都有一个ARP高速缓存，存储IP地址到物理地址的映射表，这些都是该主机目前所知道的地址。例如，当主机A欲向本局域网上的主机B发送一个IP数据报时，就先在ARP高速缓存中查看有无主机B的IP地址。如果存在，就可以查出其对应的物理地址，然后将该数据报发往此物理地址；如果不存在，主机A就运行ARP，按照下列步骤查找主机B的物理地址：

(1) ARP 进程在本局域网上广播发送一个 ARP 请求分组，目的地址为主机 B 的 IP 地址。

(2) 本局域网上的所有主机上运行的 ARP 进程都接收到此 ARP 请求分组。

(3) 主机 B 在 ARP 请求分组中见到自己的 IP 地址，就向主机 A 发送一个 ARP 响应分组，并写入自己的物理地址。

(4) 主机 A 收到主机 B 的 ARP 响应分组后，就在其 ARP 高速缓存中写入主机 B 的 IP 地址到物理地址的映射。工作原理如图 6-18 所示。

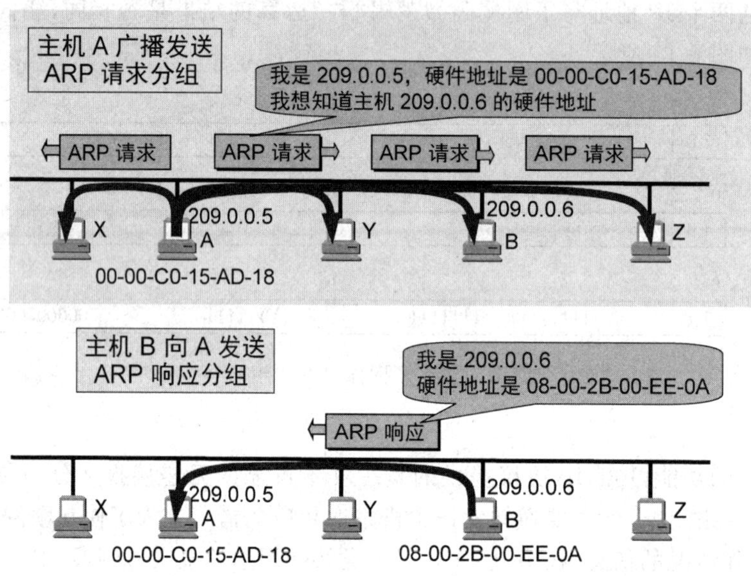

图 6-18　ARP 工作原理

在互联网环境下，为了将报文送到另一个网络的主机，数据报先定向发送到所在网络的 IP 路由器。因此，发送主机首先必须确定路由器的物理地址，然后依次将数据发往接收端。除基本 ARP 机制外，有时还需在路由器上设置代理 ARP，其目的是由 IP 路由器代替目的站对发送端 ARP 请求做出响应。

5) RARP

RARP 用于一种特殊情况，即如果站点初始化以后，只有自己的物理地址而没有 IP 地址，则它可以通过 RARP 发出广播请求，征求自己的 IP 地址，而 RARP 服务器则负责回答。这样，无 IP 地址的站点可以通过 RARP 取得自己的 IP 地址，这个地址在下一次系统重新开始以前都有效，不用连续广播请求。RARP 广泛用于获取无盘工作站的 IP 地址。

3. 传输层相关协议

TCP/IP 协议簇在传输层提供了两个协议：TCP 和 UDP。TCP 和 UDP 是两个性质不同的通信协议，主要用来向高层用户提供不同的服务。两者都使用 IP 协议作为其网络层的传输协议。TCP 和 UDP 的主要区别在于服务的可靠性。TCP 是高度可靠的，而 UDP 则是一个简单的、尽力而为的数据报传输协议，不能确保数据报的可靠传输。两者的这种本质区别也决定了 TCP 的高度复杂性，因此需要大量的开销，而 UDP 却由于它的简单性获得了较高的传输效率。TCP 和 UDP 都是通过端口来与上层进程进行通信的，下面先介绍端口的概念。

1）端口的概念

TCP 和 UDP 都使用了与应用层接口处的端口(Port)来与上层的应用进程进行通信。端口是个非常重要的概念，因为应用层的各种进程都是通过相应的端口与传输实体进行交互的。因此在传输协议单元(即 TCP 报文段或 UDP 用户数据报)的首部中要写入源端口号和目的端口号。传输层收到 IP 层上交的数据后，要根据其目的端口号决定应当通过哪一个端口上交给目的应用进程。

在 OSI 的术语中，端口就是传输层服务访问点(TSAP)。端口的作用就是让应用层的各种应用进程能将其数据通过端口向下交付给传输层，以及让传输层知道应当将其报文段中的数据向上通过端口交付给应用层相应的进程。从这个意义上讲，端口是用来标识应用层的进程。

应用进程在利用 TCP 传送数据之前，首先需要建立一条到达目的主机的 TCP 连接。TCP 协议将一个 TCP 连接两端的端点叫做端口。端口用一个 16 位的二进制数表示。实际上，应用进程利用 TCP 进行数据传输的过程就是数据从一台主机的 TCP 端口流入，经 TCP 连接从另一主机的 TCP 端口流出的过程。TCP 可以利用端口提供多路复用功能。一台主机可以通过不同的端口建立到多个主机的连接，应用进程可以使用一个或多个 TCP 连接发送或接收数据。

在 TCP 的所有端口中，可以分为两类：一类是由因特网指派名字和号码公司(ICANN)负责分配给一些常用的应用层程序固定使用，叫做熟知端口，其数值一般为 0～1023，如表 6-2 所示。

表 6-2　应用协议对应的熟知端口

应用协议	FTP	Telnet	SMTP	DNS	TFTP	HTTP	SNMP
熟知端口	21	23	25	53	69	80	161

“熟知”就是这些端口是被 TCP/IP 体系确定并公布的，是所有用户进程都知道的。在应用层中的各种不同的服务器不断地检测到分配给它们的熟知端口，以便发现是否有某个客户进程要和它通信。另一类则是一般端口，用来随时分配给请求通信的客户进程。

下面通过一个例子说明端口的作用。设主机 A 要使用简单邮件传送协议(SMTP)与主机 C 通信，SMTP 使用面向连接的 TCP。为了找到目的主机中的 SMTP，主机 A 与主机 C 建立的连接中，要使用目的主机中的熟知端口号 25。主机 A 也要给自己的进程分配一个端口号 500。这就是主机 A 和主机 C 建立的第一个连接。图 6-19 中的连接画成虚线，表示这种连接不是物理连接而只是个虚连接。

现在主机 A 中的另一个进程也要和主机 C 中的 SMTP 建立连接。目的端口号仍为 25，但其源端口号不能与上一个连接重复。设主机 A 分配的这个源端口号为 501。这是主机 A 和主机 C 建立的第二个连接。

设主机 B 现在也要和主机 C 的 SMTP 建立连接。主机 B 选择源端口号为 500，目的端口号当然还是 25，这是和主机 C 建立的第三个连接。这里的源端口号与第一个连接的源端

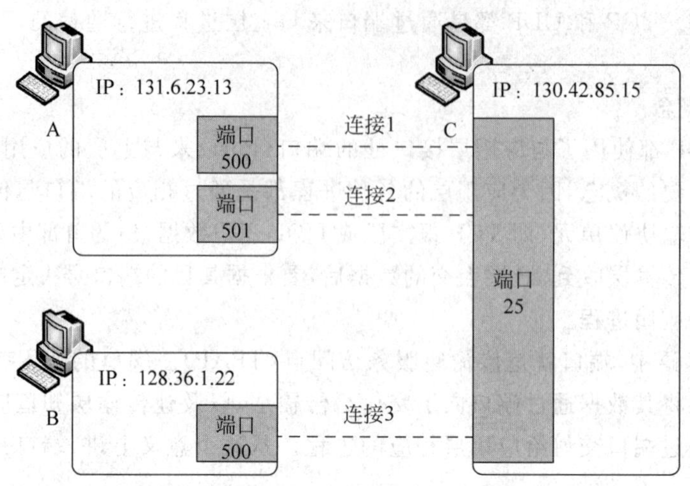

图 6-19　主机 A 与主机 C 建立三个 TCP 连接

口号相同，但纯属巧合。各主机都独立地分配自己的端口号。

为了在通信时不致发生混乱，就必须把端口号和主机的 IP 地址结合在一起使用。在图 6-19 的例子中，主机 A 和 B 虽然都使用了相同的源端口号 500，但只要查一下 IP 地址就可以知道是哪一个主机的数据。因此，TCP 使用“连接”(而不仅仅是“端口”)作为最基本的术语抽象。一个连接由它的两个端口来标识，这样的端口就叫做插口(socket)。插口的概念并不复杂，但非常重要。插口包括 IP 地址(32Bit)和端口号(16Bit)，共 48b。在整个 Internet 中，在传输层通信的一对插口必须是唯一的。

例如：在图 6-19 中的连接 1 的一对插口是：(131.6.23.13，500)和(130.42.85.15，25)。而连接 2 的一对插口是：(131.6.23.13，501)和(130.42.85.15，25)。

上面的例子是使用面向连接的 TCP。若使用面向无连接的 UDP，虽然在相互通信的两个进程之间没有一条虚连接，但每一个方向一定有发送端口和接收端口，因而也同样可以使用插口的概念。只有这样才能区分同时通信的多个主机中的多个进程。

2) 传输控制协议

TCP 所处理的报文段分为首部和数据两部分。TCP 的全部功能都体现在首部各字段的作用上。图 6-20 显示了 TCP 报文段的格式。

TCP 报文段首部的前 20 个字节是固定的，后面的 4 个字节根据需要而增加。固定部分各字段的含义如下：

(1) 源端口和目的端口。

这些端口用来将高层协议向下复用，也可以将传输层协议向上分用。

(2) 发送序号。

占 4 个字节，TCP 是面向数据流操作的，它所传送的报文可看作连续的数据流，其中每个字节对应一个序号。首部中的序号指本报文段所发送数据的第一个字节的序号。

(3) 确认序号。

占 4 个字节，期望收到的对方下一个报文段数据第一个字节的序号，即期望收到的下一个报文段首部序号字段的值。

图 6-20　TCP 报文段的格式

（4）数据偏移。

占 4 字节，它指出数据开始的地方离 TCP 报文段的起始处有多远。实际就是报文段首部的长度。但应注意，“数据偏移”的单位不是字节而是比特。

（5）保留。

占 6b，保留以后使用，目前置 0。

（6）紧急比特 URG。

当 URG=1 时，紧急指针字段有效，这时它告诉系统报文段中有紧急数据，应尽快传送，而不按原来的顺序排队传送。当使用紧急比特并将 URG 置 1 时，发送应用进程就告诉 TCP 这两个字符是紧急数据。于是发送 TCP 就将这两个字符插到报文段数据的最前面，其余的数据都是普通数据。

（7）确认比特 ACK。

只有 ACK=1 时确认序号字段才有效。当 ACK=0 时，确认序号无效。

（8）推送比特 PSH。

发送端将 PSH 置 1，并创建一个报文段发送出去。接收端收到推送比特置 1 的报文段，就尽快交付给接收应用进程，而不再等整个缓存都填满了再交付。有时 PSH 也称急迫比特。

（9）复位比特 RST。

当 RST=1 时，表明 TCP 连接中出现严重差错，必须释放连接，然后重新建立传输连接。复位比特也称重建比特或重置比特。

（10）同步比特 SYN。

当 SYN=1 而 ACK=0 时，是一个连接请求报文段。若对方同意建立连接，则响应的报文段中 SYN=1 和 ACK=1。

（11）终止比特 FIN。

当 FIN=1 时，表明报文段发送端数据已传送完毕，要求释放传输连接。

(12) 窗口。

大家知道在网络中通常利用接收端接收数据的能力来控制发送端数据的发送量。TCP也是这样进行流量控制的,TCP连接的一端根据自己的缓存空间大小来确定接收窗口的大小。

(13) 检验和。

占2个字节,检验和字段检验的范围包括首部和数据区两部分。在计算检验和时要在报文段前面加上12个字节的伪首部。伪首部就是这种首部不是真正的数据报首部,只是在计算校验和时,临时和TCP报文段连接在一起,得到一个过渡的数据报,检验和就是按照这个过渡的报文段来计算的,伪首部既不向下传递,也不向上递交。

(14) 选项。

长度可变。TCP只规定了一种可选项,即最大报文段长度MSS。它告诉对方的TCP:"我的缓存所能接收的报文段的数据字段的最大长度是MSS字节"。

前面已讲过,TCP是面向连接的协议。传输连接存在三个阶段,即连接建立、数据传输和连接释放。传输连接管理就是使传输连接的建立和释放都能可靠地进行。在连接建立过程中要解决以下三个问题:

① 要使每一方都能够确知对方的存在;

② 要允许双方协商一些参数(如最大报文段长度、最大窗口大小、服务质量等);

③ 能够对传输实体资源(如缓存大小、连接数等)进行分配。

为确保连接建立和终止的可靠性,TCP使用了三次握手法。所谓三次握手法就是在连接建立和终止过程中,通信的双方需要交换三次报文。可以证明,在数据包丢失、重复和延迟的情况下,三次握手法中的初始序号和确认序号保证了建立连接的过程中不会造成混淆。建立连接的一般过程如下所述。

第一次握手:源端主机发送一个带有本次连接序号的请求。

第二次握手:目的端主机收到请求后,如果同意连接,则发回一个带有本次连接序号和源端主机连接序号的确认。

第三次握手:源端主机收到含有两次初始序号的应答后,再向目的主机发送一个带有两次连接序号的确认。当目的主机收到确认后,双方就建立了连接。

图6-21显示了TCP利用三次握手法建立连接的正常过程。在三次握手的第一次中,主机A向主机B发出连接请求报文段,其中包含主机A选择的初始序列号x,此数值表明在后面传送数据时第一个数据字节的序号;第二次,主机B收到请求报文段后,如同意连接,则发回连接确认报文段,其中包含主机B选择的初始序号y,用来标识自己发送的报文段,以及主机B对其主机A初始序列号x的确认,确认序号为$x+1$;第三次,主机A向主机B发送序号为$x+1$的数据,其中包含对主机B初始序列号y的确认,确认序号为$y+1$。

3) 用户数据报协议

与传输控制协议(TCP)相同,用户数据报协议(UDP)也位于传输层。但是,它的可靠性远没有TCP高。

从用户的角度看,用户数据报协议(UDP)提供了面向无连接的、不可靠的传输服务。它使用IP数据报携带数据,但增加了对给定主机上多个目标进行区分的能力。由于UDP是面向无连接的,因此它可以将数据封装到IP数据报中直接发送。这与TCP发送数据前

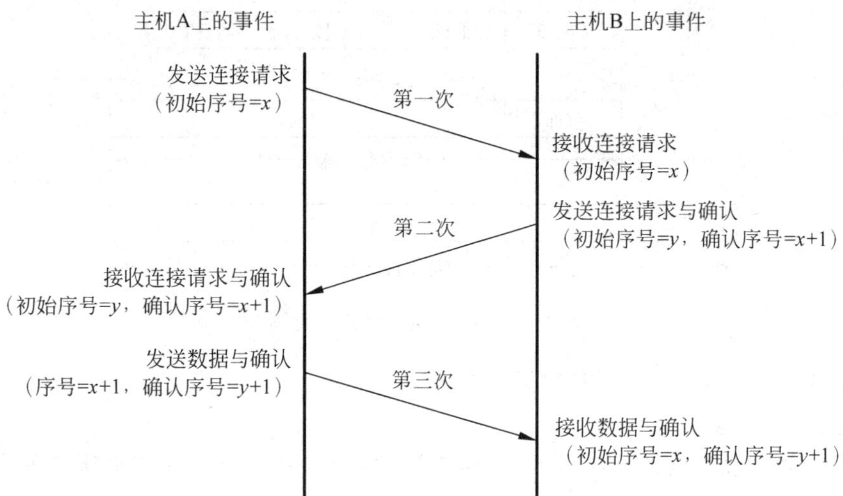

图 6-21　TCP 连接的正常建立过程

需要建立连接有很大的区别。由于发送数据之前不需要建立连接，所以减少了开销和发送数据之前的时延。

UDP 既不使用确认信息对数据的到达进行确认，也不对收到的数据进行排序。因此，利用 UDP 传送的数据有可能会出现丢失、重复或乱序现象，一个使用 UDP 的应用程序要承担可靠性方面的全部工作。

UDP 最大的优点是运行的高效性和实现的简单性。尽管可靠性不如 TCP 协议，但很多著名的应用协议还是采用了 UDP，如表 6-3 所示。

表 6-3　协议

传输层协议	应用层协议	描　　述
TCP	FTP	文件传输协议
	Telnet	远程登录协议
	SMTP	简单邮件传输协议
	HTTP	超文本传输协议
	POP3	邮局协议
	NNTP	新闻传输协议
TCP UDP	DNS	域名解析系统
UDP	BOOT	引导协议
	TFTP	简单文本传输协议
	SNMP	简单网络管理协议

其报文格式如图 6-22 所示。

用户数据报 UDP 包括两个字段：数据字段和首部字段。首部字段有 8 个字节，由 4 个字段组成，每个字段均为两个字节。

（1）源端口字段：源端口号；

（2）目的端口字段：目的端口号；

（3）长度字段：UDP 数据报的长度；

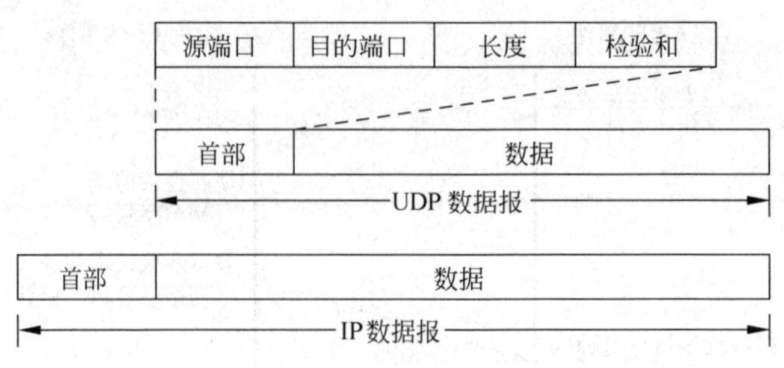

图 6-22 UDP 报文格式示意图

(4) 检验和字段：防止 UDP 数据报在传输中出错。

4) 应用层相关协议

TCP/IP 协议没有会话层和表示层，传输层的上面是应用层，它包含所有的高层协议。应用层最早引入的是虚拟终端协议(Telnet)、文件传输协议(FTP)和电子邮件协议(SMTP)。虚拟终端协议允许一台机器上的用户登录到远程机器上并且进行工作。文件传输协议提供了有效地把数据从一台机器移动到另一台机器的方法。电子邮件协议最初仅指文件传输，但是后来为它提出了专门的协议。这些年来，应用层又增加了不少的协议，例如域名系统服务(Domain Name Server，DNS)用于把主机名映射到网络地址，NMTP 用于传递新闻文章，还有 HTTP 用于在万维网(WWW)上获取主页等。从应用开发角度来看，Internet 上已开发了许多实用程序，如 Netscape、Internet Explorer 等。这些实用程序通过 Socket 接口与各种应用协议相连，例如 TCP/IP 基于 Windows 的应用程序接口为 Winsock。

6.6 局域网互联设备

网络连接设备是实现网络之间物理连接的中间设备，它是网络中最基础的组成部分，常见的网络连接设备有网卡、调制解调器、集线器、交换机、网桥、路由器等。

6.6.1 网卡

网卡(Network Interface Card，NIC)，也称为网络接口卡，是局域网中最基本的连接设备，计算机通过网卡接入网络。网卡的作用一方面是接收网络传来的数据；另一方面是将本机的数据打包后通过网络发送出去。网卡有多种不同的分类方法，下面从不同的角度对网卡进行分类。在宽带接入日渐普及的今天，网卡的使用越来越普及，已不仅仅局限于局域网。

1. 按总线类型分类

按照总线类型可以将网卡分为以下三种：

(1) ISA 网卡。20 世纪 90 年代中期以前的计算机多使用 ISA 总线，这种总线的速度较低，对计算机 CPU 的占用率较高。ISA 接口网卡多用于早期的 586 以下的计算机上，目前较新的计算机上一般很少使用ISA接口的网卡。ISA接口网卡的最高速度只有10Mb/s,所以10Mb/s的网卡多采用ISA总线,如图6-23所示。另外,虽然ISA总线的网卡在今天看来已显得有些落伍,但在组建无盘工作站网络时,ISA接口网卡因配置比较简单,所以应该是首选。

(2) PCI网卡。自1994年以来,PCI总线架构日益成为网卡的首选总线,并已牢固地确立了在服务器和桌面机中不可替代的地位,而曾经辉煌一时的ISA网卡正逐渐淡出市场。运行在33MHz下的PCI总线,其数据传输率可达到132Mb/s,而64位的PCI最大数据传输率可达到267Mb/s,目前100Mb/s和10/100Mb/s网卡一般都是PCI接口,如图6-24所示。与ISA接口网卡不同的是,PCI网卡占用CPU的资源较小,安装和配置较为方便,是目前局域网网卡的主流产品。

图6-23 ISA网卡

另外,PCI总线的自动配置功能省掉了跳线设置,而是将I/O地址和IRQ值的分配等操作全部在系统初启时交给系统BIOS处理,从而简化了网卡安装的烦琐和难度。

对于许多初学者而言,可能还无法正确识别PCI总线和ISA总线,其实PCI总线与ISA总线在计算机中是非常容易区别的。打开机箱,主板上较长且呈黑色的扩展槽就是ISA总线,而较短且呈白色的插槽就是PCI总线。另外,目前较新的计算机主板已淘汰了ISA总线,所以用户在选择网卡时一定要根据计算机主板所能够提供的总线类型来确定。

(3) PCMCIA网卡。PCMCIA(Personal Computer Memory Card International Association)网卡适用于笔记本电脑中,是个人计算机内存卡国际协会制定的便携机插卡标准。这种网卡和信用卡大小一样,厚度在3～4mm。32位的PCMCIA网卡不仅具有更快的传输速率,而且独立于CPU,可与内存间直接交换数据,如图6-25所示。

图6-24 PCI网卡

图6-25 PCMCIA网卡

2. 根据接口类型分类

针对不同的传输介质,网卡提供了相应的接口。按照电缆接口类型划分,可以将网卡分为RJ-45接口网卡、BNC细缆接口网卡、AUI粗缆接口网卡、光纤接口网卡,还有将上述几种类型综合的二合一或三合一网卡。

3. 根据传输速率分类

根据网卡所支持的传输速率,可以将网卡分为 10Mb/s,100Mb/s,10/100Mb/s 自适应网卡以及 1000Mb/s 网卡几种类型。

6.6.2 调制解调器

调制解调器又称为 Modem,它是计算机网络通信中极为重要的设备。如用户的计算机需要通过调制解调器来访问 Internet,调制解调器是同时具有调制和解调两种功能的设备。在计算机网络的通信系统中,计算机发出的是数字信号,而在电话线上传输的是模拟信号,因此必须将数字信号转换成模拟信号才能实现其传输,这种操作就称为调制;反之,电话线上的模拟信号要想传输到信宿的计算机,也需要将其变换成数字信号,即解调。根据安装方式,可以将调制解调器分为内置式和外置式两种模式。

1. 内置式调制解调器

内置式调制解调器安装在计算机内部的扩展槽上。它主要有两个接口:一个是用于连接电话线接头的 Line 接口;另一个是用于连接电话机的 Phone 接口,如图 6-26 所示。

2. 外置式调制解调器

外置式调制解调器有与计算机、电话等连接的接口。它放置在机箱外部,直接连接在计算机的串口上,安装方便、便于携带、性能稳定,且可以通过调制解调器面板上的各种指示灯来观察其工作状态,但价格通常要比内置式调制解调器高,如图 6-27 所示。

图 6-26 内置式调制解调器

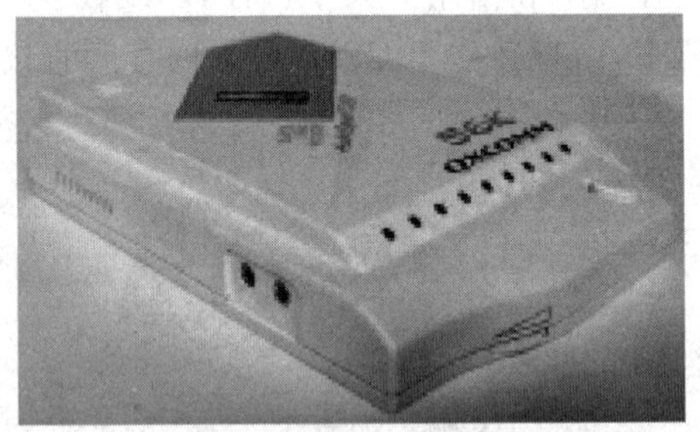

图 6-27 外置式调制解调器

6.6.3 中继器

中继器(Repeater)是一种最简单的网络互联设备,其主要作用是完成信号的放大和再生。由于信号在传输电缆上传送时,会产生损耗,这种损耗会引起信号的衰减,当信号衰减到一定程度时,就会出现信号失真,从而导致错误的传输。中继器就是为了解决这个问题而设计的,它对衰减的信号进行放大,让信号保持与原数据相同,驱动信号在长电缆上传输,以达到延伸电缆长度的目的，如图 6-28 所示。

使用中继器连接局域网时，应该遵循以太网的 5-4-3 规则，即无论是粗缆以太网，还是细缆以太网都最多只能有 5 个电缆段，使用 4 个中继器，其中只能有 3 个网段能连接计算机。另外，如果中继器的两个接口相同时，可以连接两种使用相同介质的网段；如果两个接口不同，则可以连接两种使用不同介质的网段，如图 6-29 所示为使用中继器来连接 10Base-5 和 10Base-2。

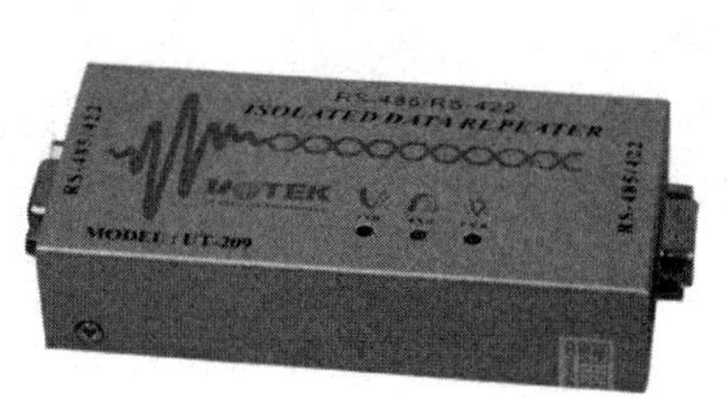

图 6-28 中继器

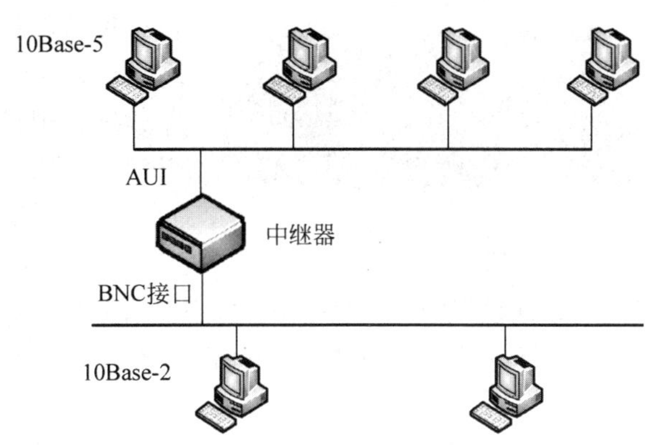

图 6-29 用中继器链接 10Base-5 和 10Base-2

6.6.4 集线器

集线器也称为 HUB，用于连接双绞线介质或光纤介质的以太网系统。集线器在 OSI 七层模型中处于物理层，其实质是一个中继器。它的主要功能是对接收到的信号进行再生放大，以扩大网络的传输距离。正是因为集线器只是一个信号放大和中转的设备，所以它不具备交换功能。但是由于集线器价格便宜，组网灵活，所以基于集线器的网络仍然存在。集线器采用星型布线，如果一个工作站出现问题，不会影响整个网络的正常运行，如图 6-30 所示。

按照集线器端口连接介质的不同，集线器可以连接同轴电缆、双绞线和光纤。很少见到使用光纤的集线器，目前市场上的大多数集线器都是以双绞线作为连接介质的。

图 6-30 集线器

一些集线器上除带有 RJ-45 接口外，还带有 AUI 和 BNC 接口。传统集线器每个端口的速率通常为 10Mb/s 或 100Mb/s。

因为以太网遵循 CSMA/CD 协议，所以计算机在发送数据前首先要进行载波侦听。当确定网络空闲时，才能发送数据；当一个站点多次检测线路均为载波时，将自动放弃该帧的发送，从而造成丢包。因此，当网络中的站点过多时，网络的有效利用率将会大大降低。根据经验，采用 10Mb/s 集线器的站点不宜超过 25 个，采用 100Mb/s 集线器的站点不宜超过 35 个。当网络再大时，则只能用交换机才能保证每台计算机拥有足够的网络带宽。

6.6.5 网桥

网桥是数据链路层上局域网之间的互联设备。当网桥接收到一个帧时,它首先检查该帧是否已经完整地到达,然后转发该帧。网桥的各端口连接的各个网段必须位于同一个逻辑网络,如图 6-31 所示。

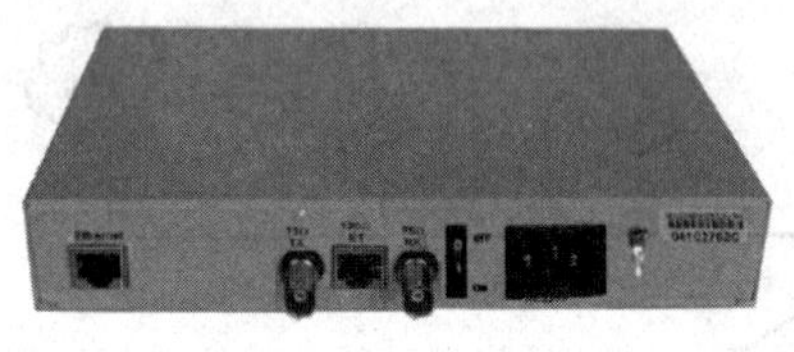

图 6-31 网桥

网桥的功能主要表现在以下三个方面:

(1) 匹配不同端口的速度。匹配不同端口的速度是指网桥把接收到的帧存储在存储缓冲区中,只要其端口的链路可以接收不同传输速率的帧,各端口间就可以输入或输出该帧。

(2) 对帧具有检测和过滤作用。网桥可以对帧进行检测,丢弃错误的帧;网桥还能够对某类特定的帧进行过滤。

(3) 网桥可以提高网络带宽并扩大网络的地理范围。

网桥与集线器相比,它的优势主要体现在对数据帧的识别上。如果发现源和目标站点处于网桥的同一个端口,网桥就会过滤(丢弃)该数据帧,而不将它转发到网桥的另一端口。例如在图 6-32 中的站点 1 向站点 2 发送数据帧时,网桥一旦发现它们处于自己的同一个端口 E0 上,就会过滤该数据帧,因为没有必要将数据帧转发给另一端口 E1;如果网桥发现源和目标站点处于不同端口上,便将数据帧从适当的端口转发出去。例如站点 1 向站点 4 发送数据帧时,网桥会将数据帧从自己的 E1 端口转发出去,因为站点 4 连接在网桥的 E1 端口上。

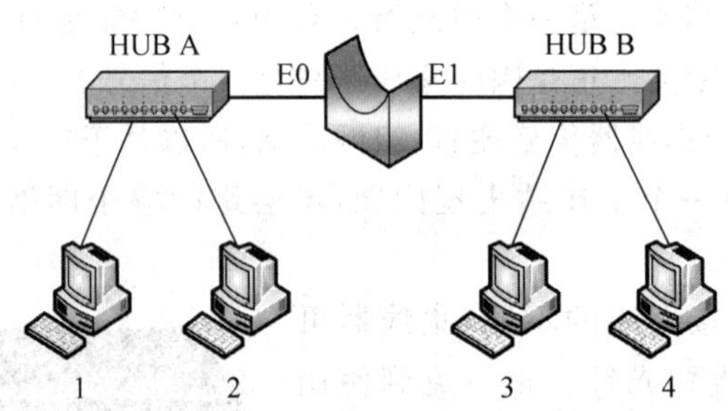

图 6-32 用网桥连接两个 HUB

由于网桥需要存储处理数据进而决定是否转发,因此增加了时延。而且在 MAC 子层并没有流量控制功能,可能出现缓存放不下而丢包的情况。

6.6.6 交换机

交换机是一个较复杂的多端口透明网桥。在处理转发决策时,交换机和透明网桥是类似的,但是交换机在交换数据帧时,有着不同的处理方式。下面是交换机与网桥之间存在的主要差别:

(1) 网桥一般只有两个端口,而交换机通常有多个端口。

(2) 网桥的速度要比交换机慢。

(3) 网桥在发送数据帧前，通常要接收到完整的数据帧并执行帧检验(FCS)，而交换机在一个数据帧接收结束前就可以发送该数据帧。

采用交换机作为中央连接设备的以太网络称为交换式以太网。交换机的主要特点是提高了每个工作站的平均占有带宽并提高了网络整体的集合带宽，具有高通信流量、低延时、低价格等优点，是目前局域网中使用最多的一种网络设备，如图 6-33 所示。

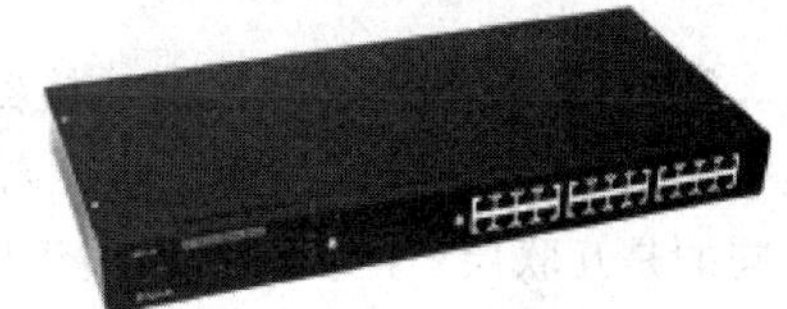

图 6-33　交换机

6.6.7 路由器

路由器是一种连接多个网络或网段的设备，它能够将使用相同或不同协议的网段或网络连接起来，实现相互之间的通信，扩大网络的连接范围。严格来说路由器不属于局域网设备，而是属于局域网之间、局域网与广域网之间、广域网与广域网之间互联所采用的设备。目前连接范围最大的 Internet，就是通过无数个路由器将分布在全球各个角落的主机或局域网互联起来后形成的。由此可以看出路由器在今天网络连接中的重要性。

路由器和交换机的区别主要表现在以下几个方面：

(1) 交换机工作在 OSI 七层模型的第二层，即数据链路层；而路由器则工作在 OSI 七层模型的第三层，即网络层。所以交换机的工作原理比较简单，而路由器具有更多的智能功能，例如它可以自动选择最佳的线路来传播数据，还可以通过配置访问控制列表(Access List)来提供必要的安全性，所以路由器的工作原理比较复杂，而且许多功能是交换机所不具有的。

(2) 交换机利用物理地址(MAC 地址)来确定是否转发数据；而路由器则利用不同的位于第三层的寻址方法来确定是否转发数据，使用 IP 地址或者逻辑地址，而不是 MAC 地址。这是因为 IP 地址是在软件中实现的，描述的是设备所在的网络，有时这些第三层的地址也称为协议地址或者网络地址。

(3) 传统的交换机只能分割冲突域，而无法分割广播域；而路由器可以分割广播域。

(4) 交换机主要用来连接网络中的各个段；而路由器则可以通过端到端的路由选择来连接不同的网络，并可实现与 Internet 的连接，如图 6-34 所示。

路由器最主要的功能就是路径选择，即保证将一个进行网络寻址的报文正确地传送到目的网络中。完成这项功能需要路由协议的支持，路由协议是为在网络系统中提供路由服务而开发设计的，每个路由器通过收集其他路由器的信息来建立自己的路由表以决定如何把它所控制的本地系统的通信表传送到网络中的其他位置。

路由器的功能还包括存储、转发、过滤、流量管理、媒体转换等。

图 6-34　路由器

6.6.8 网关

网关(Gateway)又称网间连接器、协议转换器。网关在传输层上以实现网络互联,是最复杂的网络互联设备,仅用于两个高层协议不同的网络互联。网关的结构也和路由器类似,不同的是互联层。网关既可以用于广域网互联,也可以用于局域网互联。

在早期的因特网中,网关即指路由器,是网络中超越本地网络的标记。公共的基于 IP 的广域网的出现和成熟促进了路由器的成长,现在路由器变成了多功能的网络设备,失去了原有的网关概念,然而作为网关仍然沿用了下来,它不断地应用到多种不同的功能中。网关按功能来划分,主要有三种类型的网关:协议网关、应用网关和安全网关,如图 6-35 所示。

图 6-35 网关

1. 协议网关

顾名思义,此类网关的主要功能是在不同协议的网络之间进行协议转换。网络发展至今,通用的已经有好几种,如 IEEE 802.3、红外线数据联盟 IrDa、广域网 WAN 和 IEEE 802.5、X.25,IEEE 802.11a、IEEE 802.11b、IEEE 802.11g、WAP 等,不同的网络具有不同的数据封装格式、不同的数据分组大小、不同的传输率。然而,这些网络之间相互进行数据共享、交流却是必不可少的。为消除不同网络之间的差异,使得数据能顺利地进行交流,需要一个专门的"翻译人员",也就是协议网关。依靠它使得一个网络能理解其他网络,也是依靠它来使得不同的网络连接起来成为一个巨大的因特网的。

2. 应用网关

应用网关主要是针对一些专门的应用而设置的一些网关,其主要作用将某个服务的一种数据格式转化为该服务的另外一种数据格式,从而实现数据交流。这种网关常作为某个特定服务的服务器,但是又兼具网关的功能。最常见的这类服务器就是邮件服务器了。电子邮件有好几种格式,如 POP3、SMTP、FAX、X.400、MHS 等,如果 SMTP 邮件服务器提供了 POP3、SMTP、FAX、X.400 等邮件的网关接口,那么就可以毫无顾忌地通过 SMTP 邮件服务器向其他服务器发送邮件了。

3. 安全网关

最常用的安全网关就是包过滤器,实际上就是对数据包的源地址、目的地址、端口号、网络协议进行授权。通过对这些信息的过滤处理,让有许可权的数据包传输通过网关,而对那些没有许可权的数据包进行拦截甚至丢弃。这跟软件防火墙有一定意义上的雷同之处,但是与软件防火墙相比较安全网关数据处理量大、处理速度快,可以很好地对整个本地网络进行保护而不对整个网络造成瓶颈。

除此之外,最近微软从网关的日常功能出发,也提出了自己的分类方案:数据网关(主要用于进行数据吞吐的简单路由器,为网络协议提供传递支持)、多媒体网关(除了数据网关具有的特性外,还提供针对音频和视频内容传输的特性)、集体控制网关(实现网络上的家庭控制和安全服务管理)。

通常,一个网关并不严格属于某一种分类。一般都是几种功用的集合。例如常见的视频宽带网的网关就是数据网关与多媒体网关的集合。还有一般迁入了教育网的学校的网关,它既充当数据网关的角色,同时又是一个安全网关。

6.7 Internet 的域名地址

Internet 采用一种 Internet 通用的地址格式,为全网的每一个网络和每一台主机都分配一个 Internet 地址。IP 地址技术在第 3 章已经做出了相应阐述。但 IP 地址不便于记忆与识别,特别对于一些提供公共服务的主机的地址。从 1985 年起 Internet 在 IP 地址的基础上开始向用户提供域名系统(Domain Name System,DNS)服务,即用地区域名缩写的字符串来识别网上的主机。

6.7.1 域名结构

Internet 服务器或主机的域名采用多层分级结构,一般不超过 5 级。采用类似西方国家邮件地址由小到大的顺序从左向右排列,各级域名也按由低到高的顺序从左向右排列,相互间用小数点隔开,其基本结构为

子域名.域类型.国家代码。

1. 国家代码

每个国家均有一个国家代码,在域名结构中作为顶级域名,称为地区型顶级域名或国家型顶级域名,它由两个字母组成,表 6-4 列出了部分国家和地区的代码;如果在美国注册的主机,则可省去国家代码,由第二级域类型作为顶级域名,称为通用型顶级域名。

表 6-4 部分国家或地区的代码

地区代码	国家或地区	地区代码	国家或地区	地区代码	国家或地区
AR	阿根廷	FR	法国	NL	荷兰
AU	澳大利亚	GL	希腊	NZ	新西兰
AT	奥地利	HK	中国香港	NO	挪威
BE	比利时	ID	印度尼西亚	PT	葡萄牙
BR	巴西	IE	爱尔兰	RU	俄罗斯
CA	加拿大	IL	以色列	SG	新加坡
CL	智利	IN	印度	ES	西班牙
CN	中国	IT	意大利	SE	瑞典
CU	古巴	JP	日本	CH	瑞士
DE	德国	KR	韩国	TW	中国台湾
DK	丹麦	MO	中国澳门	TH	泰国
EG	埃及	MY	马来西亚	UK	英国
FI	芬兰	MX	墨西哥	US	美国

2. 域类型

国际流行的域类型如表 6-5 所示，我国采用的域类型分为团体(6 个)和行政区域(34 个)两种，绝大部分采用两个字母，如表 6-6 和表 6-7 所示。

表 6-5　国际流行的域类型

域类型	适　用　对　象
com	公司或商务组织(Company or Commercial Organization)
edu	教育机构(Education Institution)
gov	政府机构 (Government Body)
mil	军事单位(Military Site)
net	Internet 网关或管理主机(Internet Gateway or Administrative Host)
org	非营利组织(Not-Profit Organization)

表 6-6　我国采用的团体域类型

团体域类型	适用对象	团体域类型	适用对象
ac	适用于科研机构	mil	中国的国防机构
com	工、商、金融等企业	net	提供互联网络服务的机构
edu	中国的教育机构	org	非营利性的组织
gov	中国的政府机构		

表 6-7　我国采用的行政区域域名类型

域代码	对象地区	域代码	对象地区	域代码	对象地区
bj	北京	ah	安徽	yn	云南
sh	上海	fj	福建	xz	西藏
tj	天津	jx	江西	sn	陕西
cq	重庆	sd	山东	gs	甘肃
he	河北	ha	河南	qh	青海
sx	山西	hb	湖北	nx	宁夏
nm	内蒙古	hn	湖南	xj	新疆
ln	辽宁	gd	广东	tw	台湾
jl	吉林	gx	广西	hk	香港
hl	黑龙江	hi	海南	mo	澳门
js	江苏	sc	四川		
zj	浙江	gz	贵州		

3. 子域名

由一级或多级下级子域名字符组成，各级下级子域名也用小数点隔开，如子域名为多级子域名，则从左向右由下级到上级顺序排列。

4. 域名的写法规定

① 国际域名可使用英文 26 个字母，10 个阿拉伯数字以及横杠(-)；

② 横杠不能作为开始符或结束符；

③ 国际域名不能超过 67 个字符，国内域名不能超过 26 个字符；

④ 域名大小写无关，域名不能包含空格。

2002 年 7 月在罗马尼亚的布加勒斯特召开的国际互联网名字与编号分配机构(ICANN)理事会上，正式决定在现行域名体系内引入多语种域名，并将在服务器分类设立多语种顶级域名，包括地理区域顶级域名、语言顶级域名、文化和种族顶级域名等。此举意味着以“.中国”和“.中文”结尾的中文域名将获得全球的认可。

5. 域名实例

两台主机或两台服务器不能具有完全相同的域名，但一台主机可以具有多个域名，以区别它提供的多种服务(如安装成多个服务器)。

例如，ftp.microsoft.com 不含国家代码(在美国)，域类型为 com 公司，子域名 ftp.microsoft 中的 microsoft 为拥有它的公司名，FTP 特指提供文件传送服务的公共匿名 FTP 文件服务器。

又如 www.cernet.edu.cn 含有国家代码 cn(中国)，域类型 edu 为教育机构，子域名 www.cernet 中的 cernet 为拥有它的网络名，www 特指提供 Web 主页服务的服务器。

Internet 域名服务器通过 DNS 域名协议可将任何一个登记注册的域名转换为对应的二进制码的 IP 地址。

6.7.2 域名解析

域名解析是将主机域名与 IP 地址进行转换的过程。这个过程包括：正向解析——从域名到 IP 地址；反向解析——从 IP 地址到域名。

Internet 中的每一台服务器不但要能够进行一些域名到 IP 地址的解析，而且还必须具有连到其他域名服务器的能力，当自己不能进行域名到 IP 地址的转换时，能够知道到哪里去找别的域名服务器进行解析。

Internet 域名到 IP 地址的转换由一组既独立又协作的域名服务器共同完成。域名服务器的本质是一种域名服务软件，在指定的机器上运行，完成域名与 IP 地址之间的转换。因此，通常把把运行域名服务软件的计算机称为域名服务器。域名地址与 IP 地址是一一对应的，表 6-8 列举出了部分域名和它的 IP 地址。

表 6-8 部分网站域名和它的 IP 地址

网站名	域名地址	IP 地址
新浪	www.sina.com.cn	202.106.184.210
雅虎(中文)	cn.yahoo.cn	61.135.128.51
搜狐	www.sohu.com.cn	61.135.131.4
昆明网城	www.kpworld.com	202.99.11.239

目前，域名服务器包括本地域名服务器、根域名服务器和授权域名服务器三种。

(1) 本地域名服务器(Local Name Server)：本地域名服务器也被称为默认域名服务

器。拥有静态 IP 地址的主机必须配置本地域名服务器，而通过动态地址分配协议(DHCP)获得 IP 地址的主机则不需要配置。每个 ISP，或一个单位，甚至一个部门，都可以拥有一个本地域名服务器。当一台主机发出 DNS 查询报文时，报文首先被送到该主机的本地域名服务器。本地域名服务器离用户较近，一般在一个局域网内，因此一般能立即将所查询的域名转换为 IP 地址，不用再去查询其他的域名服务器。但是当一个域名在本地域名服务器上查不到时就需要在根域名服务器上查询。

(2) 根域名服务器(Root Name Server)：现在 Internet 上有十几个根域名服务器，大部分在北美。当本地域名服务器不能回答某个主机的 DNS 查询时，就以 DNS 客户的身份向某个根域名服务器查询。如果根域名服务器有被查询主机的信息，就将查询的域名转换为 IP 地址，发送给本地域名服务器，再由本地域名服务器发送给发起查询的主机。如果根域名服务器中没有查询主机的信息，它一定知道哪个授权域名服务器保存有被查询主机名字的映射。通常根域名服务器管辖顶级域名(如 com)，根域名服务器并不直接对顶级域名下面所属的域名进行解析，而是找到相应二级域名的域名服务器进行转换。

(3) 授权域名服务器(Authoritative Name Server)：每一台主机都必须在授权域名服务器上注册登记。一般来说，一个主机的授权域名服务器就是它本地 ISP 的一个域名服务器。许多域名服务器既是本地域名服务器，同时也是授权域名服务器。授权域名服务器能够将其管辖的域名转换成该主机的 IP 地址。

下面用一个例子来说明域名的解析过程。

Internet 允许各个单位根据自己的情况将本单位的域名划分为若干个域名服务器管辖区，可以在各管辖区内设置相应的授权域名服务器。BBT 公司有技术(JS)、财务(CW)、生产(SC)、销售(XS)、人事(RS)5 个部门和一个重庆办事处(CQ)，重庆办事处下设市场调研科(DY)、产品销售科(XS)两个部门。图 6-36 是该公司域名管辖区的划分，可以看出管辖区是“域”的子集。

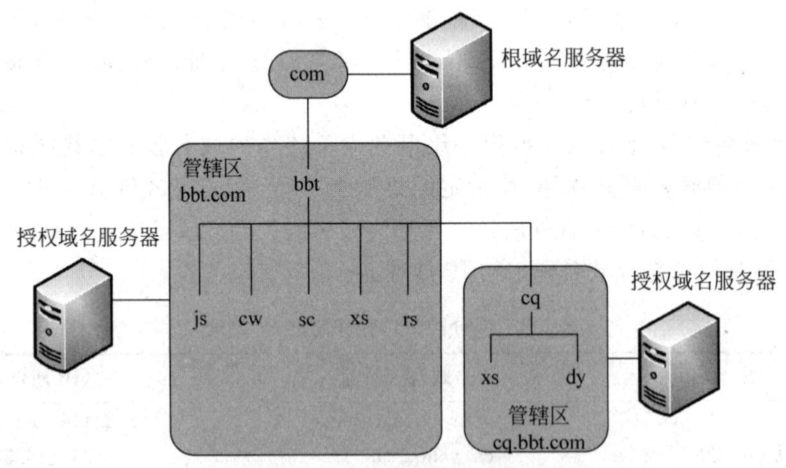

图 6-36　域名服务器管辖区域划分举例

图 6-37 表示查询 IP 地址的过程，假定域名为 t. abc. com 的主机想知道域名为 xs. cq. bbt. com 的主机的 IP 地址。它向其本地域名服务器 dns. abc. com 查询。该服务器上没有，于是向根域名服务器 dns. com 查询。根据查询的域名中的 bbt. com，向授权域名服务器

dns. bbt. com 查询，最后再向授权域名服务器 dns. cq. bbt. com 查询，得到结果后再按相反的顺序将查询结果返回给域名服务器 dns. abc. com。

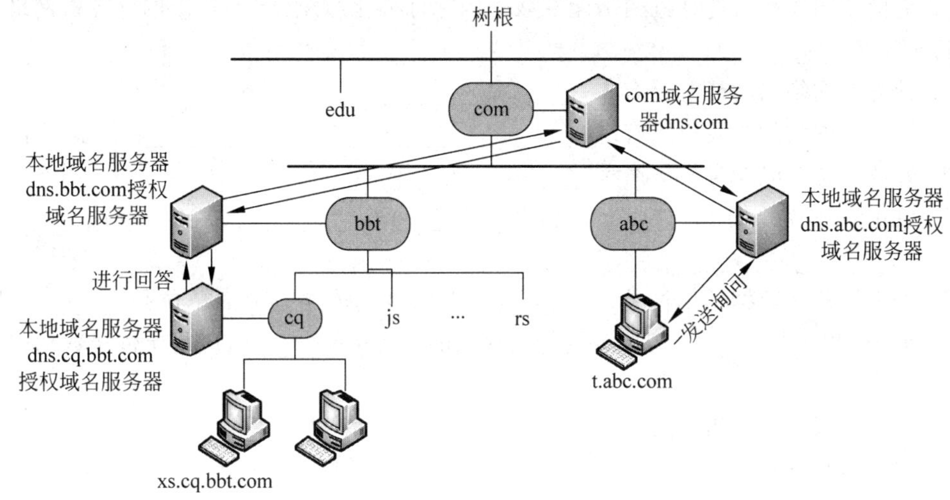

图 6-37 域名转换的查询过程

每个域名服务器都有一个高速缓存，存放最近使用过的名字及从何处获得名字映射信息的记录。当客户请求域名服务器转换名字时，服务器首先按标准过程检查它是否被授权管理该名字，若未授权，则查看自己的高速缓存，检查该名字是否最近被转换过。由于名字到地址的映射不经常改变，高速缓存可以在域名系统中很好地运作。不但域名服务器有高速缓存，主机中同样也有高速缓存。在每台主机中保留一个本地域名服务器数据库的副本，可极大地提高本地主机上的域名转换速度，减轻域名服务器的负担，使得服务器可为更多的机器提供域名解析服务。

小结

计算机网络是现代通信技术与计算机技术紧密相结合的产物，计算机网络的应用已渗透到各个领域，对人类社会的进步做出了巨大的贡献。数据通信和资源共享是计算机网络最基本的功能，随着计算机技术的不断发展，计算机网络的功能和提供的服务将会不断增加。

计算机网络的分类方法很多，通常按作用范围可分为局域网、城域网和广域网。网络的拓扑结构是一个很重要的基本概念，不同的拓扑结构具有不同的特点，对网络系统的设计、功能、可靠性等方面有着重要的影响。

习题

一、填空题

1. 计算机网络的发展大致可以分为________、________、________和网络互联与高速网络 4 个阶段。

2. 计算机网络按功能构造分为________和资源子网两部分。其中________由计算机系统、终端设备与信息资源等组成。

3. 为使不同体系的计算机网络能互联。国际标准化组织(ISO)提出的计算机网络互连的标准框架为________。

4. 计算机网络的功能主要有________和________。

5. 计算机网络的主要应用有________、________、________、________和企业网络等。

6. 开放系统互联参考模型简称________。

7. OSI 参考模型分为________层,分别是________、________、________、________、________、________、________。

8. 物理层传送数据的单位是________,数据链路层传送数据的单位是________,网络层传送数据的单位是________,传输层传送数据的单位是________,应用层传送数据的单位是________。

9. 网络协议的三个组成要素是________、________和________。

10. 物理地址的长度为________ b,目前 IP 地址的长度为________ b。

11. TCP 和 UDP 报文中的端口号字段占________ b,因此端口号编号的取值范围是________,其中熟知端口的范围是________。

12. 在 TCP/IP 参考模型的传输层中,________协议提供可靠的、面向连接的数据传输服务,________提供不可靠的、无连接的数据传输服务。

13. WWW 服务是以________协议为基础的。

14. A 类地址的标准子网掩码是________,写成二进制是________。

15. 已知某主机的 IP 地址为 132.102.101.28,子网掩码为 255.255.255.0,那么该主机所在子网的网络地址是________。

二、选择题

1. 在下列有关网络分层的原则中,不正确的是________。
   (A) 每层的功能应明确
   (B) 层数要适中
   (C) 层间的接口必须清晰,跨越接口的信息量应尽可能少
   (D) 同一功能可以由多个层共同实现

2. 在 OSI 参考模型中,网络层的上一层是________。
   (A) 物理层　(B) 会话层　(C) 传输层　(D) 数据链路层

3. 数据链路层的 PDU 通常称为________。
   (A) 数据报　(B) 数据帧　(C) 数据包　(D) 数据段

4. 当数据分组从网络底层移动到高层时,其首部会被逐层________。
   (A) 加上　(B) 去除　(C) 重新安排　(D) 修改

5. 语法转换和语法选择是________应完成的功能。
   (A) 网络层　(B) 传输层　(C) 表示层　(D) 会话层

6. 在 TCP/IP 协议中,服务器上提供 HTTP 服务的端口号是________。
   (A) 21　(B) 23　(C) 25　(D) 80

7. Telnet 主要工作在________。

(A) 数据链路层　(B) 网络层　(C) 传输层　(D) 应用层

8. TCP 协议是：________。

(A) 面向连接的、可靠的　(B) 面向无连接的、可靠的

(C) 面向连接的、不可靠的　(D) 面向无连接的、不可靠的

9. 一个单位从 INIC 获取了一个网络地址 10.10.8.8，该地址属于________地址。

(A) A 类地址　(B) B 类地址　(C) C 类地址　(D) D 类地址

10. 把网络 202.112.78.0 划分为多个子网(子网掩码 255.255.255.192)，则所有子网中可用的主机地址总数和是________。

(A) 254　(B) 180　(C) 128　(D) 124

11. 一座大楼内的一个计算机网络系统，属于________。

(A) PAN　(B) LAN　(C) MAN　(D) WAN

12. 计算机网络中可以共享的资源包括________。

(A) 硬件、软件、数据、通信信道

(B) 主机、外设、软件、通信信道

(C) 硬件、程序、数据、通信信道

(D) 主机、程序、数据、通信信道

13. Internet 的基本结构与技术起源于________。

(A) DECnet　(B) ARPANET　(C) NOVELL　(D) UNIX

14. 关于各种网络物理拓扑结构的叙述中，错误的是________。

(A) 总线行结构中，任何一个结点的故障都不影响其他结点完成数据的发送和接收

(B) 环型网上每台 MSAU 包括入口和出口电缆，每次信号经过一台设备后都要被重新发送一次，所以衰减小

(C) 星型网容易形成级联形式

(D) 网状拓扑结构的所有设备间采用点到点通信，没有争用信道现象，带宽充足

15. 对令牌环网，下列说法正确的是________。

(A) 它不可能产生冲突

(B) 令牌只沿一个方向传递

(C) 令牌网络中，始终只有一个结点发送数据

(D) 轻载时不产生冲突，重载时必产生冲突来

三、简答题

1. 什么叫计算机网络？
2. 计算机网络有哪些功能？
3. 计算机网络的发展分为哪些阶段？各有什么特点？
4. 计算机网络按地理范围可以分为哪几种？
5. 计算机网络常见的拓扑结构有哪些？各有什么特点？
6. 简述网络协议和计算机网络结构体系的概念。

7. 为什么要对网络结构体系进行分层设计？分层设计有什么优点？

8. 试用网络层次结构的思想解释甲方和乙方打电话的通信过程。

9. 简述 OSI 参考模型中各层的主要功能。

10. 请对比两个国际标准的体系结构。

11. 什么是物理地址？什么是 IP 地址？两者在数据传输中起什么作用？在 Internet 中通过什么协议可以知道某一 IP 地址的 MAC 地址？

12. 端口指什么？数据传送到主机后为什么还要按照端口号寻址？

13. 简述 TCP 和 UDP 的异同之处。

14. 简述 ICMP 的作用。

第7章 网络安全技术

网络安全是使用 Internet 时必备的知识。随着计算机网络的日益普及，网络在日常生活、工作中的作用也越来越明显。计算机网络逐步改变了人们的生活方式，提高了人们的工作效率。但是，有时也会带来灾难。黑客、病毒、网络犯罪时刻威胁着人们在网络上的信息安全。如何保证和解决这些问题，让人们能安全自由地使用网络资源，需要相关的网络安全技术来解决。

7.1 网络安全概念与任务

7.1.1 网络安全的概念

网络安全的含义是指通过各种计算机、网络、密码技术和信息安全技术，保护在公用通信网络中传输、交换和存储的信息的机密性、完整性和真实性，并对信息的传播及内容具有控制能力。网络安全的结构层次包括：物理安全、安全控制和安全服务。

网络安全首先要保障网络上信息的物理安全，物理安全是指在物理介质层次上对存储和传输的信息的安全保护，目前，物理安全中常见的不安全因素主要包括自然灾害、电磁泄漏、操作失误和计算机系统机房环境的安全。

安全控制是指在计算机操作系统和网络通信设备上对存储和传输的信息的操作和进程进行控制和管理，主要是在信息处理和传输层次上对信息进行初步的安全保护。安全控制可以分为三个层次：计算机操作系统的安全控制，网络接口模块的安全控制和网络互联设备的安全控制。

安全服务是指在应用层次上对信息的保密性、安全性和来源真实性进行保护和鉴别，满足用户的安全要求，防止和抵御各种安全威胁和攻击手段，这是对现有操作系统和通信网络安全漏洞和问题的弥补和完善。

从技术角度上讲，网络信息安全包括 5 个基本要素：机密性、完整性、可用性、可控性和可审查性。

机密性是指确保信息不能泄密给非授权的用户，保证信息只能提供给授权用户在规定的权限内使用的特征。

完整性是指网络中的信息在存储和传输过程中不会被破坏或丢失，如修改、删除、伪造、乱序、重放、插入等。完整性使信息在生成、传输、存储的过程中保持原样，保证合法用户能够修改数据，并且能够判别出数据是否被篡改。

可用性指信息只可以给授权用户在正常使用时间和使用权限内有效使用，非授权用户不能获得有效的可用信息。

可控性指信息的读取、流向、存储等活动能够在规定范围内被控制，消除非授权用户对信息的干扰。

可审查性是指信息能够接受授权用户的审查，以便及时发现信息的流向、是否被破坏或丢失以及信息是否合法。

7.1.2 网络信息安全面临的威胁

计算机网络的发展，使信息在不同主体之间共享应用，相互交流日益广泛深入，但目前在全球普遍存在信息安全意识欠缺的状况，人们在组建一个网络信息系统的时候，并没有像买门时自然会想到要买锁一样地想到信息安全和网络安全，这导致大多数的信息系统和网络存在着先天性的安全漏洞和安全威胁。以下通过甲、乙两个用户在计算机网络上的通信来考察计算机网络面临的威胁。

截获：从网络上窃听他人的通信内容。当甲通过网络与乙通信时，如果不采取任何保密措施，那么其他人就有可能偷听到他们的通信内容。

中断：有意中断他人在网络上的通信。当用户正在通信时，有意的破坏者可设法中断他们的通信。

篡改：故意修改网络上传送的报文。乙给甲发了以下一份报文："请给丁汇一万元钱，乙"。报文在转发过程中经过丙，丙把"丁"改为"丙"。这就是报文被篡改。

伪造：伪造信息在网络上传送。当甲与乙用电话进行通信时，甲可通过声音来确认对方。但用计算机进行通信时，若甲的屏幕上显示出"我是乙"时，甲如何确信这是乙而不是别人呢？

上述 4 种对网络的威胁可划分为两大类，即被动攻击和主动攻击，如图 7-1 所示。

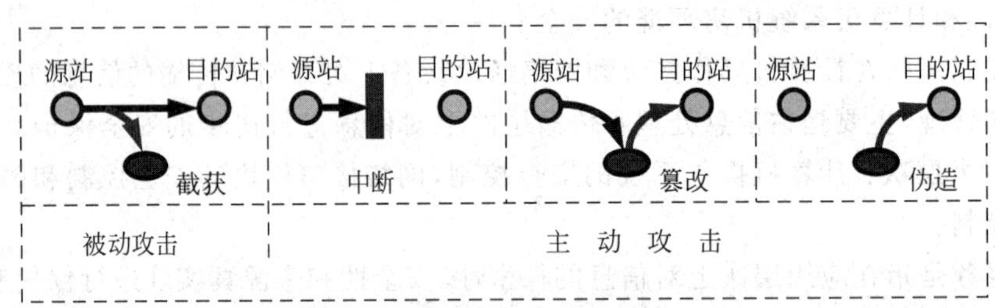

图 7-1　对网络的被动攻击和主动攻击

在上述情况中，截获信息的攻击称为被动攻击，而更改信息和拒绝用户使用资源的攻击称为主动攻击。

被动攻击是指观察某个连接中通过的某一个协议数据单元(PDU)而不干扰信息流。即使这些数据对攻击者来说是不易理解的，他也可通过观察 PDU 的协议控制信息部分，了解正在通信的协议实体的地址和身份，研究 PDU 的长度和传输的频度，以便了解所交换的数据的性质。这种被动攻击又称为通信量分析。对付被动攻击可采用各种数据加密技术，而对付主动攻击，则需加密技术与适当的鉴别技术相结合。

主动攻击是指攻击者对某个连接中通过的 PDU 进行各种处理。如有选择地更改、删除、延迟这些 PDU。甚至还可将合成的或伪造的 PDU 送入一个连接中去。主动攻击又可进一步划分为三种，即更改报文流、拒绝报文服务、伪造连接初始化。对于主动攻击，可以采取适当的措施加以检测。但对于被动攻击，却通常是检测不出来的。

根据这些特点，可以得出计算机网络通信安全的 5 个目标如下：

(1) 防止分析出报文内容；

(2) 防止信息量分析；

(3) 检测更改报文流；

(4) 检测拒绝报文服务；

(5) 检测伪造初始化连接。

还有一种特殊的主动攻击就是恶意程序的攻击。恶意程序种类繁多，对网络安全威胁较大的主要有以下几种恶意程序：计算机病毒、计算机蠕虫、特洛伊木马、逻辑炸弹等。

7.1.3 网络安全组件

网络信息安全是一个整体系统的安全，是由安全操作系统、应用程序、防火墙、网络监控、安全扫描、信息审计、通信加密、灾难恢复、网络防病毒等多个安全组件共同组成的，每个组件各司其职，共同保障网络的整体安全。每一个单独的组件只能完成其中部分功能，而不能完成全部功能。

1. 防火墙

防火墙是内部网络安全的屏障，它使用安全规则，可以只允许授权的信息和操作进出内部网络，它可以有效地应对黑客等非法入侵者。但防火墙无法阻止和检测基于数据内容的病毒入侵，同时也无法控制内部网络之间的违规行为。

2. 漏洞扫描器

漏洞扫描器主要用来发现网络服务、网络设备和主机的漏洞，通过定期的扫描与检测，及时发现系统漏洞并予以补救，清除黑客和非法入侵的途径，消除安全隐患。当然，漏洞扫描器也有可能成为攻击者的工具。

3. 杀毒软件

杀毒软件是最为常见的安全工具，它可以检测、清除各种文件型病毒、邮件病毒和网络病毒等，检测系统工作状态，及时发现异常活动，它可以查杀特洛伊木马和蠕虫等病毒程序，对于防止病毒破坏和扩散有积极作用。

4. 入侵检测系统

入侵检测系统的主要功能包括检测并分析用户在网络中的活动，识别已知的攻击行为，统计分析异常行为，检查系统漏洞，评估系统关键资源和数据文件的完整性，管理操作系统日志，识别违反安全策略的用户活动等。入侵检测系统可以及时发现已经进入网络的非法行为，是前三种组件的补充和完善。

7.2 加密技术与身份认证技术

7.2.1 密码学的基本概念

研究密码技术的学科称为密码学。密码学包括两个分支，即密码编码学和密码分析学。前者指对信息进行编码实现信息隐蔽，后者研究分析破译密码的学问。两者相互对立，又相互促进。

采用密码技术可以隐蔽和保护需要发送的消息，使未授权者不能提取信息。发送方要发送的消息称为明文。明文被变换成看似无意的随机信息，称为密文。这种由明文到密文的变换过程称为加密。其逆过程，即由合法接收者从密文恢复出明文的过程成为解密。非法接收者试图从密文分析出明文的过程称为破译。对明文进行加密时采用的一组规则称为加密算法。对密文解密时采用的一组规则称为解密算法。加密算法和解密算法是在一组仅有的合法用户知道的秘密信息的控制下进行的，该密码信息称为密钥，加密和解密过程中使用的密钥分别称为加密密钥和解密密钥。

数据加密的一般模型如图 7-2 所示。在图中，把未进行加密调制的数据称为明文数据或明文，用 X 表示，把经过加密算法调制过的数据称为密文数据，用 Y 表示。明文数据 X 经过加密算法 E 和加密密钥 Ke 调制后得到密文数据 $Y=E_{\mathrm{Ke}}(X)$。经网络传输，接收端收到密文数据后，由解密算法 D 与解密密钥 Kd 解出明文数据 $X=D_{\mathrm{Kd}}(Y)=D_{\mathrm{Kd}}(E_{\mathrm{Ke}}(X))$。

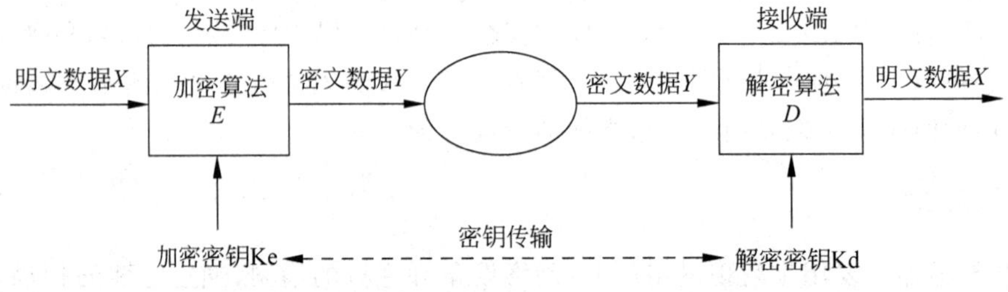

图 7-2 数据加密的通用模型

为了加密和解密的需要，有时还要把加密密钥 Ke 和解密密钥 Kd 传送给对方。另外，除了接收者外，网络中还可能出现其他非法接收密文信息的人，称为入侵者和攻击者。

数据加密的目的是使得入侵者无论获得多少密文数据，都无法唯一确定出对应的明文数据。如果一个加密算法或加密机制能够满足这一条件，则称该算法或机制是无条件安全的。这是衡量一个加密算法好坏的主要依据。

数据加密算法的其他衡量标准有对数据的加密速度，传输过程中的抗噪声能力，以及加密对象的范围大小和密文数据的增加率等。

加密速度指相应的加密算法对单位比特明文数据的加密时间，也就是加密算法 E 和解密算法 D 以及相应的密钥在单位时间内处理的数据长度。

抗噪声能力是指密文数据经过各种不同的传输网络之后，解密算法和相应的解密密钥能否准确地恢复原来的明文数据。

加密对象的范围大小则是指相应的加密算法是否可对声音、图像、动画等多媒体信息表示的明文数据进行加密。

按照加密密钥 Ke 和解密密钥 Kd 是否相同，密码体制分为了传统密码体制和公钥密码体制。

传统密码体制所使用的加密密钥 Ke 和解密密钥 Kd 相同，或从一个可以推出另一个，被称为单钥或对称密码体制。单钥密码的优点是加密、解密速度快，但有时存在密钥管理困难的问题。

若加密密钥 Ke 和解密密钥 Kd 不相同，从一个难以推出另一个，则称为双钥或非对称密码体制。采用公钥体制的每个用户都有一对选定的密钥，一个是可以公开的，可以像电话号码一样进行注册公布；另一个则是秘密的，由于公钥密码体制的加密和解密不同，其公开加密密钥，而仅需保密解密密钥，所以公钥密码不存在密钥管理问题。公钥密码还有一个优点是可以拥有数字签名等新功能。公钥密码的缺点是公钥密码算法一般比较复杂，加解密速度较慢。

网络中的加密普遍采用双钥和单钥密码结合的混合加密体制，即加解密采用单钥密码，传送密钥则采用公钥密码。这样即解决了密钥管理的困难，又解决了加、解密速度的问题。

7.2.2 传统密码体制

传统加密也称为对称加密或单钥加密，是 1976 年公钥密码产生前唯一的一种加密技术，迄今为止，它仍然是两种类型的加密中使用最广泛的一种。

重要的是要注意，常规加密的安全性取决于密钥的保密性，而不是算法的保密性。也就是说，如果知道了密文和加密及解密算法的知识，解密消息也是不可能的。换句话说，不需要使算法是秘密的，而只需要对密钥进行保密即可。所以在常规加密的使用中，主要的安全问题就是保持密钥的保密性。下面介绍一下传统加密体制中的古典加密算法和现代加密算法的一些主要代表。

1. 传统加密算法

1）替换加密

例如，使用替换算法的 Caesar 密码，采用的是 Character＋N 的算法，假设明文为 ATTACK BEGIN AT FIVE，采用 $N=2$ 的替换算法，即 A 用其 ASCII 码值加 2 的字符来替代，字母 Y 和 Z 分别用字母 A 和 B 来替代。得到密文为 CVVCEMDGIKPCVHKXV。这种替换加密方法简便，实现容易但安全性较低。

2）换位加密

换位加密就是通过一定的规律改变字母的排列顺序。现假设密钥为 WATCH ，明文为 THE SPY IS JAMES LI（加密时需要去除明文中的空格，故明文为 THESPYISJAMESLI）。在英文 26 个字母中找出密钥 WATCH 这 5 个字母，按其在字母表中的先后顺序加上编号 1～5，如图 7-3 所示。

A	B	C	D	E	F	G	H	I	J	K	L	M	N	O	P	Q	R	S	T	U	V	W	X	Y	Z
1		2					3												4			5			

图 7-3 密钥字母的相对顺序

从左到右、从上到下按行填入明文。请注意，到现在为止，密钥起作用只是确定了明文每行是 5 个字母。按照密钥给出的字母顺序，按列读出，如图 7-4 中标出的顺序所示。第一次读出 HIE，第二次读出 SJL，第三次读出 PAI，第四次读出 ESS，第五次读出 TYM。将所有读出的结果连起来，得出密文为 HIESJLPAIESSTYM。

密钥	W	A	T	C	H
顺序	5	1	4	2	3
明文	T	H	E	S	P
	Y	I	S	J	A
	M	E	S	L	I

图 7-4 换位加密

2. 现代加密算法

数据加密标准(DES)是迄今世界上最为广泛使用和流行的传统加密体制，它的产生被认为是 20 世纪 70 年代信息加密技术发展史上的两大里程碑之一。

DES 是一种典型的按分组方式工作的密码，其基本思想是将二进制序列的明文分成每 64 位一组，用长为 56 位的密钥(64 位密钥中有 8 位是用于奇偶校验的)对其进行 16 轮代换和换位加密，最后形成密文。DES 的巧妙之处在于，除了密钥输入顺序之外，其加密和解密的步骤完全相同，这就使得在制作 DES 芯片时，易于做到标准化和通用化，这一点尤其适合现代通信的需要，在 DES 出现以后经过许多专家学者的分析认证，证明它是一种性能良好的数据加密算法，不仅随机性好、线性复杂度高，而且易于实现。因此，DES 在国际上得到了广泛的应用。采用 DES 算法的数据加密模型如图 7-5 所示。

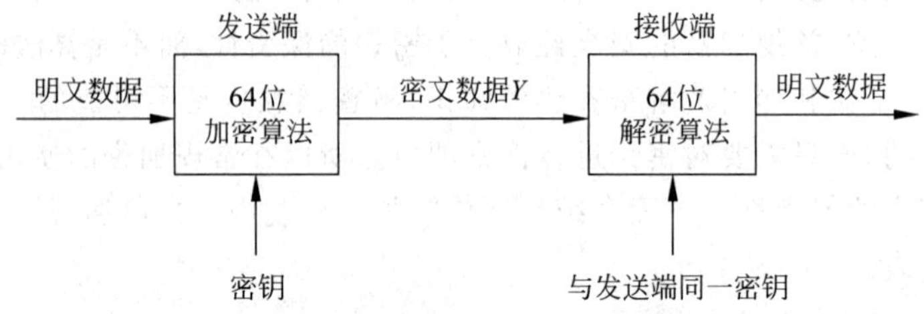

图 7-5 DES 算法的数据加密模型

DES 算法的工作原理是公开算法，包括加密和解密算法。然而，DES 算法对密钥进行保密。只有掌握了和发送方相同密钥的人才能解读由 DES 算法加密的密文数据。因此，破译 DES 算法实际上就是搜索密钥的编码。对于 56 位长度的密钥来说，如果用穷举法来进行搜索的话，其运算次数为 2^{56}。对于当前计算机的运算能力来说，56 位的密钥已经不能算是安全的了，因此在 DES 的基础上出现了 3DES，采用 128 位的密钥。

IEDA 算法也是一个现代密钥算法中被认定最好的最安全的分组密码算法之一。IEDA 以 64 位的明文块进行分组，密钥是 128 位长，此算法可以用于加密和解密，IEDA 主要采用了三种运算：异或、模加、模乘，容易用软件和硬件来实现，运行速度也几乎和 DES 一样快。

7.2.3 公钥密码体制

公钥加密算法是整个密码学发展历史中最伟大的一次革命，从密码学产生至今，几乎所有的传统密码体制都是基于替换和分组这种初等方法的，公钥密码算法与以前的密码学不同，它是基于数学函数的，更重要的是，与只使用一个密钥的对称密码不同，公钥密码学是非对称的，即它使用一个加密密钥和一个与之相关的不同的解密密钥。

其主要步骤如下：

(1) 每一个用户产生一对密钥，用于加密和解密消息。

(2) 每一个用户将其中一个密钥存于公开的寄存器或其他可以访问的文件中，该密钥称为公钥，另一个密钥是私有的，称为私钥。每个用户可以拥有若干其他用户的公钥。

(3) 若 A 要发消息给 B，则 A 用 B 的公钥对信息加密。

(4) B 收到消息后，用私钥对消息解密。由于只有 B 知道其自身的私钥，所以其他的接收者均不能解密出消息。

利用这种方法，通信双方均可访问公钥，而私钥是各通信方在本地产生的，所以不必进行分配。只要系统控制了私钥，那么他的通信就是安全的。在任何时刻，系统可以改变其私钥，并公布相应的公钥替代原来的公钥。

著名的公钥密码体制是 RSA 算法。RSA 算法是一种分组密码，利用数论来构造算法，它是迄今为止理论上最为成熟完善的一种公钥密码体制，该体制已经得到广泛的应用，它的安全性基于"大数分解和素性检测"这一已知的著名数学理论难题，而体制的构造则基于数学上的 Euler 定理。

密钥对的产生过程如下。

(1) 选择两个大素数 p 和 q。

(2) 计算 $n=p\times q$。

(3) 随机选择加密密钥 e，要求 e 和 $(p-1)\times(q-1)$ 互质。

(4) 利用 Euclid 算法计算解密密钥 D，满足 $e\times D=1 \bmod ((p-1)\times(q-1))$。其中 N 和 D 也要互质。两个素数 p 和 q 不再需要，应该丢弃，不要让任何人知道。

则 RSA 算法的密钥为

公钥 $\mathrm{Ke}=(e,N)$

私钥 $\mathrm{Kd}=(D,N)$。

明文为 X(二进制表示)时，首先把 X 分成等长数据块 $X_1, X_2, \cdots, X_i$，RSA 算法的加密解密算法为

加密：$Y_i = X_i^e \bmod N$

解密：$X_i = Y_i^d \bmod N$。

RSA 是被研究得最广泛的公钥加密算法，从提出到现在已近二十年，经历了各种攻击的考验，逐渐为人们接受，普遍认为其是目前最优秀的公钥加密算法之一。

RSA 的缺点主要有以下两点：

(1) 产生密钥很麻烦，受到素数产生技术的限制，因而难以做到一次一密。

(2) 分组长度太大，为保证安全性，N 至少也要 600 比特以上，使运算代价很高，尤其是

速度较慢，较对称密码算法慢几个数量级；且随着大数分解技术的发展，这个长度还在增加，不利于数据格式的标准化。

(3) 由于 RSA 涉及高次幂运算，用软件实现速度较慢，尤其是在加密大量数据时。

因此现在往往采用公钥加密算法与传统加密算法相结合的数据加密体制。用公钥加密算法来进行密钥协商和身份认证，用传统加密算法进行数据加密。

7.2.4 认证和数字签名

认证是证实某人或某个对象是否有效合法或名副其实的过程，在非保密计算机网络中，验证远程用户或实体是合法授权用户还是恶意的入侵者就属于认证问题。

在 Internet 中进行数字签名的目的是为了防止他人冒充进行信息发送和接收，以及防止本人事后否认已进行过的发送和接收活动。因此，数字签名要能够防止接收者伪造对接收报文的签名，以及接收者能够核实发送者的签名和经接收者核实后，发送者不能否认对报文的签名。

人们采用公开密钥算法实现数字签名。与 RSA 算法用公钥对报文进行加密不同的是，实现数字签名时，发送者用自己的私钥对明文数据进行加密运算，得结果后，该结果被作为明文数据输入加密算法中，并用接收方的公钥对其进行加密，得到密文数据。接收方收到密文数据之后，首先用自己的私钥和解密算法解读出具有加密签名的数据，紧接着，接收方还要用加密算法 E 和发送方的公钥对其进行另一次运算，以获得发送者的签名，具体实现过程如图 7-6 所示。

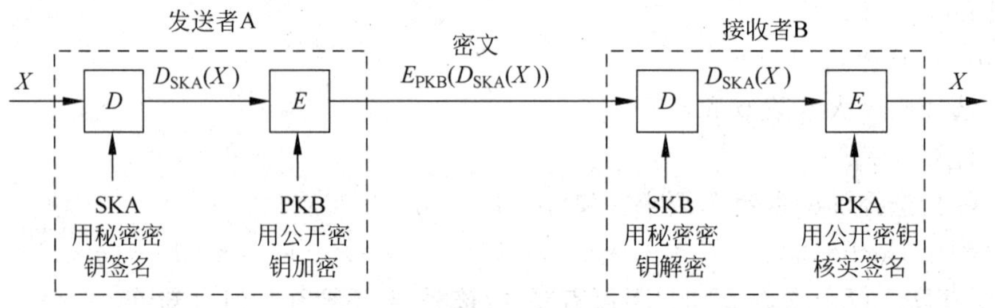

图 7-6 具有保密性的数字签名

在上述方式中，因为只有发送者知道自己的私钥，所以，除了发送者本人之外，不可能有其他对原始数据进行签名运算，从而，可以说数字签名是有效的。另外，由于接收方不可能拥有发送者的私钥，所以接收方也无法伪造发送方的签名。

7.2.5 链路加密和端到端加密

从网络传输的角度，通常有两种不同的加密策略，即链路加密与端到端加密，现分别讨论如下：

1. 链路加密

在采用链路加密的网络中，每条通信链路上的加密是独立实现的。通常对每条链路使用不同的加密密钥，如图 7-7 所示。某条链路受到破坏时不会导致其他链路上传送的信息被析出。加密算法常采用序列密码。由于 PDU 中的协议控制信息和数据都被加密，这就掩盖了源结点和目的结点的地址。若在结点间保持连续的密文序列，则 PDU 的频度和长度也能得到掩盖。这样就能防止各种形式的通信量分析。由于不需要传送额外的数据，采用这种技术不会减少网络的有效带宽。由于只要求相邻结点之间具有相同的密钥，因而密钥管理易于实现。链路加密对用户来说是透明的，因为加密的功能是由通信子网提供的。

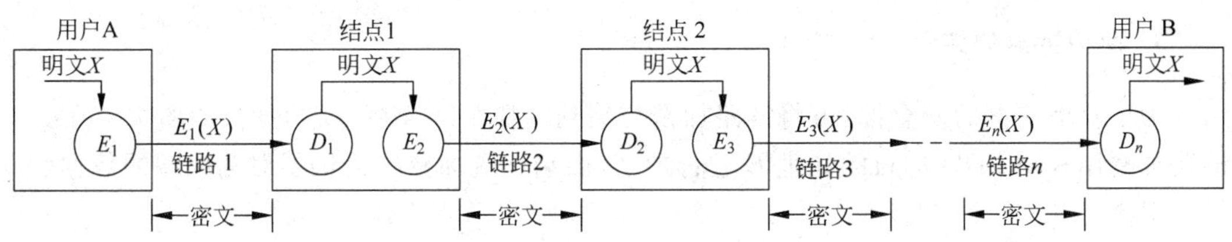

图 7-7 链路加密

由于报文是以明文形式在各结点内加密的，所以结点本身必须是安全的。一般认为网络的源结点和目的结点在物理上都是安全的，但所有的中间结点（包括可能经过的路由器）则未必都是安全的，因此必须采取有效措施。对于采用动态自适应路由的网络，一个被攻击者掌握的结点可以设法更改路由使有意义的 PDU 经过此结点。这样将导致大量信息的泄露，从而对整个网络的安全造成威胁。

链路加密最大的缺点就是在中间结点就可能暴露了信息的内容。在网络互联的情况下，仅采用链路加密是不能实现通信安全的。此外，链路加密也不适用于广播网络，因为它的通信子网没有明确的链路存在。若将整个 PDU 加密将造成无法确定接收者和发送者。由于上述原因，除非采取其他措施，否则在网络环境中链路加密将受到很大的限制，可能只适用于局部数据的保护。

2. 端到端加密

端到端加密是在源结点和目的结点中对传送的 PDU 进行加密和解密，其过程如图 7-8 所示。可以看出，报文的安全性不会因中间结点的不可靠而受到影响。

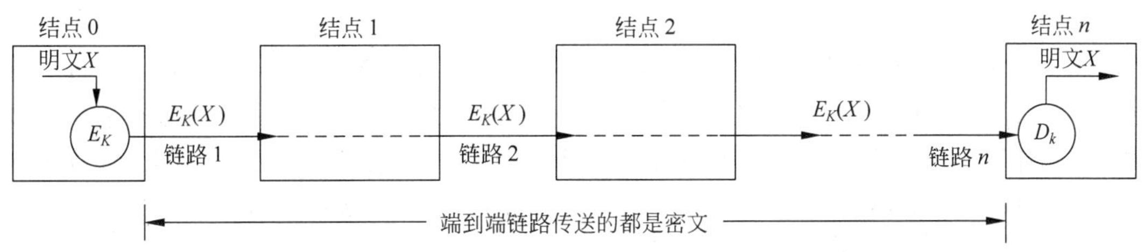

图 7-8 端到端加密

端到端加密已超出了通信子网的范围，因此要在传输层或其以上各层来实现。这样就使端到端加密的层次选择有一定的灵活性。若选择在传输层进行加密，可以使安全措施对用户来说是透明的。这样可不必为每一个用户提供单独的安全保护，但容易遭受传输层以上的攻击。当选择在应用层实现加密时，用户可根据自己的特殊要求来选择不同的加密算法，而不会影响其他用户。这样，端到端加密更容易适合不同用户的要求。端到端加密不仅适用于互联网环境，而且同样也适用于广播网。

在端到端加密的情况下，PDU 的控制信息部分（如源结点地址、目的结点地址、路由信息等）不能被加密，否则中间结点就不能正确地选择路由。这就使得这种方法易于受到通信量分析的攻击。虽然也可以通过发送一些假的 PDU 来掩盖有意义的报文流动（这称为报文填充），但这要以降低网络性能为代价。由于各结点必须持有与其他结点相同的密钥，这就需要在全网范围内进行密钥管理和分配。

3. 两种策略的结合

为了获得更好的安全性，可将链路加密与端到端加密结合在一起使用（如图 7-9 所示）。链路加密用来对 PDU 的目的地址 B 进行加密，而端到端加密则提供了对端到端的数据（X）进行保护。

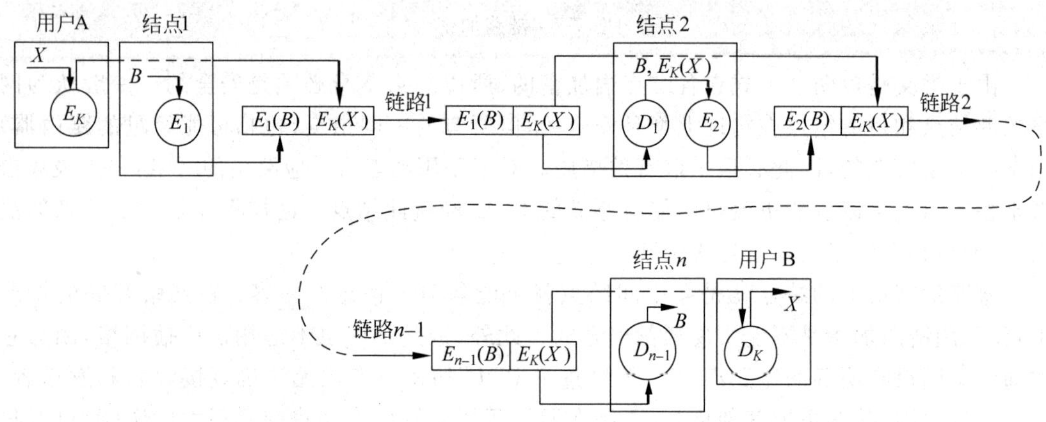

图 7-9 综合使用链路加密和端到端加密

7.3 网络病毒及其防范技术

7.3.1 计算机病毒的概念和特征

《中华人民共和国计算机信息系统安全保护条例》中对计算机病毒（Computer Virus）进行了明确的定义，即病毒是指“编制或者在计算机程序中插入的破坏计算机功能或者破坏数据，影响计算机使用并且能够自我复制的一组计算机指令或者程序代码”。因此，计算机病毒可以理解为利用计算机软件与硬件的缺陷，由被感染机内部发出的破坏计算机数据并影响计算机正常工作的一组指令集或程序代码。

计算机病毒具有以下几个特征。

(1) 破坏性：计算机中毒后，可能会导致正常的程序无法运行，把计算机内的文件删除或受到不同程度的损坏，通常表现为增、删、改、移。即使不直接产生破坏作用的病毒程序也要占用系统资源，如占用内存空间，占用磁盘存储空间以及系统运行时间等。而绝大多数病毒程序要显示一些文字或图像，影响系统的正常运行，还有一些病毒程序删除文件，加密磁盘中的数据，甚至摧毁整个系统和数据，使之无法恢复，造成无可挽回的损失。因此，病毒程序的副作用轻者降低系统工作效率，重者导致系统崩溃、数据丢失。病毒程序的破坏性体现了病毒设计者的真正意图。

(2) 隐蔽性：计算机病毒是一种具有很高编程技巧、短小精悍的可执行程序，具有很强的隐蔽性，有的可以通过病毒软件检查出来，有的根本就查不出来，有的时隐时现、变化无常、处理起来十分困难。计算机病毒通常粘附在正常程序之中或磁盘引导扇区中，或者磁盘上标为坏簇的扇区中，以及一些空闲概率较大的扇区中，病毒想方设法隐藏自身，就是为了防止用户察觉。

(3) 传染性：传染性是计算机病毒最重要的特征，是判断一段程序代码是否为计算机病毒的依据。病毒程序一旦侵入计算机系统就开始搜索可以传染的程序或者磁介质，然后通过自我复制迅速传播。一旦病毒被复制或产生变种，其速度之快令人难以预防。

在生物界，病毒通过传染从一个生物体扩散到另一个生物体。在适当的条件下，它可得到大量繁殖，并使被感染的生物体表现出病症甚至死亡。同样，计算机病毒也会通过各种渠道从已被感染的计算机扩散到未被感染的计算机，在某些情况下造成被感染的计算机工作失常甚至瘫痪。与生物病毒不同的是，计算机病毒是一段人为编制的计算机程序代码，这段程序代码一旦进入计算机并得以执行，它就会搜寻其他符合其传染条件的程序或存储介质，确定目标后再将自身代码插入其中，达到自我繁殖的目的。只要一台计算机染毒，如不及时处理，那么病毒会在这台机子上迅速扩散，其中的大量文件(一般是可执行文件)会被感染。而被感染的文件又成了新的传染源，再与其他机器进行数据交换或通过网络接触，病毒会继续进行传染。正常的计算机程序一般是不会将自身的代码强行连接到其他程序之上的。而病毒却能使自身的代码强行传染到一切符合其传染条件的未受到传染的程序之上。计算机病毒可通过各种可能的渠道，如软盘、计算机网络去传染其他的计算机。当在一台机器上发现了病毒时，往往曾在这台计算机上用过的软盘也已感染上了病毒，而与这台机器相联网的其他计算机也许也被该病毒染上了。是否具有传染性是判别一个程序是否为计算机病毒最重要的条件。病毒程序通过修改磁盘扇区信息或文件内容并把自身嵌入其中的方法达到病毒的传染和扩散。

(4) 潜伏性：计算机病毒具有依附于其他媒体而寄生的能力，这种媒体称为计算机病毒的宿主。依靠病毒的寄生能力，病毒传染合法的程序和系统后，不立即发作，而是悄悄隐藏起来，然后在用户不察觉的情况下进行传染。例如黑色星期五病毒，不到预定时间一点都觉察不出来，等到条件具备的时候就爆炸开来，对系统进行破坏。一个编制精巧的计算机病毒程序，进入系统之后一般不会马上发作，可以在几周或者几个月内甚至几年内潜伏在合法文件中，对其他系统进行传染，而不被人发现。潜伏性的第一种表现是指，病毒程序不用专用检测程序是检查不出来的，因此病毒可以静静地躲在磁盘或磁带里待上几天、甚至几年，一旦时机成熟，得到运行机会，就又要四处繁殖、扩散，继续为害。潜伏性的第二种表现是指，计算机病毒的内部往往有一种触发机制，不满足触发条件时，计算机病毒除了传染外不做什么破坏。触发条件一旦得到满足，有的在屏幕上显示信息、图形或特殊标识，有的则执行破坏系统的操作，如格式化磁盘、删除磁盘文件、对数据文件做加密、封锁键盘以及使系统死锁等。这样，病毒的潜伏性越好，它在系统中存在的时间也就越长，病毒传染的范围也越广，其危害性也越大。

(5) 非授权可执行性：用户通常调用执行一个程序时，把系统控制权交给这个程序，并分配给他相应的系统资源，如内存，从而使之能够运行完成用户的需求。因此程序执行的过程对用户是透明的。而计算机病毒是非法程序，正常用户是不会明知是病毒程序，而故意调用执行。但由于计算机病毒具有正常程序的一切特性——可存储性、可执行性，它隐藏在合法的程序或数据中，当用户运行正常程序时，病毒伺机窃取到系统的控制权，得以抢先运行，而用户误认为在执行正常程序。

7.3.2 计算机病毒的分类

从第一个计算机病毒问世以来，到底世界上有多少种病毒，说法不一，且病毒的数量仍在不断增加。因此，计算机病毒的分类方法也有多种，同一种病毒可能有多种不同的分法：

1. 按病毒存在的媒体分类

根据病毒存在的媒体，病毒可以划分为文件病毒、引导型病毒、网络病毒。文件病毒感染计算机中的文件（如 COM，EXE，DOC 等），引导型病毒感染启动扇区（Boot）和硬盘的系统引导扇区（MBR），网络病毒通过计算机网络传播感染网络中的可执行文件，还有这三种情况的混合型，例如：多型病毒（文件和引导型）有感染文件和引导扇区两种目标，这样的病毒通常都具有复杂的算法，它们使用非常规的办法侵入系统，同时使用了加密和变形算法。

2. 按病毒传染的方法分类

根据病毒传染的方法可分为驻留型病毒和非驻留型病毒，驻留型病毒感染计算机后，把自身的内存驻留部分放在内存（RAM）中，这一部分程序挂接系统调用并合并到操作系统中去，它处于激活状态，一直到关机或重新启动。非驻留型病毒在得到机会激活时并不感染计算机内存，一些病毒在内存中留有小部分，但是并不通过这一部分进行传染，这类病毒也被划分为非驻留型病毒。

3. 按病毒破坏的能力分类

根据病毒破坏的能力可分为无害型病毒、无危险型病毒、危险型病毒、非常危险型病毒。无害型病毒除了传染时减少磁盘的可用空间外，对系统没有其他影响。无危险型病毒仅仅是减少内存、显示图像、发出声音及同类音响。危险型病毒在计算机系统操作中造成严重的错误。非常危险型病毒删除程序、破坏数据、清除系统内存区和操作系统中重要的信息。这些病毒对系统造成的危害，并不是本身的算法中存在危险的调用，而是当它们传染时会引起无法预料的和灾难性的破坏。由病毒引起其他的程序产生的错误也会破坏文件和扇区，这些病毒也按照它们引起的破坏能力划分。一些现在的无害型病毒也可能会对新版的 DOS、Windows 和其他操作系统造成破坏。例如：在早期的病毒中，有一个 Denzuk 病毒在 360KB 磁盘上很好地工作，不会造成任何破坏，但是在后来的高密度软盘上却能引起大量的数据丢失。

4. 按病毒的算法分类

根据病毒的算法可分为伴随型病毒、“蠕虫”型病毒、寄生型病毒、练习型病毒、诡秘型病毒、变型病毒。

伴随型病毒：这一类病毒并不改变文件本身，它们根据算法产生 EXE 文件的伴随体，具有同样的名字和不同的扩展名(COM)，例如：XCOPY. EXE 的伴随体是 XCOPY-COM。病毒把自身写入 COM 文件并不改变 EXE 文件，当 DOS 加载文件时，伴随体优先被执行到，再由伴随体加载执行原来的 EXE 文件。

"蠕虫"型病毒：通过计算机网络传播，不改变文件和资料信息，利用网络从一台机器的内存传播到其他机器的内存，计算网络地址，将自身的病毒通过网络发送。有时它们在系统存在，一般除了内存不占用其他资源。

寄生型病毒：它们依附在系统的引导扇区或文件中，通过系统的功能进行传播。

练习型病毒：病毒自身包含错误，不能进行很好的传播，例如一些病毒在调试阶段。

诡秘型病毒：它们一般不直接修改 DOS 中断和扇区数据，而是通过文件缓冲区等进行 DOS 内部修改。

变型病毒(又称幽灵病毒)：这一类病毒使用一个复杂的算法，使自己每传播一份都具有不同的内容和长度。它们一般由一段混有无关指令的解码算法和被变化过的病毒体组成。

5. 按病毒的链接方式分类

根据病毒的链接方式可分为源码型病毒、嵌入型病毒、外壳型病毒、操作系统型病毒。

源码型病毒：病毒攻击高级语言编写的程序，在高级语言所编写的程序编译前插入原程序中，经编译成为合法程序的一部分。

嵌入型病毒：这种病毒是将自身嵌入现有程序中，把计算机病毒的主体程序与其攻击的对象以插入的方式链接。这种计算机病毒是难以编写的，一旦侵入程序体后也较难消除。如果同时采用多态性病毒技术、超级病毒技术和隐蔽性病毒技术，将给当前的反病毒技术带来严峻的挑战。

外壳型病毒：外壳型病毒将其自身包围在主程序的四周，对原来的程序不做修改。这种病毒最为常见，易于编写，也易于发现，一般测试文件的大小即可知。

操作系统型病毒：这种病毒将它自己的程序意图加入或取代部分操作系统进行工作，具有很强的破坏力，可以导致整个系统的瘫痪。这种病毒在运行时，用自己的逻辑部分取代操作系统的合法程序模块，对操作系统进行破坏。

7.3.3 计算机病毒的防范技术

在计算机病毒出现的初期，其危害往往表现在病毒对信息系统的直接破坏作用，如格式化硬盘、删除文件数据等，随着计算机应用的发展，病毒可能对计算机信息系统造成严重的破坏。概括起来，计算机病毒的主要危害有以下 7 种。

1. 病毒激发对计算机数据信息的直接破坏作用

大部分病毒在激发的时候直接破坏计算机的重要信息数据，所利用的手段有格式化磁盘、改写文件分配表和目录区、删除重要文件或者用无意义的"垃圾"数据改写文件、破坏

CMOS 设置等。磁盘杀手病毒(Disk Killer),内含计数器,在硬盘染毒后累计开机时间 48 小时内激发,改写硬盘数据。

2. 占用磁盘空间和对信息的破坏

寄生在磁盘上的病毒总要非法占用一部分磁盘空间。引导型病毒的一般侵占方式是由病毒本身占据磁盘引导扇区,而把原来的引导区转移到其他扇区,也就是引导型病毒要覆盖一个磁盘扇区。被覆盖的扇区数据永久性丢失,无法恢复。文件型病毒利用一些 DOS 功能进行传染,这些 DOS 功能能够检测出磁盘的未用空间,把病毒的传染部分写到磁盘的未用部位去。所以在传染过程中一般不破坏磁盘上的原有数据,但非法侵占了磁盘空间。一些文件型病毒传染速度很快,在短时间内感染大量文件,每个文件都不同程度地加长了,就造成磁盘空间的严重浪费。

3. 抢占系统资源

除 VIENNA、CASPER 等少数病毒外,其他大多数病毒在动态下都是常驻内存的,这就必然抢占一部分系统资源。病毒所占用的基本内存长度大致与病毒本身长度相当。病毒抢占内存,导致内存减少,一部分软件不能运行。除占用内存外,病毒还抢占中断,干扰系统运行。计算机操作系统的很多功能是通过中断调用技术来实现的。病毒为了传染激发,总是修改一些有关的中断地址,在正常中断过程中加入病毒的"私货",从而干扰了系统的正常运行。

4. 影响计算机运行速度

病毒进驻内存后不但干扰系统运行,还影响计算机速度,主要表现在:①病毒为了判断传染激发条件,总要对计算机的工作状态进行监视,这相对于计算机的正常运行状态既多余又有害。②有些病毒为了保护自己,不但对磁盘上的静态病毒加密,而且进驻内存后的动态病毒也处在加密状态,CPU 每次寻址到病毒处时要运行一段解密程序把加密的病毒解密成合法的 CPU 指令再执行;而病毒运行结束时再用一段程序对病毒重新加密。这样 CPU 额外执行数千条以至上万条指令。③病毒在进行传染时同样要插入非法的额外操作,特别是传染硬盘时使计算机速度明显变慢。

5. 计算机病毒错误与不可预见的危害

计算机病毒与其他计算机软件的一大差别是病毒的无责任性。编制一个完善的计算机软件需要耗费大量的人力、物力,经过长时间调试完善,软件才能推出。但在病毒编制者看来既没有必要这样做,也不可能这样做。很多计算机病毒都是个别人在一台计算机上匆匆编制调试后就向外抛出。反病毒专家在分析大量病毒后发现绝大部分病毒都存在不同程度的错误。错误病毒的另一个主要来源是变种病毒。有些初学计算机者尚不具备独立编制软件的能力,出于好奇或其他原因修改别人的病毒,造成错误。计算机病毒错误所产生的后果往往是不可预见的,反病毒工作者曾经详细指出黑色星期五病毒存在 9 处错误,乒乓病毒有 5 处错误等。但是人们不可能花费大量时间去分析数万种病毒的错误所在。大量含有未知错误的病毒扩散传播,其后果是难以预料的。

6. 计算机病毒的兼容性对系统运行的影响

兼容性是计算机软件的一项重要指标，兼容性好的软件可以在各种计算机环境下运行，反之兼容性差的软件则对运行条件"挑肥拣瘦"，要求机型和操作系统版本等。病毒的编制者一般不会在各种计算机环境下对病毒进行测试，因此病毒的兼容性较差，常常导致死机。

7. 计算机病毒给用户造成严重的心理压力

据有关计算机销售部门统计，计算机售后用户怀疑"计算机有病毒"而提出咨询约占售后服务工作量的60%以上。经检测确实存在病毒的约占70%，另有30%的情况只是用户怀疑，而实际上计算机并没有病毒。那么用户怀疑病毒的理由是什么呢？多半是出现诸如计算机死机、软件运行异常等现象。这些现象确实很有可能是计算机病毒造成的。但又不全是，实际上在计算机工作"异常"的时候很难要求一位普通用户去准确判断是否是病毒所为。大多数用户对病毒采取宁可信其有的态度，这对于保护计算机安全无疑是十分必要的，然而往往要付出时间、金钱等方面的代价。仅仅怀疑病毒而贸然格式化磁盘所带来的损失更是难以弥补的。不仅是个人单机用户，在一些大型网络系统中也难免为甄别病毒而停机。总之计算机病毒像"幽灵"一样笼罩在广大计算机用户心头，给人们造成巨大的心理压力，极大地影响了现代计算机的使用效率，由此带来的无形损失是难以估量的。

总之，病毒对电脑的危害是众所周知的，轻则影响机器速度，重则破坏文件或造成死机，但只要有良好的病毒防范意识，并充分发挥杀毒软件的防护能力，完全可以将大部分病毒拒之门外。计算机病毒的防治包括防毒、查毒、杀毒三方面。防毒是指根据系统特性，采取相应的系统安全措施预防病毒侵入计算机。查毒是指对于内存、文件、引导区(含主导区)、网络等确定的环境，能够准确地报出病毒名称。杀毒是指根据不同类型病毒对感染对象的修改，按照病毒的感染特性所进行的恢复，恢复过程不能破坏未被病毒修改的内容。

防范计算机病毒要做到以下几点：

(1) 及时下载操作系统补丁。

操作系统并不是安全的，而是有很多的漏洞，操作系统厂家会及时提供一些漏洞补丁或者系统补丁，因此，在平时的使用过程中，需要及时关注一些系统的漏洞信息，防止病毒侵犯。只要操作系统设置得当以及及时使用补丁，可以抵挡绝大多数的网络攻击。

(2) 利用杀毒软件和防火墙。

病毒在不停地变化，甚至出现更多的变种，所以，要注意及时更新杀毒软件的病毒库。至于防火墙，主要是为了阻止网络病毒。电脑在访问网络的时候是靠端口来访问的，所以只要把不需要使用的端口关闭，就可以达到一定的安全目的。

(3) 使用系统自带的命令。

就算电脑上装有各种强大的杀毒软件，也配置了定时自动更新病毒库，但病毒总是要先于病毒库的更新的，所以，新病毒刚出来的时候感染的机器都不会是少数。可以使用系统自带的命令，完成从发现病毒、删除病毒、修复注册表的整个手动查毒、杀毒过程。例如：用TSKLIST备份好进程列表→通过FC比较文件找出病毒→用NETSTAT判断进程→用FIND终止进程→搜索找出病毒并删除→用REG命令修复注册表。

(4) 检查电脑的注册表。

由于系统的很多注册资料都在注册表中保存,在检查注册表之前要先备份注册表。注册表一直都是很多木马和病毒"青睐"的寄生场所,通过查找注册表可以发现电脑是否中了病毒与木马。例如:

① 检查注册表中的 HKEY_LOCAL_MACHINE\Software\Microsoft\Windows\CurrentVersion\Run 和 HKEY_LOCAL_MACHINE\Software\Microsoft\Windows\CurrentVersion\Runserveice,查看键值中有没有自己不熟悉的自动启动文件,扩展名一般为 EXE,然后记住木马程序的文件名,再在整个注册表中搜索,凡是看到了一样的文件名的键值就要删除,接着到电脑中找到木马文件的藏身地将其彻底删除。例如"爱虫"病毒会修改上面所提的第一项,BO2000 木马会修改上面所提的第二项。

② 检查注册表 HKEY_LOCAL_MACHINE 和 HKEY_CURRENT_USER\SOFTWARE\Microsoft\Internet Explorer\Main 中的几项(如 Local Page),如果发现键值被修改了,只要根据自己的判断改回去就行了。恶意代码(如"万花谷")就经常修改这几项。

③ 检查 HKEY_CLASSES_ROOT\inifile\shell\open\command 和 HKEY_CLASSES_ROOT\txtfile\shell\open\command 等几个常用文件类型的默认打开程序是否被更改,如果被更改就一定要改回来,很多病毒就是通过修改. txt、. ini 等的默认打开程序而清除不了的。例如"罗密欧与朱丽叶"、BleBla 病毒就修改了很多文件(包括. jpg、. rar、. mp3 等)的默认打开程序。

(5) 检查系统配置文件。

检查系统配置文件最好的方法是打开 Windows"系统配置实用程序"(从开始菜单运行 msconfig. exe),在里面可以配置 Config. sys、Autoexec. bat、system. ini 和 win. ini,并且可以选择启动系统的时间。例如:① 检查 win. ini 文件(在 C:\Windows 下),打开后,在 Windows 下面,run=和 load=是可能加载"木马"程序的途径,一般情况下,在等号后面什么都没有,如果发现后面跟有路径与文件名不是熟悉的启动文件,计算机就可能中上"木马"了,像攻击 QQ 的"GOP 木马"就会在这里留下痕迹。② 检查 system. ini 文件(在 C:\Windows 下),在 BOOT 下面有个"shell=文件名"。正确的文件名应该是 explorer. exe,如果不是 explorer. exe,而是"shell=explorer. exe 程序名",那么后面跟着的那个程序就是"木马"程序,应该在硬盘找到这个程序并将其删除。

病毒是一个永远的话题,病毒制作技术也越来越先进,但只要正确地使用相关的防护措施,对于病毒的有效防御是可以做到的。

7.3.4 特洛伊木马

特洛伊木马是一种秘密潜伏的能够通过远程网络进行控制的恶意程序,控制者可以控制被秘密植入木马的计算机的一切动作和资源,是恶意攻击者进行窃取信息等的工具。完整的木马程序一般由两个部分组成:一个是服务端(被控制端),一个是客户端(控制端)。"中了木马"就是指安装了木马的服务端程序,若电脑被安装了服务端程序,则拥有相应客户端的人就可以通过网络控制这台电脑、为所欲为,这台电脑上的各种文件、程序、账号和密码就不再是安全的了。木马程序不能算是一种病毒,但可以和最新病毒、漏洞查杀工具一起查杀，几乎可以躲过各大杀毒软件，经常需要手工清除。

7.4 黑客及其防范技术

7.4.1 黑客的概念

黑客(hacker)一般是指那些未经过管理员授权或者利用系统漏洞等方式进入计算机系统的非法入侵者。他们可以查看人们的资料，窃取人们的信息，偷窥人们的隐私，破坏人们的数据，甚至获取计算机系统的最高控制权，将人们使用的计算机变成他们的傀儡，成为破坏活动的帮凶。

有的观点认为，对于误入计算机系统或被挟持进入计算机系统的非法进入者不算是黑客，但是，对于有意或尝试非法进入计算机系统，不管其从主观上是否要对人们的系统进行破坏，都应该认为是黑客攻击行为。

黑客具有隐蔽性和非授权性的特点，所谓隐蔽性是黑客犯罪通常利用系统漏洞和缺陷，采用不易察觉的手段进入系统从事破坏活动，即使在破坏活动中，黑客仍然不忘采取隐蔽手法，尽量在不影响用户使用的情况下窃取数据。所谓非授权性是指黑客没有用户的授权就占有用户资源，它首先攫取对资源的控制权，然后使用这种特权来逃避检查和访问控制。有时黑客虽然是合法用户，但访问未经授权的数据、程序或其他资源，或者虽然授权访问这些资源，但却滥用了这些特权，造成安全问题。

目前黑客已成为一个特殊的社会群体，在欧美等国有不少安全合法的黑客组织，黑客们经常召开黑客技术交流会。我国的黑客数量也越来越大，黑客网站也越来越多。在 Internet 上随时都可以找到介绍黑客攻击手段、免费提供各种黑客工具软件、黑客杂志等资料，这使得普通人也可以很容易地下载并学会使用一些简单的黑客手段或工具对网络进行某种程度的攻击，导致了网络安全环境的进一步恶化。

黑客的攻击步骤可以说变幻莫测，但纵观其整个攻击过程，还是有一定规律可循的，一般可以分：攻击前奏、实施攻击、巩固控制、继续深入几个过程，如图 7-10 所示。

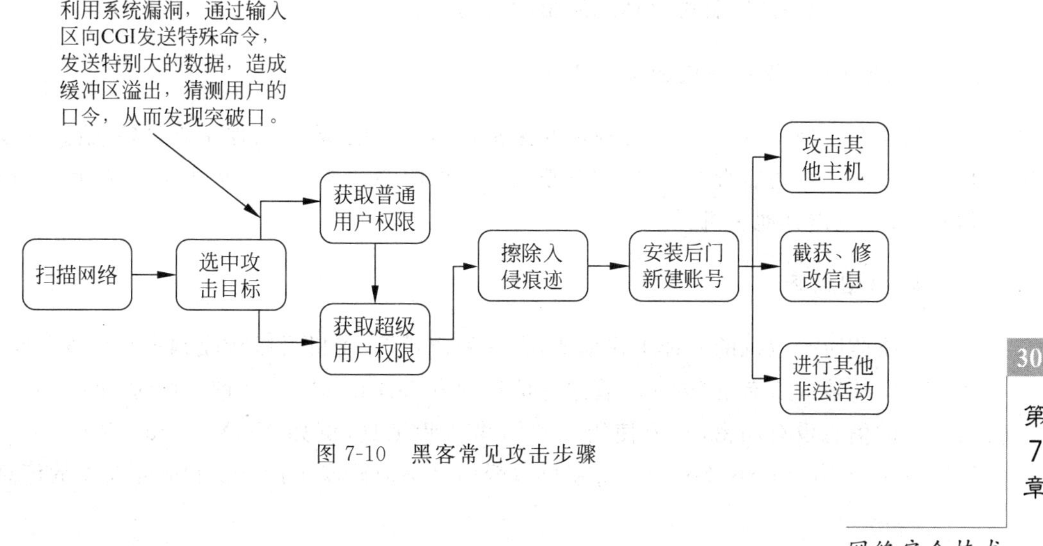

图 7-10 黑客常见攻击步骤

7.4.2 黑客常用的攻击方法

1. 获取口令密码

获取口令常有三种方法：一是通过网络监听非法得到用户口令；二是在知道用户的账号后利用一些专门软件强行破解用户口令；三是在获得一个服务器上的用户口令文件（此文件为 shadow 文件）后，用暴力破解程序用户口令。

黑客程序强行破解口令密码大致有以下三种方法。

猜测法：这种方法的确使用得很普遍，因为猜测法依靠的是经验和对目标用户的熟悉程度。现实生活中，很多人的口令密码就是姓名汉语拼音的缩写和生日的简单组合。甚至还有人用最危险的口令密码——与用户名相同的口令密码。那么破解这样的口令密码就变得相当简单，这时候，猜测法就会拥有最高的效率。

字典法：由于网络用户通常采用某些英文单词或者自己姓名的缩写作为口令密码，所以就先建立一个包含巨量英语词汇和短语、短句的口令密码词汇字典，然后使用破解软件去一一尝试，如此循环往复，直到找出正确的口令密码，或者将口令密码词汇字典里的所有单词试完一遍为止。由于计算机的速度快，破解起来也不要多长时间，这种破解口令密码方法的效率远高于穷举法，因此大多数口令密码破解软件都支持这种破解方法。

穷举法：穷举法的原理是把具有固定位数的数字口令密码的所有可能性都排列出来，逐一尝试，因为在这些所有的组合中，一定有一个就是正确的口令密码。这种方法虽然效率最低，但很可靠。

2. WWW 的欺骗技术

在网上用户可以利用 IE 等浏览器进行各种各样的 Web 站点的访问，如阅读新闻组、咨询产品价格、订阅报纸、从事电子商务等。然而一般的用户恐怕不会想到有这些问题存在：正在访问的网页已经被黑客篡改过，网页上的信息是虚假的。例如黑客将用户要浏览的网页的 URL 改写为指向黑客自己的服务器，当用户浏览目标网页的时候，实际上是向黑客服务发出请求，那么黑客就可以达到欺骗的目的了。

3. 通过一个结点来攻击其他结点

黑客在突破一台主机后，往往以此主机作为根据地，攻击其他主机，以隐蔽其入侵路径。他们可以使用网络监听方法，尝试攻破同一网络内的其他主机；也可以通过 IP 欺骗和主机信任关系，攻击其他主机。

4. 网络监听

网络监听是主机的一种工作模式，在这种模式下，主机可以接收到本网络段在同一条物理信道上传输的所有信息，而不管这些信息的发送方和接收方是谁。此时，如果两台主机进行通信的信息没有加密，只要使用某些网络监听工具，例如 NetXray for Windows 95/98/NT，Sniff it for Linux、Solaries 等就可以轻而易举地截取包括口令和账号在内的信息资料。

虽然网络监听获得用户账号和口令具有一定的局限性，但监听者往往能够获得其所在网络段的所有用户账号及口令。

在以太网的数据传输方式中，传输的数据包以广播方式发送到所有主机，在数据包的包头中含有目标主机的地址，目标主机验证是否是自己的地址，如果是，则接收数据帧，否则，就丢弃该数据帧。但是，当某台主机工作在监听方式时，该主机会将所有的数据帧接收传给应用软件。显然，工作在监听方式的主机窃取了它不该得到的数据。

5. 端口扫描

所谓端口扫描，就是利用 Socket 编程与目标主机的某些端口建立 TCP 连接、进行协议验证等，以侦查主机是否在该端口进行监听（该端口是否是“活”的）、主机提供什么样的服务、该服务是否有缺陷等。

常用的端口扫描方式有：

Connect( )扫描。最基本的扫描方式，使用系统的 Connect( )调用进行，速度快，但容易被目标主机检测、被防火墙过滤掉。

半开扫描。向目标主机发送 SYN 数据包，当收到连接请求被接受的应答后，发送 RST 强行关闭连接。这种情况下目标主机不会加以记录，但需要使用超级用户权限才可进行半开扫描。

Fragmention 扫描。将要发送的 TCP 数据包拆分成小 IP 包进行隐秘扫描。

常用的扫描工具有 PortScan、Ogre for Windows 95/98/NT 等。

6. 寻找系统漏洞

许多系统都有这样那样的安全漏洞，其中某些漏洞是操作系统或应用软件本身具有的，如 SendMail 漏洞，Windows 98 中的共享目录口令密码验证漏洞和最新发现微软 IE 浏览器的一个存在重大安全隐患的漏洞等，这些漏洞在补丁未被开发出来之前一般很难防御黑客的破坏，除非将网线拔掉；还有一些漏洞是由于系统管理员配置错误引起的，如在网络文件系统中，将目录和文件以可写的方式调出，将未加 shadow 的用户口令密码文件以明码方式存放在某一目录下，这都会给黑客带来了可乘之机，应及时加以修正。

7. 后门程序

“后门”的存在，本是为了便于测试、更改和增强模块的功能。当一个训练有素的程序员设计一个功能较复杂的软件时，都习惯于先将整个软件分割为若干模块，然后再对各模块单独设计、调度，而后门则是一个模块的秘密入口。在程序开发期间，当然，程序员一般不会把后门记入软件的说明文档，因此用户通常无法了解后门的存在。

按照正常的操作程序，在软件交付用户之前，程序员应该去掉软件模块中的后门，但是由于程序员的疏忽，或者故意将其留在程序中以便日后可以对此程序进行隐蔽的访问，方便测试或维护已完成的程序等种种原因，实际上并未去掉。这样，后门就可能被程序的作者所秘密使用，也可能被少数别有用心的人用穷举搜索法发现并利用。

被称为“暴徒”的黑客发布了 SubSeven 后门程序的升级版本。SubSeven 后门程序能使恶意黑客在用户不知情的情况下访问和控制用户。

8. 利用账号进行攻击

有的黑客会利用操作系统提供的默认账户和口令密码进行攻击，例如 UNIX 主机有 FTP 和 Guest 等默认账户(其口令密码和账户名同名)，有的甚至没有口令。黑客用 UNIX 操作系统提供的命令如 Finger 和 Ruser 等收集信息，不断提高自己的攻击能力。

这类攻击只要将系统提供的默认账户关掉或提醒无口令用户增加口令一般都能克服。

9. 偷取特权

利用各种特洛伊木马程序、后门程序和黑客自己编写的导致缓冲区溢出的程序进行攻击，前者可使黑客非法获得对用户机器的完全控制权，后者可使黑客获得超级用户的权限，从而拥有对整个网络的绝对控制权。这种攻击手段，一旦奏效，危害性极大。

10. 放置特洛伊木马程序

特洛伊木马程序可以直接侵入用户的计算机并进行破坏，它常被伪装成工具程序或者游戏等，诱使用户打开带有特洛伊木马程序的邮件附件或从网上直接下载，一旦用户打开了这些邮件的附件或者执行了这些程序之后，它们就会像古代希腊人在敌人城外留下的藏满士兵的木马一样留在用户的计算机中，并在计算机系统中隐藏一个可以在 Windows 启动时悄悄执行的程序，在后台监视系统运行。当连接到 Internet 上时，这个程序就会通知黑客，报告用户的 IP 地址以及预先设定的端口。黑客在收到这些信息后，再利用这个潜伏在其中的程序，就可以任意地修改这个用户的计算机的设定参数、复制文件、窥视整个硬盘中的内容等，从而达到控制这个用户计算机的目的。

特洛伊木马同一般程序一样，能实现任何软件的任何功能。例如，复制、删除文件，格式化硬盘，甚至发电子邮件。典型的特洛伊木马是窃取别人在网络上的账号和口令，它有时在用户合法登录前伪造一个登录现场，提示用户输入账号和口令，然后将账号和口令保存至一个文件中，显示登录错误，退出特洛伊木马程序。用户还以为自己输错了，再试一次时，已经是正常的登录了，用户也就不会怀疑了。

11. DoS 攻击

DoS 攻击也叫分布式拒绝服务攻击(Distributed Denial of Service，DDoS)，就是用超出被攻击目标处理能力的海量数据包消耗可用系统、带宽资源，致使网络服务瘫痪，导致拒绝提供新的服务的一种攻击手段。

它的攻击原理是这样的：攻击者首先通过比较常规的黑客手段侵入并控制某个网站之后，在该网站的服务器上安装并启动一个可由攻击者发出的特殊指令来进行控制的进程。当攻击者把攻击对象的 IP 地址作为指令下达给这些进程的时候，这些进程就开始对目标主机发起攻击。这种方式集中了成百上千台服务器的带宽能力，向某个特定目标发送众多的带有黑客伪造的虚假请求方地址的网络访问请求。服务器发送回复信息后要在一定时间内等待请求方回传信息，只要服务器等不到从这些虚假请求方回传的信息，分配给这次访问请求的系统资源就不能被释放。只有当等待时间超过规定后，服务请求连接才会因超时而切断。在这种悬殊的带宽对比下，被攻击目标的剩余带宽会迅速耗尽，从而导致服务器瘫痪，服务器也就无法提供新的服务了。

当黑客于1999年8月17日攻击美国明尼苏达大学的时候，就采用了一个典型的DoS攻击工具Trinoo，攻击包从被Trinoo控制的至少227个主机源源不断地送到明尼苏达大学的服务器，造成其网络严重瘫痪达48小时。在一定时间内，使被攻击的网络彻底丧失正常服务功能。

12. 网络钓鱼

这是前不久流行起来的一种攻击方式，或许称为网络欺骗更为恰当。"网络钓鱼"攻击者利用欺骗性的电子邮件和伪造的Web站点来进行诈骗活动，受骗者往往会泄露自己的财务数据，如信用卡号、账户和口令、社保编号等内容。"网络钓鱼"攻击者常采用具有迷惑性的网站地址和网站页面进行欺骗，比如把字母o用数字0代替，字母l用数字1代替，并把带有欺骗性质的网页制作成与合法的网站页面相似或者完全相同。

7.4.3 黑客的防范措施

网络攻击越来越猖獗，对网络安全造成了很大的威胁。对于任何黑客的恶意攻击，都有办法来防御，只要了解了他们的攻击手段，具有丰富的网络知识，就可以抵御黑客们的疯狂攻击。下面介绍一些常用的防范措施：

(1) Windows系统入侵的防范。

Windows系统虽然在设计时采用了安全标准较高的C2标准，但其开放的功能和工作环境决定着Windows系统有很多安全弱点，其中最常见的是其共享功能，Windows系统提供了文件及打印机资源的共享功能，它允许用户共享不同计算机间的文件和打印机，并且可以拥有很高的读写权限，但这些共享却可能被黑客利用，他也共享了你的资源，拥有了你的数据。更为可怕的是：超过90%的Windows系统用户不知道自己所有的硬盘分区默认情况下是共享的，且对方具有完全控制权限，他们只是单纯地以为在网上邻居上看不到就没有共享。黑客可以利用这些技能轻易入侵到用户的计算机系统中盗取资料。要防止Windows系统入侵可以采用以下措施：

① 安装完操作系统后马上关闭所有分区的共享属性。

② 不要泄漏计算机的IP地址。

③ 及时关闭不必要的共享服务，对必需的共享要设置密码和登录权限。

④ 为计算机设置系统密码，且密码的强度要高，不易被黑客攻破。

(2) 木马入侵的防范。

木马经常被黑客作为入侵、控制计算机的工具，与病毒不同，木马不需要依附于任何载体而独立存在，它要被植入计算机中并被执行才能够发挥作用，木马会悄悄地在计算机上运行，就在用户毫无察觉的情况下，让攻击者获得远程访问和控制系统的权限。

防木马入侵可以采用以下措施：

① 使用杀毒软件并定时升级病毒库，现在很多杀毒软件都集成了防范某些木马的功能。

② 不要打开来路不明的邮件或运行不熟悉的软件程序，这些很有可能隐藏有木马

程序。

③ 检测系统文件和注册表的变化，对于异常活动要及时采取措施。

④ 备份系统文件和注册表，防止系统崩溃。

(3) 拒绝服务攻击的防范措施。

在拒绝服务攻击是黑客利用 TCP 连接的三次握手，通过快速连续地加载过多的服务请求将服务器资源全部使用，使得被攻击服务器无法响应其他用户的请求，造成服务中断。为了防止拒绝服务攻击，可以采取以下的预防措施：

建议在该网段的路由器上做些配置的调整，限制 SYN 半开数据包的流量和个数。对系统设定相应的内核参数，强制复位超时的 SYN 请求连接，同时缩短超时常数和加长等候队列使得系统能迅速处理无效的 SYN 请求数据包。在路由器做必要的 TCP 拦截，使得只有完成 TCP 三次握手过程的数据包才可进入该网段，这样可以有效地保护本网段内的服务器不受此类攻击。应尽可能关掉产生无限序列的服务。例如在路由器上对 ICMP 包进行带宽方面的限制，将其控制在一定的范围内。

(4) 针对网络嗅探的防范措施。

网络嗅探是黑客利用在网络上安装的嗅探程序，发现网络中明文传输的账号和口令，进而非法入侵系统。对于网络嗅探攻击，可以采取以下措施进行防范。

① 网络分段：利用嗅探不容易跨网段的特点，使用交换设备对数据流进行限制，从而达到防止嗅探的目的。

② 加密：对数据流中的部分重要信息进行加密，将敏感信息使用密文传输。

③ 采用一次性口令：每次登录结束后，客户端和服务器可以利用相同的算法对口令进行变换，进行重新匹配，使原口令只能使用一次。

④ 禁用杂错结点：安装不支持杂错的网卡，通常可以防止利用杂错结点进行嗅探。

7.5 防火墙技术

7.5.1 防火墙的概述

在网络中，防火墙是一种用来加强网络之间访问控制的特殊网络互联设备，如路由器、网关等，如图 7-11 所示，它对两个或多个网络之间传输的数据包和连接方式按照一定的安全策略进行检查，以决定网络之间的通信是否被允许。其中被保护的网络称为内部网络，另一方则称为外部网络或公用网络。它能有效地控制内部网络与外部网络之间的访问及数据传送，从而达到保护内部网络的信息不受外部非授权用户的访问和过滤不良信息的目的。

防火墙是一个或一组在两个网络之间执行访问控制策略的系统，包括硬件和软件，目的是保护网络不被可疑人侵扰。本质上，它遵从的是一种允许或阻止业务来往的网络通信安全机制，也就是提供可控的过滤网络通信，只允许授权的通信。

通常，防火墙就是位于内部网或 Web 站点与 Internet 之间的一个路由器或一台计算机，又称为堡垒主机。它如同一个安全门，为门内的部门提供安全，控制那些可被允许出入该受保护环境的人或物。就像工作在前门的安全卫士，控制并检查站点的访问者。

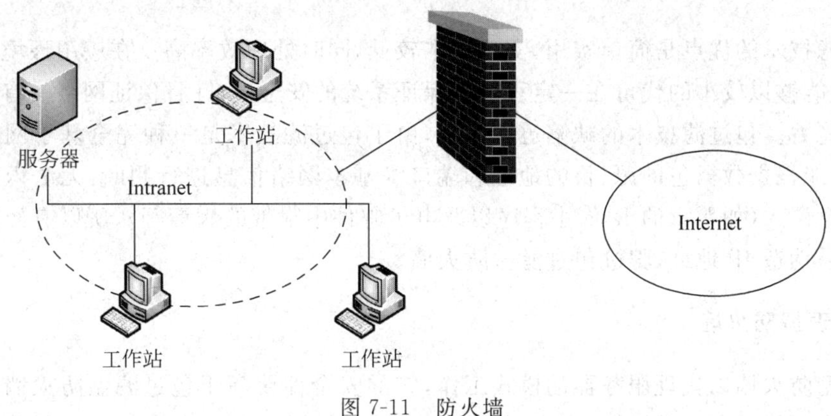

图 7-11 防火墙

7.5.2 防火墙的功能

防火墙是由管理员为保护自己的网络免遭外界非授权访问但又允许与 Internet 连接而发展起来的。从网际角度，防火墙可以看成安装在两个网络之间的一道栅栏，根据安全计划和安全策略中的定义来保护其后面的网络。

由软件和硬件组成的防火墙应该具有以下功能：

(1) 所有进出网络的通信流都应该通过防火墙；

(2) 所有穿过防火墙的通信流都必须有安全策略和计划的确认和授权；

(3) 理论上说，防火墙是穿不透的。

利用防火墙能保护站点不被任意连接，甚至能建立跟踪工具，帮助总结并记录有关正在进行的连接资源、服务器提供的通信量以及试图闯入者的任何企图。

总之，防火墙是阻止外面的人对用户的网络进行访问的任何设备，此设备通常是软件和硬件的组合体，它通常根据一些规则来挑选想要或不想要的地址。

7.5.3 防火墙的分类

作为内部网络与外部公共网络之间的一道屏障，防火墙是最先受到人们重视的网络安全产品。根据防火墙所采用的技术不同，可以将防火墙分为 4 种基本类型：包过滤型防火墙、代理型防火墙、状态检测型防火墙和综合型防火墙。

1. 包过滤路由器

包过滤型产品是防火墙的初级产品，其技术依据是网络中的分组(包)传输技术。现代计算机网络中的数据都是以“包”为单位进行传输的，每一个数据包中都会包含一些特定信息，如数据的源地址、目标地址、TCP 或 UDP 源端口和目标端口等。防火墙通过读取数据包中的相关信息，可以获得其基本情况，并据此对其做出相应的处理。例如通过读取地址信息，防火墙可以判断一个“包”是否来自可信任的安全站点，一旦发现来自危险站点的数据包，防火墙便会将这些数据拒之“墙”外。网络管理人员也可以根据实际情况灵活制订判断规则。

包过滤技术的优点是简单实用，实现成本较低，同时处理效率高。在应用环境比较简单的情况下，能够以较小的代价在一定程度上保证系统的安全性，并且保证网络具有比较高的数据吞吐能力。包过滤技术的缺陷也很明显，由于包过滤技术是一种完全基于网络层的安全技术，只能根据数据包的源、目的地址和端口等基本网络信息进行判断，无法识别基于应用层的恶意侵入（如恶意的Java小程序以及电子邮件中附带的病毒等），所以有经验的入侵程序很容易伪造IP地址，骗过包过滤型防火墙。

2. 代理型防火墙

代理型防火墙以代理服务器的模式工作，它的安全性要高于包过滤型防火墙。代理服务器位于客户机与服务器之间，完全阻挡了两者间的数据交流。从客户机来看，代理服务器相当于一台真正的服务器；而从服务器来看，代理服务器仅是一台客户机。当客户机需要使用服务器上的数据时，首先将数据请求发给代理服务器，代理服务器再根据这一请求向服务器索取数据，然后再由代理服务器将数据传输给客户机。由于外部系统与内部服务器之间没有直接的数据通道，外部的恶意攻击也就很难触及内部网络系统。代理型防火墙的工作方式如图7-12所示。

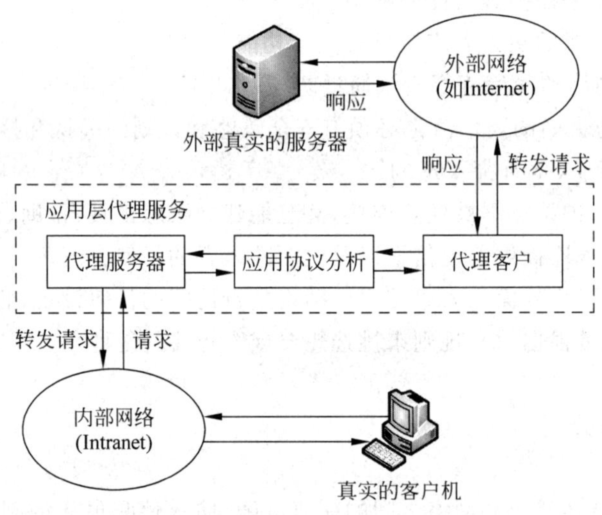

图7-12 代理型防火墙的工作方式

代理型防火墙的优点是安全性较高，可以针对应用层进行侦测和扫描，可有效地防止应用层的恶意入侵和病毒。代理型防火墙的缺点是对系统的整体性能有较大的影响，系统的处理效率会有所下降，因为代理型防火墙对数据包进行内部结构的分析和处理，这会导致数据包的吞吐能力降低（低于包过滤型防火墙）；同时，代理服务器必须针对客户机可能产生的所有应用类型逐一进行设置，大大增加了系统管理的复杂性。

3. 状态检测型防火墙

状态检测型防火墙检测每一个有效连接的状态，并根据检测结果决定数据包是否通过防火墙。由于一般不对数据包的上层协议封装内容进行处理，所以状态检测型防火墙的包处理效率要比代理型防火墙高；同时，必要时可以对数据包的应用层信息进行提取，所以状态检测型防火墙又具有了代理型防火墙的安全性特征。

因此，状态检测型防火墙提供了比代理型防火墙更强的网络吞吐能力和比包过滤型防火墙更高的安全性，在网络的安全性和数据处理效率这两个相互矛盾的因素之间进行了较好的平衡，但它并不能根据用户策略主动地控制数据包的流向，随着用户对通信速度要求的进一步提高，状态检测技术也在逐渐改善。

4. 综合型防火墙

新一代综合型防火墙在综合了上述几种防火墙技术特点的基础之上，还增加了加密技术、入侵检测技术、病毒检测技术、内容过滤等一系列信息安全技术，可全方位地解决网络传输所面临的安全威胁。

综合型防火墙应用于网络边缘安全的防范。针对影响网络边缘安全的病毒破坏、黑客入侵、黄色站点、非法邮件、数据窃听等不安全因素，提供集成的防病毒网关、入侵检测、内容过滤以及 VPN(虚拟专用网)等功能，已经远远超越了最初定义的防火墙功能范畴，形成动态立体的网络边界安全解决方案。

另外，综合型防火墙还集成了原来由路由器提供的网络地址转换(NAT)功能，所以也将具有 NAT 功能的防火墙称为网络地址转换型防火墙。网络地址转换是一种用于把 IP 地址转换成临时的、外部的、注册的 IP 地址技术。它允许具有私有 IP 地址的内部网络访问 Internet，而不需要为网络中的每一台设备取得注册的 IP 地址。NAT 将网络分为内部(inside)和外部(outside)两部分，一般情况下内部是单位的局域网，使用的是保留的私有 IP 地址；外部是 Internet，使用的是经过注册的合法 IP 地址。NAT 的功能就是实现内部 IP 地址与外部 IP 地址之间的转换，这种转换可以是一对一(一个私有 IP 地址对应一个注册 IP 地址)、一对多(一般是一个注册 IP 地址对应多个私有 IP 地址)或多对多(一般是少量的注册 IP 地址对应大量的私有 IP 地址)的。

7.6 入侵检测技术

7.6.1 入侵检测的定义和分类

1. 入侵检测的定义

入侵检测技术是主动保护自己免受攻击的一种网络安全技术，通过对计算机网络或计算机系统中的若干关键点收集信息并对其进行分析，从中发现网络或系统中是否有违反安全策略的行为和被攻击的迹象。入侵检测系统(Intrusion Detection System，IDS)是进行入侵检测的软件与硬件的组合。对各种事件进行分析，从中发现违反安全策略的行为是入侵检测系统的核心功能。作为防火墙的合理补充，入侵检测技术能够帮助系统对付网络攻击，扩展了系统管理员的安全管理能力，提高了信息安全基础结构的完整性。与其他安全产品不同的是，入侵检测系统需要更多的智能，它必须可以将得到的数据进行分析，并得出有用的结果。一个合格的入侵检测系统能大大地简化管理员的工作，保证网络安全地运行。

2. 入侵检测的分类

1）按数据源分类

一般来说，入侵检测系统可分为主机型和网络型。主机型入侵检测系统往往以系统日志、应用程序日志等作为数据源，当然也可以通过其他手段（如监督系统调用）从所在的主机收集信息进行分析。主机型入侵检测系统保护的一般是所在的系统。主机型 IDS 的缺点显而易见：必须为不同平台开发不同的程序、增加系统负荷、所需安装数量众多等，但是内在结构却没有任何束缚，同时可以利用操作系统本身提供的功能、并结合异常分析，更准确地报告攻击行为。

网络型入侵检测系统的数据源则是网络上的数据包。往往将一台机器的网卡设于混杂模式（Promisc Mode），监听所有本网段内的数据包并进行判断。网络型入侵检测系统担负着保护整个网段的任务。网络型 IDS 的主要优点是简便，一个网段上只需安装一个或几个这样的系统，便可以监测整个网段的情况，且由于往往分出单独的计算机做这种应用，不会给运行关键业务的主机带来负载上的增加。由于现在网络的日趋复杂和高速网络的普及，这种结构正受到越来越大的挑战。

2）按时间分类

入侵检测技术从时间上，可分为实时入侵检测和事后入侵检测两种。

实时入侵检测在网络连接过程中进行，系统根据用户的历史行为模型、存储在计算机中的专家知识以及神经网络模型对用户当前的操作进行判断，一旦发现入侵迹象立即断开入侵者与主机的连接，并收集证据和实施数据恢复。这个检测过程是不断循环进行的。

事后入侵检测由网络管理人员进行，他们具有网络安全的专业知识，根据计算机系统对用户操作所做的历史审计记录判断用户是否具有入侵行为，如果有就断开连接，并记录入侵证据和进行数据恢复。事后入侵检测是管理员定期或不定期进行的，不具有实时性，因此防御入侵的能力不如实时入侵检测系统。

3）按技术分类

从技术上，入侵检测也可分为两类：一种是基于标志（signature-based），另一种是基于异常情况（anomaly-based）。

对于基于标识的检测技术来说，首先要定义违背安全策略的事件的特征，如网络数据包的某些头信息，检测主要判别这类特征是否在所收集到的数据中出现，此方法与杀毒软件非常类似。

基于异常的检测技术则是先定义一组系统“正常”情况的数值，如 CPU 利用率、内存利用率、文件校验和等（这类数据可以人为定义，也可以通过观察系统并用统计的办法得出），然后将系统运行时的数值与所定义的“正常”情况比较，得出是否有被攻击的迹象。这种检测方式的核心在于如何定义所谓的“正常”情况。

两种检测技术的方法、所得出的结论有非常大的差异。基于异常的检测技术的核心是维护一个知识库。对于已知的攻击，它可以详细、准确地报告出攻击类型，但是对未知攻击却效果有限，而且知识库必须不断更新。基于异常的检测技术则无法准确判别出攻击的手法，但它可以（至少在理论上可以）判别更广泛、甚至未发觉的攻击。如果条件允许，两者结合的检测会达到更好的效果。

7.6.2 入侵检测的步骤

入侵检测分为三步：信息收集、信息分析和结果处理。

1. 信息收集

入侵检测的第一步是信息收集，收集的内容包括系统、网络、数据及用户活动的状态和行为。由放置在不同网段的传感器或不同主机的代理来收集信息。

2. 信息分析

收集到的有关系统、网络、数据及用户活动的状态和行为等信息，被送到检测引擎，检测引擎驻留在传感器中，一般通过三种技术手段进行分析：模式匹配、统计分析和完整性分析。当检测到某种误用模式时，产生一个告警并发送给控制台。

3. 结果处理

控制台按照告警产生预先定义的响应措施，可以是重新配置路由器或防火墙、终止进程、切断连接、改变文件属性，也可以只是简单的告警。

7.6.3 入侵检测系统 Snort

1998 年，Martin Roesch 先生用 C 语言开发了开放源代码的入侵检测系统 Snort，目前，Snort 已发展成为一个具有多平台、实时流量分析、网络 IP 数据包记录等特性的强大的网络入侵检测/防御系统（Network Intrusion Detection/Prevention System，NIDS/NIPS）。Snort 符合通用公共许可（General Pubic License，GPL），可以从 Snort 的站点 http://www.snort.org 获得其源代码或者 RPM 包，并且容易安装并使用。

Snort 有三种工作模式：嗅探器、数据包记录器、网络入侵检测系统。嗅探器模式仅仅是从网络上读取数据包并作为连续不断的流显示在终端上。数据包记录器模式把数据包记录到硬盘上。网络入侵检测模式是最复杂的，而且是可配置的，可以让 Snort 分析网络数据流以匹配用户定义的一些规则，并根据检测结果采取一定的动作。

1. 嗅探器

嗅探器模式就是 Snort 从网络上读出数据包然后显示在控制台上。首先，从最基本的用法入手。如果只要把 TCP/IP 包头信息打印在屏幕上，只需要输入下面的命令：

```
./snort -v
```

使用这个命令将使 Snort 只输出 IP 和 TCP/UDP/ICMP 的包头信息。如果要看到应用层的数据，可以使用

```
./snort -vd
```

这条命令使 Snort 在输出包头信息的同时显示包的数据信息。如果还要显示数据链路

层的信息，就使用下面的命令：

```
./snort -vde
```

注意这些选项开关还可以分开写或者任意结合在一块。例如：下面的命令就和上面最后的一条命令等价：

```
./snort -d -v -e
```

2. 数据包记录器

如果要把所有的包记录到硬盘上，需要指定一个日志目录，Snort 就会自动记录数据包：

```
./snort -dev -l ./log
```

./log 目录必须存在，否则 Snort 就会报告错误信息并退出。当 Snort 在这种模式下运行，它会记录所有看到的包将其放到一个目录中，这个目录以数据包目的主机的 IP 地址命名，例如：192.168.10.1，如果只指定了-l 命令开关，而没有设置目录名，Snort 有时会使用远程主机的 IP 地址作为目录，有时会使用本地主机 IP 地址作为目录名。

```
./snort -dev -l ./log -h 192.168.1.0/24
```

这个命令告诉 Snort 把进入 C 类网络 192.168.1.0 的所有包的数据链路、TCP/IP 以及应用层的数据记录到目录./log 中。

如果网络速度很快，或者想使日志更加紧凑以便以后的分析，那么应该使用二进制的日志文件格式。所谓的二进制日志文件格式就是 tcpdump 程序使用的格式。使用下面的命令可以把所有的包记录到一个单一的二进制文件中：

```
./snort -l ./log -b
```

注意此处的命令行和上面的有很大的不同，不需要指定本地网络，因为所有的东西都被记录到一个单一的文件。也不必冗余模式或者使用-d、-e 功能选项，因为数据包中的所有内容都会被记录到日志文件中。

可以使用任何支持 tcpdump 二进制格式的嗅探器程序从这个文件中读出数据包，例如：tcpdump 或者 Ethereal。使用-r 功能开关，也能使 Snort 读出包的数据。Snort 在所有运行模式下都能够处理 tcpdump 格式的文件。例如：如果想在嗅探器模式下把一个 tcpdump 格式的二进制文件中的包打印到屏幕上，可以输入下面的命令：

```
./snort -dv -r packet.log
```

在日志包和入侵检测模式下，通过 BPF(BSD Packet Filter)接口，可以使用许多方式维护日志文件中的数据。例如，只想从日志文件中提取 ICMP 包，只需要输入下面的命令行：

```
./snort -dvr packet.log icmp
```

3. 网络入侵检测系统

Snort 最重要的用途还是作为网络入侵检测系统(NIDS)，使用下面的命令行可以启动这种模式：

```
./snort -dev -l ./log -h 192.168.1.0/24 -c snort.conf
```

snort.conf 是规则集文件，Snort 会对每个包和规则集进行匹配，发现这样的包就采取相应的行动。如果不指定输出目录，Snort 就输出到/var/log/snort 目录。

如果想长期使用 Snort 作为自己的入侵检测系统，最好不要使用-v 选项。因为使用这个选项，使 Snort 向屏幕上输出一些信息，会大大降低 Snort 的处理速度，从而在向显示器输出的过程中丢弃一些包。此外，在绝大多数情况下，也没有必要记录数据链路层的包头，所以-e 选项也可以不用：

```
./snort -d -h 192.168.1.0/24 -l ./log -c snort.conf
```

这是使用 Snort 作为网络入侵检测系统最基本的形式。

可见，作为开放源代码入侵检测系统软件，Snort 是用来监视网络传输量的网络型入侵检测系统，主要工作是捕捉流经网络的数据包，一旦发现与非法入侵的组合一致，便向管理员发出警告。

7.7 网络管理基础

当前计算机网络的发展特点是规模不断扩大，复杂性不断增加，异构性越来越高。一个网络往往由若干个大大小小的子网组成，集成了多种网络操作系统平台，并且包括了不同厂家、公司的网络设备和通信设备等。同时，网络中还有许多网络软件提供各种服务。随着用户对网络性能要求的提高，如果没有一个高效的管理系统对网络系统进行管理，那么就很难保证向用户提供令人满意的服务。

7.7.1 网络管理功能

ISO 认为 OSI 网络管理是指控制、协调和监督 OSI 环境下的网络通信服务和信息处理活动。网络管理的目标是确保网络的正常运行，或者当网络运行出现异常时能及时响应和排除故障。

在 OSI 网络管理框架模型中，基本的网络管理功能被分成 5 个功能域：故障管理、配置管理、性能管理、安全管理和计费管理。这 5 个功能域通过与其他开放系统交换管理信息，分别完成不同的网络管理功能。

1. 故障管理

故障管理是最基本的网络管理功能。故障管理的主要任务是发现和排除网络故障，典型功能包括：维护并检查错误日志；接受错误检测报告并做出响应；跟踪、辨认错误；执行诊断测试；纠正错误。

2. 配置管理

配置管理也是最基本的网络管理功能。配置管理的功能包括：设置开放系统中有关路由操作的参数；被管对象和被管对象组名字的管理；初始化或关闭被管对象；根据要求收集系统当前状态的有关信息；获取系统重要变化的信息；更改系统的配置。

3. 计费管理

在网络通信资源和信息资源有偿使用的情况下，计费管理功能能够统计哪些用户利用哪条通信线路传输了多少数据、访问的是什么资源等信息。计费管理的主要功能包括：计算网络建设及运营成本，主要成本包括网络设备器材成本、网络服务成本、人工费用等；统计网络及其所包含的资源的利用率，为确定各种业务在不同时间段的计费标准提供依据；联机收集计费数据，这是向用户收取网络服务费用的根据；计算用户应支付的网络服务费用；账单管理，保存收费账单及必要的原始数据，以备用户查询和置疑。

4. 性能管理

性能管理的目的是维护网络服务质量和网络运营效率，典型功能包括：收集统计信息；维护并检查系统状态日志；确定自然和人工状况下系统的性能；改变系统操作模式以进行系统性能管理的操作。

5. 安全管理

网络安全性既是网络管理的重要环节，也是网络管理的薄弱环节。安全管理是为了保证网络不会被非法侵入、非法使用及资源破坏。安全管理的主要内容包括：与安全措施有关的信息公布；与安全有关的事件报告；安全服务设施的创建、控制和删除，安全服务和机制；与安全有关的网络操作事件的记录、维护和查阅等日志管理工作等。

7.7.2 网络管理系统的体系结构

一个计算机网络的网络管理系统基本上都是由 4 部分组成的：被管代理（Agents）；网络管理器（Management Manager）；网络管理协议（Network Management Protocol）；管理信息库（MIB），如图 7-13 所示。

被管代理是驻留在被管对象上、配合网络管理的处理实体。任何一个可被管理的被管对象都有一个被管代理。被管代理的任务是向管理者报告被管对象的状态，并接收来自管理者的网络管理命令，使被管对象执行指定的操作，然后将其结果返回给管理者。

在网络管理中起核心作用的是管理者，任何一个网络管理系统都至少应该有一个管理者。管理者负责网络管理的全部监视和控制工作。管理者通过与被管代理的信息交互完成管理工作。它接收被管代理发来的报告，并指示被管代理应如何操作。

管理信息库是网络管理中一个重要的组成部分，由一个系统内的许多被管对象及其属性组成。它实际上就是一个数据库，负责提供被管对象的各种信息，这些信息由管理者和被管代理共享。

网络管理协议定义了网络管理者与被管代理间的通信方法，规定了管理信息库的存储结构、信息库中关键字的含义及各种事件的处理方法。

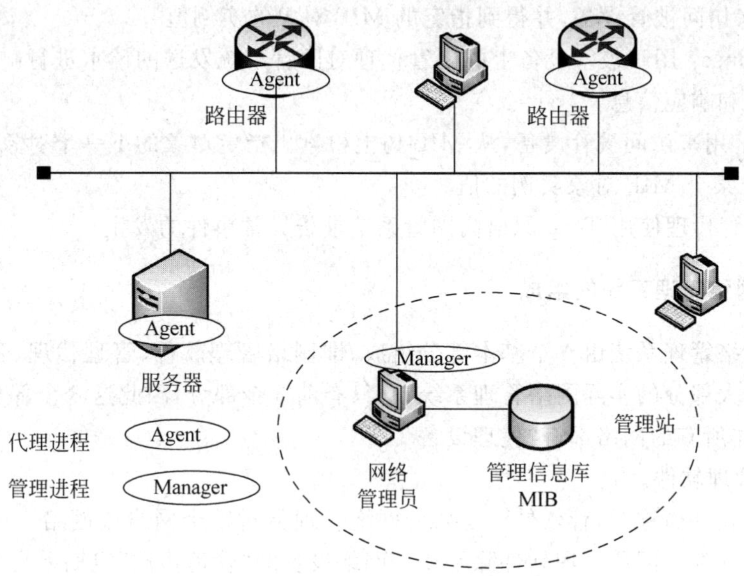

图 7-13　通过管理进程和代理进程进行网络管理

7.7.3　简单网络管理协议

简单网络管理协议(SNMP)最初是 IETF 为解决 Internet 上的路由器管理而提出的。SNMP 是基于 TCP/IP 协议的一个应用层协议。它是无连接的协议,在传输层采用 UDP,目的是为了实现简单和易于操作的网络管理。SNMP 的管理模型如图 7-14 所示。

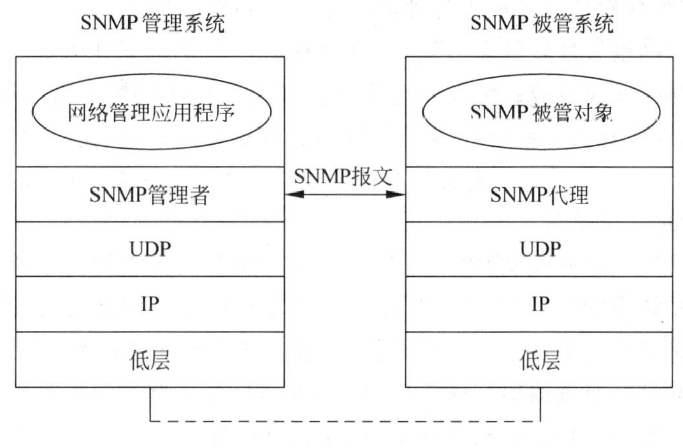

图 7-14　SNMP 的管理模型

1. SNMP 网络管理协议的工作方式和特点

SNMP 主要用于 OSI 模型中较低层次的管理,采用轮询监控的工作方式:管理者按一定的时间间隔向代理请求管理信息,根据管理信息判断是否有异常事件发生;当管理对象发生紧急情况时可以使用称为 Trap(陷阱)信息的报文主动报告。为此,SNMP 提供了以下 5 个服务原语。

Get：用来访问被管设备，并得到指定的 MIB 对象的实例值。

GetResponse：用于被管设备上的网管代理对网管系统发送的请求进行响应，它包含相应的响应标识和响应信息。

GetNext：用来访问被管设备，从 MIB 树上检索出指定对象的下一个对象实例。

Set：设定某个 MIB 对象实例的值。

Trap：网管代理使用 Trap 原语向网管系统报告异常事件的发生。

2. 实际网络管理系统的组成

实际的网络管理系统由 4 个基本部分组成，即网络管理软件、管理代理、管理信息库和代理设备。在大部分的实际网络管理系统中，只有前 3 个部分，因此这 3 个部分是基本点和必需的，而并非所有的网络都有“代理设备”。

① 网络管理软件。

网络管理软件简称“网管软件”，是协助网络管理员对整个网络或网络中的设备进行日常管理工作的软件。网络管理软件除了要求网络设备的“管理代理”定期采集用于管理的各种信息之外，还要定期查询管理代理采集到的主机有关信息。网管软件正是利用这些信息来确定和判断整个网络、网络中的独立设备或者局部网络的运行状态是否正常的。

在网络管理系统中，网络管理软件是连接其他几个因素的桥梁，因此有着举足轻重的地位。它的功能好坏将直接影响到整个网络管理系统的功能。

对于大型网络来说，网络规模较大，网络结构复杂，一旦网络出现故障，查找与维护都很困难，因此网络管理软件是不可缺少的助手；而对于小型网络或者个人用户来说，他们的技术水平较低，聘请专业技术人员的费用又太高，因此网络管理软件可以帮助解决一些棘手的问题。所以，网络管理软件已经成为各种网络必不可少的组成部分。

目前市场上的网络管理软件名目繁多，在选择时可以从以下几方面进行考虑：与自身的网络规模和网络模式相对应；具有智能化的监视能力；具有基于用户策略的控制能力；具有支持多协议、开放式操作系统和第三方管理软件的能力；具有良好的用户界面；具有简单的、无须编程的开发工具；具有良好的技术支持和服务；具有合适的性价比等。

② 网络设备的管理代理。

网络设备的管理代理简称“管理代理”，是驻留在网络设备中的一个软件模块。其中的网络设备可以是系统中的网络计算机、打印设备和交换机等。网络设备的管理代理软件能够获得每个网络设备的各种信息。因此，每个管理代理上的软件就像被管理设备的代理人，它可以完成网管软件所布置的信息采集任务。实际上，它充当了网络管理系统与被管设备之间的信息中介。管理代理通过被控制设备中的管理信息库来实现管理网络设备的功能。

在实际应用中，由于 SNMP 确立了不同设备、软件和系统之间的基础框架，因此人们通常选用支持 SNMP 的网络设备。这样驻留在其中的管理代理软件就具有共同语言。正因为有了这个标准语言，网络设备的管理代理软件才可以将网络管理软件发出的命令按照统一的网络格式进行转化，再收集需要的信息，最后返回正确的响应信息，从而实现网管软件在网络管理中的统一网络管理。

③ 管理信息库。

管理信息库定义了一种有关对象的数据库，它由网络管理系统所控制。整个 MIB 中存储了多个对象的各种信息数据。网管软件正是通过控制每个对象的 MIB 来实现对该网络设备的配置、控制和监视的。而网络管理员使用的网络管理系统可以通过网络管理的代理软件来控制每个 MIB 对象。

④ 代理设备。

在网络管理系统中，代理设备是标准的网络协议软件和不支持标准的软件之间的一座桥梁。利用代理设备，无须升级整个网络管理系统即可实现旧版本网管软件到新版本的升级。正是由于代理设备的上述特殊功能，所以不是所有的网络管理系统中都有这种设备，也就是说，代理设备在网络管理系统中是可选的。

小结

现今，伴随着计算机和通信技术的高速发展，网络的开放性、互联性、共享性程度的扩大，企业越来越依赖信息和网络技术来支持它们在全球市场中的迅速成长和扩大。但随之而来的威胁也越来越多——黑客攻击、恶意代码、蠕虫病毒等。因此，对于网络安全知识的了解非常必要。

本章主要叙述了网络安全的威胁及防范措施的关键技术。同时对网络管理的相关技术也进行了详细的介绍。

习题

一、选择题

1. 我们平时所说的计算机病毒，实际是________。
   (A) 有故障的硬件　(B) 一段文章　(C) 一段程序　(D) 微生物
2. 为了预防计算机病毒的感染，应当________。
   (A) 经常让计算机晒太阳　(B) 定期用高温对软盘消毒
   (C) 对操作者定期体检　(D) 用抗病毒软件检查外来的软件
3. 计算机病毒是一段可运行的程序，它一般________保存在磁盘中。
   (A) 作为一个文件　(B) 作为一段数据
   (C) 不作为单独文件　(D) 作为一段资料
4. 病毒在感染计算机系统时，一般________感染系统。
   (A) 病毒程序都会在屏幕上提示，待操作者确认(允许)后
   (B) 是在操作者不觉察的情况下
   (C) 病毒程序会要求操作者指定存储的磁盘和文件夹后
   (D) 在操作者为病毒指定存储的文件名以后
5. 在大多数情况下，病毒侵入计算机系统以后，________。
   (A) 病毒程序将立即破坏整个计算机软件系统
   (B) 计算机系统将立即不能执行各项任务
   (C) 病毒程序将迅速损坏计算机的键盘、鼠标等操作部件

(D) 一般并不立即发作,等到满足某种条件的时候,才会出来活动捣乱、破坏

6. 彻底防止病毒入侵的方法是________。

(A) 每天检查磁盘有无病毒　(B) 定期清除磁盘中的病毒

(C) 不自己编制程序　(D) 还没有研制出来

7. 以下关于计算机病毒的描述中,只有________是对的。

(A) 计算机病毒是一段可执行程序,一般不单独存在

(B) 计算机病毒除了感染计算机系统外,还会传染给操作者

(C) 良性计算机病毒就是不会使操作者感染的病毒

(D) 研制计算机病毒虽然不违法,但也不提倡

8. 下列关于计算机病毒的说法中,正确的有:计算机病毒________。

(A) 是磁盘发霉后产生的一种会破坏计算机的微生物

(B) 是患有传染病的操作者传染给计算机,影响计算机正常运行的程序

(C) 有故障的计算机自己产生的、可以影响计算机正常运行的程序

(D) 人为制造出来的、干扰计算机正常工作的程序

9. 计算机病毒的主要危害有________。

(A) 损坏计算机的外观　(B) 干扰计算机的正常运行

(C) 影响操作者的健康　(D) 使计算机腐烂

10. ________是计算机染上病毒的特征之一。

(A) 机箱开始发霉　(B) 计算机的灰尘很多

(C) 文件长度增长　(D) 螺丝钉松动

11. 计算机病毒实质上是一种________。

(A) 操作者的幻觉　(B) 一类化学物质　(C) 一些微生物　(D) 一段程序

12. 以下是预防计算机病毒传染的有效办法是________。

(A) 操作者不要得病　(B) 经常将计算机晒太阳

(C) 控制软盘的交换　(D) 经常清洁计算机

13. 以下是清除计算机病毒的有效方法:________。

(A) 列出病毒文件目录并删除　(B) 用 KILL 等专用软件消毒

(C) 用阳光照射消毒　(D) 对磁盘进行高温消毒

14. 使用消毒软件对计算机进行消毒以前,应________。

(A) 清洁计算机外壳的灰尘　(B) 用干净的系统软盘启动计算机

(C) 先对硬盘进行格式化处理　(D) 对操作者进行体检

15. 计算机病毒来源于________。

(A) 影响用户健康的霉菌发生了变化　(B) 一种类型的致病微生物

(C) 不良分子编制的程序　(D) 计算机硬盘的损坏或霉变

16. 计算机系统感染病毒以后________。

(A) 将立即不能正常运行　(B) 可能在表面上仍然在正常运行

(C) 将不能再重新启动　(D) 会立即毁坏

17. 在以下操作中,________不会传播计算机病毒。

(A) 将别人使用的软件复制到自己的计算机中

(B) 通过计算机网络与他人交流软件

(C) 将自己的软盘与可能有病毒的软盘存放在一起

(D) 在自己的计算机上使用其他人的软盘

18. 当前的抗病毒软件是根据已发现的病毒的行为特征研制出来的,能对付________。

(A) 在未来一年内产生的新病毒　　(B) 已知病毒和它的同类

(C) 将要流行的各种病毒　　(D) 已经研制出的各种病毒

19. 下列措施中,________不是减少病毒的传染和造成的损失的好办法。

(A) 重要的文件要及时、定期备份,使备份能反映出系统的最新状态

(B) 外来的文件要经过病毒检测才能使用,不要使用盗版软件

(C) 不与外界进行任何交流,所有软件都自行开发

(D) 定期用抗病毒软件对系统进行查毒、杀毒

20. 在用抗病毒软件查、杀病毒以前,应当________。

(A) 对计算机进行高温加热　　(B) 备份重要文件

(C) 对计算机进行清洁　　(D) 洗干净手

21. 空气湿度过低对计算机造成的危害体现在________。

(A) 使线路间的绝缘度降低,容易漏电

(B) 容易产生腐蚀,导致电路工作不可靠

(C) 容易产生静电积累,容易损坏半导体芯片和使存储器件中的数据丢失

(D) 计算机运行程序的速度明显变慢

22. 不要频繁地开关计算机电源,主要是________。

(A) 避免计算机的电源开关损坏　　(B) 减少感生电压对器件的冲击

(C) 减少计算机可能受到的震动　　(D) 减少计算机的电能消耗

23. 为个人计算机配备不间断电源(UPS)的目的是避免________。

(A) 突然停电造成损失　　(B) 耗电量变大

(C) 供电线路发热　　(D) 外电源的波动和干扰信号太强

24. 在替代密码中,若采用 $N=3$ 的替代算法,明文是 abc,则密文是________。

(A) def　　(B) DEF　　(C) efg　　(D) EFG

25. 下列关于公开密钥算法的叙述中正确的是________。

(A) 加密密钥和解密密钥相同　　(B) 从加密密钥可以得到解密密钥

(C) 每个用户有两个密钥　　(D) 加密密钥是保密的

26. 下列选项中是网络管理协议的是________。

(A) DES　　(B) UNIX　　(C) SNMP　　(D) RSA

27. 在公钥机密体制中,公开的是________。

(A) 加密密钥　　(B) 解密密钥

(C) 明文　　(D) 加密密钥和解密密钥

28. RSA 属于________。

(A) 秘密密钥密码　　(B) 公用密钥密码

(C) 保密密钥密码　　(D) 对称密钥密码

29. 防火墙是指________。

(A) 一个特定软件 (B) 一个特定硬件

(C) 执行访问控制策略的一组系统 (D) 一批硬件的总称

30. 关于防火墙的功能,以下描述错误的是________。

(A) 防火墙可以检查进出内部网的通信量

(B) 防火墙可以使用应用网关技术在应用层上建立协议过滤和转发功能

(C) 防火墙可以使用过滤技术在网络层对数据包进行选择

(D) 防火墙可以阻止来自内部的威胁和攻击

31. 甲通过计算机网络给乙发消息,说其同意签订合同。随后甲又反悔,不承认发过该条消息。为了防止这种情况发生,应该在计算机网络中采用________。

(A) 消息认证技术 (B) 数据加密技术

(C) 防火墙技术 (D) 数字签名技术

32. 以下网络信息安全性威胁中,属于被动攻击的是________。

(A) 中断 (B) 篡改 (C) 截获 (D) 伪造

33. 网络管理中,被管理的对象称为________。

(A) 管理站 (B) 客户机 (C) 代理 (D) 硬件设备

二、多选题

1. 以下________是检查磁盘与文件是否被病毒感染的有效方法。

(A) 检查磁盘目录中是否有病毒文件

(B) 用抗病毒软件检查磁盘的各个文件

(C) 用放大镜检查磁盘表面是否有霉变现象

(D) 检查文件的长度是否无故变化

2. 关于计算机病毒的传染途径,下列说法________是对的。

(A) 通过软盘复制 (B) 通过交流软件

(C) 通过共同存放软盘 (D) 通过借用他人软盘

3. 当前常见的抗病毒软件一般能够________。

(A) 检查计算机系统中是否感染有病毒,消除已染上的所有病毒

(B) 杜绝一切计算机病毒对计算机的侵害

(C) 消除计算机系统中的一部分病毒

(D) 查出计算机系统感染的一部分病毒

4. 当前的防病毒软件可以________。

(A) 自动发现病毒入侵的一些迹象并阻止病毒的入侵

(B) 杜绝一切计算机病毒感染计算机系统

(C) 在部分病毒将要入侵计算机系统时发出报警信号

(D) 使入侵的所有计算机病毒失去破坏能力

5. 计算机病毒会造成计算机________的损坏。

(A) 硬盘中的软件程序 (B) 鼠标和键盘

(C) 硬盘中的数据 (D) 音箱和麦克风

6. 以下关于计算机病毒的说法,不正确的有________。

(A) 用消毒软件杀灭病毒以后的计算机内存肯定没有病毒活动

(B) 没有病毒活动的计算机不必消毒

(C) 最新的杀毒软件,也不一定能清除计算机内的病毒

(D) 良性病毒对计算机没有损害

7. ________是预防计算机病毒感染的有效措施。

(A) 不使用盗版软件　　(B) 限制软盘交流

(C) 用杀毒软件定期检查消除病毒　　(D) 定期检查操作员健康

8. 下列现象________可能是计算机感染上病毒的表现。

(A) 显示屏上出现不应有的字符、画面

(B) 程序或数据文件的长度改变或者神秘地消失

(C) 可用磁盘空间、可用内存容量异常减少

(D) 计算机不能启动或不承认磁盘存在

9. 下列的说法中,属于计算机病毒的基本特点有________。

(A) 计算机病毒一般是短小精悍的程序,具有较强的隐蔽性

(B) 病毒程序都能够自我复制,并主动把自己或变种传染给其他程序

(C) 病毒程序是在一定的外界条件下被激发后开始活动,干扰系统正常运行

(D) 良性计算机病毒对计算机系统没有危害

10. 下列现象中________可能是计算机病毒活动的结果。

(A) 某些磁道或整个磁盘无故被格式化,磁盘上的信息无故丢失

(B) 使可用的内存空间减少,使原来可运行的程序不能正常运行

(C) 计算机运行速度明显减慢,系统死机现象增多

(D) 在屏幕上出现莫名其妙的提示信息、图像,发出不正常的声音

11. 以下措施中,________是常见的预防计算机病毒的好办法。

(A) 使用名牌计算机系统,并经常对计算机进行防霉处理

(B) 经常用抗病毒软件检测和消除计算机病毒

(C) 为使用的软件增加抵御病毒入侵和报警功能

(D) 不采用社会上广泛流行、使用的操作系统

12. 减少计算机病毒传染和造成损失的常用措施有________。

(A) 重要的文件要及时、定期备份

(B) 对外来的文件要经过病毒检测后才使用

(C) 对存储有重要资料的磁盘进行写保护

(D) 定期用检测软件对系统进行查毒杀毒

13. 个人计算机对使用环境、条件的要求,下列________说法是错误的。

(A) 必须安装不间断电源

(B) 在一般家庭和办公室都能正常使用

(C) 不能有强的电磁场干扰

(D) 必须安装空调器,保持机房气温恒定

14. 灰尘对计算机产生的危害主要是________。
(A) 导致接触不良或者漏电
(B) 影响软盘驱动器读写的可靠性
(C) 显示器内部高压部分容易引起打火
(D) 计算机运行程序的速度明显变慢

15. 当前的KV3000抗病毒软件可以用来________。
(A) 检查磁盘中的部分病毒　　(B) 清除磁盘中的部分病毒
(C) 进行病毒示范表演　　(D) 制作样板病毒

16. ________不可能是计算机病毒造成的危害。
(A) 计算机不能正常启动　　(B) 计算机不能正常运行
(C) 操作者患病　　(D) 计算机的零件生锈

17. 计算机工作环境的湿度过高,将使计算机________。
(A) 容易产生静电积累　　(B) 线路间的绝缘度降低
(C) 容易产生腐蚀　　(D) 容易产生病毒

三、填空题

1. 计算机病毒是________,它能够侵入________,并且能够通过修改其他程序,把自己或者自己的变种复制插入其他程序中,这些程序又可传染别的程序,实现繁殖传播。

2. 计算机病毒是________编制出来的、可以________计算机系统正常运行,又可以像生物病毒那样繁殖、传播的________。

3. 当前的抗病毒的软硬件都是根据________的行为特征研制出来的,只能对付已知病毒和它的同类。

4. 在网络应用中一般采取两种加密形式:________和________。

5. 防火墙的技术包括四大类:________、________、________和________。

6. 防火墙的功能特点为:________、________、________、________。

7. 研究密码技术的学科称为________。密码学包括两个分支,即________和________。前者指在对信息进行编码实现信息隐蔽,后者研究分析破译密码的学问。

8. 从网络传输的角度,通常有两种不同的加密策略,即________和________。

9. 对称密钥密码系统的加密密钥和________密钥相同。

10. 非对称加密技术中使用一对密钥,一个公钥,一个私钥,其中________可公开发布。

11. 计算机病毒一直伴随着计算机技术的发展而不断变化,其中以________和________为代表的计算机病毒依附于网络技术,使其传播迅速、攻势猛烈、影响巨大。

12. 根据防火墙所采用的技术不同,可以将防火墙分为4种基本类型:________、________、________和________。

13. 由于网络漏洞的存在,潜在的网络威胁主要包括:窃听、________、欺骗假冒、破坏数据完整性、________等方式。

14. 网络管理主要包括故障管理、________、性能管理、计费管理和________五大管理功能。

四、思考问答题

1. 计算机病毒是什么?
2. 计算机病毒有哪些特点?
3. 预防和消除计算机病毒的常用措施有哪些?
4. 计算机病毒活动时,经常有哪些现象出现?
5. 发现自己的计算机感染上病毒以后应当如何处理?
6. 减少计算机病毒造成的损失的常见措施有哪些?
7. 概述网络黑客攻击方法。
8. 简述防范网络黑客防措施。
9. 简述网络信息安全的5个基本要素。
10. 简述计算机网络通信安全的5个目标。
11. 比较端到端加密和链路加密。
12. 计算机病毒的特点有哪些?
13. 计算机病毒可以分为哪几类?
14. Sniffer技术的原理是什么?
15. 在组建Intranet时,为什么要设置防火墙?防火墙的基本架构是怎样的?
16. 防火墙能防什么?防不住什么?
17. 什么是网络管理?网络管理的主要功能有哪些?
18. 采用行置换加密算法,如果密钥为china,明文为meet me after the tomorrow,写出加密过程和密文。密文为ttnoyimoceuee,写出明文和解密过程。

第 8 章　多媒体技术基础

多媒体技术及其产品是当今世界计算机产业发展的新领域。多媒体技术使计算机具有综合处理声音、文字、图像和视频的能力，它以形象丰富的声、文、图信息和方便的交互性，极大地改善了人机界面，改变了使用计算机的方式，从而为计算机进入人类生活和生产的各个领域打开了方便之门，给人们的工作、生活、学习和娱乐带来了深刻的变化。

8.1　概述

多媒体技术是计算机技术和社会需求的综合产物，它是计算机发展的一个重要方向。在计算机发展的早期阶段，人们利用计算机主要从事数据的运算和处理，在军事和工业生产上，人们所解决的全部是数值计算问题。随着计算机技术的发展，尤其是硬件设备的发展人们开始用计算机处理和表现图像、图形，使计算机更形象逼真地反映自然事物和运算结果，以满足图像处理领域的需要。可以说，这使得计算机已经具备了简单的多媒体处理功能。

随着计算机软硬件的进一步发展，计算机的处理能力越来越强，计算机的应用领域得到进一步的拓展，应用需求大幅度增加，在很大程度上促进了多媒体技术的发展和完善。多媒体技术由当初单一媒体形式逐渐发展到目前的动画、文字、声音、视频、图像等多种媒体形式。归纳起来，目前的多媒体技术主要在以下 4 个方面得到了长足的发展：

(1) 计算机系统自身的多媒体硬件、软件配置和相关的高技术。

(2) 将多媒体技术与网络通信技术、家用电器制造技术、视频音频设备的智能化技术相结合，从而产生全新的广义上的多媒体技术，在办公自动化、生活消费、教育手段、咨询、影视娱乐等多方面发挥重要作用。

(3) 在工业控制技术中融入了多媒体技术，使工业过程的可控性、控制的可视性、控制数据的可读性、人机界面的易识别性等多方面得到提高。

(4) 在医学上，多媒体技术的引入，使医药研制、疗效确认、医疗诊断、病理信息的交换、远程手术等方面得到进一步发展。

值得提出的是，在多媒体技术的早期应用中，是以存储和处理巨大的信息量作为代价的，例如数字图像，音乐和动画都需要大量的数据来描述它们，一个尺寸不大的图片往往要占据很大的存储空间。随着多媒体技术和相关技术的发展，针对多媒体数据的压缩技术应运而生。例如用来解决音乐数据压缩问题的 MP3 技术、解决视频数据压缩的 MPEG 技术等。数据压缩技术的不断发展和完善，使计算机能够处理更多的媒体形式。目前的多媒体计算机能够处理和播放音乐、VCD 活动影像、DVD 高清晰度活动影像、文字自动识别、语音自动识别等。

8.1.1 多媒体技术的社会需求

社会需求是促进多媒体技术产生和发展的重要因素。可以说,包括计算机本身在内,一切科学技术的发展都离不开社会需求这一重要条件。社会需求随着人类文明的发展而不断增加,刺激着各个领域中的科学技术不断地进步和发展。

计算机自1946年问世以来,一直进行着单一文字处理和计算工作。人们希望计算机能处理更多的事情,例如日本人提出利用计算机进行人工智能方面的研究,并决定研制和开发所谓的“第五代计算机”。第5代计算机的标志是人工智能,要求计算机在多领域、多学科处理多重信息。尽管要实现真正意义上的人工智能还有相当艰辛的道路要走,但是第5代计算机的开发技术确实起到了带动计算机技术发展的作用,这种越来越迫切的需求,造就了一门全新的技术——多媒体技术。多媒体技术的核心就是利用计算机技术对多种媒体进行处理,并可通过人机对话方式对处理过程和方式进行控制,使计算机在更广泛的应用领域发挥作用。

多媒体技术在发展过程中,社会需求总是起到刺激和推动作用,按照多媒体技术发展的时间表进行归纳,社会需求主要体现在以下几个方面:

(1) 图形和图像处理的需求。图形和图像是人们辨识事物最直接和最形象的形式,很多难以理解和描述的问题用图形或图像表示,就能起到一目了然的作用。计算机多媒体技术首先要解决的问题就是图形和图像的处理问题。

(2) 大容量数据存储的需要。随着计算机处理范围的扩大,被处理的媒体种类不断增加,信息量加大,要保存和处理大量的信息,成为多媒体要解决的又一个问题。CD-ROM存储方式和存储介质应运而生。

(3) 音频信号和视频信号处理的需要。使用计算机处理并重放音频信号和视频信号,是人们对计算机技术提出的新要求,经过多年的发展,计算机能够对音频信号和视频信号进行采集数字化处理和重放,并能对重放的过程和模式进行控制。

(4) 界面设计的需要。计算机和使用者之间的操作层面叫做界面,在计算机发展的早期阶段人们忽视了界面设计问题,这使得没有相当经验和技术的人无法使用计算机。随着计算机应用的拓展和普及,界面的设计变得越来越重要,界面是计算机与人类沟通的重要桥梁。在界面中,图像,声音,动画等多种形式的应用,使操作变得容易和亲切;交互性控制按钮的安排,使人们能够轻松地干预和控制计算机;界面中的声音提示,活动影像的播放,不但使所表达的内容更加形象和生动,更重要的是还可以使表达的信息量大幅增加。

(5) 信息交换的需要。在现代社会里,信息是至关重要的。为了满足人们对信息流动和交换的渴求,计算机不能以单机形式处理信息,而是连接在一起,使网络互相之间传递和交换信息。“信息高速公路”由此应运而生。1991年,美国提出信息高速公路法案,促使联邦政府要求工业界和企业界建立现代化计算机网络,网络采用光缆连接,形成横跨北美的大容量,高速度的信息交换网络。今天,Internet国际互联网络的发展,促进了多媒体技术在网络中的应用,并使多媒体技术更趋成熟。

(6) 高科技研究的需要。在高科技研究领域中,航空航天技术首屈一指。而这一技术与计算机技术几乎是同义词。如果没有计算机技术,人类走向太空几乎是不可能的。目前,多媒体技术的发展,使人们能够在飞往太空之前模拟太空中的各种状况和条件,并且在航天轨道上计算与模拟,星际旅游的实现,星系的演变等各方面建立了虚拟的实境,供深入研究。

(7) 娱乐与社会的需要。人类不仅从事科学与技术,还注重享受娱乐和进行其他社会活动,使用常规设备和技术已经不能满足这方面日益增加的需求。人们已经开始采用计算机多媒体技术,满足各种各样的娱乐和社会活动需要。在娱乐业,影视娱乐的噱头几乎被电脑所囊括,而电脑特技实际上就是计算机多媒体技术的一个分支。在社会活动方面,人们为了使更多的人了解自己,创造了人类独有的广告业。广告业的兴起,带动了更为兴旺的商业活动。目前,广告制作几乎全部仰仗多媒体技术,平面设计、影视广告制作、娱乐性动画片等无一不使用计算机多媒体技术。

除了上述主要的社会需求外,在医学、交通、工业产品制造,以及农业等多方面也构成了社会需求,全方位的社会需求使多媒体技术的应用领域更为广泛,其发展将永无止境。

8.1.2 多媒体的技术背景

多媒体技术是建立在计算机技术的基础上的,其技术背景是针对计算机技术而言的,它是实现多媒体技术的必要条件和保证。

以下几个方面是多媒体的主要技术背景:

(1) 多媒体计算机的硬件条件。要实现多媒体技术,计算机需要大容量存储器、处理速度快的 CPU(中央处理器)、CD-ROM、高效声音适配器,以及视频处理适配器等多种硬件设备,并且需要相关的外围设备,例如用于获取数字图像的数码照相机、扫描仪和视频头;用于输出的打印机、投影机、自动控制设备等。

(2) 数据压缩技术。在多媒体技术的发展过程中,数据压缩技术是关键技术。它解决了大量多媒体信息数据压缩存储的问题,CD-ROM 的应用,VCD 和 DVD 光盘的使用,都是数据压缩技术具体应用的成果。对于图像文件、音乐文件、视频文件的数据压缩,使这些原本数据量非常大的文件得以轻松地保存和进行网络间的传送。

(3) 多媒体的软件条件。多媒体技术的应用离不开计算机软件。在广泛的应用领域中,人们编制了内容广泛、使用方便的软件。借助计算机软件,人们才得以在多领域使用计算机,从而充分地利用多媒体技术解决相关问题。今天,计算机软件的发展速度远高于计算机硬件的发展速度,并且有软件功能部分地取代硬件功能的趋势。

(4) 相关技术的支持。在多媒体技术中,没有相关技术的支持也是不行的。在多媒体技术所涉及的广泛领域中,每一种应用领域都有其独特的技术特点和条件。将相关技术融入计算机多媒体技术中,或者与之建立某种有机的联系,是多媒体技术能否成功应用的关键。

8.2 多媒体技术的发展

多媒体技术的发展是社会需求的结果,是社会不断推动的结果,是计算机不断成熟和扩展的结果。在多媒体的整个发展进程中,有几个具有代表性的阶段:

(1) 1984 年,美国 Apple(苹果)公司开创了用计算机进行图像处理的先河,在世界上首次使用 Bitmap(位图)概念对图像进行描述,从而实现了对图像进行简单的处理、存储以及相互之间的传送等。苹果公司对图像进行处理的计算机是该公司自行研制和开发的 Apple(苹果)牌计算机,其操控系统名为 Macintosh,也有人把"苹果"计算机直接叫做 Macintosh 计算机。在当时,Macintosh 操作系统首次实际采用了先进的图形用户界面,体现了全新的 Windows(窗口)概念和 Icon(图标)程序设计理念,并且建立了新型的图形化人机接口标准。

(2) 1985 年,美国 Commodore 公司将世界上首台多媒体计算机系统展现在世人面前,该计算机系统被命名为 Amiga。并在随后的 Comdex'89 展示会上,展示了该公司研制的多媒体计算机系统 Amiga 的完整系列。

同年,计算机硬件技术有了较大的突破,为解决大容量存储的问题,激光只读存储器 CD-ROM 问世,为多媒体数据的存储和处理提供了理想的条件,并对计算机多媒体技术的发展起到了决定性的推动作用。在这一时期 CDDA(Compact Disk Audio)技术也已经趋于成熟,使计算机具备了处理和播放高质量数字音响的能力。这样,在计算机的应用领域中又多了一种媒体形式,即音乐处理。

(3) 1986 年 3 月,荷兰 PHILIPS(菲利普)公司和日本 SONY(索尼)公司共同制定 CD-I(Compact Disc Interactive)交互式激光盘系统标准,使多媒体信息的存储规范化和标准化。CD-I 标准允许一片直径 5 英寸的激光盘上存储 650MB 的数字信息量。

(4) 1987 年 3 月,RCA 公司制定了 DVI 技术指标,该技术标准在交互式视频技术方面进行了规范化和标准化,使计算机能够利用激光盘以 DVI 标准存储静止图像和活动图像,并能存储声音等多种信息模式。DVI 标准的问世,使计算机处理多媒体信息技术具备了统一的技术标准。

同年,美国 Apple 公司开发了 Hyper Card,该卡安装在苹果计算机上,使该型计算机具备了快速、稳定的处理多媒体信息的能力。

(5) 1990 年 11 月,美国 Microsoft 公司和包括荷兰 PHILIPS(菲利普)公司在内的一些计算机技术公司成立了"多媒体个人计算机市场协会"。该协会的主要任务是对计算机多媒体技术进行规范化管理和制定相应的标准,该协会制订了多媒体计算机的"MPC 标准"。该标准对计算机增加多媒体功能所需的软硬件规定了最低标准的规范、量化指标,以及多媒体的升级规范等。

(6) 1991 年,多媒体个人计算机市场协会提出 MPC1 标准,从此全球计算机业内共同遵守该标准规定的各项内容,促进了 MPC 标准化和生产销售,使多媒体个人计算机成为一种新的潮流趋势。

(7) 1993 年 5 月,多媒体个人计算机市场协会提出 MPC2 标准。该标准根据硬件和软件的迅猛发展状况做出了较大的调整和修改,尤其对声音、图像、视频和动画的播放、Photo CD 做了新的规定。此后,多媒体个人计算机市场协会演变成多媒体个人计算机工作组(Multimedia PC Working Group)。

(8) 1995 年 6 月,多媒体个人计算机工作组公布了 MPC3 标准。该标准为适合多媒体个人计算机的发展,又提高了软件、硬件的技术指标。更为重要的是,MPC3 标准制定了视频压缩技术 MPEG 的技术指标,使视频播放技术更加成熟和规范化,并且制定了采用全屏幕播放、使用软件进行视频数据解压缩等项技术标准。

同年,由美国微软公司开发的功能强大的 Windows 95 操作系统问世,使多媒体计算机的用户界面更容易操作，功能更为强劲。随着视频音频压缩技术的日益成熟，高速的奔腾系列CPU开始武装个人计算机，个人计算机市场已经占据主导地位，多媒体技术得到了蓬勃发展。国际互联网络Internet的兴起，也促进了多媒体技术的发展，更新更高的MPC标准相继问世。

目前，多媒体技术发展趋势是把计算机技术、通信技术和大众传播技术融合在一起，建立更广泛意义上的多媒体平台，实现更深次的技术支持和应用，使之与人类文明水乳交融。

8.3 基本概念

自多媒体技术诞生以来，随着计算机技术的发展，以及媒体种类和处理技术的不断更新，有关多媒体的概念也不断被完善。在多媒体技术发展的早期，人们把存储信息的实体叫做“媒体”，例如磁盘、磁带、纸张、光盘等；而用于传播信息的电缆、电磁波则被叫做“媒介”。多媒体技术所涉及的实际上是媒介和媒体两种形式。在现代多媒体技术的词汇中，人们侧重于谈论光盘、磁盘等承载信息的媒体形式，而把传播信息的媒介作为必要的硬件条件。

多媒体一词来自于英文Multimedia，这是一个复合词。它由multiple和medium的复数形式media组合而成。multiple有“多重、复合”之意；media是指“介质、媒介和媒体”。按照字面理解，多媒体就是“多重媒体”或“多重媒介”的意思。多媒体的概念，应从更深层次理解。利用计算机对多媒体信息进行处理，并实行交互式技术处理，这种技术被叫做“多媒体技术”。现代多媒体技术所涉及的对象主要是计算机技术的产物，其他领域的事物不属于多媒体范畴，例如电影、电视、音响等。

8.3.1 什么是多媒体

多媒体技术是利用计算机对文字、图像、图形、动画、音频、视频等多种信息进行综合处理、建立逻辑关系和人机交换作用的产物。

以上有关多媒体的定义，是基于人们目前对多媒体的认识而总结归纳出来的。然而，随着多媒体技术的发展，计算机所能处理的媒体种类会不断地增加，功能也会不断地完善和进一步发展，有关多媒体的定义也会更加趋于准确和完整。

8.3.2 媒体类型

从严格意义上讲，媒体是承载信息的载体，是信息的表示形式。媒体客观地表现了自然界和人类活动中的原始信息。利用计算机技术对媒体进行处理和重现，并对媒体进行交互性控制，就构成了多媒体技术的核心内容。

按照国际上某些标准化组织制定的媒体分类标准，媒体有6种类型，见表8-1。

媒体的类型很多，表8-1中只列出了一部分。目前的计算机多媒体技术能够对其中的部分进行处理。随着多媒体技术的不断发展，所能处理的媒体类型会越来越多。

表 8-1 媒体类型

媒体类别	作　用	表　现	内　容
感觉媒体	用于人类感知客观环境	听觉、视觉、触觉	文字、图形、图像、动画、语言、声音、音乐等
表示媒体	用于定义信息交换的特征	计算机数据格式	ASCII 编码、图像编码、声音编码、视频信号
显示媒体	用于表达信息	输入、输出信息	鼠标、键盘、光笔、话筒、扫描仪、屏幕、打印机
存储媒体	用于存储信息	保存、输出信息	软盘硬盘、CD-ROM 光盘,磁带、半导体芯片
传输媒体	用于连续数据信息的传递	信息传递的网络介质	电缆、光缆、微波无线电路
信息交换媒体	用于存储和传输全部媒体形式	异地信息交换介质	内存、网络、电子邮件系统、互联网 WWW 浏览器

多媒体技术主要针对的对象有:

(1) 文字。采用文字编辑软件生成文本文件,或者使用图像处理软件形成图形方式的文字。

(2) 图像。主要是指具有一定彩色数量的. gif、. bmp、. tga、. tif、. jpg 格式的静态图像。图像采用位图方式,并对其压缩,实现图像的存储和传输。

(3) 图形。图形是采用算法语言或某些应用软件生成的矢量化图形,具有体积小,线条圆滑变化的特点。

(4) 动画。动画有矢量动画和帧动画之分,矢量动画在单画面中展示动作的全过程;而帧动画则使用多画面来描述动作。帧动画与传统动画的原理一致,代表性的帧动画文件有. swf 动画文件。

(5) 视频信号。视频信号是动态的图像。具有代表性的有:. avi 格式的电影文件和压缩的格式的. mpg 视频文件。

以上各种媒体全部采用数字形式存储,形成对应格式的数字文件。数字文件使用的存储介质有光盘、硬盘、磁光盘、半导体存储芯片和软盘。为了使任何计算机系统都能处理多媒体文件,国际上制定了相应的工业标准,规定各个多媒体文件的数据格式、采样标准,以及各种相关指标。在计算机及硬件方面,也正致力于硬件标准的统一,使网络上不同的计算机能够使用多媒体文件。

8.3.3 基本特征

多媒体技术所涉及的对象是媒体,而媒体优势承载信息的载体,因而又被称为"信息载体"。所谓多媒体的基本特征,实际上就是指信息载体的多样化、交互化和集成性三个方面。

1. 信息载体的多样化

多媒体技术所涉及的是多样化的信息,信息载体自然也随之多样化。多种信息载体使信息在交换有更灵活的方式和更广阔的自由空间。多样化信息载体包括：

(1) 磁盘介质、半导体介质和光盘介质；

(2) 调动人类听觉的语言；

(3) 调动人类视觉的静止图像和动态图像。

信息载体主要应用在计算机的信息输入和信息输出上，多样化信息载体的调动使计算机具有拟人化的特征，使其更容易操作和控制，更具有亲和力。

2. 信息载体的交互性

交互性是指用户与计算机之间进行数据交换、媒体交换和控制权交换的一种特征。多媒体信息载体如果具有交互性是由需求决定的，多媒体技术必须实现这种交互性。

根据需求，信息交互具有不同层次。简单的低层次信息交互的对象主要是数据流，由于数据具有单一性因此交互过程较为简单。较复杂的高层次信息的交互的对象是多样化信息，其中包括作为视觉信息的文字、图像、图形、动画、视频信号，以及作为听觉信号的语言、音乐。多样化信息的交互模式比较复杂，可在同一属性的信息之间进行交互动作，也可在不同属性之间交叉进行交互动作。

3. 信息载体的集成载体性

所谓"信息的集成性"，是指处理多种信息载体集合的能力。而硬件应具备与集成信息处理能力相匹配的设备和设置，软件应具备处理集成信息的操作系统和应用程序。

信息载体的集成性主要体现在以下两方面：

(1) 多种信息集成处理。在众多信息中，每一种信息都有自己的特殊性，同时又具有共性。多种信息处理的关键是把信息看成一个有机的整体，采用多种途径获取信息、统一存储信息、组织和合成信息手段，对信息进行处理。

(2) 处理设备的集成。多媒体信息的处理离不开计算机设备。把不同功能、种类的设备集成在一起，使其完成信息处理工作，是处理设备面临的问题。信息处理设备的集成化，带来许多问题，例如急剧增加的信息量、输入输出的单一化、网络通信带宽不足。为了解决这些问题，必须提高设备的档次和工作稳定性。例如采用能够处理多媒体信息的高速并行CPU、增加信息存储容量、增加输入输出的通道数目，增加网络带宽等措施。

8.4 多媒体软件

多媒体技术的具体实施，需要软件的支持，仅有多媒体个人计算机是不够的。多媒体软件主要用于制作多媒体产品，由于多媒体软件的集成度不高，几乎没有一种集成软件能够独立完成多媒体制作的全过程，而在软件的选择上，余地比较大。对于同一多媒体素材，可以使用多种软件进行制作。例如制作某个动画素材，可以选用 Animator Pro 平面动画制作软件，也可以选用 Cool 3D 三维文字东华软件制作，还可以选用 Flash 矢量动画制作软件，甚至可以使用 Morph 变形动画制作。

在多媒体的后期制作阶段，需要另外一些软件把图像、图形、动画、声音等素材有机地结合在一起，并产生交互作用，这些软件起到支撑作用。在支撑平台上，所有多媒体素材、媒体和信息载体之间建立联系，构成完整的多媒体系统。具有这种支撑平台功能的软件也不少，可根据需要进行选择。

综上所述，多媒体软件基本上可分为两大类。一类由各种各样专门用于制作素材的软件构成，例如文字编辑软件、图像处理软件、动画制作软件、音频处理软件、视频处理软件等；另一类由完成支撑平台功能的软件构成，人们习惯上把这类软件叫做“平台软件”。平台软件通常是一些可编程的系统，其主要作用是把各种素材有机地组合在一起，并利用可编程环境，创建人机交互功能。

8.4.1 素材制作软件

素材制作软件是一个大家庭，能够制作的素材很多，分别有文字编辑软件、图像处理软件、动画制作软件、音频处理软件、视频处理软件等。其中，文字编辑软件比较普及，例如Office办公系列软件中的Word 2003。该软件可以编辑和输入文字，并具有图形文字混合排版、制表、表格运算等较强的功能，操作较简单。其他素材制作软件相对较复杂，功能比较强大且专一。由于素材制作软件各自的局限性，因此在制作和处理稍微复杂一些的素材时，往往用几个软件来完成。

1. 图像处理软件

图像处理软件专门用于获取、处理、输出图像，主要用于平面设计领域，制作多媒体产品、广告设计的领域。图像处理软件的基本功能可能归纳为：

(1) 获取图像功能。获取图像的途径有很多，例如利用扫描仪来扫描图像、使用数码照相机拍摄图像、使用Photo CD光盘等。几乎所有大型图形处理软件都带有标准TWAIN扫描驱动程序，该程序用于沟通图像处理软件与扫描仪的信息通道，并可启动扫描仪驱动程序。用户可在图像处理软件中直接使用扫描仪的驱动程序，从而实现对图片的扫描，以此获得图片素材。

(2) 输入与输出功能。图像处理软件一般都具备较强的输入输出功能，从图像素材到专门的控制参数和图形工具，都可输入输出。图像处理软件可以输入各种格式的图像数字文件，其主要的文件格式见表8-2。

图像处理软件的输出功能主要解决了数字图像文件的保存问题。加工制作完成的图像可以多种文件格式保存，以便各种场合使用。输出文件的格式与表8-2中列出的内容相同。

图像文字的数据量通常很大，占用的存储空间也很大，尤其是提供印刷的图像时，其高清晰度和丰富的彩色，使得图像的数据量更大。通常情况下，一副A4幅面的RGB(三色)彩色图像的数据量约为25MB，一副相同幅面的CMYK(4色)彩色图像，约为34MB。由于图像的数据量如此之大，因此图像文件通常保存在光盘或活动硬盘中。近年来，随着计算机软件技术的发展和国际互联网的兴起，出现了压缩格式的图像文件，该类图像的数据量大幅减少，便于保存和传送。

图像也是输出形式的一种。图像处理软件一般只提供打印的功能接口，打印参数的确定和修改由打印设备所携带的驱动程序提供。例如，某多媒体计算机配备了一台彩色喷墨打印机，则所有与打印有关的技术参数(如彩色打印还是黑白打印、纸张选择、打印分辨率、打印张数等)均由彩色喷墨打印机驱动程序提供。由于打印机的生产厂家各自开发自己的驱动程序,因此,驱动程序的界面和使用方法也五花八门,要视具体情况而定。

表 8-2 图像文件格式

文件扩展名	图像文件格式
BMP	Windows/OS2 系统使用的 BMP 位图格式
DCS	通用 DCS 文件格式
EPS	通用 EPS 文件格式
GIF	通用 256 色压缩文件格式,此格式允许采用多画面模式
JPG	采用 JPEG 压缩算法的文件按格式
MAC	苹果个人计算机的 MAC 文件格式
PCD	通用 PCD 文件格式
PCT	通用 PCT 文件格式
PCX	通用 PCX 文件格式
PSD	图像处理软件独特的 PSD 文件格式,按格式的图像分层存放
RLE	RLE 文件格式
SCT	SCT 文件格式
TGA	通用 TGA 文件格式,此格式的图像是分辨率为 96dpi 的全彩色图像
TIF	通用 TIF 文件格式,此格式的图像通常用于高质量印刷

(3) 加工处理图像。这是图像处理软件的核心功能,图 8-1 显示了图像的处理效果。左侧图形是原版图片,右侧的图形是经过处理的效果。

图 8-1 图像处理效果

对图像的加工和处理,主要包括:文件操作、图形编辑操作、特殊效果生成以及图像合成等内容。表 8-3 列出了图像处理软件主要的图像编辑功能。

(4) 图像文件格式转换。稍微好一些的图像处理软件几乎都具有图像文件格式的自转换功能,即以某一种图像文件格式保存。当然,对于某些图像,还需要进行简单的模式变换,然后再保存需要的文件格式。

图像处理软件的主要作用是:对构成图像的数字进行运算、处理和重新编码,以此形成新的数字组合和描述,从而改变图像的视觉效果。这就是说,图像处理软件实际上对构成图像的数字进行处理,从而改变图像的形态。

表 8-3 主要的图像编辑功能

功能分类	具体图像编辑功能
文件操作	建立新文件、输入输出图像文件、格式文件、文本文件等 图像处理软件系统状态设置、扫描、打印、保存图像
编辑操作	重复操作、图像复制、图像尺寸控制、图案填充 全部剪贴板操作：剪切、复制、多重效果粘贴、确定使用何种剪贴板
区域选择	选择编辑区域、扩大缩小编辑区域、改变编辑区域的状态
图像加工	改变图形的清晰度、颜色饱和度、对比度、亮度、颜色平衡 产生黑白阶图像、改变图像的分辨率和物理尺寸、翻转图像、旋转图像、拉伸图像、改变彩色区域、区分颜色通道、制作颜色通道文件
效果滤镜	为图像增加柔化效果、散点效果、波纹效果、扭曲效果、浮雕效果、光晕效果、纹理效果、虚化效果(产生速度感),加工图像的轮廓、边缘虚化、马赛克效果、局部突起和凹陷效果
窗口控制	窗口个数控制、窗口内图像演示比例的控制、窗口标尺状态的控制、窗口编辑工具显示的控制、窗口内图像的相关信息显示
编辑工具	划定各形状编辑区域、自动选取编辑区域、放大缩小窗口显示 移动、更新、释放、截取编辑区域、文字输入和编辑、选取当前颜色遮罩与透镜、局部明暗处理、尖锐化处理、软化处理、颜色渐变处理画直线、曲线、喷枪、颜色填充、局部复制
辅助编辑	这是编辑工作的辅助工具,主要用于控制各种编辑工具的作用状态
帮助信息	提供图像处理系统的版权信息、注册信息以及简单的操作帮助信息

实现图像处理功能的软件很多,从专业级软件到流行的家用软件、“傻瓜“软件等,比比皆是。就其功能而言,众多的软件各有特色,有大而全的,也有小而精的。而使用的难易程度因软件的不同而不同。

表 8-4 列出了部分常见的软件。图像处理软件是一个大家族,表 8-4 只列出了部分常见的图像处理软件,还有大量的新软件和家用软件未列出。

表 8-4 常见的图像处理软件

软件名称	运行环境	特　点
PhotoSty	Windows 95/98/XP(该软件占用空间相对较少、运行极为稳定,对内存容量的要求不高,并可设置虚拟内存)	图像输入输出速度快 功能简单明了 可方便地使用 Windows 剪贴板、可输入并编辑中文
Photoshop	Windows 95/98/XP(此软件的版本更新较快,新版本往往增加一些效果滤镜、自动工具等)	菜单丰富、分层编辑 图像编辑功能强大 效果滤镜可外挂 带有汉化补丁程序 可输入并编辑中文
FreeHand	Windows 95/98/XP(该软件运行在大容量内存的环境中速度较快,尤其是绘画之类的操作)	图形绘制功能强大 编辑效果细腻 编辑工具众多而实用 可输入并编辑中文
CorelDRAW	Windows 98/NT/XP(此软件是综合性软件包,占用空间较大。各个程序模块提供的功能齐全,能够对多种媒体进行处理)	综合软件包 图像处理 文字处理 矢量化图像处理等多种功能 可输入并编辑中文

在图像的处理过程中，通常遇到一些典型问题，归纳起来有以下三个方面：

① 图像处理分寸的把握。这不单是计算机的操作问题，图像处理效果的好坏，在很大程度上取决于操作者的艺术修养和美术功力。只有在计算机操作和美术两方面都达到一定程度，才能把握好图像处理的分寸。影响图像处理效果的因素有很多，除了人为因素以外，计算机硬件配置、软件的选用也将影响图像处理效果。

② 显示状态和显示质量对图像处理的影响。要发挥图像处理软件的巨大作用，必须保证计算机处于最佳显示状态和最高显示质量。显示质量的优劣主要由“显示分辨率”和“同屏显示颜色数量”这两个因素决定的。如两因素不能满足要求，图像必然发生失真，使参照基准发生动摇，造成图像处理增加许多盲目性，无法保证图像处理的精确性。

影响显示分辨率和同屏显示颜色数量的因素主要源于显示适配器，显示适配器又简称为“显示卡”。显示卡上配备了缓冲存储器，用来存放显示数据和控制数据。该缓冲存储器的容量如果过小，分辨率和同屏显示颜色数量达不到要求，图像显示就会发生失真，尽管图像本身的颜色数量足够多，但人们的视觉参照物不够准确，因而仍然无法准确地加工和编辑图像。

③ 选择恰当的图像文件格式。由于图像最终要用在多媒体产品中，因此图像文件的格式要具有通用性。在进行图像格式的转换时，要尽可能地保持原有图像的颜色数量和分辨率。某些图像文件的格式尽管数据量小，便于存储和处理，但能够使用该图像文件的系统不多，通用性不强，用作多媒体素材显然是不合适的。

2. 动画制作软件与演播软件

动画是表现力最强、承载信息量最大、内容最为丰富、最具趣味性的媒体形式。人们总是习惯接受视觉信息，尤其是动态信息，动画在很大程度上实现了这种需求。

动画所表达的内容虽然丰富、吸引人，但动画的制作却不是件易事。自古以来，人们把大量的时间和精力花费在创作和绘制动画上，有些动画片的绘制甚至要几年时间才能完成。随着计算机技术的发展，人们自然想到使用电脑制作动画。尤其是近年来，多媒体技术的快速发展，促进动画制作大量地使用电脑。商业广告、多媒体教学、影视娱乐业、航空航天技术和工业模拟业，无不大量地充斥着动画。人们借助动画，以最形象的形式了解自然、了解广告意图、了解科学前沿的动态和发展。

使用计算机制作动画，需依靠动画制作软件。动画制作软件分 4 类：

(1) 绘制和编辑动画软件——具有丰富的图像绘制和上色功能，并具有自动动画生成功能，是原始动画的重要工具，具有代表性的有：

Adobe Flash——平面动画制作软件。

3D Studio MAX——三维造型与动画软件。

Maya——三维动画设计软件。

Cool 3D——三维文字动画软件。

Poser——人体三维动画制作软件。

图 8-2 是平面动画制作软件的界面和正在编辑的动画内容。

尽管动画制作软件的种类很多，但动画制作软件提供的基本功能类似，表 8-5 列出了动画软件的部分基本功能。

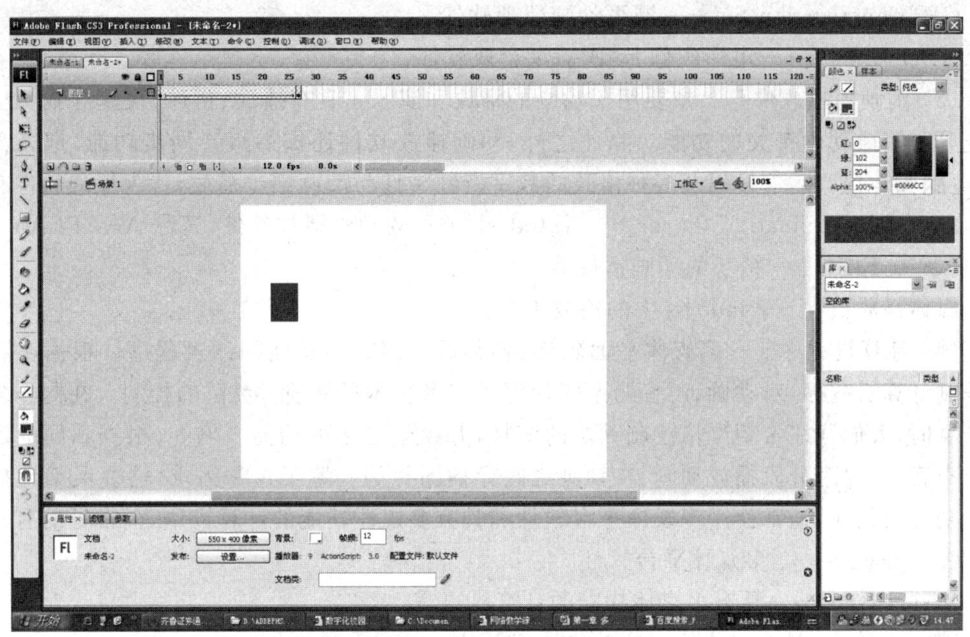

图 8-2　平面动画制作软件的界面和正在编辑的动画内容

表 8-5　动画软件的部分基本功能

功能分类	编辑种类	具体动画编辑动能
单画面编辑	文件操作	输入图片、删除图片、保存图片
	画面绘制	通过画图工具绘制轮廓、上色，通过效果工具添加效果
	画面编辑	翻转、改变尺寸、旋转、前置、后置，使用暂存器进行多种形式的图片粘贴
	颜色控制	设定调色盘、改变颜色、制定渐变色、压缩颜色数量，寻找相临色、保存和输入调色盘文件
	文字编辑	输入、编辑文字
动画编辑	画面控制	增加和减少画面数量、划定画面区间，生成倒序动画、截取动画片段
	动画连接	直接连接两个以上的动画片段、在连接时产生过渡效果，把一组连续编号的图片连接成动画
	动画合成	粘贴粘贴、片段合成、改变动画主体的运动方向、尺寸大小
	自动动画	按照设定的参数自动产生以下形式的动画：直线位移、旋转、翻转、曲线移动、改变大小、颜色循环、对位粘贴动画
	文件操作	输入、删除、浏览、保存动画，输入暂存器动画、保存暂存器动画
	演播动画	演播当前编辑的动画、保存暂存器动画
状态控制	画面状态	清除画面、设定画面分辨率、设定画面的有效编辑尺寸，画面显示放大与缩小、改变画面工具栏的位置
	系统状态	设定系统启动时的默认状态

(2) 动画处理软件——对动画素材进行后期合成、加工、剪辑和整理，甚至添加特殊效果，对动画具有强大的加工处理能力，典型的软件有：

Adobe Flash——动画加工、处理软件。

Premiere——电影影像、动画处理软件。

GIF Construction Set——网页动画处理软件。

After Effects——电影影像、动画后期合成软件。

(3) 动画演播软件——主要用于动画的播放和演示。具有播放、暂停、快速寻找、复位、停止等与演播动画有关的功能。除此之外,动画播放软件还提供声音同步功能,把光盘音乐、电脑数学化音频信号以及多种格式的数字音频文件与动画同步播放,代表性的软件有:

Autodesk Animation Player——Autodesk 公司的动画播放软件,简称 AAAPLAY。

Power FLIC——精巧的动画播放器。

媒体播放机——Windows 中的播放工具。

(4) 计算机程序——多媒体平面软件、各种具有多媒体功能的语言程序。根据实际要求编制计算机程序,对动画、声音乃至图片等所有多媒体素材进行灵活的控制。在制作多媒体产品时,人们往往希望严格控制动画的演播,并赋予更多的功能。例如,根据不同的需要合成声音、必要时分段播放动画、在动画之间穿插图片等。鉴于这种需求,需要灵活地控制动画功能的程序,通常使用多媒体平台软件和具有多媒体功能的计算机语言,常见的有:

Authorware——多媒体平台软件。

Visual Basic——具有多媒体功能的计算机语言。

Visual C——具有多媒体视窗功能的 C 语言。

3. 声音处理软件

声音是一种人们非常熟悉的媒体形式。使用计算机处理声音,软件是必不可少的。专业用于加工和处理声音的软件通常叫做"声音处理软件"。声音处理软件的作用是把声音数字化,并对其进行编辑加工。合成多个声音素材。制作某种声音效果,以及保存声音文件等。

声音处理软件按照功能划分,可分为三大类:

(1) 声音数字化转换软件——为了使计算机能够处理声音,首先通过此类软件把声音转换成数字化音频文件,具有代表性的软件有:

Easy CD-DA Extractor——把光盘音轨转换成.wav 格式的数字化音频文件。

Exact Audio Copy——把多种格式的光盘音轨转换成.wav 格式的数字化音频文件。

Real Jukebox——在互联网上录制、编辑、播放数字音频信号。

现实生活中,声源种类很多,如激光音乐盘、录音带、唱片、人声、自然声等。要将多种形式的声源转换成数字化声音,需要使用相应的软件。

(2) 声音编辑处理软件——通过此类软件,可对数字化声音进行剪辑、编辑、合成和处理,还对声音进行声道模式交换、频率范围调整、生成各种特殊效果、采样频率变换、文件格式转换等,典型的软件有:

Goldwave——带有数字录音、编辑、合成等多功能的声音处理软件。

Cool Edit Pro——编辑功能众多、系统庞大的声音处理软件。

Acid WAV——声音处理基于合成器。

图 8-3 是声音处理软件 Goldwave 的界面和声音素材的显示形式。

声音编辑处理软件是一个大家族,虽然功能种类各异,但主要编辑手段出入不大。处理过的音频信号可以以文件形式保存到磁盘或光盘上,依据使用场合的不同,可采用不同的文

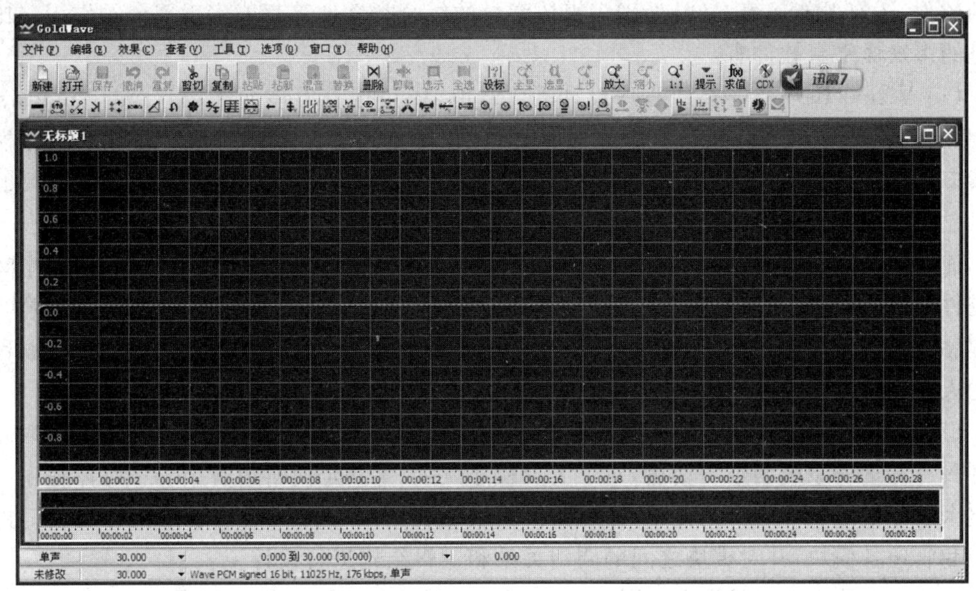

图 8-3　声音处理软件的界面和声音素材的显示形式

件格式保存。

(3) 声音压缩软件——此类软件通过某种压缩算法，把普通的数字化声音进行压缩，在音质变化不大的情况下，大幅度减少数据量，以利用网络传输和保存，常见的软件有：

L3Enc——将.wav 格式的普通音频文件压缩成.mp3 格式的文件。

Xingmp3 Encoder——把.wav 格式的普通音频文件压缩成.mp3 格式的文件。

WinDAC32——把光盘音轨直接转换并压缩成.mp3 格式的文件。

以上三类声音处理软件都带有声音重放功能，在转换、编辑加工和压缩声音时，可随时播放被处理过的声音素材。

值得指出的是，声音的处理不仅与软件有关，而且与硬件环境有关。高性能的声音处理软件必须与高性能的声音适配器配合使用，才能发挥真正强大的作用。而光盘驱动器的接口形式也对声音软件的正常使用有决定性的影响。例如某些光盘音轨转换.wav 文件的音频处理软件，要求使用的光盘驱动器必须采用 SCSI 形式，否则无法工作。

8.4.2　多媒体平台软件

在制作多媒体产品的过程中，通常利用专门软件对各种媒体进行加工和制作。当媒体素材完成之后，再使用某种软件按系统把它们结合在一起，形成一个互相关联的整体。该软件系统还提供操作界面的生成、交互控制、数据管理等功能。完成上述功能的软件叫做“多媒体平台软件”。所谓“平台”，是指把多媒体形式置于一个平台上，进而对其进行调控和各种操作。

1. 软件种类

完成多媒体平台功能的所有软件有很多种，高级程序设计语言、专门用于多媒体素材连接的软件，还有既能运算、又能处理多媒体素材的综合类软件等都能实现平台的作用。比较常见的多媒体平台软件有：

(1) Visual Basic——高级程序设计语言。由 Basic 语言发展而来，运行在 Windows 环境中。人们通常把 Visual Basic 简称为 VB。该程序语言通过一组叫做“控件”的程序模块完成多媒体素材的连接、调用和交互性程序的制作。使用该语言开发多媒体产品，主要的工作量是编制程序。程序使多媒体产品具有明显的灵活性。

使用 Visual Basic 编制程序，有其独到的特点。在一般情况下，编程人员只在程序间进行控件参数的设置、相互之间的衔接、关系调用等工作，大部分工作则由控件程序完成。VB 的程序结构比较简单，基本上保持了 Basic 语言的结构特点和编程方法。但是，没有编程经验的人要在短时间内使用 VB 还不是一件易事。

(2) Authorware——专用多素材制作软件。该软件使用简单、交互性功能多而强。该软件具有大量的系统函数和变量，对于实现程序跳跃、重新定向游刃有余。多媒体程序开发的整个过程在该软件的可视化平台上进行，模块结构清晰、简捷，拖动鼠标就可以较轻松地组织和管理各模块，并对模块之间的调用关系和逻辑结构进行设计。

无论是方法上还是风格上，使用 Authorware 软件与使用一般程序设计语言完全不同。Authorware 软件具有明显的交互性编程特点，使用窗口界面和功能按钮。Authorware 软件在交互式程序开发方面具有很多独到之处，其特点参见表 8-6。

表 8-6 Authorware 的特点

功能分类	功能特点
设计按钮	通过设计按钮，创建交互式程序、组织程序结构、设置程序参数
屏幕编辑对象	在屏幕上准备编辑某对象，只需双击该对象即可
图片处理	直接在屏幕上创建图像、插入演示序列，并可随时改变图形显示尺寸
动画图片设计	提供了 5 种动画模式，可跟踪和确定动画瞬间的速度和坐标
文字处理	可改变颜色、字号、字型等文字属性，提供文字定位、绕排等编辑功能
交互作用	具备多种交互式响应模式，如菜单、操作按钮、输入框、快捷键等
主流线于按钮	通过主流线及其分值和设计按钮，确定程序流程、媒体运行、交互作用等
交互模式	允许交互式程序分成几个逻辑结构，分别进行设计和调试
数据处理	可以使用大量的系统变量和系统函数，用户自行定义变量达 50 多个
动态链接	可把任何一种语言编写的程序通过动态链接库直接使用

(3) Macromedia Director——多媒体开发专用软件。该软件操作简单，采用拖动式操作就能构造媒体之间的关系、创建交互性功能。通过适当的编程，可完成更为复杂的媒体调用关系和人机对话方式。

2. 软件作用

多媒体平台软件是多媒体产品开发进程中最重要的系统，它是多媒体产品是否成功的关键，其主要作用有：

(1) 控制各种媒体的启动、运行和停止。

(2) 协调媒体之间发生的时间顺序，进行时序控制与同步控制。

(3) 面向使用者的操作界面，设置控制按钮和功能菜单，以实现对媒体的控制。

(4) 生成数据库,提供数据库管理功能。

(5) 对多媒体程序的运行监控,其中包括计数、计时,并返回值、统计事件发生的次数等。

(6) 对输入输出方式进行精确控制。

(7) 对多媒体目标程序打包,设置安装文件、卸载文件,并对环境资源以及多媒体系统资源进行检测和管理。

8.5 多媒体技术的应用领域

多媒体技术的应用领域非常广泛,几乎遍布各行各业以及人们生活的各个角落。由于多媒体技术具有直观、信息量大、易于接收和传播迅速等显著的特点,因此多媒体应用领域的拓展十分迅速。近年来,随着国际互联网的兴起,多媒体技术也渗透到国际互联网上,并随着网络的发展和延伸,不断地成熟和进步。

8.5.1 教育领域

教育领域是应用多媒体技术最早的领域,也是进展最快的领域。多媒体技术的各个特点最适合教育。以最自然、最容易接受的多媒体形式使人们接受教育,不但扩展了信息量、提高了知识的趣味性,还增加了学习的主动性和科学的准确性。

(1) CAI——计算机辅助教学。CAI 是多媒体技术在教育领域中应用的典型范例,它是新型的教育技术和计算机应用技术相结合的产物,其核心内容是指以计算机多媒体技术为教学媒介而进行的教学活动,其系统画面如图 8-4 所示。

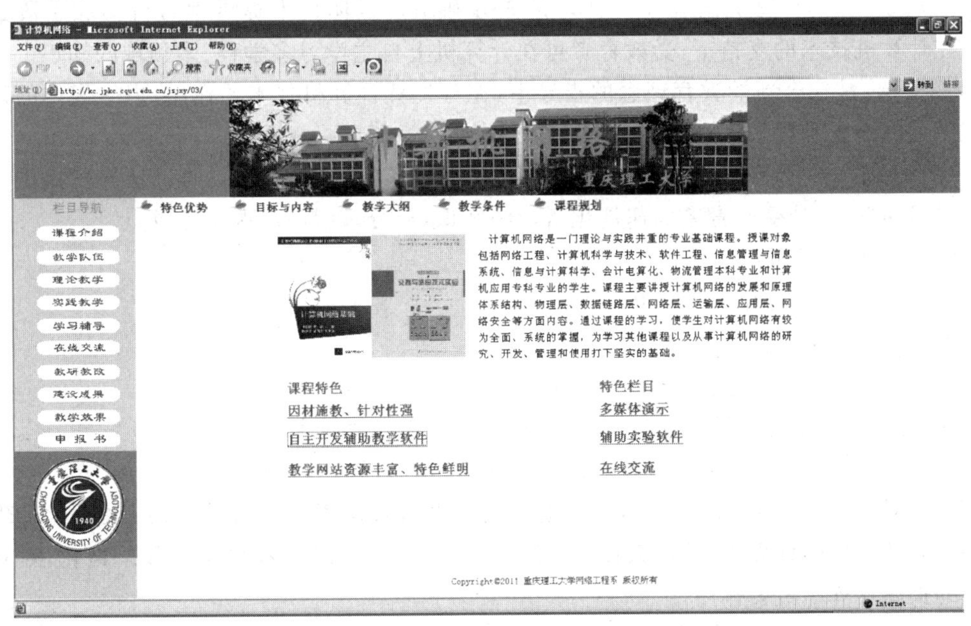

图 8-4 计算机网络基础课程的 CAI 系统画面

CAI 的表现形式是：

① 利用数字化的声音、文字、图片以及动态画面，展现物理、化学、数学中的可视化内容，意在强化形象思维模式，使性质和概念更易于接受。

② 在学校教育中，以“示教型”课堂教学为基本出发点，展示形象、逼真的自然现象、自然规律、科普知识，以及各个领域的尖端科技等。

③ 利用 CAI 软件本身具备的互动性，提供自学机会。以传授知识、提供范例、自我上机练习、自动识别概念和答案等手段展开教学，使受教育者在自学中掌握知识。

(2) CLA——计算机辅助学习。CLA 也是多媒体技术应用的一个方面。它着重体现在学习信息的供求关系方面。CLA 向教育者提供有关学习的帮助信息，例如，检索与某个科学领域相关的教学内容，查阅自然之间的关系和探讨共同关系的问题等。

(3) CBI——计算机化教学。CBI 是近年来发展起来的，它代表了多媒体技术应用的最高境界，CBI 使计算机教学手段从“辅助”位置走到前台来，成为主角。CBI 必将成为教育方式的主流和方向。

CBI 计算机化教学的主要特点是：

① 充分运用计算机技术，将全部教学内容包容到计算机所做的工作中，为受教育者提供海量的信息，这就是所谓的“全程多媒体教学”的概念。

② 教学手段彻底更新，计算机教学手段从辅助变为主导，教师的作用发生转移，从宣讲方式转移到解答疑难问题和深化知识点。

③ 强化教师与学生之间的互动关系，通过 CBI 方式，在教育者与被教育者之间建立学术与观念的交流界面，在共同的计算机平台上实现平等交流。

④ 强化素质教育、提高主动参与意识，强化实际动手能力，提高学生在计算机方面的应用技巧。

(4) CBL——计算机化学习。CBL 是充分利用多媒体技术提供学习机会和手段的事物。在计算机技术的支持下，受教育者可在计算机上自主学习多学科、多领域的知识。实施 CBL 的关键，是在全新的教育理念的指导下，充分发挥计算机技术的作用，以多媒体的形式展现学习的内容和相关信息。

(5) CAT——计算机辅助训练。CAT 是一种教学的辅助手段，它通过计算机提供多种训练科目和练习，使受教育者加速消化所学的知识，充分理解与掌握重点难点。

CAT 的作用主要有：

① 提出训练科目和训练要求。

② 向受教育者提供自主练习的机会和题目。

③ 利用自动识别功能，对受教育者所接受的训练做出评价。

④ 提供训练题目的最佳方案，激发受教育者的主动思维和识别能力。

⑤ 通过综合练习，提高受教育者的综合能力，从而提高其素质。

⑥ CMI——计算机管理教学，主要是利用计算机技术解决多方位、多层次教学管理的问题。教学管理的计算机化，可大幅度提高工作效率，使管理更趋科学化和严格化，对管理水平的提高发挥出重要作用。

CMI 主要管理的对象包括：

① 监测教学活动是否符合教学大纲以及相关教学规定。

② 监督教学进度，反馈教学信息，为教学决策提供参考意见。

③ 指导和规范受教育者的学习，评价学习效果。

④ 教学材料、教学计划、受教育者的学习成绩等的保存和管理。

在实施 CMI 时，计算机技术的应用强度是一个关键问题。计算机接入管理越多，效率越高，效果越明显，同时还可以减少人为因素造成的纰漏和疏忽。

8.5.2 过程模拟领域

在设备运行、化学反应、火山喷发、海洋洋流、天气预报、天体演化、生物进化等自然现象的诸多方面，采用多媒体技术模拟其发生的过程，可以使人们能够轻松、形象地了解事物的变化原理和关键环节，并且能够建立必要的感性认识，使复杂、难以用言语准确描述的变化过程变得形象而具体。

事实证明，人们更乐于接受感觉得到的事物。多媒体技术的应用，为揭开特定事物的变化规律，了解变化的本质起到了十分重要的作用。

8.5.3 商业广告

多媒体技术用于商业广告，人们已不再陌生，从影视广告、招贴广告，到市场广告、企业广告，其绚丽的色彩、变化多端的形态、特殊的创意效果，不但使人们了解了广告的意图，而且得到了艺术享受。如图 8-5 所示为利用多媒体技术制作的酒类广告。

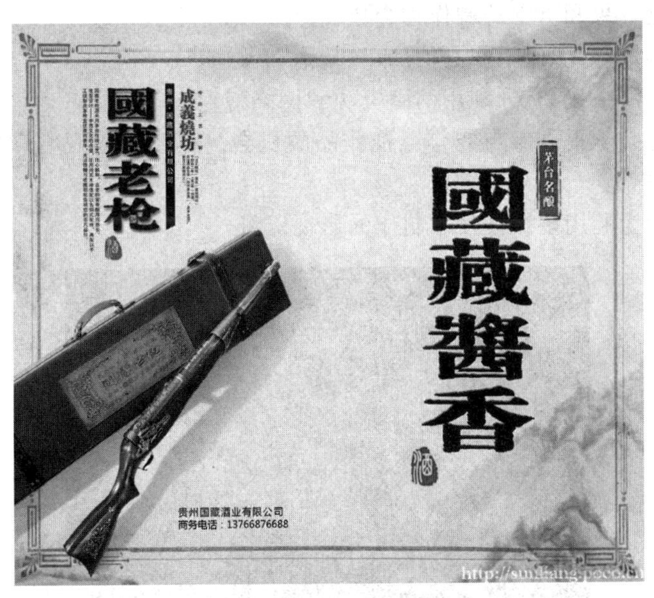

图 8-5 多媒体技术制作的酒类广告

多媒体广告不同于平面广告，当多媒体技术应用于广告业时，几乎使人们的视野、听觉和感觉全部处于兴奋状态。近年来，由于 Internet 国际互联网的兴起，使广告范围更为扩大，表现手法更为多媒体化，人们接收的信息量成倍增长，信息社会正向人们走来。

多媒体技术在商业广告领域中作用有：

(1) 提供最直观、最易于接受的宣传方式，在视觉、听觉、感觉等方面宣传广告意图。

(2) 提供交互功能，使消费者能够了解商业信息、服务信息以及其他相关信息。

(3) 提供消费者的反馈信息，促使商家及时改变行销手段和促销手段。

(4) 提供商业法规咨询、消费者权益咨询、问题解答等服务。

随着社会的发展和经济的增长，商业广告备受人们重视，从表现手法到信息反馈，几乎都离不开多媒体技术，这是商业乃至社会发展的必然结果。

8.5.4 影视娱乐业

众所周知，影视娱乐业采用计算机技术，以适应人们日益增长的娱乐需求。作为关键手段，多媒体技术在作品的制作和处理上，越来越多地被人们采用。

例如动画片的制作，就能充分说明计算机技术在影视娱乐业的作用。动画片经历了从手工绘画到时髦的电脑绘画的过程，动画模式也从经典的平面动画发展到体现高科技的三维动画。由于电脑的介入，使动画的表现内容更加丰富多彩，更加离奇和更具有刺激性。

随着多媒体技术的发展逐步趋于成熟，在影视娱乐业中，使用先进的电脑技术已经成为一种时髦的趋势，大量的电脑效果被注入影视作品中，从而增加了艺术效果和商业价值。

多媒体技术在影视娱乐业中的应用还体现在以下几个方面：

(1) 特殊视觉效果和听觉的制作和合成。

(2) 影视作品数字化，便于作品的加工、传播和保存。

(3) 影视作品网络化，充分利用网络资源和网络特点。

(4) 向业内外人士提供参与制作影视作品的机会。不经可以观赏影视作品，还能自主创意和制作影视作品。

如图 8-6 所示为利用多媒体技术制作的影视资料。

图 8-6　多媒体技术制作的影视资料

8.5.5 旅游业

旅游是人们享受生活的一种方式，多媒体技术用于旅游业，充分体现了信息社会的特点。通过多媒体展示，人们可以全方位地了解这个星球上各个角落发生的事情。

多媒体技术应用于旅游业，为旅游业带来了很多明显的变革：

(1) 带动了宣传介质的革命。从介绍旅游景点的印刷品，过渡到数字化载体——光盘(如大量的信息、逼真的图片、动听的解说)，有如亲临其境一般，在很大程度上强化了宣传效果和力度。

(2) 通过多媒体技术，真实地反映地方的风土人情、文化背景、语言和音乐，全方位地展现自然、生活和社会活动。

(3) 提供检索、咨询等互动信息，搭起旅游者与旅游公司的桥梁，提高服务质量。

(4) 数字化的信息便于加工、整理和保存，更便于更新，以此提高旅游业顺应市场变化的能力，以及增加对市场反馈信息的敏感度。

(5) 宣传范围和力度。便于携带和扩散的数字化光盘，使旅游信息通过 Internet 国际互联网、航空和电信，前所未有地快速到达世界的各个角落。

如图 8-7 所示为多媒体在旅游业的应用。

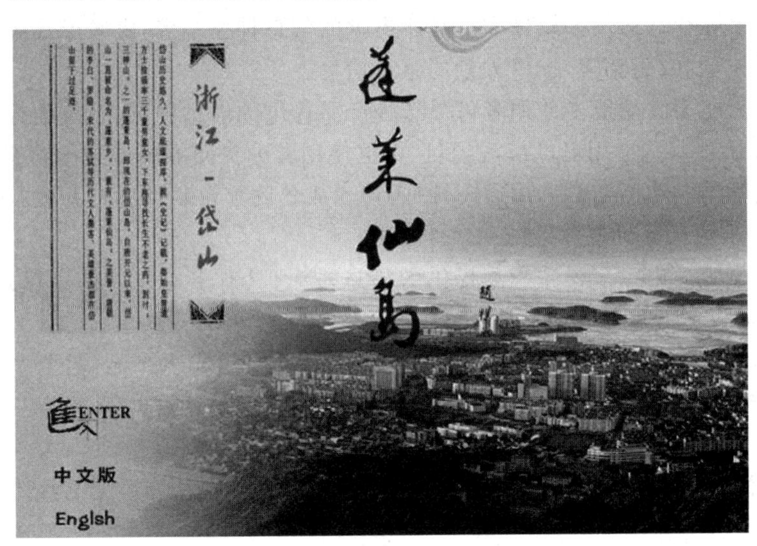

图 8-7 多媒体在旅游业的应用

8.5.6 国际互联网

Internet 国际互联网的兴起与发展，在很大程度上对多媒体技术的进一步发展起到了积极的作用。人们在网络上传递多媒体信息，以多种形式相互交流，为多媒体技术的发展创造了合理的土壤和条件。

多媒体技术应用在国际互联网上，有许多独特之处：

(1) 网络信息多元化，其中包括视觉信息和听觉信息等。

(2) 在时间和空间上没有限制。任何时间、任何地点都可以多媒体形式接收和发送信息从而进行远程教育、函授教育,以及其他形式的教育。

(3) 发挥人、机各自的优势,充分利用网络资源进行教学,集网络上众家之长,补己之短。利用网络的多媒体功能,还可以从事复杂而丰富的经济活动和社会活动。

(4) 建立网络上的虚拟世界,使网络用户在多媒体平台上享有虚拟世界带来的教育、图书、音乐等服务。

(5) 为人们提供展示自己实力和能力的机会和条件。在 Internet 国际互联网上,以多媒体形式向全世界展示自己,使人们从各个角度了解自己的能力等各方面。

8.6 多媒体产品及其制作过程

多媒体技术的应用依靠多媒体产品的应用和传播,而实施多媒体技术的最终媒介亦是多媒体产品。

8.6.1 多媒体产品的特点

多媒体产品是多媒体技术实际应用的产物,有其独特的特点:

(1) 信息多元化。运用多媒体的产品所提供的信息种类众多,媒体形式运用自如。

(2) 调动视觉、听觉感官,提供大量的感官信息。

(3) 具备人机交互功能。使用者可以选择产品提供的信息种类、有效地控制运行模式。而产品则可准确地判别使用者的练习题目、根据使用者的提问准确地给出答案。

(4) 通用性强。产品通常采用通用性强、技术成熟的平台软件进行开发,因此产品基本适用于目前大多数计算机硬件系统和软件系统。

(5) 数据量大。由于多媒体产品提供的信息量大,具有多元化的信息形式和众多的功能,因而数据量也不可避免地增大。

(6) 创作周期大。多媒体产品从创意到具体实施,直到成为产品,需要辛苦地工作,大量的媒体制作和编制程序,通常需要若干个月,开发大型系统或许时间更长。

(7) 光盘是首选载体。几乎所有的多媒体产品均采用光盘保存,原因很明显:其一,光盘成本低,承载信息量大;其二,多媒体产品信息量大,其他存储介质要么成本高,要么携带不方便。

8.6.2 多媒体产品的基本模式

多媒体产品不论应用在什么领域,不外乎三种基本模式。

(1) 示范性模式。示范性模式的多媒体产品主要用于课堂教学、会议演讲、产品介绍、影视广告和旅游指南等场合,该模式具有以下特点:

① 全部多媒体信息具有外向性,以展示、演播、阐述、宣讲等形式向使用者、观众或听众展开。

② 产品具有很强的专业性和明显的行业特点。例如,课堂教学用产品注重概念的解

答、现象的阐述、定义定理的强调等内容；而回忆演讲则侧重于会议中心内容简介、观点的阐述和论证等。

③ 产品具有简单而有效的操作性，使用者不需进行专业的培训，就可轻松驾驭。

④ 产品适合大屏幕投影。产品通常配有教材或广告印刷品。

(2) 交互性模式。交互性模型的多媒体产品主要用于自学，产品安装到计算机中以后，使用者与计算机以对话形式进行交互式操作，该产品具有以下特点：

① 产品具有双向性，一方面向使用者展示多媒体信息；另一方面由使用者向产品提问或进行控制，即产品与使用者之间相互作用。

② 产品具有众多而有效的操作方式，使用者需要简单地学习有关的使用方法。

③ 产品多采用自学类型，使用者在家中即可使用产品。

④ 产品显示模式适合电脑显示器，以标准模式(640×480、800×600、1024×768 或更高)显示多媒体信息。

⑤ 界面彩色的设计与搭配比较自由，以清晰、美观为主。

⑥ 产品配有大量习题或提问，使用者可以有选择地进行解答。若回答有误，产品将识别错误并公布得分。

⑦ 产品具有很强的通用性，通常采用商品化包装，并附有使用说明书。

(3) 混合型模式。混合型模式介于示教型模式和交互型模式之间，两者的特点兼备。事实上，混合型模型产品远多于单一类型的产品。混合型模型的显著特点是功能齐全、数据量大，有些产品甚至拥有 5～10 片光盘或更多。

混合型模型的产品在制作上也有其特点，主要表现在以下几个方面：

① 按照主体划分存储单元。例如一张光盘一个主题，尽管光盘装载的信息量并未饱和。

② 产品可根据需要装配不同的功能模块，以实现不同的功能。

③ 根据使用环境的不同，定制不同版本的产品。

8.6.3 多媒体产品的制作过程

多媒体产品的制作分几个阶段，每个阶段完成一个或几个特定的任务。下面将按照多媒体产品的开发顺序简要介绍各个阶段的工作。

(1) 产品创意。多媒体产品创意设计是非常重要的工作，从时间、内容、素材，到各个具体制作环节、程序结构等，都要事先周密筹划。产品创意主要有以下若干项目：

① 确定产品在时间轴上的分配比例、进展速度和总长度。

② 撰写和编辑信息内容，其中包括教案、讲课内容、解说词等。

③ 规划用何种媒体形式表现何种内容，其中包括：界面设计、色彩设计、功能设计等项内容。

④ 界面功能设计，内容包括：按钮和菜单的设置、互锁关系的确定、界面尺寸与相互之间的关系等。

⑤ 统一规划并确定媒体素材的文件格式、数据类型、显示模式等。

⑥ 确定使用何种软件制作媒体素材。

⑦ 确定使用何种平台软件。如果采用计算机高级语言编程，则要考虑程序结构、数据结构、函数命名及其调用等问题。

⑧ 确定光盘载体的目录结构、安装文件，以及必要的工具软件。

⑨ 将全部创意、进度安排和实施方案形成文字资料，制作脚本。

在产品创意阶段，工作的特点是细腻、认真、一丝不苟、一点小小的疏忽，都会使今后的开发工作陷入困境。

(2) 素材加工与媒体制作。多媒体素材的加工与制作，是最为艰苦的开发阶段，非常费时。在此阶段，要和各种软件打交道，要制作图像、动画、声音及文字。

在素材加工与媒体制作阶段，要严格地按照脚本的要求进行工作，其主要的工作有以下几项：

① 录入文字，并生成纯文本格式的文件，如.txt 格式。

② 扫描或绘制图片，并根据需要进行加工和修饰，然后形成脚本要求的图像文件。

③ 按照脚本要求，制作长度的动画或视频文件。在制作动画过程中，要考虑声音与动画的同步、画外音区段内的动画节奏、动画衔接等问题。

④ 制作解说和背景音乐。按照脚本要求，将解说进行录音，背景音乐可直接从光盘上经数据变化得到。在进行解说音和背景音混频处理时，要慎重处理，保证恰当的音强比例和准确的时间长度。

⑤ 利用工具软件，对所有素材进行检测。对于文字内容，主要检查用词是否准确、有无纰漏、概念描述是否严谨等；对于图片，则侧重于画面分辨率、显示尺寸、彩色数量、文件格式等的检查；对于动画和音乐，主要检查两者的时间长度是否匹配、数字音频信号是否有爆音、动画的调度是否合理等内容。

⑥ 数据优化。这是针对媒体素材进行的，其目的有三：其一，减少各种媒体素材的数据量；其二，提高多媒体产品的运行效率；其三，降低光盘数据存储的负荷。

⑦ 制作素材备份。此项工作十分重要。素材的制作花费了很多的心血和时间，应多复制几份保存，否则会因一时疏忽而导致文件毁坏。

(3) 编制程序。在多媒体产品制作的后期阶段，使用高级语言进行编程，以便把各种媒体进行组合、连接与组合、连接与合成。与此同时，通过程序增加了全部控制功能，其中包括：

① 设置菜单结构。主要确定菜单功能分类、鼠标单击菜单模式等。

② 确定按钮操作方式。

③ 建立数据库。

④ 界面制作，其中包括：界面尺寸设置、按钮设置与互锁、媒体显示位置、状态提示等。

⑤ 添加附加功能。例如，趣味习题、课件音乐欣赏、简单小工具、文件操作功能等。

⑥ 打印输出重要信息。

⑦ 帮助信息显示与联机打印。

程序编辑过程中，通常要进行反复调试，修改不合理的程序结构、改正错误的数据定义和传递方式、检查并修正逻辑错误等。

当然，有些人考虑到编制计算机程序往往费时、费力，则把希望寄托于功能强大的专用多媒体平台软件身上，例如，使用 Authorware 系统。这样，编制程序的工作可不做或少做，自然省去了不少麻烦,但操控的灵活程度和媒体之间关系的确定要逊色一些,产品模式也不容易多元化。

(4) 成品制作及包装。多媒体程序也好,多媒体模块也好,最终都要成为成品。所谓成品,是指具备实际使用价值、功能完善而可靠、文字资料齐全、具有数据载体的产品。

成品的制作大致包括以下内容:

① 确认各种媒体文件的格式、名字及其属性。

② 进行程序标准化工作,其中包括:确认程序运行的可靠性、系统安装路径自动识别、进行环境自动识别、打印接口自动识别等。

③ 系统打包。所谓“打包”,是指把全部系统文件进行捆绑,形成若干个集成文件,并生成系统安装文件和卸载文件。

④ 设计光盘目录结构、规划光盘的存储空间分配比例。如果采用文件压缩工具,还要规划释放路径和考虑密码的设置问题。

⑤ 制作光盘。需要低成本制作时,可采用 5 英寸的 CD-R 激光盘片;CD-RW 可读写激光盘片的成品略高于 CD-R 盘片,但由于 CD-RW 盘片可重复写入数据,因此为经常修改程序或数据提供了方便。

⑥ 设计包装。任何产品都需要包装,它是所谓“眼球效应”的产物。现今社会越来越重视包装问题,包装对产品的形象有直接影响,甚至对产品的使用价值也起到了不可估量的作用。设计优秀的包装并非易事,需要专业知识和技巧。

⑦ 编写技术说明书和使用说明书。技术说明书主要说明软件系统的各种技术参数,其中包括:媒体文件的格式与属性、系统对软件环境的要求、对计算机硬件配置的要求、系统的显示模式等。使用说明书主要介绍系统的安装方法、寻求帮助的方法、操作步骤、疑难解答、作者信息,以及联系方法等。

8.7 多媒体创意设计

多媒体创意设计是多媒体技术的一门科学,多媒体制作是一种计算机专业知识,多媒体创意则是一个涉及美学、实用工程学和心理学的问题。在经济不发达的年代,人们往往注重解决最基本、最现实的问题,对创意设计并不重视。但随着经济的发展、科学技术的进步和人们对美、对功能的追求,创意设计的作用和影响已经不可忽视,所谓“七分创意、三分做”,就形象地说明了这个道理。

8.7.1 创意设计的作用

多媒体创意设计是制作多媒体产品最重要的一环,是一门综合学科。创意设计的主要作用是:

(1) 产品更趋合理化——程序运行速度快、可靠,界面设计合理,操作简便而舒适。

(2) 表现手法多样化——多媒体信息的显示富于变化,不同媒体之间的关系协调且错落有序。

(3) 风格个性化——产品不落俗套,具有强烈的个性。

(4) 表现内容科学化——多媒体产品提供的信息要符合科学规律，阐述要准确、明了，概念要清晰、严谨。

(5) 产品商品化——产品开发的目的就是为了应用，在创意设计中，商品化设计的比重很大，没有完美的商品化设计，就得不到消费者应有的重视。

8.7.2 创意设计的具体体现

多媒体创意设计工作繁多而细致，主要表现在以下几个方面：

(1) 在平面设计理念的指导下，加工和修饰所有平面素材，例如图片、文字、界面等。

(2) 文字措辞具有感染力和说服力，语言流畅、准确。

(3) 动画造型逼真、动作流畅、色彩丰富、画面调度专业化。

(4) 声音具有个性，音乐风格幽默，编辑和加工符合乐理规律。

(5) 界面亲切、友好，画面背景和前景色彩庄重、大方，搭配协调。

(6) 提示语言礼貌、生动，文字和字体、字号与颜色适宜。

(7) 操作模式尽量符合人们的习惯。

创意设计所涉及的内容很多，从总体框架到每一个细节，无不融入创意设计的理念和具体实施方法。

8.7.3 创意设计的实施

在进行创意设计时，主要从事三个方面的工作：

(1) 技术设计；

(2) 功能设计；

(3) 美学设计。

所谓技术设计，是指利用计算机技术实现多媒体功能的设计，其内容有：

① 规划技术细节；

② 设计实施方法；

③ 对技术难点提出解决方案。

所谓功能设计，是指利用多媒体技术规划和实现面向对象的控制手段，其主要设计内容有：

① 规划多媒体产品的功能类型和数量。

② 菜单结构设计和按钮功能设计。

③ 如何实现系统功能调用及数据共享。

④ 避免功能重叠、解决交叉调用问题。

⑤ 系统错误处理。

⑥ 增加与表现内容相关的附加功能，以增加产品的实用性，改善产品的形象。

美学设计是指利用美学观念和人体工程学观念设计产品，主要解决以下问题：

① 界面布局与色调。

② 以符合人类视觉规律为前提，设计媒体之间最佳搭配方式和空间显示位置。

③ 产品装潢设计、外包装设计。

④ 使用说明书和技术说明书的封面设计、版式设计。

技术设计、功能设计和美学设计是创意设计的三项主要内容，涉及的专业知识比较广泛，需要设计群体的共同努力才能完成。在设计过程中，应广泛征求使用者各个方面的意见，不断修改和完善设计方案，使多媒体产品更具有科学性，更贴近使用者的要求。

8.8 多媒体产品的版权问题

在制作多媒体产品时，应重视版权问题。多媒体产品是计算机技术应用的产物，不但具有比较充分的高技术含量，而且具有较高的商业价值。在开发和推广过程中，要进行相关法律咨询，保持强烈的版权意识。

8.8.1 注意的问题

依据我国著作权法的有关条款，应注意以下问题：

(1) 全部素材都是自己创作的作品，即人们常说的"原创作品"。如果需要采纳其他作者的作品，应通过合法手段，在得到授权的情况下合法使用。

(2) 尽量避免使用在版权归属方面有争议的素材。

(3) 整体设计不要与已知多媒体系统雷同，包括系统中文名称、英文译文、索引顺序、界面风格等容易造成误解的内容。

(4) 避免在未经著作人同意的情况下，发表、修改、翻译、复制、注解和发行著作人的作品。并且，若未经著作人同意，展示复制品也是违法的。

(5) 若多媒体产品是多人合作开发的，不要当作自己的作品发表或实施商业行为。

(6) 自己开发的产品一旦制作完成，即享有著作权，若发现他人在未经过允许的情况下使用或贩卖，应运用法律武器予以制止和惩罚。

由于多媒体产品的素材采集范围比较广泛、形式多样化、工具软件种类繁多，因此，要谨慎、认真地对待版权问题。例如，素材是否经过授权、工具软件是否合法、版权授权是否在有效期内等，都必须进行认真的调查和核实，千万不能掉以轻心。

8.8.2 盗版问题

盗版可以说危害极大，其现象比较普遍，各个领域都深受盗版之苦。由于多媒体产品的开发周期长，而且经济投入和精力投入都很大，因而盗版所造成的损失也比较大。因此，为了保护自己的合法权益，应该做好以下几项工作，最大限度地避免损失。

(1) 妥善保管多媒体产品，减少被盗版的机会。

(2) 利用工具软件，为产品增加密码保护。

(3) 制作光盘、包装防伪标记。

(4) 在软件系统中插入标识码。

(5) 光盘加密处理，防止非法复制。

8.9 多媒体个人计算机

一般而言，如果一台计算机具备了多媒体的硬件条件和适当的软件系统，那么，这台计算机就具备了多媒体功能。具有多媒体功能的计算机有大型计算机系统、中型计算机系统、小型计算机系统和微型计算机系统。其中，人们最为熟识的、使用最为广泛的是微型计算机系统。具有多媒体功能的微型计算机习惯上被称为“多媒体个人计算机”，其外观如图 8-8 所示。

图 8-8 多媒体计算机

8.9.1 多媒体关键技术

多媒体个人计算机采用了很多当代的高新技术，主要包括以下几项：

(1) 数据压缩技术。在多媒体信息中，数字化图书和数字化音频信息的数据量非常大，尤其是要求较高的场合，数据量会更大。在多媒体技术发展的整个过程中，如何有效地保存和处理如此大量的数据一直是人们重点研究的课题。为了快速传递数据、提高运算处理速度和节省更多的存储空间，数据压缩成了关键技术之一。

人们对数据压缩技术的研究和探讨已经有五十多年的历史了，从早期的 PCM(脉冲调制编码)技术，到今天被广泛采用的 JOEG 静态图像压缩技术、MPEG 动态图像压缩技术和 PX64kb/s 电视电话会议图像压缩技术，人们一直在进行不懈的努力。近年来，基于知识的编码技术、分形编码技术、小波编码技术等压缩技术也有很好的应用前景。

目前，一些相对成熟的压缩算法和压缩手段已经标准化和模块化，被制作成软件或写入大规模集成电路中，使用起来极为方便。

(2) 集成电路制作技术。解决数据压缩问题的关键，是压缩算法的大量计算问题。计算机在进行如此繁重而大量的计算时，将会占用中央处理器的全部资源，甚至需要使用中型计算机或大型计算机才能胜任。而集成电路制作技术的发展，使具有强大数据压缩运算功能的专用大规模集成电路问世。该集成电路能够以一条指令完成以往需要多条指定才能完成的处理，为多媒体技术的发展创造了有利条件。

(3) 存储技术。多媒体信息的保存一方面依赖数据压缩技术，另一方面则要仰仗存储技术。存储设置的变革一直没有停滞，人们先后使用的存储介质设备有：纸带穿孔、磁芯、磁带、磁盘、光盘、磁光盘等、随着多媒体技术的发展，光盘存储技术也走向成熟，光盘存储器也从单一品种的 CD-ROM 存储器发展到 MO，CD-R，CD-RW 存储器。

目前，一片 CD-ROM 盘片的最大存储容量是 650MB，而 CD-R 盘片的最大存储容量是 730MB，DVD 存储容量可以达到 4.7GB。激光存储技术的进步，使多媒体信息保存问题得到解决。与此同时，低成本、大容量的存储介质也对多媒体技术的发展起到了促进作用。

(4) 操作系统技术。要具备多媒体数据处理能力，就必须有优良的操作系统。操作系统的工作模式必须是实时的、多任务的，这样才能处理声音、动态图像等实时信息。其中，操作系统在处理声音信号时，以每秒86KB的速度进行实时处理(采样频率为44 100Hz)信号；而在处理动态图像信号时，则以每秒25帧或每秒30帧的速度进行实时处理。目前广泛使用的中文版Windows XP就是这样一个操作系统，该系统运行稳定、支持多媒体的各项功能。

8.9.2 什么是MPC

MPC是Multimedia Personal Computer的缩写，意思是"多媒体个人计算机"。MPC不仅含有"多媒体个人计算机"之意，而且还代表MPC的工业标准。因此，严格地说，所谓多媒体个人计算机，是指符合MPC标准的具有多媒体功能的个人计算机。

MPC工业标准始于1990年11月，由美国微软公司和一些计算机技术公司组成的"多媒体个人计算机市场协会"对个人计算机多媒体技术进行规范化管理和制定相应的标准。该协会后来与全球数千家计算机厂商组建"多媒体个人计算机工作组"，仍然从事制定各种MPC标准的工作。

MPC标准的具体内容包括：

(1) 对个人计算机增加多媒体功能所需的软硬件进行最低标准的规范。

(2) 规定多媒体个人计算机硬件设备和操作系统等的量化标准。

(3) 制定高于MPC标准的计算机部件升级规范。

(4) 确定MPC的三级标准，即

MPC Level 1——多媒体个人计算机1级标准，标记为MPC1。

MPC Level 2——多媒体个人计算机2级标准，标记为MPC2。

MPC Level 3——多媒体个人计算机3级标准，标记为MPC3。

在确定MPC的三级功能标准后计算机制造商在生产销售符合MPC标准的软硬件时，通常把写有MPC1,MPC2,MPC3字样的标签贴在设备或软件包装上，以此表明符合MPC标准。

8.9.3 MPC的硬件标准

在多媒体技术发展的中期和早期，多媒体计算机的硬件性能和参数有严格的工业标准。以使多媒体技术保持良好的兼容性和一致性，这就是MPC标准。该标准分为三类，分别是：

MPC1——多媒体个人计算机1级标准。

MPC2——多媒体个人计算机2级标准。

MPC3——多媒体个人计算机3级标准。

上述各级标准分别对多媒体个人计算机的硬件和软件做出了具体的标准，大致内容如下：

(1) MPC1标准公布于1991年，由"多媒体个人计算机市场协会"提出。从此，全球计算机业界共同遵守该标准所规定的各项内容，促进了MPC的标准化和生产销售，使多媒体个人计算机成为一种新的流行趋势。

MPC1 标准对硬件软件的部分规定见表 8-7。观察表中的内容，MPC1 标准对计算机硬件进行了详尽的规定。表中推荐的配置为计算机的进一步发展留出了一定的余地。

表 8-7　MPC1 标准

设备与软件	配置标准	推荐配置
中央处理器	CPU386SX	386DX 或 486SX
系统时钟	16MHz	
内存储器	2MB	4MB
硬盘	30MB	80MB
鼠标器	2 键	
键盘	101 键	
接口种类	串行接口、并行接口、游戏棒接口	
MIDI 接口	具备 MIDI 合成与混音功能的 MIDI 输入输出接口	
显示模式	VGA 或更高级的显示模式，分辨率为 640×480，16 色	256 色
激光驱动器	单速 CD-ROM，数据传递速率为 150kb/s，平均访问时间<1s	
声音输入	麦克风 mV 级灵敏度	
声音重放	耳机、扬声器	
声卡模式	8b/11.025kHz 采样，11.025kHz 和 22.05kHz 输出	
操作系统	DOS 3.1 版本或以上，Windows 3.0 带多媒体扩展模块	Windows 3.1

今天，MPC1 标准尽管已经过时，但是，它作为多媒体个人计算机的第一个标准，具有划时代的意义，为多媒体技术的发展奠定了坚实的基础。

(2) MPC2 标准。1993 年 5 月，MPC2 标准由"多媒体个人计算机市场协会"公布。该标准根据硬件和软件的迅猛发展状况做了较大的调整和修改，尤其对声音、图像、视频和动画播放以及 Photo CD 做了新的规定。MPC2 标准的部分内容见表 8-8。

表 8-8　MPC2 标准

设备与软件	配置标准	推荐配置
中央处理器	CPU386SX 或兼容 CPU	486DX 或 DX2
系统时钟	25MHz	
内存储器	4MB	8MB
硬盘	160MB	400MB
鼠标器	2 键	
键盘	101 键	
接口种类	串行接口、并行接口、游戏棒接口	
MIDI 接口	具备 MIDI 合成与混音功能的 MIDI 输入输出接口	
显示模式	VGA 或更高级的显示模式，分辨率为 640×480，16 色	65 536 色(64K)
激光驱动器	倍速 CD-ROM，数据传递速率为 300kb/s 平均访问时间<0.4s 150kb/s 传输时，CPU 占用量<40%	
声音输入	麦克风 mV 级灵敏度	
声音重放	耳机、扬声器	
声卡模式	16b 采样，11.025kHz 和 22.05kHz、44.1kHz 输出	
操作系统	DOS 3.1 版本以上，Windows 3.1	

MPC2 标准一经公布，尽管推荐配置的内容已经留出较大余地，但由于计算机多媒体技术的发展非常迅速，某些内容很快就过时了，然而，由于 MPC2 标准比较全面地规范了多媒体技术涉及的多种软件和硬件指标，现在只要提及 MPC 的原始标准，通常都是指 MPC2 标准。

(3) MPC3 标准。1995 年 6 月，MPC3 标准由“多媒体个人计算机工作组”公布。该标准为适合多媒体个人计算机的发展，进一步提高了软件、硬件的技术指标。更重要的是，MPC3 标准制定了视频压缩技术 MPEG 的技术指标，使视频播放技术更加成熟和规范化，并且制定了采用全屏幕播放、使用软件进行视频数据压缩等项技术指标。MPC3 标准的部分内容见表 8-9。

表 8-9 MPC3 标准

设备与软件	配置标准
中央处理器	Pentium(奔腾)CPU 或兼容 CPU
系统时钟	75MHz
内存储器	8MB
硬盘	540MB
鼠标器	2 键
键盘	101 键
接口种类	串行接口、并行接口、游戏棒接口
MIDI 接口	具备 MIDI 合成与混音功能的 MIDI 输入输出接口
显示模式	VGA 或更高级的显示模式，分辨率为 640×480，64k 色
激光驱动器	4 倍速 CD-ROM，数据传递速率为 600kb/s，平均访问时间<0.25s 600kb/s 传输时，CPU 占用量<40%；300kb/s 传输时，CPU 占用量<20%
声音输入	麦克风 mV 级灵敏度
声音重放	耳机、扬声器
声卡模式	16b 采样，输入输出均为 11.025kHz、22.05kHz、44.1kHz 在 11.025kHz 和 22.05 kHz 工作时，CPU 占用率<10% 在 44.1kHz 工作时，CPU 占用量<15%
视频播放	NTSC 制式：30 帧/秒，分辨率 352×240 PAL 制式：24 帧/秒，分辨率 352×288 数据格式：MPEG-1 压缩模式
操作系统	Windows 3.1

在 MPC3 标准实行时期，功能强大的 Windows 95 操作系统问世，视频音频压缩技术日趋成熟，高速的奔腾系列 CPU 开始武装个人计算机，个人计算机市场已经占据主导地位，多媒体技术得到了蓬勃发展。另外，国际互联网 Internet 的兴起、多媒体应用市场的拓展和兴旺，这些因素都对 MPC 新标准的出台起到了积极的促进作用。

目前，新型多媒体计算机的标准已经远远高于 MPC3 标准，硬件的种类也大大增加，软件更是发展迅速，功能更为强大。某些硬件的功能已经由软件取代，硬件和软件的界限已经模糊不清。

8.10 计算机图形图像的概念与原理

计算机图形图像分为点阵图(又称位图或栅格图像)和矢量图形两大类,认识它们的特色和差异,有助于创建、输入、输出、编辑和应用数字图像。位图图像和矢量图形没有好坏之分,只是用途不同而已。因此,整合位图图像和矢量图形的优点,才是处理数字图像的最佳方式。

点阵图,亦称为位图图像或绘制图像,是由称做像素(图片元素)的单个点组成的,如图 8-9 所示。这些点可以进行不同的排列和染色以构成图样。当放大位图时,可以看见赖以构成整个图像的无数单个方块,如图 8-10 所示。扩大位图尺寸的效果是增加单个像素,从而使线条和形状显得参差不齐。然而,如果从稍远的位置观看它,位图图像的颜色和形状又显得是连续的。由于每一个像素都是单独染色的,用户可以通过以每次一个像素的频率操作选择区域而产生近似相片的逼真效果,诸如加深阴影和加重颜色。缩小位图尺寸也会使原图变形,因为此举是通过减少像素来使整个图像变小的。同样,由于位图图像是以排列的像素集合体形式创建的,所以不能单独操作(如移动)局部位图。

图 8-9 点阵图

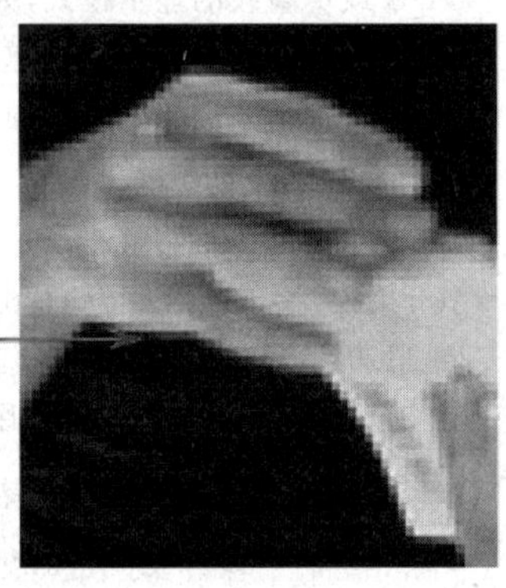

图 8-10 位图放大前后对比效果

点阵图像是与分辨率有关的,即在一定面积的图像上包含固定数量的像素。因此,如果在屏幕上以较大的倍数放大显示图像,或以过低的分辨率打印,位图图像会出现锯齿边缘。

点阵图文件的规律:①图形面积越大,文件的字节数越多;②文件的色彩越丰富,文件的字节数越多。

矢量图形,也称为面向对象的图像或绘图图像,在数学上定义为一系列由线连接的点,如图 8-11 所示。像 Adobe Illustrator、CorelDRAW、CAD 等软件是以矢量图形为基础进行创作的。矢量文件中的图形元素称为对象。每个对象都是一个自成一体的实体,它具有颜色、形状、轮廓、大小和屏幕位置等属性。既然每个对象都是一个自成一体的实体,就可以在维持它原有清晰度和弯曲度的同时，多次移动和改变它的属性，而不会影响图例中的其他对象。这些特征使基于矢量的程序特别适用于图例和三维建模，因为它们通常要求能创建和操作单个对象。基于矢量的绘图同分辨率无关。这意味着它们可以按最高分辨率显示到输出设备上。矢量图形与分辨率无关，可以将它缩放到任意大小和以任意分辨率在输出设备上打印出来，都不会影响清晰度，如图 8-12 所示。因此，矢量图形是文字（尤其是小字）和线条图形（比如徽标）的最佳选择。

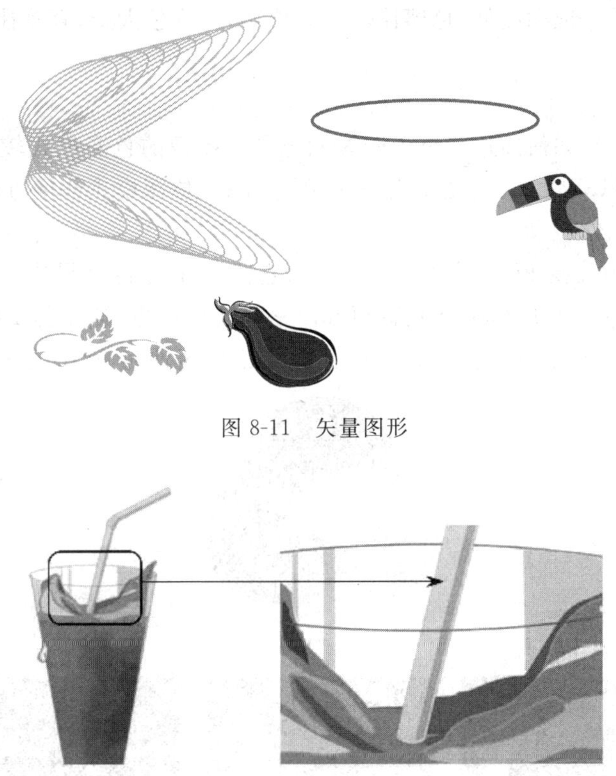

图 8-11　矢量图形

图 8-12　矢量图放大前后的对比效果

矢量图形的规律：①可以无限放大图形中的细节，不用担心会造成失真和色块；②一般的线条图形和卡通图形，存成矢量图文件就比存成点阵图文件要小很多；③存盘后文件的大小与图形中元素的个数和每个元素的复杂程度成正比，而与图形面积和色彩的丰富程度无关。

8.10.1　计算机图形图像的颜色

图像处理离不开色彩处理，由于图像由色彩和形状两种信息构成，在使用色彩前，需要了解色彩的基本知识。

（1）色彩的三要素。

色彩的三要素为：色相（色调）、明度（亮度）、纯度（色度、饱和度）。任何一种颜色都可以从这三方面判断分析。

色相：指色彩所呈现出来的质的面貌，例如红、黄、蓝、绿等。

明度：指色彩的明暗程度，明度高，颜色就亮。

纯度：指色彩的鲜艳程度，即色彩中其他杂色所占的比例。

(2) 色调、饱和度与亮度的关系。

淡色的饱和度比浓色的要低一些。纯度和亮度有关，同一色调越亮或越暗，则越不纯。饱和度越高，色彩越艳丽、越鲜明突出，越能发挥其色彩的固有特性。但饱和度高的色彩容易让人感到单调刺眼。饱和度低，色感比较柔和协调，可混色太杂，容易让人感觉浑浊，色调显得灰暗。

(3) 颜色模式。

颜色模式用来确定如何描述和重现图像的色彩。图像的色彩模式较多，其中比较常见的有 RGB、CMYK、HSB、Lab、灰度模式、索引颜色模式、位图模式和多通道模式等。

① RGB 颜色模式。

RGB 模式是一种加光模式，如图 8-13 所示它是基于与自然界中光线相同的基本特性的。颜色可由红(Red)、绿(Green)、蓝(Blue)三种波长产生，这就是 RGB 色彩模式的基础。红、绿、蓝三色称为光的基色。显示器上的颜色系统便是 RGB 色彩模式的。这三种

图 8-13　RGB 模式

基色中每一种都有一个 0～255 的值的范围，通过对红、绿、蓝的各种值进行组合来改变像素颜色。所有基色的相加便形成白色。反之，当所有基色的值都为 0 时，便得到了黑色。值得注意的是，RGB 颜色模式是与设备有关的，不同的 RGB 设备再现的颜色不可能完全相同。

R 数组——8b 表示(256 阶梯)。

G 数组——8b 表示(256 阶梯)。

B 数组——8b 表示(256 阶梯)。

最大表示：$2^8 \times 2^8 \times 2^8 = 2^{24} = 16\ 777\ 216$(16.7M)

② CMYK 颜色模式。

CMYK 是一种减光模式，如图 8-14 所示，它是四色处理打印的基础。这四色是：青、品、黄、黑(即 Cyan、Magenta、Yellow、Black)。青色是红色的互补色。将 *R*、*G*、*B* 的值都设置为 255。然后将 *R* 置为 0，通过从基色中减去红色的值，就得到青色。黄色是蓝色的互补色，通过从基色中减去蓝色的值，就得到黄色。品红是绿色的互补色，通过从基色中减去绿色的值，就得到品红色。这个减色的概念就是 CMYK 色彩模式的基础。在 CMYK 模式下，每一种颜色都是以这四色的百分比来表示的，原色的混合将产生更暗的颜色。CMYK 模式被应用于印刷技术，印刷品通过吸收与反射光线的原理再现色彩。

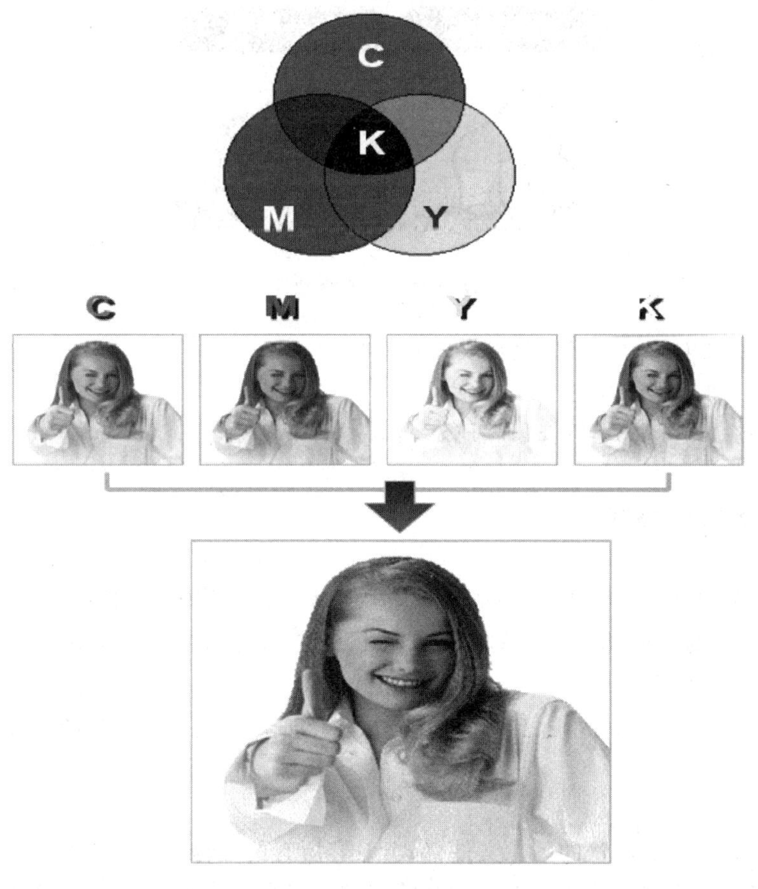

图 8-14　CMYK 模式

C 数组——8b 表示(256 阶梯);

M 数组——8b 表示(256 阶梯);

Y 数组——8b 表示(256 阶梯);

K 数组——8b 表示(256 阶梯)。

最大表示:$2^8 \times 2^8 \times 2^8 \times 2^8 = 2^{32} = 4\ 294\ 967\ 296$(4294M)

③ HSB 颜色模式。

HSB 基于人对颜色的感觉,将颜色看作由色泽、饱和度、明亮度组成,为将自然颜色转换为计算机创建的色彩提供了一种直觉方法。在进行图像色彩校正时,经常都会用到色泽/饱和度命令,它非常直观。

④ Lab 颜色模式。

Lab 是一种不依赖设备的颜色模式,它是 Photoshop 用来从一种颜色模式向另一种颜色模式转变时所用的内部颜色模式,用户很少用到。

⑤ 单色图像模式。

色族单一的图像,但并非只有一种颜色的图像,如图 8-15 所示。

图 8-15 单色图像

简单形式:文本显示、木刻、版画效果的图像。

复杂形式:书籍用图片、报纸用图片。

单色图像格式:TGA、JPG、TIF、PCX 等。

8.10.2 图像文件格式

根据记录图像信息的方式(位图或矢量图)、压缩图像数据方式的不同,图像文件分为多种格式,每种格式的文件都有相应的扩展名。目前常用的图像文件格式有很多,如 BMP、TIFF、JPEG、GIF、PDF、PNG 等。图像文件格式的繁多,主要是由两方面因素互动造成的,首先是压缩算法的因素,其次是色彩的表示方法。下面介绍一些常用的图像文件格式。

1. PSD

PSD 是 Photoshop 默认的图像文件格式,兼容所有的图像类型,支持 16 种额外通道和基于向量的路径。用 PSD 格式存盘,保存的图像信息是最完整的,同时占据的硬盘存储内容也最大。

2. BMP

BMP 是 Microsoft 公司定义的 Bitmap 格式，如图 8-16 所示，它是一种与设备无关的图像格式，采用索引色。兼容 DOS、Windows 系统，不兼容 Macintosh。通常的 Windows 格式是不压缩的，相同的分辨率就有相同的文件大小，与图像所含的视觉内容无关。BMP 格式没有通道、路径等附加信息，占据的硬盘存储容量相对于 PSD 格式要小许多。

1）特点

（1）扩展名采用. bmp。

（2）文件描述单一（静止）图像。

（3）彩色模式：$2^4 \sim 2^{32}$。

（4）调色板 RGB 数据顺序反向排列。

（5）以图像左下角为起点排列数据。

（6）一般采用非压缩数据格式。

2）使用要点

（1）用于表现打印、显示用图像。

（2）不适于网络传送。

（3）不适于提供印刷文件。

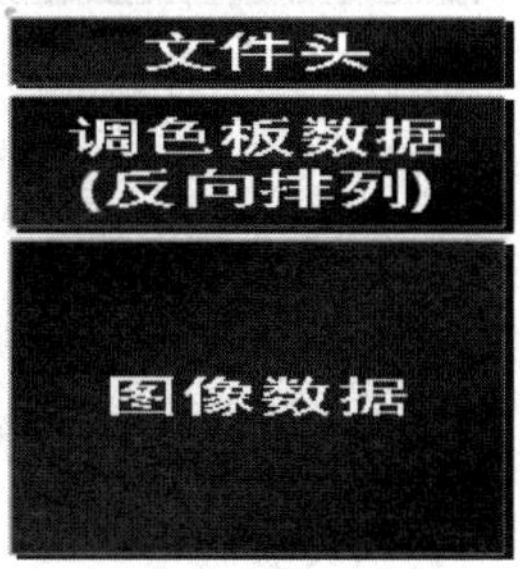

文件头
调色板数据（反向排列）
图像数据

图 8-16　BMP 格式

3. GIF

图像互换格式（Graphics Interchange Format，GIF）是 CompuServe 公司制定的图像存储规范，如图 8-17 所示，文件小，兼容索引色、线画稿和灰度类型。GIF 采用 Hash 散列压缩编码，压缩率较高，同样的图像内容，用 GIF 格式要比 PSD 格式小 20 倍。除了压缩率高外，GIF 格式还具有动画格式的兼容性。因此，GIF 格式是网页设计的最佳选择。

文件头
逻辑屏幕描述
调色板信息
图像数据
结束标志

图 8-17　GIF 格式

1）特点

（1）扩展名采用. gif。

（2）具有 87a、89a 两种格式。

87a——描述单一（静止）图像。

89a——描述多帧图像。

（3）彩色模式：28（256 色），分辨率 96dpi。

（4）采用改进的 LZW 压缩算法。

2）使用要点

（1）用于屏幕显示图像和电脑动画。

（2）用于网络传送。

（3）不适于保存高质量印刷文件。

4. JPG

JPG 是 JPEG 图像格式的扩展名。JPEG（Joint Photographic Experts Group）格式（如图 8-18 所示）的特点是在保持图像高精度的前提下，获得高压缩比，这是 GIF 格式望尘莫及的。一般数字照片都采用 JPG 格式，与 PSD 格式相比，JPG 格式只占十几分之一。用

Photoshop 制作图像时，一般情况下，制作的中间过程用 PSD 格式保存，最后完成稿则用 JPG 格式保存，这样做有利于节省存储空间。

图 8-18 JPG 格式

1）特点

（1）扩展名采用.jpg。

（2）采用有损压缩编码形式，数据量小。

（3）彩色模式：2^{32}（真彩色）。

（4）经解压缩，方可显示图像，显示速度慢。

2）使用要点

（1）用于保存表现自然景观的图像。

（2）用于网络传送。

（3）不适于表现有明显边界的图形。

（4）不适用于高质量印刷文件。

5. TIF

TIF（Tagged Image File Format）是由 Aldus 公司和 Microsoft 联合开发的一种 24 位图像格式，如图 8-19 所示。它具有可移植性好的优点，兼容多种平台，如 Macintosh、UNIX 等。描述图像的细微层次信息量大，包含特殊信息阿尔法通道，允许所有操作，有利于原稿阶调和色彩复制。TIFF 采用哈夫曼行程编码。与 PSD 格式相比，TIF 格式兼容性特别好，例如，3DS Max 只识别 TIF 格式的通道信息。

1）特点

（1）扩展名采用.tif。

（2）文件描述单一（静止）图像。

（3）彩色模式：2^1（单色）～2^{32}。

（4）支持多平台（PC & Macintosh）。

（5）可采用多种压缩数据格式。

2）使用要点

（1）平面设计作品的最佳表现形式。

（2）用于提供印刷文件。

（3）不适于网络传送。

图 8-19 TIF 格式

各种不同的软件都有其自身支持的特定文件格式，使用特定文件格式可以获得软件最大限度的功能支持，如 Photoshop 的 PSD 格式，CorelDRAW 的 CDR 格式，Illustrator 的 AI 格式，Flash 的 FLA 格式等。

另外，也存在一些公用的图像格式，供操作系统使用以及供不同软件之间文件传递之用，如 JPEG 格式、BMP、TIFF、IFF、RAW 等，在实际应用中，要根据需要选择使用的文件类型和编辑软件。

8.10.3 像素和分辨率的概念

显示器上的图像是由许多点构成的，这些点称为像素，意思就是“构成图像的元素”。但是，像素作为图像的一种尺寸，只存在于电脑中。像素是一种虚拟的单位，现实生活中是没有像素这个单位的。

现实中所谓传统长度单位就是指毫米、厘米、分米、米、公里、光年这样的单位。这些单位和像素是怎样对应的呢？这里就需要一个新的概念：分辨率。

在出版印刷行业中，为了方便计算和转换，通常使用“像素每英寸”作为打印分辨率的标准，简称为 dpi。

一般对于打印分辨率，印刷行业有一个标准：300dpi。就是指用来印刷的图像分辨率，至少要为 300dpi 才可以，低于这个数值印刷出来的图像不够清晰。如果打印或者喷绘，只需要 72dpi 就可以了。

同样是 4cm×3cm 大小的图片，72dpi（电脑屏幕分辨率）的大小是 288×216 像素，300dpi（印刷用分辨率）下就是 1200×900 像素大小。

在制作数码图像的时候通常会使用像素作为图像大小的依据，因为大多数软件处理图片的速度和时间都是跟像素高低成正比的。只有在需要印刷的时候才会根据所需要的分辨率转换成实际长度单位来标注大小。

再来明确了一下图像的两种尺寸和换算关系：

一种是像素尺寸，也称显示大小或显示尺寸，等同于图像的像素值。

一种是打印尺寸，也称打印大小。需要同时参考像素尺寸和打印分辨率才能确定。

在分辨率和打印尺寸的长度单位一致的前提下（如像素/英寸和英寸），像素尺寸÷分辨率＝打印尺寸。

8.10.4 Photoshop

Photoshop CS 由美国 Adobe 公司出品，它是一款优秀的图像处理与设计软件，其功能主要包括图像编辑、图像合成、校色调色以及特效制作四大部分。由于其高效性，Photoshop CS 备受专业图形图像设计人士、专业出版人士、商务人士及普通设计爱好者的喜爱。

Photoshop CS 版本一直在不断升级，但对于专业设计人士来说，一般选择性能比较稳定，被广泛使用的某个版本就行了，如果一个版本学透了，再去学习新的版本将会十分容易。

1. Photoshop CS 界面简介

启动 Photoshop CS 后的工作界面如图 8-20 所示，可以将其分为 7 个部分：标题栏、菜单栏、工具属性栏、工具箱、状态栏、控制面板及工作区。

（1）标题栏：左边显示主窗口名称；右边的三个按钮从左向右依次为“最小化”、“最大化”和“关闭”。

（2）菜单栏：其上共有 9 个主菜单选项，包括“文件”、“编辑”、“图像”、“图层”、“选择”、“滤镜”、“视图”、“窗口”、“帮助”。单击某个主菜单选项，会弹出下拉子菜单。

（3）工具箱：工具箱包括各种绘图和编辑工具，如图 8-21 所示。

（4）工具属性栏：显示和编辑被选中工具的参数设置。

（5）控制面板：提供导航显示，观察编辑消息，选择颜色，管理图层、通道、路径、历史记

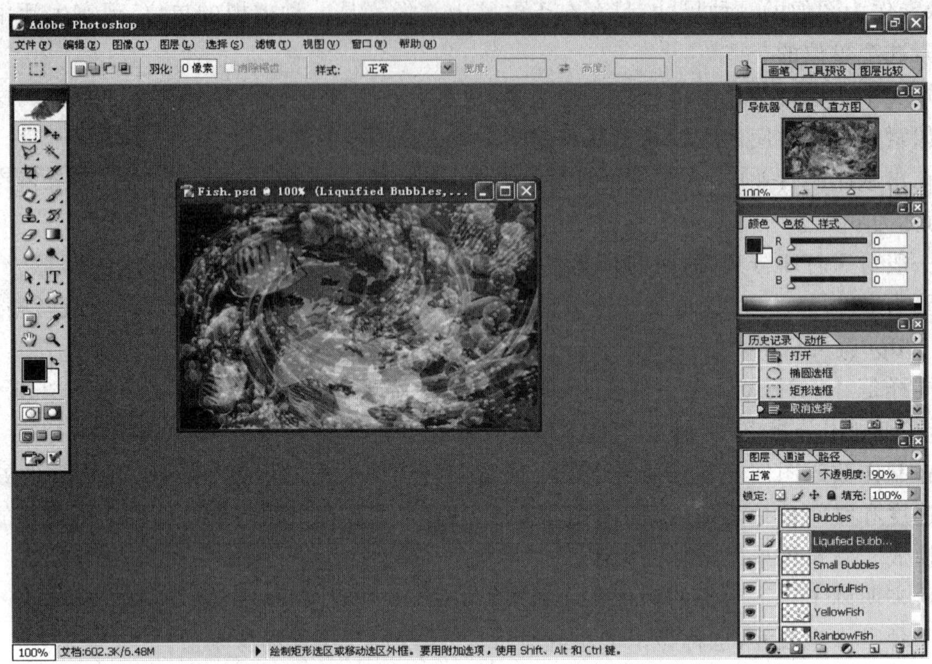

图 8-20　Photoshop CS 的工作界面

录、动作等 11 个面板，被组合在 4 个默认面板组成的窗口中。为了便于图像处理操作，不需要的控制面板可以将其隐藏起来。

(6) 工作区：该区域用于显示打开或新建的图像文件。

(7) 状态栏：提供当前操作的帮助信息。

2. Photoshop 基本操作

1) 图像文件操作

(1) 新建图像文件。

无论什么软件，新建文件都是初学者首先要学习的基本操作，方法是选择菜单栏上“文件”→“新建”命令，打开“新建”对话框，如图 8-22 所示。在该对话框中设置新文件的大小、颜色模式及背景图层等，常用选项功能如下。

名称：新建图像的文件名，如果不输入，则以默认名“未标题-1”为名。

预置：下拉列表中包括了一系列常用尺寸的空白文档模板，如果选择“自定义”，可以自己设置图像的宽度和高度。

模式：新建图像的颜色模式，有“位图”、“灰度”、“RGB 颜色”、“CMYK 颜色”和“Lab 颜色”

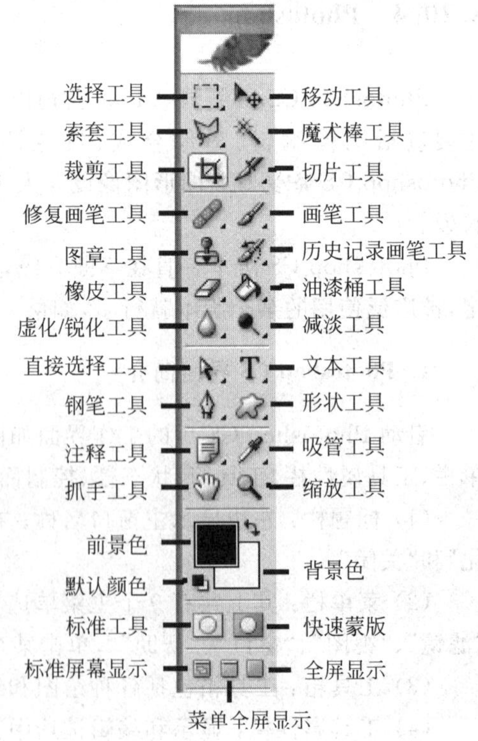

图 8-21　Photoshop 工具箱

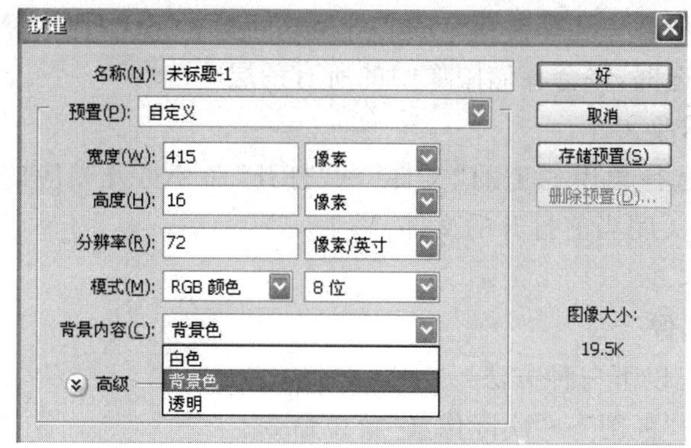

图 8-22 “新建”对话框

供选择。

背景内容：设置新建图像背景图层的颜色。

(2) 存储图像文件。

选择菜单栏上的“文件”→“存储为”命令，打开“存储为”对话框，如图 8-23 所示，常用选项功能如下。

图 8-23 “存储为”对话框

保存在：该下拉列表用于选择文件存储路径，选定的项目将显示在文件或文件夹列表中。

文件名：新文件名称。

格式：在该下拉列表中选择要存储的文件格式，包括 PSD、JPG、BMP、GIF 等。

图层：启用该复选框，将会存储图像中的所有图层。

(3) 打开/关闭图像文件。

该组操作简单，选择菜单栏上的“文件”→“打开”命令打开相应的文件，选择菜单上的“文件”→“关闭”命令关闭当前打开的文件。

2) 图像显示操作

(1) 100%显示图像。

100%显示图像有以下三种方法：

① 选择菜单栏的“视图”→“实际像素”菜单命令。

② 单击工具箱的缩放工具，然后在工具属性栏中选择实际像素命令，或者在图像中单击鼠标右键，在弹出的快捷菜单中选择“实际像素”命令。

③ 直接拖动“导航器”控制面板中的滑杆，使图像 100%显示。

(2) 放大/缩小显示图像。

放大/缩小显示图像有以下几种方法：

① 选择菜单栏的“视图”→“放大”或“缩小”命令，可使图像显示比例放大一倍或缩小到原来的$\frac{1}{2}$。

② 单击工具箱中的缩放工具，在图像窗口中单击鼠标，可将图像放大一倍显示，如果按住 Alt 键的同时，在图像窗口中单击鼠标，则使图像缩小到原来的$\frac{1}{2}$显示。

③ 单击工具箱中的缩放工具，在图像窗口中用鼠标拉出一个矩形选定区域，可将选定区域放大至整个窗口。

④ 在“导航器”控制面板中拖动面板下方的滑块，即可实现图像的放大或缩小显示(预览框中的红色线框表示当前显示的区域)。

(3) 切换图像的屏幕显示。

利用工具箱下方的屏幕显示工具切换图像的屏幕显示效果，方便用户在实际设计中的需要。

① 单击按钮，屏幕将以标准模式显示，该模式为 Photoshop 默认的显示模式。

② 单击按钮，屏幕将以带有菜单栏的全屏模式显示。

③ 单击按钮，屏幕将以全屏模式显示，并将菜单栏隐藏。

(4) 移动显示区域。

当图像被放大显示后，图像的一些部分将超出当前窗口的显示区域，这时窗口将自动出现垂直或水平滚动条，如果要查看被放大图像的其他隐藏区域，有以下几种方法：

① 单击工具箱中的抓手工具，鼠标光标变成形状，在图像窗口中按住鼠标并拖动。

② 拖动窗口中的垂直或水平滚动条，移动到要显示的图像区域。

③ 将光标移动到“导航器”面板的图像预览区，拖动红色线框。

3) 光标的精确定位

(1) 使用网格与标尺。

使用网格：选择菜单栏的“视图”→“显示”→“网格”命令，可以在图像中打开网格。

使用标尺：选择菜单栏的“视图”→“标尺”命令可在图像中打开标尺，通过菜单栏的“编辑”→“预置”菜单，可设置标尺的单位和参考线的颜色、线型等。

(2) 使用参考线。

参考线是浮动在图像上的线条，只是提供给用户的一个位置参考，不会被打印出来。用户可以对其进行移动、隐藏、删除或锁定等操作。使用参考线可以帮助光标精确定位图像的位置，主要操作有：

① 新建参考线。选择菜单栏的“视图”→“新建参考线”命令，弹出“新参考线”对话框，在其中设置参考线的类型和位置即可。

② 移动参考线：单击工具箱上的 按钮，将鼠标移到图像上的参考线上，这时光标变为 ，按住鼠标左键拖动，即可实现参考线的移动。

③ 隐藏参考线：通过键盘上的 Ctrl＋H 键实现参考线的隐藏和显示的切换。

④ 锁定参考线：选择菜单栏的“视图”→“锁定参考线”命令，可锁定参考线，锁定后的参考线不能被移动。

⑤ 删除参考线：选择菜单栏的“视图”→“清除参考线”命令，清除所有参考线。

4) 图像编辑

(1) 设置图像大小。

① 画布大小。

绘制图像过程中，在图像中添加其他东西时如果画布没有足够的空间，可以运用菜单栏的“图像”→“画布大小”命令重置图像所在画布的大小。该命令会弹出如图 8-24 所示“画布大小”对话框。

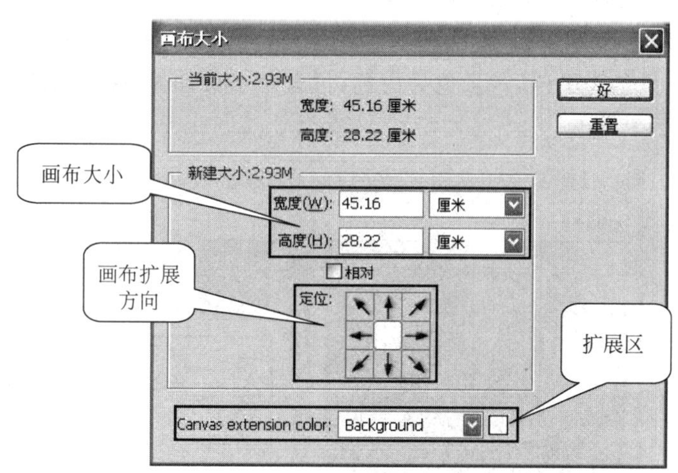

图 8-24 “画布大小”对话框

② 改变图像尺寸。

选择菜单栏的“图像”→“图像大小”命令，打开“图像大小”对话框进行图像大小的设置。

(2) 图像移动。

使用移动工具可以将选区内的图像或整个窗口中的图像移动到该幅图像的其他位置或另一幅图像窗口中。单击工具箱中的移动工具 ，其工具属性栏各选项的含义如图 8-25 所示。

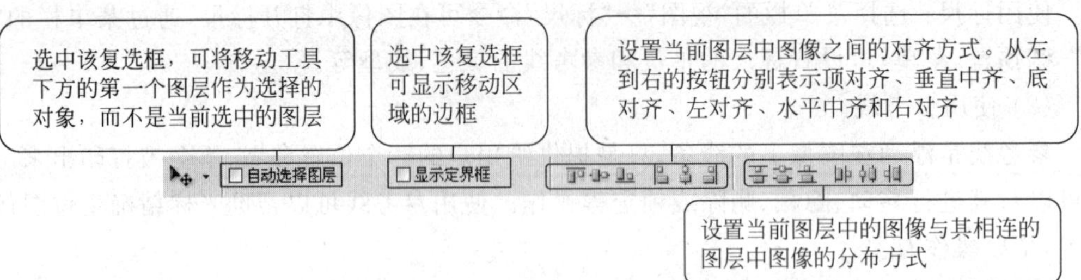

图 8-25　移动工具属性

(3) 裁剪工具。

使用裁剪工具可以将图像中的某部分图像裁剪为一个新的图像文件，通过它用户可以方便、快捷地获得想要的图像并改变其尺寸。单击工具箱中的裁剪工具，其工具属性栏中各项的含义如图 8-26 所示。

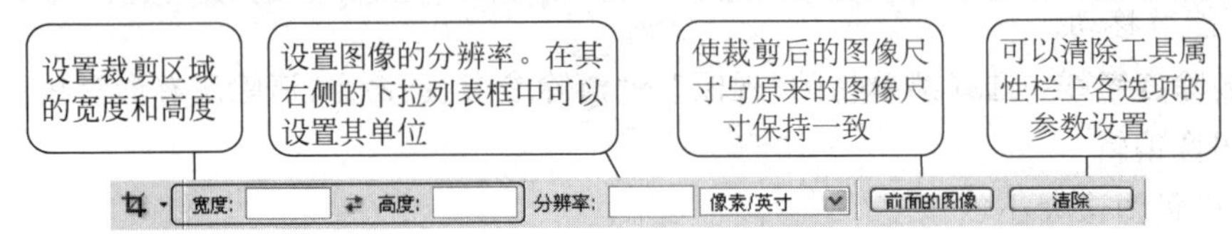

图 8-26　裁剪工具属性

(4) 拾取颜色。

① 前景色和背景色。

前景色用于显示和选取当前绘制工具所使用的颜色；背景色用于显示和选取图像的底色，其按钮如图 8-27 所示。前景色和背景色切换可以使用工具箱上的切换按钮，Photoshop 默认前景色为黑色，背景色为白色，可以单击按钮将当前的前景色、背景色切换成默认的前景色、背景色。

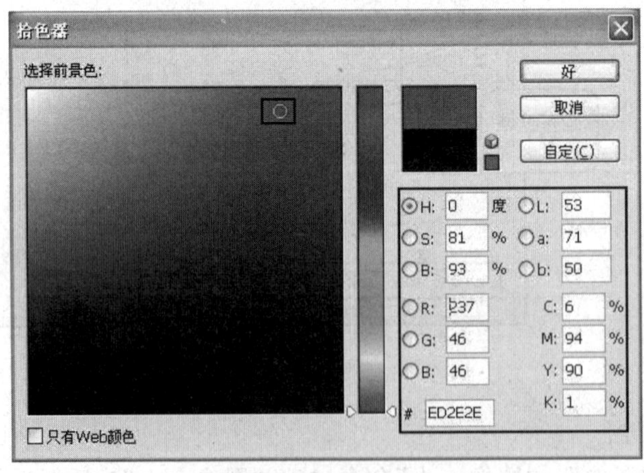

图 8-27　"拾色器"对话框

② 吸管工具。

吸管工具主要用于在图像区域中进行颜色采样，并使用采样颜色重新定义前景色或背景色。要使用吸管工具，可以在工具箱上单击“吸管工具”按钮，然后在图像中单击需要的颜色即可。默认情况下，所拾取的颜色将在前景色中显示。

③ “拾色器”对话框。

在 Photoshop 中，拾色器是一种使用最普遍、最频繁的颜色选择工具。绝大多数工具和命令在设置颜色时，都通过调用拾色器完成。

在工具箱中单击前景色或背景色，打开“拾色器”对话框，如图 8-27 所示。通过在数值区按住鼠标左键并拖动即可拾取颜色，也可在相应数值区中输入具体颜色值完成拾取。数值区颜色值以 4 种颜色模式同时显示，当其中一种颜色模式的值改变时，其他三种颜色模式中的值会同步变化。

案例一：为图像添加个性边框

本练习为图像添加个性边框，效果如图 8-28 所示。该例通过“画布扩展”、“矩形选框工具”、“移动工具”和“裁剪工具”等，将图像中的边框复制到需要添加边框的图像上，对于图像的多余部分，则通过裁剪使图像适合边框。

图 8-28　个性边框壁纸

操作步骤如下：

① 打开“风车. jpg”和“边框. psd”文档。

② 切换到“风车. jpg”图像，选择菜单栏的“图像”→“画布大小”命令，弹出“画布大小”对话框，设置“宽度”项为 25.44cm。

③ 单击工具箱的“矩形选框工具”按钮，然后按住鼠标左键在“边框. psd”图像上拖动，框选出左边框，如图 8-29 所示。然后，单击工具箱的“移动工具”按钮，按住鼠标左键将“边框. psd”图像上的选区拖动到“风车. jpg”图像上，并放置在图像的左边。

④ 用同样的方法，将“边框. psd”图像上的右边框复制到“风车. jpg”图像的右边，完成图像的边框添加。

⑤ 单击工具箱上的“裁剪工具”按钮，在“风车. jpg”上按住鼠标左键并由上至下拖动，框选出需要部分，单击“工具属性栏”上的 ✔ 按钮后裁剪掉风车图像中超出边框的部分。

图 8-29　框选边框区域

⑥ 单击菜单栏上的"文件"→"存储为"命令,将文件保存为"个性边框.psd"文件。

3. Photoshop 图层与选区的使用

1）图层的概念与基本操作

图层是 Photoshop 中组成图像的基本元素,一幅完整的 Photoshop 图像往往由多个图层组合而成,Photoshop 可以将图像的每一个部分置于不同的图层中,由这些图层叠放在一起形成完整的图像效果,图层可以使用户独立地对每一个图层中的图像内容进行编辑、修改和效果处理等操作,而对其他图层没有任何影响。

2）图层控制面板

图层控制面板在默认状态下位于工作界面的右下角,如果用户在工作界面中看不到图层控制面板,可以在菜单栏上选择"窗口"→"图层"(或"窗口"→"工作区"→"复位调板位置")菜单命令即可打开图层控制面板。单击"图层"标签即可切换到图层控制面板,如图 8-30 所示。在图层控制面板中列出了当前图像窗口中的所有图层,默认状态下背景图层在最下面。先建的图层排列在下面,后建的图层排列在上面,用户可以通过鼠标拖动的方式移动图层来改变图层的位置。

图层内容的缩略图显示在图层名称左边的预览框中,图层较多时图层控制面板中将出现滚动条,拖动滚动条或重新调整控制面板大小可查看其余图层。

3）图层复制

选中要复制的图层,按住鼠标左键后将之拖动到"创建新图层"按钮 上,即完成复制任务。新创建的图层位于被复制图层的上一层。

4）图层合并

在控制面板的"图层"界面中选中某图层,单击该窗口右上角的"黑三角"按钮 ,在弹

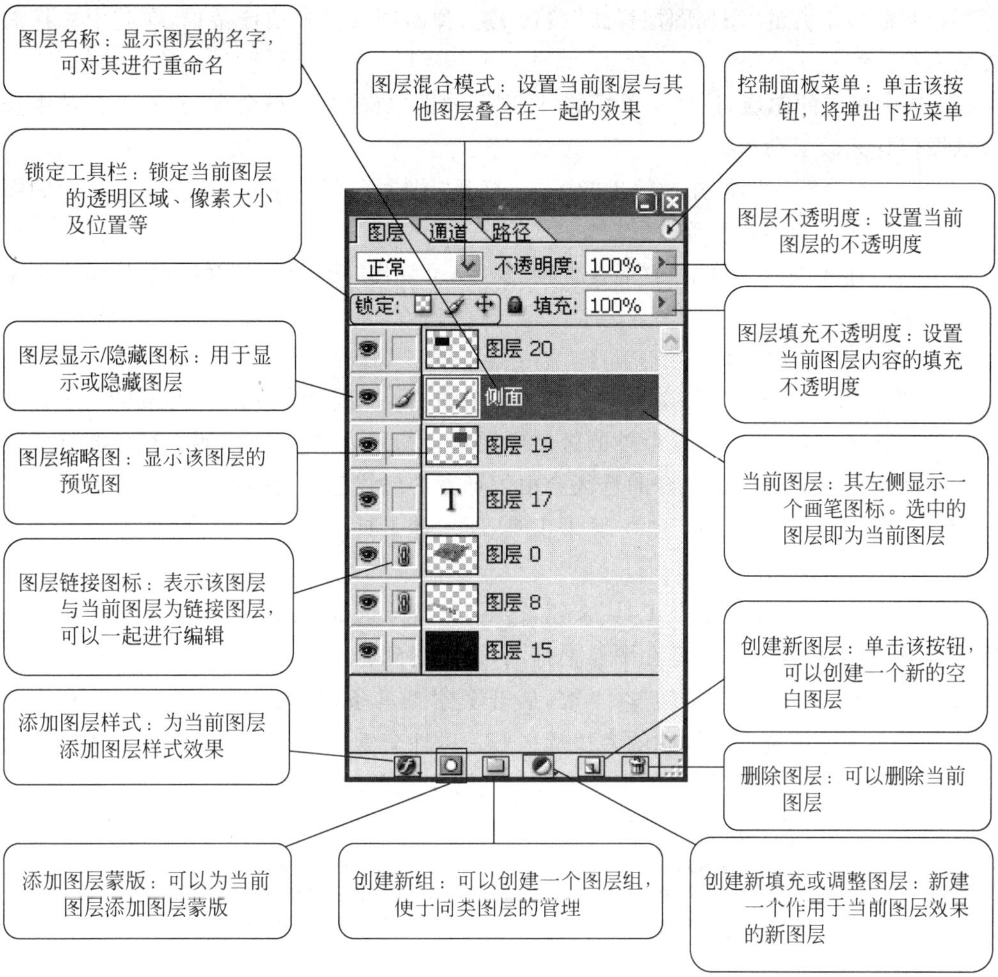

图层名称：显示图层的名字，可对其进行重命名
图层混合模式：设置当前图层与其他图层叠合在一起的效果
控制面板菜单：单击该按钮，将弹出下拉菜单
锁定工具栏：锁定当前图层的透明区域、像素大小及位置等
图层不透明度：设置当前图层的不透明度
图层填充不透明度：设置当前图层内容的填充不透明度
图层显示/隐藏图标：用于显示或隐藏图层
图层缩略图：显示该图层的预览图
当前图层：其左侧显示一个画笔图标。选中的图层即为当前图层
图层链接图标：表示该图层与当前图层为链接图层，可以一起进行编辑
创建新图层：单击该按钮，可以创建一个新的空白图层
添加图层样式：为当前图层添加图层样式效果
删除图层：可以删除当前图层
添加图层蒙版：可以为当前图层添加图层蒙版
创建新组：可以创建一个图层组，便于同类图层的管理
创建新填充或调整图层：新建一个作用于当前图层效果的新图层
图层
通道
路径
正常
不透明度：100%
锁定：
填充：100%
图层 20
侧面
图层 19
T
图层 17
图层 0
图层 8
图层 15

图 8-30　图层控制面板介绍

出的菜单中单击合并图层选项，即可实现某种对应的图层合并，如图 8-31 所示。常用的图层合并类型有以下几种。

(1) 向下合并：可以将当前作用图层与其下一图层的图像合并，其他图层保持不变。使用此命令合并图层时，需要将当前作用图层的下一层设为当前层。

(2) 合并可见层：将图像中所有显示的图层合并，而隐藏的图层保持不变。

(3) 拼合图层：将图像中所有的图层合并。

(4) 合并链接层：当图层面板中有链接层时出现此项。该命令将所有链接起来的图层进行合并。

5) 图层样式应用

Photoshop 可以为除背景层外的所有图层设置阴影、发光、立体浮雕等样式效果。打开“图层样式”对话框主要有以下几种方法：

(1) 在图层控制面板中选中需要添加图层样式效果的图层，单

停放到调板窗
新图层... Shift+Ctrl+N
复制图层...
删除图层
删除链接图层
删除隐藏图层
新图层组...
新组自链接的...
锁定组中的所有图层...
图层属性...
混合选项...
向下合并 Ctrl+E
合并可见图层 Shift+Ctrl+E
拼合图层
调板选项...

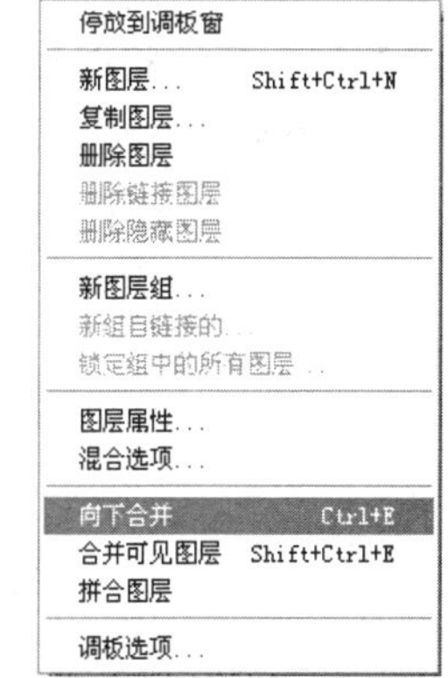

图 8-31　合并图层的选项窗口

击图层控制面板下方的“添加图层样式”按钮，弹出图层样式快捷菜单，在其中选择需要的效果命令。

(2) 选中相应的图层，选择菜单栏的“图层”→“图层样式”菜单命令，在其子菜单中选择相应的图层样式效果命令。

(3) 双击需要添加图层样式效果的图层，打开“图层样式”对话框，选择需要应用的图层样式后再进行相应的参数设置。

单击图层样式快捷菜单中的“混合选项”命令，会弹出“图层样式”对话框，该对话框囊括了所有图层样式。

6) 选区的创建与编辑

“选区”是 Photoshop 中使用频率很高的一个词汇。这是由于 Photoshop 的一般命令只对所选取的选区有效，而对选区以外的区域则无效。如果为创建选区，则 Photoshop 会将整个画面的区域视为选区。创建好的选区会由闪烁着的虚线包围，提示用户进行操作。

制作选区的工具包括选框工具、套索工具、魔术棒工具。

(1) 工具组的使用

按住工具箱中的“矩形选框工具”按钮不放，展开选框工具条，如图 8-32 所示。使用选框工具时，只需按住鼠标左键在图像上拖动，即可得到相应选区。

按住“多边形套索工具”按钮不放，展开套索工具条，如图 8-33 所示。其中，多边形套索工具可在图像中选取不规则的多边形区域。磁性套索工具是一种具有可识别边缘的套索工具，可在图像中选出不规则的但套索线两边颜色反差较大的区域。

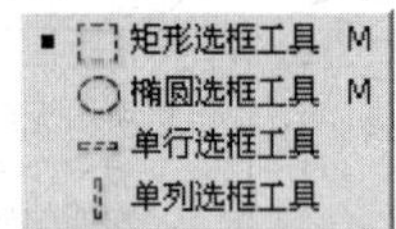

图 8-32 选框工具组

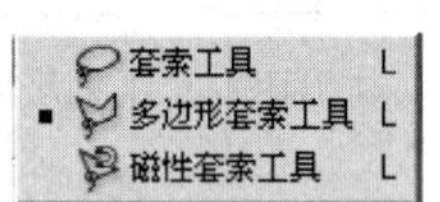

图 8-33 套索工具组

魔棒工具可以快速创建图像窗口内颜色相同或相近的区域，常用于物体范围的选取，尤其是颜色和色调比较单一的图像区域。当用魔棒单击图像中的某个点时，与该点颜色相似的区域将被选中，从而可以节省大量的精力。通过设定魔棒的工具属性栏上的容差值，可以控制颜色的相似程度。容差值越大，选择的精度越低，选择的范围相对越大；容差值越小，选择的精度越高，选择的范围相对越小。

(2) 选区的运算。

选区的运算主要用于复杂的区域，包括增加、合并、减少、相交，可在工具属性栏上进行，如图 8-34 所示。

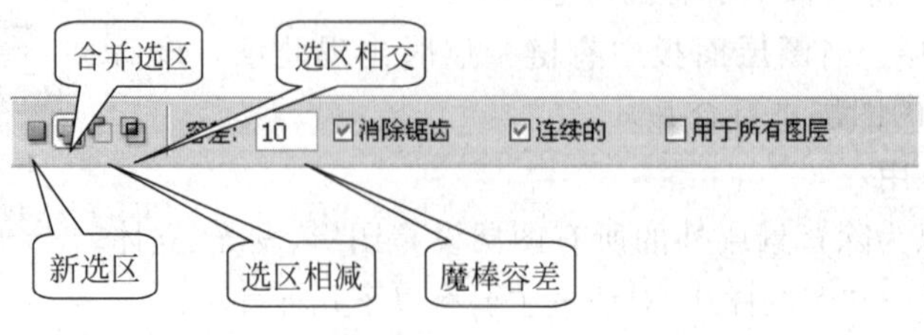

图 8-34 选区工具属性栏

(3) 选区的编辑。

① 全选。

全选选区用于将当前图层中图像全部选取,可以使用以下几种方法:

a. 选择菜单栏的“选择”→“全选”菜单命令。

b. 按 Ctrl+A 键。

c. 单击鼠标右键,在弹出的快捷菜单中选择“全选”命令。

② 反选。

反选选区用于将当前图层中的选区和非选区进行互换,有以下几种方法:

a. 选择菜单栏的“选择”→“反选”菜单命令。

b. 按 Ctrl+Shift+I 键。

c. 单击鼠标右键,在弹出的快捷菜单中选择“选择反选”命令。

③ 取消选区。

取消选区可以使用以下几种方法:

a. 选择菜单栏的“选择”→“取消选择”菜单命令。

b. 按 Ctrl+D 键。

c. 在创建选区的工具处于工作状态时,在选区外任意处单击鼠标。

④ 移动选区。

移动选区有以下几种常用的方法:

a. 直接用鼠标拖动选区,在此过程中按住 Shift 键可使选区在水平、垂直或 45°斜线方向移动。

b. 按光标键(→、↓、←、↑键)可每次以 1 像素为单位移动选择区域。

c. 按住 Shift 键再使用光标键,则每次以 10 像素为单位移动选择区域。

d. 在使用魔棒工具时,将鼠标移至选区上,当鼠标变成+形状后拖动。

⑤ 羽化选区。

羽化选区是指通过创建选区边框内外像素的过渡来使选区边缘平滑,羽化宽度越大,则选区的边缘越平滑。使用工具属性栏和菜单命令均可羽化选区。

⑥ 选区描边。

选区的描边主要对创建的选区沿选区路径进行边缘描绘。选择菜单栏的“编辑”→“描边”菜单命令,弹出“描边”对话框,可完成选区描边任务。

7) 图像的变换

选择菜单栏的“编辑”→“自由变换/变换”命令可以对图像进行变换比例、旋转、斜切、伸展或变形处理。使用“自由变换/变换”命令可以作用于选区、整个图层、多个图层或图层蒙版、路径、矢量形状、矢量蒙版、选区边界或 Alpha 通道。

Photoshop 中的变换包括 6 种:缩放图像、斜切、扭曲、透视、旋转、变形,通过拉动相应命令后图像上的边框结点实施变换。

当执行“变换”命令后在其子菜单上会显示“再次”命令,该命令重复上次所执行的变换命令。

案例二：制作立体几何体

本练习将制作圆锥体效果，如图 8-35 所示。为了实现圆锥体的效果，使用了矩形选框工具并对其应用变换效果，使用添加选区功能完成圆锥体下部的圆形效果。

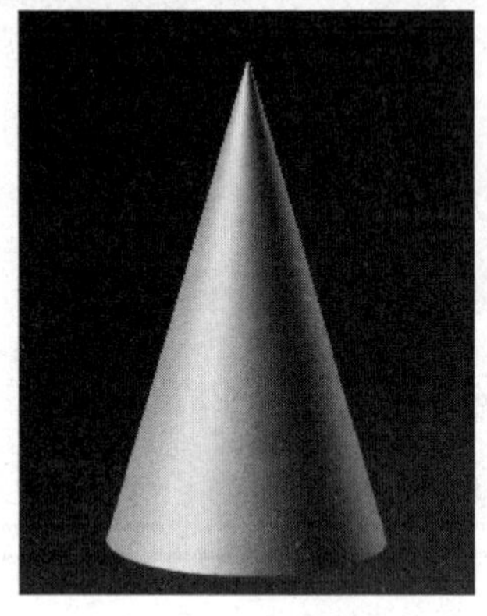

图 8-35　圆锥体效果图

操作步骤如下：

① 单击“文件”→“新建”命令，新建一幅 RGB 模式的空白图像。

② 单击工具箱里的“渐变工具”按钮，在工具属性栏中单击“编辑渐变”按钮，弹出“渐变编辑器”对话框，双击颜色条下面的“色标”图标，在弹出的“拾色器”对话框中选择适当的颜色，如图 8-36 所示。

③ 回到工具箱，选择渐变工具，在画布上由上至下拉出渐变色，如图 8-37 所示。

④ 在图层控制面板中新建一个图层：“图层 1”。在工具箱中选择“矩形选框工具”，在图像中创建选区。

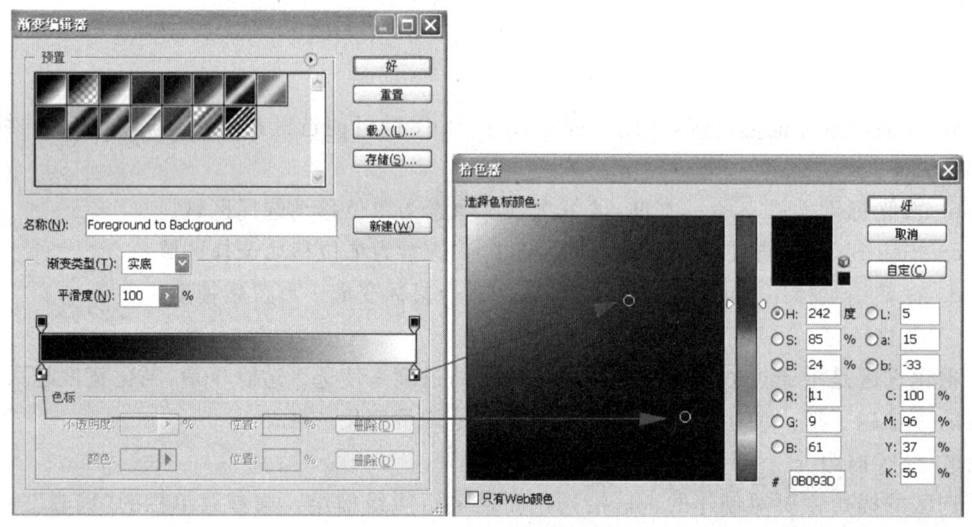

图 8-36　编辑渐变颜色

⑤ 单击工具箱里的“渐变工具”按钮，在工具属性栏中单击“编辑渐变”按钮，弹出“渐变编辑器”对话框，在其中编辑渐变方式，结果如图 8-38 所示。

⑥ 回到工具箱，选择渐变工具，在选区内从右向左拉出渐变色，如图 8-39 所示。

⑦ 选择菜单栏的“编辑”→“变换”→“透视”命令，向左水平移动图像上变换边框左上角的矩形结点，直至上边框的三个矩形结点重合，确定后如图 8-40 所示。

⑧ 单击工具箱的“椭圆选框工具”按钮，在图形的底部

图 8-37　渐变背景

从左向右拖动创建椭圆选区，并调整位置，如图 8-41 所示。

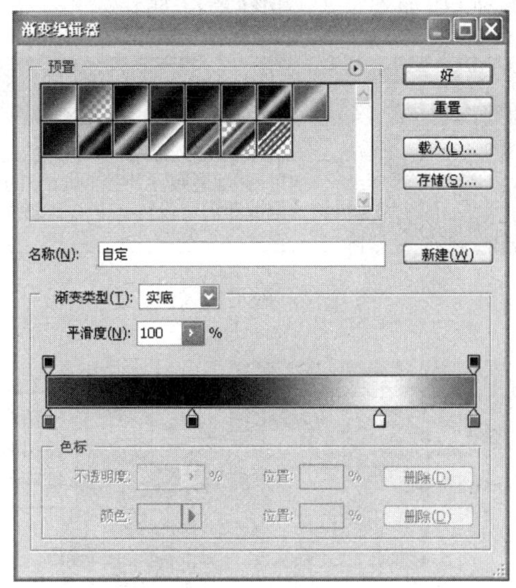

图 8-38　圆锥渐变颜色

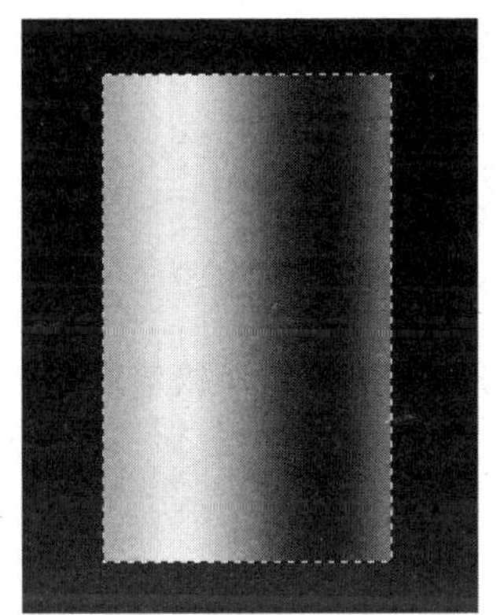

图 8-39　矩形区域渐变效果

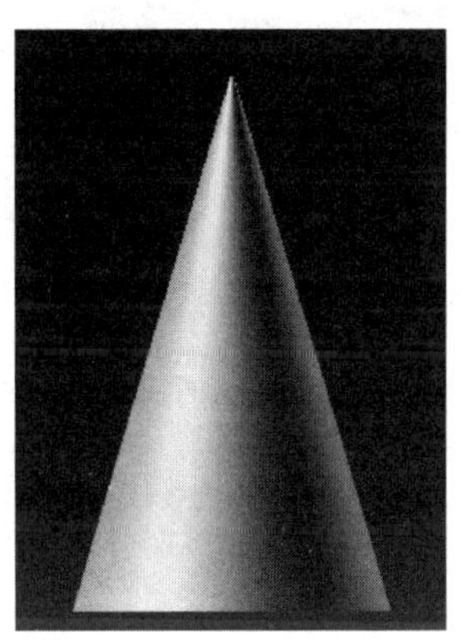

图 8-40　变形为三角形

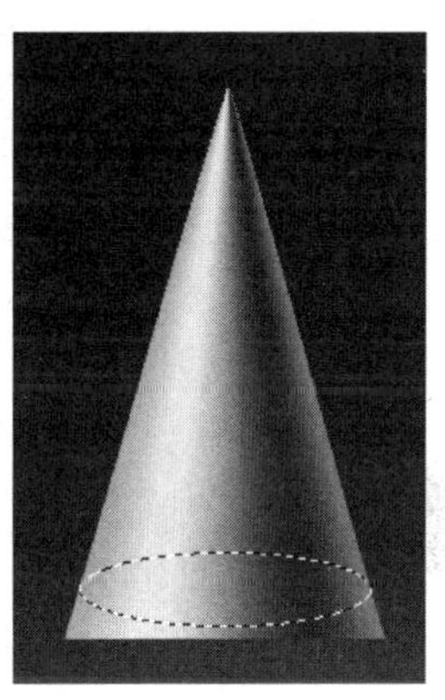

图 8-41　创建椭圆选区

⑨ 单击工具箱中的“矩形选框工具”按钮，并在工具属性栏中单击“添加到选区”按钮，从左上方向右下方拖出一个矩形选框，与椭圆选框的水平轴两端点重合，松开鼠标即得到如图 8-42 所示的选区。

⑩ 单击菜单栏的“选择”→“反选”命令反选选区，按下键盘的 Delete 键删除选区中的内容，完成本实例的制作。

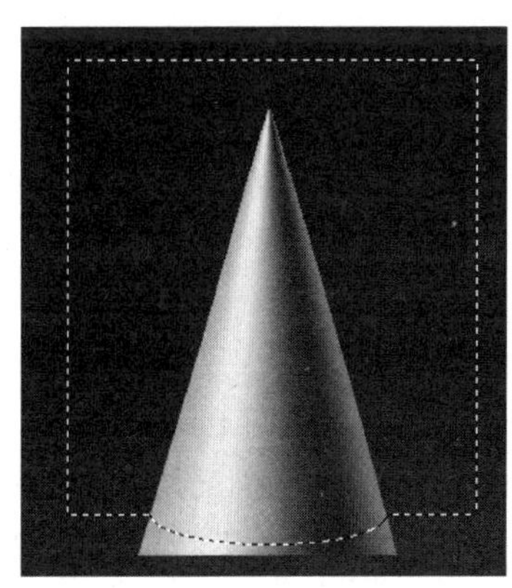

图 8-42　添加后的选区

4. Photoshop 图像绘制与色彩调整

1）画笔工具组

“画笔工具”按钮和“铅笔工具”按钮位于工具

箱的中上部，且属于同一个位置。画笔颜色默认为前景色，在画笔工具属性栏上可以进行属性设置，以产生不同的绘制效果，如图 8-43 和图 8-44 所示。

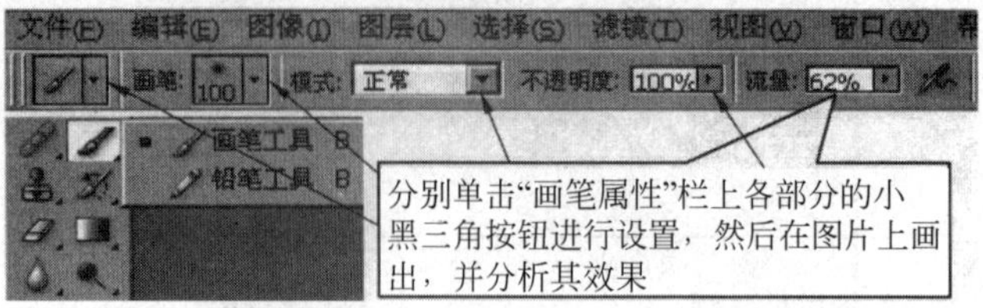

图 8-43　画笔的设置

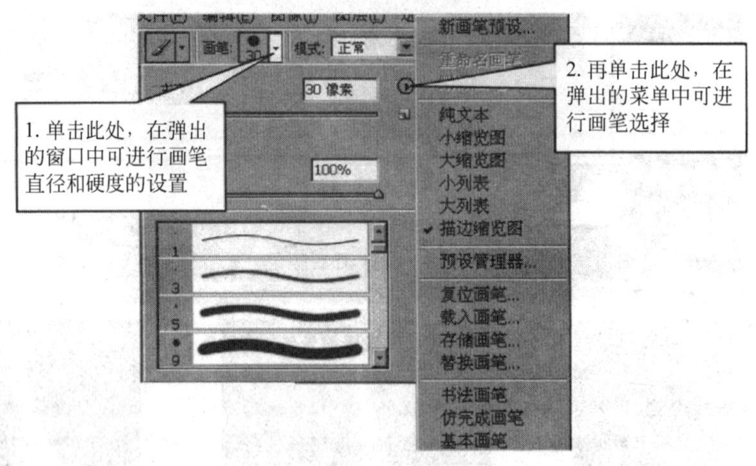

图 8-44　画笔大小硬度类型的设置

“铅笔工具”与“画笔工具”的不同之处在于画笔画出的线条较为柔和，而铅笔画出的线条较为生硬。

2）图章工具组

（1）仿制图章工具。

使用仿制图章工具可将取样图像应用到其他图像或同一图像的其他位置。单击工具箱中的“仿制图章工具”按钮 ，其工具属性栏如图 8-45 所示，大部分选项的含义与画笔工具相似。

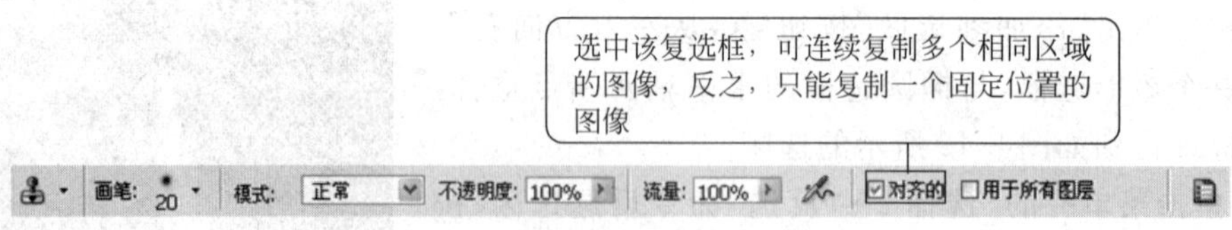

图 8-45　仿制图章工具属性

（2）图案图章工具。

使用图案图章工具可以将系统自带的或用户自定义的图案复制到图像中。单击工具箱中的“图案图章工具”按钮 ，此工具属性栏与仿制图章工具属性栏相似，如图 8-46 所示。

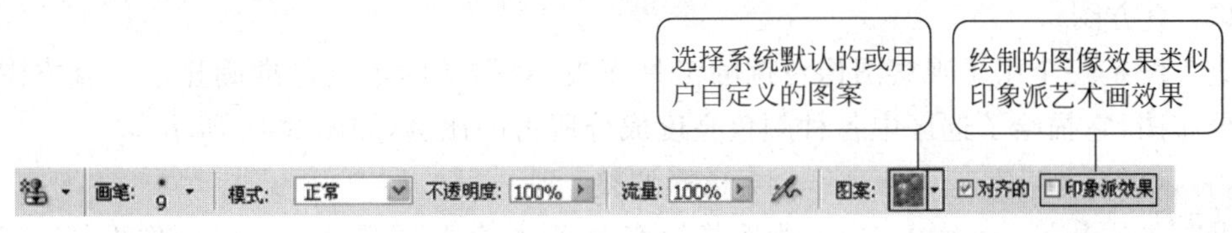

图 8-46　图案图章工具属性

3）橡皮擦工具组

（1）橡皮擦工具。

使用橡皮擦工具在图像窗口中拖动鼠标，可以拖绘出背景色，以达到擦除图像的目的。单击工具箱中的“橡皮擦工具”按钮，其工具属性栏与画笔相似。

（2）背景橡皮擦工具。

使用背景橡皮擦工具在图像窗口中拖动鼠标，可以将图层上的像素抹成透明，从而在抹除背景的同时在前景中保留对象边缘，其工具属性栏选项含义如图 8-47 所示。

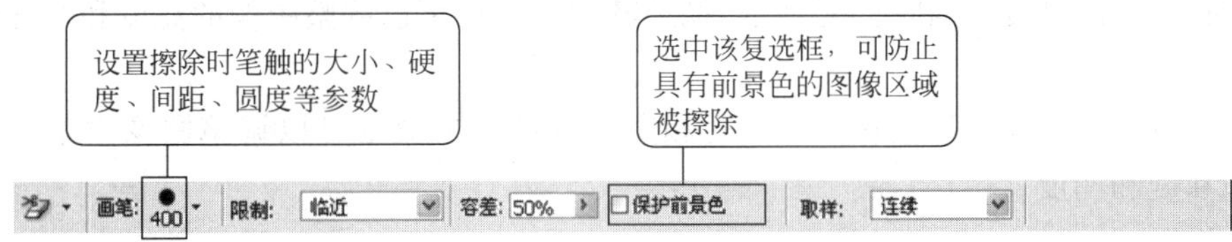

图 8-47　背景橡皮擦工具属性

（3）魔术橡皮擦工具。

魔术橡皮擦工具用于擦除图像中具有相似颜色的区域，并以透明色代替被擦除区域。单击工具箱中的魔术橡皮擦工具，只需在图像中单击需要擦除的颜色，即可将图像中与鼠标单击处颜色相近的颜色擦除掉。

4）填充工具

（1）油漆桶工具。

“油漆桶工具”按钮是进行纯色填充和图案填充的工具。在工具属性栏选项“填充”栏下拉列表中选择“前景”选项时，“油漆桶工具”使用前景色进行填充；当选择“图案”选项时，后面的“图案拾色器”将被激活，这时使用图案进行填充。

（2）渐变工具。

“渐变工具”按钮可以创建两种或者两种以上颜色间的逐渐混合，它的使用已经在前面的制作几何体中介绍了。在这里要强调的是工具属性栏中的一排按钮，它们分别对应“线性渐变”、“径向渐变”、“角度渐变”、“对称渐变”和“菱形渐变” 5 种渐变图标，可以创建 5 种渐变样式，完成 5 种不同效果的渐变填充，如图 8-48 所示。

图 8-48　渐变样式

（3）直方图。

直方图是一个用于观察图像色调的工具面板，对图像的色调能准确显示。直方图又称色阶分布图，它描绘了选区中各种颜色亮度成分所占的比例，如图 8-49 所示。

图 8-49　直方图

（4）色彩调整。

当图像没有选区时，色彩调整针对整幅图像进行；当有选区时，针对该选区进行。

① 色彩平衡。

使用菜单栏的“图像”→“调整”→“色彩平衡”菜单命令可用来调整图像整体的色彩平衡，它只作用于复合颜色通道，可在彩色图像中改变颜色的混合。若图像有明显的偏色，用户可以用该命令来纠正。

② 亮度/对比度。

使用菜单栏的“图像”→“调整”→“亮度/对比度”菜单命令可以调整图像的亮度和对比度。该命令打开“亮度/对比度”对话框，拖动其中的滑块可以调整图像的亮度和对比度。

③ 色相/饱和度。

使用菜单栏的“图像”→“调整”→“色相/饱和度”菜单命令可以调整图像中单个颜色的色相、饱和度和明度。

④ 色阶。

“色阶”主要调整色彩的亮度、暗度及反差比例，如果觉得图像太暗、太亮，或者对比不够明显皆可用它调整。

使用菜单栏的“图像”→“调整”→“色阶”菜单命令，弹出“色阶”对话框，如图 8-50 所示，其中常用参数值含义如下：

a. “输入色阶”文本框。

左边输入框中的数值可以增加图像暗部色调，取值为 0～255，其工作原理是把图像中亮度值小于该数值的所有像素变为黑色。中间输入框的数值可以增加图像的中间色调，小于该值的中间色调变暗，大于该值的色调变亮；右边输入框中的数值可以增加图像亮部的色调，取值为 0～255，其工作原理是把图像中亮度值大于该数值的所有像素变为白色。

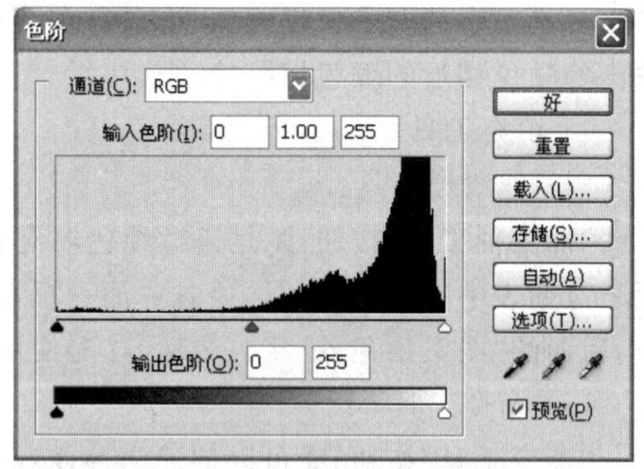

图 8-50　“色阶”对话框

b. 色阶图显示区。

调整色调过程中可以通过色阶图中的三个三角滑块进行调节。其中最右侧的白色三角滑块控制图像中的高光，左侧黑色三角滑块控制图像的暗调，中间灰色三角滑块控制图像的中间调。

c. 设置黑场、会场、白场三个吸管。

在色阶对话框的右下侧有三个吸管工具，其作用分别是创建新的暗调、中间调、高光。选区某个滴管后，移动鼠标指针到图像上，鼠标指针会变成吸管形状，单击图像中的某个像素点，系统会以这个点的像素为样本创建一个新的色调值。

案例三：令图像的色彩更鲜艳

本练习对灰暗的照片进行调整，调整前后的对比效果如图 8-51 所示。

(a) 原图

(b) 效果图

图 8-51 原图与调整后的效果图对比

操作步骤如下：

① 单击菜单栏“文件”→“打开”命令，打开图像文件“原野.jpg”文件。

② 单击菜单栏“图像”→“调整”→“色阶”命令，打开“色阶”对话框，在“色阶”对话框中调整“输入色阶”的“中间值”和“亮部值”，如图 8-52 所示，调整后的效果如图 8-53 所示。

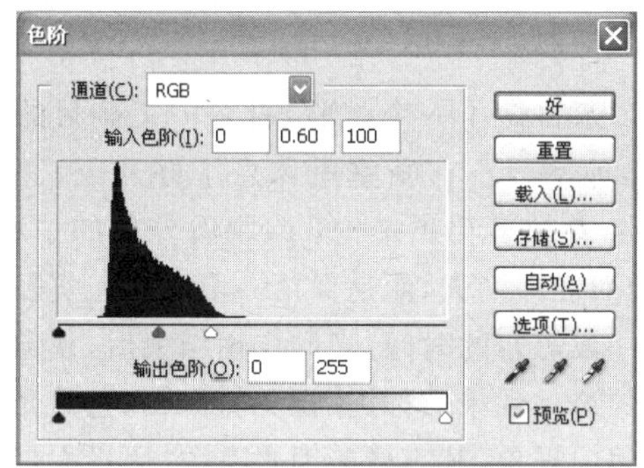

图 8-52 对“输入色阶”进行调整

图 8-53 调整“色阶”后的效果

③ 单击菜单栏的“图像”→“调整”→“色彩平衡”命令，在打开的“色彩平衡”对话框中调整“青色”与“绿色”选项，如图 8-54 所示。调整后的效果如图 8-55 所示。

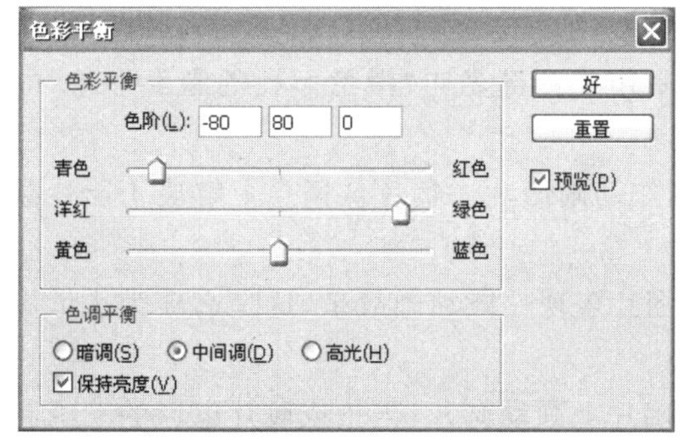

图 8-54 “色彩平衡”对话框

图 8-55 调整“色彩平衡”后的效果

④ 单击菜单栏的“图像”→“调整”→“亮度/对比度”命令，在弹出的“亮度/对比度”对话框中将亮度增加，如图 8-56 所示，单击“好”按钮后完成本练习的制作。

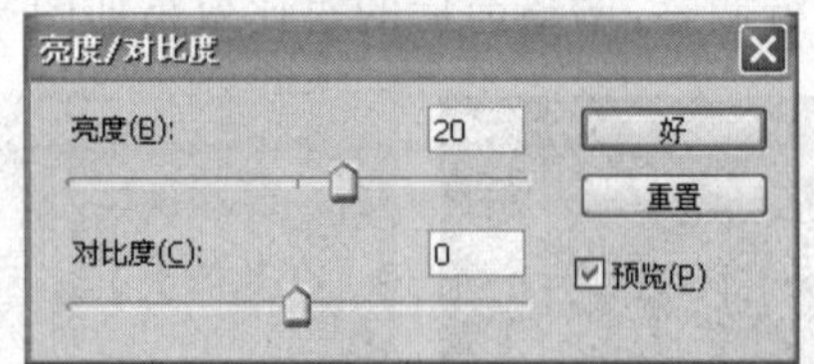

图 8-56 “亮度/对比度”对话框

8.11 多媒体动画及制作技术

动画作为多媒体中的一个重要元素，因其生动活泼、形象直观等优势受到了人们的广泛关注和喜爱。当前，动画在产品演示、广告传媒等领域的应用日趋火热。本章从动画的基本原理及常见格式开始，介绍二维矢量动画制作软件 Flash 和三维动画制作软件 3D Studio MAX。

8.11.1 动画的基本原理

1. 视觉暂留

1829 年，比利时的物理学家约瑟夫·普拉多亲自做了一个试验，对着中午刺目的太阳凝视了 25s，结果他的眼睛看不见东西了，这样，他不得不在暗室里休息了好几天，这段时间，他一直感到那光亮的太阳影子在眼中。由此，普拉多得出结论：人眼看外界的景物，留在视网膜上的印象，并不随外界景物的停止刺激而立即消失，而是保留一段时间。实际上人眼在观察景物时，光信号传入大脑神经，需经过一段短暂的时间，光的作用结束后，视觉形象并不立即消失，这种残留的视觉称“后像”，视觉的这一现象被称为“视觉暂留”。它是光对视网膜所产生的视觉在光停止作用后保留一段时间的现象，其与诸多因素有关，通过大量的试验表明约为 50ms。动画/电影等视觉媒体的形成和传播都是以此为根据的。

2. 动画的历史

最原始的动画是 1831 年，法国人约瑟夫·安东尼·普拉特奥(Joseph Antoine Plateau)在一个可以转动的圆盘上按照顺序画了一些图片。

1906 年美国人 J. 斯泰瓦德(J. Steward)制作了一部名叫“滑稽面孔的幽默形象”的短片，非常接近现代动画概念。

1908 年法国人 Emile Cohl 首创用负片制作动画影片。负片从概念上解决了影片载体的问题，为今后动画片的发展奠定了基础。

1909 年美国人 Winsor McCay 用一万张图片表现一段动画故事，这是迄今为止世界上公认的第一部真正的动画短片。

1915 年美国人 Eerl Hurd 创造了在赛珞璐片上画动画片，再拍成胶片电影的动画制作工艺，这种工艺一直沿用至今。

1928 年美国人华特·迪斯尼(Walt Disney)完善了动画体系和制作工艺,被誉为商业动画影片之父,他把动画影片推向巅峰。

3. 动画原理

动画是将静止画面变为动态的艺术。实现由静止到动态,主要是靠人眼的视觉暂留效应。利用人的这种视觉生理特性可制作出具有高度想象力和表现力的动画影片。

传统的动画影片是画师用手工绘制后,再由摄像师拍摄而产生的。如上海美术电影制片厂出品的动画影片《大闹天宫》,其前期绘画就用了几年的时间,画面多达几十万幅。手工制作动画时,先又由有经验的画师绘画出关键的画面,关键画面之间的过渡画面由经验不够丰富的画师来完成。手工画面完成后逐帧拍成电影胶片,通过放映机连续播放,就成了动画。计算机技术的发展,使得人们不需要手工完成过渡画面,只需要设计出关键帧,再由计算机自动完成关键帧之间的画面即可,速度快、效率高。

4. 计算机动画

动画是物体在一定的时间内发生的变化过程,包括动作、位置、颜色、形状、角度等的变化,在计算机中用一幅幅的图片来表现一段时间内物体的变化,每一幅图片称为一帧,当这些图片以一定的顺序连续播放时,就会给人以动画的感觉。利用计算机设计动画,通常首先要设计帧频,也就是动画播放的速度,以每秒播放的帧速为量度。帧速太慢会使动画看起来一顿一顿地、不流畅,帧速太快会使动画的细节变得模糊。在 Web 上每秒 12 帧(12f/s)的帧频通常会得到最佳的效果。电影机放映的速度是每秒 24 幅(格)。

5. 全动画与半动画

全动画——为追求画面完美和动作流畅,按照 24f/s 制作动画。

半动画——又名“有限动画”。为追求经济效益,按照 6f/s 制作的动画。

8.11.2 计算机动画的分类

计算机动画一般分为二维动画与三维动画两类。

二维动画是平面上的画面,是对手工传统动画的一个改进。通过输入和编辑关键帧,计算机和生成中间帧,定义和显示运动路径,交互式给动画上色,产生一些特技效果等实现画面与声音的同步,当前二维动画制作软件很多,具有代表性的是 Flash。

三维动画又称 3D 动画,是近年来随着计算机软硬件技术的发展而产生的一种新兴技术。三维动画软件在计算机中首先建立一个虚拟的世界。设计师在这个虚拟的三维世界中按照要表现的对象的形状尺寸建立模型以及场景,再根据要求设定模型的运动轨迹、虚拟摄影机的运动和其他动画参数,最后按要求为模型赋上特定的材质,并打上灯光。当这一切完成后就可以让计算机自动运算,生成最后的画面。制作三维动画首先要创建物体和背景的三维模型,然后让这些物体在三维空间里运动起来,可移动、旋转、变形、变色等。再通过三维模型内的“摄影机”去拍摄物体的运动过程,当然。还要打上“灯光”。最后生成栩栩如生的画面、制作三维动画需要大量的时间,为了获得更高的效率,通常将一个项目分为几个部分，特别是对于那些投资巨大的制作。这时分工合作就显得非常重要，很少见到一个像样的三维动画只由一位设计者独立完成。有许多三维软件是在工作站或苹果计算机上使用的，但随着 PC 性能的不断提高，Autodesk 公司推出了 3D Studio MAX，由于 3D Studio MAX 功能强大，并较好地适应了国内 PC 用户众多的特点，被广泛运用于三维动画设计、影视广告设计、室内装饰设计等领域。

8.11.3 动画素材的常见格式

计算机动画的应用比较广泛，由于应用领域不同，其动画文件就存在着不同类型的储存格式，如 3DS 是 DOS 系统平台下 3D Studio 的文件格式；U3D 是 Ulead COOL 3D 文件格式；GIF 和 SWF 则是最常见到的动画文件格式。

1. GIF 格式

GIF 图像由于采用了无损数据压缩方法中压缩率最高的 LZW 算法，文件尺寸较小，因此被广泛采用。GLF 动画格式可以同时储存若干幅静止图像进而形成连续的动画，目前 Internet 上大量采用的彩色动画文件多为这种格式的 GIF 文件。

2. FLIC 格式

FLIC 是 Autodesk 公司在其出品的 Autodesk Animator/Animator Por/3D Studio 等 2D/3D 动画制作软件中采用的彩色动画文件格式，FLIC 是 FLC 和 FLI 的统称，其中，FLI 是最初的基于 320×200 像素的动画文件格式，而 FLC 则是 FLI 的扩展格式，采用了(RLE)算法和 delta 算法进行无损数据压缩，首先压缩并保存整个动画序列中的第一幅图像，然后逐帧计算前后两幅相邻图像的差异或改变部分，并对这些部分数据进行 RLE 压缩，由于动画序列中前后相邻的图像差别通常不大，因此可以得到想要的高数据压缩率。它被广泛应用于动画图形中的动画序列，计算机辅助设计和计算机游戏应用程序。

3. SWF 格式

SWF 是 Macromedia 公司的产品 Flash 的矢量动画格式，它采用曲线方程描述其内容，而不是由阵点组成内容，因此这种格式的动画在缩放时不会失真，非常适合描述由几何图形组成的动画，如教学演示等。由于这种格式的动画可以与 HTML 文件充分结合，并能添加 MP3 音乐，因此被广泛地应用于网页上，成为一种“准”流式媒体文件。

8.11.4 使用 Flash 创建二维动画

Flash 是 Macromedia 公司出品的用在互联网上的动态可交互二维动画制作软件(目前已被 Adobe 公司收购，并推出了 CS3 版本)。从简单到复杂的交互式 Web 应用程序，它都可以创建，其优点是体积小，可边下载边播放，这样就避免了用户长时间的等待。通过添加图片、声音和视频，Flash 应用程序生成丰富多彩的多媒体图形和界面，而文件体积却很小。Flash 虽然不可以像一门语言一样进行编程，但其内置的 ActionScript 语句可以工作。在准备部署 Flash 内容时发布它，同时会创建一个扩展名为 SWF 的动画播放软件，当然 Flash 也支持很多其他输出格式。

由于 Flash 具有优秀的媒体素材整合能力和强大的互动编程能力，加之短小精悍，现在已被广泛地应用于网站建设、游戏开发、课件开发、手机动画等各种交互多媒体技术开发应用中。

启动 Flash CS3 以后，首先显示的是开始页面，如图 8-57 所示。

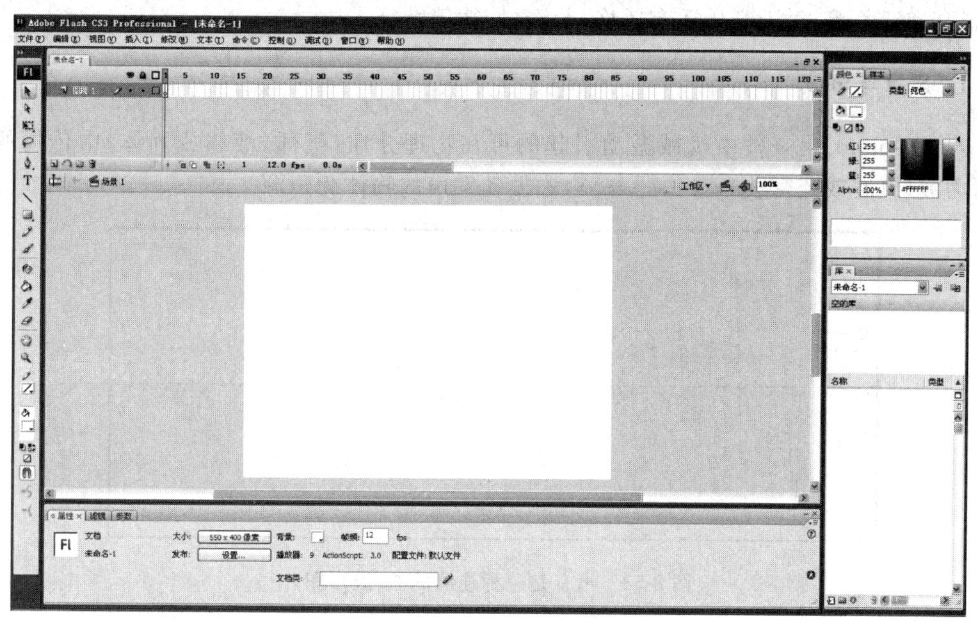

图 8-57　开始页面

此时可以通过选中“不再显示此对话框”复选框让开始页面下次不再显示。在开始页面中用户可以随意选择要开始的工作项目，还可以通过其获得产品介绍或教程。开始页面分为以下三栏：

1）打开最近项目

该栏可以查看和打开最近使用过的文档。单击“打开”命令，将显示“打开文件”对话框。

2）创建新项目

在该栏中用户可以看到 Flash CS3 中可以创建的多种文档，包括 Flash 文档、Flash 幻灯片演示文稿、Flash 表单应用程序、ActionScript 文件、ActionScript 通信文件、Flash JavaScript 文件、Flash 项目。

3）从模板创建

该栏列出了创建文档的常见模板类型，包括个人数字助理、全球电话、幻灯片演示文稿、广告、日本电话、测验、演示文稿。从中选择一种模板，可以快速地创建选定种类的文档。

8.12　音频技术

音频(audio)指人能听到的声音，包括语音、音乐和其他声音(声响、环境声、音效声、自然声)。本章将简单介绍声音的物理属性、数字音频的编码技术与存储格式、声卡和语音处理，主要讨论听觉系统的感知特性、音频信号的数字化、MIDI。

8.12.1 声波

声音是一种纵向压力波，其客观物理属性主要有振幅和频率，而其主观感知特性则有响度、音高和音色等，对于音乐还有风格、节奏、旋律等特征。

1. 声音与声波

声音(sound)是一种由机械振动引起的可在物理介质(气体、液体或固体)中传播的纵向压力波(纵波或疏密波)，参见图 8-58，称振动发声的物体为声源。

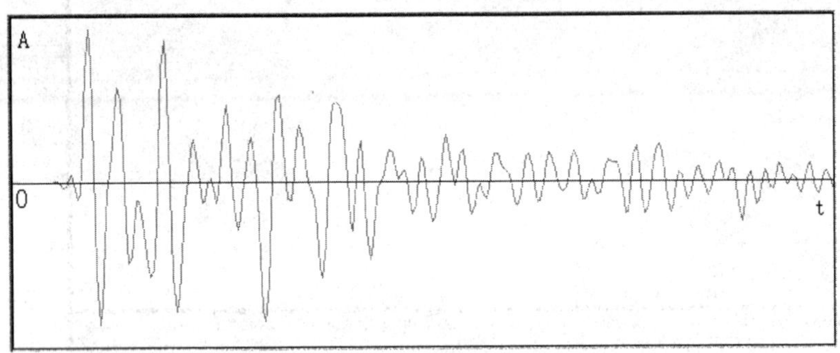

图 8-58 声音是一种连续的波(波形图)

声波(Sound Wave)指在物理介质中传播的声音。声音在真空中不能传播，主要讨论声音在空气中的传播。

1) 声速

声音在空气中传播的速度几乎不受气压大小的影响，但是受气温的影响很大。在气温为 t℃时的声速为

$$c = 331.5 \times (1 + t/273)^{1/2} \approx 331.5 + 0.6t(\mathrm{m/s})$$

例如在室温(15℃)下，声速 $c \approx 340\mathrm{m/s}$。

2) 振幅和频率

声音的强弱体现在声波压力的大小(振动的幅度)上，音调的高低体现在声波的频率上。因此，声波可用振幅和频率这两个基本物理量来描述：

(1) 振幅：声波的振幅(amplitude)。A 定义为振动过程中振动的物质偏离平衡位置的最大绝对值。

(2) 频率：声波的频率(frequency)。f 定义为单位时间内振动的次数，单位为赫兹(Hz，每秒振动的次数)，人耳能听到的声音的频率范围为 20Hz～20kHz。

声音频率的高低，与声源物体的共振频率有关。一般情况下，发声的物体(如乐器)越粗大松软，则所发声音的频率就越低；反之，物体越细小紧硬，则所发声音的频率就越高。例如大编钟发出的声音比小编钟的频率低、大提琴的声音比小提琴的低；同是一把提琴，粗弦发出的声音比细弦的低；同是一根弦，放松时的声音比绷紧时的低。

振幅表示了声音的大小，也体现了声波能量的大小。同一发声物体(如乐器)，敲打、弹

拨、拉擦它所使的劲越大，则所产生振动的能量就越大、发出声音的音量就越大、对应声波的振幅也就越大。

3）波长与频率

可以用波长代替频率来刻画声音的物理特性。

声音的波长(Wave Length)。λ 定义为声音每振动一次所走过的距离，单位为米(m)。声波的波长与频率的关系为

$$\lambda = c/f(\mathrm{m})$$

其中 c 为声速。表 8-10 是一些频率的声波所对应的波长。

表 8-10　声音的频率与波长(c=340m/s)

f	20Hz	50Hz	100Hz	250Hz	500Hz	1kHz	2kHz	5kHz	10kHz	15kHz	20kHz
λ	17m	6.8m	3.4m	1.36m	68cm	34cm	17cm	6.8cm	3.4cm	2.3cm	1.7cm

4）纯音与复音

具有单一频率的声音被称为纯音(Pure Tone)，具有多种频率成分的声音被称为复音(Complex Tone)。普通的声音(如人讲话和乐器演奏)一般都是复音。

5）基频与谐频

和谐的复音由基音(Fundamental Tone)和谐音(Harmonic Tone)所组成。基音的频率是和谐复音中的最低频(通常具有最大振幅)，称为基频(Fundamental Frequency)；谐音(也叫泛音(overtone))的频率是基频的整数倍，称为谐频(Harmonic Frequency)，参见图 8-59。

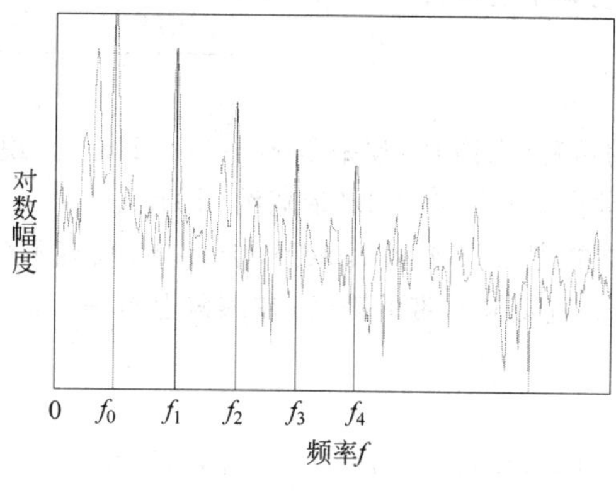

图 8-59　和谐复音的基频与谐频

基音决定声音的高低(音调)，谐音则决定声音的音品(音色)。

f_0 为基频(红色)，$f_i = i \cdot f$ 为谐频(蓝色)。

2. 声音的三要素

除了上面所介绍的振幅和频率这两个物理属性外，声音还有若干感知特性，它们是人对声音的主观反应。声音的感知特性主要有音调、响度和音色，称之为声音的三要素：

(1) 音调——人耳对声音高低的感觉称为音调(tone)。音调主要与声音的频率有关，

但不是简单的线性关系，而是对数关系。除了频率外，影响音调的因素还有声音的声压级和声音的持续时间。音调的单位为美(mel)。

(2) 响度——声音的响度(loudness)就是对声音强弱的主观感知。声音的大小在客观上一般用声级(Sound Level)表示，其单位为 dB 分贝，无量纲，人能感知的声音大小的范围一般为 0～120dB。主观感觉的声音强弱则使用响度(sone)或响度级(phon)来量度。

(3) 音色——音色(timbre)是人们区别具有相同的响度和音调的两个不同声音的主观感觉，也称为音品。例如，每个人讲话都有自己的音色；每种乐器都有各自的音色，即使它们演奏相同的曲调，人们还是能将其区分开来。音色主要是由复音中不同的谐音组成所决定的，影响音色的因素还有声音的时间过程。

8.12.2 频率范围

下面依次介绍人类听觉、人声、话音、声乐和器乐等的频率范围。

1. 听觉

人耳能感受到(听觉 Hearing/Auditory Sensation)的频率范围为 20Hz～20kHz，称此频率范围内的声音为可听声(Audible Sound)或音频(audio)，频率＜20Hz 的声音为次声(infrasound)，频率＞20kHz 声音为超声(ultrasound)，参见表 8-11。

音频的带宽约 20kHz，其范围内的频率相差达一千倍。人耳相当于一种对数频谱分析仪，可以很好地感知不同频率的声音。

表 8-11 声音的频率范围

＜20Hz	20Hz～20kHz	＞20kHz
次声	可听声(音频)	超声

2. 人声与话音

人的发音器官发出的声音(人声)的频率是 80～3400Hz。人说话的声音(话音(voice)/语音(speech))的频率通常为 300～3000Hz(带宽约 3kHz)。

可见，与近 2×10^4 Hz 的宽带(Broad Band)听觉相比，只有不到 3kHz 的语音是一种窄带(Narrow Band)的声音。宽带和窄带的声音，在编码上有很大的不同。

3. 器乐

传统乐器的发声范围为 16Hz (C_2)～7kHz(a^5)，如钢琴的为 27.5Hz (A_2)～4186Hz(c^5)。

乐理的音高采用 12 平均律，将 8 度(倍频)音，按 2 的指数分为 12 份，每份相当于一个半音(100 音分)，参见表 8-12。

表 8-12 12 平均律

音名	C	D	E	F	G	A	B	C
简谱	1	2	3	4	5	6	7	i
唱名	do	re	mi	fa	sol	la	si	do

音程		全音	全音	半音	全音	全音	全音	半音	
音分		200	200	100	200	200	200	100	

可把音高分为若干组，低音用大写字母，高音用小写字母，更低/高的音在大/小写字母后用数字下/上标表示其级别，如标准音：$a^1=440$Hz，中央 C：$c^1=261.625\ 565\ 3$Hz。8 度音的频率差一倍，如 $a^2=2\times a^1=2\times 440Hz=880$Hz，$C_1=2C_2=2\times 16.35Hz=32.70$Hz，参见表 8-13。

表 8-13　音高的分组与频率

分组	大字 2 组	大字 1 组	大字组	小字组	小字 1 组	小字 2 组	小字 3 组	小字 4 组	小字 5 组
音名	$C_2\sim B_2$	$C_1\sim B_1$	C～B	c～b	$c^1\sim b^1$	$c^2\sim b^2$	$c^3\sim b^3$	$c^4\sim b^4$	$c^5\sim a^5$
频率 Hz	16.35～30.6	32.70～61.73	65.4～123.5	130.8～246.9	261.6～493.9	523.3～987.8	1046.5～1975.5	2093～3951.1	4186～7040

例如，键盘乐器（如钢琴、风琴、电子琴等）的键盘由多组按键组成，每组由 7 白和 5 黑共 12 个按键组成（参见图 8-60），对应于一个 8 度音的 12 平均律。其中 7 个白键分别依次对应于音名：C、D、E、F、G、A、B，5 个黑键依次对应于音名：#C（bD）、#D（bE）、#F（bG）、#G（bA）、#A（bB），其中字母左上角的符号#和 b 分别表示升/降半音。

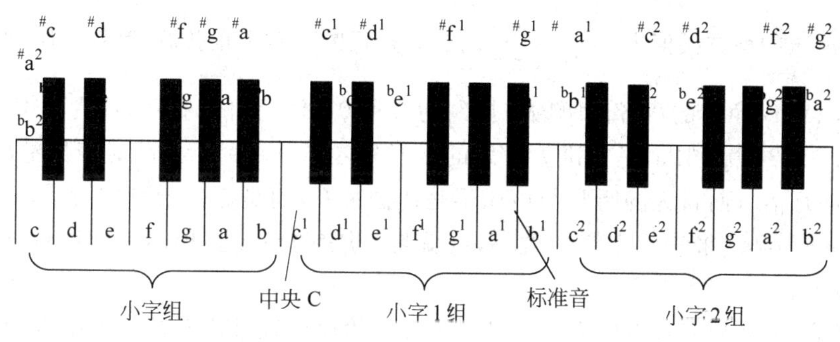

图 8-60　琴键与 12 平均律

4. 声乐

声乐指人唱歌，可以按照男、女、童和高、中、低等来进行分类（参见表 8-14）。声乐的频率范围为 87（男低音）～1318Hz（花腔女高音）。一般歌手的音域都有两个 8 度左右的宽度，但是有少数通俗唱法歌手的音域只有 8 度宽。

表 8-14　声乐中不同声部的音高与频率范围

人	声部	音域	频率范围/Hz	音宽/度
女声	花腔女高音	$c^1\sim e^3$	261.6～1318.5	17
	女高音	$c^1\sim c^3$	261.6～1046.5	15
	女中音	$a\sim a^2$	220～880	15
	女低音	$f\sim f^2$	174.6～698	15
男声	男高音	$c\sim c^2$	130.8～523.2	15
	男中音	$A\sim a^1$	110～440	15
	男低音	$F\sim f^3$	87.3～349.2	15
童声	童高音	$c^1\sim g^2$	261.6～783.9	12
	童低音	$a\sim e^2$	220～659.2	12

8.12.3 音量

音量(Sound Volume)即声音的强弱,可以用声压(级)、声强(级)和声功率(级)来量度。

1. 声压与声压级

声音是一种在空气中传播的纵向压力波(疏密波),声音的强弱体现在声波压力的大小上。没有声波的空气中的压强为大气压,一个标准大气压等于 1.03×10^5 Pa。在有声波传输时,空气的疏密发生变化,压强在原来大气压的上下波动,称这种由声波引起的压强变化为声压(Sound Pressure/Acoustic Pressure),用符号 P 表示,即

$$声压\ P=空气压强-大气压$$

压强的单位为 Pa(帕)(Pascal 即帕斯卡的简称)或 μbar(微巴),有时也用 N/m^2(牛顿/平方米):$1Pa=1N/m^2$,$1\mu bar=0.1Pa$。

瞬时声压可正可负,声压的平均值一般为零。通常所说的声压是指声压的有效值,即一段时间内的瞬时声压的均方根值 $P=\sqrt{\frac{1}{n}\sum_{i=1}^{n}P_i{}^2}$ 总是正的。对于正弦波,有效声压 $P=\frac{P_{max}}{\sqrt{2}}$。

人耳对 1kHz 频率的声音的听阈声压约为 2×10^{-5} Pa,痛阈的声压约为 20Pa,正常说话时的声压为 0.02~0.03Pa,是标准大气压的千万分之二三。由于人耳对声压的感知范围大(相差约一百万倍),而且人的听觉与声压不是线性关系,而是近似于对数关系。所以常按对数式分级(level)办法来表示声音的大小,这就是声压级(Sound Pressure Level)L_p、声强级和声功率级等。

声压级 L_P 定义为有效声压 P 与参考声压 P_{ref} 的比值取常用对数后再乘以 20。

$$L_p=20\lg\frac{P}{P_{ref}}(\mathrm{dB})$$

其中,参考声压 P_{ref} 取 1kHz 的听阈声压(2×10^{-5} Pa),声压级的值无量纲,单位为 dB(分贝)。

于是,1kHz 频率的声音听阈的声压级$=20\times\lg1=0$dB,痛阈之声压级$=20\times\lg10^6=$ 120dB。声压变化 10 倍,声压级才变化 20dB。

2. 声功率与声功率级

声波是能量传输的一种形式,因此也常用能量的大小来表示声音的强弱。声源在单位时间内向外输出的声能量叫做声功率(Acoustic Power/Sound Power),用符号 W 表示,单位为 W(瓦)。

与声压一样,声功率的变化范围也很大(如 1kHz 的听阈声功率为 10^{-12} W、痛阈的声功率为 1W、喷气飞机的声功率为 100W),听觉也与其成对数关系。所以,也可以定义声功率级(Sound Power Level)为

$$L_W=10\lg\frac{W}{W_{ref}}(\mathrm{dB})$$

其中,参考声功率 W_{ref} 取 1kHz 的听阈声功率 10^{-12} Pa,声功率级的值也无量纲,单位也为 dB。

注意，由于声功率与声压的平方成正比，所以声功率级是声压级的两倍，为了便于同级比较，这里将声压级公式中的 20 改为了现在声功率级公式中的 10。声功率变化 10 倍，声功率级变化 10dB。

3. 声强与声强级

声音的强弱也可以用声强来量度。声场中某点的声强（Acoustic Intensity/Sound Intensity），是指在单位时间内，声波通过垂直于声波传播方向单位面积的声能量（声功率 W），用符号 I 表示，单位为 W/m^2（瓦/平方米）。

$$I=\frac{W}{S}$$

其中，S 为声能量通过的面积。

在无反射声波的自由声场中，点声源发出的球面波的声强为 $I=\frac{W}{4\pi r^2}$。可见球面波的声强 I 与点声源的声功率 W 成正比，与距离（半径）r 的平方成反比，称之为平方反比定律。由于在实际工作中，指定方向的声强难以测量，一般是先测出声压 P，然后按公式

$$I=\frac{P^2}{\rho c}$$

计算声强和声功率。其中，ρ 为媒质密度、c 为声速、ρc 为媒质的特性阻抗。20℃时的标准大气压下的空气对声波的特性阻抗为 $\rho c=415Ns/m^2$。

声功率级，可以定义声强级（Sound Intensity Level）L_I 如下：

$$L_I=10\lg\frac{I}{I_{\text{ref}}}\left(=10\lg\frac{P^2/\rho c}{P_{\text{ref}}^2/\rho c}=20\lg\frac{P}{P_{\text{ref}}}=L_P\right)(\text{dB})$$

其中，参考声强 I_{ref} 取 1kHz 的听阈声强 $10^{-12}W/m^2$，声强级的值也无量纲，单位也为 dB。声强变化 10 倍，声强级变化 10dB。

根据该平方反比定律，在自由声场中，接收点与声源的距离增加一倍，则声压级下降 6dB。由此可以进行声场估算，由声功率级计算声压级。

4. 比较

由于声压级、声强级和声功率级的值是一致的，所以它们可以统称为声级（Sound Level），参见表 8-15。

表 8-15　声压、声强、声功率与声压级、声强级、声功率级

声压/Pa	声强/(W/m^2)	声功率/W	声级/dB	环境
2×10^{2}	10^{2}	10^{2}	140	飞机发动机(3m)
2×10^{1}	1	1	120	痛阈
2×10^{0}	10^{-2}	10^{-2}	100	织布机房
2×10^{-1}	10^{-4}	10^{-4}	80	汽车汽喇叭
2×10^{-2}	10^{-6}	10^{-6}	60	交谈(1m)
2×10^{-3}	10^{-8}	10^{-8}	40	安静室内
2×10^{-4}	10^{-10}	10^{-10}	20	轻声耳语
2×10^{-5}	10^{-12}	10^{-12}	0	听阈

人耳听觉的动态范围很宽广，为 0～140dB。一般正常年轻人在中频附近的听阈约为 0dB，人耳能忍受的强噪声(noise)极限约为 125dB。声压变化 10 倍，声压级变化 20dB。声强和声功率变化 10 倍，声强级和声功率级变化 10dB。声压增加 1 倍，声压级增加 6dB 左右。声强和声功率增加 1 倍，声强级和声功率级增加 3dB 左右。对于 50Hz～10kHz 的纯音，在声压级超过听阈 50dB 时，人耳大约可以鉴别 1dB 的声压变化。在声压级超过听阈 40dB 时，频率低于 1kHz 时，人耳大约可以察觉 3Hz 的频率变化。

5. 噪声

称紊乱断续或统计上随机的声音为噪声，例如交通噪声和工业噪声。

噪声的大小也用它的声压级 dB 数来表示，例如重型卡车的噪声约为 88dB、轿车的噪声约为 60dB、火车车厢的噪声约为 70dB、喷气飞机附近的噪声约为 140dB，纺织工业的噪声为 80～110dB、钢铁工业的噪声为 80～130dB。

强噪声会使人听觉迟钝(听阈上移)，严重时会造成耳聋。

我国于 1993 年公布了城市区域环境噪声标准 GB 3096—93(参见表 8-16)，要求夜间突发的噪声，其最大值不准超过标准值 15dB。

表 8-16 城市区域环境噪声标准(等效声级 LAeq：dB)

类别	昼间	夜间	适用区域	说 明
0	50dB	40dB	疗养区、高级别墅区、高级宾馆区等特别需要安静的区域	位于城郊和乡村的这一类区域分别按严于 0 类标准 5dB 执行
1	55dB	45dB	以居住、文教机关为主的区域	乡村居住环境可参照执行该类标准
2	60dB	50dB	居住、商业、工业混杂区	
3	65dB	55dB	工业区	
4	70dB	55dB	城市中的道路交通干线道路两侧区域，穿越城区的内河航道两侧区域	穿越城区的铁路主、次干线两侧区域的背景噪声(指不通过列车时的噪声水平)限值也执行该类标准

8.12.4 音频信号的数字化

声音用电表示时，声音信号在时间和幅度上都是连续的模拟信号。为了便于计算机处理，同时也为了信号在复制、存储和传输过程中少受损害，需要将模拟信号数字化。

音频信号是典型的连续信号，不仅在时间上是连续的，而且在幅度上也是连续的。在时间上“连续”是指在任何一个指定的时间范围里的声音信号都有无穷多个幅值；在幅度上“连续”是指幅度的数值为实数。把在时间(或空间)和幅度上都连续的信号称为模拟信号(Analog Signal)。

在某些特定的时刻对这种模拟信号进行测量叫做采样(sampling)，在有限个特定时刻采样得到的信号称为离散时间信号。采样得到的幅值是无穷多个实数值中的一个，因此幅度还是连续的。把幅度取值的数目限定为有限个的信号就称为离散幅度信号。把时间和幅度都用离散的数字表示的信号就称为数字信号(Digital Signal)，即

$$数字信号=离散时间信号\cap离散幅度信号$$

称从模拟信号到数字信号的转换为模数转换，记为 A/D(Analog-to-Digital)；称从数字信号到模拟信号的转换为数模转换，记为 D/A(Digital-to-Analog)。

声音的数字化需要回答以下两个问题：每秒钟需要采集多少个声音样本，也就是采样频率(f_s=Sampling Frequency)是多少；每个声音样本的位数(bps=bit per sample)应该是多少，也就是量化精度。

为了做到无损数字化，采样频率需要满足奈奎斯特采样定理；为了保证声音的质量，必须提高量化精度。

1. 采样和量化

连续时间的离散化通过采样来实现。如果是每隔相等的一小段时间采样一次，则这种采样称为均匀采样(Uniform Sampling)，相邻两个采样点的时间间隔称为采样周期(T_s=Sampling Period)或采样间隔(T=Sampling Interval)。

连续幅度的离散化通过量化(quantization)来实现，就是把信号的强度划分成一小段一小段，在每一段中只取一个强度的等级值(一般用二进制整数表示)，如果幅度的划分是等间隔的，就称为线性量化，否则就称为非线性量化，参见图 8-61。

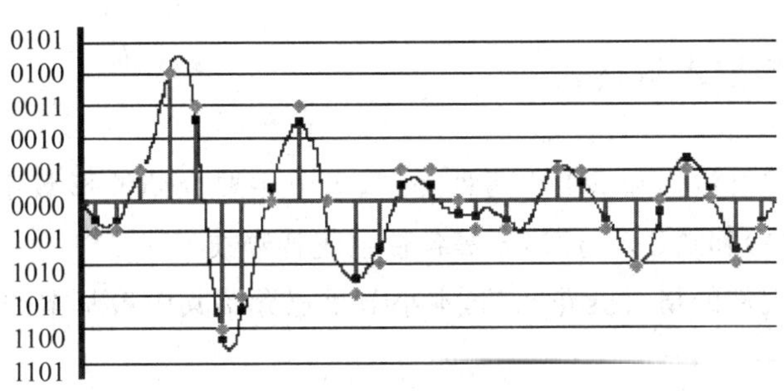

图 8-61 连续音频信号的采样和量化

2. 采样频率

采样频率的高低是根据奈奎斯特(Nyquist)理论和声音信号本身的最高频率决定的。奈奎斯特采样定理指出，采样频率不应低于声音信号最高频率的两倍，这样就能把以数字表达的声音没有失真地还原成原来的模拟声音，这也叫做无损数字化(Lossless Digitization)。

奈奎斯特采样定理可用公式表示为

$$f_s \geqslant 2f_{max} \quad \text{或者} \quad T_s \leqslant T_{min}/2$$

其中，f_s为采样频率、f_{max}为被采样信号的最高频率、T_s为采样周期、T_{min}为最小采样周期。

可以这样来理解奈奎斯特理论：声音信号可以看成由许许多多正弦波组成的，一个振幅为 A、频率为 f 的正弦波至少需要两个采样样本表示，因此，如果一个信号中的最高频率为 f_{max}，采样频率最低要选择 $2f_{max}$。例如，电话话音的信号频率约为 3.4kHz，采样频率就应该≥6.8kHz，考虑到信号的衰减等因素，一般取为 8kHz。

常用的采样频率有：8kHz、11.025kHz、22.05kHz、44.1kHz、48kHz 等。

3. 量化精度

样本大小是用每个声音样本的位数 b/s，即 bps＝bits per sample（每样本比特）表示的，它反映了量度声音波形幅度的精度。例如，每个声音样本用 16 位（2 字节）表示，测得的声音样本值是在 0～65 536 的范围里，它的精度就是输入信号的 1/65 536。常用的采样精度为 8b/s、12b/s、16b/s、20b/s、24b/s 等。

样本位数的大小影响到声音的质量，位数越多，声音的质量越高，但需要的存储空间也越多；位数越少，声音的质量越低，所需要的存储空间也越少。

样本精度的另一种表示方法是信号噪声比，简称为信噪比（Signal-to-Noise Ratio，SNR），并用下式计算：

$$SNR = 10\lg[(V_{signal})^2/(V_{noise})^2] = 20\lg(V_{signal}/V_{noise})$$

其中，V_{signal}表示信号电压，V_{noise}表示噪声电压（一般取为 1）；SNR 的单位为分贝（dB）。

例 8-1 假设 $V_{noise}=1$，采样精度为 1 位表示 $V_{signal}=2^1$，它的信噪比 SNR＝6 分贝。

例 8-2 假设 $V_{noise}=1$，采样精度为 16 位表示 $V_{signal}=2^{16}$，它的信噪比 SNR＝96 分贝。

8.12.5 数字音频技术与格式

数字音频的数据有波形和 MIDI 两种类型，本节主要介绍波形数字音频数据的存储格式（文件和光盘/磁带）和 AC-3 与 DTS 等各种主流音频技术。

数字音频存储文件的格式五花八门，本小节重点介绍其中最基本的 WAV 文件格式。

1. 种类

数字音频的数据有两种类型。

（1）波形数据：声波通过声/电和 A/D 而得到量化后的采样数据。数字化的波形数据有两类存储方式。

① 文件存储：有多种文件格式，比较流行的有以 WAV、AU、AIFF 和 SND 为扩展名的文件格式（WAV 格式主要用在 PC 上，au 主要用在 UNIX 工作站上，aiff 和 SND 主要用在苹果机和 SGI 工作站上）；还有较新的高压缩比的以 MP3、RA 或 RM、WMA 等为扩展名的文件格式；

② 非文件存储：激光唱盘（CD-DA）、微型光盘（MD）、数字录音带（DAT）、DVD-Audio、SACD(DSD)等。

（2）MIDI 数据：MIDI 是乐器和计算机之间交换音乐信息所使用的一种标准语言，MIDI 数据只是一些指令。所以，与波形文件相比，MIDI 文件非常小。常见的 MIDI 文件格式为 PC 上扩展名为 mid 的文件。

2. 扩展名

表 8-17 列出的是常见的声音文件扩展名。

表 8-17 常见的声音文件扩展名

文件的扩展名	说　明
AIFF(Audio Interchange File Format)	Apple 计算机上的声音文件存储格式
APE	Monkey Audio 公司的音频文件存储格式
AU(Audio)	Sun 和 NeXT 公司的声音文件存储格式
MFF(MIDI Files Format)	MIDI 文件存储格式 1/2
MID(MIDI)	Windows 的 MIDI 文件存储格式
MP2	MPEG-1 Audio Layer Ⅰ,Ⅱ
MP3	MPEG-1 Audio Layer Ⅲ
MP4	MPEG-2 Audio 的 AAC 编码或 MPEG-4 Audio/Video
MOD(Module)	MIDI 文件存储格式
OGG	Ogg Vorbis 的音频编码
RM(Real Media)	Real Networks 公司的流式媒体文件格式
RA(Real Audio)	Real Networks 公司的流式声音文件格式
SND(sound)	Apple 计算机上的声音文件存储格式
WAV(Waveform)	Windows 采用的波形声音文件存储格式
WMA(Windows Media Audio)	Microsoft 公司的流式音频文件格式

3. 常见格式

(1) AIFF(.aiff)——音频交换文件格式(Audio Interchange File Format,AIFF)是苹果公司开发的声音文件格式,属于 QuickTime 技术。AIFF 虽然是一种很优秀的文件格式,但由于它是苹果电脑上的格式,并没有在 PC 平台上流行。

(2) AU(.au)——AU(audio 音频)是一种主要在 Internet 上使用的多媒体声音文件。AU 文件是 UNIX 操作系统下的数字声音文件,这种格式本身也支持多种压缩方式,但文件结构的灵活性就比不上 AIFF 和 WAV。目前可能唯一必须使用 AU 格式来保存音频文件的就是 Java 平台。

(3) APE(.ape)——APE 是 Monkey's Audio 公司于 2000 年提出的一种无损压缩格式。Monkey's Audio 软件提供了 Winamp 的插件支持,这就意味着压缩后的文件不再是单纯的压缩格式,而是和 MP3 一样可以播放的音频文件格式。这种格式的压缩比远低于其他格式,但能够做到真正无损,因此获得了不少发烧用户的青睐。在现有不少无损压缩方案中,APE 是一种有着突出性能的格式,令人满意的压缩比以及飞快的压缩速度,成为不少朋友私下交流发烧音乐的唯一选择。

(4) MP3(.mp3)——MP3 全称是 MPEG-1 Audio Layer 3,是 MPEG-1 的衍生编码方式,采用的是音感子带编码方法,是由德国 Fraunhofer IIS 研究院和汤姆生公司于 1993 年合作发展成功的。MP3 作为目前最为普及的音频压缩格式,可在 12∶1 的压缩比下保持近似于 CD 音质的基本可听的音质。基于闪存和 U 盘的 MP3 播放器也是现在随身听的主流产品。

(5) mp3PRO(.mp3)——mp3PRO 是由瑞典 Coding 科技公司于 2001 年开发的,其中包含了两大技术:一是来自于 Coding 科技公司所特有的解码技术频段复制(Spectral Band Replication,SBR),二是由 MP3 的专利持有者法国汤姆森多媒体公司和德国 Fraunhofer 集成电路协会共同研究的一项译码技术。mp3PRO可以在基本不改变文件大小的情况下改善原先的MP3音乐音质。特别是它能够在用较低比特率压缩音频文件的情况下，最大程度地保持压缩前的音质。虽然mp3PRO是一种优秀的技术，但由于技术专利费用问题及其他技术提供商的竞争，特别是由于Microsoft的媒体播放机等主流软件不支持，使得mp3PRO并没有得到很大的流行。

(6) WAVE(.wav)——基于PCM编码的WAV文件是音质最好的格式，实际上WAV格式的设计是非常灵活(非常复杂)的，它支持许多压缩算法，支持多种音频位数、取样频率和声道。例如，采用44.1kHz的取样频率和16b量化位数的WAV的音质与CD相差无几。Windows平台下，所有音频软件都能够提供对它的支持。Windows提供的WinAPI中有不少函数可以直接播放WAV，这个格式已经成为事实上的通用音频格式。因此，WAV也是音乐编辑创作的首选格式，适合保存音乐素材。同时，WAV也被作为一种中介格式，常常使用在其他编码的相互转换之中，例如，MP3转换成WMA。但WAV格式对存储空间需求太大，不便于保存、交流和传播。

(7) WMA(.wma)——WMA(Windows Media Audio)是微软在互联网音频、视频领域的力作。WMA格式是以减少数据流量但保持音质的方法来达到更高的压缩率目的的，其压缩率一般可以达到18∶1。此外，WMA还可以通过DRM(Digital Rights Management)方案加入防止拷贝，或者加入播放时间和播放次数限制，甚至是播放机器的限制，可有力地防止盗版(保护版权)。应该说，WMA的推出，就是针对MP3没有版权限制的缺点而来的，受到唱片业的大力支持。WMA支持流技术，即一边读一边播放，因此WMA可以很轻松地实现在线广播。

而实际上当采用LAME算法压缩MP3格式的码率高于192kb/s时，普遍的反映是MP3的音质要好于WMA。似乎128kb/s是WMA的一个槛，当比特率再往上提升时，不会有太多的音质改变。MP3却不一样，在192kb/s时，音质比WMA好。但是较低比特率时，WMA可以在同样音质条件下获得比MP3文件更小的体积——甚至一半。WMA格式在采用64kb/s低取样率时，声音质量比MP3的好。在超低取样率的情况下(例如16kb/s)，WMA格式要比MP3格式好得多。WMA和MP3的优劣一直是大家争论的焦点，其实这是一个无法回答的问题。这要看用户的实际需要，是追求高音质(MP3)还是高压缩率(WMA)，参见表8-18。

表8-18 WMA和MP3在不同码率下的音质比较

码率/(kb/s)	WMA	MP3
128	非常好，声音完美	非常好，声音完美
64	好，低音响应不错	好，低音较弱，高音末端部分有些问题
16	非常数字化的声音，比AM广播的声音质量还要差	声音质量低，类似于28.8kb/s的流式RealAudio的声音质量

(8) Real Audio(.ra/.rm)——Real Audio是由Real Networks公司推出的一种文件格式，最大的特点就是可以实时传输音频信息，尤其是在网速较慢的情况下(在非常低的带宽如28.8kb/s下)仍然可以较为流畅地传送数据，提供足够好的音质让用户能在线聆听，因此Real Audio主要适用于网络上的在线播放。现在的Real Audio文件格式主要有RA(Real

Audio)、RM(Real Media,Real Audio G2)、RMX(Real Audio Secured)三种,这些文件的共同性在于随着网络带宽的不同而改变声音的质量,在保证大多数人听到流畅声音的前提下,令带宽较宽敞的听众获得较好的音质。和 WMA 一样,RA 不但都支持边读边放,也同样支持使用特殊协议来隐匿文件的真实网络地址,从而实现只在线播放而不提供下载的欣赏方式。这对唱片公司和唱片销售公司很重要,在各方的大力推广下,RA 和 WMA 是目前互联网上用于在线试听最多的音频媒体格式。

(9) OGG(.ogg)——是开放源代码的 Ogg Vorbis 在 2002 年 7 月推出的一种新的网络音频压缩格式,类似于 MP3 等现有的通过有损压缩算法进行音频压缩的音乐格式。OGG 可以在相对较低的数据速率下实现比 MP3 更好的音质,它可以支持多声道。Ogg Vorbis 是一种灵活开放的音频编码,在编码方案已经固定下来后还能对音质进行明显的调节和新算法的改良。OGG 具有流媒体的基本特征,但现在还没有媒体服务软件支持,因此基于 OGG 的数字广播还无法实现。OGG 目前被支持的情况还不够好,无论是软件的还是硬件的,都无法和 MP3 相提并论。

(10) QuickTime(.qt/.mov)——QuickTime 是苹果公司于 1991 年推出的一种数字流媒体,它面向视频编辑、Web 网站创建和媒体技术平台。QuickTime 支持几乎所有主流的个人计算平台,可以通过互联网提供实时的数字化信息流、工作流与文件回放功能。当前最新版本为 QuickTime 7.0。

(11) VQF(.vqf)——声音质量文件(Voice Quality File,VQF)格式是由雅马哈和日本电报电话公共公司共同开发的一种音频压缩技术,它的压缩率能够达到 1∶18,因此相同情况下压缩后 VQF 的文件体积比 MP3 小 30%～50%,更便于网上传播,同时音质极佳,接近 CD 音质,但不支持“流”是 VQF 的致命弱点。VQF 未公开技术标准,也没有得到操作系统平台的直接支持,所以至今未能流行开来。

备注:流媒体——网络流媒体简单说就是将原来连续不断的音频分割成一个一个带有顺序标记的小数据包,将这些小数据包通过网络进行传递,在接收的时候再将这些数据包重新按顺序组织起来播放。如果网络质量太差,有些数据包收不到或者延缓了到达,它就跳过这些数据包不播放,以保证用户在聆听到的内容是基本连续的。

4. WAV 文件格式

波形音频文件格式(Waveform Audio File Format)(*.wav)是 Microsoft 为 Windows 设计的多媒体文件格式——资源交换文件格式(The Resource Interchange File Format, RIFF)中的一种(另一种常用的为 AVI)。RIFF 由文件头、数据类型标识及若干块(chunk)组成。表 8-19 是 WAV 文件的基本格式。

表 8-19 WAV 文件的基本格式

类　型	内　容	变 量 名	大 小	取　值
RIFF 头	文件标识符串	fileId	4B	RIFF
	头后文件长度	fileLen	4B	非负整数(=文件长度-8)
数据类型标识符	波形文件标识符	waveId	4B	WAVE

续表

<table>
<tr><th colspan="2">类　型</th><th>内　容</th><th>变 量 名</th><th>大　小</th><th colspan="2">取　值</th></tr>
<tr><td rowspan="10">格式块</td><td rowspan="2">块头</td><td>格式块标识符串</td><td>chkId</td><td>4B</td><td colspan="2">fmt</td></tr>
<tr><td>头后块长度</td><td>chkLen</td><td>4B</td><td colspan="2">非负整数(= 16 或 18)</td></tr>
<tr><td rowspan="8">块数据</td><td>格式标记</td><td>wFormatTag</td><td>2B</td><td colspan="2">非负短整数(PCM=1)</td></tr>
<tr><td>声道数</td><td>wChannels</td><td>2B</td><td colspan="2">非负短整数(= 1 或 2)</td></tr>
<tr><td>采样率</td><td>dwSampleRate</td><td>4B</td><td colspan="2">非负整数(单声道采样数/秒)</td></tr>
<tr><td>平均字节率</td><td>dwAvgBytesRate</td><td>4B</td><td colspan="2">非负整数(字节数/秒)</td></tr>
<tr><td>数据块对齐</td><td>wBlockAlign</td><td>2B</td><td colspan="2">非负短整数(不足补零)</td></tr>
<tr><td>采样位数</td><td>wBitsPerSample</td><td>2B</td><td colspan="2">非负短整数(PCM 时才有)</td></tr>
<tr><td>扩展域大小</td><td>extSize</td><td>2B</td><td>非负短整数</td><td rowspan="2">可选扩展块
(PCM 时无)</td></tr>
<tr><td>扩展域</td><td>extraInfo</td><td>extSize B</td><td>扩展信息</td></tr>
<tr><td rowspan="3">数据块</td><td rowspan="2">块头</td><td>数据块标识符串</td><td>chkId</td><td>4B</td><td colspan="2">data</td></tr>
<tr><td>头后块长度</td><td>chkLen</td><td>4B</td><td colspan="2">非负整数</td></tr>
<tr><td>块数据</td><td>波形采样数据</td><td>x 或 x_l、x_r</td><td>chkLen B</td><td colspan="2">左右声道样本交叉排列；样本值为整数(整字节存储，不足位补零)；整个数据块按 blockAlign 对齐</td></tr>
</table>

8.13　音频处理软件

1. Windows 自带录音机

(1) 使用“录音机”获取声音。

① 选择“程序”→“附件”→“娱乐”→“录音机”菜单项，启动录音机，如图 8-62 所示。

图 8-62　录音机

② 单击“录音”按钮，开始录音(录音时间为 60s)。

(2) 转换 WAV 格式的采样频率及其他。

① 打开录音机应用程序。

② 选择“文件”→“打开”菜单，打开 WAV 音频文件。

③ 选择“文件”→“属性”菜单项，如图 8-63(a)所示。

④ 单击“立即转换”按钮。

⑤ 单击“属性”栏，选择需要的采样频率和声道形式，如图 8-63(b)所示。

⑥ 单击“确定”按钮。

⑦ 单击“确定”按钮。

⑧ 选择“文件”→“另存为”菜单项，保存声音文件。

2. GoldWave 软件简介

1) 软件功能

(1) 波表显示声音数据，直观、简捷。

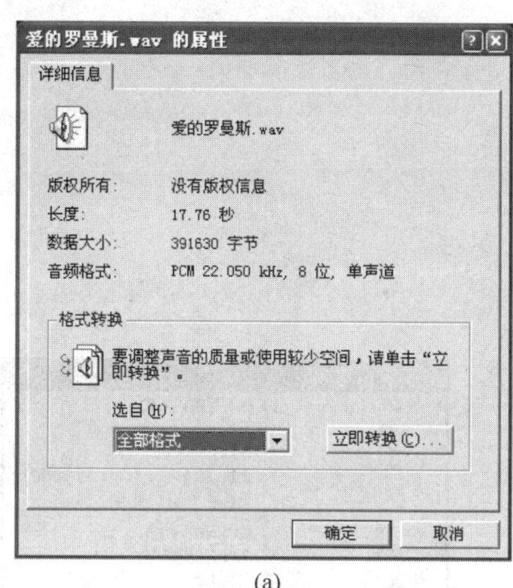

(a)

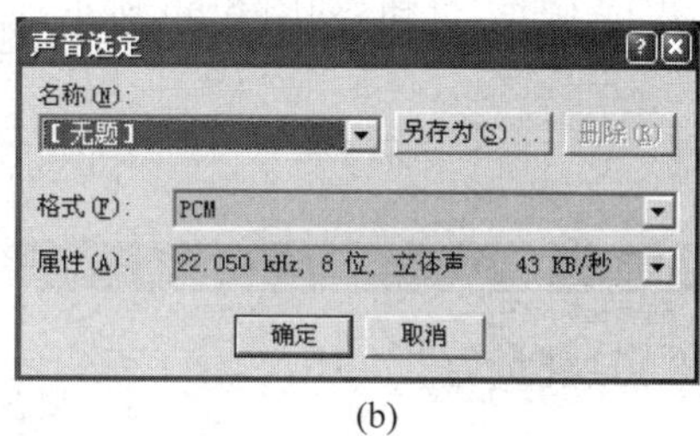

(b)

图 8-63　转换 WAV 格式的采样频率

(2) 为声音增加各种效果(如回声、机器声等)。

(3) 编辑 WAV 和 MP3 声音(如删除、粘贴、静音等)。

(4) 合成声音(把其他声音与当前声音混合)。

(5) 所有编辑都可进行立体声/单声道编辑。

主界面：双击快捷图标，启动 GoldWave 软件，如图 8-64 所示。

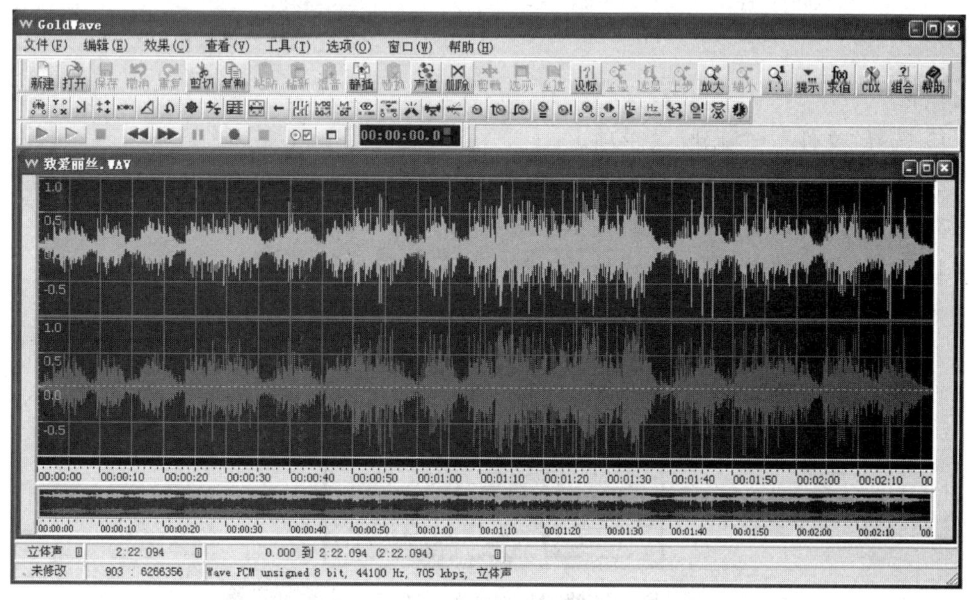

图 8-64　GoldWave 软件

2) 设置文件、内存管理

(1) 选择“选项”→“保存”。

(2) 记住最后使用过的文件夹。

(3) 选择“内存”,如图 8-65 所示。

提示:若选择硬盘,速度较慢。

(4) 单击“确定”按钮。

3) 设置窗口显示状态

(1) 选择“选项”→“窗口”。

(2) 在主窗口中选择“保存位置”。

(3) 单击“确定”按钮,如图 8-66 所示。

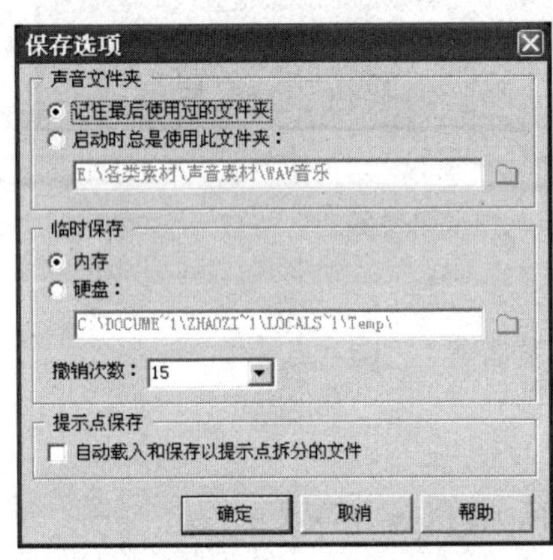

图 8 65 设置文件、内存管理

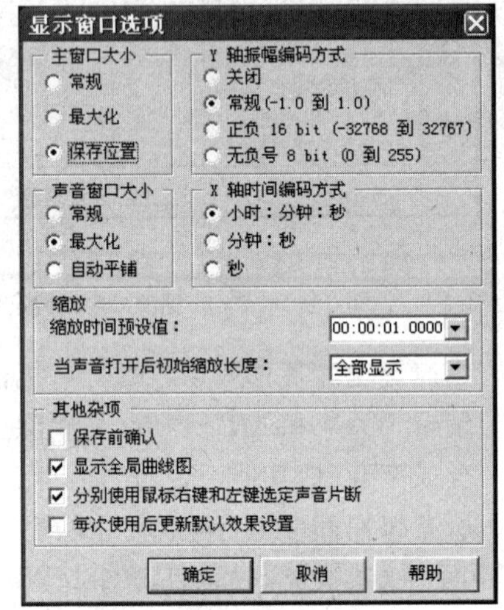

图 8-66 设置窗口显示状态

4) 录音

(1) 选择“文件”→“新建”菜单项。

(2) 确定“声道数”。语音为单声道,乐曲为立体声。

(3) 确定“采样速率”。高音质音乐采用 44 100Hz,一般音质采用 22 050Hz。

(4) 确定“初始化长度”。格式是:分:秒.毫秒,如图 8-67 所示。

图 8-67 录音

(5) 单击“确定”按钮。

(6) 单击录音按钮,开始录音。

(7) 单击停止按钮,停止录音。

5）编辑区域

定义鼠标按键。

(1) 选择“选项”→“窗口”菜单项。

(2) 单击“分别使用鼠标右键和左键选定声音片断”选项。

(3) 单击“确定”按钮，如图 8-68 所示。

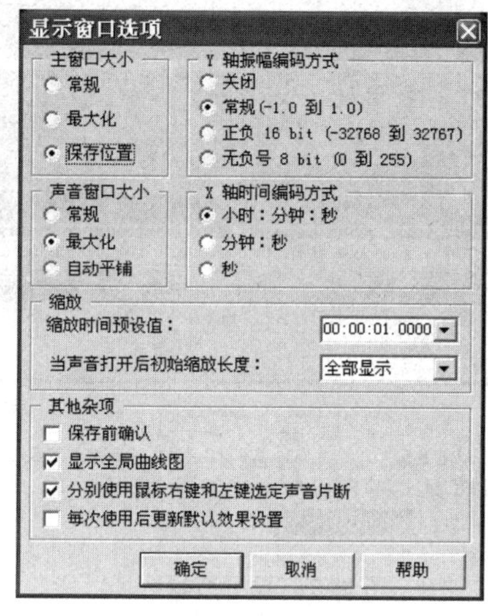

图 8-68　编辑区域

6）设置编辑区域

(1) 鼠标左键单击波表，设定编辑区域起点。

(2) 鼠标右键单击波表，设定编辑区域终点。

把全部声音设成编辑区域：展开编辑区域，单击“选显”按钮。

多种显示模式如下：

(1) 单击“全显”按钮，显示全部声音内容。

(2) 单击“放大”按钮或“缩小”按钮，伸展或缩小波形。

(3) 编辑多个声音文件时，选择“窗口”→“横向平铺”菜单项，各个声音窗口平铺，便于比较和操作，如图 8-69 所示。

7）简单音频编辑

(1) 增减工具。

① 选择“选项”→“工具栏”菜单项。

② 选择“主要”卡片。

③ 把左侧工具拖曳到右侧，增加。

④ 把右侧工具拖曳到左侧，减去。

⑤ 单击“确定”按钮，如图 8-70 所示。

(2) 打开与关闭声音文件。

① 选择“文件”→“打开”菜单项，指定各种格式的声音文件。

提示：可同时打开多个声音文件。

② 选择“文件”→“关闭”菜单，关闭当前的声音窗口。

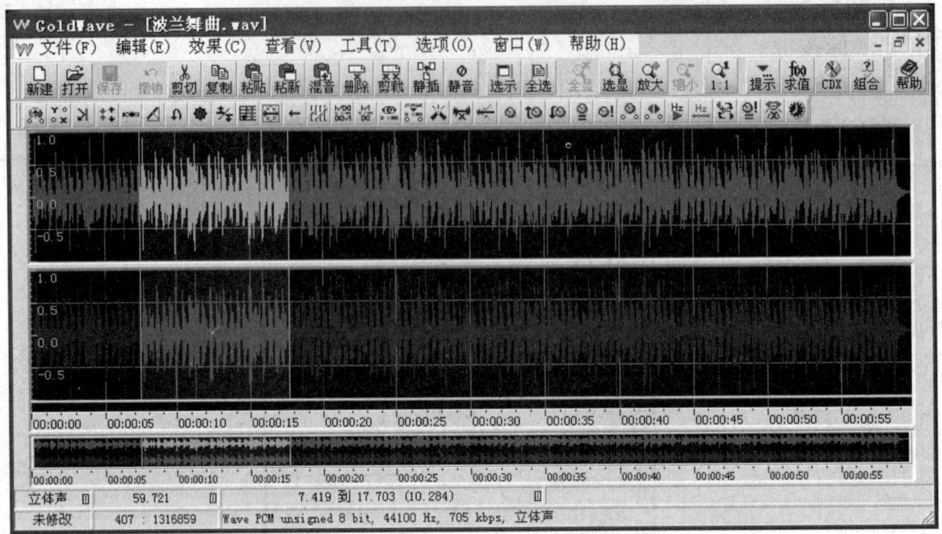

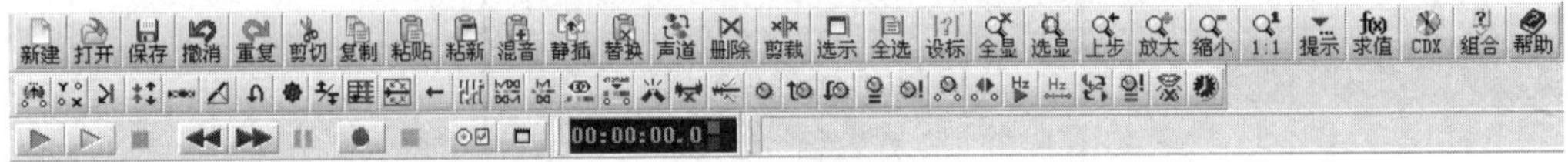

图 8-69　设置编辑区域

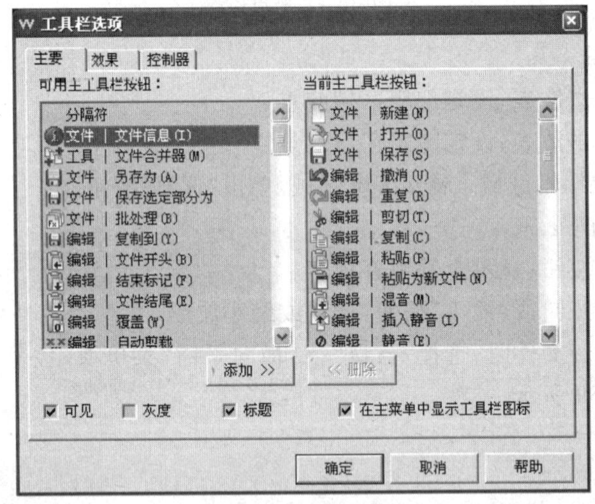

图 8-70　工具栏

(3) 删除声音片段。

① 分别用鼠标左键、右键确定编辑区域。

② 单击“删除”工具。

提示：要准确地确认编辑区域，需要仔细聆听，在放大显示状态下，反复调整区域。

8) 静音处理

(1) 确定编辑区域。

(2) 单击“静音”工具，如图 8-71 所示。

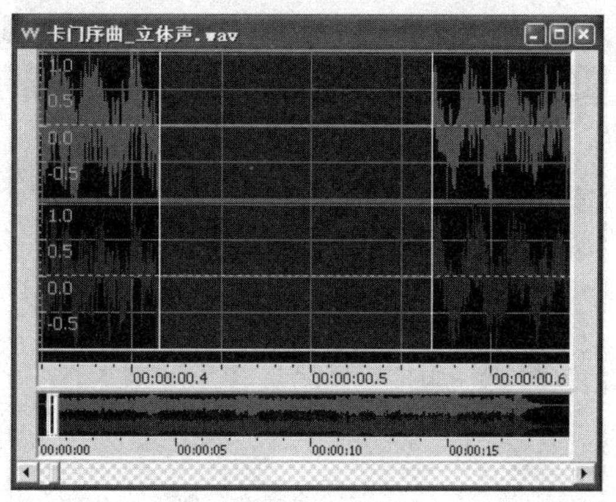

图 8-71 静音处理

提示：默认状态下，工具栏中没有静音工具，需添加该工具。

9）剪贴片段

(1) 确定编辑区域。

(2) 单击“复制”工具。

(3) 单击波形图的某一位置(该位置是粘贴的起始位置)。

(4) 单击“粘贴”工具。

10）恢复操作

(1) 单击“撤销”工具，可恢复错误发生之前的状态。

(2) 若单击“重复”工具，可恢复单击“撤销”工具之前的状态。

11）声音反向

(1) 确定编辑区域。

(2) 单击“反向”工具。

12）高级音频编辑技术

(1) 设置播放控制工具。

① 选择“选项”→“控制器属性”。

② 单击绿色播放键→“选定部分”。

③ 单击黄色播放键→“结束部分”。

便于选区首尾监听。

④ 单击“确定”按钮，如图 8-72 所示。

(2) 淡入淡出。

① 确定编辑区域。

② 单击“淡入”按钮，调整滑块。

③ 单击“淡出”按钮，调整滑块，如图 8-73 所示。

混响时间：略长的混响时间使声音显得圆润。更长的混响时间则具有空旷感。

① 确定编辑区域。

② 单击“混响”按钮。

③ 调整“混响时间”滑块，确定混响时间，单位是秒。

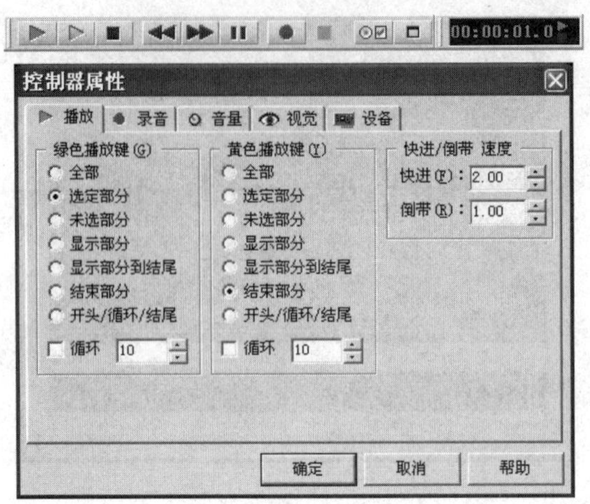

图 8-72　设置播放控制

图 8-73　设置淡入淡出

④ 调整“音量”滑块，改变叠加的声波幅度。

⑤ 调整“延迟深度”滑块，改变延迟时间。

⑥ 单击“确定”按钮，如图 8-74 所示。

频率均衡控制：频率均衡控制是指对低音、中音、高音的各个频段进行提升和衰减的控制。该控制使声音的层次和频段分布更为理想，音响效果更好。

① 确定编辑区域。

② 单击“均衡器”按钮。

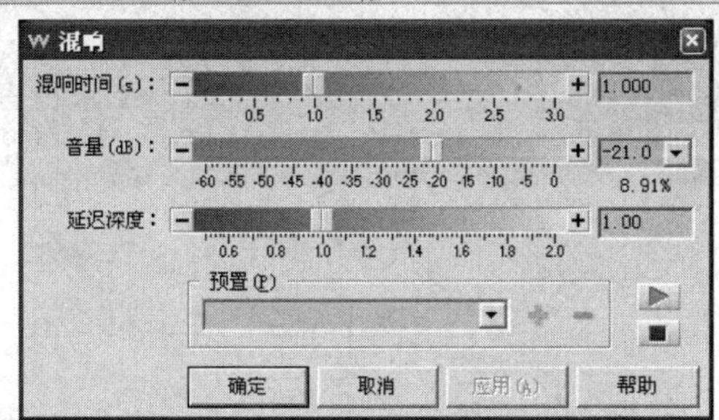

图 8-74　设置混响时间

③ 移动各个频段的滑块，调整该频段的强弱。

④ 单击“确定”按钮，如图 8-75 所示。

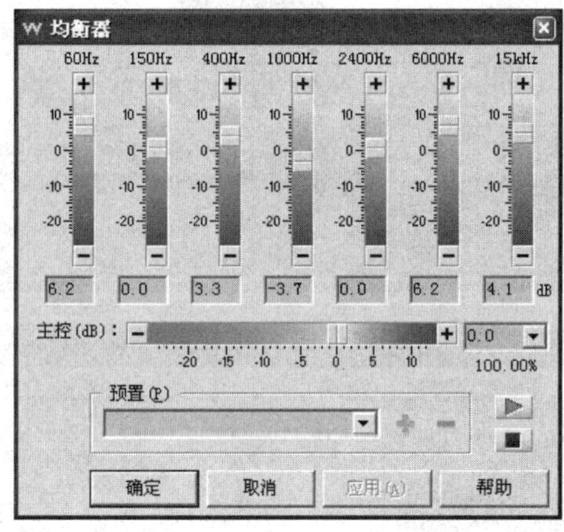

图 8-75　设置频率均衡控制

(3) 音量自由控制与合成。

① 打开语音文件，聆听并记录下语音的长度。

② 打开背景音乐文件，寻找合适的语音插入点，然后设置编辑区域。

③ 单击“外形音量”按钮。

④ 鼠标拖动线段形成低谷。

⑤ 单击“确定”按钮，如图 8-76 所示。

⑥ 单击语音，设置编辑区域。

⑦ 单击“复制”按钮，将语音复制到剪贴板。

⑧ 单击背景音乐，单击合成起点。

⑨ 单击“混音”按钮。

⑩ 调整合成语音的音量。

⑪ 单击“确定”按钮。

提示：单声道声音合成到双声道时，自动变成均等的双声道。若双声道声音合成到单声道，则合二为一，变成单声道。

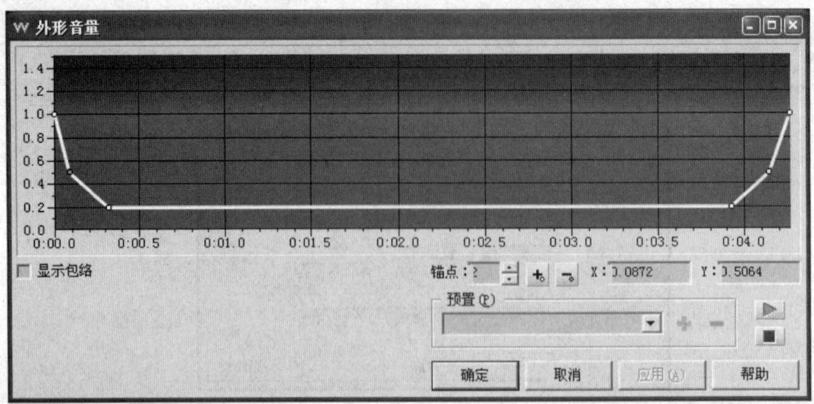

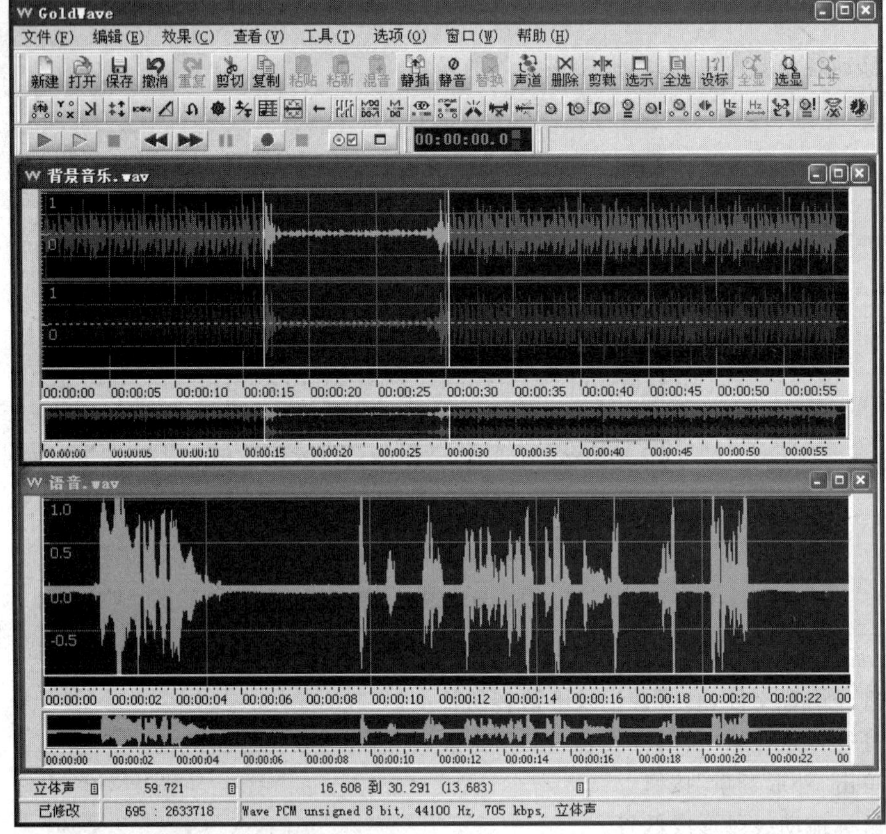

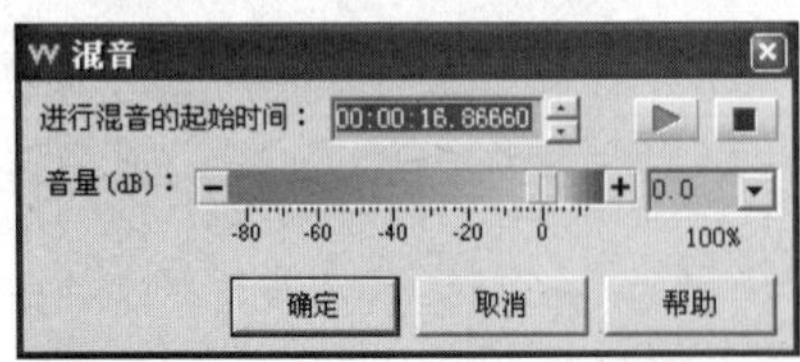

图 8-76 音量自由控制与合成

13）多格式保存

(1) 保存 MP3 文件。

① 选择“文件”→“另存为”菜单项。

② 单击“保存类型”框，选择 MPEG Audio（*.mp3）。

③ 单击“属性”框，选择一种模式。

(2) 保存 WAV 文件。

① 单击“保存类型”框，选择 WAV（*.wav）。

② 单击“属性”框，选择一种模式。

③ 单击“确定”按钮，如图 8-77 所示。

图 8-77 文件保存

习题

1. 多媒体技术有哪些社会需求？
2. 多媒体技术的定义说明了几个问题？
3. 什么是多媒体？什么是媒体？
4. 什么是多媒体技术？多媒体技术的基本特性有哪些？
5. 媒体制作软件和平台软件有什么区别？
6. 试指出两个图像处理软件的名称？
7. 动画的种类有哪些？哪些软件用于制作和处理动画？
8. 所谓“声音处理”包含哪些内容？
9. 在进行多媒体产品制作时，需要考虑哪些重要的问题？
10. 在开发多媒体产品时，应注意哪些问题，以避免版权纠纷？
11. 多媒体技术是________和________发展和融合的产物。

    (A) 计算机技术　　(B) 通信技术

    (C) 视听电器技术　　(D) 压缩编码技术

第9章 高级计算机技术

本章将介绍IT界当前最热门的技术——云计算、大数据、移动互联网与物联网，通过本章的学习从而掌握最新的信息技术的发展。

9.1 云计算的概念及分类

计算(Cloud Computing)是计算机发展的未来，是革命性的变化，云计算就像水和电一样，打开开关或者拧开水龙头就可以了。但究竟什么是云计算，它对我们又意味着什么呢？它在企业信息化建设中有什么样的重要地位？下面对其进行简要剖析。

9.1.1 云计算的由来

云计算这个概念其实并不像它的名字一样是凭空出现的，而是IT产业发展到一定阶段的必然产物。在云计算概念诞生之前，很多公司就可以通过互联网发送诸多服务，例如订票、地图、搜索，以及其他硬件租赁业务，随着服务内容和用户规模的不断增加，对于服务的可靠性、可用性的要求急剧增加，这种需求变化通过集群等方式很难满足要求，于是通过在各地建设数据中心来达成。对于像Google和Amazon这样有实力的大公司来说，有能力建设分散于全球各地的数据中心来满足各自业务发展的需求，并且有富余的可用资源，于是Google、Amazon等就可以将自己的基础设施能力作为服务提供给相关的用户，这就是云计算的由来。在云计算的概念诞生后，从IBM、Google、Amazon到Dell、微软等，这些公司都在不遗余力地推进云计算的发展，并且都从各自的角度诠释着云计算以及相关的应用。

早在20世纪60年代麦卡锡(McCarthy)就提出了把计算能力作为一种像水和电一样的公共事业提供给用户。云计算的第一个里程碑是1999年Salesforce.com提出的通过一个网站向企业提供企业级的应用的概念；另一个重要进展是2002年亚马逊(Amazon)提供一组包括存储空间、计算能力甚至人力智能等资源服务的Web Service；2005年亚马逊又提出了弹性计算云(Elastic Compute Cloud)，也称亚马逊EC2的Web Service，允许小企业和私人租用亚马逊的计算机来运行它们自己的应用。到2008年，几乎所有的主流IT厂商开始谈论云计算，这里既包括硬件厂商(IBM、HP、Intel、思科、Sun等)、软件厂商(微软、Oracle、VMware等)，也包括互联网服务提供商(Google、亚马逊、Salesforce等)和电信运营商(中国移动、中国电信、AT&T等)，当然还有一些小的IT企业也将云计算作为企业发展战略。这些企业覆盖了整个IT产业链，也构成了完整的云计算生态系统。云计算是一种新兴的商业计算模型。它将计算任务分布在大量计算及构成的资源池上，使各种应用系统能够根据需要获取计算能力、存储空间和各种软件服务。之所以称为“云”，是因为它在某些方面具有现实中云的特征：云一般都较大；云的规模可以动态伸缩，它的边界是模糊的；云在空中飘忽不定，无法也无需确定它的具体位置，但它确实存在于某处。云计算被视为“革命性的计算模型”，因为它使得超级计算能力通过互联网自由流通成为可能。

9.1.2 云计算定义

业界对云计算的定义千差万别，各不相同。

维基百科(Wikipedia.com)认为云计算是一种基于互联网的新计算方式，通过互联网上异构、自治的服务为个人和企业用户提供按需即取的计算。云计算的资源是动态易扩展而且虚拟化的，通过互联网提供，终端用户不需要了解“云”中基础设施的细节，不必具有相应的专业知识，也无须直接进行控制，只关注自己真正需要什么样的资源以及如何通过网络来得到相应的服务。

尽管到目前为止，云计算还没有为大家统一公认的标准定义，但是综合分析云计算提供商、科研机构、学术会议和专业研究者等的权威观点，可以获得对云计算较为全面和深入的理解。

在《智慧地球——IBM 云计算 2.0》中，IBM 公司对于云计算概念的理解进行了以下阐述：“云计算是一种计算模式，在这种模式中，应用、数据和 IT 资源以服务的方式通过网络提供给用户使用；云计算同时是一种基础架构管理的方法论，大量的计算资源组合成 IT 资源池，用于动态创建高度虚拟化的资源以供用户使用”。IBM 公司将云计算视作一个虚拟化的 IT 资源池。

商业周刊(Business Week.com)的文章指出，Google 的云就是由网络连接起来的几十万甚至上百万台廉价计算机，这些大规模的计算机集群每天都处理着来自于互联网上的海量检索数据和搜索业务请求。商业周刊在另一篇文章中总结道，从 Amazon 的角度看，云计算就是在一个大规模的系统环境中，不同的系统之间互相提供服务，软件以服务的方式运行，当所有这些系统相互协作并在互联网上提供服务时，这些系统的总体就成了云。IBM 认为，云计算是一种计算风格，其基础使用公有或私有网络实现服务、软件及处理能力的交付。云计算也是一种实现基础设施共享的方式，云计算的使用者看到的只有服务本身，而不用关心相关基础设施的具体实现。

Google 的云计算概念接近于一种应用云。因为对 Google 公司来说，由于其最大的业务为搜索引擎，其做云计算的目的最早就是为了优化其搜索引擎的性能，在发展了其基础设施规模之后，希望将云计算作为服务提供给用户使用，只不过它在上面加载了很多服务，包括文字处理、地图、图片处理等。

美国加州大学伯克利分校对于云计算概念的定义是：“云计算是互联网上的应用服务及在数据中心提供这些服务的软硬件设施，互联网上的应用服务一直被称做‘软件即服务’(SaaS)，而数据中心的软硬件设施就是所谓的‘云’”。伯克利分校的这个定义指出云计算是由应用以及提供应用的硬件和软件系统组成的，这个定义比较简单明了，便于向不具备技术背景的人群进行解释说明。

美国国家标准与技术研究院(National Institute of Standards and Technology)的信息

技术实验室对于云计算概念的定义是:“云计算是一种资源利用模式,它能以简便的途径和按需使用的方式通过网络访问可配置的计算资源(网络、服务器、存储、应用、服务等),这些资源可快速部署,并能以最小的管理代价或只需服务提供商开展少量的工作就可实现资源发布”。这一定义以技术化的语言较为全面地概括了云计算的技术特征。

北京“2008 IEEE Web服务国际大会”提出了根据对象身份来定义的云计算概念:“对于用户,云计算是‘IT即服务’,即通过互联网从中央式数据中心向用户提供计算、存储和应用服务;对于互联网应用程序开发者,云计算是互联网级别的软件开发平台和运行环境;对于基础设施提供商和管理员,云计算是由IP网络连接起来的大规模、分布式数据中心基础设施”。

美国阿贡国家实验室的Ian Foster等人对云计算的定义是:“云计算是一种大规模的分布式计算机制,由规模经济效应驱动,可根据用户需求通过互联网提供抽象的、虚拟的、可动态伸缩的计算能力、存储容量、平台和服务。”

美国的Luis M. Vaquero等人在研究了22种云计算定义后提出了云计算的定义:“云,是大规模的便于获取和使用的虚拟化资源池(如硬件、开发平台、服务等);这些资源可以根据需要进行动态配置,以实现有效负载和最优资源利用;对云资源的利用通常按使用计费(Pay Per Use),这种模式由基础设施供应商提供的可定制的服务等级协议(Service Level Agreements,SLAs)给予服务保障”。这个定义不仅从技术的角度描述了云计算的基本特性,认为“云”是可动态配置的虚拟化的资源池,同时也从商业的角度提出了云计算服务的基本特征,指出按使用计费的定价机制和分等级的服务保障。

归纳以上云计算服务提供商、科研机构、学术会议和专家们对云计算的不同定义,主要从以下几个角度对云计算进行认识:①从模式的角度来认识云计算,如IBM认为云计算是一种计算模式,美国国家标准与技术研究院则认为云计算是一种资源利用模式;②从服务的角度来认识云计算,如美国加州大学伯克利分校的研究人员将云计算归纳为互联网服务及相应的软硬件设施;③从计算机制的角度来认识云计算,如美国阿贡国家实验室的研究者认为云计算是一种通过互联网实现的大规模分布式计算机制;④从资源形式的角度来识别云计算,例如Luis M. Vaquero和IBM等把云计算看成虚拟化的资源池;⑤北京会议则根据对象的身份来定义云计算。

虽然云计算的概念至今未有较为统一和权威的定义,但云计算的内涵已基本得到普遍认可。狭义来讲,云计算是信息化基础设施的交付和使用模式,是通过网络以按需要、易扩展的方式获取所需资源的,提供资源的网络就被称为“云”,对于使用者来说,“云”可以按需使用,随时扩展,按使用付费。广义来讲,云计算是指服务的交付和使用模式,是通过网络以按需要、易扩展的方式获取所需信息化、软件或互联网等相关服务或其他服务的。总之,云计算是一种分布式并行计算,由通过各种联网技术相连接的虚拟计算资源组成,通过一定的服务获取协议,以动态计算资源的形式来提供各种服务。

为方便理解以上云计算的思想,可以将云服务与传统电力服务作类比来进行阐述和表达。“服务器群”类似于“发电机”提供“电力”资源;虚拟技术类似于“变压装置”使电压成倍增加或降低,从而实现弹性计算;资源调度器类似于“整流装置”,可以整合各个“发电站”的电力进行集中供电;服务管理器传送云服务;安全监控系统类似于“保险装置”,可以保证传输过来的“电”安全可靠,不会由于异常情况(如短路)损害家电和人身安全;云电脑、云手机等终端设备类似于家电，可以通过它们获取“电”(云资源)。云计算的定义中有4个关键要素。

(1) 硬件、平台、软件和服务都是资源，通过互联网以服务的方式提供给用户，在云计算中，资源已经不限定在诸如处理器、网络带宽等物理范畴，而是扩展到了软件平台、Web服务和应用程序的软件范畴。传统模式下自给自足的IT运用模式在云计算中已经改变成为分工专业、协同配合的运用模式。对于企业和机构而言，他们不需要规划属于自己的数据中心，也不需要将精力耗费在与自己主管业务无关的IT管理上。对于个人用户而言，也不需要一次性投入大量费用购买软件，因为云中的服务已提供了他所需要的功能。

(2) 这些资源都可以根据需要进行动态扩展和配置。云计算可以根据访问用户的多少，增减相应的IT资源(包括CPU、存储、带宽和中间件应用等)，使得IT资源的规模可以动态伸缩，满足应用和用户规模变化的需要。云计算模式具有极大的灵活性，足以适应各个开发与部署阶段的各种类型和规模的应用程序，提供者可以根据用户的需要及时部署资源，最终用户也可按需选择。

(3) 这些资源在物理上以分布式的共享方式存在，但最终在逻辑上一般以整体的形式呈现，对于分布式的理解有两个方面。一方面，计算密集型应用需要并行计算来实现，此类分布式系统往往是在同一个数据中心中实现的，虽然有较大的规模，由几千甚至上万台计算机组成。例如，一款商业应用的服务器可以设在北京的金融街，但是它的数据备份却由位于成都的数据中心完成。

(4) 用户按需使用云中的资源，按实际使用量付费，而不需要管理它们。即付即用的方式已广泛应用于存储和网络带宽中(计费单位为字节)。虚拟程度的不同导致了计算能力的差异。例如，Google的App Engine按照增加或减少负载来达到其可伸缩性，而其用户按照使用CPU的周期来付费；亚马逊的AWS则是按照用户所占用的虚拟机结点的时间来进行付费(一小时为单位)的，根据用户指定的策略，系统可以根据负债情况进行快速扩张或者缩减，从而保证用户只使用他所需要的资源，达到为用户省钱的目的。

9.1.3 云计算的分类

云计算可以从两个方面来分类，一是从其架构的三层应用业务模式来分，二是从其三大商业模式方式来分。另外，美国国家标准与技术研究院重新定义了云的三种服务模式和四大配置方式，下面分别进行描述。

1. 公共、私有和混合云

下面介绍云的三大主要类型。

公共云是由第三方(供应商)提供的云服务。它们在公司防火墙之外，由云提供商完全承载和管理。公共云尝试为使用者提供无后顾之忧的IT元素。无论是软件、应用程序基础结构，还是物理基础结构，云提供商都负责安装、管理、供给和维护。客户只要为其使用的资源付费即可，根本不存在利用率低这一问题。但是，这要付出一些代价。这些服务通常根据“配置惯例”提供，即根据适应最常见使用的情形这一思想提供。如果资源由使用者直接控制，则配置选项一般是这些资源的一个较小子集。另一件需要记住的事情是，由于使用者几乎无法控制基础结构，需要严格的安全性和法规遵从性的流程并不总能很好地适用于公共云。

私有云是在企业内提供的运服务。这些云在公司防火墙之内，由企业管理。私有云可以提供公共云所提供的许多好处，一个主要不同点是企业负责设置和维护云。建立内部云的困难和成本有时候难以承担，且内部云的持续运营成本可能会超出使用公共云的成本。

私有云确实可提供超过公共云的优势。构成云的各种资源的较细粒度控制可为公司提供所有的配置选项。此外，由于安全性和法规问题，当要执行的工作类型对公共云不适用时，用私有云比较合适。

混合云是公共云和私有云的混合。这些云一般由企业创建，而管理职责由企业和公共云提供商分担。混合云提供在公共空间和私有空间中的服务。当公司需要使用既时公共云又是私有云的服务时，选择混合云比较合适。从这个意义上说，公司可以列出服务目标和需要，然后对应地从公共云或私有云中获取。结构完好的混合云可以为安全、至关重要的流程（如接收客户支付）以及辅助业务流程（如员工工资单流程）提供服务。该云的主要缺陷是很难有效创建和管理此类解决方案，必须获取来自不同源的服务并且必须向源自单一位置那样进行供给，并且私有和公共组件之间的交互会使实施更加复杂。由于这是云计算中一个相对新颖的体系结构概念，因此有关此模式的最佳实践和工具将继续出现，但是在对其进行更多了解之前，一般都不太愿意采用此模型。

2. 按商业模式分类

美国国家标准与技术研究室（NIST）制订了一套广泛采用的术语用于描述云计算的各方面的内容。NIST 针对“云”定义了三大支付模式，称为 S-P-I 模式，如图 9-1 所示。

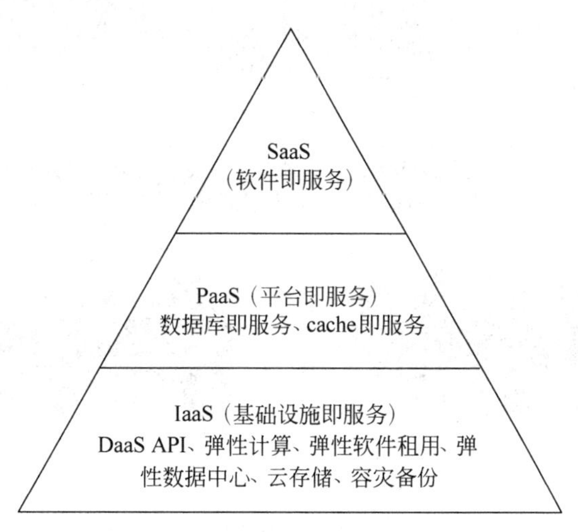

图 9-1　S-P-I 模式

软件即服务（SaaS），即将整个商业应用作为一项服务来提供。

平台即服务（PaaS），允许在云中进行快速应用开发。

基础设施即服务（IaaS），即将简单操作系统（OS）和存储功能作为一项服务来提供。

（1）基础设施即服务（Iaas）：是网络上提供虚拟存储的一种服务方式，可以根据实际存储容量来支付费用。IaaS 即把厂商的由多台服务器组成的“云端”基础设施作为计量服务提供给客户。它将内存、I/O 设备、存储和计算能力整合成一个虚拟的资源池为整个业界提供所需要的存储资源和虚拟化服务器等服务。这是一种托管型硬件方式,用户付费使用厂商的硬件设施,例如亚马逊的EC2、中国电信上海公司与EMC合作的“e云”等,如图9-2所示。

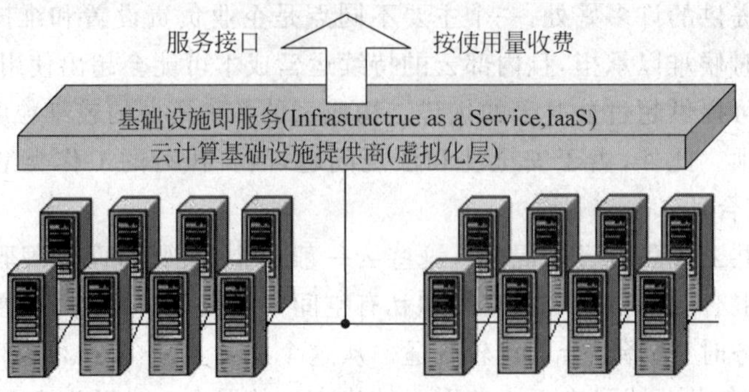

图9-2 基础设施即服务

IaaS的优点是用户只需低成本硬件,按需租用相应的计算能力和存储能力,大大降低了用户在硬件上的开销。

(2) 平台即服务:把开发环境作为一种服务来提供。这是一种分布式平台服务,厂商提供开发环境、服务器平台、硬件资源等服务给用户,用户在其平台基础上定制开发自己的应用程序并通过其服务器和互联网传递给其他用户。PaaS能够给企业或个人提供研发的中间件平台,如图9-3所示。

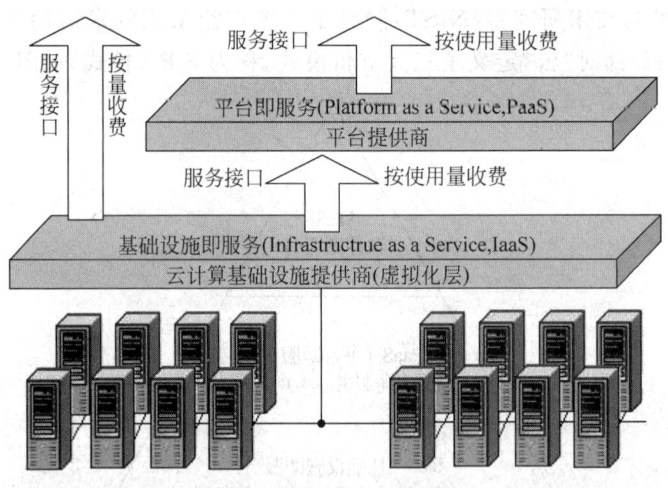

图9-3 平台即服务

Google App Engine、Salesforce的force.com平台、八百客的800APP是PaaS的代表产品。以Google App Engine为例,它是一个由Python应用服务器群、BigTable数据库及GFS组成的平台,为开发者提供一体化主机服务器及可自动升级的在线应用服务。用户编写应用程序并在Google的基础架构上运行就可以为互联网用户提供服务,Google提供应用运行及维护所需要的平台资源。

(3) 软件即服务:SaaS服务提供商将应用软件统一部署在自己的服务器上,用户根据需求通过互联网向厂商订购应用软件服务,服务提供商根据用户所定软件的数量、时间的长短等因素收费,并且通过浏览器向客户提供软件的模式。这种服务模式的优势是,由服务提供商维护和管理软件、提供软件运行的硬件设施,用户只需拥有能够接入互联网的终端,即可随时随地使用软件。这种模式下,客户不再像传统模式那样花费大量资金在硬件、软件、维护人员上,只需要支出一定的租赁服务费用,通过互联网就可以享受到相应的硬件、软件和维护服务,这是网络应用最具效益的运营模式。对于小型企业来说,SaaS 是采用先进技术的最好途径,如图 9-4 所示。

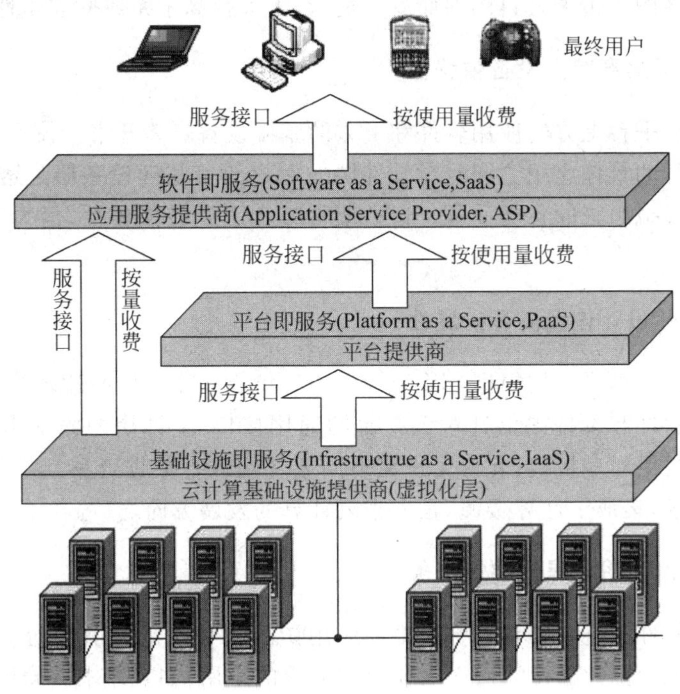

图 9-4　软件即服务

以企业管理软件来说,SaaS 模式的云计算 ERP 可以让客户根据并发用户数量,所用功能多少、数据存储容量、使用时间长短等因素的不同组合按需支付服务费用,既不用支付软件许可费用,也不需要支付采购服务器等硬件设备费用,也不需要支付购买操作系统、数据库等平台软件的费用,也不用承担软件项目定制、开发、实施费用,也不需要承担 IT 维护部门开支费用,实际上云计算 ERP 正式继承了开源 ERP 免许可费用只收服务费用的最重要的特征,是突出了服务的 ERP 产品。

目前 Salesforce. com 是提供这类服务最有名的公司,Google Doc、Google Apps 和 Zoho Office 也属于这类服务。

9.1.4　云计算的优点

1. 计算资源集成提高设备计算能力

云计算把大量计算资源集中到一个公共资源池中,通过多主租用的方式共享计算资源。虽然单个用户在云计算平台获得服务水平受到网络带宽等各因素的影响,未必获得优于本地主机所提供的服务,但是从整个社会资源的角度而言整体的资源调控降低了部分地区峰值载荷提高了部分荒废的主机的运行率，从而提高了资源利用率。

2. 分布式数据中心保证系统容灾能力

分布式数据中心可将云端的用户信息备份到地理上相互隔离的数据库主机中，甚至用户自己也无法判断信息的确切备份地点。该特点不仅仅提供了数据恢复的依据，也使得网络病毒和网络黑客的攻击失去目的性而变成徒劳，大大提高了系统的安全性和容灾能力。

3. 软硬件相互隔离减少设备依赖性

虚拟化层将云平台上方的应用软件和下方的基础设备隔离开来。技术设备的维护者无法看到设备中运行的具体应用。同时对软件层的用户而言基础设备层是透明的，用户只能看到虚拟化层中虚拟出来的各类设备。这种架构减少了设备依赖性，也为动态的资源配置提供了可能。

4. 平台模块化设计体现高可扩展性

目前主流的云计算平台均根据SPI架构在各层集成功能各异的软硬件设备和中间件软件。大量中间件软件和设备提供针对该平台的通用接口，允许用户添加本层的扩展设备。部分云与云之间提供对应接口，允许用户在不同云之间进行数据迁移。类似功能更大程度上满足了用户需求，集成了计算资源，是未来云计算的发展方向之一。

5. 虚拟资源池为用户提供弹性服务

云平台管理软件将整合的计算资源根据应用访问的具体情况进行动态调整，包括增大或减少资源的要求。因此云计算对于在非恒定需求的应用，如对需求波动很大、阶段性需求等，具有非常好的应用效果。在云计算环境中，既可以对规律性需求通过事先预测事先分配，也可根据事先设定的规则进行实时动态调整。弹性的云服务可帮助用户在任意时间得到满足需求的计算资源。

6. 按需付费降低使用成本

作为云计算的代表按需提供服务按需付费是目前各类云计算服务中不可或缺的一部分。对用户而言，云计算不但省去了基础设备的购置运维费用，而且能根据企业成长的需要不断扩展订购的服务，不断更换更加适合的服务，提高了资金的利用率。

9.1.5 云计算的主要应用领域

(1) 医药医疗领域。

医药企业与医疗单位一直是信息化水平较高的行业用户，在“新医改”政策的推动下，医药企业与医疗单位将对自身信息化体系进行优化升级，以适应医改业务的调整要求，在此影响下，以“云信息平台”为核心的信息化集中应用模式将孕育而生，逐步取代以各系统分散为主体的应用模式，进而提高医药企业的信息共享能力与医疗信息公共平台的整体服务能力。

(2) 制造领域。

随着“后金融危机时代”的到来，制造企业的竞争将日趋激烈。企业在不断进行产品创新、管理改进的同时，也在大力开展内部供应链优化与外部供应链整合工作，进而降低运营成本、缩短产品研发生产周期，未来云计算将在制造企业供应链信息化建设方面得到广泛应用，特别是通过对各类业务系统的有机整合，形成企业云供应链信息平台，加速企业内部“研发→采购→生产→库存→销售”的信息一体化进程，进而提升制造企业竞争实力。

(3) 金融与能源领域。

金融、能源企业一直是国内信息化建设的“领军型”行业用户，在未来三年里，中石化、中保、农行等行业内企业信息化建设已经进入“IT 资源整合集成”阶段，在此期间，需要利用“云计算”模式，搭建基于 IaaS 的物理集成平台，对各类服务器基础设施应用进行集成，形成能够高度复用与统一管理的 IT 资源池，对外提供统一硬件资源服务，同时在信息系统整合方面，需要建立基于 PaaS 的系统整合平台，实现各异构系统间的互联互通。

(4) 电子政务领域。

未来，云计算将助力中国各级政府机构的“公共服务平台”建设，目前各级政府机构正在积极开展“公共服务平台”的建设，努力打造“公共服务型政府”的形象，在此期间，需要通过云计算技术来构建高效运营的技术平台，其中包括：利用虚拟化技术建立公共平台服务器集群，利用 PaaS 技术构建公共服务系统等，进而实现公共服务平台内部可靠、稳定地运行，提高平台不间断服务能力。

(5) 教育科研领域。

未来，云计算将为高校与科研单位提供实效化的研发平台。云计算应用已经在清华大学、中科院等单位得到了初步应用，并取得了很好的应用效果。在未来，云计算将在我国高校与科研领域得到更为广泛的应用普及，各大高校将根据自身研究领域与技术需求建立云计算平台，并对原来各下属研究所的服务器与存储资源加以有机整合，提供高效可复用的云计算平台，为科研与教学工作提供强大的计算机资源，进而大大提高研发工作效率。

(6) 电信领域。

在国外，Orange、O2 等大型电信企业除了向社会公众提供 ISP 网络服务外，同时也作为“云计算”服务商，向不同行业的用户提供 IDC 设备租赁、SaaS 产品应用服务，通过这些电信企业创新性的产品增值服务，也强力地推动了国外公有云的快速发展和增长。因此，在未来，国内电信企业将成为云计算产业的主要受益者之一，从提供的各类付费性云服务产品中得到大量收入，实现电信企业利润增长：通过对不同国内行业的用户需求分析与云产品服务研发、实施，打造自主品牌的云服务体系。

9.2 大数据及其处理技术

9.2.1 大数据的概念

半个世纪以来，随着计算机技术全面融入社会生活，信息爆炸已经积累到了一个开始引发变革的程度。21 世纪是数据信息大发展的时代，移动互联、社交网络、电子商务等极大拓展了互联网的边界和应用范围，各种数据正在迅速膨胀并变大。互联网（社交、搜索、电商）、移动互联网（微博）、物联网（传感器，智慧地球）、车联网、GPS、医学影像、安全监控、金融（银行、股市、保险）、电信（通话、短信）都在疯狂产生着数据。2011 年 5 月，在“云计算相遇大数据”为主题的 EMC World 2011 会议中，EMC 抛出了 Big Data 概念。正如《纽约时报》2012 年 2 月的一篇专栏中所称的，“大数据”时代已经降临，在商业、经济及其他领域中，决策将日益基于数据和分析而做出，而并非基于经验和直觉。哈佛大学社会学教授加里·金说：“这是一场革命，庞大的数据资源使得各个领域开始了量化进程，无论学术界、商界还是政府，所有领域都将开始这种进程。”

“大数据”一词由英文 Big Data 翻译而来。最早提出“大数据”时代到来的是全球知名咨询公司麦肯锡。麦肯锡全球研究所报告《大数据：创新、竞争和生产力的下一个前沿》对大数据定义如下（James，2011）：

大数据是指大小超出了传统数据库软件工具的抓取、存储、管理和分析能力的数据群。

这个定义有意地带有主观性，对于“究竟多大才算是大数据”，其标准是可以调整的，即不以超过多少 TB（1000GB）为大数据的标准。假设随着时间的推移和技术的进步，大数据的“量”仍会增加。还应注意到，该定义可以因部门的不同而有所差别，这取决于什么类型的软件工具是通用的，以及某个特定行业的数据集通常的大小。因此，今天众多行业的大数据范围可以从几十 TB（1024GB＝1TB）到数千 TB。

目前，大数据的规模尚是一个不断变化的指标，单一数据集的规模范围从几十 TB 到数 PB 不等。截止到 2012 年，数据量已经从 TB（1024GB＝1TB）级别跃升到 PB（1024TB＝1PB）、EB（1024PB＝1EB）乃至 ZB（1024EB＝1ZB）级别。国际数据公司（IDC）的研究结果表明，2008 年全球产生的数据量为 0.49ZB，2009 年的数据量为 0.8ZB，2010 年增长为 1.2ZB，2011 年的数据量更是高达 1.82ZB，相当于全球每人产生 200GB 以上的数据。而到 2012 年为止，人类生产的所有印刷材料的数据量是 200PB，全人类历史上说过的所有话的数据量大约是 5EB。IBM 的研究称，整个人类文明所获得的全部数据中，有 90％是过去两年内产生的。IDC 最近的报告预测称，到 2020 年，全球数据量将扩大 50 倍。

9.2.2 大数据的特征

IBM 公司把大数据的特征概括成了 4 个 V，即大量化（Volume）、多样化（Variety）、快速化（Velocity）和价值（Value），如图 9-5 所示。

1. 大量化

大数据的首要特征就是数据量大。企业面临着数据量的大规模增长。

一组名为“互联网上一天”的数据告诉我们，一天之中，互联网产生的全部内容可以刻满 1.68 亿张 DVD；发出的邮件有 2940 亿封之多（相当于美国两年的纸质信件数量）；发出的社区帖子达 200 万个（相当于《时代》杂志 770 年的文字量）；卖出的手机为 37.8 万台，高于全球每天出生的婴儿数量 37.1 万。

导致数据规模激增的原因有很多，主要有以下几点。

首先是随着互联网络的广泛应用，使用网络的人、企业、机构增多，数据获取、分享变得

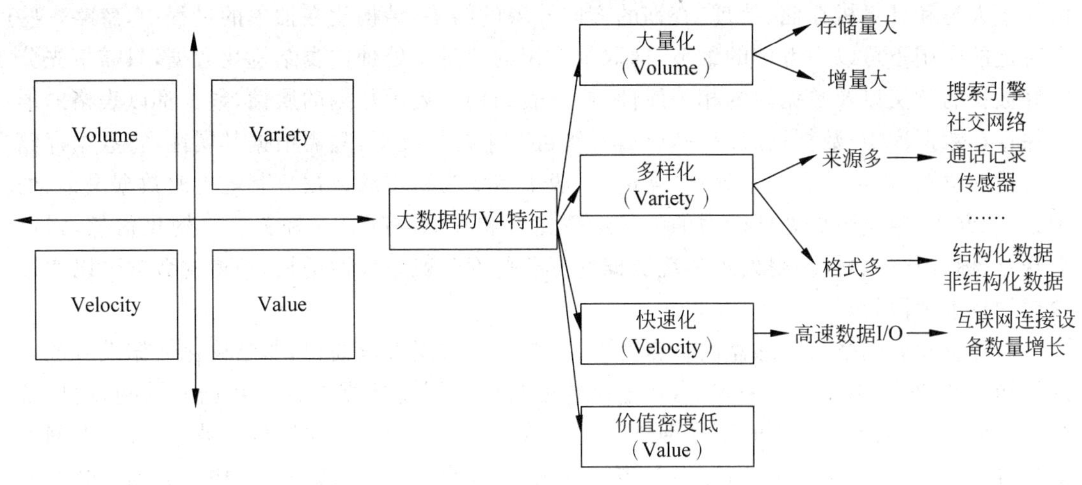

图 9-5　大数据的 4V 特征

相对容易,以前,只有少量的机构可以通过调查、取样的方法获取数据,同时发布数据的机构也很有限,人们难以短期内获取大量的数据,而现在用户可以通过网络非常方便地获取数据,同时用户在有意的分享和无意的点击、浏览都可以快速地提供大量数据。

其次是随着各种传感器数据获取能力的大幅提高,使得人们获取的数据越来越接近原始事物本身,描述同一事物的数据量激增。早期的单位化数据,对原始事物进行了一定程度的抽象,数据维度低,数据类型简单,多采用表格的形式来收集、存储、整理,数据的单位、量纲和意义基本统一,存储、处理的只是数值而已,因此数据量有限,增长速度慢而且随着应用的发展,数据维度越来越高,描述相同事物所需的数据量越来越大。以当前最为普遍的网络数据为例,早期网络上的数据以文本和一维的音频为主,维度低,单位数据量小。近年来,图像、视频等二维数据大规模涌现,而随着三维扫描设备以及 Kinect 等动作捕捉设备的普及,数据越来越接近真实的世界,数据的描述能力不断增强,而数据量本身必将以几何级数增长。

此外,数据量大还体现在人们处理数据的方法和理念发生了根本的改变。早期,人们对事物的认知受限于获取、分析数据的能力,一直利用采样的方法,以少量的数据来近似描述事物的全貌,样本的数量可以根据数据获取、处理能力来设定。不管事物多么复杂,通过采样得到部分样本,数据规模变小,就可以利用当时的技术手段来进行数据管理和分析,如何通过正确的采样方法以最小的数据量尽可能分析整体属性成了当时的重要问题。随着技术的发展,样本数目逐渐逼近原始的总体数据,且在某些特定的应用领域,采样数据可能远不能描述整个事物,可能丢掉大量重要细节,甚至可能得到完全相反的结论,因此,当今采用直接处理所有数据而不是只考虑采样数据的趋势,使用所有的数据可以带来更高的精确性,从更多的细节来解释事物属性,同时必然使得要处理数据量显著增多。

2. 多样化

数据类型繁多,复杂多变是大数据的重要特性。现在的数据类型不仅是文本形式,更多的是图片、视频、音频、地理位置信息等多类型的数据,个性化数据占绝对多数。

以往的数据尽管数量庞大,但通常是事先定义好的结构化数据。结构化数据是将事物向便于人类和计算机存储、处理、查询的方向抽象的结果，结构化在抽象的过程中，忽略一些在特定的应用下可以不考虑的细节，抽取了有用的信息。处理此类结构化数据，只需事先分析好数据的意义以及数据间的相关属性，构造表结构来表示数据的属性，数据都以表格的形式保存在数据库中，数据格式统一，以后不管再产生多少数据，只需根据其属性，将数据存储在合适的位置，就可以方便地处理、查询，一般不需要为新增的数据显著地更改数据聚集、处理、查询方法，限制数据处理能力的只是运算速度和存储空间。这种关注结构化信息，强调大众化、标准化的属性使得处理传统数据的复杂程度一般呈线性增长，新增的数据可以通过常规的技术手段处理。

而随着互联网络与传感器的飞速发展，非结构化数据大量涌现，非结构化数据没有统一的结构属性，难以用表结构来表示，在记录数据数值的同时还需要存储数据的结构，增加了数据存储、处理的难度。而时下在网络上流动着的数据大部分是非结构化数据，人们上网不只是看看新闻，发送文字邮件，还会上传下载照片、视频、发送微博等非结构化数据，同时，遍及工作、生活中各个角落的传感器也时刻不断地产生各种半结构化、非结构化数据，这些结构复杂，种类多样，同时规模又很大的半结构化、非结构化数据逐渐成为主流数据。

如上所述，非结构化数据量已占到数据总量的75%以上，且非结构化数据的增长速度比结构化数据快10倍到50倍。在数据激增的同时，新的数据类型层出不穷，已经很难用一种或几种规定的模式来表征日趋复杂、多样的数据形式了，这样的数据已经不能用传统的数据库表格来整齐地排列、表示了。大数据正是在这样的背景下产生的，大数据与传统数据处理最大的不同就是重点关注非结构化信息，大数据关注包含大量细节信息的非结构化数据，强调小众化，体验化的特性使得传统的数据处理方式面临巨大的挑战。

3. 快速化

第三个特征是处理速度快，时效性要求高。要求数据快速处理，是大数据区别于传统海量数据处理的重要特性之一。

随着各种传感器和互联网络等信息获取、传播技术的飞速发展普及，数据的产生、发布越来越容易，产生数据的途径增多，个人甚至成为数据产生的主体之一，数据呈爆炸的形式快速增长，新数据不断涌现，快速增长的数据量要求数据处理的速度也要相应地提升，才能使得大量的数据得到有效的利用，否则不断激增的数据不但不能为解决问题带来优势，反而成了快速解决问题的负担。

同时，数据不是静止不动的，而是在互联网络中不断流动的，且通常这样的数据的价值是随着时间的推移而迅速降低的，如果数据尚未得到有效的处理，就失去了价值，大量的数据也就没有意义了。

此外，在许多应用中要求能够实时处理新增的大量数据，如有大量在线交互的电子商务应用，就具有很强的时效性，大数据以数据流的形式产生、快速流动、迅速消失，且数据流量通常不是平稳的，会在某些特定的时段突然激增，数据的涌现特征明显，而用户对于数据的响应时间通常非常敏感，心理学实验证实，从用户体验的角度，瞬间（moment，3s）是可以容忍的最大极限，对于大数据应用而言，很多情况下都必须要在1s或者瞬间形成结果，否则处理结果就是过时和无效的，这种情况下，大数据要求快速、持续地实时处理。

对不断激增的海量数据的实时处理要求，是大数据与传统海量数据处理技术的关键差别之一。

4. 价值

随着物联网的广泛应用，信息感知无处不在，信息海量，但价值密度较低。

传统的结构化数据，依据特定的应用，对事物进行了相应的抽象，每一条数据都包含该应用需要考量的信息，而大数据为了获取事物的全部细节，不对事物进行抽象、归纳等处理，直接采用原始的数据，保留了数据的原貌，且通常不对数据进行采样，直接采用全体数据，由于减少了采样和抽象，呈现所有数据和全部细节信息，可以分析更多的信息，但也引入了大量没有意义的信息，甚至错误的信息，因此相对于特定的应用，大数据关注的非结构化数据的价值密度偏低。以当前广泛应用的监控视频为例，在连续不间断监控过程中，大量的视频数据被存储下来，许多数据可能是无用的，对于某一特定的应用，如获取犯罪嫌疑人的体貌特征，有效的视频数据可能仅仅有一两秒，大量不相关的视频信息增加了获取这有效的一两秒数据的难度。

但是大数据的数据密度低是指相对于特定的应用，有效的信息相对于数据整体是偏少的，信息有效与否也是相对的，对于某些应用是无效的信息对于另外一些应用则成为最关键的信息，数据的价值也是相对的，有时一条微不足道的细节数据可能造成巨大的影响，如网络中的一条几十个字符的微博，就可能通过转发而快速扩散，导致相关的信息大量涌现，其价值不可估量。因此为了保证对于新产生的应用有足够的有效信息，通常必须保存所有数据，这样就使得一方面使数据的绝对数量激增，一方面使数据包含有效信息量的比例不断减少，数据价值密度偏低。

如何通过强大的机器算法更迅速地完成数据的价值“提纯”，是大数据时代亟待解决的难题。

9.2.3 大数据的关键技术

大数据技术，就是从各种类型的数据中快速获得有价值信息的技术。大数据领域已经涌现出了大量新的技术，它们成为大数据采集、存储、处理和呈现的有力武器。

大数据处理关键技术一般包括：大数据采集、大数据预处理、大数据存储及管理、大数据分析及挖掘、大数据展现和应用（大数据检索、大数据可视化、大数据应用、大数据安全等）。

1. 大数据采集技术

数据是指通过 RFID 射频数据、传感器数据、社交网络交互数据及移动互联网数据等方式获得的各种类型的结构化、半结构化（或称之为弱结构化）及非结构化的海量数据，是大数据知识服务模型的根本。重点要突破分布式高速高可靠数据爬取或采集、高速数据全映像等大数据收集技术；突破高速数据解析、转换与装载等大数据整合技术；设计质量评估模型，开发数据质量技术。

大数据采集一般分为大数据智能感知层：主要包括数据传感体系、网络通信体系、传感适配体系、智能识别体系及软硬件资源接入系统，实现对结构化、半结构化、非结构化的海量数据的智能化识别、定位、跟踪、接入、传输、信号转换、监控、初步处理和管理等。必须着重攻克针对大数据源的智能识别、感知、适配、传输、接入等技术。基础支撑层：提供大数据服务平台所需的虚拟服务器，结构化、半结构化及非结构化数据的数据库及物联网络资源等基础支撑环境。重点攻克分布式虚拟存储技术，大数据获取、存储、组织、分析和决策操作的可视化接口技术，大数据的网络传输与压缩技术，大数据隐私保护技术等。

2. 大数据预处理技术

大数据预处理包括数据清理、数据集成、数据变换、数据规约等技术，如图 9-6 所示。

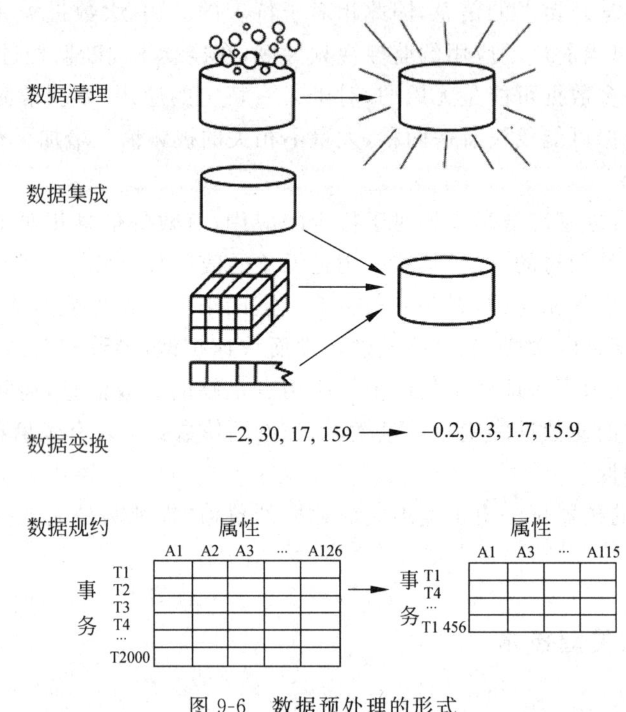

图 9-6 数据预处理的形式

由于数据采集来源的多样性，采集到的数据可能是不完整的，含噪音的(包含错误，或存在偏离期望的局外者)，并且是不一致的(例如，用于商品分类的部门编码存在差异)。

存在不完整的、含噪音的和不一致的数据是大数据的重要特点。

不完整数据的出现可能有多种原因。有些感兴趣的属性，如销售事务数据中顾客的信息，并非总是可用的。其他数据没有包含在内，可能只是因为输入时认为是不重要的。相关数据没有记录是由于理解错误，或者因为设备故障。此外，记录历史或修改的数据可能被忽略。与其他数据不一致的数据可以删除。遗漏的数据，特别是某些属性上缺少值的元组可能需要推导出来。

数据含噪音可能有多种原因。收集数据的设备可能出故障；人或计算机的错误可能在数据输入时出现；数据传输中的错误也可能出现。这些可能是由于技术的限制，如用于数据传输同步的缓冲区大小的限制。

不正确的数据也可能是由命名或所用的数据代码不一致导致的。重复元组也需要数据清理。

（1）数据清理就是通过填写遗漏的值，平滑噪音数据，识别、删除局外者，并解决不一致来“清理”数据。

（2）数据集成是将多个数据源中的数据（如数据库、数据立方体或一般文件）结合起来存放到一个一致的数据存储（如数据仓库）中的一种技术和过程。

（3）数据变换是采用线性或非线性的数学变换方法将多维数据压缩成较少维数的数据，消除它们在时间、空间、属性及精度等特征表现方面的差异。

（4）数据规约就是在减少数据存储空间的同时尽可能保证数据的完整性，获得比原始数据小得多的数据，将数据以合乎要求的方式表示。

概言之，现实世界的数据一般是含噪音的、不完整的和不一致的。数据预处理技术可以改进数据的质量，从而有助于提高其后的挖掘过程的精度和性能。由于高质量的决策必然依赖于高质量的数据，因此数据预处理是知识发现过程的重要步骤。检测数据异常、尽早地调整数据，并归约待分析的数据，将在决策制定时得到高回报。

3. 大数据存储及管理技术

大数据存储与管理要用存储器把采集到的数据存储起来，建立相应的数据库，并进行管理和调用。重点解决复杂结构化、半结构化和非结构化大数据管理与处理技术。主要解决大数据的可存储、可表示、可处理、可靠性及有效传输等几个关键问题。开发可靠的分布式文件系统（DFS）、能效优化的存储、计算融入存储、大数据的去冗余及高效低成本的大数据存储技术；突破分布式非关系型大数据管理与处理技术，异构数据的数据融合技术，数据组织技术，研究大数据建模技术；突破大数据索引技术；突破大数据移动、备份、复制等技术；开发大数据可视化技术。

开发新型数据库技术，数据库分为关系型数据库、非关系型数据库以及数据库缓存系统。其中，非关系型数据库主要指的是 NoSQL 数据库，分为：键值数据库、列存数据库、图存数据库以及文档数据库等类型。关系型数据库包含了传统关系数据库系统以及 NewSQL 数据库，如图 9-7 所示。

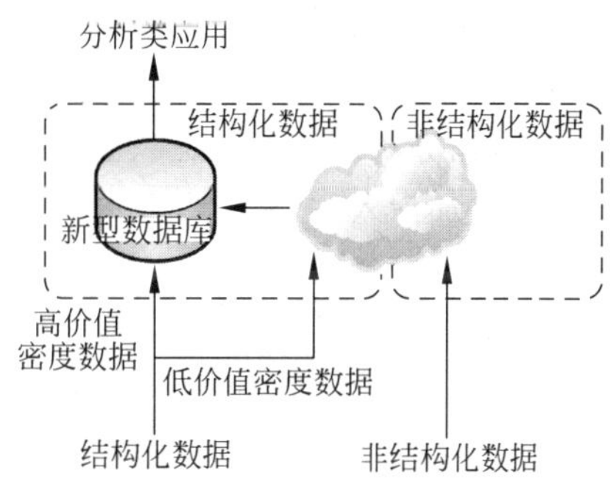

图 9-7　大数据存储技术

开发大数据安全技术。改进数据销毁、透明加解密、分布式访问控制、数据审计等技术；突破隐私保护和推理控制、数据真伪识别和取证、数据持有完整性验证等技术。

4. 大数据分析及挖掘技术

大数据分析技术。改进已有的数据挖掘和机器学习技术；开发数据网络挖掘、特异群组挖掘、图挖掘等新型数据挖掘技术；突破基于对象的数据连接、相似性连接等大数据融合技术；突破用户兴趣分析、网络行为分析、情感语义分析等面向领域的大数据挖掘技术。

数据挖掘就是从大量的、不完全的、有噪声的、模糊的、随机的实际应用数据中，提取隐含在其中的、人们事先不知道的、但又是潜在有用的信息和知识的过程。数据挖掘涉及的技术方法很多，有多种分类法。

根据挖掘任务可分为分类或预测模型发现、数据总结、聚类、关联规则发现、序列模式发现、依赖关系或依赖模型发现、异常和趋势发现等。

根据挖掘对象可分为关系数据库、面向对象数据库、空间数据库、时态数据库、文本数据源、多媒体数据库、异质数据库、遗产数据库以及环球网 Web。

根据挖掘方法分，可粗分为：机器学习方法、统计方法、神经网络方法和数据库方法。机器学习中，可细分为：归纳学习方法（决策树、规则归纳等）、基于范例学习、遗传算法等。统计方法中，可细分为：回归分析（多元回归、自回归等）、判别分析（贝叶斯判别、费歇尔判别、非参数判别等）、聚类分析（系统聚类、动态聚类等）、探索性分析（主元分析法、相关分析法等）等。神经网络方法中，可细分为：前向神经网络（BP 算法等）、自组织神经网络（自组织特征映射、竞争学习等）等。数据库方法主要是多维数据分析或 OLAP 方法，另外还有面向属性的归纳方法。

从挖掘任务和挖掘方法的角度，着重突破：

(1) 可视化分析。数据可视化无论对于普通用户或是数据分析专家，都是最基本的功能。数据图像化可以让数据自己说话，让用户直观地感受到结果。

(2) 数据挖掘算法。图像化是将机器语言翻译给人看，而数据挖掘就是机器的母语。分割、集群、孤立点分析还有各种各样五花八门的算法让人们精炼数据，挖掘价值。这些算法一定要能够应付大数据的量，同时还具有很高的处理速度。

(3) 预测性分析。预测性分析可以让分析师根据图像化分析和数据挖掘的结果做出一些前瞻性判断。

(4) 语义引擎。语义引擎需要涉及足够的人工智能以从数据中主动地提取信息。语言处理技术包括机器翻译、情感分析、舆情分析、智能输入、问答系统等。

(5) 数据质量和数据管理。数据质量与管理是管理的最佳实践，透过标准化流程和机器对数据进行处理可以确保获得一个预设质量的分析结果。

大数据分析的基础就是以上 5 个方面，当然更加深入大数据分析的话，还有很多更加有特点的、更加深入的、更加专业的大数据分析方法。

5. 大数据展现与应用技术

大数据技术能够将隐藏于海量数据中的信息和知识挖掘出来，为人类的社会经济活动提供依据，从而提高各个领域的运行效率，大大提高整个社会经济的集约化程度。

大数据的核心就是预测，是把数学算法运用到海量的数据上来预测事情发生的可能性。它通过找到一个现象的良好的关联物和相关关系，帮助人们捕捉现在和预测未来。文字、方位、沟通数据都可以加以利用，大数据有利于人们理解现在和预见未来的风险，如此一来，就可以相应地采取应对措施。

在我国，大数据将重点应用于以下三大领域：商业智能、政府决策、公共服务。例如：商业智能技术，政府决策技术，电信数据信息处理与挖掘技术，电网数据信息处理与挖掘技术，气象信息分析技术，环境监测技术，警务云应用系统（道路监控、视频监控、网络监控、智能交通、反电信诈骗、指挥调度等公安信息系统），大规模基因序列分析比对技术，Web 信息挖掘技术，多媒体数据并行化处理技术，影视制作渲染技术，其他各种行业的云计算和海量数据处理应用技术等。

9.3 移动互联网及其应用

9.3.1 移动互联网的概念及特点

随着宽带无线接入技术和移动终端技术的飞速发展，人们迫切希望能够随时随地乃至在移动过程中都能方便地从互联网获取信息和服务。随着智能手机的普及，3G 时代的到来和各种应用的推出，手机以及其他移动设备取代了互联网在桌面的时代，移动互联网和有线互联网融合的速度加快，移动互联网应运而生。

移动互联网（Mobile Internet，MI），《著云台》的分析师团队结合科学发展的理论认为，MI 是指互联网的技术、平台、商业模式和应用与移动通信技术结合并实践的活动的总称。它将移动通信和互联网两者结合起来，成为一体。在最近几年里，移动通信和互联网成为当今世界发展最快、市场潜力最大、前景最诱人的两大业务，它的增长速度是任何预测家未曾预料到的。

在我国互联网的发展过程中，PC 互联网已日趋饱和，移动互联网却呈现井喷式发展。前瞻产业研究院发布的《中国移动互联网行业市场前瞻与投资战略规划分析报告前瞻》数据显示，截至 2013 年底，中国手机网民超过 5 亿，占比达 81%。伴随着移动终端价格的下降及 Wi-Fi 的广泛铺设，移动网民呈现爆发式增长趋势，如图 9-8 所示。

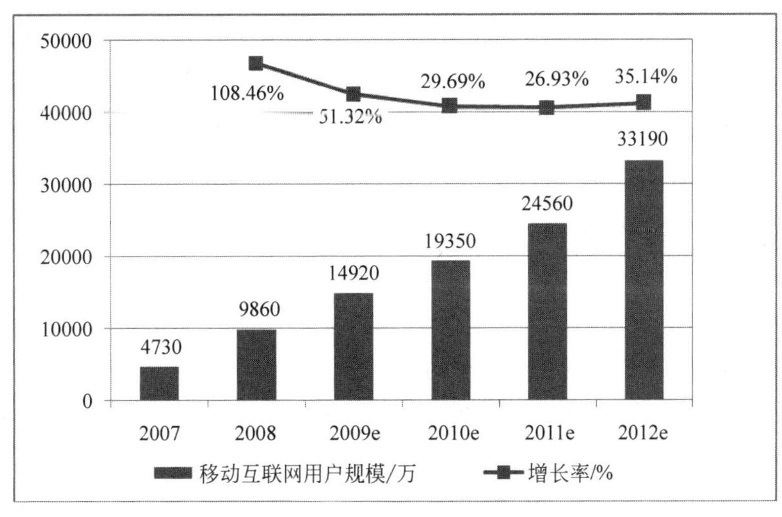

图 9-8 中国移动互联网用户规模

移动互联网作为一种通过智能移动终端，采用移动无线通信方式获取业务和服务的新兴业务，包含终端、软件和应用三个层面。终端层包括智能手机、平板电脑、电子书、MID 等；软件包括操作系统、中间件、数据库和安全软件等。应用层包括休闲娱乐类、工具媒体类、商务财经类等不同应用与服务。

传统 IP 技术的主机不论是有线接入还是无线接入，基本上都是固定不动的，或者只能在一个子网范围内小规模移动。在通信期间，它们的 IP 地址和端口号保持不变。而移动

IP 主机在通信期间可能需要在不同子网间移动，当移动到新的子网时，如果不改变其 IP 地址，就不能接入这个新的子网。如果为了接入新的子网而改变其 IP 地址，那么先前的通信将会中断。

移动互联网技术是在 Internet 上提供移动功能的网络层方案，它可以使移动结点用一个永久的地址与互联网中的任何主机通信，并且在切换子网时不中断正在进行的通信，达到的效果如图 9-9 所示。

移动互联网业务的特点不仅体现在移动性上，可以"随时、随地、随心"地享受互联网业务带来的便捷，还表现在更丰富的业务种类、个性化的服务和更高服务质量的保证，当然，移动互联网在网络和终端方面也受到了一定的限制，其特点概括起来主要包括以下几个方面。

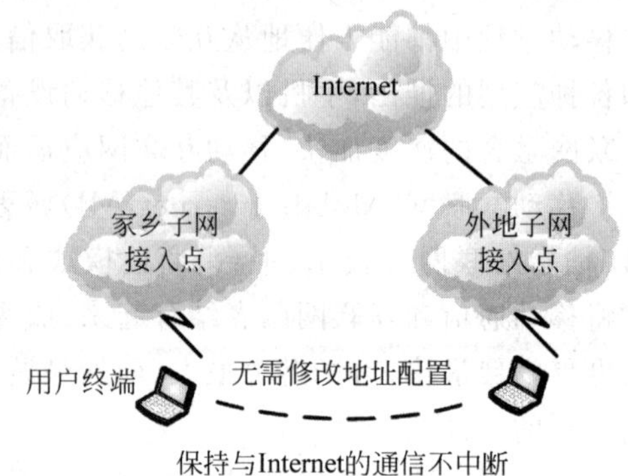

图 9-9 移动互联网的目标

(1) 终端移动性：移动互联网业务使得用户可以在移动状态下接入和使用互联网服务，移动的终端便于用户随身携带和随时使用。

(2) 终端和网络的局限性：移动互联网业务在便携的同时，也受到了来自网络能力和终端能力的限制：在网络能力方面，受到无线网络传输环境、技术能力等因素的限制；在终端能力方面，受到终端大小、处理能力、电池容量等的限制。

(3) 业务与终端、网络的强关联性：由于移动互联网业务受到了网络及终端能力的限制，因此，其业务内容和形式也需要适合特定的网络技术规格和终端类型。

(4) 业务使用的私密性：在使用移动互联网业务时，所使用的内容和服务更私密，如手机支付业务等。

9.3.2 移动互联网的应用

Gartner 预测，2011 年在全球所有出产的手机中，85%将预装浏览器。移动通信网的业务体系也在不断变化，不仅包括各种传统的基本电信业务、补充业务、智能网业务，还包含各种新兴移动数据增值业务，而移动互联网是各种移动数据增值业务中最具生命力的部分。

1. 移动浏览/下载

移动浏览不仅是移动互联网最基本的业务能力，也是用户使用的最基本的业务。在移动互联网应用中，OTA 下载作为一个基本业务，可以为其他业务(如 Java、Widget 等)提供下载服务，是移动互联网技术中重要的基础技术。

2. 移动社区

移动互联网应用产品中，应用率最高的依然为即时通信类，如飞信、MSN、QQ 等。手机自身具有的随时随地沟通的特点使社区在移动领域发展具有一定的先天优势。移动社区组合聊天室、博客、相册和视频等服务方式，使得以个人空间、多元化沟通平台、群组及关系为核心的移动社区业务将迅猛发展。

3. 移动视频

移动视频业务是通过移动网络和移动终端为移动用户传送视频内容的新型移动业务。随着3G网络的部署和终端设备性能的提高，使用移动视频业务的用户越来越多。在苹果公司发布备受全球关注的第四代iPhone时出现了一个小插曲：当乔布斯在为现场观众演示iPhone4的视频通话功能时，由于网络拥塞引起该项业务无法进行演示，以至于乔布斯不得不要求观众暂时关闭手机。这从侧面反映出视频流的迅猛增长对通信网络带来了巨大挑战，同时也说明越来越多的用户在使用移动视频业务。

4. 移动搜索

移动搜索业务是一种典型的移动互联网服务。移动搜索是基于移动网络的搜索技术的总称，是指用户通过移动终端，采用SMS，WAP，IVR等多种接入方式进行搜索，获取WAP站点及互联网信息内容、移动增值服务内容及本地信息等用户需要的信息及服务。相对于传统互联网搜索，移动搜索业务可以使用各种业务相关信息，去帮助用户随时随地获取更个性化和更为精确的搜索结果，并可基于这些精确和个性化的搜索结果，为用户提供进一步的增值服务。

5. 移动广告

移动广告定义为通过移动媒体传播的付费信息，旨在通过这些商业信息影响受传者的态度、意图和行为。移动广告实际上就是一种支持互动的网络广告，它由移动通信网承载，具有网络媒体的一切特征，同时由于移动性使得用户能够随时随地接受信息，比互联网广告更具优势。移动广告业务按实现方式可分为IVR广告、短信广告、彩信广告、彩铃广告、WAP广告、流媒体广告、游戏广告等。

6. 移动电子商务

所谓移动电子商务就是指手机、掌上电脑、笔记本电脑等移动通信设备与无线上网技术结合所构成的一个电子商务体系。移动数据业务具有巨大的市场潜力，对运营商而言，无线网络能否提供有吸引力的数据业务则是吸引高附加值用户的必要条件。

在线应用程序商店作为新型软件交易平台首先由苹果公司于2008年7月推出，依托苹果的iPhone和iPod Touch的庞大市场取得了极大成功。Gartner预测的2011年移动技术产业的十大发展趋势中提到，应用程序商店将成为手机服务的重要组成部分。在京2010全球移动互联网大会上，中国移动研究院黄晓庆指出："移动电子商务是移动互联网最重要、最新的发展趋势。"

7. 在线游戏

随着移动设备终端多媒体处理能力的增强，3G技术带来的网络速度提升，使得移动在线游戏成为通信娱乐产业的发展趋势。目前手机游戏业务发展很快，这种娱乐方式比较适合亚太地区尤其是东亚地区的文化及生活方式，所以日益受到国内用户的青睐。

9.4 物联网技术与应用

9.4.1 物联网的概述

1. 什么是物联网

通俗地说，物联网就是"物物相连的互联网"。这有两层意思：其一，物联网的基础与核心还是互联网，只是在现有互联网基础上的扩展和延伸的网络；其二，其用户端扩展和延伸到了任何物体间，可以进行信息的通信和交换。由此得出物联网的概念是：通过射频识别(RFID)、激光扫描器、红外感应器、定位系统等传感设备，把任何物体与互联网相连，按约定的协议，进行信息交换和通信，以实现对物体的智能化管理、定位、识别、监控、跟踪的一种新型网络。

这里的"物"要满足以下条件才能够被纳入"物联网"的范围：要有相应信息的接收器；要有数据传输通路；要有一定的存储功能；要有 CPU；要有操作系统；要有专门的应用程序；要有数据发送器；要有遵循物联网的通信协议；在世界网络中要有可被识别的唯一编号。

物联网的上述定义包含了以下三个主要含义：

(1) 物联网是指具有全面感知能力的物体及人的互联集合。两个或两个以上的物体如果能交换信息即可称为物联。使物体具有感知能力需要在物品上安装不同类型的识别装置，如电子标签、条码与二维码等，或通过传感器、红外感应器等感知其存在。同时，这一概念也排除了网络系统中的主从关系，能够自组织。

(2) 物联必须遵循约定的通信协议，并通过相应的软硬件实现。互联的物品要互相交换信息，就需要实现不同系统中的实体的通信。为了成功地通信，它们必须遵守相关的通信协议，同时需要相应的软件、硬件来实现这些规则，并可以通过现有的各种接入网与互联网进行信息交换。

(3) 物联网可以实现对各种物品(包括人)进行智能化识别、定位、跟踪、监控和管理等功能。这也是组建物联网的目的。

也就是说，物联网是指通过接口与各种无线接入网相连，进而连入互联网，从而给物体赋予智能，可以实现人与物体的沟通和对话，也可以实现物体与物体相互间的沟通和对话，即对物体具有全面感知能力，对数据具有可靠传送和智能处理能力的连接物与物的信息网络。

2. 物联网的发展历程

物联网概念起源于比尔・盖茨 1995 年的《未来之路》一书，在该书中，比尔・盖茨已经提及物联网的概念，只是当时受限于无线网络、硬件及传感设备的发展，并未引起重视。到 1999 年，美国麻省理工学院在建立"自动识别中心"时前瞻性地提出了"万物均可通过网络互联"的观点，物联网(the Internet Of Things，IOT)的概念由此产生。

日本在 2004 年提出了 U-Japan 战略，即建设泛在的物联网，并服务于 U-Japan 及后续的信息化战略。2004 年韩国提出了为期十年的 U-Korea 战略，目标是“在全球最优的泛在基础设施上，将韩国建设成为全球第一个泛在社会”。2009 年，韩国通过了“基于 IP 的泛在传感器网基础设施构建的基本规划”，将物联网确定为全国重点发展战略。

2005 年 11 月，在突尼斯举行的信息社会世界峰会（the World Summit on the Information Society，WSIS）上，国际电信联盟（ITU）在 *the Internet of Things* 报告中对物联网的概念进行了扩展，提出了任何时刻、任何地点、任意物体之间的互联，无所不在的网络和无所不在的计算的发展愿景，如图 9-10 所示。物联网是在任何时间、环境，任何物品、人、企业、商业，采用任何通信方式（包括汇聚、连接、收集、计算等），以满足所提供的任何服务的要求。按照 ITU 给出的这个定义，物联网主要解决物品到物品（Thing to Thing，T2T）、人到物品（Human to Thing，H2T）、人到人（Human to Human，H2H）之间的互联。这里与传统互联网最大的区别是，H2T 是指人利用通用装置与物品相连，H2H 是指人与人之间不依赖于个人计算机而进行的互联。需要利用物联网才能解决的是传统意义上的互联网没有考虑的、对于任何物品连接的问题。

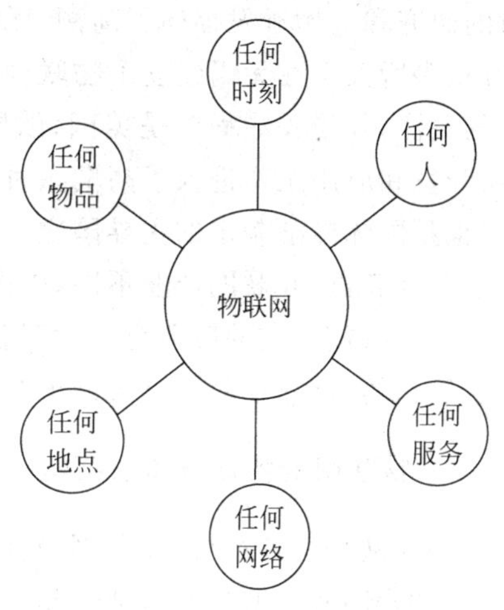

图 9-10　物联网示意图

2008 年 11 月，IBM 董事长兼 CEO 彭明盛（Palmisano）在纽约召开的外国关系理事会上，正式提出“智慧地球”（Smart Planet）。IBM 指出，世界的基础结构正在朝着“智慧”的方向发展，联网对象即构成物联网的车辆、设备、摄像头、车道、管道等的数量正在迈向一万亿大关。“智慧地球”战略提出要将传感器嵌入和装备到电网、铁路、桥梁、隧道、公路、建筑、供水系统、大坝、油气管道等各种物体中，并且被普遍连接，形成所谓的物联网，再通过超级计算机和云计算将物联网整合起来，实现人类社会与物理系统的整合。

2009 年 1 月 28 日，奥巴马总统在和工商领袖举行的圆桌会议上，对 IBM 提出的“智慧地球”概念给予了积极的回应。其中，要形成智慧型基础设施物联网，已被美国人认为是振兴经济、确立竞争优势的关键战略。欧盟在物联网方面进行了大量研究，并开始推动物联网的主要技术 RFID 在经济、社会、生活各领域的应用，着力解决安全和隐私、无线频率和标准等问题。2009 年 6 月，《欧盟物联网行动计划报告》提出 14 项行动计划，试图夺取物联网发展的主导地位。同年 10 月，欧盟推出“物联网战略研究路线图”，力推物联网在航空航天、汽车、医疗、能源等 18 个主要领域的应用，明确 12 项关键技术，首推智能汽车和智能建筑。2010 年 5 月，欧盟提出“欧洲数字计划”，该行动计划提出了促进物联网发展的一些具体措施：严格执行对物联网的数据保护立法，建立政策框架使物联网能应对信用、承诺及安全方面的问题；公民能读取基本的射频识别（RFID）标签，并可以销毁它们以保护隐私；为保护关键的信息基础设施，把物联网发展成为欧洲的关键资源；在必要的情况下，发布专门的物联网标准化强制条例；启动试点项目，以促进欧盟有效地部署市场化的、相互操作性的、安全的、具有隐私意识的物联网应用；加强国际合作；共享信息为成功经验，并在相关的联合行动中达成一致。

日本在 2009 年 3 月提出“数字日本创新计划”，在同年 7 月进一步提出“I-Japan 战略

2015”，其中交通、医疗、智能家居、环境检测、物联网是重心。

我国物联网研发始于1999年，当时中科院启动类传感网研究，在无线传感网络，智能微型传感器、现代通信技术等方面取得了重要进展。2004年国家金卡工程把RFID应用试点列为重点工作之一；2005年10月原信息产业部批准成立了“电子标签标准工作组”，开始开展电子标签标准的研究；2006年23个部门行业共同成立了国家金卡办RFID应用工作组，启动了相关RFID应用试点工作。2009年8月，温家宝“感知中国”的讲话把我国物联网领域的研究和应用开发推向了高潮，无锡市率先建立了“感知中国”研究中心，中国科学院、运营商、多所大学在无锡建立了物联网并写入“政府工作报告”，物联网在中国受到了全社会极大的关注，其受关注程度是美国、欧盟，以及其他各国不可比拟的。此后，我国物联网的研究、开发和应用工作进入了高潮。目前我国已是世界上少数能实现物联网产业化的国家之一，也是国际标准制定的主导国之一。

与计算机、互联网产业不同，中国在物联网领域享有国际话语权，物联网已经是一个“中国制造”的概念，它的覆盖范围与时俱进，已经超越了1999年Ashton教授和2005年ITU报告所指的范围，物联网已被贴上“中国式”标签。

3. 物联网的特征与体系架构

物联网是继计算机、互联网与移动通信之后的又一次信息产业浪潮。与传统的互联网相比，物联网有着明显的特征。物联网是具有全面感知、可靠传输、智能处理三大特征的连接物理世界的网络，实现了任何人(Anyone)、任何时间(Anytime)、任何地点(Anywhere)及任何物体(Anything)的4A连接。

1）全面感知

全面感知也就是利用RFID、传感器、二维码以及未来可能的其他类型的传感器，能够随时即时采集物体动态，接入对象更为广泛，获取信息更加丰富。当前的信息化，接入对象虽也包括PC、手机、传感器、仪器仪表、摄像头、各种智能卡等，但主要还是需要人工操作的PC、手机、智能卡等，所接入的物理世界信息也较为有限。未来的物联网接入对象包含了更丰富的物理世界(不但包括了现在的PC、手机、智能卡，传感器、仪器仪表、摄像头和其他扫描仪)，也会得到更为普遍的应用，而行业当中获取和处理的信息不仅包括人类社会的信息，也包括更为丰富的物理世界信息，包括毒性、长度、压力、温度、湿度、体积、重量、密度等。

2）可靠传输

感知的信息是需要传送出去的，通过网络将感知的各种信息进行实时传送，以实现随时随地可靠的信息交互与共享。物联网是一种建立在互联网基础上的泛在网络，物联网技术的核心仍然是互联网，虽然目前互联网基础设施已日益完善，但距离物联网的信息接入要求显然还有很长一段的距离，并且，即使是已接入网络的信息系统很多也并未达到互通，信息孤岛现象较为严重。未来的物联网，不仅需要完善的基础设施，更需要随时随地的网络覆盖、接入性信息共享和互动以及远程操作都要达到较高的水平，同时由于物联网需要物物相连，必须面对海量信息，信息的安全机制和权限管理需要更高层次的监管和技术保障。

3）智能处理

物联网的智能处理是利用云计算等技术及时对海量信息进行处理，真正达到了人与人的沟通和物与物的沟通，信息处理能力更强大。人类与周围世界的相处更为智慧。当前的信息化由于数据、计算能力、存储、模型等的限制，大部分信息处理工具和系统还停留在提高效率的数字化阶段，一部分能起到改善人类生产、生活流程的作用，但是能够为人类决策提供有效支持的系统还很少。未来的物联网，不仅能提高人类的工作效率，改善工作流程，并且通过云计算，借助科学模型，广泛采用数据挖掘等知识发现技术整合和深入分析收集到的海量数据，以更加新颖、系统且全面的观点来看待和解决特定问题，使人类能更加智慧地与周围世界相处。

根据物联网的服务类型和结点等情况，下面给出一个由感知层、接入层、网络层和应用层组成的 4 层物联网体系结构，如图 9-11 所示。

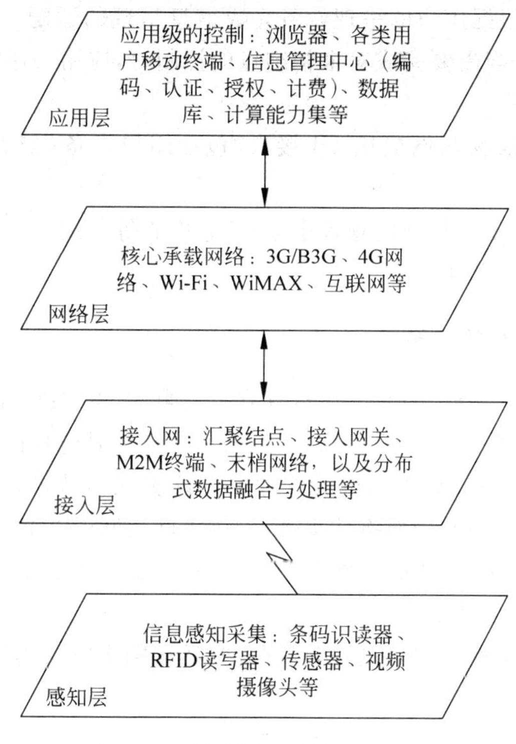

图 9-11　物联网体系结构示意图

（1）感知层。

感知层的主要功能是信息感知与采集，主要包括二维码标签和识读器、RFID 标签和读写器、摄像头、各种传感器（如温度感应器、声音感应器、振动感应器、压力感应器等）、视频摄像头等，完成物联网应用的数据感知和设施控制。

（2）接入层。

接入层由基站结点或汇聚结点（Sink）和接入网关（Access Gateway）等组成，完成末梢各结点的组网控制和数据融合、汇聚，或完成向末梢结点下发信息的转发等功能。也就是在末梢结点之间完成组网后，如果末梢结点需要上传数据，则将数据发送给基站结点，基站结点收到数据后，通过接入网关完成和承载网络的连接；当应用层需要下传数据时，接入网关收到承载网络的数据后，由基站结点将数据发送给末梢结点，从而完成末梢结点与承载网络之间的信息转发和交互。

接入层的功能主要由传感网（指由大量各类传感器结点组成的自治网络）来承担。

(3) 网络层。

网络层是核心承载网络,承担物联网接入层与应用层之间的数据通信任务。它主要包括现行的通信网络,如 2G、3G/B3G、4G 移动通信网,或者是互联网、Wi-Fi、WiMAX、无线城域网(Wireless Metropolitan Area Network,WMAN)、企业专用网等。

(4) 应用层。

应用层由各种应用服务器组成(包括数据库服务器),其主要功能包括对采集数据的汇聚、转换、分析,以及用户层呈现的适配和事件触发等。对于信息采集,由于从末梢结点获取了大量原始数据,且这些原始数据对于用户来说只有经过转换、筛选、分析处理后才有实际价值。这些应用服务器根据用户的呈现设备完成信息呈现的适配,并根据用户的设置触发相关的通告信息。同时,当需要完成对末梢结点的控制时,应用层还能完成控制指令生成和指令下发控制。

应用层要为用户提供物联网应用 UI 接口,包括用户设备(如 PC、手机)、客户端浏览器等。

除此之外,应用层还包括物联网管理中心、信息中心等利用下一代互联网的能力对海量数据进行智能处理的云计算功能。

4. 物联网与其他网络的关系

由于物联网目前尚处在概念形成阶段,存在着物联网、传感网、泛在网的概念之争。物联网是一种关于人与物、物与物广泛互联,实现人与客观世界进行信息交互的信息网络;传感网是利用传感器作为结点,以专门的无线通信协议实现物品之间连接的自组织网络;泛在网是面向泛在应用的各种异构网络的集合,强调跨网之间的互联互通和数据融合/聚类与应用;互联网是指通过 TCP/IP 协议将异种计算机网络连接起来实现资源共享的网络技术,实现的是人与人之间的通信。

物联网与现有的其他网络(如传感网、互联网、泛在网络以及其他网络通信技术)之间的关系如图 9-12 所示。

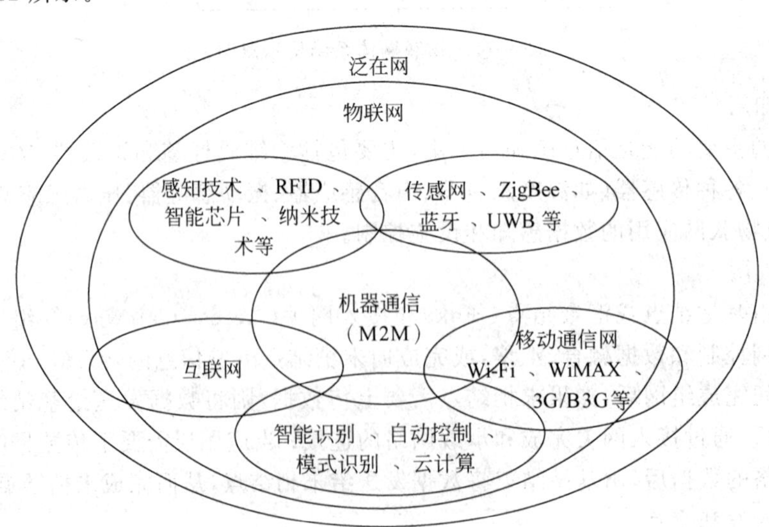

图 9-12 物联网与其他网络的关系

由图 9-12 可以看到物联网与其他网络及通信技术之间的包容、交互作用关系。物联网隶属于泛在网，但不等同于泛在网，它只是泛在网的一部分；物联网涵盖了物品之间通过感知设施连接起来的传感网，不论它是否接入互联网，都属于物联网的范畴；传感网可以不接入互联网，但当需要时，随时可利用各种接入网接入互联网；互联网（包括下一代互联网）、移动通信网等可作为物联网的核心承载网。

9.4.2 物联网的关键技术

物联网的产业链可细分为标识、感知、信息传送和数据处理这 4 个环节，其中的核心技术主要包括射频识别技术，传感技术，网络与通信技术和数据的挖掘与融合技术等。

1. 射频识别技术

射频识别（Radio Frequency Identification，RFID）是一种无接触的自动识别技术，利用射频信号及其空间耦合传输特性，实现对静态或移动待识别物体的自动识别，用于对采集点的信息进行"标准化"标识。鉴于 RFID 技术可实现无接触的自动识别，全天候、识别穿透能力强、无接触磨损，可同时实现对多个物品的自动识别等诸多特点，将这一技术应用到物联网领域，使其与互联网、通信技术相结合，可实现全球范围内物品的跟踪与信息的共享，在物联网"识别"信息和近程通信的层面中，起着至关重要的作用。另一方面，产品电子代码（EPC）采用 RFID 电子标签技术作为载体，大大推动了物联网的发展和应用。

从分类上看，RFID 技术根据电子标签工作频率的不同通常可分为低频系统（125kHz、134.2kHz），高频系统（13.56MHz），超高频（860～960MHz）和微波系统（2.45GHz、5.8GHz）等。

低频和高频系统的特点是阅读距离短、阅读天线方向性不强等，其中，高频系统的通信速度也较慢。两种不同频率的系统均采用电感耦合原理实现能量传递和数据交换，主要用于短距离、低成本的应用中。

超高频、微波系统的标签采用电磁后向散射耦合原理进行数据交换，阅读距离较远（可达十几米），适应物体高速运动，性能好；阅读天线及电子标签天线均有较强的方向性，但该系统标签和读写器成本都比较高。

RFID 的基本组成部分如下。

（1）标签（Tag）：由耦合元件及芯片组成，每个标签具有唯一的电子编码，附着在物体上标识目标对象；

（2）阅读器（Reader）：读取（有时也可以写入）标签信息的设备，可设计为移动式或固定式；

（3）天线（Antenna）：在标签和读取器间传递射频信号，如图 9-13 所示。

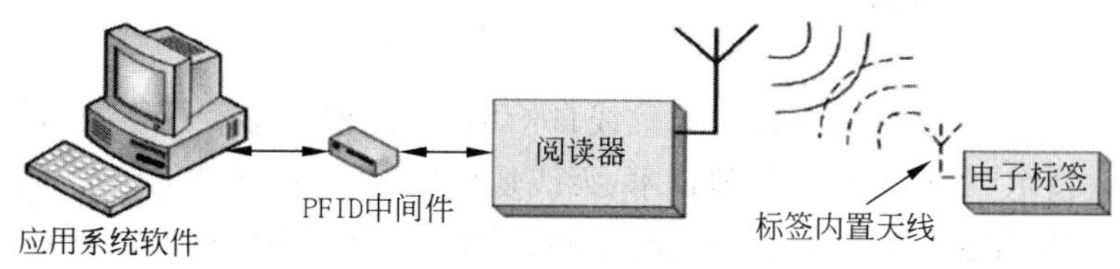

图 9-13　RFID 基本组成图

RFID技术的基本工作原理：标签进入磁场后，接收到阅读器发出的射频信号，无源标签或被动标签(Passive Tag)凭借射频电磁波束中所获得的能量发送出存储在芯片中的产品信息，有源标签或主动标签(Active Tag)则主动发送某一频率的信号；阅读器读取信息并解码后，将信息送至中央信息系统进行相关的数据处理。

在未来的几年中，RFID技术将继续保持高速发展的势头。电子标签、读写器、系统集成软件、公共服务体系、标准化等方面都将取得新的进展。随着关键技术的不断进步，RFID产品的种类将越来越丰富，应用和衍生的增值服务也将越来越广泛。

RFID芯片设计与制造技术的发展趋势是芯片功耗更低，作用距离更远，读写速度与可靠性更高，成本不断降低。芯片技术将与应用系统整体解决方案紧密结合。标签封装技术将和印刷、造纸、包装等技术结合，导电油墨印制的低成本标签天线、低成本封装技术将促进RFID标签的大规模生产，并成为未来一段时间内决定产业发展速度的关键因素之一。读写器设计与制造的发展趋势是读写器将向多功能、多接口、多制式，并向模块化、小型化、便携式、嵌入式方向发展。同时，多读写器协调与组网技术将成为未来的发展方向之一。

RFID技术与条码、生物识别等自动识别技术，以及与互联网、通信、传感网络等信息技术融合，构筑一个无所不在的网络环境。海量RFID信息处理、传输和安全对RFID的系统集成和应用技术提出了新的挑战。RFID系统集成软件将向嵌入式、智能化、可重组方向发展，通过构建RFID公共服务体系，将使RFID信息资源的组织、管理和利用更为深入和广泛。

2. 传感器技术

信息采集是物联网的基础，而目前的信息采集主要是通过传感器、传感结点和电子标签等方式完成的。传感器作为一种检测装置，作为获取信息的关键器件，由于其所在的环境通常比较恶劣，因此物联网对传感器技术提出了较高的要求。一是其感受信息的能力，二是传感器自身的智能化和网络化，传感器技术在这两方面应当实现发展与突破。

传感器是一种物理装置或生物器官，能够探测、感受外界的信号、物理条件(如光、热、湿度)或化学组成(如烟雾)，并将探知的信息传递给其他装置或器官。国家标准GB 7665—87对传感器下的定义是："能感受规定的被测量并按照一定的规律转换成可用信号的器件或装置，通常由敏感元件和转换元件组成"。根据传感器工作原理，可将其分为三大类：

1) 物理传感器

物理传感器应用某些物理效应，诸如压电效应，磁致伸缩现象，离化、极化、热电、光电、磁电等效应，将被测信号量的物理量转换成便于处理的电信号。

2) 化学传感器

化学传感器包括那些以化学吸附、电化学反应等现象为因果关系的传感器，被测信号量的微小变化也将转换成电信号。

3) 其他

将传感器应用于物联网中可以构成无线自治网络，这种传感器网络技术综合了传感器技术、纳米嵌入技术、分布式信息处理技术、无线通信技术等，使各类能够嵌入任何物体的集成化微型传感器协作进行待测数据的实时监测、采集，并将这些信息以无线的方式发送给观测者，从而实现"泛在"传感。在传感器网络中，传感结点具有端结点和路由功能：首先是实现数据的采集和处理，其次是实现数据的融合和路由，综合本身采集的数据和收到的其他结点发送的数据，转发到其他网关结点。传感结点的好坏会直接影响到整个传感器网络的正常运转和功能健全。

传感器领域的主要技术将在现有基础上予以延伸和提高。传感器技术的发展趋势可以从4个方面概括：

(1) 开发新材料、新工艺和新型传感器。随着光纤材料、纳米材料、超导材料、人工智能材料的不断发展，制造传感器的材料逐渐具备能够感知环境条件变化的功能，识别和判断功能，发出指令和自采取行动功能。利用这些材料能够研制无线传感器、光纤传感器、智能传感器和金属氧化传感器等新型传感器。

(2) 传感器的多功能和集成化。

多功能是指一个传感器能够检测两个或两个以上的参数；集成化能够实现软件和硬件的集成，数据的集成与融合，传感器阵列的集成和多功能、多参数的复合传感器。

(3) 传感硬件系统与元器件的微小型化参考集成电路微小型化的经验，实现传感技术硬件系统的微小型化可以提高其可靠性，加快处理速度，降低成本，节约资源与能源，减少对环境的污染。

(4) 通过传感器与其他学科的交叉整合，实现无线网络化传感器与多学科交叉融合将推动无线传感器网络的发展。无线传感器网络是由大量具有无线通信能力与计算能力的微小传感器结点构成的自组织分布式网络系统。利用微传感器与微机械、通信、自动控制、人工智能等多学科的综合技术，实现传感器的无线网络化，使其能根据环境自主完成指定任务。

3. 网络和通信技术

物联网的实现涉及近程通信技术和远程运输技术。近程通信技术涉及RFID、蓝牙等，远程运输技术涉及互联网的组网、网关等技术。

作为为物联网提供信息传递和服务支撑的基础通道，通过增强现有网络通信技术的专业性与互联功能，以适应物联网低移动性、低数据率的业务需求，实现信息安全且可靠的传送，是当前物联网研究的一个重点。传感器网络通信技术主要包括广域网络通信和近距离通信等两个方面，广域方面主要包括IP互联网、2G/3G移动通信、卫星通信等技术，而以IPv6为核心的新联网的发展，更为物联网提供了高效的传送通道；在近距离方面，当前的主流是以IEEE 802.15.4为代表的近距离通信技术。

M2M技术也是物联网实现的关键。与M2M技术结合可以实现远距离连接的有GSM、GPRS、UMTS等，Wi-Fi、蓝牙、ZigBee、RFID和UWB等近距离连接技术也可以与之相结合，此外还有XML和Corba，以及基于GPS、无线终端和网络的位置服务技术等。M2M可用于安全监测、自动售货机、货物跟踪领域，应用广泛。

4. 数据的挖掘与云计算

从物联网的感知层到应用层，各种信息的种类和数量都成倍增加，需要分析的数据量也成级数增加，同时还涉及各种异构网络或多个系统之间数据的融合问题，如何从海量的数据中及时挖掘出隐藏信息和有效数据的问题，给数据处理带来了巨大的挑战，因此怎样合理、有效地整合、挖掘和智能处理海量的数据是物联网的难题。结合 P2P、云计算等分布式计算技术,成为解决以上难题的一个途径。

云计算为物联网提供了一种新的高效率计算模式,可通过网络按需提供动态伸缩的廉价计算,其具有相对可靠并且安全的数据中心,同时兼有互联网服务的便利、廉价和大型机的能力,可以轻松实现不同设备间的数据与应用共享,用户无须担心信息泄露,黑客入侵等棘手问题。云计算是信息化发展进程中的一个里程碑,它强调信息资源的聚集、优化和动态分配,节约信息化成本并大大提高了数据中心的效率。

9.4.3 物联网的应用与发展

1. 物联网应用

物联网用途广泛,遍及智能交通、环境保护、政府工作、公共安全、平安家居、智能消防、工业监测、农业管理、老人护理、个人健康等多个领域。在国家大力推动工业化与信息化两化融合的大背景下,物联网将是工业乃至更多行业信息化过程中一个比较现实的突破口。一旦物联网大规模普及,无数的物品需要加装更加小巧智能的传感器,用于动物、植物、机器等物品的传感器与电子标签及配套的接口装置数量将大大超过目前的手机数量。按照目前对物联网的需求,在近年内就需要按亿计的传感器和电子标签。专家预计,2011 年,内嵌芯片、传感器、无线射频的“智能物件”将超过 1 万亿个,物联网将会发展成为一个上万亿元规模的高科技市场,这将大大推进信息技术元件的生产,给市场带来巨大商机。图 9-14 展示了未来物联网的应用场景。

物联网目前已经在行业信息化、家庭保健、城市安防等方面有实际应用。

1) 交通领域

通过使用不同的传感器和 RFID 可以对交通工具进行感知和定位,及时了解车辆的运行状态和路线;方便地实现车辆通行费的支付;显著提高交通管理效率,减少道路拥堵。上海移动的车务通在 2010 年世博会期间全面运用于上海公共交通系统,以最先进的技术保障世博园区周边大流量交通的顺畅。上海浦东国际机场防入侵系统铺设了三万多个传感结点,覆盖了地面、栅栏和低空探测,多种传感手段组成一个协同系统后,可以防止人员的翻越、偷渡、恐怖袭击等攻击性入侵。

2) 医疗领域

通过在病人身上放置不同的传感器,对人的健康参数进行监控,及时获知病人的生理特征,提前进行疾病的诊断和预防,并且实时传送到相关的医疗保健中心,如果有异常,保健中心通过手机,提醒病人去医院检查身体;通过 RFID 标识与病人绑定,及时了解病人的病历以及各种检查结果。

3) 农业应用

通过使用不同的传感器对农业情况进行探测,帮助进行精确管理。在牲畜溯源方面,给放养牲畜中的每一只羊都贴上一个二维码,这个二维码会一直保持到超市出售的肉品上,消费者可通过手机阅读二维码,知道牲畜的成长历史,确保食品安全。我国已有 10 亿存栏动物贴上了这种二维码。

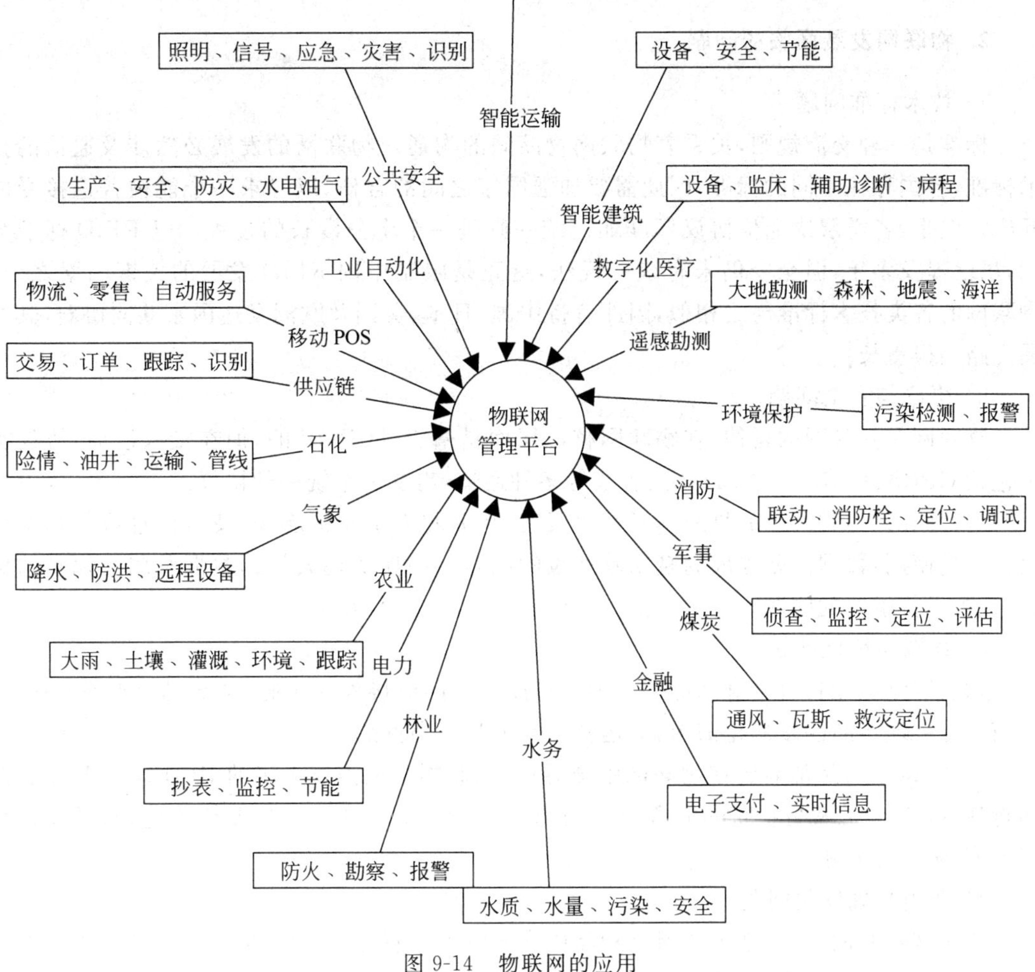

图 9-14　物联网的应用

4）零售行业

例如沃尔玛等大的零售企业要求他们采购的所有商品上都贴上 RFID 标签，以替代传统的条形码，促进了物流的信息化。

5）电力管理

江西省电网对分布在全省范围内的 2 万台配电变压器安装传感装置，对运行状态进行实时监测，实现用电检查、电能质量监测、负荷管理、线损管理、需求管理等高效一体化管理，一年来降低电损 1.2 亿千瓦时。

6）数字家庭

数字家庭以计算机技术和网络技术为基础，包括各类消费电子产品、通信产品、信息家电及智能家居等，通过不同的互联方式进行通信及数据交换，实现家庭网络中各类电子产品之间“互联互通”的一种服务。数字家庭提供信息、通信、娱乐和生活等功能。

从现有的一些应用系统来看，普遍属于封闭式的专用系统，在每个应用系统中配置的 RFID 等标识设备，缺乏统一的编码标准和用于解码的读写器，因此从应用范围来看，要么属于局域内的小规模专用应用，要么属于广域内具备一定规模的专业应用。对于电信运营商而言，参与度较低，一般作为传输通道提供者提供网络数据传递功能。

2. 物联网发展面临的问题

1）技术标准问题

标准是一种交流规则，关系着物联网物品间的沟通。物联网的发展必然涉及通信的技术标准，各国存在不同的标准，因此需要加强国家之间的合作，以寻求一个能被普遍接受的标准。但是，各类层次通信协议标准如何统一则是一个十分漫长的过程。以 RFID 标准为例，虽已提及多年，但至今仍未有统一说法，这正是限制中国 RFID 发展的关键因素之一。物联网的各类技术标准与之相似，因此有待中国、日本、美国及欧洲发达国家共同协商，其发展之路仍很漫长。

2）协议与安全问题

物联网是互联网的延伸，在物联网核心层面是基于 TCP/IP 的，但在接入层面，协议类别包括 GPRS、短信、TD-SCDMA、有线等多种通道，需要一个统一的协议。

与此同时，物联网中的物品间联系更紧密，物品和人也连接起来，使得信息采集和交换设备大量使用，数据泄密也成为越来越严重的问题。如何实现大量的数据及用户隐私的保护，成为亟待解决的问题。

3）终端与地址问题

物联网终端除具有本身功能外还拥有传感器和网络接入等功能，且不同行业需求各异，如何满足终端产品的多样化需求，对运营商来说是一大挑战。

另外，每个物品都需要在物联网中被寻址，因此物联网需要更多的 IP 地址。IPv4 资源即将耗尽，IPv6 是满足物联网的资源。但 IPv4 向 IPv6 过渡是一个漫长的过程，且存在与 IPv4 的兼容性问题。

4）费用与规模化问题

要实现物联网，首先必须在所有物品中嵌入电子标签等存储体，并需要安装众多读取设备和庞大的信息处理系统，这必然导致大量的资金投入。因此，在成本尚未降至能普及的前提下，物联网的发展将受到限制。已有的事实均证明，在现阶段物联网的技术效率并没有转化为规模的经济效率。例如，智能抄表系统能将电表的读数通过商用无线系统（如 GSM 短消息）传递到电力系统的数据中心，但电力系统仍没有规模使用这类技术，原因在于这类技术没有经济效率。

为了提高效率，规模化是运营商业绩的重要指标，终端的价格、产品的多样性、行业应用的深度和广度都会对用户规模产生影响，如何实现规模化是有待商讨的问题。

5）商业模式与产业链问题

物联网的产业化必然需要芯片商、传感设备商、系统解决方案商、移动运营商等上下游厂商的通力配合，而在各方利益机制及商业模式尚未成型的背景下，物联网普及仍相当遥远。

物联网所需的自动控制、信息传感、射频识别等上游技术和产业已成熟或基本成熟，而下游的应用也以单体形式存在。物联网的发展需要产业链的共同努力，实现上下游产业的联动，跨专业的联动，从而带动整个产业链，共同推动物联网的发展。

6）配套政策和规范的制定与完善

物联网的实现并不仅仅是技术方面的问题，建设物联网的过程中将涉及许多规划、管理、协调、合作等方面的问题，还涉及个人隐私保护等方面的问题，这就需要有一系列相应的配套政策和规范的制定与完善。

习题

一、简答题

1. 简述物联网的应用。
2. 简述云计算的应用。
3. 云计算的特点是什么？
4. 简述物联网的体系结构。

二、单选题

1. 物联网(Internet of Things)的概念是在(　　)年由美国麻省理工学院的科学家首次提出的。

(A) 1999　(B) 2005　(C) 2009　(D) 2010

2. "智慧地球"是由(　　)公司提出的，并得到了奥巴马总统的支持。

(A) Intel　(B) IBM　(C) TI　(D) Google

3. 日本提出了(　　)计划，将物联网列为国家重点战略。

(A) E-Japan　(B) U-Japan　(C) I Japan

4. 除了塑料电子学和仿生人体器官之外，被誉为全球未来的三大高科技产业还有(　　)。

(A) 传感器网络(物联网)　(B) 动漫游戏产业
(C) 生物工程　(D) 新型汽车

5. "感知中国"是我国政府为促进(　　)技术发展而制定的。

(A) 集成电路技术　(B) 电力汽车技术
(C) 新型材料　(D) 物联网技术

6. "在传感网发展中，要早一点谋划未来，早一点攻破核心技术"是我国领导人(　　)给无锡物联网产业研究院的寄语。

(A) 胡锦涛　(B) 吴邦国　(C) 温家宝　(D) 贾庆林

7. 云计算是对(　　)技术的发展与运用。

(A) 并行计算　(B) 网格计算
(C) 分布式计算　(D) 三个选项都是

8. IBM 为客户带来了即买即用的(　　)云计算平台。

(A) 蓝云　(B) 蓝天　(C) AZURE　(D) EC2

9. 微软于2008年10月推出的云计算操作系统是(　　)。

(A) Google App Engine　(B) 蓝云
(C) Azure　(D) EC2

10. 2008 年，(　　)先后在无锡和北京建立了两个云计算中心。

(A) IBM　(B) Google　(C) Amazon　(D) 微软

11. 将平台作为云计算服务类型的是(　　)。

(A) IaaS　(B) PaaS

(C) SaaS　(D) 三个选项都不是

12. 将基础设施作为服务的云计算服务类型是(　　)。

(A) IaaS　(B) PaaS

(C) SaaS　(D) 三个选项都不是

参 考 文 献

[1] 肖朝晖. 计算机网络基础. 北京：清华大学出版社，2010.
[2] 肖朝晖. 多媒体技术基础. 北京：清华大学出版社，2014.
[3] 张建勋，等. 大学计算机基础教程. 北京：清华大学出版社，2010.
[4] 龚沛曾. 大学计算机基础. 北京：高等教育出版社，2009.
[5] 蒋加伏，沈月. 计算机文化基础. 北京：北京邮电大学出版社，2003.

图书资源支持

感谢您一直以来对清华版图书的支持和爱护。为了配合本书的使用，本书提供配套的资源，有需求的读者请扫描下方的“书圈”微信公众号二维码，在图书专区下载，也可以拨打电话或发送电子邮件咨询。

如果您在使用本书的过程中遇到了什么问题，或者有相关图书出版计划，也请您发邮件告诉我们，以便我们更好地为您服务。

我们的联系方式：

地　　址：北京市海淀区双清路学研大厦 A 座 701

邮　　编：100084

电　　话：010-83470236　010-83470237

资源下载：http://www.tup.com.cn

客服邮箱：2301891038@qq.com

QQ：2301891038（请写明您的单位和姓名）

资源下载、样书申请

书圈

扫一扫，获取最新目录

课　程　直　播

用微信扫一扫右边的二维码，即可关注清华大学出版社公众号“书圈”。